无网格微分方程数值解法

李小林　著

科学出版社

北京

内 容 简 介

本书是作者在总结课题组十多年来在无网格方法及其理论和应用方面研究工作的基础之上，经过系统整理而著成的. 本书内容丰富，不仅包括了无网格方法中构造逼近函数的重要方法，而且包括了求解一些(初)边值问题的无单元 Galerkin 法、无网格边界积分方程法和无网格配点法. 在系统阐述这些无网格方法的基本原理之后，重点讲述它们的性质、稳定性、误差估计和收敛性等数学理论及分析过程.

本书可作为计算数学、应用数学、计算力学等专业的研究生用书，也可作为数学类专业的数值分析、有限元法等本科生和研究生课程的教辅参考书. 对于从事无网格方法及其理论和应用研究的科技工作者和工程技术专家，本书也具有重要的参考价值.

图书在版编目（CIP）数据

无网格微分方程数值解法 / 李小林著. -- 北京：科学出版社，2025. 6.
ISBN 978-7-03-080962-9
I. O241.8
中国国家版本馆 CIP 数据核字第 2024YE9581 号

责任编辑：王丽平 李 萍 / 责任校对：彭珍珍
责任印制：张 伟 / 封面设计：无极书装

科 学 出 版 社 出版
北京东黄城根北街 16 号
邮政编码：100717
http://www.sciencep.com
北京九州迅驰传媒文化有限公司印刷
科学出版社发行 各地新华书店经销

*

2025 年 6 月第 一 版 开本：720×1000 1/16
2025 年 6 月第一次印刷 印张：19
字数：384 000
定价：138.00 元
(如有印装质量问题，我社负责调换)

前　言

　　力学、物理学和工程中的许多科学技术问题的数学模型都是微分方程定解问题. 由于方程及实际问题的复杂性, 能采用解析方法求解的微分方程只有极少数, 因此大多数微分方程只能通过数值计算方法获得近似解. 近几十年来, 有限差分法、有限元法和边界元法等网格类方法已经逐步成为广泛使用的微分方程数值解法. 在这些方法中, 网格单元对计算结果有直接影响, 同时网格单元的生成和重构可能需要耗费较多时间和精力.

　　无网格方法是 20 世纪 90 年代中期在国际上兴起并快速发展的一类微分方程数值解法. 无网格方法与网格类方法的主要区别在于它构造近似函数 (形成形函数) 时采用基于离散节点的近似, 不需要将节点连接成网格单元, 因此避免了网格单元的初始划分和重新构建. 另外, 无网格方法容易构造高阶形函数, 这不但有利于提高计算精度, 也减少了后处理分析.

　　本书是作者在总结课题组十多年来在无网格方法及其理论和应用方面研究工作的基础之上, 经过系统整理而著成的. 形函数是无网格方法的基础, 移动最小二乘近似是一种常用的无网格形函数构造方法, 为无网格方法的发展奠定了基础. 在构造形函数之后, 无网格方法需要借助适当的离散方案将定解问题转化为代数方程组. 类似有限元法、边界元法和有限差分法, 无网格方法采用的离散方案主要有 Galerkin 弱式、边界积分方程和配点强式等. 本书详细介绍了移动最小二乘近似, 以及基于这三种离散方案的无单元 Galerkin 法、无网格边界积分方程法和无网格配点法. 在着重阐述这些无网格方法的基本原理之后, 重点讲述它们的性质、稳定性、误差估计和收敛性等数学理论及分析过程.

　　本书共 4 章, 具体内容如下.

　　第 1 章研究移动最小二乘近似, 给出了移动最小二乘近似的基本原理, 分析了移动最小二乘近似的性质和稳定性, 建立了理论上稳定的近似方案, 推导了移动最小二乘近似的误差估计.

　　第 2 章研究基于移动最小二乘近似的 Galerkin 型无网格方法——无单元 Galerkin 法, 针对椭圆边值问题推导了无单元 Galerkin 法的计算公式及其误差理论, 建立了障碍问题和时间分数阶微分方程初边值问题的无单元 Galerkin 法, 分析了数值积分对无单元 Galerkin 法等 Galerkin 型无网格方法的影响, 讨论了 Ginzburg-Landau 方程初边值问题的无单元 Galerkin 法.

第 3 章研究基于移动最小二乘近似的无网格边界积分方程法——Galerkin 边界点法, 建立了求解一般边界积分方程、Laplace 方程边值问题和双调和方程边值问题的 Galerkin 边界点法, 分析了数值实施过程和背景网格积分带来的误差.

第 4 章研究基于移动最小二乘近似的无网格配点法——有限点法, 针对椭圆边值问题推导了有限点法的计算公式及其误差理论, 建立和分析了光滑梯度移动最小二乘近似来避免形函数高阶导数的直接计算, 讨论和分析了具有超收敛特征的超收敛有限点法.

本书的研究工作得到了国家自然科学基金 (项目号: 11971085, 11471063, 11101454, 11026198)、重庆市杰出青年科学基金 (项目号: cstc2021jcyj-jqX0011) 和重庆师范大学学术专著出版基金 (项目号: 23XCB08) 等项目的资助, 特此表示感谢!

限于作者的科研工作经验和水平, 书中难免有不妥之处, 恳请同行专家和读者批评指正.

李小林

2024 年 6 月 28 日

目　　录

第 1 章　移动最小二乘近似

近几十年来, 有限差分法 [1,2]、有限元法 [3,4] 和边界元法 [5,6] 等已成为广泛使用的微分方程数值解法. 在这些方法中, 网格单元对计算结果有直接影响, 同时网格单元的生成和重构可能需要耗费较多时间和精力. 无网格方法 (meshless method 或 meshfree method)[7] 在建立近似函数时只需要节点, 避免了网格单元的初始划分和重新构建, 克服了网格类方法对网格单元的依赖. 此外, 无网格方法容易构造高阶形函数, 这既有利于提高计算精度, 又减少了后处理分析. 无网格方法自 20 世纪 90 年代中期在国际上兴起之后发展很快, 在科学工程计算领域取得了丰硕的研究成果 [8-13].

无网格方法与网格类方法的主要区别是它构造近似函数 (形成形函数) 时只需要离散的节点, 不需要网格单元, 所以形函数是无网格方法的核心. 用于无网格方法建立形函数的方法主要有移动最小二乘近似 (moving least squares approximation, MLSA)[14]、重构核粒子法 (reproducing kernel particle method)[15]、单位分解法 (partition of unity method)[16]、点插值法 (point interpolation method)[17]、径向基函数 (radial basis functions) 法 [18,19] 等.

1981 年, Lancaster 和 Salkauskas 在研究曲面拟合时, 将标准最小二乘逼近进行推广, 提出了移动最小二乘近似 [14]. 相比有限元法和边界元法中采用网格单元来构造形函数的插值技术, 移动最小二乘近似不需要对求解区域或边界进行网格剖分, 只需离散点模型. 移动最小二乘近似通过应用较低阶数的基函数和适当选取的权函数来获得具有较高阶连续性的无网格形函数, 具有精度高和适应性强等优点, 是一种常用的无网格形函数构造方法, 为无网格方法的发展奠定了基础, 在无网格方法的研究和应用中发挥着极其重要的作用 [8-13]. 无单元 Galerkin 法 (element-free Galerkin method)[20]、无网格局部 Petrov-Galerkin (meshless local Petrov-Galerkin) 方法 [21]、有限点法 (finite point method)[22]、边界点方法 (boundary node method)[23]、局部边界积分方程 (local boundary integral equation) 方法 [24]、杂交边界点法 (hybrid boundary node method)[25]、边界无单元法 (boundary element-free method)[26]、Galerkin 边界点法 (Galerkin boundary node method)[27] 等大量无网格方法都是基于移动最小二乘近似发展起来的.

移动最小二乘近似的算法在近三十年里取得了很多研究成果, 比如基于正交基函数的改进移动最小二乘近似 (improved MLSA)[26,28,29]、基于复变量基函数的复变量移动最小二乘近似 (complex variable MLSA)[30-32]、基于奇异权函数的插值型移动最小二乘近似 (interpolating MLSA)[33]、基于平移缩放基函数的稳定移动最小二乘近似 (stabilized MLSA)[34,35]、基于导数光滑技术的光滑梯度移动最小二乘近似 (smoothed gradient MLSA)[36,37] 和递归梯度移动最小二乘近似 (recursive gradient MLSA)[38,39]. 同时, 移动最小二乘近似的数学理论也取得了重要研究进展, 比如文献 [40-42] 针对光滑函数讨论了移动最小二乘近似的逼近误差, 文献 [43-46] 针对正则性较低的函数讨论了移动最小二乘近似的误差, 文献 [29, 31-34, 37, 39] 讨论了移动最小二乘近似的改进算法的误差.

本章首先给出本书用到的一些符号、定义和不等式, 其次介绍移动最小二乘近似的基本原理, 分析移动最小二乘近似的性质; 接着讨论移动最小二乘近似的稳定性, 建立理论上稳定的近似方案; 最后推导移动最小二乘近似的误差估计.

1.1 预 备 知 识

本节给出本书用到的一些符号、定义和不等式.

设 Ω 是 n 维空间 $\mathbb{R}^n$ 上的非空有界开子集, 具有 Lipschitz 连续的边界 Γ. $\mathbb{R}^n$ 上的任一点可记为 $\boldsymbol{x} = (x_1, x_2, \cdots, x_n)^{\mathrm{T}}$ 或者 $\boldsymbol{y} = (y_1, y_2, \cdots, y_n)^{\mathrm{T}}$. 记 n 维 m 次多项式空间为 $\mathbb{P}_m$, 则 $\mathbb{P}_m$ 中完备多项式基向量的维数为 $\bar{m} = (m+n)! / (m!n!)$.

设 n 维多重指标 $\boldsymbol{\alpha} = (\alpha_1, \alpha_2, \cdots, \alpha_n)^{\mathrm{T}}$ 是由 n 个非负整数 α_i 组成的 n 元数组, 函数 $f(\boldsymbol{x})$ 的 $\boldsymbol{\alpha}$ 阶导数可表示为

$$D^{\boldsymbol{\alpha}} f(\boldsymbol{x}) = \frac{\partial^{|\boldsymbol{\alpha}|} f(\boldsymbol{x})}{\partial x_1^{\alpha_1} \partial x_2^{\alpha_2} \cdots \partial x_n^{\alpha_n}},$$

其中 $|\boldsymbol{\alpha}| = \sum_{i=1}^{n} \alpha_i$. 特别地, $D^{\mathbf{0}} f(\boldsymbol{x}) = f(\boldsymbol{x})$.

首先, 对于 n 维多重指标 $\boldsymbol{\alpha} = (\alpha_1, \alpha_2, \cdots, \alpha_n)^{\mathrm{T}}$ 和 $\boldsymbol{\beta} = (\beta_1, \beta_2, \cdots, \beta_n)^{\mathrm{T}}$, 用 $\boldsymbol{\alpha} \leqslant \boldsymbol{\beta}$ 表示对所有 $i = 1, 2, \cdots, n$ 均有 $\alpha_i \leqslant \beta_i$. 其次, 当 $\boldsymbol{\alpha} \leqslant \boldsymbol{\beta}$ 时, 记 $\begin{pmatrix} \boldsymbol{\beta} \\ \boldsymbol{\alpha} \end{pmatrix} = \prod_{i=1}^{n} \begin{pmatrix} \beta_i \\ \alpha_i \end{pmatrix}$, 其中 $\begin{pmatrix} \beta_i \\ \alpha_i \end{pmatrix} = \dfrac{\beta_i!}{\alpha_i! (\beta_i - \alpha_i)!}$. 另外, 对于点 $\boldsymbol{x} = (x_1, x_2, \cdots, x_n)^{\mathrm{T}}$, 记 $\boldsymbol{x}^{\boldsymbol{\alpha}} = x_1^{\alpha_1} x_2^{\alpha_2} \cdots x_n^{\alpha_n}$.

为了本书内容的需要, 下面给出 Lebesgue 空间和 Sobolev 空间的定义 [47,48].

定义 1.1.1 对于实数 $p \in [1, \infty]$, 定义 Lebesgue 空间 $L^p(\Omega)$ 为

$$L^p(\Omega) = \left\{ f : \|f\|_{0,p,\Omega} < \infty \right\},$$

其范数 $\| \cdot \|_{0,p,\Omega}$ 为

$$\|f\|_{0,p,\Omega} = \left(\int_{\Omega} |f(\boldsymbol{x})|^p \, \mathrm{d}\boldsymbol{x} \right)^{1/p}, \quad 1 \leqslant p < \infty,$$

$$\|f\|_{0,\infty,\Omega} = \operatorname*{ess\,sup}_{\boldsymbol{x} \in \Omega} |f(\boldsymbol{x})|, \quad p = \infty.$$

特别地, 当 $p = 2$ 时, 空间 $L^2(\Omega)$ 的范数记为 $\|\cdot\|_{0,\Omega}$, 即

$$\|f\|_{0,\Omega} = \left(\int_{\Omega} f^2(\boldsymbol{x}) \, \mathrm{d}\boldsymbol{x} \right)^{1/2}.$$

另外, 用 $(\cdot, \cdot)$ 表示空间 $L^2(\Omega)$ 上的内积, 即对任意 $f \in L^2(\Omega)$ 和 $g \in L^2(\Omega)$, 有

$$(f, g) = \int_{\Omega} f(\boldsymbol{x}) g(\boldsymbol{x}) \, \mathrm{d}\boldsymbol{x}.$$

显然, $\|f\|_{0,\Omega} = \sqrt{(f, f)}$.

定义 1.1.2 对于非负整数 k 和实数 $p \in [1, \infty]$, 定义 Sobolev 空间 $W^{k,p}(\Omega)$ 为

$$W^{k,p}(\Omega) = \{ f : D^{\boldsymbol{\alpha}} f \in L^p(\Omega), \forall |\boldsymbol{\alpha}| \leqslant k \},$$

其范数为 $\|\cdot\|_{k,p,\Omega}$,

$$\|f\|_{k,p,\Omega} = \left(\sum_{|\boldsymbol{\alpha}| \leqslant k} \|D^{\boldsymbol{\alpha}} f\|_{0,p,\Omega}^p \right)^{1/p} = \left(\sum_{|\boldsymbol{\alpha}| \leqslant k} \int_{\Omega} |D^{\boldsymbol{\alpha}} f(\boldsymbol{x})|^p \, \mathrm{d}\boldsymbol{x} \right)^{1/p}, \quad 1 \leqslant p < \infty,$$

$$\|f\|_{k,\infty,\Omega} = \max_{|\boldsymbol{\alpha}| \leqslant k} \|D^{\boldsymbol{\alpha}} f\|_{0,\infty,\Omega} = \max_{|\boldsymbol{\alpha}| \leqslant k} \operatorname*{ess\,sup}_{\boldsymbol{x} \in \Omega} |D^{\boldsymbol{\alpha}} f(\boldsymbol{x})|, \quad p = \infty.$$

半范数为 $|\cdot|_{k,p,\Omega}$,

$$|f|_{k,p,\Omega} = \left(\sum_{|\boldsymbol{\alpha}| = k} \|D^{\boldsymbol{\alpha}} f\|_{0,p,\Omega}^p \right)^{1/p} = \left(\sum_{|\boldsymbol{\alpha}| = k} \int_{\Omega} |D^{\boldsymbol{\alpha}} f(\boldsymbol{x})|^p \, \mathrm{d}\boldsymbol{x} \right)^{1/p}, \quad 1 \leqslant p < \infty,$$

$$|f|_{k,\infty,\Omega} = \max_{|\boldsymbol{\alpha}| = k} \|D^{\boldsymbol{\alpha}} f\|_{0,\infty,\Omega} = \max_{|\boldsymbol{\alpha}| = k} \operatorname*{ess\,sup}_{\boldsymbol{x} \in \Omega} |D^{\boldsymbol{\alpha}} f(\boldsymbol{x})|, \quad p = \infty.$$

特别地, 当 $p = 2$ 时, Sobolev 空间 $W^{k,p}(\Omega)$ 简记为 $H^k(\Omega)$, 即

$$H^k(\Omega) = W^{k,2}(\Omega).$$

显然,

$$L^2(\Omega) = H^0(\Omega), \quad L^p(\Omega) = W^{0,p}(\Omega).$$

另外, 空间 $H^k(\Omega)$ 的范数简记为 $\|\cdot\|_{k,\Omega}$, 半范数简记为 $|\cdot|_{k,\Omega}$, 即

$$\|f\|_{k,\Omega} = \left(\sum_{|\boldsymbol{\alpha}| \leqslant k} \|D^{\boldsymbol{\alpha}} f\|_{0,\Omega}^2 \right)^{1/2} = \left(\sum_{|\boldsymbol{\alpha}| \leqslant k} \int_{\Omega} (D^{\boldsymbol{\alpha}} f(\boldsymbol{x}))^2 \, \mathrm{d}\boldsymbol{x} \right)^{1/2},$$

$$|f|_{k,\Omega} = \left(\sum_{|\boldsymbol{\alpha}| = k} \|D^{\boldsymbol{\alpha}} f\|_{0,\Omega}^2 \right)^{1/2} = \left(\sum_{|\boldsymbol{\alpha}| = k} \int_{\Omega} (D^{\boldsymbol{\alpha}} f(\boldsymbol{x}))^2 \, \mathrm{d}\boldsymbol{x} \right)^{1/2}.$$

通常, 用 $H_0^k(\Omega)$ 表示 $C_0^\infty(\Omega)$ 在 $H^k(\Omega)$ 范数意义下的闭包, 其中 $C_0^\infty(\Omega)$ 是 Ω 中具有紧支集的无穷次连续可微函数的集合.

为了便于理论分析, 下面给出一些有用的公式和不等式 [49-51].

(1) **Gauss 公式**　若向量函数 $\boldsymbol{w}(\boldsymbol{x}) \in (C^1(\Omega) \cap C^0(\Omega \cup \Gamma))^n$, 则

$$\int_{\Omega} \mathrm{div}\boldsymbol{w}(\boldsymbol{x}) \, \mathrm{d}\boldsymbol{x} = \int_{\Gamma} \boldsymbol{w}(\boldsymbol{x}) \cdot \boldsymbol{n}(\boldsymbol{x}) \, \mathrm{d}s_{\boldsymbol{x}},$$

其中 div 是散度算子, $\mathrm{d}\boldsymbol{x} = \mathrm{d}x_1 \mathrm{d}x_2 \cdots \mathrm{d}x_n$, $\mathrm{d}s_{\boldsymbol{x}}$ 表示边界 Γ 上的 "长度" 元素, $\boldsymbol{n}(\boldsymbol{x})$ 是边界 Γ 上点 $\boldsymbol{x}$ 处的单位外法向量.

(2) **Green 公式**　若 $f \in H^1(\Omega)$ 和 $g \in H^2(\Omega)$, 则

$$\int_{\Omega} f(\boldsymbol{x}) \Delta g(\boldsymbol{x}) \, \mathrm{d}\boldsymbol{x} + \int_{\Omega} \nabla f(\boldsymbol{x}) \cdot \nabla g(\boldsymbol{x}) \, \mathrm{d}\boldsymbol{x} = \int_{\Gamma} f(\boldsymbol{x}) \frac{\partial g(\boldsymbol{x})}{\partial \boldsymbol{n}(\boldsymbol{x})} \mathrm{d}s_{\boldsymbol{x}},$$

其中 Δ 是 Laplace 算子, ∇ 是梯度算子, $\partial g(\boldsymbol{x})/\partial \boldsymbol{n}(\boldsymbol{x}) = \boldsymbol{n}(\boldsymbol{x}) \cdot \nabla g(\boldsymbol{x})$.

(3) **Poincaré-Friedrichs 不等式**　若 Ω 是单连通区域且至少在一个方向上有界, 则对任意 $f \in H_0^k(\Omega)$, 其中 k 是正整数, 存在正常数 $C(k, \Omega)$, 使得

$$\|f\|_{k,\Omega} \leqslant C(k, \Omega) |f|_{k,\Omega}.$$

特别地, 当 $f \in H_0^1(\Omega)$ 时, 存在正常数 $C(\Omega)$, 使得

$$\|f\|_{0,\Omega} \leqslant C(\Omega) \|\nabla f\|_{0,\Omega}.$$

(4) **Cauchy-Schwarz 不等式**　若 $f \in L^2(\Omega)$ 和 $g \in L^2(\Omega)$, 则

$$|(f, g)| \leqslant \|f\|_{0,\Omega} \|g\|_{0,\Omega}.$$

(5) **Young 不等式**　对任意 $a \geqslant 0, b \geqslant 0, p > 1, q > 1$, 若 $\dfrac{1}{p} + \dfrac{1}{q} = 1$, 则

$$ab \leqslant \frac{1}{p} a^p + \frac{1}{q} b^q.$$

特别地, 对任意 $a \geqslant 0, b \geqslant 0, \varepsilon > 0$, 有

$$ab \leqslant \frac{\varepsilon}{2}a^2 + \frac{1}{2\varepsilon}b^2.$$

最后, 给出一些无网格逼近和移动最小二乘近似中涉及的符号.

对任意 $\boldsymbol{x} \in \Omega$, 点 $\boldsymbol{x}$ 的影响域定义为

$$\Re(\boldsymbol{x}) = \{\boldsymbol{y} \in \mathbb{R}^n : |\boldsymbol{x} - \boldsymbol{y}| \leqslant r(\boldsymbol{x})\},$$

其中 $r(\boldsymbol{x})$ 表示影响域 $\Re(\boldsymbol{x})$ 的半径.

在无网格近似中, 用 N 个节点 $\{\boldsymbol{x}_i\}_{i=1}^N$ 离散区域 Ω, 用

$$h = \max_{1 \leqslant i \leqslant N} \min_{1 \leqslant j \leqslant N, j \neq i} |\boldsymbol{x}_i - \boldsymbol{x}_j|$$

表示节点间距, 节点 $\boldsymbol{x}_i$ 的影响域可记为

$$\Re_i = \{\boldsymbol{y} \in \mathbb{R}^n : |\boldsymbol{x}_i - \boldsymbol{y}| \leqslant r_i\}, \quad i = 1, 2, \cdots, N, \tag{1.1.1}$$

其中 $r_i = r(\boldsymbol{x}_i)$ 是影响域 $\Re_i$ 的半径, r_i 的选取要求满足 $\Omega = \bigcup_{i=1}^N \Re_i$, 即 N 个子域 $\Re_i$ 完全覆盖求解域 Ω. 在二维问题中, 影响域一般为圆形或矩形, 不同节点处的影响域的形状和大小都可以不同. 与求解域 Ω 相比, 影响域是一个很小的区域, 并且可以互相重叠.

在本书中, 为了书写简便, 大写字母 C (不管是否有下标) 表示不依赖于节点间距 h 等量的非负常数, 在不同不等式中的取值可能不相同.

对任意 $\boldsymbol{x} \in \Omega$, 假定存在 $\tau(\boldsymbol{x})$ 个节点 $\boldsymbol{x}_i$ 使得 $\boldsymbol{x} \in \Re_i$, 即点 $\boldsymbol{x}$ 被 $\tau(\boldsymbol{x})$ 个节点 $\boldsymbol{x}_i$ 的影响域 $\Re_i$ 覆盖, 这些节点的全局序号用 $I_1, I_2, \cdots, I_{\tau(\boldsymbol{x})}$ 来表示, 并记

$$\wedge(\boldsymbol{x}) = \{I_1, I_2, \cdots, I_{\tau(\boldsymbol{x})}\}. \tag{1.1.2}$$

显然,

$$\wedge(\boldsymbol{x}) = \{i : \boldsymbol{x} \in \Re_i, 1 \leqslant i \leqslant N\} \tag{1.1.3}$$

表示影响域覆盖了点 $\boldsymbol{x}$ 的节点 $\boldsymbol{x}_i$ 的全局序号的集合.

1.2 移动最小二乘近似的基本原理

本节介绍移动最小二乘近似的基本原理, 给出形函数的推导过程.

在移动最小二乘近似中, 函数 $u(\boldsymbol{x})$ 的近似函数定义为

$$u(\boldsymbol{x}) \approx \mathcal{M}u(\boldsymbol{x}) = \sum_{j=1}^{\bar{m}} p_j(\boldsymbol{x}) a_j(\boldsymbol{x}) = \boldsymbol{p}^{\mathrm{T}}(\boldsymbol{x}) \boldsymbol{a}(\boldsymbol{x}), \tag{1.2.1}$$

其中 $\mathcal{M}$ 是逼近算子,

$$\boldsymbol{a}\left(\boldsymbol{x}\right)=\left(a_1\left(\boldsymbol{x}\right),a_2\left(\boldsymbol{x}\right),\cdots,a_{\bar{m}}\left(\boldsymbol{x}\right)\right)^{\mathrm{T}}$$

是待定系数 $a_j\left(\boldsymbol{x}\right)$ 构成的向量, $p_j\left(\boldsymbol{x}\right)$ 是基函数, $\bar{m}$ 是基函数的个数, $\boldsymbol{p}\left(\boldsymbol{x}\right)$ 是基函数向量,

$$\boldsymbol{p}\left(\boldsymbol{x}\right)=\left(p_1\left(\boldsymbol{x}\right),p_2\left(\boldsymbol{x}\right),\cdots,p_{\bar{m}}\left(\boldsymbol{x}\right)\right)^{\mathrm{T}}. \tag{1.2.2}$$

通常将 $\boldsymbol{p}\left(\boldsymbol{x}\right)$ 选取为 n 维 m 次多项式空间 $\mathbb{P}_m$ 中的完备多项式基向量, 此时 $\bar{m}=\left(m+n\right)!/m!n!$.

相应于 (1.2.1) 中的全局逼近, $u\left(\boldsymbol{x}\right)$ 在点 $\boldsymbol{x}$ 的影响域 $\Re\left(\boldsymbol{x}\right)$ 内的局部逼近定义为

$$u\left(\boldsymbol{x}\right)\approx\mathcal{M}u\left(\boldsymbol{x},\bar{\boldsymbol{x}}\right)=\sum_{j=1}^{\bar{m}}p_j\left(\bar{\boldsymbol{x}}\right)a_j\left(\boldsymbol{x}\right)=\boldsymbol{p}^{\mathrm{T}}\left(\bar{\boldsymbol{x}}\right)\boldsymbol{a}\left(\boldsymbol{x}\right), \tag{1.2.3}$$

其中 $\bar{\boldsymbol{x}}$ 是 $\Re\left(\boldsymbol{x}\right)$ 中的一个点.

根据加权最小二乘法, 系数向量 $\boldsymbol{a}\left(\boldsymbol{x}\right)$ 可由加权最小二乘拟合得到, 即对任一点 $\boldsymbol{x}$, $\boldsymbol{a}\left(\boldsymbol{x}\right)$ 的选择使下列离散 L^2 范数取极小值,

$$\begin{aligned} J\left(\boldsymbol{x}\right)&=\sum_{i\in\wedge\left(\boldsymbol{x}\right)}w_i\left(\boldsymbol{x}\right)\left[\mathcal{M}u\left(\boldsymbol{x},\boldsymbol{x}_i\right)-u_i\right]^2\\ &=\sum_{i=I_1}^{I_{\tau\left(\boldsymbol{x}\right)}}w_i\left(\boldsymbol{x}\right)\left[\boldsymbol{p}^{\mathrm{T}}\left(\boldsymbol{x}_i\right)\boldsymbol{a}\left(\boldsymbol{x}\right)-u_i\right]^2\\ &=\left(\boldsymbol{P}\boldsymbol{a}-\boldsymbol{u}\right)^{\mathrm{T}}\boldsymbol{W}\left(\boldsymbol{x}\right)\left(\boldsymbol{P}\boldsymbol{a}-\boldsymbol{u}\right), \end{aligned} \tag{1.2.4}$$

其中

$$\boldsymbol{u}=\left(u_{I_1},u_{I_2},\cdots,u_{I_{\tau\left(\boldsymbol{x}\right)}}\right)^{\mathrm{T}}$$

是节点处的函数近似值 u_i 构成的向量,

$$\begin{aligned} \boldsymbol{P}&=\left(\boldsymbol{p}\left(\boldsymbol{x}_{I_1}\right),\boldsymbol{p}\left(\boldsymbol{x}_{I_2}\right),\cdots,\boldsymbol{p}\left(\boldsymbol{x}_{I_{\tau\left(\boldsymbol{x}\right)}}\right)\right)^{\mathrm{T}}\\ &=\left(\begin{array}{cccc} p_1\left(\boldsymbol{x}_{I_1}\right) & p_2\left(\boldsymbol{x}_{I_1}\right) & \cdots & p_{\bar{m}}\left(\boldsymbol{x}_{I_1}\right)\\ p_1\left(\boldsymbol{x}_{I_2}\right) & p_2\left(\boldsymbol{x}_{I_2}\right) & \cdots & p_{\bar{m}}\left(\boldsymbol{x}_{I_2}\right)\\ \vdots & \vdots & \ddots & \vdots\\ p_1\left(\boldsymbol{x}_{I_{\tau\left(\boldsymbol{x}\right)}}\right) & p_2\left(\boldsymbol{x}_{I_{\tau\left(\boldsymbol{x}\right)}}\right) & \cdots & p_{\bar{m}}\left(\boldsymbol{x}_{I_{\tau\left(\boldsymbol{x}\right)}}\right) \end{array}\right) \end{aligned} \tag{1.2.5}$$

是一个 $\tau\left(\boldsymbol{x}\right)\times\bar{m}$ 矩阵,

$$\boldsymbol{W}\left(\boldsymbol{x}\right)=\mathrm{diag}\left(w_{I_1}\left(\boldsymbol{x}\right),w_{I_2}\left(\boldsymbol{x}\right),\cdots,w_{I_{\tau\left(\boldsymbol{x}\right)}}\left(\boldsymbol{x}\right)\right) \tag{1.2.6}$$

是一个 $\tau(\boldsymbol{x})$ 阶对角矩阵. 另外, $w_i(\boldsymbol{x}) := w(\boldsymbol{x} - \boldsymbol{x}_i)$ 是定义在节点 $\boldsymbol{x}_i$ 处的权函数, 满足: ① 当 $\boldsymbol{x} \in \Re_i$ 时, $w_i(\boldsymbol{x}) > 0$; ② 当 $\boldsymbol{x} \notin \Re_i$ 时, $w_i(\boldsymbol{x}) = 0$; ③ $w_i(\boldsymbol{x})$ 关于 $|\boldsymbol{x} - \boldsymbol{x}_i|$ 是单调递减函数, 即它随着 $\boldsymbol{x}$ 到 $\boldsymbol{x}_i$ 距离的增加而减小. 从条件 ① 和 ② 可以看出, 权函数只在节点 $\boldsymbol{x}_i$ 周围的一个有限区域 $\Re_i$ 中大于零, 而在该区域外为零, 即该函数是紧支的.

当 $J(\boldsymbol{x})$ 取极小值时, 由 $\partial J(\boldsymbol{x})/\partial \boldsymbol{a}(\boldsymbol{x}) = 0$ 可得法方程

$$\boldsymbol{A}(\boldsymbol{x})\boldsymbol{a}(\boldsymbol{x}) = \boldsymbol{B}(\boldsymbol{x})\boldsymbol{u}, \tag{1.2.7}$$

其中

$$\boldsymbol{A}(\boldsymbol{x}) = \boldsymbol{P}^{\mathrm{T}}\boldsymbol{W}(\boldsymbol{x})\boldsymbol{P}, \tag{1.2.8}$$

$$\boldsymbol{B}(\boldsymbol{x}) = \boldsymbol{P}^{\mathrm{T}}\boldsymbol{W}(\boldsymbol{x}). \tag{1.2.9}$$

显然, 矩阵 $\boldsymbol{A}(\boldsymbol{x})$ 和 $\boldsymbol{B}(\boldsymbol{x})$ 的元素可分别表示为

$$[\boldsymbol{A}(\boldsymbol{x})]_{ij} = [\boldsymbol{A}(\boldsymbol{x})]_{ji} = \sum_{\ell=1}^{\tau(\boldsymbol{x})} p_i(\boldsymbol{x}_{I_\ell}) w_{I_\ell}(\boldsymbol{x}) p_j(\boldsymbol{x}_{I_\ell}), \quad i,j = 1,2,\cdots,\bar{m}, \tag{1.2.10}$$

$$[\boldsymbol{B}(\boldsymbol{x})]_{ij} = w_{I_j}(\boldsymbol{x}) p_i(\boldsymbol{x}_{I_j}), \quad i = 1,2,\cdots,\bar{m}, \quad j = 1,2,\cdots,\tau(\boldsymbol{x}). \tag{1.2.11}$$

求解 (1.2.7) 得到

$$\boldsymbol{a}(\boldsymbol{x}) = \boldsymbol{A}^{-1}(\boldsymbol{x})\boldsymbol{B}(\boldsymbol{x})\boldsymbol{u}. \tag{1.2.12}$$

把 (1.2.12) 代入 (1.2.3), 函数 $u(\boldsymbol{x})$ 在点 $\boldsymbol{x}$ 的影响域 $\Re(\boldsymbol{x})$ 内的移动最小二乘近似为

$$u(\boldsymbol{x}) \approx \mathcal{M}u(\boldsymbol{x},\bar{\boldsymbol{x}}) = \boldsymbol{p}^{\mathrm{T}}(\bar{\boldsymbol{x}})\boldsymbol{A}^{-1}(\boldsymbol{x})\boldsymbol{B}(\boldsymbol{x})\boldsymbol{u}.$$

对求解域内的所有点 $\boldsymbol{x}$ 都可以建立形如上式的局部逼近函数 $\mathcal{M}u(\boldsymbol{x},\bar{\boldsymbol{x}})$. 令 $\bar{\boldsymbol{x}} = \boldsymbol{x}$, 则函数 $u(\boldsymbol{x})$ 在求解域 Ω 内的全局逼近函数 $\mathcal{M}u(\boldsymbol{x})$ 为

$$u(\boldsymbol{x}) \approx \mathcal{M}u(\boldsymbol{x}) = \mathcal{M}u(\boldsymbol{x},\bar{\boldsymbol{x}})|_{\bar{\boldsymbol{x}}=\boldsymbol{x}} = \boldsymbol{p}^{\mathrm{T}}(\boldsymbol{x})\boldsymbol{A}^{-1}(\boldsymbol{x})\boldsymbol{B}(\boldsymbol{x})\boldsymbol{u}. \tag{1.2.13}$$

记移动最小二乘近似的形函数为

$$\Phi_i(\boldsymbol{x}) = \begin{cases} \sum_{j=1}^{\bar{m}} p_j(\boldsymbol{x}) \left[\boldsymbol{A}^{-1}(\boldsymbol{x})\boldsymbol{B}(\boldsymbol{x})\right]_{j\ell}, & i = I_\ell \in \wedge(\boldsymbol{x}), \\ 0, & i \notin \wedge(\boldsymbol{x}), \end{cases} \quad i = 1,2,\cdots,N, \tag{1.2.14}$$

则由 (1.2.13), 函数 $u(\boldsymbol{x})$ 在求解域 Ω 内的移动最小二乘近似为

$$u\left(\boldsymbol{x}\right) \approx \mathcal{M}u\left(\boldsymbol{x}\right) = \sum_{i \in \wedge(\boldsymbol{x})} \Phi_i\left(\boldsymbol{x}\right) u_i = \sum_{i=1}^{N} \Phi_i\left(\boldsymbol{x}\right) u_i. \tag{1.2.15}$$

若记 $(\cdot)_{,k} = \partial(\cdot)/\partial x_k$，$(\cdot)_{,kl} = \partial^2(\cdot)/\partial x_k \partial x_l$，则函数 $u\left(\boldsymbol{x}\right)$ 的一阶导数 $u_{,k}\left(\boldsymbol{x}\right) = \partial u\left(\boldsymbol{x}\right)/\partial x_k$ 和二阶导数 $u_{,kl}\left(\boldsymbol{x}\right) = \partial^2 u\left(\boldsymbol{x}\right)/\partial x_k \partial x_l$ 的移动最小二乘近似分别为

$$u_{,k}\left(\boldsymbol{x}\right) \approx (\mathcal{M}u)_{,k}\left(\boldsymbol{x}\right) = \sum_{i \in \wedge(\boldsymbol{x})} \Phi_{i,k}\left(\boldsymbol{x}\right) u_i, \quad k = 1, 2, \cdots, n,$$

$$u_{,kl}\left(\boldsymbol{x}\right) \approx (\mathcal{M}u)_{,kl}\left(\boldsymbol{x}\right) = \sum_{i \in \wedge(\boldsymbol{x})} \Phi_{i,kl}\left(\boldsymbol{x}\right) u_i, \quad k, l = 1, 2, \cdots, n.$$

由 (1.2.14)，当 $i = I_\ell \in \wedge(\boldsymbol{x})$ 时，$\Phi_i\left(\boldsymbol{x}\right)$ 的一阶导数 $\Phi_{i,k}\left(\boldsymbol{x}\right)$ 和二阶导数 $\Phi_{i,kl}\left(\boldsymbol{x}\right)$ 分别为

$$\Phi_{i,k} = \sum_{j=1}^{\bar{m}} \left\{ p_{j,k} \left[\boldsymbol{A}^{-1}\boldsymbol{B}\right]_{j\ell} + p_j \left[\boldsymbol{A}_{,k}^{-1}\boldsymbol{B} + \boldsymbol{A}^{-1}\boldsymbol{B}_{,k}\right]_{j\ell} \right\}, \tag{1.2.16}$$

$$\begin{aligned} \Phi_{i,kl} = \sum_{j=1}^{\bar{m}} \Big\{ & p_{j,kl} \left[\boldsymbol{A}^{-1}\boldsymbol{B}\right]_{j\ell} + p_{j,k} \left[\boldsymbol{A}_{,l}^{-1}\boldsymbol{B} + \boldsymbol{A}^{-1}\boldsymbol{B}_{,l}\right]_{j\ell} + p_{j,l} \left[\boldsymbol{A}_{,k}^{-1}\boldsymbol{B} + \boldsymbol{A}^{-1}\boldsymbol{B}_{,k}\right]_{j\ell} \\ & + p_j \left[\boldsymbol{A}_{,kl}^{-1}\boldsymbol{B} + \boldsymbol{A}_{,k}^{-1}\boldsymbol{B}_{,l} + \boldsymbol{A}_{,l}^{-1}\boldsymbol{B}_{,k} + \boldsymbol{A}^{-1}\boldsymbol{B}_{,kl}\right]_{j\ell} \Big\}. \end{aligned} \tag{1.2.17}$$

用 $\boldsymbol{I}$ 表示单位矩阵，则将 $\boldsymbol{A}\boldsymbol{A}^{-1} = \boldsymbol{I}$ 两边关于 x_k 求导可得 $\boldsymbol{A}_{,k}\boldsymbol{A}^{-1} + \boldsymbol{A}\boldsymbol{A}_{,k}^{-1} = \boldsymbol{0}$，从而矩阵 $\boldsymbol{A}^{-1}\left(\boldsymbol{x}\right)$ 的一阶导数 $\boldsymbol{A}_{,k}^{-1} = \partial \boldsymbol{A}^{-1}/\partial x_k$ 的计算公式为

$$\boldsymbol{A}_{,k}^{-1} = -\boldsymbol{A}^{-1}\boldsymbol{A}_{,k}\boldsymbol{A}^{-1}.$$

再将上式两边关于 x_l 求导，矩阵 $\boldsymbol{A}^{-1}\left(\boldsymbol{x}\right)$ 的二阶导数 $\boldsymbol{A}_{,kl}^{-1} = \partial^2 \boldsymbol{A}^{-1}/\partial x_k \partial x_l$ 可表示为

$$\begin{aligned} \boldsymbol{A}_{,kl}^{-1} &= -\boldsymbol{A}_{,l}^{-1}\boldsymbol{A}_{,k}\boldsymbol{A}^{-1} - \boldsymbol{A}^{-1}\boldsymbol{A}_{,kl}\boldsymbol{A}^{-1} - \boldsymbol{A}^{-1}\boldsymbol{A}_{,k}\boldsymbol{A}_{,l}^{-1} \\ &= \boldsymbol{A}^{-1}\boldsymbol{A}_{,l}\boldsymbol{A}^{-1}\boldsymbol{A}_{,k}\boldsymbol{A}^{-1} - \boldsymbol{A}^{-1}\boldsymbol{A}_{,kl}\boldsymbol{A}^{-1} + \boldsymbol{A}^{-1}\boldsymbol{A}_{,k}\boldsymbol{A}^{-1}\boldsymbol{A}_{,l}\boldsymbol{A}^{-1} \\ &= \boldsymbol{A}^{-1}\left(\boldsymbol{A}_{,k}\boldsymbol{A}^{-1}\boldsymbol{A}_{,l} - \boldsymbol{A}_{,kl} + \boldsymbol{A}_{,l}\boldsymbol{A}^{-1}\boldsymbol{A}_{,k}\right)\boldsymbol{A}^{-1}. \end{aligned}$$

1.3　移动最小二乘近似的性质

本节主要讨论移动最小二乘近似的一些性质.

性质 1.3.1　对任意 $\boldsymbol{x} \in \Omega$，法方程 (1.2.7) 的系数矩阵 $\boldsymbol{A}\left(\boldsymbol{x}\right)$ 可逆的必要条件是 $\tau\left(\boldsymbol{x}\right) \geqslant \bar{m}$，充分条件是矩阵 $\boldsymbol{P}$ 的秩等于 $\bar{m}$.

证明 根据 (1.2.5), 矩阵 $\boldsymbol{P}$ 的秩小于等于 $\tau(\boldsymbol{x})$, 因此结合 (1.2.8), 矩阵 $\boldsymbol{A}(\boldsymbol{x})$ 的秩小于等于 $\tau(\boldsymbol{x})$, 所以 $\boldsymbol{A}(\boldsymbol{x})$ 可逆的必要条件是 $\tau(\boldsymbol{x}) \geqslant \bar{m}$. 另一方面, 当矩阵 $\boldsymbol{P}$ 的秩等于 $\bar{m}$ 时, 矩阵 $\boldsymbol{A}(\boldsymbol{x})$ 的秩等于 $\bar{m}$, 所以 $\boldsymbol{A}(\boldsymbol{x})$ 可逆的充分条件是矩阵 $\boldsymbol{P}$ 的秩等于 $\bar{m}$. 证毕.

根据性质 1.3.1, 为了保证矩阵 $\boldsymbol{A}(\boldsymbol{x})$ 可逆, 需要矩阵 $\boldsymbol{P}$ 的秩等于 $\bar{m}$. 由 (1.2.5) 可知, 矩阵 $\boldsymbol{P}$ 的秩与集合 $\{\boldsymbol{x}_i\}_{i \in \wedge(\boldsymbol{x})}$ 密切相关, 而 (1.1.3) 表明该集合是由影响域覆盖了点 $\boldsymbol{x}$ 的节点 $\boldsymbol{x}_i$ 组成的, 所以在设置节点的影响域时, 需要满足如下假设.

假设 1.3.1 对任意 $\boldsymbol{x} \in \Omega$, 集合 $\{\boldsymbol{x}_i\}_{i \in \wedge(\boldsymbol{x})}$ 的选取需要使得矩阵 $\boldsymbol{P}$ 的秩等于 $\bar{m}$.

在移动最小二乘近似中, 由于系数向量 $\boldsymbol{a}(\boldsymbol{x})$ 是由加权最小二乘拟合得到的, 所以形函数 $\Phi_i(\boldsymbol{x})$ 一般不具有插值性质, 或 Delta 函数性质, 即

性质 1.3.2 $\Phi_i(\boldsymbol{x}_j) \neq \delta_{ij} = \begin{cases} 1, & i = j, \\ 0, & i \neq j. \end{cases}$

性质 1.3.2 中的 δ_{ij} 是 Delta 函数. 图 1.3.1 给出了一维和二维移动最小二乘近似形函数的示意图, 证实了形函数 $\Phi_i(\boldsymbol{x})$ 确实不具有插值性质.

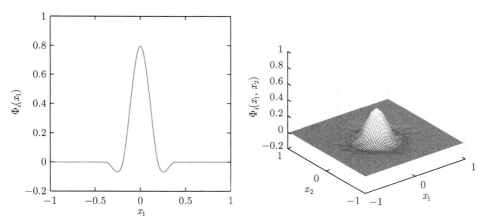

图 1.3.1 一维和二维移动最小二乘近似形函数的示意图

性质 1.3.3 如果基函数 $p_i(\boldsymbol{x}) \in C^k(\Omega)$, 权函数 $w_i(\boldsymbol{x}) \in C^\gamma(\Omega)$, 那么移动最小二乘近似的形函数 $\Phi_i(\boldsymbol{x}) \in C^{\min(k,\gamma)}(\Omega)$. 当使用多项式基函数时, $\Phi_i(\boldsymbol{x}) \in C^\gamma(\Omega)$.

证明 令 $\boldsymbol{E}_i(\boldsymbol{x}) = \boldsymbol{A}^{-1}(\boldsymbol{x})\boldsymbol{B}_i(\boldsymbol{x})$, 这里 $\boldsymbol{B}_i(\boldsymbol{x})$ 表示矩阵 $\boldsymbol{B}(\boldsymbol{x})$ 的第 i 列, 则 $\Phi_i(\boldsymbol{x}) = \boldsymbol{p}^{\mathrm{T}}(\boldsymbol{x})\boldsymbol{E}_i(\boldsymbol{x})$, 且 $\boldsymbol{A}(\boldsymbol{x})\boldsymbol{E}_i(\boldsymbol{x}) = \boldsymbol{B}_i(\boldsymbol{x})$. 由 Leibniz 公式, 可得

$$D^{\beta}\boldsymbol{B}_i = D^{\beta}\left(\boldsymbol{A}\boldsymbol{E}_i\right) = \sum_{\boldsymbol{\alpha}\leqslant\boldsymbol{\beta}}\begin{pmatrix}\boldsymbol{\beta}\\\boldsymbol{\alpha}\end{pmatrix}\left(D^{\boldsymbol{\alpha}}\boldsymbol{A}\right)\left(D^{\boldsymbol{\beta}-\boldsymbol{\alpha}}\boldsymbol{E}_i\right)$$

$$= \boldsymbol{A}D^{\boldsymbol{\beta}}\boldsymbol{E}_i + \sum_{0<\boldsymbol{\alpha}\leqslant\boldsymbol{\beta}}\begin{pmatrix}\boldsymbol{\beta}\\\boldsymbol{\alpha}\end{pmatrix}\left(D^{\boldsymbol{\alpha}}\boldsymbol{A}\right)\left(D^{\boldsymbol{\beta}-\boldsymbol{\alpha}}\boldsymbol{E}_i\right),$$

其中 $\boldsymbol{\alpha} = (\alpha_1,\alpha_2,\cdots,\alpha_n)^{\mathrm{T}}$ 和 $\boldsymbol{\beta} = (\beta_1,\beta_2,\cdots,\beta_n)^{\mathrm{T}}$ 都是 n 维多重指标. 因为 $p_i(\boldsymbol{x}) \in C^k(\Omega)$ 和 $w_i(\boldsymbol{x}) \in C^{\gamma}(\Omega)$, 所以当 $|\boldsymbol{\beta}| \leqslant \min(k,\gamma)$ 时, 根据 (1.2.10) 和 (1.2.11) 可知 $D^{\boldsymbol{\beta}}\boldsymbol{B}_i$ 和 $D^{\boldsymbol{\beta}}\boldsymbol{A}$ 都存在, 从而

$$D^{\boldsymbol{\beta}}\boldsymbol{E}_i = \boldsymbol{A}^{-1}\left[D^{\boldsymbol{\beta}}\boldsymbol{B}_i - \sum_{0<\boldsymbol{\alpha}\leqslant\boldsymbol{\beta}}\begin{pmatrix}\boldsymbol{\beta}\\\boldsymbol{\alpha}\end{pmatrix}\left(D^{\boldsymbol{\alpha}}\boldsymbol{A}\right)\left(D^{\boldsymbol{\beta}-\boldsymbol{\alpha}}\boldsymbol{E}_i\right)\right].$$

上式右端的 $D^{\boldsymbol{\beta}-\boldsymbol{\alpha}}\boldsymbol{E}_i$ 可由 Leibniz 公式递归计算, 所以 $\boldsymbol{E}_i(\boldsymbol{x}) \in C^{\min(k,\gamma)}(\Omega)$. 再利用 $p_i(\boldsymbol{x}) \in C^k(\Omega)$, 因此 $\Phi_i(\boldsymbol{x}) \in C^{\min(k,\gamma)}(\Omega)$.   证毕.

性质 1.3.3 表明形函数 $\Phi_i(\boldsymbol{x})$ 的光滑性由基函数和权函数的光滑性所确定. 当使用多项式基函数时, 形函数 $\Phi_i(\boldsymbol{x})$ 的光滑性只依赖于权函数的光滑性. 为了简便, 接下来假定 $\Phi_i(\boldsymbol{x}) \in C^{\gamma}(\Omega)$.

由 (1.2.14) 可见, 只有影响域覆盖了计算点 $\boldsymbol{x}$ 的那些节点 $\boldsymbol{x}_i$ (即 $w_i(\boldsymbol{x}) \neq 0$) 才对移动最小二乘近似有贡献, 因此

性质 1.3.4 移动最小二乘近似的形函数 $\Phi_i(\boldsymbol{x})$ 具有紧支集.

性质 1.3.5 移动最小二乘近似的形函数 $\Phi_i(\boldsymbol{x})$ 具有如下再生性:

$$\sum_{i=1}^{N}\Phi_i(\boldsymbol{x})p_j(\boldsymbol{x}_i) = p_j(\boldsymbol{x}), \quad j=1,2,\cdots,\bar{m}, \tag{1.3.1}$$

其中 $p_j(\boldsymbol{x})$ 是移动最小二乘近似中使用的基函数.

证明   根据 (1.2.15) 和 (1.1.2) 可得

$$\sum_{i=1}^{N}\Phi_i(\boldsymbol{x})p_l(\boldsymbol{x}_i) = \sum_{i\in\wedge(\boldsymbol{x})}\Phi_i(\boldsymbol{x})p_l(\boldsymbol{x}_i) = \sum_{\ell=1}^{\tau(\boldsymbol{x})}\Phi_{I_\ell}(\boldsymbol{x})p_l(\boldsymbol{x}_{I_\ell}), \quad l=1,2,\cdots,\bar{m}.$$

再利用 (1.2.14), 有

$$\sum_{i=1}^{N}\Phi_i(\boldsymbol{x})p_l(\boldsymbol{x}_i) = \sum_{\ell=1}^{\tau(\boldsymbol{x})}p_l(\boldsymbol{x}_{I_\ell})\sum_{j=1}^{\bar{m}}p_j(\boldsymbol{x})\left[\boldsymbol{A}^{-1}(\boldsymbol{x})\boldsymbol{B}(\boldsymbol{x})\right]_{j\ell}$$

$$= \sum_{\ell=1}^{\tau(\boldsymbol{x})}p_l(\boldsymbol{x}_{I_\ell})\sum_{j=1}^{\bar{m}}p_j(\boldsymbol{x})\sum_{r=1}^{\bar{m}}\left[\boldsymbol{A}^{-1}(\boldsymbol{x})\right]_{jr}\left[\boldsymbol{B}(\boldsymbol{x})\right]_{r\ell}. \tag{1.3.2}$$

由 (1.2.11) 可知

$$[\boldsymbol{B}(\boldsymbol{x})]_{r\ell} = w_{I_\ell}(\boldsymbol{x})\, p_r(\boldsymbol{x}_{I_\ell}),$$

将其代入 (1.3.2), 得到

$$
\sum_{i=1}^{N} \Phi_i(\boldsymbol{x})\, p_l(\boldsymbol{x}_i) = \sum_{\ell=1}^{\tau(\boldsymbol{x})} p_l(\boldsymbol{x}_{I_\ell}) \sum_{j=1}^{\bar{m}} p_j(\boldsymbol{x}) \sum_{r=1}^{\bar{m}} \left[\boldsymbol{A}^{-1}(\boldsymbol{x})\right]_{jr} w_{I_\ell}(\boldsymbol{x})\, p_r(\boldsymbol{x}_{I_\ell})
$$

$$
= \sum_{j=1}^{\bar{m}} p_j(\boldsymbol{x}) \sum_{r=1}^{\bar{m}} \left[\boldsymbol{A}^{-1}(\boldsymbol{x})\right]_{jr} \sum_{\ell=1}^{\tau(\boldsymbol{x})} p_l(\boldsymbol{x}_{I_\ell})\, w_{I_\ell}(\boldsymbol{x})\, p_r(\boldsymbol{x}_{I_\ell}). \quad (1.3.3)
$$

再由 (1.2.10) 可知

$$
[\boldsymbol{A}(\boldsymbol{x})]_{rl} = \sum_{\ell=1}^{\tau(\boldsymbol{x})} p_l(\boldsymbol{x}_{I_\ell})\, w_{I_\ell}(\boldsymbol{x})\, p_r(\boldsymbol{x}_{I_\ell}),
$$

将其代入 (1.3.3), 得到

$$
\sum_{i=1}^{N} \Phi_i(\boldsymbol{x})\, p_l(\boldsymbol{x}_i) = \sum_{j=1}^{\bar{m}} p_j(\boldsymbol{x}) \sum_{r=1}^{\bar{m}} \left[\boldsymbol{A}^{-1}(\boldsymbol{x})\right]_{jr} [\boldsymbol{A}(\boldsymbol{x})]_{rl}
$$

$$
= \sum_{j=1}^{\bar{m}} p_j(\boldsymbol{x})\, \delta_{jl}
$$

$$
= p_l(\boldsymbol{x}), \quad l = 1, 2, \cdots, \bar{m}. \quad (1.3.4)
$$

这表明 (1.3.1) 成立. 证毕.

在移动最小二乘近似中, 通常选取 $p_1(\boldsymbol{x}) = 1$, 此时由性质 1.3.5 可知 $\Phi_i(\boldsymbol{x})$ 具有单位分解性, 即

$$
\sum_{i=1}^{N} \Phi_i(\boldsymbol{x}) = 1.
$$

由性质 1.3.5 易得, 移动最小二乘近似能够精确地重构基向量中的任何基函数, 因此也能精确重构这些基函数的任意线性组合. 另外, 对 (1.3.1) 求导, 可知形函数 $\Phi_i(\boldsymbol{x})$ 的导数也具有再生性, 即

性质 1.3.6 形函数的导数 $D^{\boldsymbol{\alpha}}\Phi_i(\boldsymbol{x})$ 具有如下再生性:

$$
\sum_{i=1}^{N} D^{\boldsymbol{\alpha}}\Phi_i(\boldsymbol{x})\, p_j(\boldsymbol{x}_i) = D^{\boldsymbol{\alpha}} p_j(\boldsymbol{x}), \quad |\boldsymbol{\alpha}| = 0, 1, \cdots, \gamma, \quad j = 1, 2, \cdots, \bar{m}. \quad (1.3.5)
$$

性质 1.3.5 和性质 1.3.6 给出了移动最小二乘近似的形函数及其导数的再生性. 进一步, 还可得到如下一致性.

性质 1.3.7　若 $(p_1(\boldsymbol{x}), p_2(\boldsymbol{x}), \cdots, p_{\bar{m}}(\boldsymbol{x}))^{\mathrm{T}} = \{\boldsymbol{x}^{\boldsymbol{\alpha}}\}_{0 \leqslant |\boldsymbol{\alpha}| \leqslant m}$ 是完备 Pascal 单项式基向量, 则移动最小二乘近似的形函数 $\Phi_i(\boldsymbol{x})$ 具有如下一致性:

$$\sum_{i=1}^{N} D^{\boldsymbol{\alpha}} \Phi_i(\boldsymbol{x}) (\boldsymbol{x}_i - \boldsymbol{x})^{\boldsymbol{\beta}} = \boldsymbol{\beta}! \delta_{\boldsymbol{\alpha}\boldsymbol{\beta}}, \quad |\boldsymbol{\alpha}| = 0, 1, \cdots, \gamma, \quad |\boldsymbol{\beta}| = 0, 1, \cdots, m, \quad (1.3.6)$$

$$\sum_{i=1}^{N} D^{\boldsymbol{\alpha}} \Phi_i(\boldsymbol{x}) q(\boldsymbol{x}_i - \boldsymbol{x}) = D^{\boldsymbol{\alpha}} q(\boldsymbol{0}), \quad |\boldsymbol{\alpha}| = 0, 1, \cdots, \gamma, \quad \forall q \in \mathbb{P}_m. \quad (1.3.7)$$

证明　因为利用 Newton 二项式定理可得

$$(\boldsymbol{x}_i - \boldsymbol{x})^{\boldsymbol{\beta}} = \sum_{\boldsymbol{\lambda} \leqslant \boldsymbol{\beta}} \begin{pmatrix} \boldsymbol{\beta} \\ \boldsymbol{\lambda} \end{pmatrix} (\boldsymbol{x}_i)^{\boldsymbol{\lambda}} (-\boldsymbol{x})^{\boldsymbol{\beta}-\boldsymbol{\lambda}},$$

又因为利用 (1.3.5) 可得

$$\sum_{i=1}^{N} D^{\boldsymbol{\alpha}} \Phi_i(\boldsymbol{x}) (\boldsymbol{x}_i)^{\boldsymbol{\lambda}} = D^{\boldsymbol{\alpha}} \boldsymbol{x}^{\boldsymbol{\lambda}}, \quad |\boldsymbol{\lambda}| = 0, 1, \cdots, |\boldsymbol{\beta}|,$$

其中 $\boldsymbol{\alpha}$, $\boldsymbol{\beta}$ 和 $\boldsymbol{\lambda}$ 都是 n 维多重指标, 所以

$$\begin{aligned}
\sum_{i=1}^{N} D^{\boldsymbol{\alpha}} \Phi_i(\boldsymbol{x}) (\boldsymbol{x}_i - \boldsymbol{x})^{\boldsymbol{\beta}} &= \sum_{i=1}^{N} D^{\boldsymbol{\alpha}} \Phi_i(\boldsymbol{x}) \sum_{\boldsymbol{\lambda} \leqslant \boldsymbol{\beta}} \begin{pmatrix} \boldsymbol{\beta} \\ \boldsymbol{\lambda} \end{pmatrix} (\boldsymbol{x}_i)^{\boldsymbol{\lambda}} (-\boldsymbol{x})^{\boldsymbol{\beta}-\boldsymbol{\lambda}} \\
&= \sum_{\boldsymbol{\lambda} \leqslant \boldsymbol{\beta}} \begin{pmatrix} \boldsymbol{\beta} \\ \boldsymbol{\lambda} \end{pmatrix} (-\boldsymbol{x})^{\boldsymbol{\beta}-\boldsymbol{\lambda}} \sum_{i=1}^{N} D^{\boldsymbol{\alpha}} \Phi_i(\boldsymbol{x}) (\boldsymbol{x}_i)^{\boldsymbol{\lambda}} \\
&= \sum_{\boldsymbol{\lambda} \leqslant \boldsymbol{\beta}} \begin{pmatrix} \boldsymbol{\beta} \\ \boldsymbol{\lambda} \end{pmatrix} (-\boldsymbol{x})^{\boldsymbol{\beta}-\boldsymbol{\lambda}} D^{\boldsymbol{\alpha}} \boldsymbol{x}^{\boldsymbol{\lambda}} \\
&= \begin{cases} \boldsymbol{\beta}!, & \boldsymbol{\alpha} = \boldsymbol{\beta}, \\ 0, & \boldsymbol{\alpha} \neq \boldsymbol{\beta}, \end{cases}
\end{aligned}$$

这表明 (1.3.6) 成立. 可将上式表示为

$$\sum_{i=1}^{N} D^{\boldsymbol{\alpha}} \Phi_i(\boldsymbol{x}) (\boldsymbol{x}_i - \boldsymbol{x})^{\boldsymbol{\beta}} = D^{\boldsymbol{\alpha}} \boldsymbol{x}^{\boldsymbol{\beta}} \big|_{\boldsymbol{x}=\boldsymbol{0}},$$

从而进一步有

$$\sum_{i=1}^{N} D^{\boldsymbol{\alpha}} \Phi_i(\boldsymbol{x}) p_j(\boldsymbol{x}_i - \boldsymbol{x}) = D^{\boldsymbol{\alpha}} p_j(\boldsymbol{0}), \quad |\boldsymbol{\alpha}| = 0, 1, \cdots, \gamma, \quad j = 1, 2, \cdots, \bar{m},$$

因此 (1.3.7) 成立.　　　　　　　　　　　　　　　　　　　　　　　　　　　　　证毕.

1.4 移动最小二乘近似的稳定性

本节首先介绍移动最小二乘近似中常用的基函数, 然后分析使用这些基函数构造的移动最小二乘近似的稳定性, 最后给出一种能够保证移动最小二乘近似稳定性的基函数, 进而建立稳定的移动最小二乘近似.

1.4.1 基函数的选取

对于 (1.2.2) 给出的 n 维 m 次多项式基函数向量 $\boldsymbol{p}(\boldsymbol{x})$, 通常选取为如下的完备 Pascal 单项式:

$$\boldsymbol{p}(\boldsymbol{x}) = \{\boldsymbol{x}^{\boldsymbol{\alpha}}\}_{0 \leqslant |\boldsymbol{\alpha}| \leqslant m}. \tag{1.4.1}$$

此时, 基函数个数 $\bar{m}$、最高次数 m 和问题维数 n 满足

$$\bar{m} = \binom{m+n}{n} = \frac{(m+n)!}{m!n!}. \tag{1.4.2}$$

例如, 线性基向量为

$$\boldsymbol{p}(\boldsymbol{x}) = (1, x_1)^{\mathrm{T}}, \quad \boldsymbol{x} = x_1 \in \mathbb{R},$$
$$\boldsymbol{p}(\boldsymbol{x}) = (1, x_1, x_2)^{\mathrm{T}}, \quad \boldsymbol{x} = (x_1, x_2)^{\mathrm{T}} \in \mathbb{R}^2,$$

二次基向量为

$$\boldsymbol{p}(\boldsymbol{x}) = \left(1, x_1, x_1^2\right)^{\mathrm{T}}, \quad \boldsymbol{x} = x_1 \in \mathbb{R},$$
$$\boldsymbol{p}(\boldsymbol{x}) = \left(1, x_1, x_2, x_1^2, x_1 x_2, x_2^2\right)^{\mathrm{T}}, \quad \boldsymbol{x} = (x_1, x_2)^{\mathrm{T}} \in \mathbb{R}^2.$$

在实际计算中, 可将 $\boldsymbol{p}(\boldsymbol{x})$ 的自变量 $\boldsymbol{x}$ 替换为 $\boldsymbol{x} - \boldsymbol{x}_e$, 将坐标原点平移到 $\Re(\boldsymbol{x})$ 上的一个固定点 $\boldsymbol{x}_e$, 即进行平移处理. 否则, $\boldsymbol{x}$ 的绝对值可能过大, 从而导致精度损失 [52]. 事实上, $\boldsymbol{x} - \boldsymbol{x}_e$ 是点 $\boldsymbol{x}$ 相对于 $\boldsymbol{x}_e$ 的局部坐标. 此时, 平移基向量 (shifted basis vector) 为

$$\boldsymbol{p}(\boldsymbol{x} - \boldsymbol{x}_e) = \left\{(\boldsymbol{x} - \boldsymbol{x}_e)^{\boldsymbol{\alpha}}\right\}_{0 \leqslant |\boldsymbol{\alpha}| \leqslant m}. \tag{1.4.3}$$

例如, 线性基向量为

$$\boldsymbol{p}(\boldsymbol{x} - \boldsymbol{x}_e) = (1, x_1 - x_{1e})^{\mathrm{T}}, \quad \boldsymbol{x} = x_1 \in \mathbb{R}, \quad \boldsymbol{x}_e = x_{1e} \in \Re(\boldsymbol{x}),$$
$$\boldsymbol{p}(\boldsymbol{x} - \boldsymbol{x}_e) = (1, x_1 - x_{1e}, x_2 - x_{2e})^{\mathrm{T}},$$
$$\boldsymbol{x} = (x_1, x_2)^{\mathrm{T}} \in \mathbb{R}^2, \quad \boldsymbol{x}_e = (x_{1e}, x_{2e})^{\mathrm{T}} \in \Re(\boldsymbol{x}),$$

二次基向量为

$$\boldsymbol{p}(\boldsymbol{x} - \boldsymbol{x}_e) = \left(1, x_1 - x_{1e}, (x_1 - x_{1e})^2\right)^{\mathrm{T}}, \quad \boldsymbol{x} \in \mathbb{R},$$

$$\boldsymbol{p}\left(\boldsymbol{x}-\boldsymbol{x}_e\right)$$

$$=\left(1, x_1-x_{1e}, x_2-x_{2e}, \left(x_1-x_{1e}\right)^2, \left(x_1-x_{1e}\right)\left(x_2-x_{2e}\right), \left(x_2-x_{2e}\right)^2\right)^{\mathrm{T}}, \quad \boldsymbol{x} \in \mathbb{R}^2.$$

基向量选用 (1.4.1) 时, (1.2.14) 给出了移动最小二乘近似的形函数, 即

$$\Phi_i\left(\boldsymbol{x}\right) = \begin{cases} \sum\limits_{j=1}^{\bar{m}} p_j\left(\boldsymbol{x}\right) \left[\boldsymbol{A}^{-1}\left(\boldsymbol{x}\right)\boldsymbol{B}\left(\boldsymbol{x}\right)\right]_{j\ell}, & i = I_\ell \in \wedge\left(\boldsymbol{x}\right), \\ 0, & i \notin \wedge\left(\boldsymbol{x}\right), \end{cases} \quad i = 1, 2, \cdots, N. \tag{1.4.4}$$

类似地, 基向量选用 (1.4.3) 时, 移动最小二乘近似的形函数可表示为

$$\Phi_i\left(\boldsymbol{x}-\boldsymbol{x}_e\right) = \begin{cases} \sum\limits_{j=1}^{\bar{m}} p_j\left(\boldsymbol{x}-\boldsymbol{x}_e\right) \left[\boldsymbol{A}_s^{-1}\left(\boldsymbol{x}\right)\boldsymbol{B}_s\left(\boldsymbol{x}\right)\right]_{j\ell}, & i = I_\ell \in \wedge\left(\boldsymbol{x}\right), \\ 0, & i \notin \wedge\left(\boldsymbol{x}\right), \end{cases}$$

$$i = 1, 2, \cdots, N, \tag{1.4.5}$$

其中

$$\boldsymbol{A}_s\left(\boldsymbol{x}\right) = \boldsymbol{P}_s^{\mathrm{T}} \boldsymbol{W}\left(\boldsymbol{x}\right) \boldsymbol{P}_s, \tag{1.4.6}$$

$$\boldsymbol{B}_s\left(\boldsymbol{x}\right) = \boldsymbol{P}_s^{\mathrm{T}} \boldsymbol{W}\left(\boldsymbol{x}\right), \tag{1.4.7}$$

$$\boldsymbol{P}_s = \left(\boldsymbol{p}\left(\boldsymbol{x}_{I_1} - \boldsymbol{x}_e\right), \boldsymbol{p}\left(\boldsymbol{x}_{I_2} - \boldsymbol{x}_e\right), \cdots, \boldsymbol{p}\left(\boldsymbol{x}_{I_{\tau(\boldsymbol{x})}} - \boldsymbol{x}_e\right)\right)^{\mathrm{T}}. \tag{1.4.8}$$

性质 1.4.1 对任意 $\boldsymbol{x} \in \Omega$, (1.2.14) 和 (1.4.5) 给出的移动最小二乘近似形函数满足

$$\Phi_i(\boldsymbol{x}) = \Phi_i\left(\boldsymbol{x}-\boldsymbol{x}_e\right), \quad i = 1, 2, \cdots, N.$$

证明 根据 Newton 二项式定理可得

$$\left(\boldsymbol{x}-\boldsymbol{x}_e\right)^{\boldsymbol{\alpha}} = \boldsymbol{x}^{\boldsymbol{\alpha}} + \sum_{\boldsymbol{\beta} < \boldsymbol{\alpha}} \begin{pmatrix} \boldsymbol{\alpha} \\ \boldsymbol{\beta} \end{pmatrix} \left(-\boldsymbol{x}_e\right)^{\boldsymbol{\alpha}-\boldsymbol{\beta}} \boldsymbol{x}^{\boldsymbol{\beta}}.$$

因此, 存在单位下三角矩阵 $\boldsymbol{L}_s$, 使得

$$\boldsymbol{p}\left(\boldsymbol{x}-\boldsymbol{x}_e\right) = \boldsymbol{L}_s \boldsymbol{p}\left(\boldsymbol{x}\right). \tag{1.4.9}$$

再结合 (1.2.5) 和 (1.4.8) 可知 $\boldsymbol{P}_s = \boldsymbol{P} \boldsymbol{L}_s^{\mathrm{T}}$, 从而由 (1.2.8), (1.2.9), (1.4.6) 和 (1.4.7), 有

$$\boldsymbol{A}_s\left(\boldsymbol{x}\right) = \boldsymbol{P}_s^{\mathrm{T}} \boldsymbol{W}\left(\boldsymbol{x}\right) \boldsymbol{P}_s = \boldsymbol{L}_s \boldsymbol{P}^{\mathrm{T}} \boldsymbol{W}\left(\boldsymbol{x}\right) \boldsymbol{P} \boldsymbol{L}_s^{\mathrm{T}} = \boldsymbol{L}_s \boldsymbol{A}\left(\boldsymbol{x}\right) \boldsymbol{L}_s^{\mathrm{T}}, \tag{1.4.10}$$

$$\boldsymbol{B}_s\left(\boldsymbol{x}\right) = \boldsymbol{P}_s^{\mathrm{T}}\boldsymbol{W}\left(\boldsymbol{x}\right) = \boldsymbol{L}_s\boldsymbol{P}^{\mathrm{T}}\boldsymbol{W}\left(\boldsymbol{x}\right) = \boldsymbol{L}_s\boldsymbol{B}\left(\boldsymbol{x}\right). \tag{1.4.11}$$

将 (1.4.9)—(1.4.11) 代入 (1.4.5), 有

$$\begin{aligned} \Phi_{I_\ell}\left(\boldsymbol{x} - \boldsymbol{x}_e\right) &= \left[\boldsymbol{p}^{\mathrm{T}}\left(\boldsymbol{x} - \boldsymbol{x}_e\right)\boldsymbol{A}_s^{-1}\left(\boldsymbol{x}\right)\boldsymbol{B}_s\left(\boldsymbol{x}\right)\right]_\ell \\ &= \left[\left(\boldsymbol{L}_s\boldsymbol{p}\left(\boldsymbol{x}\right)\right)^{\mathrm{T}}\left(\boldsymbol{L}_s\boldsymbol{A}\left(\boldsymbol{x}\right)\boldsymbol{L}_s^{\mathrm{T}}\right)^{-1}\left(\boldsymbol{L}_s\boldsymbol{B}\left(\boldsymbol{x}\right)\right)\right]_\ell \\ &= \left[\boldsymbol{p}^{\mathrm{T}}\left(\boldsymbol{x}\right)\boldsymbol{A}^{-1}\left(\boldsymbol{x}\right)\boldsymbol{B}\left(\boldsymbol{x}\right)\right]_\ell \\ &= \Phi_{I_\ell}\left(\boldsymbol{x}\right). \qquad\qquad\qquad\qquad\qquad 证毕. \end{aligned}$$

为了便于理论分析, 下面给出一些假设.

假设 1.4.1 对任意 $\boldsymbol{x} \in \Omega$, 存在不依赖于 h 的正整数 $\boldsymbol{\kappa}_1(\boldsymbol{x})$ 和 $\boldsymbol{\kappa}_2(\boldsymbol{x})$, 使得

$$\bar{m} \leqslant \boldsymbol{\kappa}_1\left(\boldsymbol{x}\right) \leqslant \tau\left(\boldsymbol{x}\right) \leqslant \boldsymbol{\kappa}_2\left(\boldsymbol{x}\right). \tag{1.4.12}$$

该假设是很平凡的. 一方面, 任一点 $\boldsymbol{x}$ 的影响域 $\Re(\boldsymbol{x})$ 中至少包含 $\boldsymbol{\kappa}_1(\boldsymbol{x}) \geqslant \bar{m}$ 个节点, 由性质 1.3.1 可见, 该假设保证了移动最小二乘近似的推导过程有意义. 另一方面, $\Re(\boldsymbol{x})$ 中至多包含 $\boldsymbol{\kappa}_2(\boldsymbol{x})$ 个节点, 使得移动最小二乘近似具有局部特性, 这是无网格方法的基本要求.

假设 1.4.2 节点 $\{\boldsymbol{x}_i\}_{i=1}^N$ 拟一致分布, 即满足 [45,53]

$$C_1 h \leqslant r_i \leqslant C_2 h, \quad i = 1, 2, \cdots, N. \tag{1.4.13}$$

在 (1.4.12) 和 (1.4.13) 中, $\boldsymbol{\kappa}_1(\boldsymbol{x})$, $\boldsymbol{\kappa}_2(\boldsymbol{x})$, C_1 和 C_2 都是与 h 无关的正常数. 因此,

$$C_1 h^n \leqslant |\Re_i \cap \Omega| \leqslant C_2 h^n, \quad C_1 h^{n-1} \leqslant |\Re_i \cap \Gamma| \leqslant C_2 h^{n-1}, \quad i = 1, 2, \cdots, N, \tag{1.4.14}$$

其中 $|\Re_i \cap \Omega|$ 表示 $\Re_i \cap \Omega$ 在 $\mathbb{R}^n$ 中的 "面积", $|\Re_i \cap \Gamma|$ 表示 $\Re_i \cap \Gamma$ 在 $\mathbb{R}^{n-1}$ 中的 "长度".

假设 1.4.3 对任意 $\boldsymbol{x} \in \Omega$, 权函数具有如下形式:

$$w_i\left(\boldsymbol{x}\right) = \varphi\left(\frac{|\boldsymbol{x} - \boldsymbol{x}_i|}{r_i}\right), \quad i = 1, 2, \cdots, N, \tag{1.4.15}$$

其中函数 φ 非负, 紧支集半径为 r_i, 具有 γ 阶连续可微.

假设 1.4.3 对移动最小二乘近似中采用的权函数做了一定的限制. 很多经常使用的权函数都满足这个假设, 比如:

(1) Gauss 权函数

$$w_i\left(\boldsymbol{x}\right) = \begin{cases} \dfrac{\exp\left(-d/\hat{c}\right)^2 - \exp\left(-r_i/\hat{c}\right)^2}{1 - \exp\left(-r_i/\hat{c}\right)^2}, & d \leqslant 1, \\ 0, & d > 1; \end{cases} \tag{1.4.16}$$

(2) 指数权函数

$$w_i\left(\boldsymbol{x}\right) = \begin{cases} \exp\left(-\left(d/\hat{c}\right)^2\right), & d \leqslant 1, \\ 0, & d > 1; \end{cases} \tag{1.4.17}$$

(3) 三次样条权函数

$$w_i\left(\boldsymbol{x}\right) = \begin{cases} 2/3 - 4d^2 + 4d^3, & d \leqslant 1/2, \\ 4/3 - 4d + 4d^2 - 4d^3/3, & 1/2 < d \leqslant 1, \\ 0, & d > 1; \end{cases} \tag{1.4.18}$$

(4) 四次样条权函数

$$w_i\left(\boldsymbol{x}\right) = \begin{cases} 1 - 6d^2 + 8d^3 - 3d^4, & d \leqslant 1, \\ 0, & d > 1, \end{cases} \tag{1.4.19}$$

这里 $d = |\boldsymbol{x} - \boldsymbol{x}_i|/r_i$, r_i 是节点 $\boldsymbol{x}_i$ 的影响域的半径, 即权函数 $w_i\left(\boldsymbol{x}\right)$ 的紧支集半径, $\hat{c}$ 是控制权重的参数, 比如可取 $\hat{c} = h$.

在实际应用中, 可将节点 $\boldsymbol{x}_i$ 的影响域的半径取为 $r_i = \text{scale} \times c_i$, 其中 scale 是大于 1 的数, c_i 可取为节点间距, 例如在使用 m 次基函数时可取 $r_i = (m + 0.5)h$.

1.4.2　稳定性分析

线性代数系统的稳定性与其系数矩阵的条件数密切相关. 下面的定理 1.4.1 估计了移动最小二乘近似中 (1.2.8) 定义的矩阵 $\boldsymbol{A}\left(\boldsymbol{x}\right)$ 和 (1.4.6) 定义的矩阵 $\boldsymbol{A}_s\left(\boldsymbol{x}\right)$ 的条件数.

为了表示方便, 用 $\hat{j}$ 表示 (1.2.2) 给出的多项式基函数 $p_j\left(\boldsymbol{x}\right)$ 的次数. 特别地,

$$\hat{m} = m. \tag{1.4.20}$$

定理 1.4.1　对任意 $\boldsymbol{x} \in \Omega$, 当节点间距 h 充分小时, 存在与 h 无关的常数 $C_c(\boldsymbol{x}, \boldsymbol{m})$ 和 $C_{cs}(\boldsymbol{x}, \boldsymbol{m})$, 使得矩阵 $\boldsymbol{A}\left(\boldsymbol{x}\right)$ 和 $\boldsymbol{A}_s\left(\boldsymbol{x}\right)$ 的谱条件数可以被估计为

$$\text{cond}\left(\boldsymbol{A}\left(\boldsymbol{x}\right)\right) = C_c\left(\boldsymbol{x}, \boldsymbol{m}\right)h^{-2m}, \tag{1.4.21}$$

$$\text{cond}\left(\boldsymbol{A}_s\left(\boldsymbol{x}\right)\right) = C_{cs}\left(\boldsymbol{x}, \boldsymbol{m}\right)h^{-2m}. \tag{1.4.22}$$

证明 先证 (1.4.22).

因为 $\boldsymbol{x}_e$ 是 $\boldsymbol{x}$ 的影响域 $\Re(\boldsymbol{x})$ 上的一个固定点, 所以对任意 $\boldsymbol{x}_i \in \Re(\boldsymbol{x})$, 存在常向量 $\boldsymbol{r}_i$ 使得 $\boldsymbol{x}_i = \boldsymbol{x}_e + \boldsymbol{r}_i h$, 因此, (1.4.3) 定义的基函数 $p_j(\boldsymbol{x} - \boldsymbol{x}_e)$ 满足

$$p_j(\boldsymbol{x}_i - \boldsymbol{x}_e) = r_{ji} h^{\hat{j}}, \quad j = 1, 2, \cdots, \bar{m}, \quad i = I_1, I_2, \cdots, I_{\tau(\boldsymbol{x})}, \tag{1.4.23}$$

其中 r_{ji} 是有界且可计算的常数. 再由 (1.4.6) 可得

$$[\boldsymbol{A}_s(\boldsymbol{x})]_{jk} = \sum_{i \in \wedge(\boldsymbol{x})} w_i(\boldsymbol{x}) p_j(\boldsymbol{x}_i - \boldsymbol{x}_e) p_k(\boldsymbol{x}_i - \boldsymbol{x}_e)$$

$$= h^{\hat{j} + \hat{k}} a_{jk}(\boldsymbol{x}), \quad j, k = 1, 2, \cdots, \bar{m}, \tag{1.4.24}$$

其中

$$a_{jk}(\boldsymbol{x}) = \sum_{i \in \wedge(\boldsymbol{x})} w_i(\boldsymbol{x}) r_{ji} r_{ki}, \quad j, k = 1, 2, \cdots, \bar{m}. \tag{1.4.25}$$

对任意 $\boldsymbol{x} \in \Omega$, 根据假设 1.4.1 和假设 1.4.3 可知 $a_{jk}(\boldsymbol{x})$ 有界且不依赖于 h.

注意到 (1.4.2), 基向量 (1.4.3) 中次数为 $\hat{k}$ 的基函数个数为

$$\binom{\hat{k} + n}{n} - \binom{\hat{k} - 1 + n}{n} = \binom{\hat{k} + n - 1}{n - 1} = \frac{(\hat{k} + n - 1)!}{\hat{k}!\,(n-1)!}.$$

因为 (1.4.24) 表明 $[\boldsymbol{A}_s(\boldsymbol{x})]_{jk}$ 中 h 的指数为 $\hat{j} + \hat{k}$, 所以可以将矩阵 $\boldsymbol{A}_s(\boldsymbol{x})$ 分块成如下形式:

$$\boldsymbol{A}_s = \begin{bmatrix} \bar{\boldsymbol{A}}_{00} & h\bar{\boldsymbol{A}}_{01} & h^2\bar{\boldsymbol{A}}_{02} & \cdots & h^m\bar{\boldsymbol{A}}_{0m} \\ h\bar{\boldsymbol{A}}_{10} & h^2\bar{\boldsymbol{A}}_{11} & h^3\bar{\boldsymbol{A}}_{12} & \cdots & h^{m+1}\bar{\boldsymbol{A}}_{1m} \\ h^2\bar{\boldsymbol{A}}_{20} & h^3\bar{\boldsymbol{A}}_{21} & h^4\bar{\boldsymbol{A}}_{22} & \cdots & h^{m+2}\bar{\boldsymbol{A}}_{2m} \\ \vdots & \vdots & \vdots & \ddots & \vdots \\ h^m\bar{\boldsymbol{A}}_{m0} & h^{m+1}\bar{\boldsymbol{A}}_{m1} & h^{m+2}\bar{\boldsymbol{A}}_{m2} & \cdots & h^{2m}\bar{\boldsymbol{A}}_{mm} \end{bmatrix}, \tag{1.4.26}$$

其中 $\bar{\boldsymbol{A}}_{il}(\boldsymbol{x})$ 是维数为 $\binom{i+n-1}{n-1} \times \binom{l+n-1}{n-1}$ 的子矩阵, 其元素为 $a_{jk}(\boldsymbol{x})$, 这里 $j = \sum_{\ell=0}^{i-1}\binom{\ell+n-1}{n-1} + 1, \cdots, \sum_{\ell=0}^{i}\binom{\ell+n-1}{n-1}$, 而 $k = \sum_{\ell=0}^{l-1}\binom{\ell+n-1}{n-1} + 1, \cdots, \sum_{\ell=0}^{l}\binom{\ell+n-1}{n-1}$.

根据假设 1.3.1, 矩阵 $\boldsymbol{A}_s(\boldsymbol{x})$ 可逆. 因此, 注意到 (1.4.26), 矩阵 $\boldsymbol{A}_s(\boldsymbol{x})$ 可被对角化为

$$\boldsymbol{D}(\boldsymbol{x}) = \operatorname{diag}\left[\boldsymbol{M}_0(\boldsymbol{x}), h^2\boldsymbol{M}_1(\boldsymbol{x}), h^4\boldsymbol{M}_2(\boldsymbol{x}), \cdots, h^{2m}\boldsymbol{M}_m(\boldsymbol{x})\right], \qquad (1.4.27)$$

其中 $\boldsymbol{M}_i(\boldsymbol{x})$ 是 $\binom{i+n-1}{n-1}$ 阶且不依赖于 h 的对角矩阵.

记 $d_{\max}(\boldsymbol{x})$ 为对角矩阵 $\boldsymbol{M}_0(\boldsymbol{x})$ 按模最大的对角元, $d_{\min}(\boldsymbol{x})$ 为对角矩阵 $\boldsymbol{M}_m(\boldsymbol{x})$ 按模最小的对角元, 则存在 $h_0 > 0$, 当 $h \leqslant h_0$ 时, 对角矩阵 $\boldsymbol{D}(\boldsymbol{x})$ 按模最大的特征值是 $d_{\max}(\boldsymbol{x})$, 按模最小的特征值是 $d_{\min}(\boldsymbol{x})h^{2m}$。又因为 (1.4.10) 表明 $\boldsymbol{A}_s(\boldsymbol{x})$ 是对称矩阵, 所以可以将 $\boldsymbol{A}_s(\boldsymbol{x})$ 的谱条件数估计为

$$\operatorname{cond}(\boldsymbol{A}_s(\boldsymbol{x})) = \operatorname{cond}(\boldsymbol{D}(\boldsymbol{x})) = \frac{|d_{\max}(\boldsymbol{x})|}{|d_{\min}(\boldsymbol{x})h^{2m}|} = C_{cs}(\boldsymbol{x},\boldsymbol{m})h^{-2m},$$

其中 $C_{cs}(\boldsymbol{x},\boldsymbol{m}) = |d_{\max}(\boldsymbol{x})|/|d_{\min}(\boldsymbol{x})|$ 有界且不依赖于 h, 从而 (1.4.22) 成立.

接下来证明 (1.4.21).

设矩阵 $\sqrt{\boldsymbol{W}(\boldsymbol{x})}\boldsymbol{P}$ 的 QR 分解为

$$\sqrt{\boldsymbol{W}(\boldsymbol{x})}\boldsymbol{P} = \boldsymbol{Q}(\boldsymbol{x})\boldsymbol{R}(\boldsymbol{x}),$$

其中 $\boldsymbol{R}(\boldsymbol{x})$ 是一个上三角矩阵, $\boldsymbol{Q}(\boldsymbol{x})$ 是一个正交矩阵. 因此, 由 (1.2.8) 可得

$$\begin{aligned}
\boldsymbol{A}(\boldsymbol{x}) &= \boldsymbol{P}^{\mathrm{T}}\boldsymbol{W}(\boldsymbol{x})\boldsymbol{P} = \left(\sqrt{\boldsymbol{W}(\boldsymbol{x})}\boldsymbol{P}\right)^{\mathrm{T}}\sqrt{\boldsymbol{W}(\boldsymbol{x})}\boldsymbol{P} \\
&= (\boldsymbol{Q}(\boldsymbol{x})\boldsymbol{R}(\boldsymbol{x}))^{\mathrm{T}}\boldsymbol{Q}(\boldsymbol{x})\boldsymbol{R}(\boldsymbol{x}) \\
&= \boldsymbol{R}^{\mathrm{T}}(\boldsymbol{x})\boldsymbol{R}(\boldsymbol{x}),
\end{aligned}$$

再由 (1.4.10) 可得

$$\boldsymbol{A}_s(\boldsymbol{x}) = \boldsymbol{L}_s\boldsymbol{A}(\boldsymbol{x})\boldsymbol{L}_s^{\mathrm{T}} = \boldsymbol{L}_s\boldsymbol{R}^{\mathrm{T}}(\boldsymbol{x})\boldsymbol{R}(\boldsymbol{x})\boldsymbol{L}_s^{\mathrm{T}} = \boldsymbol{R}_s^{\mathrm{T}}(\boldsymbol{x})\boldsymbol{R}_s(\boldsymbol{x}),$$

其中 $\boldsymbol{R}_s(\boldsymbol{x}) = \boldsymbol{R}(\boldsymbol{x})\boldsymbol{L}_s^{\mathrm{T}}$. 注意到 $\boldsymbol{L}_s^{\mathrm{T}}$ 是一个单位上三角矩阵, 所以存在有界量 C_0 使得

$$\operatorname{cond}(\boldsymbol{R}_s(\boldsymbol{x})) = C_0\operatorname{cond}(\boldsymbol{R}(\boldsymbol{x})),$$

因而

$$\operatorname{cond}(\boldsymbol{A}_s(\boldsymbol{x})) \approx (\operatorname{cond}(\boldsymbol{R}_s(\boldsymbol{x})))^2 = C_0^2(\operatorname{cond}(\boldsymbol{R}(\boldsymbol{x})))^2 \approx C_0^2\operatorname{cond}(\boldsymbol{A}(\boldsymbol{x})).$$

最后, 利用 (1.4.22), 易得 (1.4.21).　　　　　　　　　　　　　　　　　　　证毕.

类似定理 1.4.1, 还可估计矩阵 $\boldsymbol{A}(\boldsymbol{x})$ 和 $\boldsymbol{A}_s(\boldsymbol{x})$ 的行列式.

定理 1.4.2 对任意 $\boldsymbol{x} \in \Omega$, 存在与 h 无关的常数 $C_d(\boldsymbol{x}, n, m)$, 使得矩阵 $\boldsymbol{A}(\boldsymbol{x})$ 和 $\boldsymbol{A}_s(\boldsymbol{x})$ 的行列式可以被估计为

$$\det(\boldsymbol{A}(\boldsymbol{x})) = \det(\boldsymbol{A}_s(\boldsymbol{x})) = C_d(\boldsymbol{x}, n, m) h^{2\sum_{i=1}^{\bar{m}} \hat{i}}. \tag{1.4.28}$$

这里, $\sum_{i=1}^{\bar{m}} \hat{i}$ 表示所有多项式基函数的次数的和.

证明 根据 (1.4.27), $\boldsymbol{M}_i(\boldsymbol{x})$ 是阶为 $\binom{i+n-1}{n-1}$ 且不依赖于 h 的对角矩阵. 将 $\boldsymbol{M}_i(\boldsymbol{x})$ 的第 l 个对角元记为 $d_{\sum_{k=1}^{i-1}\binom{k+n-1}{n-1}+l}(\boldsymbol{x})$, 其中 $l = 1, 2, \cdots, \binom{i+n-1}{n-1}$, 则所有 $d_j(\boldsymbol{x})$ 有界可计算且不依赖于 h. 因此, 对角矩阵 $\boldsymbol{D}(\boldsymbol{x})$ 的第 j 个对角元为 $h^{2\hat{j}} d_j(\boldsymbol{x})$, 其中 $j = 1, 2, \cdots, \bar{m}$, 再结合 (1.4.27) 可得

$$\det(\boldsymbol{A}_s(\boldsymbol{x})) = \det(\boldsymbol{D}(\boldsymbol{x})) = \prod_{j=1}^{\bar{m}} h^{2\hat{j}} d_j(\boldsymbol{x}) = C_d(\boldsymbol{x}, n, m) h^{2\sum_{i=1}^{\bar{m}}\hat{i}},$$

其中 $C_d(\boldsymbol{x}, n, m) = \prod_{j=1}^{\bar{m}} d_j(\boldsymbol{x})$.

最后, 因为 (1.4.10) 表明 $\boldsymbol{A}_s(\boldsymbol{x}) = \boldsymbol{L}_s \boldsymbol{A}(\boldsymbol{x}) \boldsymbol{L}_s^{\mathrm{T}}$, 其中 $\boldsymbol{L}_s$ 是一个单位下三角矩阵, 所以 $\det(\boldsymbol{A}_s(\boldsymbol{x})) = \det(\boldsymbol{A}(\boldsymbol{x}))$, 从而 (1.4.28) 成立. 证毕.

定理 1.4.1 和定理 1.4.2 分别表明

$$\lim_{h \to 0} \operatorname{cond}(\boldsymbol{A}(\boldsymbol{x})) = \infty, \quad \lim_{h \to 0} \operatorname{cond}(\boldsymbol{A}_s(\boldsymbol{x})) = \infty,$$

$$\lim_{h \to 0} \det(\boldsymbol{A}(\boldsymbol{x})) = \lim_{h \to 0} \det(\boldsymbol{A}_s(\boldsymbol{x})) = 0.$$

因此, 不管选用 (1.4.1) 还是 (1.4.3) 作为基向量, 移动最小二乘近似的法方程在节点间距 h 趋于零时都将面临病态的风险, 从而系数向量 $\boldsymbol{a}(\boldsymbol{x})$ 的求解困难, 也将严重影响移动最小二乘近似的稳定性和收敛性. 另外, 从定理 1.4.1 还可以发现, 法方程系数矩阵的条件数与因子 h^{-2m} 成正比, 从而节点间距 h 越小, 或者基函数的次数 m 越高, 系数矩阵的条件数就越大, 病态和不稳定性也就越严重.

实际计算时, 常选用线性基 ($m = 1$)、二次基 ($m = 2$) 或者三次基 ($m = 3$). 这些情形下, 定理 1.4.1 表明系数矩阵 $\boldsymbol{A}(\boldsymbol{x})$ 的条件数的理论估计为

$$\operatorname{cond}(\boldsymbol{A}(\boldsymbol{x})) = C_c(\boldsymbol{x}, m) h^{-2m} = \begin{cases} C_c(\boldsymbol{x}, m) h^{-2}, & m = 1, \\ C_c(\boldsymbol{x}, m) h^{-4}, & m = 2, \\ C_c(\boldsymbol{x}, m) h^{-6}, & m = 3, \end{cases} \quad \boldsymbol{x} \in \Omega \subset \mathbb{R}^n.$$

同样地, 矩阵 $\boldsymbol{A}_s(\boldsymbol{x})$ 的条件数 $\operatorname{cond}(\boldsymbol{A}_s(\boldsymbol{x}))$ 也有完全类似的理论估计. 上式在任意 n 维空间中都成立, 即系数矩阵的条件数与问题维数 n 的关系不大.

定理 1.4.2 表明系数矩阵的行列式与问题维数 n 有关. 在一维问题中, 即 $n=1$ 时, 系数矩阵的行列式的理论估计为

$\det\left(\boldsymbol{A}\left(\boldsymbol{x}\right)\right)=\det\left(\boldsymbol{A}_s\left(\boldsymbol{x}\right)\right)$

$$=\begin{cases}C_d\left(\boldsymbol{x},m\right)h^{2\times(0+1)}=C_d\left(\boldsymbol{x},m\right)h^2, & m=1,\\ C_d\left(\boldsymbol{x},m\right)h^{2\times(0+1+2)}=C_d\left(\boldsymbol{x},m\right)h^6, & m=2, \quad \boldsymbol{x}\in\Omega\subset\mathbb{R}.\\ C_d\left(\boldsymbol{x},m\right)h^{2\times(0+1+2+3)}=C_d\left(\boldsymbol{x},m\right)h^{12}, & m=3,\end{cases}$$

在二维问题域中, 即 $n=2$ 时, 系数矩阵的行列式的理论估计为

$\det\left(\boldsymbol{A}\left(\boldsymbol{x}\right)\right)=\det\left(\boldsymbol{A}_s\left(\boldsymbol{x}\right)\right)$

$$=\begin{cases}C_d\left(\boldsymbol{x},m\right)h^{2\times(0+1+1)}=C_d\left(\boldsymbol{x},m\right)h^4, & m=1,\\ C_d\left(\boldsymbol{x},m\right)h^{2\times(0+1+1+2+2+2)}=C_d\left(\boldsymbol{x},m\right)h^{16}, & m=2,\\ C_d\left(\boldsymbol{x},m\right)h^{2\times(0+1+1+2+2+2+3+3+3+3)}=C_d\left(\boldsymbol{x},m\right)h^{40}, & m=3,\end{cases}$$

$$\boldsymbol{x}\in\Omega\subset\mathbb{R}^2.$$

1.4.3　稳定移动最小二乘近似

为了建立稳定的移动最小二乘近似, 将 $\boldsymbol{p}\left(\boldsymbol{x}\right)$ 中的自变量 $\boldsymbol{x}$ 替换为 $\left(\boldsymbol{x}-\boldsymbol{x}_e\right)/h$, 即进行规范化处理, 或称为平移缩放处理, 其中 $\boldsymbol{x}_e$ 是 $\boldsymbol{x}$ 的影响域 $\Re\left(\boldsymbol{x}\right)$ 上的一个固定点, h 是节点间距. 此时, 平移缩放基向量 (shifted and scaled basis vector) 为

$$\boldsymbol{p}\left(\frac{\boldsymbol{x}-\boldsymbol{x}_e}{h}\right)=\left\{\left(\frac{\boldsymbol{x}-\boldsymbol{x}_e}{h}\right)^{\boldsymbol{\alpha}}\right\}_{0\leqslant|\boldsymbol{\alpha}|\leqslant m}. \tag{1.4.29}$$

例如, 线性基向量为

$$\boldsymbol{p}\left(\frac{\boldsymbol{x}-\boldsymbol{x}_e}{h}\right)=\left(1,\frac{x_1-x_{1e}}{h}\right)^{\mathrm{T}}, \quad \boldsymbol{x}=x_1\in\mathbb{R}, \quad \boldsymbol{x}_e=x_{1e}\in\Re\left(\boldsymbol{x}\right),$$

$$\boldsymbol{p}\left(\frac{\boldsymbol{x}-\boldsymbol{x}_e}{h}\right)=\left(1,\frac{x_1-x_{1e}}{h},\frac{x_2-x_{2e}}{h}\right)^{\mathrm{T}},$$

$$\boldsymbol{x}=(x_1,x_2)^{\mathrm{T}}\in\mathbb{R}^2, \quad \boldsymbol{x}_e=(x_{1e},x_{2e})^{\mathrm{T}}\in\Re\left(\boldsymbol{x}\right),$$

二次基向量为

$$\boldsymbol{p}\left(\frac{\boldsymbol{x}-\boldsymbol{x}_e}{h}\right)=\left(1,\frac{x_1-x_{1e}}{h},\left(\frac{x_1-x_{1e}}{h}\right)^2\right)^{\mathrm{T}}, \quad \boldsymbol{x}\in\mathbb{R},$$

$$p\left(\frac{\boldsymbol{x}-\boldsymbol{x}_e}{h}\right) = \left(1, \frac{x_1-x_{1e}}{h}, \frac{x_2-x_{2e}}{h}, \frac{(x_1-x_{1e})^2}{h^2}, \right.$$

$$\left. \frac{(x_1-x_{1e})(x_2-x_{2e})}{h^2}, \frac{(x_2-x_{2e})^2}{h^2}\right)^{\mathrm{T}}, \quad \boldsymbol{x}\in\mathbb{R}^2.$$

在实际计算中, 对于某一具体的计算点 $\boldsymbol{x}$, 可直接将 $\boldsymbol{x}_e$ 取为 $\boldsymbol{x}$, 此时基向量 $\boldsymbol{p}\left((\boldsymbol{x}-\boldsymbol{x}_e)/h\right)$ 及其导数的表达式更为简单. 例如, 二维二次基时,

$$\boldsymbol{p}\left(\frac{\boldsymbol{x}-\boldsymbol{x}_e}{h}\right)\bigg|_{\boldsymbol{x}_e=\boldsymbol{x}} = (1,0,0,0,0,0)^{\mathrm{T}},$$

$$\frac{\partial}{\partial x_1}\boldsymbol{p}\left(\frac{\boldsymbol{x}-\boldsymbol{x}_e}{h}\right)\bigg|_{\boldsymbol{x}_e=\boldsymbol{x}} = \left(0,\frac{1}{h},0,0,0,0\right)^{\mathrm{T}},$$

$$\frac{\partial}{\partial x_2}\boldsymbol{p}\left(\frac{\boldsymbol{x}-\boldsymbol{x}_e}{h}\right)\bigg|_{\boldsymbol{x}_e=\boldsymbol{x}} = \left(0,0,\frac{1}{h},0,0,0\right)^{\mathrm{T}},$$

$$\frac{\partial^2}{\partial x_1^2}\boldsymbol{p}\left(\frac{\boldsymbol{x}-\boldsymbol{x}_e}{h}\right)\bigg|_{\boldsymbol{x}_e=\boldsymbol{x}} = \left(0,0,0,\frac{2}{h^2},0,0\right)^{\mathrm{T}},$$

$$\frac{\partial^2}{\partial x_1\partial x_2}\boldsymbol{p}\left(\frac{\boldsymbol{x}-\boldsymbol{x}_e}{h}\right)\bigg|_{\boldsymbol{x}_e=\boldsymbol{x}} = \left(0,0,0,0,\frac{1}{h^2},0\right)^{\mathrm{T}},$$

$$\frac{\partial^2}{\partial x_2^2}\boldsymbol{p}\left(\frac{\boldsymbol{x}-\boldsymbol{x}_e}{h}\right)\bigg|_{\boldsymbol{x}_e=\boldsymbol{x}} = \left(0,0,0,0,0,\frac{2}{h^2}\right)^{\mathrm{T}}.$$

类似 (1.2.14) 和 (1.4.5), 基向量选用 (1.4.29) 时, 移动最小二乘近似的形函数可表示为

$$\Phi_i\left(\frac{\boldsymbol{x}-\boldsymbol{x}_e}{h}\right) = \begin{cases} \sum_{j=1}^{\bar{m}} p_j\left(\frac{\boldsymbol{x}-\boldsymbol{x}_e}{h}\right)\left[\boldsymbol{A}_{ss}^{-1}(\boldsymbol{x})\boldsymbol{B}_{ss}(\boldsymbol{x})\right]_{j\ell}, & i=I_\ell\in\wedge(\boldsymbol{x}), \\ 0, & i\notin\wedge(\boldsymbol{x}), \end{cases}$$

$$i=1,2,\cdots,N, \tag{1.4.30}$$

其中

$$\boldsymbol{A}_{ss}(\boldsymbol{x}) = \boldsymbol{P}_{ss}^{\mathrm{T}}\boldsymbol{W}(\boldsymbol{x})\boldsymbol{P}_{ss}, \tag{1.4.31}$$

$$\boldsymbol{B}_{ss}(\boldsymbol{x}) = \boldsymbol{P}_{ss}^{\mathrm{T}}\boldsymbol{W}(\boldsymbol{x}), \tag{1.4.32}$$

$$\boldsymbol{P}_{ss} = \left(\boldsymbol{p}\left(\frac{\boldsymbol{x}_{I_1}-\boldsymbol{x}_e}{h}\right), \boldsymbol{p}\left(\frac{\boldsymbol{x}_{I_2}-\boldsymbol{x}_e}{h}\right), \cdots, \boldsymbol{p}\left(\frac{\boldsymbol{x}_{I_{\tau(\boldsymbol{x})}}-\boldsymbol{x}_e}{h}\right)\right)^{\mathrm{T}}. \tag{1.4.33}$$

性质 1.4.2　对任意 $\boldsymbol{x} \in \Omega$, (1.2.14) 和 (1.4.30) 给出的移动最小二乘近似形函数满足

$$\Phi_i(\boldsymbol{x}) = \Phi_i\left(\frac{\boldsymbol{x} - \boldsymbol{x}_e}{h}\right), \quad i = 1, 2, \cdots, N.$$

证明　类似 (1.4.9), 根据 Newton 二项式定理可知存在单位下三角矩阵 $\boldsymbol{L}_{ss}$, 使得

$$\boldsymbol{p}\left(\frac{\boldsymbol{x} - \boldsymbol{x}_e}{h}\right) = \boldsymbol{L}_{ss}\boldsymbol{p}(\boldsymbol{x}). \tag{1.4.34}$$

再结合 (1.2.5) 和 (1.4.33), 可知 $\boldsymbol{P}_{ss} = \boldsymbol{P}\boldsymbol{L}_{ss}^{\mathrm{T}}$, 从而由 (1.2.8), (1.2.9), (1.4.31) 和 (1.4.32), 有

$$\boldsymbol{A}_{ss}(\boldsymbol{x}) = \boldsymbol{P}_{ss}^{\mathrm{T}}\boldsymbol{W}(\boldsymbol{x})\boldsymbol{P}_{ss} = \boldsymbol{L}_{ss}\boldsymbol{P}^{\mathrm{T}}\boldsymbol{W}(\boldsymbol{x})\boldsymbol{P}\boldsymbol{L}_{ss}^{\mathrm{T}} = \boldsymbol{L}_{ss}\boldsymbol{A}(\boldsymbol{x})\boldsymbol{L}_{ss}^{\mathrm{T}}, \tag{1.4.35}$$

$$\boldsymbol{B}_{ss}(\boldsymbol{x}) = \boldsymbol{P}_{ss}^{\mathrm{T}}\boldsymbol{W}(\boldsymbol{x}) = \boldsymbol{L}_{ss}\boldsymbol{P}^{\mathrm{T}}\boldsymbol{W}(\boldsymbol{x}) = \boldsymbol{L}_{ss}\boldsymbol{B}(\boldsymbol{x}). \tag{1.4.36}$$

将 (1.4.34)—(1.4.36) 代入 (1.4.30), 有

$$\begin{aligned}
\Phi_{I_\ell}\left(\frac{\boldsymbol{x} - \boldsymbol{x}_e}{h}\right) &= \left[\boldsymbol{p}^{\mathrm{T}}\left(\frac{\boldsymbol{x} - \boldsymbol{x}_e}{h}\right)\boldsymbol{A}_{ss}^{-1}(\boldsymbol{x})\boldsymbol{B}_{ss}(\boldsymbol{x})\right]_\ell \\
&= \left[(\boldsymbol{L}_{ss}\boldsymbol{p}(\boldsymbol{x}))^{\mathrm{T}}\left(\boldsymbol{L}_{ss}\boldsymbol{A}(\boldsymbol{x})\boldsymbol{L}_{ss}^{\mathrm{T}}\right)^{-1}(\boldsymbol{L}_{ss}\boldsymbol{B}(\boldsymbol{x}))\right]_\ell \\
&= \left[\boldsymbol{p}^{\mathrm{T}}(\boldsymbol{x})\boldsymbol{A}^{-1}(\boldsymbol{x})\boldsymbol{B}(\boldsymbol{x})\right]_\ell \\
&= \Phi_{I_\ell}(\boldsymbol{x}). \qquad\qquad\text{证毕.}
\end{aligned}$$

结合性质 1.4.1 和性质 1.4.2, (1.2.14), (1.4.5) 和 (1.4.30) 给出的移动最小二乘近似形函数是相等的, 即

$$\Phi_i(\boldsymbol{x}) = \Phi_i(\boldsymbol{x} - \boldsymbol{x}_e) = \Phi_i\left(\frac{\boldsymbol{x} - \boldsymbol{x}_e}{h}\right), \quad i = 1, 2, \cdots, N.$$

当然, 也可以直接证明 (1.4.5) 和 (1.4.30) 中的形函数相等.

性质 1.4.3　对任意 $\boldsymbol{x} \in \Omega$, (1.4.6) 定义的矩阵 $\boldsymbol{A}_s(\boldsymbol{x})$ 和 (1.4.31) 定义的矩阵 $\boldsymbol{A}_{ss}(\boldsymbol{x})$ 满足

$$[\boldsymbol{A}_{ss}(\boldsymbol{x})]_{jk} = h^{-\hat{j}-\hat{k}}[\boldsymbol{A}_s(\boldsymbol{x})]_{jk}, \quad j, k = 1, 2, \cdots, \bar{m}, \tag{1.4.37}$$

$$[\boldsymbol{A}_{ss}^{-1}(\boldsymbol{x})]_{jk} = h^{\hat{j}+\hat{k}}[\boldsymbol{A}_s^{-1}(\boldsymbol{x})]_{jk}, \quad j, k = 1, 2, \cdots, \bar{m}. \tag{1.4.38}$$

另外, (1.4.5) 和 (1.4.30) 给出的移动最小二乘近似形函数满足

$$\Phi_i\left(\boldsymbol{x}-\boldsymbol{x}_e\right)=\Phi_i\left(\frac{\boldsymbol{x}-\boldsymbol{x}_e}{h}\right),\quad i=1,2,\cdots,N. \tag{1.4.39}$$

证明 设 $\boldsymbol{H}$ 是如下 $\bar{m}$ 阶对角矩阵:

$$\boldsymbol{H}=\mathrm{diag}\left(h^{\hat{1}},h^{\hat{2}},h^{\hat{3}},\cdots,h^{\hat{\bar{m}}}\right),$$

则由 (1.4.3) 和 (1.4.29) 可得, 平移基向量 $\boldsymbol{p}\left(\boldsymbol{x}-\boldsymbol{x}_e\right)$ 和平移缩放基向量 $\boldsymbol{p}\left(\left(\boldsymbol{x}-\boldsymbol{x}_e\right)/h\right)$ 满足

$$\boldsymbol{p}^{\mathrm{T}}\left(\boldsymbol{x}-\boldsymbol{x}_e\right)=\boldsymbol{p}^{\mathrm{T}}\left(\frac{\boldsymbol{x}-\boldsymbol{x}_e}{h}\right)\boldsymbol{H},$$

即

$$\boldsymbol{p}^{\mathrm{T}}\left(\frac{\boldsymbol{x}-\boldsymbol{x}_e}{h}\right)=\boldsymbol{p}^{\mathrm{T}}\left(\boldsymbol{x}-\boldsymbol{x}_e\right)\boldsymbol{H}^{-1}. \tag{1.4.40}$$

再由 (1.4.8) 和 (1.4.33), 有

$$\boldsymbol{P}_{ss}=\boldsymbol{P}_s\boldsymbol{H}^{-1}.$$

注意到 $\boldsymbol{H}$ 是对角矩阵, 从而由 (1.4.6), (1.4.7), (1.4.31) 和 (1.4.32), 有

$$\boldsymbol{A}_{ss}\left(\boldsymbol{x}\right)=\boldsymbol{P}_{ss}^{\mathrm{T}}\boldsymbol{W}\left(\boldsymbol{x}\right)\boldsymbol{P}_{ss}=\boldsymbol{H}^{-1}\boldsymbol{P}_s^{\mathrm{T}}\boldsymbol{W}\left(\boldsymbol{x}\right)\boldsymbol{P}_s\boldsymbol{H}^{-1}=\boldsymbol{H}^{-1}\boldsymbol{A}_s\left(\boldsymbol{x}\right)\boldsymbol{H}^{-1}, \tag{1.4.41}$$

$$\boldsymbol{A}_{ss}^{-1}\left(\boldsymbol{x}\right)=\left(\boldsymbol{H}^{-1}\boldsymbol{A}_s\left(\boldsymbol{x}\right)\boldsymbol{H}^{-1}\right)^{-1}=\boldsymbol{H}\boldsymbol{A}_s^{-1}\left(\boldsymbol{x}\right)\boldsymbol{H}, \tag{1.4.42}$$

$$\boldsymbol{B}_{ss}\left(\boldsymbol{x}\right)=\boldsymbol{P}_{ss}^{\mathrm{T}}\boldsymbol{W}\left(\boldsymbol{x}\right)=\boldsymbol{H}^{-1}\boldsymbol{P}_s^{\mathrm{T}}\boldsymbol{W}\left(\boldsymbol{x}\right)=\boldsymbol{H}^{-1}\boldsymbol{B}_s\left(\boldsymbol{x}\right). \tag{1.4.43}$$

由 (1.4.41) 可得 (1.4.37), 由 (1.4.42) 可得 (1.4.38). 最后, 将 (1.4.40), (1.4.42) 和 (1.4.43) 代入 (1.4.30), 有

$$\begin{aligned}\Phi_{I_\ell}\left(\frac{\boldsymbol{x}-\boldsymbol{x}_e}{h}\right)&=\left[\boldsymbol{p}^{\mathrm{T}}\left(\frac{\boldsymbol{x}-\boldsymbol{x}_e}{h}\right)\boldsymbol{A}_{ss}^{-1}\left(\boldsymbol{x}\right)\boldsymbol{B}_{ss}\left(\boldsymbol{x}\right)\right]_\ell\\&=\left[\boldsymbol{p}^{\mathrm{T}}\left(\boldsymbol{x}-\boldsymbol{x}_e\right)\boldsymbol{H}^{-1}\left(\boldsymbol{H}\boldsymbol{A}_s^{-1}\left(\boldsymbol{x}\right)\boldsymbol{H}\right)\boldsymbol{H}^{-1}\boldsymbol{B}_s\left(\boldsymbol{x}\right)\right]_\ell\\&=\left[\boldsymbol{p}^{\mathrm{T}}\left(\boldsymbol{x}-\boldsymbol{x}_e\right)\boldsymbol{A}_s^{-1}\left(\boldsymbol{x}\right)\boldsymbol{B}_s\left(\boldsymbol{x}\right)\right]_\ell\\&=\Phi_{I_\ell}\left(\boldsymbol{x}-\boldsymbol{x}_e\right),\end{aligned}$$

所以 (1.4.39) 成立. 证毕.

定理 1.4.3 对任意 $\boldsymbol{x}\in\Omega$, 当节点间距 h 充分小时, 存在与 h 无关的常数 $C_{css}\left(\boldsymbol{x},m\right)$ 和 $C_{dss}\left(\boldsymbol{x},m\right)$, 使得 (1.4.31) 定义的矩阵 $\boldsymbol{A}_{ss}\left(\boldsymbol{x}\right)$ 的谱条件数和行列式可以被估计为

$$\mathrm{cond}\left(\boldsymbol{A}_{ss}\left(\boldsymbol{x}\right)\right)=C_{css}\left(\boldsymbol{x},m\right), \tag{1.4.44}$$

$$\det\left(\boldsymbol{A}_{ss}\left(\boldsymbol{x}\right)\right) = C_{dss}\left(\boldsymbol{x}, m\right).\tag{1.4.45}$$

证明　因为 $\boldsymbol{x}_e$ 是 $\boldsymbol{x}$ 的影响域 $\Re\left(\boldsymbol{x}\right)$ 上的一个固定点, 所以对任意 $\boldsymbol{x}_i \in \Re\left(\boldsymbol{x}\right)$, 存在常向量 $\boldsymbol{r}_i$ 使得 $\boldsymbol{x}_i = \boldsymbol{x}_e + \boldsymbol{r}_i h$, 从而 (1.4.29) 定义的基函数 $p_j\left(\left(\boldsymbol{x} - \boldsymbol{x}_e\right)/h\right)$ 满足

$$p_j\left(\frac{\boldsymbol{x}_i - \boldsymbol{x}_e}{h}\right) = r_{ji}, \quad j = 1, 2, \cdots, \bar{m}, \quad i = I_1, I_2, \cdots, I_{\tau(\boldsymbol{x})},\tag{1.4.46}$$

其中 r_{ji} 是有界且可计算的常数. 因此, 由 (1.4.31), 有

$$\begin{aligned}
\left[\boldsymbol{A}_{ss}\left(\boldsymbol{x}\right)\right]_{jk} &= \sum_{i \in \wedge(\boldsymbol{x})} w_i\left(\boldsymbol{x}\right) p_j\left(\frac{\boldsymbol{x}_i - \boldsymbol{x}_e}{h}\right) p_k\left(\frac{\boldsymbol{x}_i - \boldsymbol{x}_e}{h}\right) \\
&= \sum_{i \in \wedge(\boldsymbol{x})} w_i\left(\boldsymbol{x}\right) r_{ji} r_{ki} \\
&= a_{jk}\left(\boldsymbol{x}\right), \quad j, k = 1, 2, \cdots, \bar{m},
\end{aligned}\tag{1.4.47}$$

其中 $a_{jk}\left(\boldsymbol{x}\right)$ 是由 (1.4.25) 给出的与 h 无关的有界量.

(1.4.47) 表明矩阵 $\boldsymbol{A}_{ss}\left(\boldsymbol{x}\right)$ 的元素不依赖于 h, 所以矩阵 $\boldsymbol{A}_{ss}\left(\boldsymbol{x}\right)$ 的条件数和行列式均不依赖于 h, 从而 (1.4.44) 和 (1.4.45) 成立.　　　　　　　　　证毕.

定理 1.4.3 的证明过程直接推导了 $\left[\boldsymbol{A}_{ss}\left(\boldsymbol{x}\right)\right]_{jk}$ 的表达式 (1.4.47), 也可以利用 (1.4.37) 和 (1.4.24) 间接地推出 (1.4.47), 即

$$\left[\boldsymbol{A}_{ss}\left(\boldsymbol{x}\right)\right]_{jk} = h^{-\hat{j}-\hat{k}}\left[\boldsymbol{A}_s\left(\boldsymbol{x}\right)\right]_{jk} = h^{-\hat{j}-\hat{k}}h^{\hat{j}+\hat{k}}a_{jk}\left(\boldsymbol{x}\right) = a_{jk}\left(\boldsymbol{x}\right), \quad j, k = 1, 2, \cdots, \bar{m}.$$

从定理 1.4.3 可以发现, 在选用平移缩放基向量 (1.4.29) 时, 移动最小二乘近似的法方程系数矩阵的行列式和条件数都不依赖于节点间距 h, 此时的移动最小二乘近似有望比选用基向量 (1.4.1) 或 (1.4.3) 的原始移动最小二乘近似具有更好的稳定性和收敛性.

性质 1.4.1 和性质 1.4.2 表明, 不管基向量选用 (1.4.1), (1.4.3) 还是 (1.4.29), 移动最小二乘近似的形函数都不改变. 但是, 结合定理 1.4.1、定理 1.4.2 和定理 1.4.3 给出的稳定性分析, 应该选用 (1.4.29) 给出的平移缩放基向量, 可将此时的移动最小二乘近似称为稳定移动最小二乘近似, 其形函数由 (1.4.30) 给出.

1.5　移动最小二乘近似的误差分析

由于使用基向量 (1.4.1), (1.4.3) 和 (1.4.29) 构造的移动最小二乘近似形函数是一样的, 本节首先分别分析平移基向量 (1.4.3) 构造的形函数 (1.4.5) 和平移缩

放基向量 (1.4.29) 构造的形函数 (1.4.30), 然后给出 n 维稳定移动最小二乘近似的误差估计.

引理 1.5.1 对任意 $\boldsymbol{x} \in \Omega$, 可以将 (1.4.6) 中的矩阵 $\boldsymbol{A}_s(\boldsymbol{x})$ 的逆矩阵的元素表示为

$$\left[\boldsymbol{A}_s^{-1}(\boldsymbol{x})\right]_{jk} = \bar{a}_{jk}(\boldsymbol{x}) h^{-\hat{j}-\hat{k}}, \quad j, k = 1, 2, \cdots, \bar{m}, \tag{1.5.1}$$

其中 $\bar{a}_{jk}(\boldsymbol{x})$ 是与 h 无关的有界量.

证明 令 $\boldsymbol{A}_s^*(\boldsymbol{x})$ 为 $\boldsymbol{A}_s(\boldsymbol{x})$ 的伴随矩阵, 其第 k 行 j 列元素记为 $\left[\boldsymbol{A}_s^*(\boldsymbol{x})\right]_{jk}$. 当 $j < k$ 时, 鉴于 (1.4.26), 可将 $\boldsymbol{A}_s(\boldsymbol{x})$ 的第 j 行 k 列元素 $\left[\boldsymbol{A}_s(\boldsymbol{x})\right]_{jk}$ 的余子式对角化为

$$\boldsymbol{D}_{jk}^*(\boldsymbol{x}) = \mathrm{diag}\left[d_1^*(\boldsymbol{x}) h^{2\hat{1}}, \cdots, d_{j-1}^*(\boldsymbol{x}) h^{2\widehat{(j-1)}}, d_{j+1}^*(\boldsymbol{x}) h^{\widehat{(j+1)}+\hat{j}}, \cdots,\right.$$
$$\left. d_k^*(\boldsymbol{x}) h^{\hat{k}+\widehat{(k-1)}}, d_{k+1}^*(\boldsymbol{x}) h^{2\widehat{(k+1)}}, \cdots, d_{\bar{m}}^*(\boldsymbol{x}) h^{2\hat{m}}\right],$$

其中 $d_i^*(\boldsymbol{x})$ 是与 h 无关的有界量. 因此, $\left[\boldsymbol{A}_s(\boldsymbol{x})\right]_{jk}$ 的代数余子式是

$$\begin{aligned}
\left[\boldsymbol{A}_s^*(\boldsymbol{x})\right]_{jk} &= (-1)^{j+k} \det\left(\boldsymbol{D}_{jk}^*(\boldsymbol{x})\right) \\
&= a_{jk}^*(\boldsymbol{x}) h^{\sum_{i=1}^{j-1} 2\hat{i} + \sum_{i=j}^{k-1} \left(\widehat{(i+1)}+\hat{i}\right) + \sum_{i=k+1}^{\bar{m}} 2\hat{i}} \\
&= a_{jk}^*(\boldsymbol{x}) h^{2\left(\sum_{i=1}^{\bar{m}} \hat{i}\right) - \hat{j} - \hat{k}}, \quad j < k,
\end{aligned} \tag{1.5.2}$$

其中 $a_{jk}^*(\boldsymbol{x}) = (-1)^{j+k} \prod_{i=1, i\neq j}^{\bar{m}} d_i^*(\boldsymbol{x})$ 是与 h 无关的有界量. 类似地, 可证 (1.5.2) 对于 $j > k$ 也成立. 当 $j = k$ 时, 类似 (1.5.2) 可得

$$\left[\boldsymbol{A}_s^*(\boldsymbol{x})\right]_{jj} = a_{jj}^*(\boldsymbol{x}) h^{\sum_{i=1}^{j-1} 2\hat{i} + \sum_{i=j+1}^{\bar{m}} 2\hat{i}} = a_{jj}^*(\boldsymbol{x}) h^{2\left(\sum_{i=1}^{\bar{m}} \hat{i}\right) - 2\hat{j}}.$$

因此, (1.5.2) 对所有 $j, k = 1, 2, \cdots, \bar{m}$ 均成立.

利用 (1.5.2) 和定理 1.4.2, 可得

$$\left[\boldsymbol{A}_s^{-1}(\boldsymbol{x})\right]_{jk} = \frac{\left[\boldsymbol{A}_s^*(\boldsymbol{x})\right]_{kj}}{\det(\boldsymbol{A}_s(\boldsymbol{x}))} = \frac{a_{kj}^*(\boldsymbol{x}) h^{2\left(\sum_{i=1}^{\bar{m}} \hat{i}\right) - \hat{k} - \hat{j}}}{C_d(\boldsymbol{x}, n, m) h^{2\sum_{i=1}^{\bar{m}} \hat{i}}} = \frac{a_{kj}^*(\boldsymbol{x})}{C_d(\boldsymbol{x}, n, m)} h^{-\hat{k}-\hat{j}},$$

所以令 $\bar{a}_{jk}(\boldsymbol{x}) = a_{kj}^*(\boldsymbol{x}) / C_d(\boldsymbol{x}, n, m)$, 可知 (1.5.1) 成立. 证毕.

引理 1.5.2 对任意 $\boldsymbol{x} \in \Omega$, 可以将 (1.4.31) 中的矩阵 $\boldsymbol{A}_{ss}(\boldsymbol{x})$ 的逆矩阵的元素表示为

$$\left[\boldsymbol{A}_{ss}^{-1}(\boldsymbol{x})\right]_{jk} = \bar{a}_{jk}(\boldsymbol{x}), \quad j, k = 1, 2, \cdots, \bar{m}, \tag{1.5.3}$$

其中 $\bar{a}_{jk}(\boldsymbol{x})$ 是与 h 无关的有界量.

证明　因为 (1.4.47) 表明矩阵 $\boldsymbol{A}_{ss}(\boldsymbol{x})$ 的元素不依赖于 h, 所以 $\boldsymbol{A}_{ss}^{-1}(\boldsymbol{x})$ 的元素也不依赖于 h, 即存在不依赖于 h 的有界量 $\bar{a}_{jk}(\boldsymbol{x})$ 使得 $\left[\boldsymbol{A}_{ss}^{-1}(\boldsymbol{x})\right]_{jk} = \bar{a}_{jk}(\boldsymbol{x})$. 　　　　　　　　　　　　　　　　　　　　　　　　　证毕.

引理 1.5.1 直接推导了 $\left[\boldsymbol{A}_s^{-1}(\boldsymbol{x})\right]_{jk}$ 的表达式 (1.5.1), 也可以利用 (1.4.38) 和 (1.5.3) 间接地推出 (1.5.1), 即

$$\left[\boldsymbol{A}_s^{-1}(\boldsymbol{x})\right]_{jk} = h^{-\hat{j}-\hat{k}}\left[\boldsymbol{A}_{ss}^{-1}(\boldsymbol{x})\right]_{jk} = \bar{a}_{jk}(\boldsymbol{x})\,h^{-\hat{j}-\hat{k}}, \quad j,k = 1,2,\cdots,\bar{m}.$$

因此, 引理 1.5.1 中的 $\bar{a}_{jk}(\boldsymbol{x})$ 和引理 1.5.2 中的 $\bar{a}_{jk}(\boldsymbol{x})$ 相等.

当问题维数 n 和基函数个数 $\bar{m}$ 给定之后, 根据定理 1.4.1 和引理 1.5.1 可以更加明确地给出 $\boldsymbol{A}_s(\boldsymbol{x})$ 和 $\boldsymbol{A}_s^{-1}(\boldsymbol{x})$ 的表达式, 而根据定理 1.4.3 和引理 1.5.2 可以明确地给出 $\boldsymbol{A}_{ss}(\boldsymbol{x})$ 和 $\boldsymbol{A}_{ss}^{-1}(\boldsymbol{x})$ 的表达式. 例如, 在二维二次基, 即 $n = 2$ 且 $\bar{m} = 6$ 时, 由 (1.4.24) 可得

$$\boldsymbol{A}_s(\boldsymbol{x}) = \begin{bmatrix} a_{11} & a_{12}h & a_{13}h & a_{14}h^2 & a_{15}h^2 & a_{16}h^2 \\ a_{21}h & a_{22}h^2 & a_{23}h^2 & a_{24}h^3 & a_{25}h^3 & a_{26}h^3 \\ a_{31}h & a_{32}h^2 & a_{33}h^2 & a_{34}h^3 & a_{35}h^3 & a_{36}h^3 \\ a_{41}h^2 & a_{42}h^3 & a_{43}h^3 & a_{44}h^4 & a_{45}h^4 & a_{46}h^4 \\ a_{51}h^2 & a_{52}h^3 & a_{53}h^3 & a_{54}h^4 & a_{55}h^4 & a_{56}h^4 \\ a_{61}h^2 & a_{62}h^3 & a_{63}h^3 & a_{64}h^4 & a_{65}h^4 & a_{66}h^4 \end{bmatrix},$$

由 (1.5.1) 可得

$$\boldsymbol{A}_s^{-1}(\boldsymbol{x}) = \begin{bmatrix} \bar{a}_{11} & \bar{a}_{12}h^{-1} & \bar{a}_{13}h^{-1} & \bar{a}_{14}h^{-2} & \bar{a}_{15}h^{-2} & \bar{a}_{16}h^{-2} \\ \bar{a}_{21}h^{-1} & \bar{a}_{22}h^{-2} & \bar{a}_{23}h^{-2} & \bar{a}_{24}h^{-3} & \bar{a}_{25}h^{-3} & \bar{a}_{26}h^{-3} \\ \bar{a}_{31}h^{-1} & \bar{a}_{32}h^{-2} & \bar{a}_{33}h^{-2} & \bar{a}_{34}h^{-3} & \bar{a}_{35}h^{-3} & \bar{a}_{36}h^{-3} \\ \bar{a}_{41}h^{-2} & \bar{a}_{42}h^{-3} & \bar{a}_{43}h^{-3} & \bar{a}_{44}h^{-4} & \bar{a}_{45}h^{-4} & \bar{a}_{46}h^{-4} \\ \bar{a}_{51}h^{-2} & \bar{a}_{52}h^{-3} & \bar{a}_{53}h^{-3} & \bar{a}_{54}h^{-4} & \bar{a}_{55}h^{-4} & \bar{a}_{56}h^{-4} \\ \bar{a}_{61}h^{-2} & \bar{a}_{62}h^{-3} & \bar{a}_{63}h^{-3} & \bar{a}_{64}h^{-4} & \bar{a}_{65}h^{-4} & \bar{a}_{66}h^{-4} \end{bmatrix},$$

由 (1.4.47) 可得

$$\boldsymbol{A}_{ss}(\boldsymbol{x}) = \begin{bmatrix} a_{11} & a_{12} & a_{13} & a_{14} & a_{15} & a_{16} \\ a_{21} & a_{22} & a_{23} & a_{24} & a_{25} & a_{26} \\ a_{31} & a_{32} & a_{33} & a_{34} & a_{35} & a_{36} \\ a_{41} & a_{42} & a_{43} & a_{44} & a_{45} & a_{46} \\ a_{51} & a_{52} & a_{53} & a_{54} & a_{55} & a_{56} \\ a_{61} & a_{62} & a_{63} & a_{64} & a_{65} & a_{66} \end{bmatrix},$$

由 (1.5.3) 可得

$$\boldsymbol{A}_{ss}^{-1}(\boldsymbol{x}) = \begin{bmatrix} \bar{a}_{11} & \bar{a}_{12} & \bar{a}_{13} & \bar{a}_{14} & \bar{a}_{15} & \bar{a}_{16} \\ \bar{a}_{21} & \bar{a}_{22} & \bar{a}_{23} & \bar{a}_{24} & \bar{a}_{25} & \bar{a}_{26} \\ \bar{a}_{31} & \bar{a}_{32} & \bar{a}_{33} & \bar{a}_{34} & \bar{a}_{35} & \bar{a}_{36} \\ \bar{a}_{41} & \bar{a}_{42} & \bar{a}_{43} & \bar{a}_{44} & \bar{a}_{45} & \bar{a}_{46} \\ \bar{a}_{51} & \bar{a}_{52} & \bar{a}_{53} & \bar{a}_{54} & \bar{a}_{55} & \bar{a}_{56} \\ \bar{a}_{61} & \bar{a}_{62} & \bar{a}_{63} & \bar{a}_{64} & \bar{a}_{65} & \bar{a}_{66} \end{bmatrix},$$

其中 a_{jk} 和 $\bar{a}_{jk}$ 均是与 h 无关的有界量.

引理 1.5.3 对任意 $\boldsymbol{x} \in \Omega$, 平移基向量 (1.4.3) 构造的形函数 (1.4.5) 满足

$$D^{\boldsymbol{\alpha}} \Phi_i (\boldsymbol{x} - \boldsymbol{x}_e) = C_{\Phi_i}(\boldsymbol{x}, \boldsymbol{\alpha}) h^{-|\boldsymbol{\alpha}|}, \quad i \in \wedge(\boldsymbol{x}), \quad |\boldsymbol{\alpha}| = 0, 1, \cdots, \gamma, \quad (1.5.4)$$

其中 $\boldsymbol{\alpha}$ 是 n 维多重指标, $C_{\Phi_i}(\boldsymbol{x}, \boldsymbol{\alpha})$ 是与 h 无关的有界量.

证明 根据 (1.4.15), 存在不依赖于 h 的有界量 $C_{w_k}(\boldsymbol{x})$, 使得

$$D^{\boldsymbol{\alpha}} w_k(\boldsymbol{x}) = C_{w_k}(\boldsymbol{x}, \boldsymbol{\alpha}) h^{-|\boldsymbol{\alpha}|}, \quad |\boldsymbol{\alpha}| = 0, 1, \cdots, \gamma, \quad k = 1, 2, \cdots, N. \quad (1.5.5)$$

再由 (1.4.6), (1.4.7) 和 (1.4.23) 可得

$$\begin{aligned} D^{\boldsymbol{\alpha}} [\boldsymbol{A}_s(\boldsymbol{x})]_{ij} &= \sum_{k \in \wedge(\boldsymbol{x})} p_i(\boldsymbol{x}_k - \boldsymbol{x}_e) D^{\boldsymbol{\alpha}} w_k(\boldsymbol{x}) p_j(\boldsymbol{x}_k - \boldsymbol{x}_e) \\ &= h^{\hat{i} + \hat{j} - |\boldsymbol{\alpha}|} \sum_{k \in \wedge(\boldsymbol{x})} C_{w_k}(\boldsymbol{x}, \boldsymbol{\alpha}) r_{ik} r_{jk}, \end{aligned} \quad (1.5.6)$$

$$\begin{aligned} D^{\boldsymbol{\alpha}} [\boldsymbol{B}_s(\boldsymbol{x})]_{ik} &= D^{\boldsymbol{\alpha}} w_{I_k}(\boldsymbol{x}) p_i(\boldsymbol{x}_{I_k} - \boldsymbol{x}_e) \\ &= D^{\boldsymbol{\alpha}} w_{I_k}(\boldsymbol{x}) r_{iI_k} h^{\hat{i}} = h^{\hat{i} - |\boldsymbol{\alpha}|} C_{w_{I_k}}(\boldsymbol{x}, \boldsymbol{\alpha}) r_{iI_k}. \end{aligned} \quad (1.5.7)$$

令

$$\boldsymbol{E}_s(\boldsymbol{x}) = \boldsymbol{A}_s^{-1}(\boldsymbol{x}) \boldsymbol{B}_s(\boldsymbol{x}),$$

则

$$[\boldsymbol{B}_s(\boldsymbol{x})]_{ki} = \sum_{l=1}^{\bar{m}} [\boldsymbol{A}_s(\boldsymbol{x})]_{kl} [\boldsymbol{E}_s(\boldsymbol{x})]_{li}.$$

对上式使用 Leibniz 公式, 可得

$$\begin{aligned} D^{\boldsymbol{\alpha}} [\boldsymbol{B}_s(\boldsymbol{x})]_{ki} &= \sum_{l=1}^{\bar{m}} \sum_{\boldsymbol{\beta} \leqslant \boldsymbol{\alpha}} \binom{\boldsymbol{\alpha}}{\boldsymbol{\beta}} D^{\boldsymbol{\beta}} [\boldsymbol{A}_s(\boldsymbol{x})]_{kl} D^{\boldsymbol{\alpha} - \boldsymbol{\beta}} [\boldsymbol{E}_s(\boldsymbol{x})]_{li} \\ &= \sum_{l=1}^{\bar{m}} [\boldsymbol{A}_s(\boldsymbol{x})]_{kl} D^{\boldsymbol{\alpha}} [\boldsymbol{E}_s(\boldsymbol{x})]_{li} \end{aligned}$$

$$+ \sum_{l=1}^{\bar{m}} \sum_{0 < \beta \leqslant \alpha} \binom{\alpha}{\beta} D^{\beta} \left[A_s \left(x \right) \right]_{kl} D^{\alpha - \beta} \left[E_s \left(x \right) \right]_{li},$$

从而

$$\sum_{l=1}^{\bar{m}} \left[A_s \left(x \right) \right]_{kl} D^{\alpha} \left[E_s \left(x \right) \right]_{li}$$

$$= D^{\alpha} \left[B_s \left(x \right) \right]_{ki} - \sum_{l=1}^{\bar{m}} \sum_{0 < \beta \leqslant \alpha} \binom{\alpha}{\beta} D^{\beta} \left[A_s \left(x \right) \right]_{kl} D^{\alpha - \beta} \left[E_s \left(x \right) \right]_{li},$$

因此

$$\sum_{k=1}^{\bar{m}} \left[A_s^{-1} \left(x \right) \right]_{jk} \sum_{l=1}^{\bar{m}} \left[A_s \left(x \right) \right]_{kl} D^{\alpha} \left[E_s \left(x \right) \right]_{li}$$

$$= \sum_{k=1}^{\bar{m}} \left[A_s^{-1} \left(x \right) \right]_{jk}$$

$$\times \left\{ D^{\alpha} \left[B_s \left(x \right) \right]_{ki} - \sum_{l=1}^{\bar{m}} \sum_{0 < \beta \leqslant \alpha} \binom{\alpha}{\beta} D^{\beta} \left[A_s \left(x \right) \right]_{kl} D^{\alpha - \beta} \left[E_s \left(x \right) \right]_{li} \right\}.$$

又因为

$$\sum_{k=1}^{\bar{m}} \left[A_s^{-1} \left(x \right) \right]_{jk} \sum_{l=1}^{\bar{m}} \left[A_s \left(x \right) \right]_{kl} D^{\alpha} \left[E_s \left(x \right) \right]_{li}$$

$$= \sum_{l=1}^{\bar{m}} D^{\alpha} \left[E_s \left(x \right) \right]_{li} \sum_{k=1}^{\bar{m}} \left[A_s^{-1} \left(x \right) \right]_{jk} \left[A_s \left(x \right) \right]_{kl}$$

$$= \sum_{l=1}^{\bar{m}} D^{\alpha} \left[E_s \left(x \right) \right]_{li} \delta_{jl}$$

$$= D^{\alpha} \left[E_s \left(x \right) \right]_{ji},$$

所以

$$D^{\alpha} \left[E_s \left(x \right) \right]_{ji}$$

$$= \sum_{k=1}^{\bar{m}} \left[A_s^{-1} \left(x \right) \right]_{jk}$$

$$\times \left\{ D^{\alpha} \left[B_s \left(x \right) \right]_{ki} - \sum_{l=1}^{\bar{m}} \sum_{0 < \beta \leqslant \alpha} \binom{\alpha}{\beta} D^{\beta} \left[A_s \left(x \right) \right]_{kl} D^{\alpha - \beta} \left[E_s \left(x \right) \right]_{li} \right\}. \quad (1.5.8)$$

将 (1.5.1), (1.5.6) 和 (1.5.7) 代入 (1.5.8), 可得

$$D^{\boldsymbol{\alpha}}\left[\boldsymbol{E}_s\left(\boldsymbol{x}\right)\right]_{ji} = \sum_{k=1}^{\bar{m}} \bar{a}_{jk}\left(\boldsymbol{x}\right) h^{-\hat{j}-\hat{k}}\Bigg\{ h^{\hat{k}-|\boldsymbol{\alpha}|} C_{w_{I_i}}\left(\boldsymbol{x},\boldsymbol{\alpha}\right) r_{kI_i}$$

$$- \sum_{l=1}^{\bar{m}} \sum_{0<\boldsymbol{\beta}\leqslant\boldsymbol{\alpha}} \binom{\boldsymbol{\alpha}}{\boldsymbol{\beta}} h^{\hat{k}+\hat{l}-|\boldsymbol{\beta}|} \sum_{I\in\wedge(\boldsymbol{x})} C_{w_I}\left(\boldsymbol{x},\boldsymbol{\beta}\right) r_{kI} r_{lI} D^{\boldsymbol{\alpha}-\boldsymbol{\beta}}\left[\boldsymbol{E}_s\left(\boldsymbol{x}\right)\right]_{li} \Bigg\}$$

$$= b_j^0\left(\boldsymbol{x}\right) h^{-\hat{j}-|\boldsymbol{\alpha}|} - \sum_{l=1}^{\bar{m}} \sum_{0<\boldsymbol{\beta}\leqslant\boldsymbol{\alpha}} \binom{\boldsymbol{\alpha}}{\boldsymbol{\beta}} d_{jl}\left(\boldsymbol{x}\right) h^{-\hat{j}+\hat{l}-|\boldsymbol{\beta}|} D^{\boldsymbol{\alpha}-\boldsymbol{\beta}}\left[\boldsymbol{E}_s\left(\boldsymbol{x}\right)\right]_{li},$$

其中

$$b_j^0\left(\boldsymbol{x}\right) = \sum_{k=1}^{\bar{m}} \bar{a}_{jk}\left(\boldsymbol{x}\right) C_{w_{I_i}}\left(\boldsymbol{x},\boldsymbol{\alpha}\right) r_{kI_i},$$

$$d_{jl}\left(\boldsymbol{x}\right) = \sum_{k=1}^{\bar{m}} \bar{a}_{jk}\left(\boldsymbol{x}\right) \sum_{I\in\wedge(\boldsymbol{x})} C_{w_I}\left(\boldsymbol{x},\boldsymbol{\beta}\right) r_{kI} r_{lI} = \sum_{I\in\wedge(\boldsymbol{x})} C_{w_I}\left(\boldsymbol{x},\boldsymbol{\beta}\right) r_{lI} \sum_{k=1}^{\bar{m}} r_{kI} \bar{a}_{jk}\left(\boldsymbol{x}\right).$$

因此, 根据数学归纳法, 可得

$$D^{\boldsymbol{\alpha}}\left[\boldsymbol{E}_s\left(\boldsymbol{x}\right)\right]_{ji} = b_j^{\boldsymbol{\alpha}}\left(\boldsymbol{x}\right) h^{-\hat{j}-|\boldsymbol{\alpha}|}, \quad |\boldsymbol{\alpha}| = 0, 1, \cdots, \gamma, \tag{1.5.9}$$

其中系数 $b_j^{\boldsymbol{\alpha}}\left(\boldsymbol{x}\right)$ 满足如下递推公式:

$$b_j^{\boldsymbol{\alpha}}\left(\boldsymbol{x}\right) = b_j^0\left(\boldsymbol{x}\right) - \sum_{l=1}^{\bar{m}} \sum_{0<\boldsymbol{\beta}\leqslant\boldsymbol{\alpha}} \binom{\boldsymbol{\alpha}}{\boldsymbol{\beta}} d_{jl}\left(\boldsymbol{x}\right) b_l^{\boldsymbol{\alpha}-\boldsymbol{\beta}}\left(\boldsymbol{x}\right).$$

因为 $\boldsymbol{x}_e$ 是 $\boldsymbol{x}$ 的影响域 $\Re\left(\boldsymbol{x}\right)$ 上的一个固定点, 所以存在不依赖于 h 的有界量 $r_j^{\boldsymbol{\beta}}$, 使得

$$D^{\boldsymbol{\beta}} p_j\left(\boldsymbol{x}-\boldsymbol{x}_e\right) = \begin{cases} r_j^{\boldsymbol{\beta}} h^{\hat{j}-|\boldsymbol{\beta}|}, & \hat{j} \geqslant |\boldsymbol{\beta}|, \\ 0, & \hat{j} < |\boldsymbol{\beta}|, \end{cases} \quad |\boldsymbol{\beta}| = 0, 1, \cdots, \gamma, \quad j = 1, 2, \cdots, \bar{m}. \tag{1.5.10}$$

当 $i = I_k \in \wedge\left(\boldsymbol{x}\right)$ 时, 对 (1.4.5) 使用 Leibniz 公式, 并利用 (1.5.9) 和 (1.5.10), 可得

$$D^{\boldsymbol{\alpha}} \Phi_i\left(\boldsymbol{x}-\boldsymbol{x}_e\right) = \sum_{j=1}^{\bar{m}} \sum_{\boldsymbol{\beta}\leqslant\boldsymbol{\alpha}} \binom{\boldsymbol{\alpha}}{\boldsymbol{\beta}} D^{\boldsymbol{\beta}} p_j\left(\boldsymbol{x}-\boldsymbol{x}_e\right) D^{\boldsymbol{\alpha}-\boldsymbol{\beta}}\left[\boldsymbol{E}_s\left(\boldsymbol{x}\right)\right]_{jk}$$

$$= \sum_{j=1}^{\bar{m}} \sum_{\boldsymbol{\beta}\leqslant\boldsymbol{\alpha}} \binom{\boldsymbol{\alpha}}{\boldsymbol{\beta}} r_j^{\boldsymbol{\beta}} h^{\hat{j}-|\boldsymbol{\beta}|} b_j^{\boldsymbol{\alpha}-\boldsymbol{\beta}}\left(\boldsymbol{x}\right) h^{-\hat{j}-|\boldsymbol{\alpha}|+|\boldsymbol{\beta}|}$$

$$= \left[\sum_{\boldsymbol{\beta}\leqslant\boldsymbol{\alpha}} \binom{\boldsymbol{\alpha}}{\boldsymbol{\beta}} \sum_{j=1}^{\bar{m}} r_j^{\boldsymbol{\beta}} b_j^{\boldsymbol{\alpha}-\boldsymbol{\beta}}\left(\boldsymbol{x}\right)\right] h^{-|\boldsymbol{\alpha}|}.$$

令 $C_{\Phi_i}(\boldsymbol{x}, \boldsymbol{\alpha}) = \sum_{\boldsymbol{\beta} \leqslant \boldsymbol{\alpha}} \binom{\boldsymbol{\alpha}}{\boldsymbol{\beta}} \sum_{j=1}^{\bar{m}} r_j^{\boldsymbol{\beta}} b_j^{\boldsymbol{\alpha}-\boldsymbol{\beta}}(\boldsymbol{x})$, 则 (1.5.4) 成立. 因为 $\bar{a}_{jk}(\boldsymbol{x})$,
$C_{w_I}(\boldsymbol{x})$ 和 r_{ki} 都是不依赖于 h 的有界量, 所以 $b_j^0(\boldsymbol{x})$ 和 $d_{jl}(\boldsymbol{x})$, 进而 $b_j^{\boldsymbol{\alpha}}(\boldsymbol{x})$ 都
是不依赖于 h 的有界量. 另外, 根据假设 1.4.1, $r_j^{\boldsymbol{\beta}}$ 是不依赖于 h 的有界量, 因此
$C_{\Phi_i}(\boldsymbol{x}, \boldsymbol{\alpha})$ 也是不依赖于 h 的有界量.　　　　　　　　　　　　　　　　　　证毕.

引理 1.5.4　对任意 $\boldsymbol{x} \in \Omega$, 平移缩放基向量 (1.4.29) 构造的形函数 (1.4.30)
满足

$$D^{\boldsymbol{\alpha}} \Phi_i\left(\frac{\boldsymbol{x}-\boldsymbol{x}_e}{h}\right) = C_{\Phi_i}(\boldsymbol{x}, \boldsymbol{\alpha}) h^{-|\boldsymbol{\alpha}|}, \quad i \in \wedge(\boldsymbol{x}), \quad |\boldsymbol{\alpha}| = 0, 1, \cdots, \gamma, \quad (1.5.11)$$

其中 $C_{\Phi_i}(\boldsymbol{x}, \boldsymbol{\alpha})$ 是与 h 无关的有界量.

证明　根据 (1.4.31), (1.4.32), (1.4.46) 和 (1.5.5) 可得

$$\begin{aligned} D^{\boldsymbol{\alpha}}[\boldsymbol{A}_{ss}(\boldsymbol{x})]_{ij} &= \sum_{k \in \wedge(\boldsymbol{x})} p_i\left(\frac{\boldsymbol{x}_k-\boldsymbol{x}_e}{h}\right) D^{\boldsymbol{\alpha}} w_k(\boldsymbol{x}) p_j\left(\frac{\boldsymbol{x}_k-\boldsymbol{x}_e}{h}\right) \\ &= h^{-|\boldsymbol{\alpha}|} \sum_{k \in \wedge(\boldsymbol{x})} C_{w_k}(\boldsymbol{x}, \boldsymbol{\alpha}) r_{ik} r_{jk}, \end{aligned} \quad (1.5.12)$$

$$\begin{aligned} D^{\boldsymbol{\alpha}}[\boldsymbol{B}_{ss}(\boldsymbol{x})]_{ik} &= D^{\boldsymbol{\alpha}} w_{I_k}(\boldsymbol{x}) p_i\left(\frac{\boldsymbol{x}_{I_k}-\boldsymbol{x}_e}{h}\right) = D^{\boldsymbol{\alpha}} w_{I_k}(\boldsymbol{x}) r_{iI_k} \\ &= h^{-|\boldsymbol{\alpha}|} C_{w_{I_k}}(\boldsymbol{x}, \boldsymbol{\alpha}) r_{iI_k}. \end{aligned} \quad (1.5.13)$$

令

$$\boldsymbol{E}_{ss}(\boldsymbol{x}) = \boldsymbol{A}_{ss}^{-1}(\boldsymbol{x}) \boldsymbol{B}_{ss}(\boldsymbol{x}),$$

则类似 (1.5.8) 可得

$$\begin{aligned} &D^{\boldsymbol{\alpha}}[\boldsymbol{E}_{ss}(\boldsymbol{x})]_{ji} \\ &= \sum_{k=1}^{\bar{m}}[\boldsymbol{A}_{ss}^{-1}(\boldsymbol{x})]_{jk} \\ &\quad \times \left\{ D^{\boldsymbol{\alpha}}[\boldsymbol{B}_{ss}(\boldsymbol{x})]_{ki} - \sum_{l=1}^{\bar{m}} \sum_{0<\boldsymbol{\beta} \leqslant \boldsymbol{\alpha}} \binom{\boldsymbol{\alpha}}{\boldsymbol{\beta}} D^{\boldsymbol{\beta}}[\boldsymbol{A}_{ss}(\boldsymbol{x})]_{kl} D^{\boldsymbol{\alpha}-\boldsymbol{\beta}}[\boldsymbol{E}_{ss}(\boldsymbol{x})]_{li} \right\}. \end{aligned}$$

再利用 (1.5.3), (1.5.12) 和 (1.5.13), 可得

$$\begin{aligned} D^{\boldsymbol{\alpha}}[\boldsymbol{E}_{ss}(\boldsymbol{x})]_{ji} &= \sum_{k=1}^{\bar{m}} \bar{a}_{jk}(\boldsymbol{x}) \left\{ h^{-|\boldsymbol{\alpha}|} C_{w_{I_i}}(\boldsymbol{x}, \boldsymbol{\alpha}) r_{kI_i} \right. \\ &\quad \left. - \sum_{l=1}^{\bar{m}} \sum_{0<\boldsymbol{\beta} \leqslant \boldsymbol{\alpha}} \binom{\boldsymbol{\alpha}}{\boldsymbol{\beta}} h^{-|\boldsymbol{\beta}|} \sum_{I \in \wedge(\boldsymbol{x})} C_{w_I}(\boldsymbol{x}, \boldsymbol{\beta}) r_{kI} r_{lI} D^{\boldsymbol{\alpha}-\boldsymbol{\beta}}[\boldsymbol{E}_{ss}(\boldsymbol{x})]_{li} \right\} \end{aligned}$$

$$= b_j^0 \left(\boldsymbol{x} \right) h^{-|\boldsymbol{\alpha}|} - \sum_{l=1}^{\bar{m}} \sum_{0 < \boldsymbol{\beta} \leqslant \boldsymbol{\alpha}} \binom{\boldsymbol{\alpha}}{\boldsymbol{\beta}} d_{jl} \left(\boldsymbol{x} \right) h^{-|\boldsymbol{\beta}|} D^{\boldsymbol{\alpha} - \boldsymbol{\beta}} \left[\boldsymbol{E}_{ss} \left(\boldsymbol{x} \right) \right]_{li},$$

其中

$$b_j^0 \left(\boldsymbol{x} \right) = \sum_{k=1}^{\bar{m}} \bar{a}_{jk} \left(\boldsymbol{x} \right) C_{w_{I_i}} \left(\boldsymbol{x}, \boldsymbol{\alpha} \right) r_{kI_i},$$

$$d_{jl} \left(\boldsymbol{x} \right) = \sum_{k=1}^{\bar{m}} \bar{a}_{jk} \left(\boldsymbol{x} \right) \sum_{I \in \wedge \left(\boldsymbol{x} \right)} C_{w_I} \left(\boldsymbol{x}, \boldsymbol{\beta} \right) r_{kI} r_{lI} = \sum_{I \in \wedge \left(\boldsymbol{x} \right)} C_{w_I} \left(\boldsymbol{x}, \boldsymbol{\beta} \right) r_{lI} \sum_{k=1}^{\bar{m}} r_{kI} \bar{a}_{jk} \left(\boldsymbol{x} \right).$$

因此, 根据数学归纳法, 易知

$$D^{\boldsymbol{\alpha}} \left[\boldsymbol{E}_{ss} \left(\boldsymbol{x} \right) \right]_{ji} = b_j^{\boldsymbol{\alpha}} \left(\boldsymbol{x} \right) h^{-|\boldsymbol{\alpha}|}, \quad |\boldsymbol{\alpha}| = 0, 1, \cdots, \gamma, \tag{1.5.14}$$

其中系数 $b_j^{\boldsymbol{\alpha}} \left(\boldsymbol{x} \right)$ 满足如下递推公式:

$$b_j^{\boldsymbol{\alpha}} \left(\boldsymbol{x} \right) = b_j^0 \left(\boldsymbol{x} \right) - \sum_{l=1}^{\bar{m}} \sum_{0 < \boldsymbol{\beta} \leqslant \boldsymbol{\alpha}} \binom{\boldsymbol{\alpha}}{\boldsymbol{\beta}} d_{jl} \left(\boldsymbol{x} \right) b_l^{\boldsymbol{\alpha} - \boldsymbol{\beta}} \left(\boldsymbol{x} \right).$$

因为 $\boldsymbol{x}_e$ 是 $\boldsymbol{x}$ 的影响域 $\Re \left(\boldsymbol{x} \right)$ 上的一个固定点, 所以存在不依赖于 h 的有界量 $r_j^{\boldsymbol{\beta}}$, 使得

$$D^{\boldsymbol{\beta}} p_j \left(\frac{\boldsymbol{x} - \boldsymbol{x}_e}{h} \right) = \begin{cases} r_j^{\boldsymbol{\beta}} h^{-|\boldsymbol{\beta}|}, & \hat{j} \geqslant |\boldsymbol{\beta}|, \\ 0, & \hat{j} < |\boldsymbol{\beta}|, \end{cases} \quad |\boldsymbol{\beta}| = 0, 1, \cdots, \gamma, \quad j = 1, 2, \cdots, m. \tag{1.5.15}$$

当 $i = I_k \in \wedge \left(\boldsymbol{x} \right)$ 时, 对 (1.4.30) 使用 Leibniz 公式, 并利用 (1.5.14) 和 (1.5.15), 可得

$$D^{\boldsymbol{\alpha}} \Phi_i \left(\frac{\boldsymbol{x} - \boldsymbol{x}_e}{h} \right) = \sum_{j=1}^{\bar{m}} \sum_{\boldsymbol{\beta} \leqslant \boldsymbol{\alpha}} \binom{\boldsymbol{\alpha}}{\boldsymbol{\beta}} D^{\boldsymbol{\beta}} p_j \left(\frac{\boldsymbol{x} - \boldsymbol{x}_e}{h} \right) D^{\boldsymbol{\alpha} - \boldsymbol{\beta}} \left[\boldsymbol{E}_{ss} \left(\boldsymbol{x} \right) \right]_{jk}$$

$$= \sum_{j=1}^{\bar{m}} \sum_{\boldsymbol{\beta} \leqslant \boldsymbol{\alpha}} \binom{\boldsymbol{\alpha}}{\boldsymbol{\beta}} r_j^{\boldsymbol{\beta}} h^{-|\boldsymbol{\beta}|} b_j^{\boldsymbol{\alpha} - \boldsymbol{\beta}} \left(\boldsymbol{x} \right) h^{-|\boldsymbol{\alpha}| + |\boldsymbol{\beta}|}$$

$$= \left[\sum_{\boldsymbol{\beta} \leqslant \boldsymbol{\alpha}} \binom{\boldsymbol{\alpha}}{\boldsymbol{\beta}} \sum_{j=1}^{\bar{m}} r_j^{\boldsymbol{\beta}} b_j^{\boldsymbol{\alpha} - \boldsymbol{\beta}} \left(\boldsymbol{x} \right) \right] h^{-|\boldsymbol{\alpha}|}.$$

令 $C_{\Phi_i} \left(\boldsymbol{x}, \boldsymbol{\alpha} \right) = \sum_{\boldsymbol{\beta} \leqslant \boldsymbol{\alpha}} \binom{\boldsymbol{\alpha}}{\boldsymbol{\beta}} \sum_{j=1}^{\bar{m}} r_j^{\boldsymbol{\beta}} b_j^{\boldsymbol{\alpha} - \boldsymbol{\beta}} \left(\boldsymbol{x} \right)$, 则 (1.5.11) 成立. 因为 $\bar{a}_{jk} \left(\boldsymbol{x} \right)$, $C_{w_I} \left(\boldsymbol{x} \right)$ 和 r_{ki} 都是不依赖于 h 的有界量, 所以 $b_j^0 \left(\boldsymbol{x} \right)$ 和 $d_{jl} \left(\boldsymbol{x} \right)$, 进而 $b_j^{\boldsymbol{\alpha}} \left(\boldsymbol{x} \right)$ 都

是不依赖于 h 的有界量. 另外, 根据假设 1.4.1, r_j^β 是不依赖于 h 的有界量, 因此 $C_{\Phi_i}(\boldsymbol{x}, \boldsymbol{\alpha})$ 也是不依赖于 h 的有界量. 证毕.

引理 1.5.3 和引理 1.5.4 表明移动最小二乘近似形函数的 $\boldsymbol{\alpha}$ 阶导数与 $h^{-|\boldsymbol{\alpha}|}$ 同阶. 注意, 根据性质 1.4.1 和性质 1.4.2, 引理 1.5.4 也可由引理 1.5.3 直接得到. 下面的定理 1.5.1 将给出移动最小二乘近似在 Sobolev 空间中的误差估计.

性质 1.4.1 和性质 1.4.2 表明移动最小二乘近似的形函数与基向量 (1.4.1), (1.4.3) 和 (1.4.29) 无关, 定理 1.4.1、定理 1.4.2 和定理 1.4.3 表明应该选用 (1.4.29) 的平移缩放基向量来构造理论上稳定的移动最小二乘近似. 在应用中, 为了表示简单, 可将 (1.4.30) 定义的稳定移动最小二乘近似的形函数直接简记为 $\Phi_i(\boldsymbol{x})$, 即

$$\Phi_i(\boldsymbol{x}) = \begin{cases} \sum_{j=1}^{\bar{m}} p_j\left(\dfrac{\boldsymbol{x} - \boldsymbol{x}_e}{h}\right)\left[\boldsymbol{A}^{-1}(\boldsymbol{x})\,\boldsymbol{B}(\boldsymbol{x})\right]_{j\ell}, & i = I_\ell \in \wedge(\boldsymbol{x}), \\ & \qquad\qquad\qquad\quad i = 1, 2, \cdots, N, \\ 0, & i \notin \wedge(\boldsymbol{x}), \end{cases}$$

$$(1.5.16)$$

其中矩阵 $\boldsymbol{A}(\boldsymbol{x})$ 和 $\boldsymbol{B}(\boldsymbol{x})$ 的元素分别为

$$[\boldsymbol{A}(\boldsymbol{x})]_{ij} = \sum_{k \in \wedge(\boldsymbol{x})} p_i\left(\frac{\boldsymbol{x}_k - \boldsymbol{x}_e}{h}\right) w_k(\boldsymbol{x}) p_j\left(\frac{\boldsymbol{x}_k - \boldsymbol{x}_e}{h}\right), \quad i, j = 1, 2, \cdots, \bar{m},$$

$$(1.5.17)$$

$$[\boldsymbol{B}(\boldsymbol{x})]_{ij} = w_{I_j}(\boldsymbol{x}) p_i\left(\frac{\boldsymbol{x}_{I_j} - \boldsymbol{x}_e}{h}\right), \quad i = 1, 2, \cdots, \bar{m}, \quad j = 1, 2, \cdots, \tau(\boldsymbol{x}).$$

$$(1.5.18)$$

定理 1.5.1 设 $u(\boldsymbol{x}) \in W^{p+1,q}(\Omega)$, 其中 p, q 满足: 当 $q > 1$ 时, $p+1 > n/q$; 当 $q = 1$ 时, $p+1 \geqslant n$. 令

$$\mathcal{M}u(\boldsymbol{x}) = \sum_{i \in \wedge(\boldsymbol{x})} \Phi_i(\boldsymbol{x})\, u_i = \sum_{i=1}^{N} \Phi_i(\boldsymbol{x})\, u_i, \qquad (1.5.19)$$

则存在与 h 无关的常数 C, 使得

$$\|u - \mathcal{M}u\|_{k,q,\Omega} \leqslant C h^{\tilde{p}-k} \|u\|_{\tilde{p},q,\Omega}, \quad k = 0, 1, \cdots, \min\{\tilde{p}, \gamma\}, \quad \tilde{p} = \min\{p, m\} + 1,$$

$$(1.5.20)$$

其中 m 和 γ 分别是构造形函数 $\Phi_i(\boldsymbol{x})$ 的基函数次数和权函数连续阶.

证明 由 (1.1.1) 可知, 节点 $\boldsymbol{x}_i$ 的影响域 $\mathfrak{R}_i$ 是一个以 $\boldsymbol{x}_i$ 为中心、r_i 为半径的 n 维球. 令

$$\Omega_j = \left\{\boldsymbol{x} : |\boldsymbol{x} - \boldsymbol{x}_j| < r_j + \max_{1 \leqslant i \leqslant N} r_i\right\}, \qquad (1.5.21)$$

$$\wedge_j = \{i : \text{dist}\,(\boldsymbol{x}_i, \Re_j) < r_i, i = 1, 2, \cdots, N\},$$

其中 $j = 1, 2, \cdots, N$. 鉴于假设 1.4.1, 集合 $\wedge_j$ 中元素的个数是一致有界的, 从而可以选择球 $\tilde{\Re}_j$ 使得 $\tilde{\Re}_j \subset \Omega_j$, 且 $\bar{\Omega}_j \cap \bar{\Omega}$ 关于 $\tilde{\Re}_j$ 是星形的 (star-shaped)[50,53]. 另一方面, 根据定理的已知条件 $u\,(\boldsymbol{x}) \in W^{p+1,q}\,(\Omega)$ 和 Sobolev 空间嵌入定理可知 [50] $u\,(\boldsymbol{x}) \in C\,(\bar{\Omega})$, 从而逐点使用 $u\,(\boldsymbol{x})$ 的值是有意义的. 因此, 根据 Sobolev 空间中的多项式逼近理论 [50], $u\,(\boldsymbol{x})$ 在 $\tilde{\Re}_j$ 中的 $\tilde{p}$ 次 Taylor 多项式可定义为

$$Q_j^{\tilde{p}} u\,(\boldsymbol{x}) = \sum_{|\boldsymbol{\alpha}| \leqslant \tilde{p}-1} \frac{1}{\boldsymbol{\alpha}!} \int_{\tilde{\Re}_j} D^{\boldsymbol{\alpha}} u\,(\boldsymbol{y})\,(\boldsymbol{x}-\boldsymbol{y})^{\boldsymbol{\alpha}}\,\phi\,(\boldsymbol{y})\,\mathrm{d}\boldsymbol{y},$$

其中函数 $\phi\,(\boldsymbol{y}) \in C_0^\infty(\tilde{\Re}_j)$, 且满足 $\displaystyle\int_{\tilde{\Re}_j} \phi\,(\boldsymbol{y})\,\mathrm{d}\boldsymbol{y} = 1$. 相应于 $Q_j^{\tilde{p}} u\,(\boldsymbol{x})$ 的残差为 [50]

$$R_j^{\tilde{p}} u\,(\boldsymbol{x}) = u\,(\boldsymbol{x}) - Q_j^{\tilde{p}} u\,(\boldsymbol{x}), \tag{1.5.22}$$

满足

$$\left\| R_j^{\tilde{p}} u \right\|_{k,q,\Omega_j \cap \Omega} \leqslant C_1 h^{\tilde{p}-k} |u|_{\tilde{p},q,\Omega_j \cap \Omega}, \quad k = 0, 1, \cdots, \tilde{p}, \tag{1.5.23}$$

$$\left\| R_j^{\tilde{p}} u \right\|_{0,\infty,\Omega_j \cap \Omega} \leqslant C_2 h^{\tilde{p}-n/q} |u|_{\tilde{p},q,\Omega_j \cap \Omega}, \tag{1.5.24}$$

其中常数 C_1 和 C_2 与 $\tilde{p}, n$ 和 q 有关, 但与 j 和 h 无关.

因为 $Q_j^{\tilde{p}} u\,(\boldsymbol{x})$ 是 $\tilde{p}-1$ 次多项式, 且 $\tilde{p}-1 \leqslant m$, 所以由性质 1.3.5 可得

$$\sum_{i=1}^N \Phi_i\,(\boldsymbol{x})\,Q_j^{\tilde{p}} u\,(\boldsymbol{x}_i) = Q_j^{\tilde{p}} u\,(\boldsymbol{x}).$$

对任意 $\boldsymbol{x} \in \Re_j \cap \bar{\Omega}$, 利用 (1.5.19) 和 (1.5.22) 得到

$$u\,(\boldsymbol{x}) - \mathcal{M} u\,(\boldsymbol{x}) = Q_j^{\tilde{p}} u\,(\boldsymbol{x}) + R_j^{\tilde{p}} u\,(\boldsymbol{x}) - \sum_{i=1}^N \Phi_i\,(\boldsymbol{x})\left(Q_j^{\tilde{p}} u\,(\boldsymbol{x}_i) + R_j^{\tilde{p}} u\,(\boldsymbol{x}_i)\right)$$

$$= R_j^{\tilde{p}} u\,(\boldsymbol{x}) - \sum_{i=1}^N \Phi_i\,(\boldsymbol{x})\,R_j^{\tilde{p}} u\,(\boldsymbol{x}_i). \tag{1.5.25}$$

对任意 $i \in \wedge_j$, 由于 $\boldsymbol{x}_i \in \bar{\Omega}_j \cap \bar{\Omega}$, 从而

$$\|u - \mathcal{M} u\|_{k,q,\Re_j \cap \Omega} \leqslant \left\| R_j^{\tilde{p}} u \right\|_{k,q,\Re_j \cap \Omega} + \left\| R_j^{\tilde{p}} u \right\|_{0,\infty,\Omega_j \cap \Omega} \sum_{i=1}^N \|\Phi_i\|_{k,q,\Re_j \cap \Omega}. \tag{1.5.26}$$

注意到 $\displaystyle\int_{\Re_j \cap \Omega} \mathrm{d}\boldsymbol{x} = C_3 h^n$, 所以调用引理 1.5.4 可得

$$\|\Phi_i\|_{k,q,\Re_j\cap\Omega}^q = \sum_{|\boldsymbol{\alpha}|\leqslant k}\int_{\Re_j\cap\Omega}|D^{\boldsymbol{\alpha}}\Phi_i(\boldsymbol{x})|^q\,\mathrm{d}\boldsymbol{x} \leqslant \sum_{|\boldsymbol{\alpha}|\leqslant k}\int_{\Re_j\cap\Omega}\left(C_\Phi h^{-|\boldsymbol{\alpha}|}\right)^q\,\mathrm{d}\boldsymbol{x} \leqslant C_4 h^{n-qk}.$$

再利用假设 1.4.1, 存在正整数 K_2 和 $I\in\{1,2,\cdots,N\}$, 使得

$$\sum_{i=1}^{N}\|\Phi_i\|_{k,q,\Re_j\cap\Omega} \leqslant K_2\|\Phi_I\|_{k,q,\Re_j\cap\Omega} \leqslant C_5 h^{n/q-k}, \quad k=0,1,\cdots,\gamma. \tag{1.5.27}$$

由于集合 $\wedge_j$ 中元素的个数一致有界, 将 (1.5.23), (1.5.24) 和 (1.5.27) 代入 (1.5.26), 有

$$\|u-\mathcal{M}u\|_{k,q,\Re_j\cap\Omega} \leqslant C_6 h^{\tilde{p}-k}\|u\|_{\tilde{p},q,\Omega_j\cap\Omega},$$
$$k=0,1,\cdots,\min\{\tilde{p},\gamma\}, \quad j=1,2,\cdots,N.$$

因此, 再利用假设 1.4.1 可得 (1.5.20) 成立.　　　　　　　　　　　　　　证毕.

当 $u(\boldsymbol{x})\in W^{p+1,q}(\Omega)$ 时, 定理 1.5.1 给出了移动最小二乘近似在空间 $W^{k,q}(\Omega)$ 中的误差估计, 下面建立在空间 $W^{k,\infty}(\Omega)$ 中的误差估计.

定理 1.5.2　在定理 1.5.1 的条件下, 有

$$\|u-\mathcal{M}u\|_{k,\infty,\Omega} \leqslant C h^{\tilde{p}-k-n/q}\|u\|_{\tilde{p},q,\Omega},$$
$$k=0,1,\cdots,\min\{\tilde{p},\gamma\}, \quad \tilde{p}=\min\{p,m\}+1. \tag{1.5.28}$$

证明　由 (1.5.25), 可得

$$\|u-\mathcal{M}u\|_{k,\infty,\Re_j\cap\Omega}$$
$$\leqslant \left\|R_j^{\tilde{p}}u\right\|_{k,\infty,\Re_j\cap\Omega} + \left\|R_j^{\tilde{p}}u\right\|_{0,\infty,\Omega_j\cap\Omega}\sum_{i=1}^{N}\|\Phi_i\|_{k,\infty,\Re_j\cap\Omega}, \quad j=1,2,\cdots,N. \tag{1.5.29}$$

为了估计 $\left\|R_j^{\tilde{p}}u\right\|_{k,\infty,\Re_j\cap\Omega}$, 设 $\boldsymbol{\beta}$ 是 n 维多重指标, 且 $|\boldsymbol{\beta}|\leqslant k$. 在 (1.5.24) 中, 将 u 替换为 $D^{\boldsymbol{\beta}}u$, 则有

$$\left\|R_j^{\tilde{p}}D^{\boldsymbol{\beta}}u\right\|_{0,\infty,\Omega_j\cap\Omega} \leqslant C_7 h^{\tilde{p}-|\boldsymbol{\beta}|-n/q}\left|D^{\boldsymbol{\beta}}u\right|_{\tilde{p}-|\boldsymbol{\beta}|,q,\Omega_j\cap\Omega} \leqslant C_8 h^{\tilde{p}-|\boldsymbol{\beta}|-n/q}|u|_{\tilde{p},q,\Omega_j\cap\Omega},$$

从而

$$\left\|R_j^{\tilde{p}}u\right\|_{k,\infty,\Omega_j\cap\Omega} \leqslant C_9 h^{\tilde{p}-k-n/q}|u|_{\tilde{p},q,\Omega_j\cap\Omega}, \quad k=0,1,\cdots,\tilde{p}. \tag{1.5.30}$$

利用假设 1.4.1 和引理 1.5.4, 存在正整数 K_2 和 $I\in\{1,2,\cdots,N\}$, 使得

$$\sum_{i=1}^{N} \|\Phi_i\|_{k,\infty,\Re_j \cap \Omega} \leqslant K_2 \|\Phi_I\|_{k,\infty,\Re_j \cap \Omega} \leqslant C_{10} h^{-k}, \quad k = 0, 1, \cdots, \gamma. \quad (1.5.31)$$

将 (1.5.24), (1.5.30) 和 (1.5.31) 代入 (1.5.29), 并注意到集合 $\wedge_j$ 中元素的个数一致有界, 从而

$$\|u - \mathcal{M}u\|_{k,\infty,\Re_j \cap \Omega} \leqslant C_{11} h^{\tilde{p}-k-n/q} \|u\|_{\tilde{p},q,\Omega_j \cap \Omega},$$
$$k = 0, 1, \cdots, \min\{\tilde{p}, \gamma\}, \quad j = 1, 2, \cdots, N.$$

最后, 利用假设 1.4.1 可得 (1.5.28) 成立. 　　　　　　　　　　　　　　证毕.

在移动最小二乘近似中, 可以选择足够光滑的权函数, 因此后面的分析总是假定权函数足够光滑, 即 $\gamma \geqslant m + 1$. 此时, 再利用 Sobolev 空间中的插值定理[54], 可以得到如下定理.

定理 1.5.3 设 $u(\boldsymbol{x}) \in W^{p+1,q}(\Omega)$, 其中 p, q 满足: 当 $q > 1$ 时, $p+1 > n/q$; 当 $q = 1$ 时, $p+1 \geqslant n$. 令 $\tilde{p} = \min\{p, m\} + 1$, 其中 m 是构造形函数 $\Phi_i(\boldsymbol{x})$ 时的基函数次数, 则存在与 h 无关的常数 C 使得

$$\|u - \mathcal{M}u\|_{k,q,\Omega} \leqslant C h^{\tilde{p}-k} \|u\|_{\tilde{p},q,\Omega}, \quad 0 \leqslant k \leqslant \tilde{p}, \quad (1.5.32)$$

$$\|u - \mathcal{M}u\|_{k,\infty,\Omega} \leqslant C h^{\tilde{p}-k-n/q} \|u\|_{\tilde{p},q,\Omega}, \quad 0 \leqslant k \leqslant \tilde{p}. \quad (1.5.33)$$

特别地, 当 $u(\boldsymbol{x}) \in H^{p+1}(\Omega)$ 时, 其中 $p > n/2 - 1$, 有

$$\|u - \mathcal{M}u\|_{k,\Omega} \leqslant C h^{\tilde{p}-k} \|u\|_{\tilde{p},\Omega}, \quad 0 \leqslant k \leqslant \tilde{p}, \quad (1.5.34)$$

$$\|u - \mathcal{M}u\|_{k,\infty,\Omega} \leqslant C h^{\tilde{p}-k-n/2} \|u\|_{\tilde{p},\Omega}, \quad 0 \leqslant k \leqslant \tilde{p}. \quad (1.5.35)$$

证明 在 (1.5.20) 中, 当 $\gamma \geqslant m + 1$ 时, 有

$$\|u - \mathcal{M}u\|_{k,q,\Omega} \leqslant C_{12} h^{\tilde{p}-k} \|u\|_{\tilde{p},q,\Omega}, \quad k = 0, 1, \cdots, \tilde{p},$$

当 $k \in \mathbb{R}$ 且 $0 \leqslant k \leqslant \tilde{p}$ 时, 利用 Sobolev 空间中的插值定理[54], 可得

$$\|u - \mathcal{M}u\|_{k,q,\Omega} \leqslant \left(\|u - \mathcal{M}u\|_{0,q,\Omega}^{\tilde{p}-k} \|u - \mathcal{M}u\|_{\tilde{p},q,\Omega}^{k} \right)^{\frac{1}{\tilde{p}}} \leqslant C_{13} h^{\tilde{p}-k} \|u\|_{\tilde{p},q,\Omega},$$

从而 (1.5.32) 成立, 类似可证 (1.5.33). 　　　　　　　　　　　　　　　证毕.

1.6　数　值　算　例

为了阐释本章移动最小二乘近似的有效性和证实相应的理论分析, 下面给出一些数值算例. 在计算中, 计算区域上采用规则分布的节点, h 表示节点间距.

例 1.6.1　分片实验检测移动最小二乘近似的再生性

为了验证性质 1.3.5 和性质 1.3.6 中移动最小二乘近似的形函数及其导数关于基函数的再生性, 在求解区域 $\Omega = (-1, 1)^2$ 上用移动最小二乘近似逼近如下函数:

$$u_1(x_1, x_2) = x_1 + x_2 + 1,$$
$$u_2(x_1, x_2) = x_1^2 + x_1 x_2 + x_2^2,$$
$$u_3(x_1, x_2) = x_1^3 + x_1^2 x_2 + x_1 x_2^2 + x_2^3.$$

表 1.6.1、表 1.6.2 和表 1.6.3 分别给出了使用线性基函数 ($m = 1$)、二次基函数 ($m = 2$) 和三次基函数 ($m = 3$) 时的 L^2 逼近误差 $\|u - \mathcal{M}u\|_{0,\Omega}$, H^1 半范数误差 $|u - \mathcal{M}u|_{1,\Omega}$ 和 H^2 半范数误差 $|u - \mathcal{M}u|_{2,\Omega}$. 计算时, 在 Ω 上选取了 6×6 个等距分布的节点, 使用了 (1.4.16) 给出的 Gauss 权函数, 其中参数 $\hat{c}$ 取为 $\hat{c} = h$, 节点 $\boldsymbol{x}_i$ 的影响域的半径取为 $r_i = (m + 0.5)h$, h 表示节点间距.

表 1.6.1　线性基 ($m = 1$) 时, 移动最小二乘近似在分片实验中的误差

u	$\|u - \mathcal{M}u\|_{0,\Omega}$	$|u - \mathcal{M}u|_{1,\Omega}$	$|u - \mathcal{M}u|_{2,\Omega}$
u_1	3.117e-16	1.001e-15	8.270e-15
u_2	1.631e-01	3.721e-01	5.427e+00
u_3	2.628e-01	9.130e-01	9.536e+00

表 1.6.2　二次基 ($m = 2$) 时, 移动最小二乘近似在分片实验中的误差

u	$\|u - \mathcal{M}u\|_{0,\Omega}$	$|u - \mathcal{M}u|_{1,\Omega}$	$|u - \mathcal{M}u|_{2,\Omega}$
u_1	5.852e-16	2.725e-15	1.715e-14
u_2	3.993e-16	2.143e-15	1.544e-14
u_3	4.955e-02	1.440e-01	2.372e+00

表 1.6.3　三次基 ($m = 3$) 时, 移动最小二乘近似在分片实验中的误差

u	$\|u - \mathcal{M}u\|_{0,\Omega}$	$|u - \mathcal{M}u|_{1,\Omega}$	$|u - \mathcal{M}u|_{2,\Omega}$
u_1	7.441e-15	6.869e-14	5.683e-13
u_2	8.262e-15	9.954e-14	8.819e-13
u_3	1.042e-14	1.274e-13	1.218e-12

对于线性函数 u_1 在 $m = 1, 2$ 和 3 时的逼近、二次函数 u_2 在 $m = 2$ 和 3 时的逼近、三次函数 u_3 在 $m = 3$ 时的逼近, 这些情形下解析解的次数小于等于基函数的最高次数, 表 1.6.1、表 1.6.2 和表 1.6.3 表明移动最小二乘近似的所有逼近误差均很小, 接近 10^{-14}, 基本达到了机器精度.

但是, 对于二次函数 u_2 在 $m = 1$ 时的逼近、三次函数 u_3 在 $m = 1$ 和 2 时的逼近, 这些情形下解析解的次数大于基函数的最高次数, 表 1.6.1 和表 1.6.2 表明移动最小二乘近似的所有逼近误差均较大, 无法达到机器精度.

因此, 移动最小二乘近似在解析解的次数小于等于基函数的最高次数时能精确通过标准分片实验, 但在解析解的次数大于基函数的最高次数时不能通过分片实验, 从而证实了性质 1.3.5 和性质 1.3.6 中移动最小二乘近似的再生性.

例 1.6.2 **被逼近函数的正则性对收敛性的影响**

考虑用移动最小二乘近似逼近以下二维函数

$$u(x_1, x_2) = \left(x_1^2 + x_2^2\right)^{p/2}, \quad (x_1, x_2) \in \Omega = (-1, 1)^2.$$

理论上, 该函数满足 $u(x_1, x_2) \in H^{r+1}(\Omega)$, 其中 $r < p$, 所以参数 p 控制被逼近函数 $u(x_1, x_2)$ 的正则性.

根据 (1.5.34), 移动最小二乘近似逼近该函数 $u(x_1, x_2)$ 的误差为

$$\|u - \mathcal{M}u\|_{k,\Omega} \leqslant Ch^{\tilde{p}-k} \|u\|_{\tilde{p},\Omega}, \quad 0 \leqslant k \leqslant \tilde{p} = \min\{p, m\} + 1,$$

其中 m 是移动最小二乘近似中采用的基函数次数. 因此,

$$\|u - \mathcal{M}u\|_{k,\Omega} \leqslant \begin{cases} Ch^{p+1-k} \|u\|_{p+1,\Omega}, & 0 \leqslant k \leqslant p+1, \quad p < m, \\ Ch^{m+1-k} \|u\|_{m+1,\Omega}, & 0 \leqslant k \leqslant m+1, \quad p \geqslant m. \end{cases}$$

可以发现, 对于 H^k 范数误差 $\|u - \mathcal{M}u\|_{k,\Omega}$, 移动最小二乘近似在 $p < m$ 时的收敛阶为 $p + 1 - k$, 低于最优收敛阶 $m + 1 - k$, 只有在 $p \geqslant m$ 时才能获得最优收敛阶 $m + 1 - k$. 表 1.6.4 给出了正则性参数取为 $p = 0.5, 1.5, 2.5$ 和 3.0 时, 移动最小二乘近似在 $m = 1, 2$ 和 3 时的 H^k 范数理论误差 $\|u - \mathcal{M}u\|_{k,\Omega}$ 及相应的收敛阶.

表 1.6.4 **被逼近函数的正则性与移动最小二乘近似误差和收敛阶之间的关系**

p	m	H^k 范数误差	H^k 误差的收敛阶
0.5	1, 2, 3	$\|u - \mathcal{M}u\|_{k,\Omega} \leqslant Ch^{1.5-k} \|u\|_{1.5,\Omega}$	$1.5 - k$
1.5	1	$\|u - \mathcal{M}u\|_{k,\Omega} \leqslant Ch^{2-k} \|u\|_{2,\Omega}$	$2 - k$
	2, 3	$\|u - \mathcal{M}u\|_{k,\Omega} \leqslant Ch^{2.5-k} \|u\|_{2.5,\Omega}$	$2.5 - k$
2.5	1	$\|u - \mathcal{M}u\|_{k,\Omega} \leqslant Ch^{2-k} \|u\|_{2,\Omega}$	$2 - k$
	2	$\|u - \mathcal{M}u\|_{k,\Omega} \leqslant Ch^{3-k} \|u\|_{3,\Omega}$	$3 - k$
	3	$\|u - \mathcal{M}u\|_{k,\Omega} \leqslant Ch^{3.5-k} \|u\|_{3.5,\Omega}$	$3.5 - k$
3.0	1	$\|u - \mathcal{M}u\|_{k,\Omega} \leqslant Ch^{2-k} \|u\|_{2,\Omega}$	$2 - k$
	2	$\|u - \mathcal{M}u\|_{k,\Omega} \leqslant Ch^{3-k} \|u\|_{3,\Omega}$	$3 - k$
	3	$\|u - \mathcal{M}u\|_{k,\Omega} \leqslant Ch^{4-k} \|u\|_{4,\Omega}$	$4 - k$

分别采用 11×11, 21×21, 41×41 和 81×81 个规则分布的节点离散问题域 $\Omega = (-1,1)^2$, 相应的节点间距分别为 $h = 1/5$, $1/10$, $1/20$ 和 $1/40$. 表 1.6.5、表 1.6.6 和表 1.6.7 分别给出了移动最小二乘近似在这些情形下逼近函数 $u(x_1, x_2)$ 的 L^2 误差 $\|u - \mathcal{M}u\|_{0,\Omega}$、$H^1$ 误差 $\|u - \mathcal{M}u\|_{1,\Omega}$ 和 H^2 误差 $\|u - \mathcal{M}u\|_{2,\Omega}$, 表中的 "实验收敛阶" 指的是将不同 h 对应的误差拟合成直线时的斜率. 这些计算结果展示了被逼近函数的正则性对误差及收敛阶的影响, 实验收敛阶在所有情形下都与理论收敛阶吻合得较好.

表 1.6.5   被逼近函数的正则性对 L^2 误差 $\|u - \mathcal{M}u\|_{0,\Omega}$ 及其收敛性的影响

p	m	误差 $\|u - \mathcal{M}u\|_{0,\Omega}$				实验收敛阶	理论收敛阶
		$h = 1/5$	$h = 1/10$	$h = 1/20$	$h = 1/40$		
0.5	1	1.356e-02	4.887e-03	1.745e-03	6.201e-04	1.484	1.5
	2	2.264e-02	8.005e-03	2.830e-03	1.001e-03	1.500	1.5
	3	2.135e-02	7.548e-03	2.669e-03	9.435e-04	1.500	1.5
1.5	1	3.847e-02	9.821e-03	2.480e-03	6.230e-04	1.983	2.0
	2	1.303e-03	2.174e-04	3.800e-05	6.702e-06	2.533	2.5
	3	1.427e-03	2.513e-04	4.442e-05	7.853e-06	2.502	2.5
2.5	1	6.837e-02	1.770e-02	4.504e-03	1.136e-03	1.971	2.0
	2	1.541e-03	1.362e-04	1.215e-05	1.098e-06	3.485	3.0
	3	1.075e-03	9.455e-05	8.367e-06	7.405e-07	3.501	3.5
3.0	1	8.956e-02	2.348e-02	6.013e-03	1.522e-03	1.960	2.0
	2	3.822e-03	3.384e-04	2.990e-05	2.670e-06	3.495	3.0
	3	1.982e-03	1.382e-04	9.411e-06	6.320e-07	3.872	4.0

表 1.6.6   被逼近函数的正则性对 H^1 误差 $\|u - \mathcal{M}u\|_{1,\Omega}$ 及其收敛性的影响

p	m	误差 $\|u - \mathcal{M}u\|_{1,\Omega}$				实验收敛阶	理论收敛阶
		$h = 1/5$	$h = 1/10$	$h = 1/20$	$h = 1/40$		
0.5	1	3.369e-01	2.384e-01	1.687e-01	1.193e-01	0.499	0.5
	2	3.168e-01	2.235e-01	1.580e-01	1.117e-01	0.501	0.5
	3	3.033e-01	2.141e-01	1.513e-01	1.070e-01	0.501	0.5
1.5	1	1.372e-01	6.199e-02	2.950e-02	1.440e-02	1.083	1.0
	2	2.003e-02	6.972e-03	2.458e-03	8.687e-04	1.509	1.5
	3	2.016e-02	7.092e-03	2.506e-03	8.858e-04	1.503	1.5
2.5	1	2.690e-01	1.187e-01	5.507e-02	2.644e-02	1.115	1.0
	2	1.395e-02	2.529e-03	4.858e-04	9.925e-05	2.378	2.0
	3	6.642e-03	1.154e-03	2.033e-04	3.593e-05	2.510	2.5
3.0	1	3.884e-01	1.692e-01	7.722e-02	3.659e-02	1.136	1.0
	2	3.673e-02	6.688e-03	1.257e-03	2.469e-04	2.406	2.0
	3	7.597e-03	9.281e-04	1.170e-04	1.487e-05	2.998	3.0

表 1.6.7   被逼近函数的正则性对 H^2 误差 $\|u - \mathcal{M}u\|_{2,\Omega}$ 及其收敛性的影响

p	m	误差 $\|u - \mathcal{M}u\|_{2,\Omega}$				实验收敛阶	理论收敛阶
		$h = 1/5$	$h = 1/10$	$h = 1/20$	$h = 1/40$		
0.5	1	1.114e+01	1.575e+01	2.228e+01	3.152e+01	-0.500	-0.5
	2	1.105e+01	1.562e+01	2.209e+01	3.124e+01	-0.500	-0.5
	3	1.083e+01	1.532e+01	2.166e+01	3.063e+01	-0.500	-0.5
1.5	1	2.289e+00	2.186e+00	2.135e+00	2.109e+00	0.039	0.0
	2	5.226e-01	3.665e-01	2.590e-01	1.832e-01	0.504	0.5
	3	4.724e-01	3.331e-01	2.355e-01	1.665e-01	0.501	0.5
2.5	1	4.714e+00	4.266e+00	4.017e+00	3.885e+00	0.092	0.0
	2	3.163e-01	1.257e-01	5.378e-02	2.442e-02	1.231	1.0
	3	8.173e-02	2.850e-02	1.011e-02	3.584e-03	1.503	1.5
3.0	1	6.864e+00	6.077e+00	5.617e+00	5.364e+00	0.118	0.0
	2	8.427e-01	3.275e-01	1.334e-01	5.754e-02	1.291	1.0
	3	1.020e-01	2.744e-02	7.466e-03	2.012e-03	1.887	2.0

例 1.6.3   逼近一维函数的稳定性和收敛性

考虑用移动最小二乘近似逼近以下一维函数

$$u(x) = (\sin x + e^x)\,|x|^{3.5}, \quad x \in \Omega = (-1, 1).$$

理论上, 该函数满足 $u(x) \in H^{p+1}(\Omega)$, 其中 $p < 3$.

为了验证定理 1.4.1、定理 1.4.2 和定理 1.4.3 中关于稳定性的理论结果, 首先调查移动最小二乘近似中法方程系数矩阵的谱条件数和行列式与节点间距 h 之间的关系. 图 1.6.1、图 1.6.2 和图 1.6.3 分别给出了由 (1.2.8), (1.4.6) 和 (1.4.31) 定义的法方程系数矩阵 $\boldsymbol{A}(x)$, $\boldsymbol{A}_s(x)$ 和 $\boldsymbol{A}_{ss}(x)$ 在点 $x = 0$ 处的谱条件数和行列式与节点间距 h 之间的关系. 这里使用了线性基函数 $(m = 1)$、二次基函数 $(m = 2)$ 和三次基函数 $(m = 3)$, 还选用了 (1.4.19) 中的四次样条权函数, 图中的 "斜率" 指的是将不同 h 对应的计算数据拟合成直线时的斜率.

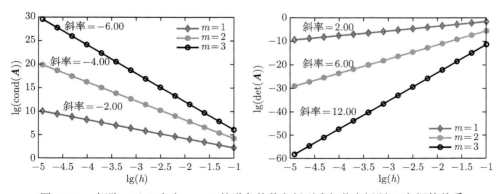

图 1.6.1   矩阵 $\boldsymbol{A}(x)$ 在点 $x = 0$ 的谱条件数和行列式与节点间距 h 之间的关系

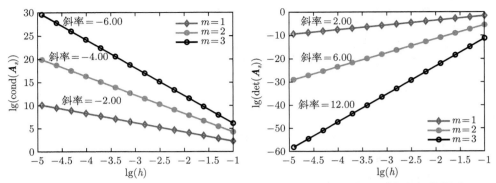

图 1.6.2　矩阵 $\boldsymbol{A}_s(x)$ 在点 $x=0$ 的谱条件数和行列式与节点间距 h 之间的关系

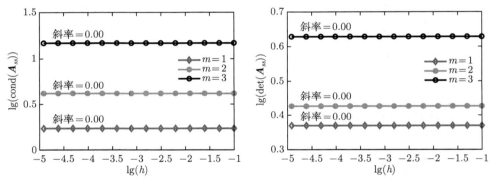

图 1.6.3　矩阵 $\boldsymbol{A}_{ss}(x)$ 在点 $x=0$ 的谱条件数和行列式与节点间距 h 之间的关系

对于使用常规多项式基向量 $\boldsymbol{p}(x)$ 的矩阵 $\boldsymbol{A}(x)$, 图 1.6.1 表明 $\boldsymbol{A}(x)$ 的条件数随着 h 的减小而急剧增大, 趋于无穷大, 并且在 $m=1,2$ 和 3 时的变化形式几乎分别为 $\mathcal{O}(h^{-2})$, $\mathcal{O}(h^{-4})$ 和 $\mathcal{O}(h^{-6})$, 符合 $\mathcal{O}(h^{-2m})$, 这些数值结果证实了定理 1.4.1 中的理论结果. 另外, $\boldsymbol{A}(x)$ 的行列式随着 h 的减小而急剧减小, 趋于 0, 并且在 $m=1,2$ 和 3 时的变化形式几乎分别为 $\mathcal{O}(h^2)$, $\mathcal{O}(h^6)$ 和 $\mathcal{O}(h^{12})$, 符合 $\mathcal{O}\left(h^{2\sum_{i=1}^{m}i}\right)$, 这证实了定理 1.4.2 中的理论结果.

对于使用平移基向量 $\boldsymbol{p}(x-x_e)$ 的矩阵 $\boldsymbol{A}_s(x)$, 图 1.6.2 表明 $\boldsymbol{A}_s(x)$ 的条件数随着 h 的变化仍然符合 $\mathcal{O}(h^{-2m})$, 而 $\boldsymbol{A}_s(x)$ 的行列式随着 h 的变化符合 $\mathcal{O}\left(h^{2\sum_{i=1}^{m}i}\right)$. 另外, 从图 1.6.1 和图 1.6.2 还可以发现, 当 $\lg h \approx -5$ 即 h 接近 10^{-5} 时, $\boldsymbol{A}(x)$ 和 $\boldsymbol{A}_s(x)$ 的条件数在 $m=1,2$ 和 3 时都分别接近 10^{10}, 10^{20} 和 10^{30}, 非常大; 而 $\boldsymbol{A}(x)$ 和 $\boldsymbol{A}_s(x)$ 的行列式在 $m=1,2$ 和 3 时都分别接近 10^{-10}, 10^{-30} 和 10^{-60}, 非常接近 0.

对于使用平移缩放基向量 $\boldsymbol{p}((x-x_e)/h)$ 的矩阵 $\boldsymbol{A}_{ss}(x)$, 图 1.6.3 表明 $\boldsymbol{A}_{ss}(x)$ 的条件数和行列式相对于 h 都几乎不变, 这证实了定理 1.4.3 中的理论结

果. 此外, 比较图 1.6.1、图 1.6.2 和图 1.6.3 还可以观察到, $\boldsymbol{A}_{ss}(x)$ 的条件数在本算例中介于 10^0 和 $10^{1.5}$ 之间, 远小于 $\boldsymbol{A}(x)$ 和 $\boldsymbol{A}_s(x)$ 的条件数; $\boldsymbol{A}_{ss}(x)$ 的行列式在本算例中介于 $10^{0.3}$ 和 $10^{0.7}$ 之间, 远大于 $\boldsymbol{A}(x)$ 和 $\boldsymbol{A}_s(x)$ 的行列式. 因此, 在移动最小二乘近似中应该使用平移缩放基向量 $\boldsymbol{p}\left((x-x_e)/h\right)$, 以提高稳定性.

表 1.6.8 和表 1.6.9 分别给出了法方程系数矩阵的谱条件数和行列式随着节点间距 h 变化的实验率和理论率. 可以发现, 实验值与理论值在所有情形下都吻合得非常好.

表 1.6.8 法方程系数矩阵在点 $x=0$ 的谱条件数随节点间距 h 的变化率

系数矩阵	线性基 ($m=1$)		二次基 ($m=2$)		三次基 ($m=3$)	
	实验率	理论率	实验率	理论率	实验率	理论率
$\boldsymbol{A}(x)$	-2.00	-2.00	-4.00	-4.00	-6.00	-6.00
$\boldsymbol{A}_s(x)$	-2.00	-2.00	-4.00	-4.00	-6.00	-6.00
$\boldsymbol{A}_{ss}(x)$	0.00	0.00	0.00	0.00	0.00	0.00

表 1.6.9 法方程系数矩阵在点 $x=0$ 的行列式随节点间距 h 的变化率

系数矩阵	线性基 ($m=1$)		二次基 ($m=2$)		三次基 ($m=3$)	
	实验率	理论率	实验率	理论率	实验率	理论率
$\boldsymbol{A}(x)$	2.00	2.00	6.00	6.00	12.00	12.00
$\boldsymbol{A}_s(x)$	2.00	2.00	6.00	6.00	12.00	12.00
$\boldsymbol{A}_{ss}(x)$	0.00	0.00	0.00	0.00	0.00	0.00

为了验证 1.4.1 节的原移动最小二乘近似和 1.4.3 节的稳定移动最小二乘近似的稳定性和收敛性, 图 1.6.4、图 1.6.5 和图 1.6.6 比较了这两种近似在 L^2 范数和 H^1 范数中的误差. 结果表明, 稳定移动最小二乘近似的误差在所有情形下都会随着节点间距 h 的减小而单调减小, 并且稳定移动最小二乘近似不会产生不稳

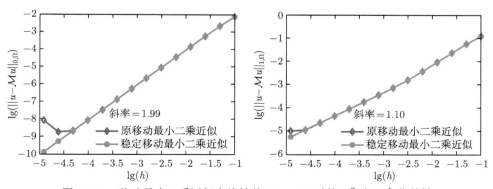

图 1.6.4 移动最小二乘近似在线性基 ($m=1$) 时的 L^2 和 H^1 收敛性

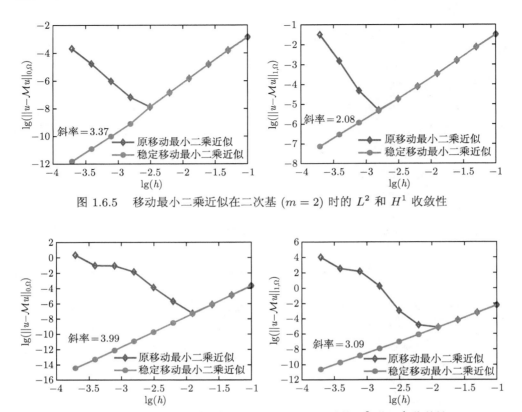

图 1.6.5   移动最小二乘近似在二次基 $(m = 2)$ 时的 L^2 和 H^1 收敛性

图 1.6.6   移动最小二乘近似在三次基 $(m = 3)$ 时的 L^2 和 H^1 收敛性

定现象. 然而, 当节点间距 h 较小, 即使用节点较多时, 原移动最小二乘近似的误差不会一直随着节点间距 h 的减小而减小, 反而会随着 h 的减小而增大, 出现不收敛不稳定的现象. 此外, 比较图 1.6.4、图 1.6.5 和图 1.6.6 中的结果, 还可以发现, 基函数的次数越高, 原移动最小二乘近似的不稳定程度就越高. 在所有情形下, 稳定移动最小二乘近似都有效消除了原移动最小二乘近似的不稳定性. 因此, 与原移动最小二乘近似相比, 稳定移动最小二乘近似具有更高的计算精度、更好的收敛性和稳定性.

根据 (1.5.34), 当 $m \leqslant 3$ 时, 移动最小二乘近似逼近该一维函数 $u(x)$ 的 L^2 误差和 H^1 误差, 分别为

$$\|u - \mathcal{M}u\|_{0,\Omega} \leqslant Ch^{m+1} \|u\|_{m+1,\Omega}, \quad \|u - \mathcal{M}u\|_{1,\Omega} \leqslant Ch^m \|u\|_{m+1,\Omega}.$$

表 1.6.10 比较了稳定移动最小二乘近似的 L^2 误差和 H^1 误差的实验收敛阶 (实验阶) 和理论收敛阶 (理论阶). 可以发现, 实验阶与理论阶吻合得较好.

表 1.6.10 稳定移动最小二乘近似在例 1.6.3 中的收敛阶

误差	线性基 $(m=1)$		二次基 $(m=2)$		三次基 $(m=3)$	
	实验阶	理论阶	实验阶	理论阶	实验阶	理论阶
$\|u - \mathcal{M}u\|_{0,\Omega}$	1.99	2.00	3.37	3.00	3.99	4.00
$\|u - \mathcal{M}u\|_{1,\Omega}$	1.10	1.00	2.08	2.00	3.09	3.00

例 1.6.4 逼近二维函数的稳定性和收敛性

考虑用移动最小二乘近似逼近以下二维函数

$$u(\boldsymbol{x}) = [\sin(x_1 + x_2) + \exp(x_1 + x_2)]\sqrt{(x_1^2 + x_2^2)^3}, \quad \boldsymbol{x} = (x_1, x_2)^{\mathrm{T}} \in \Omega = (-1, 1)^2.$$

理论上, 该函数满足 $u(\boldsymbol{x}) \in H^{p+1}(\Omega)$, 其中 $p < 3$.

图 1.6.7、图 1.6.8 和图 1.6.9 分别给出了法方程系数矩阵 $\boldsymbol{A}(\boldsymbol{x})$, $\boldsymbol{A}_s(\boldsymbol{x})$ 和 $\boldsymbol{A}_{ss}(\boldsymbol{x})$ 在点 $\boldsymbol{x} = (0.5, 0.5)^{\mathrm{T}}$ 处的谱条件数和行列式与节点间距 h 之间的关系.

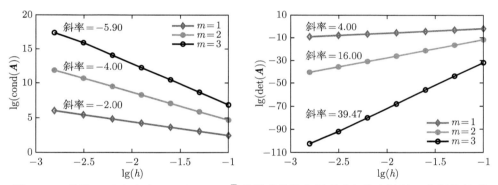

图 1.6.7 矩阵 $\boldsymbol{A}(\boldsymbol{x})$ 在点 $\boldsymbol{x} = (0.5, 0.5)^{\mathrm{T}}$ 的谱条件数和行列式与节点间距 h 之间的关系

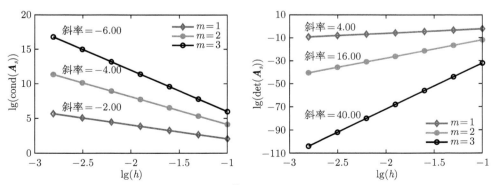

图 1.6.8 矩阵 $\boldsymbol{A}_s(\boldsymbol{x})$ 在点 $\boldsymbol{x} = (0.5, 0.5)^{\mathrm{T}}$ 的谱条件数和行列式与节点间距 h 之间的关系

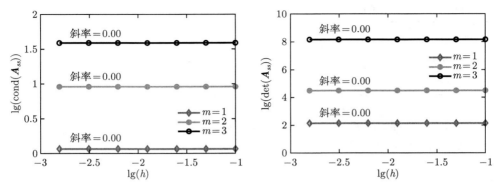

图 1.6.9   矩阵 $\boldsymbol{A}_{ss}(\boldsymbol{x})$ 在点 $\boldsymbol{x} = (0.5, 0.5)^{\mathrm{T}}$ 的谱条件数和行列式与节点间距 h 之间的关系

从图 1.6.7 和图 1.6.8 可以发现, $\boldsymbol{A}(\boldsymbol{x})$ 和 $\boldsymbol{A}_s(\boldsymbol{x})$ 的条件数随着 h 的减小而急剧增大, 趋于无穷大, 并且在 $m = 1, 2$ 和 3 时的变化形式几乎分别为 $\mathcal{O}(h^{-2})$, $\mathcal{O}(h^{-4})$ 和 $\mathcal{O}(h^{-6})$, 符合 $\mathcal{O}(h^{-2m})$; $\boldsymbol{A}(\boldsymbol{x})$ 和 $\boldsymbol{A}_s(\boldsymbol{x})$ 的行列式随着 h 的减小而急剧减小, 趋于 0, 并且在 $m = 1, 2$ 和 3 时的变化形式几乎分别为 $\mathcal{O}(h^4)$, $\mathcal{O}(h^{16})$ 和 $\mathcal{O}(h^{40})$, 符合 $\mathcal{O}\left(h^{2\sum_{i=1}^{\bar{m}} \hat{i}}\right)$. 这些数值结果证实了定理 1.4.1 和定理 1.4.2 中的理论结果.

从图 1.6.9 可以发现, $\boldsymbol{A}_{ss}(\boldsymbol{x})$ 的条件数和行列式相对于 h 都几乎不变, 这证实了定理 1.4.3 中的理论结果. 另外, $\boldsymbol{A}_{ss}(\boldsymbol{x})$ 的条件数远小于 $\boldsymbol{A}(\boldsymbol{x})$ 和 $\boldsymbol{A}_s(\boldsymbol{x})$ 的条件数, $\boldsymbol{A}_{ss}(\boldsymbol{x})$ 的行列式远大于 $\boldsymbol{A}(\boldsymbol{x})$ 和 $\boldsymbol{A}_s(\boldsymbol{x})$ 的行列式. 因此, 在移动最小二乘近似中应该使用平移缩放基向量 $\boldsymbol{p}((\boldsymbol{x} - \boldsymbol{x}_e)/h)$ 来获得稳定的数值逼近.

表 1.6.11 和表 1.6.12 分别给出了法方程系数矩阵的谱条件数和行列式随着节点间距 h 变化的实验率和理论率. 可以发现, 实验率在所有情形下都与理论率吻合得很好.

为了研究移动最小二乘近似及其稳定算法在二维算例中的稳定性和收敛性, 图 1.6.10 和图 1.6.11 比较了这两种近似的 L^2 误差和 H^1 误差随节点间距 h 的变化趋势. 可以发现, 稳定移动最小二乘近似在所有情形下都能获得单调收敛的数值结果, 而原移动最小二乘近似在 h 较小时不再稳定收敛, 并且不稳定程度随着基函数次数的增加而加剧. 因此, 在该二维算例中, 稳定移动最小二乘近似仍然比原移动最小二乘近似表现得更稳定、更收敛.

表 1.6.11   法方程系数矩阵在点 $\boldsymbol{x} = (0.5, 0.5)^{\mathrm{T}}$ 的谱条件数随节点间距 h 的变化率

系数矩阵	线性基 ($m = 1$)		二次基 ($m = 2$)		三次基 ($m = 3$)	
	实验率	理论率	实验率	理论率	实验率	理论率
$\boldsymbol{A}(\boldsymbol{x})$	-2.00	-2.00	-4.00	-4.00	-5.90	-6.00
$\boldsymbol{A}_s(\boldsymbol{x})$	-2.00	-2.00	-4.00	-4.00	-6.00	-6.00
$\boldsymbol{A}_{ss}(\boldsymbol{x})$	0.00	0.00	0.00	0.00	0.00	0.00

表 1.6.12　法方程系数矩阵在点 $x = (0.5, 0.5)^{\mathrm{T}}$ 的行列式随节点间距 h 的变化率

系数矩阵	线性基 $(m = 1)$		二次基 $(m = 2)$		三次基 $(m = 3)$	
	实验率	理论率	实验率	理论率	实验率	理论率
$A(x)$	4.00	4.00	16.00	16.00	39.47	40.00
$A_s(x)$	4.00	4.00	16.00	16.00	40.00	40.00
$A_{ss}(x)$	0.00	0.00	0.00	0.00	0.00	0.00

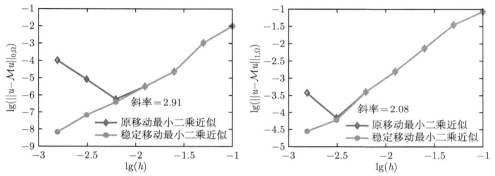

图 1.6.10　移动最小二乘近似在二次基 $(m = 2)$ 时的 L^2 和 H^1 收敛性

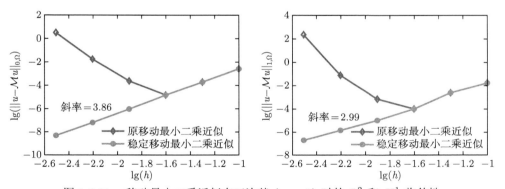

图 1.6.11　移动最小二乘近似在三次基 $(m = 3)$ 时的 L^2 和 H^1 收敛性

表 1.6.13 给出了稳定移动最小二乘近似的 L^2 误差和 H^1 误差的实验收敛阶和理论收敛阶. 可以发现, 实验阶与 (1.5.34) 中的理论阶吻合得较好.

表 1.6.13　稳定移动最小二乘近似在例 1.6.4 中的收敛阶

误差	二次基 $(m = 2)$		三次基 $(m = 3)$	
	实验阶	理论阶	实验阶	理论阶
$\|u - \mathcal{M}u\|_{0,\Omega}$	2.91	3.00	3.86	4.00
$\|u - \mathcal{M}u\|_{1,\Omega}$	2.08	2.00	2.99	3.00

参 考 文 献

[1] 林群. 微分方程数值解法基础教程. 3 版. 北京: 科学出版社, 2017.

[2] 余德浩, 汤华中. 微分方程数值解法. 2 版. 北京: 科学出版社, 2018.

[3] 李开泰, 黄艾香, 黄庆怀. 有限元方法及其应用. 北京: 科学出版社, 2006.

[4] 石钟慈, 王鸣. 有限元方法. 北京: 科学出版社, 2016.

[5] 祝家麟, 袁政强. 边界元分析. 北京: 科学出版社, 2009.

[6] 姚振汉, 王海涛. 边界元法. 北京: 高等教育出版社, 2010.

[7] Belytschko T, Krongauz Y, Organ D, Fleming M, Krysl P. Meshless methods: An overview and recent developments. Computer Methods in Applied Mechanics and Engineering, 1996, 139: 3-47.

[8] Atluri S N, Shen S P. The Meshless Local Petrov-Galerkin (MLPG) Method. Forsyth: Tech Science Press, 2002.

[9] 张雄, 刘岩. 无网格方法. 北京: 清华大学出版社, 2004.

[10] Liu G R, Gu Y T. An Introduction to Meshfree Methods and Their Programming. Berlin: Springer, 2005.

[11] Liu G R. Meshfree Methods: Moving Beyond the Finite Element Method. 2nd ed. Boca Raton: CRC Press, 2009.

[12] 程玉民. 无网格方法 (上、下册). 北京: 科学出版社, 2015.

[13] Belytschko T, Chen J S, Hillman M. Meshfree and Particle Methods: Fundamentals and Applications. Hoboken: John Wiley & Sons, 2024.

[14] Lancaster P, Salkauskas K. Surfaces generated by moving least-squares methods. Mathematics of Computation, 1981, 37: 141-158.

[15] Liu W K, Jun S, Zhang Y F. Reproducing kernel particle methods. International Journal for Numerical Methods in Fluids, 1995, 20: 1081-1106.

[16] Babuška I, Melenk J M. The partition of unity methods. International Journal for Numerical Methods in Engineering, 1997, 40: 727-758.

[17] Liu G R, Gu Y T. A point interpolation method for two-dimensional solids. International Journal for Numerical Methods in Engineering, 2001, 50: 937-951.

[18] Wendland H. Scattered Data Approximation. New York: Cambridge University Press, 2005.

[19] 吴宗敏. 散乱数据拟合的模型、方法和理论. 北京: 科学出版社, 2007.

[20] Belytschko T, Lu Y Y, Gu L. Element-free Galerkin methods. International Journal for Numerical Methods in Engineering, 1994, 37: 229-256.

[21] Atluri S N, Zhu T. A new meshless local Petrov-Galerkin (MLPG) approach in computational mechanics. Computational Mechanics, 1998, 22: 117-127.

[22] Oñate E, Idelsohn S, Zienkiewicz O C, Taylor R L, Sacco C. A stabilized finite point method for analysis of fluid mechanics problems. Computer Methods in Applied Mechanics and Engineering, 1996, 139: 315-346.

[23] Mukherjee Y X, Mukherjee S. The boundary node method for potential problems. International Journal for Numerical Methods in Engineering, 1997, 40: 797-815.

[24] Zhu T, Zhang J, Atluri S N. A meshless local boundary integral equation (LBIE) method for solving nonlinear problems. Computational Mechanics, 1998, 22: 174-186.

[25] Zhang J M, Yao Z H, Li H. A hybrid boundary node method. International Journal for Numerical Methods in Engineering, 2002, 53: 751-763.

[26] Liew K M, Cheng Y M, Kitipornchai S. Boundary element-free method (BEFM) and its application to two-dimensional elasticity problems. International Journal for Numerical Methods in Engineering, 2006, 65: 1310-1332.

[27] Li X L, Zhu J L. A Galerkin boundary node method and its convergence analysis. Journal of Computational and Applied Mathematics, 2009, 230: 314-328.

[28] Lu Y Y, Belytschko T, Gu L. A new implementation of the element free Galerkin method. Computer Methods in Applied Mechanics and Engineering, 1994, 113: 397-414.

[29] Li X L, Chen H, Wang Y. Error analysis in Sobolev spaces for the improved moving least-square approximation and the improved element-free Galerkin method. Applied Mathematics and Computation, 2015, 262: 56-78.

[30] Liew K M, Feng C, Cheng Y M, Kitipornchai S. Complex variable moving least-squares method: A meshless approximation technique. International Journal for Numerical Methods in Engineering, 2007, 70: 46-70.

[31] Li X L, Li S L. Analysis of the complex moving least squares approximation and the associated element-free Galerkin method. Applied Mathematical Modelling, 2017, 47: 45-62.

[32] Li X L. Three-dimensional complex variable element-free Galerkin method. Applied Mathematical Modelling, 2018, 63: 148-171.

[33] Sun F X, Wang J F, Cheng Y M, Huang A X. Error estimates for the interpolating moving least-squares method in n-dimensional space. Applied Numerical Mathematics, 2015, 98: 79-105.

[34] Li X L, Li S L. On the stability of the moving least squares approximation and the element-free Galerkin method. Computers and Mathematics with Applications, 2016, 72: 1515-1531.

[35] Li X L, Wang Q Q. Analysis of the inherent instability of the interpolating moving least squares method when using improper polynomial bases. Engineering Analysis with Boundary Elements, 2016, 73: 21-34.

[36] Wang D D, Wang J R, Wu J C. Superconvergent gradient smoothing meshfree collocation method. Computer Methods in Applied Mechanics and Engineering, 2018, 340: 728-766.

[37] Wan J S, Li X L. Analysis of the moving least squares approximation with smoothed gradients. Engineering Analysis with Boundary Elements, 2022, 141: 181-188.

[38] Wang D D, Wang J R, Wu J C. Arbitrary order recursive formulation of meshfree gradients with application to superconvergent collocation analysis of Kirchhoff plates. Computational Mechanics, 2020, 65: 877-903.

[39] Wan J S, Li X L. Analysis of a superconvergent recursive moving least squares approximation. Applied Mathematics Letters, 2022, 133: 108223.

[40] Levin D. The approximation power of moving least-squares. Mathematics of Computation, 1998, 67: 1517-1531.

[41] Armentano M G. Error estimates in Sobolev spaces for moving least-square approximations. SIAM Journal on Numerical Analysis, 2001, 39: 38-51.

[42] Zuppa C. Good quality point sets and error estimates for moving least square approximations. Applied Numerical Mathematics, 2003, 47: 575-585.

[43] Hu J, Huang Y Q, Xue W M. An optimal error estimate for an h-p clouds Galerkin method//Chan T F, Huang Y Q, Tang T, et al. Recent Progress in Computational and Applied PDEs. New York: Kluwer Academic/Plenum Publishers, 2002: 217-230.

[44] Cheng R J, Cheng Y M. Error estimates for the finite point method. Applied Numerical Mathematics, 2008, 58: 884-898.

[45] Mirzaei D. Analysis of moving least squares approximation revisited. Journal of Computational and Applied Mathematics, 2015, 282: 237-250.

[46] Li X L. Error estimates for the moving least-square approximation and the element-free Galerkin method in n-dimensional spaces. Applied Numerical Mathematics, 2016, 99: 77-97.

[47] Admas R A. Sobolev Spaces. New York: Academic Press, 1975.

[48] 李立康, 郭毓陶. Sobolev 空间引论. 上海: 上海科学技术出版社, 1981.

[49] Ciarlet P G. The Finite Element Method for Elliptic Problems. Amsterdam: North-Holland, 1978.

[50] Brenner S C, Scott L R. The Mathematical Theory of Finite Element Methods. 3rd ed. New York: Springer, 2009.

[51] 杜其奎, 陈金如. 有限元方法的数学理论. 北京: 科学出版社, 2012.

[52] Krysl P, Belytschko T. Analysis of thin plates by the element-free Galerkin method. Computational Mechanics, 1995, 17: 26-35.

[53] Han W M, Meng X P. Error analysis of the reproducing kernel particle method. Computer Methods in Applied Mechanics and Engineering, 2001, 190: 6157-6181.

[54] Lions J L, Magenes E. Non-Homogeneous Boundary Value Problems and Applications. Berlin: Springer, 1972.

第 2 章　无单元 Galerkin 法

有限元法 [1-5] 在求解边值问题时, 首先利用 Galerkin 方法将原边值问题转化为等价的变分问题, 然后将求解区域离散为网格单元, 并基于这些单元建立未知函数的插值近似, 进而得到有限元空间, 最后在有限元空间上离散等价变分问题, 得到与节点未知量相关的代数方程组. 在有限元法中, 函数插值严重依赖于网格单元. 为了摆脱对网格单元的依赖性, Nayroles 等 [6] 在 1992 年首次将移动最小二乘近似引入 Galerkin 格式中, 即利用移动最小二乘近似建立用于变分问题离散的无网格近似解空间, 提出了扩散单元法 (diffuse element method). 扩散单元法是第一种 Galerkin 型无网格方法, 为无网格方法的发展开辟了新的道路, 但是由于直接略去了形函数导数中的部分项, 所以存在计算精度较低等不足.

1994 年, Belytschko 等 [7] 通过改进扩散单元法, 在计算移动最小二乘近似的形函数导数时保留了被 Nayroles 忽略掉的所有项, 并利用 Lagrange 乘子法施加 Dirichlet 边界条件, 提出了无单元 Galerkin 法 (element-free Galerkin method). 无单元 Galerkin 法是一种典型的 Galerkin 型无网格方法, 它掀起了无网格方法的研究热潮, 极大地推动了无网格方法的快速发展. 无单元 Galerkin 法具有计算精度高和容易得到高阶光滑近似解等优势, 因此是研究和应用最广泛的无网格方法之一 [8-10].

本章首先针对椭圆边值问题推导无单元 Galerkin 法的计算公式及其误差理论, 其次建立障碍问题和时间分数阶微分方程初边值问题的无单元 Galerkin 法, 再次分析数值积分对无单元 Galerkin 法的影响, 进而建立适用于无单元 Galerkin 法等 Galerkin 型无网格方法的高效高精度数值积分公式, 最后讨论 Ginzburg-Landau 方程初边值问题的无单元 Galerkin 法.

2.1　椭圆边值问题的无单元 Galerkin 法

在有限元和边界元法中, 近似函数一般均为插值函数, 其形函数具有插值性质, 因此很容易处理边界条件. 在移动最小二乘近似等无网格逼近方案中, 形函数可能不具备插值特性, 导致边界条件的引入比较困难, 这也是无网格方法的难点之一. 在最初的无单元 Galerkin 法中, Belytschko 等 [7] 采用了 Lagrange 乘子法来施加 Dirichlet 边界条件. Lagrange 乘子法可以精确施加 Dirichlet 边界条件, 但是增加了未知量的个数和离散系数矩阵的维数, 同时破坏了变分问题的对称性和正定性.

刘桂荣[8]、程玉民[9]、Belytschko 等[10] 和 Zhu 和 Atluri[11] 等研究了用罚方法来施加无单元 Galerkin 法等 Galerkin 型无网格方法中的 Dirichlet 边界条件. 罚方法的本质是通过引入罚因子, 用 Robin 边界条件去近似 Dirichlet 边界条件, 因此不会增加未知量的个数和系数矩阵的维数, 同时能够保持变分问题的对称性和正定性. 但是, 罚因子的取值可能对计算结果有影响, 罚因子太小, 会导致边界条件施加不准确, 罚方法失效; 罚因子太大, 会导致离散代数系统的系数矩阵病态, 罚方法同样失效. 因此, 有必要从理论上研究罚因子的最优取值.

本节将建立具有 Dirichlet 和 Robin 型混合边界条件的一般二阶线性椭圆边值问题的无单元 Galerkin 法, 采用罚方法来施加 Dirichlet 边界条件, 同时分析求解二阶椭圆混合边值问题的无单元 Galerkin 法的误差估计, 讨论罚因子该如何选取, 最后结合数值算例阐释理论分析的有效性和合理性.

2.1.1　计算公式

考虑下面的混合边值问题

$$
\begin{cases}
-\sum_{i,j=1}^{n} \dfrac{\partial}{\partial x_i}\left(a_{ij}\left(\boldsymbol{x}\right)\dfrac{\partial u\left(\boldsymbol{x}\right)}{\partial x_j}\right)+a_0\left(\boldsymbol{x}\right)u\left(\boldsymbol{x}\right)=f\left(\boldsymbol{x}\right), & \boldsymbol{x}=(x_1,x_2,\cdots,x_n)^{\mathrm{T}}\in\Omega, \\
u\left(\boldsymbol{x}\right)=\bar{u}\left(\boldsymbol{x}\right), & \boldsymbol{x}\in\Gamma_D, \\
\sum_{i,j=1}^{n}a_{ij}\left(\boldsymbol{x}\right)n_i\left(\boldsymbol{x}\right)\dfrac{\partial u\left(\boldsymbol{x}\right)}{\partial x_j}+\sigma\left(\boldsymbol{x}\right)u\left(\boldsymbol{x}\right)=\bar{q}\left(\boldsymbol{x}\right), & \boldsymbol{x}\in\Gamma_R,
\end{cases}
$$

$$(2.1.1)$$

其中 $u\left(\boldsymbol{x}\right)$ 是未知函数, $a_{ij}\left(\boldsymbol{x}\right)\in L^{\infty}\left(\Omega\right)$, $a_0\left(\boldsymbol{x}\right)\in L^{\infty}\left(\Omega\right)$, $f\left(\boldsymbol{x}\right)\in L^2\left(\Omega\right)$, $\bar{u}\left(\boldsymbol{x}\right)\in L^2\left(\Gamma_D\right)$, $\bar{q}\left(\boldsymbol{x}\right)\in L^2\left(\Gamma_R\right)$, $\sigma\left(\boldsymbol{x}\right)\in C\left(\Gamma_R\right)$ 都是已知函数, $\sigma\left(\boldsymbol{x}\right)\geqslant 0$, Ω 是 n 维空间 $\mathbb{R}^n$ 中的有界连通区域, 其边界 $\Gamma=\partial\Omega=\Gamma_D\cup\Gamma_R$ 分段光滑, $\boldsymbol{n}=(n_1,n_2,\cdots,n_n)^{\mathrm{T}}$ 是边界 Γ 上的单位外法向量. 另外, 在 Ω 上几乎处处成立 $a_0\left(\boldsymbol{x}\right)\geqslant 0$, 以及存在正常数 C_{a1} 和 C_{a2} 使得

$$
C_{a1}\sum_{i=1}^{n}|\xi_i|^2\leqslant\sum_{i,j=1}^{n}a_{ij}\left(\boldsymbol{x}\right)\xi_i\xi_j\leqslant C_{a2}\sum_{i=1}^{n}|\xi_i|^2, \quad \forall(\xi_1,\xi_2,\cdots,\xi_n)\in\mathbb{R}^n. \quad (2.1.2)
$$

显然, 当 $\Gamma_D=\Gamma$ 时, (2.1.1) 给出的是 Dirichlet 边值问题; 当 $\Gamma_R=\Gamma$ 时, (2.1.1) 给出的是 Robin 边值问题; 当 $\Gamma_R=\Gamma$ 且 $\sigma\left(\boldsymbol{x}\right)\equiv 0$ 时, (2.1.1) 给出的是 Neumann 边值问题.

由于移动最小二乘近似构造的形函数不具备插值性质, 即 $\Phi_i\left(\boldsymbol{x}_j\right)\neq\delta_{ij}$, 从而

$$
\mathcal{M}u\left(\boldsymbol{x}_j\right)=\sum_{i=1}^{N}\Phi_i\left(\boldsymbol{x}_j\right)u_i\neq u\left(\boldsymbol{x}_j\right),
$$

因此边值问题 (2.1.1) 不能直接用无单元 Galerkin 法离散求解. 为了克服上述困难, 可以采用罚方法来处理 Dirichlet 边界条件. 利用罚因子 α, 问题 (2.1.1) 可被近似为

$$
\begin{cases}
-\displaystyle\sum_{i,j=1}^{n} \frac{\partial}{\partial x_i}\left(a_{ij}\left(\boldsymbol{x}\right)\frac{\partial u_\alpha\left(\boldsymbol{x}\right)}{\partial x_j}\right) + a_0\left(\boldsymbol{x}\right)u_\alpha\left(\boldsymbol{x}\right) = f\left(\boldsymbol{x}\right), & \boldsymbol{x}\in\Omega, \\[2mm]
\displaystyle\sum_{i,j=1}^{n} a_{ij}\left(\boldsymbol{x}\right)n_i\left(\boldsymbol{x}\right)\frac{\partial u_\alpha\left(\boldsymbol{x}\right)}{\partial x_j} + \alpha u_\alpha\left(\boldsymbol{x}\right) = \alpha\bar{u}\left(\boldsymbol{x}\right), & \boldsymbol{x}\in\Gamma_D, \\[2mm]
\displaystyle\sum_{i,j=1}^{n} a_{ij}\left(\boldsymbol{x}\right)n_i\left(\boldsymbol{x}\right)\frac{\partial u_\alpha\left(\boldsymbol{x}\right)}{\partial x_j} + \sigma\left(\boldsymbol{x}\right)u_\alpha\left(\boldsymbol{x}\right) = \bar{q}\left(\boldsymbol{x}\right), & \boldsymbol{x}\in\Gamma_R,
\end{cases}
\tag{2.1.3}
$$

其中 u_α 是 u 的近似. 对于纯粹的 Robin 或者 Neumann 边值问题, 没有 Dirichlet 边界条件, 因此 $u_\alpha \equiv u$.

对任意 $v\in H^1\left(\Omega\right)$, 问题 (2.1.3) 的控制方程两边同时乘以 v 并在 Ω 上积分, 可得

$$
-\int_\Omega v\sum_{i,j=1}^{n}\frac{\partial}{\partial x_i}\left(a_{ij}\frac{\partial u_\alpha}{\partial x_j}\right)\mathrm{d}\boldsymbol{x} + \int_\Omega a_0 u_\alpha v\,\mathrm{d}\boldsymbol{x} = \int_\Omega fv\,\mathrm{d}\boldsymbol{x}.
$$

利用 Gauss 公式

$$
\int_\Omega v\sum_{i,j=1}^{n}\frac{\partial}{\partial x_i}\left(a_{ij}\frac{\partial u_\alpha}{\partial x_j}\right)\mathrm{d}\boldsymbol{x} = \int_\Gamma v\sum_{i,j=1}^{n}a_{ij}n_i\frac{\partial u_\alpha}{\partial x_j}\mathrm{d}s_{\boldsymbol{x}} - \int_\Omega\sum_{i,j=1}^{n}a_{ij}\frac{\partial u_\alpha}{\partial x_j}\frac{\partial v}{\partial x_i}\mathrm{d}\boldsymbol{x},
$$

于是有

$$
\int_\Omega\sum_{i,j=1}^{n}a_{ij}\frac{\partial u_\alpha}{\partial x_j}\frac{\partial v}{\partial x_i}\mathrm{d}\boldsymbol{x} + \int_\Omega a_0 u_\alpha v\,\mathrm{d}\boldsymbol{x} - \int_\Gamma v\sum_{i,j=1}^{n}a_{ij}n_i\frac{\partial u_\alpha}{\partial x_j}\mathrm{d}s_{\boldsymbol{x}} = \int_\Omega fv\,\mathrm{d}\boldsymbol{x}.
\tag{2.1.4}
$$

根据问题 (2.1.3) 的边界条件可得

$$
\int_\Gamma v\sum_{i,j=1}^{n}a_{ij}n_i\frac{\partial u_\alpha}{\partial x_j}\mathrm{d}s_{\boldsymbol{x}} = \int_{\Gamma_D} v\left(\alpha\bar{u}-\alpha u_\alpha\right)\mathrm{d}s_{\boldsymbol{x}} + \int_{\Gamma_R} v\left(\bar{q}-\sigma u_\alpha\right)\mathrm{d}s_{\boldsymbol{x}}
$$

$$
= -\alpha\int_{\Gamma_D} u_\alpha v\,\mathrm{d}s_{\boldsymbol{x}} - \int_{\Gamma_R}\sigma u_\alpha v\,\mathrm{d}s_{\boldsymbol{x}} + \alpha\int_{\Gamma_D}\bar{u}v\,\mathrm{d}s_{\boldsymbol{x}} + \int_{\Gamma_R}\bar{q}v\,\mathrm{d}s_{\boldsymbol{x}}.
\tag{2.1.5}
$$

因此, 将 (2.1.5) 代入 (2.1.4), 问题 (2.1.3) 相应的变分问题为: 求 $u_\alpha\in H^1\left(\Omega\right)$, 使得

$$
a_\alpha\left(u_\alpha,v\right) = L\left(v\right), \quad \forall v\in H^1\left(\Omega\right),
\tag{2.1.6}
$$

其中双线性形式 $a_\alpha(\cdot,\cdot)$ 和线性连续泛函 $L(\cdot)$ 的定义如下:

$$a_\alpha(u_\alpha,v) \triangleq \int_\Omega \sum_{i,j=1}^n a_{ij} \frac{\partial u_\alpha}{\partial x_j} \frac{\partial v}{\partial x_i} \mathrm{d}\boldsymbol{x}$$

$$+ \int_\Omega a_0 u_\alpha v \mathrm{d}\boldsymbol{x} + \alpha \int_{\Gamma_D} u_\alpha v \mathrm{d}s_{\boldsymbol{x}} + \int_{\Gamma_R} \sigma u_\alpha v \mathrm{d}s_{\boldsymbol{x}}, \qquad (2.1.7)$$

$$L(v) \triangleq \int_\Omega f v \mathrm{d}\boldsymbol{x} + \alpha \int_{\Gamma_D} \bar{u} v \mathrm{d}s_{\boldsymbol{x}} + \int_{\Gamma_R} \bar{q} v \mathrm{d}s_{\boldsymbol{x}}. \qquad (2.1.8)$$

为了获得问题 (2.1.1) 的无网格数值解, 将 $\Omega \cup \Gamma$ 用 N 个节点 $\{\boldsymbol{x}_i\}_{i=1}^N$ 进行离散, 利用 1.4.3 节的稳定移动最小二乘近似建立未知函数 $u(\boldsymbol{x})$ 的无网格近似,

$$u(\boldsymbol{x}) \approx u_h(\boldsymbol{x}) = \sum_{i=1}^N \Phi_i(\boldsymbol{x}) u_i, \quad \boldsymbol{x} \in \Omega \cup \Gamma, \qquad (2.1.9)$$

其中 $\Phi_i(\boldsymbol{x})$ 是移动最小二乘近似基于节点 $\{\boldsymbol{x}_i\}_{i=1}^N$ 构造的无网格形函数, u_i 是节点处的未知量. 令近似解空间为

$$V_h(\Omega) = \mathrm{span}\{\Phi_i, 1 \leqslant i \leqslant N\}, \qquad (2.1.10)$$

则变分问题 (2.1.6) 的无网格近似为: 求 $u_h \in V_h(\Omega)$, 使得

$$a_\alpha(u_h,v) = L(v), \quad \forall v \in V_h(\Omega). \qquad (2.1.11)$$

将 (2.1.9) 代入 (2.1.11), 根据 $a_\alpha(\cdot,\cdot)$ 是双线性的、$L(\cdot)$ 是线性的, 并由 v 的任意性将 v 取为 Φ_j, 可得

$$\sum_{i=1}^N u_i a_\alpha(\Phi_i,\Phi_j) = L(\Phi_j), \quad j = 1,2,\cdots,N. \qquad (2.1.12)$$

令

$$\boldsymbol{u} = (u_1,u_2,\cdots,u_N)^{\mathrm{T}},$$

$$[\boldsymbol{K}]_{ij} = \int_\Omega \sum_{l,k=1}^n a_{lk} \frac{\partial \Phi_i}{\partial x_k} \frac{\partial \Phi_j}{\partial x_l} \mathrm{d}\boldsymbol{x} + \int_\Omega a_0 \Phi_i \Phi_j \mathrm{d}\boldsymbol{x} + \int_{\Gamma_R} \sigma \Phi_i \Phi_j \mathrm{d}s_{\boldsymbol{x}}, \qquad (2.1.13)$$

$$[\boldsymbol{G}]_{ij} = \int_{\Gamma_D} \Phi_i \Phi_j \mathrm{d}s_{\boldsymbol{x}}, \qquad (2.1.14)$$

$$[\boldsymbol{f}]_j = \int_\Omega f\Phi_j \mathrm{d}\boldsymbol{x} + \int_{\Gamma_R} \bar{q}\Phi_j \mathrm{d}s_{\boldsymbol{x}}, \qquad (2.1.15)$$

$$[\boldsymbol{b}]_j = \int_{\Gamma_D} \bar{u}\Phi_j \mathrm{d}s_{\boldsymbol{x}}, \qquad (2.1.16)$$

其中 $i,j = 1,2,\cdots,N$, 则由 (2.1.12), 无单元 Galerkin 法求解边值问题 (2.1.1) 形成的线性代数方程组为

$$(\boldsymbol{K} + \alpha\boldsymbol{G})\,\boldsymbol{u} = \boldsymbol{f} + \alpha\boldsymbol{b}. \qquad (2.1.17)$$

为了简单, 通常用 Gauss 积分公式计算 (2.1.13)—(2.1.16) 中的积分. 比如, 可以使用矩形积分背景网格 [7-10], 在每个背景网格中使用 16 点 Gauss 积分公式. 由 (2.1.17) 解出 $\boldsymbol{u}$ 之后, 区域 Ω 及边界 Γ 上任一点 $\boldsymbol{x}$ 处的 $u(\boldsymbol{x})$ 及其导数可由 (2.1.9) 计算得到.

2.1.2 误差分析

定理 2.1.1 设 $u \in H^{r+1}(\Omega)$ 是边值问题 (2.1.1) 的解析解, u_h 是 (2.1.11) 给出的无单元 Galerkin 法近似解, 则

$$\|u - u_h\|_{1,\Omega} \leqslant C_1 h^{\min\{r,m\}}, \quad \Gamma_D = \varnothing, \qquad (2.1.18)$$

$$\|u - u_h\|_{1,\Omega} \leqslant C_1 h^{\min\{r,m\}} + C_2\alpha^{-1} + C_3\alpha^{1/2}h^{\min\{r,m\}+1/2}, \quad \Gamma_D \neq \varnothing, \quad (2.1.19)$$

其中 m 是移动最小二乘近似中使用的多项式基函数次数.

证明 对于 (2.1.7) 给出的双线性形式 $a_\alpha(\cdot,\cdot)$, 定义

$$\|v\|_\alpha \triangleq \sqrt{a_\alpha(v,v)}$$

$$= \sqrt{\int_\Omega \sum_{i,j=1}^n a_{ij}\frac{\partial v}{\partial x_j}\frac{\partial v}{\partial x_i}\mathrm{d}\boldsymbol{x} + \int_\Omega a_0 v^2 \mathrm{d}\boldsymbol{x} + \alpha\int_{\Gamma_D} v^2 \mathrm{d}s_{\boldsymbol{x}} + \int_{\Gamma_R} \sigma v^2 \mathrm{d}s_{\boldsymbol{x}}},$$

则由 (2.1.2), 存在正常数 C_* 和 $C_\#$, 使得

$$C_*\|v\|_{1,\Omega} \leqslant \|v\|_\alpha \leqslant C_\#\|v\|_{1,\Omega} + \alpha^{1/2}\|v\|_{0,\Gamma}. \qquad (2.1.20)$$

从 (2.1.6) 中减去 (2.1.11), 可得

$$a_\alpha(u_\alpha - u_h, v) = 0, \quad \forall v \in V_h(\Omega).$$

令 $\mathcal{M}u_\alpha$ 是 u_α 的移动最小二乘近似, 则根据 $\mathcal{M}u_\alpha - u_h \in V_h(\Omega)$, 有

$$\|u_\alpha - u_h\|_\alpha^2 = a_\alpha(u_\alpha - u_h, u_\alpha - u_h) = a_\alpha(u_\alpha - u_h, u_\alpha - \mathcal{M}u_\alpha)$$

$$\leqslant C_4\|u_\alpha - u_h\|_\alpha\|u_\alpha - \mathcal{M}u_\alpha\|_\alpha.$$

因此, 由 (2.1.20) 有

$$
\begin{aligned}
\|u_\alpha - u_h\|_{1,\Omega} &\leqslant C_*^{-1} \|u_\alpha - u_h\|_\alpha \\
&\leqslant C_*^{-1} C_4 \|u_\alpha - \mathcal{M}u_\alpha\|_\alpha \\
&\leqslant C_*^{-1} C_4 \left(C_\# \|u_\alpha - \mathcal{M}u_\alpha\|_{1,\Omega} + \alpha^{1/2} \|u_\alpha - \mathcal{M}u_\alpha\|_{0,\Gamma} \right).
\end{aligned}
$$

调用定理 1.5.3 和迹不等式 [12], 可得

$$
\|u_\alpha - \mathcal{M}u_\alpha\|_{1,\Omega} \leqslant C_5 h^{\tilde{p}-1} \|u_\alpha\|_{\tilde{p},\Omega},
$$

$$
\|u_\alpha - \mathcal{M}u_\alpha\|_{0,\Gamma} \leqslant C_6 \|u - \mathcal{M}u\|_{0,\Omega}^{1/2} \|u - \mathcal{M}u\|_{1,\Omega}^{1/2} \leqslant C_7 h^{\tilde{p}-1/2} \|u_\alpha\|_{\tilde{p},\Omega},
$$

其中 $\tilde{p} = \min\{r, m\} + 1$. 因此,

$$
\|u_\alpha - u_h\|_{1,\Omega} \leqslant C_8 \left(h^{\tilde{p}-1} \|u_\alpha\|_{\tilde{p},\Omega} + \alpha^{1/2} h^{\tilde{p}-1/2} \|u_\alpha\|_{\tilde{p},\Omega} \right). \tag{2.1.21}
$$

当 $\Gamma_D = \varnothing$ 时, 边值问题 (2.1.1) 中没有 Dirichlet 边界条件, 可令 $u_\alpha \equiv u$ 和 $\alpha = 0$, 因此 (2.1.18) 成立.

当 $\Gamma_D \neq \varnothing$ 时, 设 $\omega \in H^1(\Omega)$ 是如下边值问题的解:

$$
\begin{cases}
-\displaystyle\sum_{i,j=1}^n \frac{\partial}{\partial x_i}\left(a_{ij}\frac{\partial \omega}{\partial x_j}\right) + a_0\omega = 0, & \boldsymbol{x} \in \Omega, \\
\omega = \displaystyle\sum_{i,j=1}^n a_{ij}n_i\frac{\partial u}{\partial x_j}, & \boldsymbol{x} \in \Gamma_D, \\
\omega = 0, & \boldsymbol{x} \in \Gamma_R,
\end{cases} \tag{2.1.22}
$$

再设

$$
\mu \triangleq u - u_\alpha - \alpha^{-1}\omega,
$$

则

$$
\|u - u_h\|_{1,\Omega} \leqslant \|u_\alpha - u_h\|_{1,\Omega} + \alpha^{-1}\|\omega\|_{1,\Omega} + \|\mu\|_{1,\Omega}, \tag{2.1.23}
$$

并根据 $a_\alpha(\cdot, \cdot)$ 是双线性的, 函数 μ 满足

$$
a_\alpha(\mu, v) = a_\alpha(u, v) - a_\alpha(u_\alpha, v) - \alpha^{-1}a_\alpha(\omega, v). \tag{2.1.24}
$$

由 (2.1.6) 有

$$
a_\alpha(u_\alpha, v) = \int_\Omega fv\,\mathrm{d}\boldsymbol{x} + \alpha\int_{\Gamma_D} \bar{u}v\,\mathrm{d}s_{\boldsymbol{x}} + \int_{\Gamma_R} \bar{q}v\,\mathrm{d}s_{\boldsymbol{x}}. \tag{2.1.25}
$$

利用 (2.1.7) 和 Gauss 公式可得

$$a_\alpha(u,v) = \int_\Omega \sum_{i,j=1}^n a_{ij} \frac{\partial u}{\partial x_j} \frac{\partial v}{\partial x_i} \mathrm{d}\boldsymbol{x} + \int_\Omega a_0 uv \mathrm{d}\boldsymbol{x} + \alpha \int_{\Gamma_D} uv \mathrm{d}s_{\boldsymbol{x}} + \int_{\Gamma_R} \sigma uv \mathrm{d}s_{\boldsymbol{x}}$$

$$= -\int_\Omega v \sum_{i,j=1}^n \frac{\partial}{\partial x_i} \left(a_{ij} \frac{\partial u}{\partial x_j} \right) \mathrm{d}\boldsymbol{x} + \int_\Gamma v \sum_{i,j=1}^n a_{ij} n_i \frac{\partial u}{\partial x_j} \mathrm{d}s_{\boldsymbol{x}}$$

$$+ \int_\Omega a_0 uv \mathrm{d}\boldsymbol{x} + \alpha \int_{\Gamma_D} uv \mathrm{d}s_{\boldsymbol{x}} + \int_{\Gamma_R} \sigma uv \mathrm{d}s_{\boldsymbol{x}},$$

再由边值问题 (2.1.1), 有

$$a_\alpha(u,v) = \int_\Omega fv \mathrm{d}\boldsymbol{x} + \int_{\Gamma_D} v \sum_{i,j=1}^n a_{ij} n_i \frac{\partial u}{\partial x_j} \mathrm{d}s_{\boldsymbol{x}} + \alpha \int_{\Gamma_D} \bar{u} v \mathrm{d}s_{\boldsymbol{x}} + \int_{\Gamma_R} \bar{q} v \mathrm{d}s_{\boldsymbol{x}}. \quad (2.1.26)$$

另外, 由 (2.1.7) 和边值问题 (2.1.22) 中的边界条件可得

$$a_\alpha(\omega,v) = \int_\Omega \sum_{i,j=1}^n a_{ij} \frac{\partial \omega}{\partial x_j} \frac{\partial v}{\partial x_i} \mathrm{d}\boldsymbol{x} + \int_\Omega a_0 \omega v \mathrm{d}\boldsymbol{x} + \alpha \int_{\Gamma_D} \omega v \mathrm{d}s_{\boldsymbol{x}} + \int_{\Gamma_R} \sigma \omega v \mathrm{d}s_{\boldsymbol{x}}$$

$$= \int_\Omega \sum_{i,j=1}^n a_{ij} \frac{\partial \omega}{\partial x_j} \frac{\partial v}{\partial x_i} \mathrm{d}\boldsymbol{x} + \int_\Omega a_0 \omega v \mathrm{d}\boldsymbol{x} + \alpha \int_{\Gamma_D} v \sum_{i,j=1}^n a_{ij} n_i \frac{\partial u}{\partial x_j} \mathrm{d}s_{\boldsymbol{x}}. \quad (2.1.27)$$

将 (2.1.25), (2.1.26) 和 (2.1.27) 代入 (2.1.24) 得到

$$a_\alpha(\mu,v) = -\alpha^{-1} \int_\Omega \sum_{i,j=1}^n a_{ij} \frac{\partial \omega}{\partial x_j} \frac{\partial v}{\partial x_i} \mathrm{d}\boldsymbol{x} - \alpha^{-1} \int_\Omega a_0 \omega v \mathrm{d}\boldsymbol{x},$$

再取 $v = \mu$, 可得

$$\|\mu\|_{1,\Omega} \leqslant C_*^{-1} \|\mu\|_\alpha \leqslant C_9 \alpha^{-1} \|\omega\|_{1,\Omega}. \quad (2.1.28)$$

最后, 将 (2.1.21) 和 (2.1.28) 代入 (2.1.23), 即得 (2.1.19).　　　　证毕.

　　当存在 Dirichlet 边界条件时, 由于引入罚因子 α 来施加 Dirichlet 边界条件, 此时误差结果要复杂一些. 由定理 2.1.1, 当 $C_2\alpha^{-1} = C_3\alpha^{1/2}h^{\min\{r,m\}+1/2}$, 即 $\alpha = (C_2/C_3)^{2/3}h^{(-2\min\{r,m\}-1)/3}$ 时, 误差项 $C_2\alpha^{-1} + C_3\alpha^{1/2}h^{\min\{r,m\}+1/2}$ 取得最小值. 因此, 若选取

$$\alpha = C_\alpha h^{(-2\min\{r,m\}-1)/3},$$

其中 $C_\alpha = (C_2/C_3)^{2/3}$ 是一个正常数, 则 (2.1.19) 变成

$$\|u - u_h\|_{1,\Omega} \leqslant C_1 h^{\min\{r,m\}} + 2C_2 C_\alpha h^{(2\min\{r,m\}+1)/3}, \quad \Gamma_D \neq \varnothing.$$

当 $r \geqslant m$, 且 $m = 1$, 即选用线性基函数时, 罚因子 α 的最佳取值为

$$\alpha = C_\alpha h^{-1}. \tag{2.1.29}$$

此时, 无单元 Galerkin 法的数值解在 H^1 范数下达到最优收敛, 即

$$\|u - u_h\|_{1,\Omega} \leqslant Ch, \quad \Gamma_D \neq \varnothing.$$

当 $r \geqslant m$, 且 $m = 2$, 即选用二次基函数时, 罚因子 α 的最佳取值为

$$\alpha = C_\alpha h^{-5/3}. \tag{2.1.30}$$

此时, 无单元 Galerkin 法的数值解在 H^1 范数下达到次最优收敛, 即

$$\|u - u_h\|_{1,\Omega} \leqslant Ch^{5/3}, \quad \Gamma_D \neq \varnothing.$$

在有限元法中, Zienkiewicz 等 [13] 建议 $\alpha = C_\alpha l^{-p}$, 其中 C_α 一般表示与求解问题相关的常数, l 表示有限单元的特征尺寸, p 表示单元的阶数. 在无网格方法中, Belytschko 等 [10] 建议 $\alpha = C_\alpha h^{-2}$. 在实际计算中, 通常将罚因子 α 选取为一个相当大的常数来获得较好的数值解 [8]. 对于太大的罚因子, 定理 2.1.1 表明误差将主要由 (2.1.19) 右端的第三项 $\alpha^{1/2} h^{\min\{r,m\}+1/2}$ 来决定. 此外, 过大的罚因子可能会导致离散代数系统的条件数过大, 从而出现稳定性等数值问题 [8,10].

在无单元 Galerkin 法中, 定理 2.1.1 表明可以选取 $l = h$, 从而 $\alpha = C_\alpha h^{-p}$. 选用线性基函数时, (2.1.29) 表明 α 的取值符合 $\alpha = C_\alpha h^{-p}$. 选用二次基函数时, (2.1.30) 表明 α 的取值与 $\alpha = C_\alpha h^{-p}$ 稍微有些出入.

2.1.3　数值算例

为了阐释椭圆边值问题无单元 Galerkin 法的有效性和证实相应的理论误差分析, 下面给出一些数值算例. 在计算中, 计算区域上采用规则分布的节点, h 表示节点间距, 在矩形背景积分网格中采用 4×4 的 Gauss 积分公式数值计算积分.

例 2.1.1　Robin 边值问题

考虑如下 Robin 边值问题:

$$\begin{cases} -\dfrac{\mathrm{d}}{\mathrm{d}x}\left(\cos x \dfrac{\mathrm{d}u(x)}{\mathrm{d}x}\right) + (\sin x)\, u(x) = f(x), & x \in \Omega = (0,1), \\[2mm] \cos x \dfrac{\mathrm{d}u(x)}{\mathrm{d}x} + e^x u(x) = \bar{q}(x), & x \in \Gamma = \partial\Omega, \end{cases}$$

其中 $f(x)$ 和 $\bar{q}(x)$ 的选取使得该问题的解析解为 $u(x) = e^{-x}\cos x$.

为了验证本节无单元 Galerkin 法的有效性, 图 2.1.1 和图 2.1.2 分别对比了 u 和 $\mathrm{d}u/\mathrm{d}x$ 的解析解和无单元 Galerkin 法所得的数值解. 这里使用了二次基函数, 同时采用了 21 个规则分布的节点离散该一维问题域 Ω. 可以看出, 本节无单元 Galerkin 法获得了非常精确的数值结果.

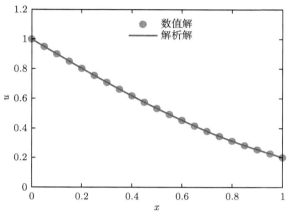

图 2.1.1   例 2.1.1 中位势 u 的解析解和数值解

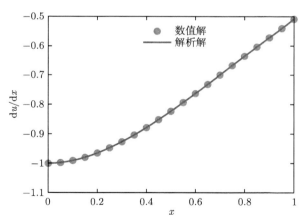

图 2.1.2   例 2.1.1 中位势导数 $\mathrm{d}u/\mathrm{d}x$ 的解析解和数值解

为了研究无单元 Galerkin 法对 Robin 边值问题的收敛性, 图 2.1.3 给出了 H^1 误差 $\|u - u_h\|_{1,\Omega}$ 和节点间距 h 之间的关系. 这里使用了二次基函数. 同时, 为了讨论 1.2 节的原移动最小二乘近似和 1.4.3 节的稳定移动最小二乘近似对无单元 Galerkin 法收敛性的影响, 图 2.1.3 给出了这两种无网格近似的计算结果. 可以看出, 使用稳定移动最小二乘近似时, 无单元 Galerkin 法的误差始终随着节点间距的减小而减小, 因此获得了单调收敛的数值结果, 不会出现不稳定性. 此外, 实验

收敛阶近似于 2, 这与定理 2.1.1 中 (2.1.18) 给出的理论收敛率相匹配. 但是, 使用原移动最小二乘近似时, 无单元 Galerkin 法的误差在节点间距较小时会出现不收敛现象.

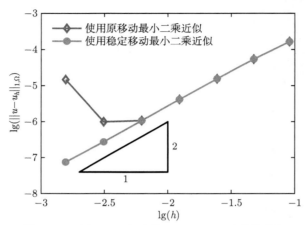

图 2.1.3   例 2.1.1 中无单元 Galerkin 法的收敛性

例 2.1.2 Dirichlet 边值问题

考虑如下 Dirichlet 边值问题:

$$
\begin{cases}
-\Delta u\left(\boldsymbol{x}\right) = 2\left(x_1 + x_2 - x_1^2 - x_2^2\right), & \boldsymbol{x} = \left(x_1, x_2\right)^{\mathrm{T}} \in \Omega = \left(0, 1\right)^2, \\
u\left(\boldsymbol{x}\right) = 0, & \boldsymbol{x} \in \Gamma = \partial\Omega.
\end{cases}
$$

该问题的解析解为

$$
u\left(\boldsymbol{x}\right) = \left(x_1 - x_1^2\right)\left(x_2 - x_2^2\right).
$$

为了测试无单元 Galerkin 法在不同罚因子 $\alpha = 10, 10^2, \cdots, 10^{10}$ 时的收敛性, 这里使用二次基函数, 同时分别采用 $11 \times 11, 21 \times 21, 41 \times 41$ 和 81×81 个规则分布的节点离散该二维问题域 Ω, 相应的节点间距分别为 $h = 1/10, 1/20, 1/40$ 和 $1/80$。图 2.1.4 给出了 H^1 误差 $\|u - u_h\|_{1,\Omega}$ 和罚因子 α 之间的关系. 可以发现, 罚因子过小或过大都会增加数值误差.

对于较小的罚因子, 定理 2.1.1 表明误差将主要由 (2.1.19) 右端的第二项 α^{-1} 来决定. 从图 2.1.4 的左半部分可以观察到, 实验收敛形式几乎是 α^{-1}, 因此数值结果与理论结果相匹配. 另一方面, 对于较大的罚因子, 定理 2.1.1 表明误差将主要由 (2.1.19) 右端的第三项 $\alpha^{1/2}h^{\min\{r,m\}+1/2}$ 来决定. 在这种情况下, 罚因子增加时, 误差也将同时增加. 此外, 过大的罚因子可能会导致离散代数系统的条件数过大, 从而出现稳定性等数值问题 [8,10]. 图 2.1.4 的右半部分证实了这些理论估计. 从图 2.1.4 中还可以观察到, 罚因子的最优取值与节点间距有关. 因此, 可以按照 (2.1.29) 和 (2.1.30) 来选取罚因子.

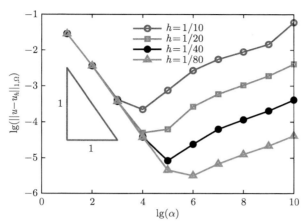

图 2.1.4 例 2.1.2 中罚因子 α 对无单元 Galerkin 法 H^1 误差的影响

当罚因子 α 按照 (2.1.29) 和 (2.1.30) 来选取, 即线性基时 $\alpha = C_\alpha h^{-1}$, 二次基时 $\alpha = C_\alpha h^{-5/3}$, 图 2.1.5 和图 2.1.6 分别给出了线性基和二次基时误差 $\|u - u_h\|_{1,\Omega}$ 和节点间距 h 之间的关系. 为了研究参数 C_α 对收敛性和求解精度的影响, 这里分别选取了 $C_\alpha = 10, 10^2, 10^3$ 和 10^4. 可以发现, 参数 C_α 对求解精度有一些影响, $C_\alpha = 10^2$ 和 10^3 时对误差和收敛性的影响较小.

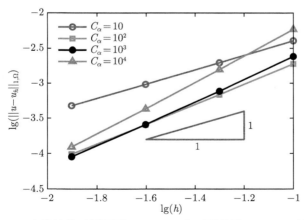

图 2.1.5 例 2.1.2 中线性基时罚因子 $\alpha = C_\alpha h^{-1}$ 对无单元 Galerkin 法收敛性的影响

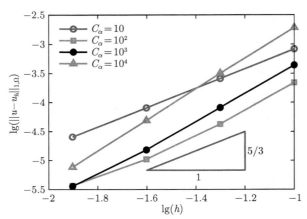

图 2.1.6　例 2.1.2 中二次基时罚因子 $\alpha = C_\alpha h^{-5/3}$ 对无单元 Galerkin 法收敛性的影响

例 2.1.3　混合边值问题

考虑如下混合边值问题:

$$
\begin{cases}
-\Delta u\left(\boldsymbol{x}\right) + \exp\left(x_1 + x_2\right) u\left(\boldsymbol{x}\right) = f\left(\boldsymbol{x}\right), & \boldsymbol{x} = \left(x_1, x_2\right)^{\mathrm{T}} \in \Omega = \left(0, 0.5\right)^2, \\
u\left(\boldsymbol{x}\right) = \bar{u}\left(\boldsymbol{x}\right), & \boldsymbol{x} \in \Gamma_D, \\
\dfrac{\partial u\left(\boldsymbol{x}\right)}{\partial \boldsymbol{n}} = \bar{q}\left(\boldsymbol{x}\right), & \boldsymbol{x} \in \Gamma_N,
\end{cases}
$$

其中 $f\left(\boldsymbol{x}\right)$, $\bar{u}\left(\boldsymbol{x}\right)$ 和 $\bar{q}\left(\boldsymbol{x}\right)$ 的选取使得该问题的解析解为 $u = \sin\left(\pi x_1\right)\sinh\left(\pi x_2\right)$. 另外, $\Gamma_D = \{x_1 = 0, x_2 \in [0, 0.5]\} \cup \{x_2 = 0, 0.5, x_1 \in [0, 0.5]\}$, $\Gamma_N = \{x_1 = 0.5, x_2 \in [0, 0.5]\}$.

　　为了验证本节无单元 Galerkin 法的有效性, 图 2.1.7 对比了 u 及其导数 $\partial u/\partial x_1$ 和 $\partial u/\partial x_2$ 在直线 $x_2 = 0.5 x_1$ 上的解析解和无单元 Galerkin 法所得的数值解. 这里使用了二次基函数, 罚因子选取为 $\alpha = 10^3 h^{-5/3}$, 同时采用了 11×11 个规则分布的节点离散该二维问题域 Ω. 图 2.1.7 表明, 本节无单元 Galerkin 法获得了非常精确的数值结果.

　　图 2.1.8 给出了误差 $\|u - u_h\|_{1,\Omega}$ 和罚因子 α 之间的关系, 这里使用了二次基函数, 同时分别采用了 6×6, 11×11, 21×21 和 41×41 个规则分布的节点离散该二维问题域 Ω, 相应的节点间距分别为 $h = 1/10, 1/20, 1/40$ 和 $1/80$. 可以发现, 过小或过大的罚因子都会导致误差增加. 对于较小的罚因子, 定理 2.1.1 表明误差主要由 (2.1.19) 右端的第二项 α^{-1} 来决定, 图 2.1.8 的左半部分表明实验收敛阶几乎是 α^{-1}. 对于较大的罚因子, 定理 2.1.1 表明误差主要由 (2.1.19) 右端的第三项 $\alpha^{1/2} h^{\min\{r,m\}+1/2}$ 来决定, 图 2.1.8 的右半部分表明误差将随着

罚因子的增加而增加. 因此, 图 2.1.8 展示的数值结果证实了定理 2.1.1 的理论结果.

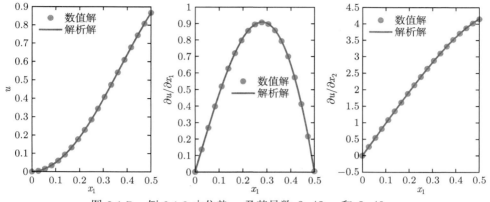

图 2.1.7　例 2.1.3 中位势 u 及其导数 $\partial u/\partial x_1$ 和 $\partial u/\partial x_2$
在直线 $x_2 = 0.5x_1$ 上的解析解和数值解

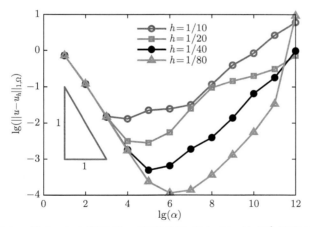

图 2.1.8　例 2.1.3 中罚因子 α 对无单元 Galerkin 法 H^1 误差的影响

当罚因子 α 按照 (2.1.30) 选取为 $\alpha = C_\alpha h^{-5/3}$ 时, 图 2.1.9 给出了二次基时误差 $\|u - u_h\|_{1,\Omega}$ 和节点间距 h 之间的关系. 为了研究参数 C_α 对收敛性和求解精度的影响, 这里分别选取了 $C_\alpha = 10, 10^2, 10^3$ 和 10^4. 可以发现, 参数 C_α 选取为 10^2 和 10^3 时对误差和收敛性的影响较小.

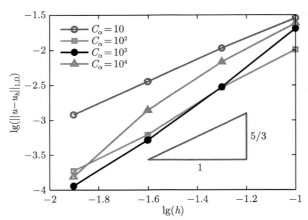

图 2.1.9　例 2.1.3 中二次基时罚因子 $\alpha = C_\alpha h^{-5/3}$ 对无单元 Galerkin 法收敛性的影响

2.2　障碍问题的无单元 Galerkin 法

　　障碍问题是第一类变分不等式的最初模型之一, 可用于描述工程、物理、金融和管理中的许多数学物理问题 [14,15]. 在障碍问题中, 两类控制方程在非线性不等式条件的约束下交替出现. 由于控制方程交替的界面位置事先未知, 障碍问题的求解比较复杂 [16-20].

　　本节主要讨论数值求解障碍问题的无单元 Galerkin 法. 首先, 通过引入投影算子, 提出障碍问题中非线性不等式条件的投影线性化技术, 将含有不等式约束的非线性障碍问题转化为线性椭圆边值问题. 其次, 在 2.1 节椭圆边值问题无单元 Galerkin 法的基础之上, 建立障碍问题的无单元 Galerkin 法, 同时给出理论收敛性分析.

2.2.1　问题描述

　　考虑如下障碍问题:

$$-\Delta u\left(\boldsymbol{x}\right) \geqslant f\left(\boldsymbol{x}\right), \quad \boldsymbol{x} \in \Omega, \tag{2.2.1}$$

$$u\left(\boldsymbol{x}\right) \geqslant g\left(\boldsymbol{x}\right), \quad \boldsymbol{x} \in \Omega, \tag{2.2.2}$$

$$\left(\Delta u\left(\boldsymbol{x}\right) + f\left(\boldsymbol{x}\right)\right)\left(u\left(\boldsymbol{x}\right) - g\left(\boldsymbol{x}\right)\right) = 0, \quad \boldsymbol{x} \in \Omega, \tag{2.2.3}$$

$$u\left(\boldsymbol{x}\right) = \bar{u}\left(\boldsymbol{x}\right), \quad \boldsymbol{x} \in \Gamma = \partial\Omega, \tag{2.2.4}$$

其中 u 是未知函数, 源项 f、障碍函数 g 和边界函数 $\bar{u}$ 都是已知函数, Ω 是有界连通区域. 若 $f \in L^2\left(\Omega\right)$, $g \in H^2\left(\Omega\right)$, $\bar{u}$ 是 $H^2\left(\Omega\right)$ 中某一函数在边界上的迹 [19], 则该障碍问题存在唯一解 $u \in H^2\left(\Omega\right)$.

2.2.2 非线性不等式约束的处理

本节给出处理 (2.2.1)—(2.2.3) 中非线性不等式条件的投影线性化技术.

在求解 Ω 内的未知函数 u 之前, 需要通过处理 (2.2.1)—(2.2.3) 给出的非线性不等式约束条件来确定 $\Omega_1 \subseteq \Omega$ 和 $\Omega_2 \triangleq \Omega/\Omega_1$, 使得

$$-\Delta u(\boldsymbol{x}) > f(\boldsymbol{x}), \quad u(\boldsymbol{x}) = g(\boldsymbol{x}), \quad \boldsymbol{x} \in \Omega_1 \qquad (2.2.5)$$

和

$$-\Delta u(\boldsymbol{x}) = f(\boldsymbol{x}), \quad u(\boldsymbol{x}) > g(\boldsymbol{x}), \quad \boldsymbol{x} \in \Omega_2 \triangleq \Omega/\Omega_1. \qquad (2.2.6)$$

为此, 令 $\mathcal{P}$ 是由 $\mathbb{R}$ 到 $\mathbb{R}^- \cup \{0\}$ 的投影算子, 即

$$\mathcal{P}a = \min(a, 0) = \begin{cases} a, & a < 0, \\ 0, & a \geqslant 0, \end{cases} \quad \forall a \in \mathbb{R}. \qquad (2.2.7)$$

类似的投影算子还可用于处理 Signorini 问题中的非线性不等式边界条件 [21-23].

定理 2.2.1 (2.2.1)—(2.2.3) 给出的非线性不等式约束条件可以等价地转化为如下不动点方程

$$\Delta u(\boldsymbol{x}) + f(\boldsymbol{x}) = \mathcal{P}[\Delta u(\boldsymbol{x}) + f(\boldsymbol{x}) + c(u(\boldsymbol{x}) - g(\boldsymbol{x}))], \quad \boldsymbol{x} \in \Omega, \qquad (2.2.8)$$

其中 c 是任意正数.

证明 首先证明, 由 (2.2.8) 可以得到 (2.2.1)—(2.2.3).

设 u 和 Δu 满足 (2.2.8), 则由算子 $\mathcal{P}$ 的定义可得 $\mathcal{P}[\Delta u + f + c(u - g)] \leqslant 0$, 从而由 (2.2.8) 可得 $\Delta u + f \leqslant 0$. 因此, (2.2.1) 成立.

当 $\Delta u + f = 0$ 时, 有 $(u - g)(\Delta u + f) = 0$, 再由 (2.2.8) 可得 $\mathcal{P}[\Delta u + f + c(u - g)] = 0$, 从而 $\Delta u + f + c(u - g) \geqslant 0$, 再由 $\Delta u + f = 0$ 可得 $u \geqslant g$. 因此, (2.2.2) 成立.

当 $\Delta u + f < 0$ 时, 由 (2.2.8) 有 $\mathcal{P}[\Delta u + f + c(u - g)] < 0$, 再由 (2.2.7) 可得 $\mathcal{P}[\Delta u + f + c(u - g)] = \Delta u + f + c(u - g)$, 从而由 (2.2.8) 可以推出 $u = g$, 即 $(u - g)(\Delta u + f) = 0$. 因此, (2.2.3) 成立, 从而由 (2.2.8) 可以得到 (2.2.1)—(2.2.3).

其次证明, 由 (2.2.1)—(2.2.3) 可以得到 (2.2.8).

设 u 和 Δu 满足 (2.2.1)—(2.2.3). 一方面, 如果 $u \geqslant g$ 且 $-\Delta u = f$, 那么有 $\Delta u + f + c(u - g) \geqslant 0$ 和 $\mathcal{P}[\Delta u + f + c(u - g)] = 0 = \Delta u + f$. 因此, (2.2.8) 成立. 另一方面, 如果 $u = g$ 且 $-\Delta u \geqslant f$, 那么有 $\Delta u + f + c(u - g) \leqslant 0$ 和 $\mathcal{P}[\Delta u + f + c(u - g)] = \Delta u + f + c(u - g) = \Delta u + f$. 因此, (2.2.8) 也成立, 从而由 (2.2.1)—(2.2.3) 可以得到 (2.2.8).

综上, (2.2.1)—(2.2.3) 与 (2.2.8) 等价. 证毕.

显然, (2.2.8) 消除了 (2.2.1)—(2.2.3) 中的不等式约束, 但是注意到算子 $\mathcal{P}$, (2.2.8) 仍然是非线性的. 为了数值应用 (2.2.8), 定义如下迭代格式:

$$\Delta u^{(k)}\left(\boldsymbol{x}\right) + f\left(\boldsymbol{x}\right) = \mathcal{P}\left[\Delta u^{(k-1)}\left(\boldsymbol{x}\right) + f\left(\boldsymbol{x}\right) + c\left(u^{(k)}\left(\boldsymbol{x}\right) - g\left(\boldsymbol{x}\right)\right)\right],$$

$$k = 1, 2, \cdots, \quad \boldsymbol{x} \in \Omega, \tag{2.2.9}$$

这里上指标 (k) 表示相应函数在第 k 步的值.

根据 (2.2.7), 如果

$$\Delta u^{(k-1)}\left(\boldsymbol{x}\right) + f\left(\boldsymbol{x}\right) + c\left(u^{(k-1)}\left(\boldsymbol{x}\right) - g\left(\boldsymbol{x}\right)\right) < 0 \tag{2.2.10}$$

对任意 $\boldsymbol{x} \in \Omega_1^{(k)} \subseteq \Omega$ 都成立, 则 (2.2.9) 可简化为

$$\Delta u^{(k)}\left(\boldsymbol{x}\right) = \Delta u^{(k-1)}\left(\boldsymbol{x}\right) + c\left(u^{(k)}\left(\boldsymbol{x}\right) - g\left(\boldsymbol{x}\right)\right), \quad \boldsymbol{x} \in \Omega_1^{(k)} \tag{2.2.11}$$

和

$$-\Delta u^{(k)}\left(\boldsymbol{x}\right) = f\left(\boldsymbol{x}\right), \quad \boldsymbol{x} \in \Omega_2^{(k)} \triangleq \Omega/\Omega_1^{(k)}. \tag{2.2.12}$$

令

$$a^{(k)}\left(\boldsymbol{x}\right) = \begin{cases} c, & \boldsymbol{x} \in \Omega_1^{(k)}, \\ 0, & \boldsymbol{x} \in \Omega_2^{(k)}, \end{cases}$$

$$b^{(k)}\left(\boldsymbol{x}\right) = \begin{cases} cg\left(\boldsymbol{x}\right) - \Delta u^{(k-1)}\left(\boldsymbol{x}\right), & \boldsymbol{x} \in \Omega_1^{(k)}, \\ f\left(\boldsymbol{x}\right), & \boldsymbol{x} \in \Omega_2^{(k)}, \end{cases} \tag{2.2.13}$$

则根据 (2.2.11) 和 (2.2.12), 可以将 (2.2.1)—(2.2.4) 中的非线性障碍问题线性化为

$$\begin{cases} -\Delta u^{(k)}\left(\boldsymbol{x}\right) + a^{(k)}\left(\boldsymbol{x}\right)u^{(k)}\left(\boldsymbol{x}\right) = b^{(k)}\left(\boldsymbol{x}\right), & \boldsymbol{x} \in \Omega, \\ u^{(k)}\left(\boldsymbol{x}\right) = \bar{u}\left(\boldsymbol{x}\right), & \boldsymbol{x} \in \Gamma, \end{cases} \quad k = 1, 2, \cdots, \tag{2.2.14}$$

其中 $u^{(k)}$ 在第 k 步迭代时未知, $u^{(k-1)}$ 在第 k 步迭代时已知.

当 $k = 1$ 时, 可以根据 (2.2.2) 令 $u^{(0)}\left(\boldsymbol{x}\right) = g\left(\boldsymbol{x}\right)$, 其中 $\boldsymbol{x} \in \Omega$, 再由 (2.2.10) 确定 $\Omega_1^{(1)}$ 和 $\Omega_2^{(1)}$, 进而由 (2.2.13) 得到 $a^{(1)}\left(\boldsymbol{x}\right)$ 和 $b^{(1)}\left(\boldsymbol{x}\right)$. 当然, 也可以根据 (2.2.1) 直接令 $-\Delta u^{(1)}\left(\boldsymbol{x}\right) = f\left(\boldsymbol{x}\right)$, 其中 $\boldsymbol{x} \in \Omega$, 此时 $\Omega_1^{(1)} = \varnothing$ 和 $\Omega_2^{(1)} = \Omega$, 从而对任意 $\boldsymbol{x} \in \Omega$ 有 $a^{(1)}\left(\boldsymbol{x}\right) = 0$ 和 $b^{(1)}\left(\boldsymbol{x}\right) = f\left(\boldsymbol{x}\right)$.

迭代求解问题 (2.2.14) 之后, Ω_1 和 Ω_2 被近似地确定为 $\Omega_1^{(k)}$ 和 $\Omega_2^{(k)}$. 然后, 根据 (2.2.5) 和 (2.2.6), (2.2.1)—(2.2.3) 被简化为

$$u\left(\boldsymbol{x}\right) = g\left(\boldsymbol{x}\right), \quad \boldsymbol{x} \in \Omega_1^{(k)},$$

$$-\Delta u\left(\boldsymbol{x}\right) = f\left(\boldsymbol{x}\right), \quad \boldsymbol{x} \in \Omega_2^{(k)}.$$

2.2.3 无单元 Galerkin 法离散

本节用无单元 Galerkin 法数值求解问题 (2.2.14).

类似 2.1.1 节, 这里采用罚方法来处理 Dirichlet 边界条件. 利用罚因子 α, 问题 (2.2.14) 可被近似为

$$
\begin{cases}
-\Delta u_\alpha^{(k)}(\boldsymbol{x}) + a^{(k)} u_\alpha^{(k)}(\boldsymbol{x}) = b^{(k)}(\boldsymbol{x}), & \boldsymbol{x} \in \Omega, \\
\alpha u_\alpha^{(k)}(\boldsymbol{x}) + q_\alpha^{(k)}(\boldsymbol{x}) = \alpha \bar{u}(\boldsymbol{x}), & \boldsymbol{x} \in \Gamma,
\end{cases}
\quad k = 1, 2, \cdots, \quad (2.2.15)
$$

其中 $q_\alpha^{(k)} = \nabla u_\alpha^{(k)} \cdot \boldsymbol{n}$, $\boldsymbol{n}$ 是边界 Γ 上的单位外法向量. 问题 (2.2.15) 相应的变分问题为: 求 $u_\alpha^{(k)} \in H^1(\Omega)$, 使得

$$
a_\alpha\left(u_\alpha^{(k)}, v\right) = \int_\Omega b^{(k)} v \mathrm{d}\boldsymbol{x} + \alpha \int_\Gamma \bar{u} v \mathrm{d}s_{\boldsymbol{x}}, \quad \forall v \in H^1(\Omega), \quad (2.2.16)
$$

其中双线性形式 $a_\alpha(\cdot, \cdot)$ 定义如下:

$$
a_\alpha\left(u_\alpha^{(k)}, v\right) \triangleq \int_\Omega \nabla u_\alpha^{(k)} \cdot \nabla v \mathrm{d}\boldsymbol{x} + \int_\Omega a^{(k)} u_\alpha^{(k)} v \mathrm{d}\boldsymbol{x} + \alpha \int_\Gamma u_\alpha^{(k)} v \mathrm{d}s_{\boldsymbol{x}}. \quad (2.2.17)
$$

为了获得问题 (2.2.15) 的无网格数值解, 将 $\Omega \cup \Gamma$ 用 N 个节点 $\{\boldsymbol{x}_i\}_{i=1}^N$ 进行离散, 利用 1.4.3 节的稳定移动最小二乘近似建立未知函数 $u^{(k)}(\boldsymbol{x})$ 的无网格近似,

$$
u^{(k)}(\boldsymbol{x}) \approx u_h^{(k)}(\boldsymbol{x}) = \sum_{i=1}^N \Phi_i(\boldsymbol{x}) u_i^{(k)}, \quad \boldsymbol{x} \in \bar{\Omega} = \Omega \cup \Gamma, \quad k = 0, 1, 2, \cdots, \quad (2.2.18)
$$

其中 $\Phi_i(\boldsymbol{x})$ 是移动最小二乘近似基于节点 $\{\boldsymbol{x}_i\}_{i=1}^N$ 构造的无网格形函数, $u_i^{(k)}$ 是节点处的未知量. 令近似解空间为

$$
V_h(\Omega) = \operatorname{span}\{\Phi_i, 1 \leqslant i \leqslant N\}, \quad (2.2.19)
$$

则变分问题 (2.2.16) 可被近似为: 求 $u_h^{(k)} \in V_h(\Omega)$, 使得

$$
a_\alpha\left(u_h^{(k)}, v\right) = \int_\Omega b_h^{(k)} v \mathrm{d}\boldsymbol{x} + \alpha \int_\Gamma \bar{u} v \mathrm{d}s_{\boldsymbol{x}}, \quad \forall v \in V_h(\Omega), \quad (2.2.20)
$$

其中

$$
a^{(k)}(\boldsymbol{x}) = \begin{cases}
c, & \boldsymbol{x} \in \Omega_1^{(k)}, \\
0, & \boldsymbol{x} \in \Omega_2^{(k)},
\end{cases}
$$

$$b_h^{(k)}(\boldsymbol{x}) = \begin{cases} cg(\boldsymbol{x}) - \Delta u_h^{(k-1)}(\boldsymbol{x}), & \boldsymbol{x} \in \Omega_1^{(k)}, \\ f(\boldsymbol{x}), & \boldsymbol{x} \in \Omega_2^{(k)}. \end{cases} \qquad (2.2.21)$$

将 (2.2.18) 代入 (2.2.20), 无单元 Galerkin 法求解边值问题 (2.2.14) 的线性代数方程组为

$$\left(\boldsymbol{K} + \boldsymbol{H}^{(k)}\right)\boldsymbol{u}^{(k)} = \boldsymbol{b}^{(k)} + \boldsymbol{f}, \quad k = 1, 2, \cdots, \qquad (2.2.22)$$

其中 $\boldsymbol{u}^{(k)} = \left(u_1^{(k)}, u_2^{(k)}, \cdots, u_N^{(k)}\right)^{\mathrm{T}}$,

$$\boldsymbol{K}(i,j) = \int_{\Omega} \nabla \Phi_i \cdot \nabla \Phi_j \mathrm{d}\boldsymbol{x} + \alpha \int_{\Gamma} \Phi_i \Phi_j \mathrm{d}s_{\boldsymbol{x}}, \quad i,j = 1, 2, \cdots, N, \qquad (2.2.23)$$

$$\boldsymbol{H}^{(k)}(i,j) = \int_{\Omega} a^{(k)} \Phi_i \Phi_j \mathrm{d}\boldsymbol{x}, \quad i,j = 1, 2, \cdots, N, \qquad (2.2.24)$$

$$\boldsymbol{b}^{(k)}(i) = \int_{\Omega} b_h^{(k)} \Phi_i \mathrm{d}\boldsymbol{x}, \quad i = 1, 2, \cdots, N, \qquad (2.2.25)$$

$$\boldsymbol{f}(i) = \alpha \int_{\Gamma} \bar{u} \Phi_i \mathrm{d}s_{\boldsymbol{x}}, \quad i = 1, 2, \cdots, N. \qquad (2.2.26)$$

在第 k 步迭代计算时, 需要先利用 (2.2.10) 确定 $\Omega_1^{(k)}$ 和 $\Omega_2^{(k)}$. 在有限元法等基于单元的数值计算方法中, 可以利用单元来确定 $\Omega_1^{(k)}$ 和 $\Omega_2^{(k)}$. 因为无单元 Galerkin 法属于无网格方法, 在函数逼近时没有网格单元, 但是由于需要积分点数值计算 (2.2.23)—(2.2.26) 中的积分, 所以可以直接利用积分点来判断 (2.2.10), 这种方式能避免直接确定 $\Omega_1^{(k)}$ 和 $\Omega_2^{(k)}$. 比如, 使用 Gauss 积分公式时, 可以先利用 (2.2.10) 来判断积分点 $\boldsymbol{x}$ 属于 $\Omega_1^{(k)}$ 还是 $\Omega_2^{(k)}$, 然后由 (2.2.21) 计算积分点处的 $a^{(k)}(\boldsymbol{x})$ 和 $b_h^{(k)}(\boldsymbol{x})$, 最后由 (2.2.24) 和 (2.2.25) 计算 $\boldsymbol{H}^{(k)}(i,j)$ 和 $\boldsymbol{b}^{(k)}(i)$.

迭代求解 (2.2.22) 之后, 障碍问题 (2.2.1)—(2.2.4) 的无单元 Galerkin 法近似解可由 (2.2.18) 获得. 迭代终止条件可选为

$$\left\| u_h^{(k)} - u_h^{(k-1)} \right\|_{0,\Omega} \Big/ \left\| u_h^{(k)} \right\|_{0,\Omega} \leqslant \varepsilon$$

且

$$\left\| \Delta u_h^{(k)} - \Delta u_h^{(k-1)} \right\|_{0,\Omega} \Big/ \left\| \Delta u_h^{(k)} \right\|_{0,\Omega} \leqslant \varepsilon,$$

其中 ε 是容忍误差. 在 2.2.5 节的数值算例中, (2.2.9) 中的参数取为 $c = 10^3$, 容忍误差取为 $\varepsilon = 10^{-6}$.

2.2.4 收敛性分析

本节理论分析障碍问题无单元 Galerkin 法的收敛性. 为了证明无单元 Galerkin 法的数值解 $u_h^{(k)}$ 收敛于障碍问题 (2.2.1)—(2.2.4) 的解析解 u, 首先证明线性化问题 (2.2.14) 的解 $u^{(k)}$ 收敛于 u.

引理 2.2.1 设 u 是障碍问题 (2.2.1)—(2.2.4) 的解析解, $u^{(k)}$ 是线性化问题 (2.2.14) 的解析解, 则

$$\lim_{k\to\infty} \left|u - u^{(k)}\right|_{1,\Omega} = 0.$$

证明 当 $\Delta u^{(k-1)} + f + c\left(u^{(k)} - g\right) \geqslant 0$ 时, 由 (2.2.9) 有 $f = -\Delta u^{(k)}$, 从而 $\Delta u^{(k)} - \Delta u^{(k-1)} - c\left(u^{(k)} - g\right) \leqslant 0$, 并且再根据 $\Delta u \leqslant -f$ 可得 $\Delta u \leqslant \Delta u^{(k)}$, 因此

$$\int_{\Omega} \left(\Delta u^{(k)} - \Delta u^{(k-1)} - c\left(u^{(k)} - g\right)\right)\left(\Delta u^{(k)} - \Delta u\right) \mathrm{d}\boldsymbol{x} \leqslant 0. \tag{2.2.27}$$

当 $\Delta u^{(k-1)} + f + c\left(u^{(k)} - g\right) < 0$ 时, 由 (2.2.9) 有 $\Delta u^{(k)} = \Delta u^{(k-1)} + c\left(u^{(k)} - g\right)$, 此时 (2.2.27) 仍然成立.

在边界 Γ 上, 由 (2.2.4) 和 (2.2.14) 可知 $u = u^{(k)} = \bar{u}$. 利用 Gauss 公式, 于是有

$$\int_{\Omega} \left(u^{(k)} - u\right)\left(\Delta u^{(k)} - \Delta u\right) \mathrm{d}\boldsymbol{x}$$

$$= -\int_{\Omega} \nabla\left(u^{(k)} - u\right) \cdot \nabla\left(u^{(k)} - u\right) \mathrm{d}\boldsymbol{x} + \int_{\Gamma} \left(u^{(k)} - u\right) \frac{\partial}{\partial \boldsymbol{n}}\left(u^{(k)} - u\right) \mathrm{d}s_{\boldsymbol{x}}$$

$$= -\int_{\Omega} \nabla\left(u^{(k)} - u\right) \cdot \nabla\left(u^{(k)} - u\right) \mathrm{d}\boldsymbol{x}$$

$$\leqslant 0. \tag{2.2.28}$$

另外, 由 (2.2.2) 和 (2.2.9) 可得 $\int_{\Omega} (u - g)\left(\Delta u^{(k)} + f\right) \mathrm{d}\boldsymbol{x} \leqslant 0$, 而由 (2.2.3) 可得 $\int_{\Omega} (u - g)(\Delta u + f) \mathrm{d}\boldsymbol{x} = 0$, 因此

$$\int_{\Omega} \left(u^{(k)} - g\right)\left(\Delta u^{(k)} - \Delta u\right) \mathrm{d}\boldsymbol{x}$$

$$= \int_{\Omega} \left(u^{(k)} - u\right)\left(\Delta u^{(k)} - \Delta u\right) \mathrm{d}\boldsymbol{x}$$

$$\quad + \int_{\Omega} (u - g)\left(\Delta u^{(k)} + f\right) \mathrm{d}\boldsymbol{x} - \int_{\Omega} (u - g)(\Delta u + f) \mathrm{d}\boldsymbol{x}$$

$$\leqslant 0. \tag{2.2.29}$$

利用 (2.2.27) 和 (2.2.29) 可得

$$
\begin{aligned}
\left\|\Delta u^{(k)} - \Delta u\right\|_{0,\Omega}^2 =\ & \left\|\Delta u^{(k-1)} - \Delta u + c\left(u^{(k)} - g\right)\right\|_{0,\Omega}^2 \\
& - \left\|\Delta u^{(k)} - \Delta u^{(k-1)} - c\left(u^{(k)} - g\right)\right\|_{0,\Omega}^2 \\
& + 2\int_\Omega \left(\Delta u^{(k)} - \Delta u^{(k-1)} - c\left(u^{(k)} - g\right)\right)\left(\Delta u^{(k)} - \Delta u\right) \mathrm{d}\boldsymbol{x} \\
\leqslant\ & \left\|\Delta u^{(k-1)} - \Delta u + c\left(u^{(k)} - g\right)\right\|_{0,\Omega}^2 \\
& - \left\|\Delta u^{(k)} - \Delta u^{(k-1)} - c\left(u^{(k)} - g\right)\right\|_{0,\Omega}^2 \\
=\ & \left\|\Delta u^{(k-1)} - \Delta u\right\|_{0,\Omega}^2 - \left\|\Delta u^{(k)} - \Delta u^{(k-1)}\right\|_{0,\Omega}^2 \\
& + 2c\int_\Omega \left(u^{(k)} - g\right)\left(\Delta u^{(k)} - \Delta u\right) \mathrm{d}\boldsymbol{x} \\
\leqslant\ & \left\|\Delta u^{(k-1)} - \Delta u\right\|_{0,\Omega}^2 - \left\|\Delta u^{(k)} - \Delta u^{(k-1)}\right\|_{0,\Omega}^2, \tag{2.2.30}
\end{aligned}
$$

从而

$$
\left\|\Delta u^{(k)} - \Delta u\right\|_{0,\Omega}^2 \leqslant \left\|\Delta u^{(k-1)} - \Delta u\right\|_{0,\Omega}^2 \tag{2.2.31}
$$

且

$$
\left\|\Delta u^{(k)} - \Delta u^{(k-1)}\right\|_{0,\Omega}^2 \leqslant \left\|\Delta u^{(k-1)} - \Delta u\right\|_{0,\Omega}^2 - \left\|\Delta u^{(k)} - \Delta u\right\|_{0,\Omega}^2,
$$

所以

$$
\begin{aligned}
\sum_{k=1}^\infty \left\|\Delta u^{(k)} - \Delta u^{(k-1)}\right\|_{0,\Omega}^2 &\leqslant \sum_{k=1}^\infty \left(\left\|\Delta u^{(k-1)} - \Delta u\right\|_{0,\Omega}^2 - \left\|\Delta u^{(k)} - \Delta u\right\|_{0,\Omega}^2\right) \\
&\leqslant \left\|\Delta u^{(0)} - \Delta u\right\|_{0,\Omega}^2.
\end{aligned}
$$

注意到, 由 (2.2.14) 和 $u^{(0)} = g$ 可知序列 $\left\{\Delta u^{(k)}\right\}_{k=0}^\infty$ 有界. 因此, $\left\{\Delta u^{(k)}\right\}_{k=0}^\infty$ 是一个 Cauchy 列, 且 (2.2.31) 表明序列 $\left\|\Delta u^{(k)} - \Delta u\right\|_{0,\Omega}$ 单调下降, 于是 Δu 是 $\left\{\Delta u^{(k)}\right\}_{k=0}^\infty$ 的聚点.

下证 Δu 是 $\left\{\Delta u^{(k)}\right\}_{k=0}^\infty$ 的唯一聚点. 若 $\left\{\Delta u^{(k)}\right\}_{k=0}^\infty$ 还有一个聚点 $\Delta\tilde{u}$, 令

$$
\left\|\Delta\tilde{u} - \Delta u\right\|_{0,\Omega} = \rho.
$$

因为 Δu 是 $\left\{\Delta u^{(k)}\right\}_{k=0}^\infty$ 的聚点, 所以存在一个正整数 j, 使得 $\left\|\Delta u - \Delta u^{(j)}\right\|_{0,\Omega} \leqslant \rho/2$. 对任意 $k > j$, 再利用 (2.2.31) 可以得到

$$
\left\|\Delta u - \Delta u^{(k)}\right\|_{0,\Omega} \leqslant \frac{\rho}{2},
$$

所以

$$\left\|\Delta \tilde{u} - \Delta u^{(k)}\right\|_{0,\Omega} \geqslant \left\|\Delta \tilde{u} - \Delta u\right\|_{0,\Omega} - \left\|\Delta u - \Delta u^{(k)}\right\|_{0,\Omega} \geqslant \frac{\rho}{2}.$$

上式表明 $\lim\limits_{k\to\infty} \Delta u^{(k)} \neq \Delta \tilde{u}$, 从而 Δu 是 $\left\{\Delta u^{(k)}\right\}_{k=0}^{\infty}$ 的唯一聚点. 最后, 利用 (2.2.28) 可得 $\lim\limits_{k\to\infty} \left|u - u^{(k)}\right|_{1,\Omega} = 0$.   证毕.

根据定理 2.1.1, 当选择适当的罚因子 α 时, 无单元 Galerkin 法的数值解 $u_h^{(k)}$ 收敛于线性化问题 (2.2.14) 的解析解 $u^{(k)}$, 即

引理 2.2.2 设 $u^{(k)}$ 是线性化问题 (2.2.14) 的解析解, $u_h^{(k)}$ 是 (2.2.20) 给出的无单元 Galerkin 法数值解, 则

$$\lim_{h\to 0} \left|u^{(k)} - u_h^{(k)}\right|_{1,\Omega} = 0.$$

综合引理 2.2.1 和引理 2.2.2, 无单元 Galerkin 法的数值解 $u_h^{(k)}$ 收敛于障碍问题 (2.2.1)—(2.2.4) 的解析解 u, 即

定理 2.2.2 设 u 是障碍问题 (2.2.1)—(2.2.4) 的解析解, $u_h^{(k)}$ 是 (2.2.20) 给出的无单元 Galerkin 法数值解, 则

$$\lim_{k\to\infty,h\to 0} \left|u - u_h^{(k)}\right|_{1,\Omega} = 0.$$

2.2.5 数值算例

为了阐释障碍问题无单元 Galerkin 法的有效性, 本节考虑如下数值算例 [16-19]:

$$\begin{cases} -\Delta u\left(\boldsymbol{x}\right) \geqslant -2, \quad u\left(\boldsymbol{x}\right) \geqslant 0, \quad u\left(\boldsymbol{x}\right)\left(\Delta u\left(\boldsymbol{x}\right) - 2\right) = 0, \quad \boldsymbol{x} \in \Omega, \\ u\left(\boldsymbol{x}\right) = 0.5\left(\left|\boldsymbol{x}\right|^2 - 2\ln\left|\boldsymbol{x}\right| - 1\right), \qquad\qquad\qquad \boldsymbol{x} \in \Gamma = \partial\Omega. \end{cases}$$

该问题的解析解是

$$u\left(\boldsymbol{x}\right) = \begin{cases} 0.5\left(\left|\boldsymbol{x}\right|^2 - 2\ln\left|\boldsymbol{x}\right| - 1\right), & \left|\boldsymbol{x}\right| \geqslant 1, \\ 0, & \left|\boldsymbol{x}\right| < 1. \end{cases}$$

为了验证障碍问题无单元 Galerkin 法的有效性, 图 2.2.1 给出了 H^1 半范数误差 $\left|u - u_h\right|_{1,\Omega}$ 和节点间距 h 之间的关系. 这里使用了不同的区域 $\Omega = (-1,1)^2$, $\Omega = (-1.5, 1.5)^2$ 和 $\Omega = (-2, 2)^2$, 并与有限元法 (finite element method, FEM)[16]、超收敛有限元法 (superconvergent finite element method, SFEM)[18]、间断 Galerkin 法 (discontinuous Galerkin method, DGM)[19] 和弱 Galerkin 有限元法 (weak Galerkin finite element method, WGFEM)[17] 的误差和收敛性进行了比较. 可以看出, 所有方法都获得了很好的收敛性, 但是本节无单元 Galerkin 法的误差更小一些.

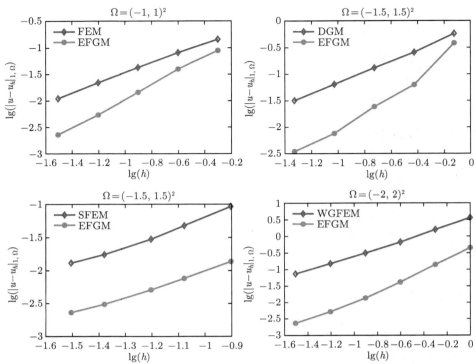

图 2.2.1   障碍问题中无单元 Galerkin 法 (EFGM)、有限元法 (FEM)[16]、超收敛有限元法 (SFEM)[18]、间断 Galerkin 法 (DGM)[19] 和弱 Galerkin 有限元法 (WGFEM)[17] 的收敛性

2.3   时间分数阶微分方程的无单元 Galerkin 法

分数阶微分方程是含有分数阶导数或分数阶积分的方程, 它是整数阶微分方程的自然推广. 不同于整数阶微分算子, 分数阶微分算子具有非局部性质, 更易于描述物理、化学、生物等领域内具有记忆和遗传特性的变化过程, 因此分数阶微分方程具有深刻的物理背景 [24-28].

分数阶微分方程的数值求解在近二十年里取得了快速发展. 目前已经建立了许多计算公式用于数值逼近分数阶导数, 比如 Riemann-Liouville 分数阶导数的 Grünwald-Letnikov 公式、Riesz 分数阶导数的中心差商公式, 以及 Caputo 分数阶导数的 L1 公式、L2-1$_\sigma$ 公式和 H2N2 公式等 [26-28]. 对于时间分数阶微分方程, 当时间分数阶导数用上述公式逼近之后, 空间变量可用有限差分法、有限元法等进行离散. 近年来, 径向基函数法 [29-31]、广义有限差分法 [32-35]、有限点法 [36,37] 和无单元 Galerkin 法 [38-42] 等无网格方法也被应用于数值求解分数阶微分方程.

本节主要讨论时间分数阶微分方程的无单元 Galerkin 法. 首先, 基于 L1 公式和 H2N2 公式, 给出时间分数阶扩散波方程的时间半离散格式及其快速格式. 其次, 基于 L2-1$_\sigma$ 公式, 给出慢扩散方程的时间半离散格式和多项时间分数阶慢扩散方程的快速时间半离散格式. 同时, 理论分析这些时间半离散格式的稳定性. 最后, 以多项时间分数阶慢扩散方程为例, 建立时间分数阶微分方程无单元 Galerkin 法的全离散格式, 并借助 Grönwall 不等式理论分析相应的误差.

2.3.1 扩散波方程的时间半离散格式

时间分数阶扩散波方程可以通过将经典扩散方程或波动方程中的一阶或二阶时间导数用 $\alpha \in (1,2)$ 阶分数导数代替来获得, 已成为描述力学、声学和电磁学等领域中超扩散现象的重要微分方程之一. 本节针对时间分数阶扩散波方程的初边值问题, 通过使用 L1 公式 [43] 和 H2N2 公式 [44] 离散 $\alpha \in (1,2)$ 阶的 Caputo 分数阶导数, 建立 $(3 - \alpha)$ 阶收敛的时间半离散格式, 将时间分数阶扩散波方程的初边值问题转化为整数阶椭圆边值问题, 并理论分析该格式的稳定性.

考虑如下时间分数阶扩散波方程:

$$\nu \frac{\partial^\alpha u(\boldsymbol{x}, t)}{\partial t^\alpha} = \Delta u(\boldsymbol{x}, t) + f(\boldsymbol{x}, t), \quad \boldsymbol{x} \in \Omega, \quad t \in (0, T], \qquad (2.3.1)$$

初始条件为

$$u(\boldsymbol{x}, 0) = \phi_0(\boldsymbol{x}), \quad \frac{\partial u(\boldsymbol{x}, 0)}{\partial t} = \phi_1(\boldsymbol{x}), \quad \boldsymbol{x} \in \Omega, \qquad (2.3.2)$$

边界条件为

$$u(\boldsymbol{x}, t) = \bar{u}(\boldsymbol{x}, t), \quad \boldsymbol{x} \in \partial\Omega, \quad t \in (0, T], \qquad (2.3.3)$$

其中 $u(\boldsymbol{x}, t)$ 是未知函数, $\nu > 0$ 是已知系数, Δ 是 Laplace 算子, $f(\boldsymbol{x}, t)$, $\phi_0(\boldsymbol{x})$, $\phi_1(\boldsymbol{x})$ 和 $\bar{u}(\boldsymbol{x}, t)$ 都是已知函数, T 是计算终止时刻, Ω 是 n 维空间 $\mathbb{R}^n$ 中的有界连通区域, 其边界为 $\partial\Omega$. 另外, $\partial^\alpha u(\boldsymbol{x}, t) / \partial t^\alpha$ 表示函数 $u(\boldsymbol{x}, t)$ 关于时间变量 t 的 α 阶 Caputo 分数阶导数, 即

$$\frac{\partial^\alpha u(\boldsymbol{x}, t)}{\partial t^\alpha} = \frac{1}{\Gamma(2 - \alpha)} \int_0^t \frac{\partial^2 u(\boldsymbol{x}, s)}{\partial s^2} \frac{\mathrm{d}s}{(t - s)^{\alpha - 1}}, \quad \alpha \in (1, 2), \qquad (2.3.4)$$

其中 $\Gamma(\cdot)$ 是 Gamma 函数.

为了建立时间分数阶扩散波方程 (2.3.1) 的时间半离散格式, 令 $\tau > 0$ 为时间步长,

$$t_n = n\tau, \quad u^n(\boldsymbol{x}) = u(\boldsymbol{x}, t_n), \quad n = 0, 1, \cdots, T/\tau.$$

根据 (2.3.2) 中的初始条件可知 $u^0(\boldsymbol{x}) = \phi_0(\boldsymbol{x})$.

利用 Taylor 公式, 可以得到

$$\left.\frac{\partial u^\alpha\left(\boldsymbol{x},t\right)}{\partial t^\alpha}\right|_{t=0.5\tau} = \frac{1}{2}\left[\left.\frac{\partial u^\alpha\left(\boldsymbol{x},t\right)}{\partial t^\alpha}\right|_{t=\tau} + \left.\frac{\partial u^\alpha\left(\boldsymbol{x},t\right)}{\partial t^\alpha}\right|_{t=0}\right] + \mathcal{O}\left(\tau^2\right), \qquad (2.3.5)$$

$$\left.\frac{\partial u\left(\boldsymbol{x},t\right)}{\partial t}\right|_{t=\tau} = \frac{2u^1\left(\boldsymbol{x}\right) - 2\phi_0\left(\boldsymbol{x}\right)}{\tau} - \phi_1\left(\boldsymbol{x}\right) + \mathcal{O}\left(\tau^2\right). \qquad (2.3.6)$$

注意到 (2.3.4), 当 $t = \tau$ 时, 可将 Caputo 时间分数阶导数 $\partial^\alpha u\left(\boldsymbol{x},t\right)/\partial t^\alpha$ 表示为

$$\begin{aligned}
\left.\frac{\partial u^\alpha\left(\boldsymbol{x},t\right)}{\partial t^\alpha}\right|_{t=\tau} &= \frac{1}{\Gamma\left(2-\alpha\right)}\int_0^\tau \frac{\partial^2 u\left(\boldsymbol{x},s\right)}{\partial s^2}\frac{\mathrm{d}s}{\left(\tau-s\right)^{\alpha-1}} \\
&= \frac{1}{\Gamma\left(2-\alpha\right)}\int_0^\tau \frac{\partial v\left(\boldsymbol{x},s\right)}{\partial s}\frac{\mathrm{d}s}{\left(\tau-s\right)^{\alpha-1}},
\end{aligned} \qquad (2.3.7)$$

其中 $v\left(\boldsymbol{x},s\right) = \partial u\left(\boldsymbol{x},s\right)/\partial s$. 设 $L_{11}\left(\boldsymbol{x},s\right)$ 是 $v\left(\boldsymbol{x},s\right)$ 在区间 $[0,\tau]$ 上基于节点 $(0,v\left(\boldsymbol{x},0\right))$ 和 $(\tau,v\left(\boldsymbol{x},\tau\right))$ 的线性 Lagrange 插值多项式, 则

$$\left.\frac{\partial u^\alpha\left(\boldsymbol{x},t\right)}{\partial t^\alpha}\right|_{t=\tau} \approx \frac{1}{\Gamma\left(2-\alpha\right)}\int_0^\tau \frac{\partial L_{11}\left(\boldsymbol{x},s\right)}{\partial s}\frac{\mathrm{d}s}{\left(\tau-s\right)^{\alpha-1}}.$$

通过计算上式中的定积分, 可得如下 L1 公式 [43]

$$\left.\frac{\partial u^\alpha\left(\boldsymbol{x},t\right)}{\partial t^\alpha}\right|_{t=\tau} = \frac{\tau^{1-\alpha}}{\Gamma\left(3-\alpha\right)}\left[v\left(\boldsymbol{x},\tau\right) - v\left(\boldsymbol{x},0\right)\right] + \mathcal{O}\left(\tau^{3-\alpha}\right).$$

从而, 当 $u\left(\cdot,t\right) \in C^3\left([0,\tau]\right)$ 时, 即 $u\left(\boldsymbol{x},t\right)$ 关于时间变量 t 属于空间 $C^3\left([0,\tau]\right)$, Caputo 时间分数阶导数 $\partial^\alpha u\left(\boldsymbol{x},t\right)/\partial t^\alpha$ 在 $t = \tau$ 时的 L1 公式为

$$\begin{aligned}
\left.\frac{\partial u^\alpha\left(\boldsymbol{x},t\right)}{\partial t^\alpha}\right|_{t=\tau} &= \frac{1}{\Gamma\left(2-\alpha\right)}\int_0^\tau \frac{\partial^2 u\left(\boldsymbol{x},s\right)}{\partial s^2}\frac{\mathrm{d}s}{\left(\tau-s\right)^{\alpha-1}} \\
&= \frac{\tau^{1-\alpha}}{\Gamma\left(3-\alpha\right)}\left[\left.\frac{\partial u\left(\boldsymbol{x},t\right)}{\partial t}\right|_{t=\tau} - \phi_1\left(\boldsymbol{x}\right)\right] + \mathcal{O}\left(\tau^{3-\alpha}\right).
\end{aligned} \qquad (2.3.8)$$

将 (2.3.6) 代入 (2.3.8), 有

$$\left.\frac{\partial u^\alpha\left(\boldsymbol{x},t\right)}{\partial t^\alpha}\right|_{t=\tau} = \frac{2\tau^{-\alpha}}{\Gamma\left(3-\alpha\right)}\left[u^1\left(\boldsymbol{x}\right) - \phi_0\left(\boldsymbol{x}\right) - \tau\phi_1\left(\boldsymbol{x}\right)\right] + \mathcal{O}\left(\tau^{3-\alpha}\right). \qquad (2.3.9)$$

由 (2.3.4), 有 $\partial^\alpha u\left(\boldsymbol{x},0\right)/\partial t^\alpha = 0$. 将 (2.3.9) 代入 (2.3.5), 有

$$\left.\frac{\partial u^\alpha\left(\boldsymbol{x},t\right)}{\partial t^\alpha}\right|_{t=0.5\tau} = a_0^{(n)}\left[u^1\left(\boldsymbol{x}\right) - \phi_0\left(\boldsymbol{x}\right) - \tau\phi_1\left(\boldsymbol{x}\right)\right] + \mathcal{O}\left(\tau^{3-\alpha}\right), \qquad (2.3.10)$$

其中

$$a_0^{(n)} = \frac{1}{\tau^\alpha \Gamma (3 - \alpha)}. \tag{2.3.11}$$

注意到 (2.3.4), 当 $t = (n - 0.5)\tau$ 时, 可将分数阶导数 $\partial^\alpha u(\boldsymbol{x}, t)/\partial t^\alpha$ 表示为

$$
\begin{aligned}
\left.\frac{\partial u^\alpha(\boldsymbol{x}, t)}{\partial t^\alpha}\right|_{t=(n-0.5)\tau} &= \frac{1}{\Gamma(2-\alpha)} \int_0^{(n-0.5)\tau} \frac{\partial^2 u(\boldsymbol{x}, s)}{\partial s^2} \frac{\mathrm{d}s}{[(n-0.5)\tau - s]^{\alpha-1}} \\
&= \frac{1}{\Gamma(2-\alpha)} \left[\int_0^{0.5\tau} \frac{\partial^2 u(\boldsymbol{x}, s)}{\partial s^2} \frac{\mathrm{d}s}{[(n-0.5)\tau - s]^{\alpha-1}} \right. \\
&\quad \left. + \sum_{k=1}^{n-1} \int_{(k-0.5)\tau}^{(k+0.5)\tau} \frac{\partial^2 u(\boldsymbol{x}, s)}{\partial s^2} \frac{\mathrm{d}s}{[(n-0.5)\tau - s]^{\alpha-1}} \right],
\end{aligned}
$$

其中 $n = 2, 3, \cdots$. 设 $H_{20}(\boldsymbol{x}, s)$ 是 $u(\boldsymbol{x}, s)$ 在区间 $[0, t_1]$ 上基于节点 $(0, u(\boldsymbol{x}, 0))$, $(t_1, u(\boldsymbol{x}, t_1))$ 和 $(0, \partial u(\boldsymbol{x}, 0)/\partial s)$ 的二次 Hermite 插值多项式, $N_{2k}(\boldsymbol{x}, s)$ 是 $u(\boldsymbol{x}, s)$ 在区间 $[t_{k-1}, t_{k+1}]$ 上基于节点 $(t_{k-1}, u(\boldsymbol{x}, t_{k-1}))$, $(t_k, u(\boldsymbol{x}, t_k))$ 和 $(t_{k+1}, u(\boldsymbol{x}, t_{k+1}))$ 的二次 Newton 插值多项式, 则

$$\frac{\partial^2 u(\boldsymbol{x}, s)}{\partial s^2} \approx \frac{\partial^2 H_{20}(\boldsymbol{x}, s)}{\partial s^2}, \quad s \in [0, 0.5\tau] \subset [0, t_1],$$

$$\frac{\partial^2 u(\boldsymbol{x}, s)}{\partial s^2} \approx \frac{\partial^2 N_{2k}(\boldsymbol{x}, s)}{\partial s^2}, \quad s \in [(k-0.5)\tau, (k+0.5)\tau] \subset [t_{k-1}, t_{k+1}],$$

从而

$$
\begin{aligned}
&\left.\frac{\partial u^\alpha(\boldsymbol{x}, t)}{\partial t^\alpha}\right|_{t=(n-0.5)\tau} \\
&\approx \frac{1}{\Gamma(2-\alpha)} \left[\int_0^{0.5\tau} \frac{\partial^2 H_{20}(\boldsymbol{x}, s)}{\partial s^2} \frac{\mathrm{d}s}{[(n-0.5)\tau - s]^{\alpha-1}} \right. \\
&\quad \left. + \sum_{k=1}^{n-1} \int_{(k-0.5)\tau}^{(k+0.5)\tau} \frac{\partial^2 N_{2k}(\boldsymbol{x}, s)}{\partial s^2} \frac{\mathrm{d}s}{[(n-0.5)\tau - s]^{\alpha-1}} \right]. \tag{2.3.12}
\end{aligned}
$$

通过计算 (2.3.12) 中的定积分, 当 $u(\cdot, t) \in C^3([0, n\tau])$ 时可得分数阶导数 $\partial^\alpha u(\boldsymbol{x}, t)/\partial t^\alpha$ 在 $t = (n - 0.5)\tau$ 时的 H2N2 公式 [44],

$$\left.\frac{\partial u^\alpha(\boldsymbol{x}, t)}{\partial t^\alpha}\right|_{t=(n-0.5)\tau} = a_0^{(n)} \left[u^n(\boldsymbol{x}) - u^{n-1}(\boldsymbol{x}) \right]$$

$$-\sum_{k=1}^{n-1} \left(a_{n-k-1}^{(n)} - a_{n-k}^{(n)} \right) \left[u^k \left(\boldsymbol{x} \right) - u^{k-1} \left(\boldsymbol{x} \right) \right]$$

$$- a_{n-1}^{(n)} \tau \phi_1 \left(\boldsymbol{x} \right) + \mathcal{O} \left(\tau^{3-\alpha} \right), \quad n = 2, 3, \cdots, \quad (2.3.13)$$

其中

$$a_k^{(n)} = \frac{1}{\tau^2 \Gamma \left(2 - \alpha \right)} \cdot \begin{cases} \displaystyle\int_{(n-k-1.5)\tau}^{(n-k-0.5)\tau} \left[(n-0.5)\tau - s \right]^{1-\alpha} \mathrm{d}s, & k = 1, 2, \cdots, n-2, \\ \displaystyle 2\int_0^{0.5\tau} \left[(n-0.5)\tau - s \right]^{1-\alpha} \mathrm{d}s, & k = n-1, \end{cases}$$

$$= \frac{1}{\tau^\alpha \Gamma \left(3 - \alpha \right)} \cdot \begin{cases} (k+1)^{2-\alpha} - k^{2-\alpha}, & k = 1, 2, \cdots, n-2, \\ 2\left[(n-0.5)^{2-\alpha} - (n-1)^{2-\alpha} \right], & k = n-1. \end{cases}$$

$$(2.3.14)$$

利用 Taylor 公式, 有

$$\Delta u^{n-0.5} \left(\boldsymbol{x} \right) = \frac{1}{2} \left[\Delta u^n \left(\boldsymbol{x} \right) + \Delta u^{n-1} \left(\boldsymbol{x} \right) \right] + \mathcal{O} \left(\tau^2 \right).$$

因此, 在点 $\left(\boldsymbol{x}, (n-0.5)\tau \right)$ 处考虑 (2.3.1), 可得

$$\nu \frac{\partial^\alpha u \left(\boldsymbol{x}, t \right)}{\partial t^\alpha} \bigg|_{t=(n-0.5)\tau} = \frac{1}{2} \left[\Delta u^n \left(\boldsymbol{x} \right) + \Delta u^{n-1} \left(\boldsymbol{x} \right) \right] + f^{n-0.5} \left(\boldsymbol{x} \right) + \mathcal{O} \left(\tau^2 \right), \quad \boldsymbol{x} \in \Omega.$$

$$(2.3.15)$$

当 $n = 1$ 时, 将 (2.3.10) 代入 (2.3.15), 有

$$- \Delta u^1 \left(\boldsymbol{x} \right) + 2\nu a_0^{(n)} u^1 \left(\boldsymbol{x} \right)$$

$$= \Delta \phi_0 \left(\boldsymbol{x} \right) + 2\nu a_0^{(n)} \left[\phi_0 \left(\boldsymbol{x} \right) + \tau \phi_1 \left(\boldsymbol{x} \right) \right] + 2f^{0.5} \left(\boldsymbol{x} \right) + \mathcal{O} \left(\tau^{3-\alpha} \right). \quad (2.3.16)$$

当 $n = 2, 3, \cdots$ 时, 将 (2.3.13) 代入 (2.3.15), 有

$$- \Delta u^n \left(\boldsymbol{x} \right) + 2\nu a_0^{(n)} u^n \left(\boldsymbol{x} \right)$$

$$= \Delta u^{n-1} \left(\boldsymbol{x} \right) + 2\nu a_0^{(n)} u^{n-1} \left(\boldsymbol{x} \right) + 2\nu \sum_{k=1}^{n-1} \left(a_{n-k-1}^{(n)} - a_{n-k}^{(n)} \right) \left[u^k \left(\boldsymbol{x} \right) - u^{k-1} \left(\boldsymbol{x} \right) \right]$$

$$+ 2\nu a_{n-1}^{(n)} \tau \phi_1 \left(\boldsymbol{x} \right) + 2f^{n-0.5} \left(\boldsymbol{x} \right) + \mathcal{O} \left(\tau^{3-\alpha} \right). \quad (2.3.17)$$

最终, 将 (2.3.16) 和 (2.3.17) 结合在一起, 时间分数阶扩散波方程 (2.3.1) 的时间半离散格式为

$$- \Delta u^n \left(\boldsymbol{x} \right) + 2\nu a_0^{(n)} u^n \left(\boldsymbol{x} \right) = b^n \left(\boldsymbol{x} \right) + 2f^{n-0.5} \left(\boldsymbol{x} \right) + \mathcal{O} \left(\tau^{3-\alpha} \right), \quad \boldsymbol{x} \in \Omega, \quad n = 1, 2, \cdots,$$

$$(2.3.18)$$

其中

$$
b^n = \begin{cases}
\Delta\phi_0 + 2\nu a_0^{(n)}\left(\phi_0 + \tau\phi_1\right), & n = 1, \\
\Delta u^{n-1} + 2\nu a_0^{(n)}u^{n-1} \\
\quad + 2\nu\sum_{k=1}^{n-1}\left(a_{n-k-1}^{(n)} - a_{n-k}^{(n)}\right)\left(u^k - u^{k-1}\right) + 2\nu a_{n-1}^{(n)}\tau\phi_1, & n = 2, 3, \cdots.
\end{cases}
\tag{2.3.19}
$$

注意到 (2.3.3), 相应于 (2.3.18) 的边界条件为

$$
u^n\left(\boldsymbol{x}\right) = \bar{u}^n\left(\boldsymbol{x}\right) = \bar{u}\left(\boldsymbol{x}, t_n\right), \quad \boldsymbol{x} \in \partial\Omega, \quad n = 1, 2, 3, \cdots.
\tag{2.3.20}
$$

在 (2.3.18) 中略去 $\mathcal{O}\left(\tau^{3-\alpha}\right)$, 则时间分数阶扩散波方程 (2.3.1) 在时间方向上可近似为

$$
-\Delta U^n + 2\nu a_0^{(n)}U^n
$$

$$
= \begin{cases}
\Delta\phi_0 + 2\nu a_0^{(n)}\left(\phi_0 + \tau\phi_1\right) + 2f^{0.5}, & n = 1, \\
\Delta U^{n-1} + 2\nu a_0^{(n)}U^{n-1} + 2\nu\sum_{k=1}^{n-1}\left(a_{n-k-1}^{(n)} - a_{n-k}^{(n)}\right)\left(U^k - U^{k-1}\right) \\
\quad + 2\nu a_{n-1}^{(n)}\tau\phi_1 + 2f^{n-0.5}, & n = 2, 3, \cdots,
\end{cases}
\tag{2.3.21}
$$

其中 U^n 是 u^n 的近似, 且由 (2.3.2) 有 $U^0 = u^0 = \phi_0$.

下面讨论时间半离散格式 (2.3.21) 的稳定性.

定理 2.3.1 如果 $U^n \in H_0^1\left(\Omega\right) \triangleq \left\{v : v \in H^1\left(\Omega\right), v|_{\partial\Omega} = 0\right\}$, 则时间半离散格式 (2.3.21) 在 H^1 半范数中无条件稳定.

证明 当 $n = 1$ 时, 由 (2.3.21) 可得

$$
-\Delta U^1 - \Delta U^0 + 2\nu a_0^{(1)}\left(U^1 - U^0\right) = 2\nu a_0^{(1)}\tau\phi_1 + 2f^{0.5}.
\tag{2.3.22}
$$

计算 (2.3.22) 关于 $U^1 - U^0$ 的内积, 有

$$
-\left(\Delta U^1 + \Delta U^0, U^1 - U^0\right) + 2\nu a_0^{(1)}\left\|U^1 - U^0\right\|_{0,\Omega}^2
$$
$$
= 2\nu a_0^{(1)}\tau\left(\phi_1, U^1 - U^0\right) + 2\left(f^{0.5}, U^1 - U^0\right),
\tag{2.3.23}
$$

其中 $(\cdot, \cdot)$ 表示 Ω 上的内积. 利用 Green 公式可得

$$
-\left(\Delta U^1 + \Delta U^0, U^1 - U^0\right) = \left(\nabla U^1 + \nabla U^0, \nabla U^1 - \nabla U^0\right)
$$
$$
= \left\|\nabla U^1\right\|_{0,\Omega}^2 - \left\|\nabla U^0\right\|_{0,\Omega}^2.
$$

再利用 Cauchy-Schwarz 不等式和 Young 不等式, 可将 (2.3.23) 转化为

第 2 章　无单元 Galerkin 法

$$\left\|\nabla U^1\right\|_{0,\Omega}^2 - \left\|\nabla U^0\right\|_{0,\Omega}^2 + 2\nu a_0^{(1)}\left\|U^1 - U^0\right\|_{0,\Omega}^2$$

$$= 2\nu a_0^{(1)}\tau\left(\phi_1, U^1 - U^0\right) + 2\left(f^{0.5}, U^1 - U^0\right)$$

$$\leqslant 2\nu a_0^{(1)}\tau\left\|\phi_1\right\|_{0,\Omega}\left\|U^1 - U^0\right\|_{0,\Omega} + 2\left\|f^{0.5}\right\|_{0,\Omega}\left\|U^1 - U^0\right\|_{0,\Omega}$$

$$\leqslant \nu a_0^{(1)}\left(\tau^2\left\|\phi_1\right\|_{0,\Omega}^2 + \left\|U^1 - U^0\right\|_{0,\Omega}^2\right) + C_Y\left\|f^{0.5}\right\|_{0,\Omega}^2 + \frac{1}{C_Y}\left\|U^1 - U^0\right\|_{0,\Omega}^2,$$

从而

$$\left\|\nabla U^1\right\|_{0,\Omega}^2 - \left\|\nabla U^0\right\|_{0,\Omega}^2 + \nu a_0^{(1)}\left\|U^1 - U^0\right\|_{0,\Omega}^2$$

$$\leqslant \nu a_0^{(1)}\tau^2\left\|\phi_1\right\|_{0,\Omega}^2 + C_Y\left\|f^{0.5}\right\|_{0,\Omega}^2 + \frac{1}{C_Y}\left\|U^1 - U^0\right\|_{0,\Omega}^2, \tag{2.3.24}$$

其中 C_Y 是任意正数. 取 $C_Y = 1/\left(\nu a_0^{(1)}\right)$, 则由 (2.3.24) 和 (2.3.11) 可得

$$\left\|\nabla U^1\right\|_{0,\Omega}^2 \leqslant \left\|\nabla U^0\right\|_{0,\Omega}^2 + \nu a_0^{(1)}\tau^2\left\|\phi_1\right\|_{0,\Omega}^2 + \frac{1}{\nu a_0^{(1)}}\left\|f^{0.5}\right\|_{0,\Omega}^2$$

$$= \left\|\nabla U^0\right\|_{0,\Omega}^2 + \frac{\nu\tau^{2-\alpha}}{\Gamma(3-\alpha)}\left\|\phi_1\right\|_{0,\Omega}^2 + \nu^{-1}\tau^\alpha\Gamma(3-\alpha)\left\|f^{0.5}\right\|_{0,\Omega}^2. \tag{2.3.25}$$

当 $n = 2, 3, \cdots$ 时, 由 (2.3.21) 可得

$$-\Delta U^n - \Delta U^{n-1} + 2\nu a_0^{(n)}\left(U^n - U^{n-1}\right)$$

$$= 2\nu\sum_{k=1}^{n-1}\left(a_{n-k-1}^{(n)} - a_{n-k}^{(n)}\right)\left(U^k - U^{k-1}\right) + 2\nu a_{n-1}^{(n)}\tau\phi_1 + 2f^{n-0.5}. \tag{2.3.26}$$

计算 (2.3.26) 关于 $U^n - U^{n-1}$ 的内积, 可得

$$-\left(\Delta U^n + \Delta U^{n-1}, U^n - U^{n-1}\right) + 2\nu a_0^{(n)}\left\|U^n - U^{n-1}\right\|_{0,\Omega}^2$$

$$= 2\nu\sum_{k=1}^{n-1}\left(a_{n-k-1}^{(n)} - a_{n-k}^{(n)}\right)\left(U^k - U^{k-1}, U^n - U^{n-1}\right)$$

$$+ 2\nu a_{n-1}^{(n)}\tau\left(\phi_1, U^n - U^{n-1}\right) + 2\left(f^{n-0.5}, U^n - U^{n-1}\right). \tag{2.3.27}$$

利用 Green 公式可得

$$-\left(\Delta U^n + \Delta U^{n-1}, U^n - U^{n-1}\right) = \left(\nabla U^n + \nabla U^{n-1}, \nabla U^n - \nabla U^{n-1}\right)$$

$$= \left\|\nabla U^n\right\|_{0,\Omega}^2 - \left\|\nabla U^{n-1}\right\|_{0,\Omega}^2.$$

再利用 Cauchy-Schwarz 不等式和 Young 不等式, 可将 (2.3.27) 转化为

$$\left\|\nabla U^n\right\|_{0,\Omega}^2 - \left\|\nabla U^{n-1}\right\|_{0,\Omega}^2 + 2\nu a_0^{(n)} \left\|U^n - U^{n-1}\right\|_{0,\Omega}^2$$

$$\leqslant \nu \sum_{k=1}^{n-1} \left(a_{n-k-1}^{(n)} - a_{n-k}^{(n)}\right) \left(\left\|U^k - U^{k-1}\right\|_{0,\Omega}^2 + \left\|U^n - U^{n-1}\right\|_{0,\Omega}^2\right)$$

$$+ \nu a_{n-1}^{(n)} \left(\tau^2 \left\|\phi_1\right\|_{0,\Omega}^2 + \left\|U^n - U^{n-1}\right\|_{0,\Omega}^2\right) + 2\left(f^{n-0.5}, U^n - U^{n-1}\right). \quad (2.3.28)$$

注意到 $\sum_{k=1}^{n-1} \left(a_{n-k-1}^{(n)} - a_{n-k}^{(n)}\right) = a_0^{(n)} - a_{n-1}^{(n)}$, 从而

$$\sum_{k=1}^{n-1} \left(a_{n-k-1}^{(n)} - a_{n-k}^{(n)}\right) \left(\left\|U^k - U^{k-1}\right\|_{0,\Omega}^2 + \left\|U^n - U^{n-1}\right\|_{0,\Omega}^2\right)$$

$$+ a_{n-1}^{(n)} \left\|U^n - U^{n-1}\right\|_{0,\Omega}^2 - 2a_0^{(n)} \left\|U^n - U^{n-1}\right\|_{0,\Omega}^2$$

$$= \sum_{k=1}^{n-1} a_{n-k-1}^{(n)} \left\|U^k - U^{k-1}\right\|_{0,\Omega}^2 - \sum_{k=1}^{n-1} a_{n-k}^{(n)} \left\|U^k - U^{k-1}\right\|_{0,\Omega}^2$$

$$+ \sum_{k=1}^{n-1} \left(a_{n-k-1}^{(n)} - a_{n-k}^{(n)}\right) \left\|U^n - U^{n-1}\right\|_{0,\Omega}^2$$

$$+ \left(a_{n-1}^{(n)} - a_0^{(n)}\right) \left\|U^n - U^{n-1}\right\|_{0,\Omega}^2 - a_0^{(n)} \left\|U^n - U^{n-1}\right\|_{0,\Omega}^2$$

$$= \sum_{k=1}^{n-1} a_{n-k-1}^{(n)} \left\|U^k - U^{k-1}\right\|_{0,\Omega}^2 - \sum_{k=1}^{n} a_{n-k}^{(n)} \left\|U^k - U^{k-1}\right\|_{0,\Omega}^2. \quad (2.3.29)$$

将 (2.3.29) 乘以 ν, 再与 (2.3.28) 相加, 可以得到

$$\left\|\nabla U^n\right\|_{0,\Omega}^2 + \nu \sum_{k=1}^{n} a_{n-k}^{(n)} \left\|U^k - U^{k-1}\right\|_{0,\Omega}^2$$

$$\leqslant \left\|\nabla U^{n-1}\right\|_{0,\Omega}^2 + \nu \sum_{k=1}^{n-1} a_{n-k-1}^{(n)} \left\|U^k - U^{k-1}\right\|_{0,\Omega}^2$$

$$+ \nu \tau^2 a_{n-1}^{(n)} \left\|\phi_1\right\|_{0,\Omega}^2 + 2\left(f^{n-0.5}, U^n - U^{n-1}\right). \quad (2.3.30)$$

因为由 (2.3.14) 有

$$a_{n-k-1}^{(n)} = \frac{1}{\tau^\alpha \Gamma(3-\alpha)} \left[(n-k)^{2-\alpha} - (n-k-1)^{2-\alpha}\right], \quad k = 1, 2, \cdots, n-1,$$

$$a_{n-k-1}^{(n-1)} = \frac{1}{\tau^\alpha \Gamma(3-\alpha)} \begin{cases} 2\left[(n-1.5)^{2-\alpha} - (n-2)^{2-\alpha}\right], & k=1, \\ (n-k)^{2-\alpha} - (n-k-1)^{2-\alpha}, & k=2,3,\cdots,n-1, \end{cases}$$

所以注意到 $\alpha \in (1,2)$, 可得

$$a_{n-k-1}^{(n)} \leqslant a_{n-k-1}^{(n-1)}, \quad k=1,2,\cdots,n-1.$$

再利用 (2.3.30), 可知

$$\|\nabla U^n\|_{0,\Omega}^2 + \nu \sum_{k=1}^{n} a_{n-k}^{(n)} \|U^k - U^{k-1}\|_{0,\Omega}^2$$

$$\leqslant \|\nabla U^{n-1}\|_{0,\Omega}^2 + \nu \sum_{k=1}^{n-1} a_{n-k-1}^{(n-1)} \|U^k - U^{k-1}\|_{0,\Omega}^2$$

$$+ \nu \tau^2 a_{n-1}^{(n)} \|\phi_1\|_{0,\Omega}^2 + 2\left(f^{n-0.5}, U^n - U^{n-1}\right).$$

以此类推, 有

$$\|\nabla U^n\|_{0,\Omega}^2 + \nu \sum_{k=1}^{n} a_{n-k}^{(n)} \|U^k - U^{k-1}\|_{0,\Omega}^2$$

$$\leqslant \|\nabla U^0\|_{0,\Omega}^2 + \nu \tau^2 \sum_{k=1}^{n} a_{k-1}^{(k)} \|\phi_1\|_{0,\Omega}^2 + 2 \sum_{k=1}^{n} \left(f^{k-0.5}, U^k - U^{k-1}\right). \qquad (2.3.31)$$

利用 Cauchy-Schwarz 不等式和 Young 不等式可知

$$2 \sum_{k=1}^{n} \left(f^{k-0.5}, U^k - U^{k-1}\right)$$

$$\leqslant 2 \sum_{k=1}^{n} \|f^{k-0.5}\|_{0,\Omega} \|U^k - U^{k-1}\|_{0,\Omega}$$

$$\leqslant \sum_{k=1}^{n} C_{Yk} \|f^{k-0.5}\|_{0,\Omega}^2 + \sum_{k=1}^{n} \frac{1}{C_{Yk}} \|U^k - U^{k-1}\|_{0,\Omega}^2, \qquad (2.3.32)$$

其中 C_{Yk} 是任意正数. 取 $C_{Yk} = 1 \big/ \left(\nu a_{n-k}^{(n)}\right)$, 则将 (2.3.32) 代入 (2.3.31) 可得

$$\|\nabla U^n\|_{0,\Omega}^2 \leqslant \|\nabla U^0\|_{0,\Omega}^2 + \nu \tau^2 \sum_{k=1}^{n} a_{k-1}^{(k)} \|\phi_1\|_{0,\Omega}^2 + \sum_{k=1}^{n} \frac{1}{\nu a_{n-k}^{(n)}} \|f^{k-0.5}\|_{0,\Omega}^2. \qquad (2.3.33)$$

根据 (2.3.14) 可得

$$\sum_{k=1}^{n} a_{k-1}^{(k)} = \frac{2}{\tau^\alpha \Gamma(3-\alpha)} \sum_{k=1}^{n} \left[(k-0.5)^{2-\alpha} - (k-1)^{2-\alpha} \right]$$

$$= \frac{2}{\tau^\alpha \Gamma(3-\alpha)} \Big[0.5^{2-\alpha} + 1.5^{2-\alpha} - 1^{2-\alpha} + 2.5^{2-\alpha} - 2^{2-\alpha} + \cdots$$

$$+ (n-1.5)^{2-\alpha} - (n-2)^{2-\alpha} + (n-0.5)^{2-\alpha} - (n-1)^{2-\alpha} \Big]$$

$$= \frac{2}{\tau^\alpha \Gamma(3-\alpha)} \Big\{ \left(0.5^{2-\alpha} - 1^{2-\alpha} \right) + \left(1.5^{2-\alpha} - 2^{2-\alpha} \right) + \cdots$$

$$+ \left[(n-1.5)^{2-\alpha} - (n-1)^{2-\alpha} \right] - (n-2)^{2-\alpha} + (n-0.5)^{2-\alpha} \Big\}$$

$$\leqslant \frac{2(n-0.5)^{2-\alpha}}{\tau^\alpha \Gamma(3-\alpha)}, \tag{2.3.34}$$

$$a_0^{(n)} > a_1^{(n)} > a_2^{(n)} > \cdots > a_{n-2}^{(n)} > a_{n-1}^{(n)}, \tag{2.3.35}$$

$$a_{n-1}^{(n)} = \frac{2}{\tau^2 \Gamma(2-\alpha)} \int_0^{0.5\tau} [(n-0.5)\tau - s]^{1-\alpha} \, \mathrm{d}s$$

$$\geqslant \frac{2}{\tau^2 \Gamma(2-\alpha)} \int_0^{0.5\tau} [(n-0.5)\tau]^{1-\alpha} \, \mathrm{d}s$$

$$= \frac{1}{\tau^\alpha \Gamma(2-\alpha)} (n-0.5)^{1-\alpha}. \tag{2.3.36}$$

将 (2.3.34)—(2.3.36) 代入 (2.3.33), 得到

$$\|\nabla U^n\|_{0,\Omega}^2 \leqslant \|\nabla U^0\|_{0,\Omega}^2 + \frac{2\nu}{\Gamma(3-\alpha)} [(n-0.5)\tau]^{2-\alpha} \|\phi_1\|_{0,\Omega}^2$$

$$+ \nu^{-1} \Gamma(2-\alpha) \tau [(n-0.5)\tau]^{\alpha-1} \sum_{k=1}^{n} \|f^{k-0.5}\|_{0,\Omega}^2$$

$$\leqslant \|\nabla U^0\|_{0,\Omega}^2 + \frac{2\nu}{\Gamma(3-\alpha)} T^{2-\alpha} \|\phi_1\|_{0,\Omega}^2$$

$$+ \nu^{-1} \Gamma(2-\alpha) \frac{T^\alpha}{n} \sum_{k=1}^{n} \|f^{k-0.5}\|_{0,\Omega}^2, \quad n = 2, 3, \cdots. \tag{2.3.37}$$

最终, 由 (2.3.25) 和 (2.3.37) 可知 (2.3.21) 在 H^1 半范数中无条件稳定.   证毕.

2.3.2 扩散波方程的快速时间半离散格式

从 (2.3.13) 中可以发现, H2N2 公式计算分数阶导数 $\partial^\alpha u(\boldsymbol{x}, t)/\partial t^\alpha$ 在 $t = (n-0.5)\tau$ 的值时, 需要前面所有时间步的值 $\{u^{n-k}\}_{k=0}^{n-1}$, 这将增大计算量和存储

量. 为了降低 2.3.1 节扩散波方程时间半离散格式的计算量和存储量, 本节给出 $n = 2, 3, \cdots$ 时扩散波方程 (2.3.1) 的快速时间半离散格式, 并分析相应的稳定性.

根据指数和逼近 (sum-of-exponentials approximation) 理论 [45], 对任意 $\varepsilon > 0$, 存在正整数 $N_{\exp}$、正数 ω_l 和 s_l, 其中 $l = 1, 2, \cdots, N_{\exp}$, 使得

$$\left| \frac{1}{t^{\alpha-1}} - \sum_{l=1}^{N_{\exp}} \omega_l e^{-s_l t} \right| \leqslant \varepsilon, \quad \forall t \geqslant 0.5\tau. \tag{2.3.38}$$

在实际应用中, 可取 $\varepsilon = 10^{-12}$. 指数函数的项数 $N_{\exp}$ 可估计如下:

$$N_{\exp} = \mathcal{O}\left(\ln \frac{1}{\varepsilon} \left(\ln \ln \frac{1}{\varepsilon} + \ln \frac{T}{\tau} \right) + \ln \frac{1}{\tau} \left(\ln \ln \frac{1}{\varepsilon} + \ln \frac{1}{\tau} \right) \right). \tag{2.3.39}$$

(2.3.38) 中的 $N_{\exp}, \omega_l$ 和 s_l 依赖于 $\varepsilon, \alpha, \tau$ 和 T, 它们的详细计算公式可见文献 [45], 相应的程序可见文献 [28].

将 (2.3.12) 中的 $1/[(n-0.5)\tau - s]^{\alpha-1}$ 替换为 $\sum_{l=1}^{N_{\exp}} \omega_l e^{-s_l[(n-0.5)\tau-s]}$, 则

$$
\begin{aligned}
\frac{\partial u^\alpha(\boldsymbol{x},t)}{\partial t^\alpha}\bigg|_{t=(n-0.5)\tau} \approx{}& \frac{1}{\Gamma(2-\alpha)} \Bigg[\int_0^{0.5\tau} \frac{\partial^2 H_{20}(\boldsymbol{x},s)}{\partial s^2} \sum_{l=1}^{N_{\exp}} \omega_l e^{-s_l[(n-0.5)\tau-s]} \mathrm{d}s \\
&+ \sum_{k=1}^{n-2} \int_{(k-0.5)\tau}^{(k+0.5)\tau} \frac{\partial^2 N_{2k}(\boldsymbol{x},s)}{\partial s^2} \sum_{l=1}^{N_{\exp}} \omega_l e^{-s_l[(n-0.5)\tau-s]} \mathrm{d}s \\
&+ \int_{(n-1.5)\tau}^{(n-0.5)\tau} \frac{\partial^2 N_{2(n-1)}(\boldsymbol{x},s)}{\partial s^2} \frac{\mathrm{d}s}{[(n-0.5)\tau-s]^{\alpha-1}} \Bigg].
\end{aligned}
\tag{2.3.40}
$$

通过计算 (2.3.40) 中的定积分, 当 $u(\cdot,t) \in C^3([0,n\tau])$ 时可得分数阶导数 $\partial^\alpha u(\boldsymbol{x},t)/\partial t^\alpha$ 在 $t = (n-0.5)\tau$ 时的快速 H2N2 公式 [44],

$$
\begin{aligned}
\frac{\partial^\alpha u(\boldsymbol{x},t)}{\partial t^\alpha}\bigg|_{t=(n-0.5)\tau} ={}& \frac{1}{\Gamma(2-\alpha)} \left\{ \sum_{l=1}^{N_{\exp}} \omega_l F_l^n(\boldsymbol{x}) + \frac{1}{\tau^\alpha(2-\alpha)} \left[u^n(\boldsymbol{x}) - 2u^{n-1}(\boldsymbol{x}) + u^{n-2}(\boldsymbol{x}) \right] \right\} \\
&+ \mathcal{O}(\tau^{3-\alpha} + \varepsilon),
\end{aligned}
\tag{2.3.41}
$$

其中 $F_l^n(\boldsymbol{x})$ 满足如下递推关系:

$$
F_l^n = \begin{cases} 2\left(e^{-s_l\tau} - e^{-1.5s_l\tau}\right)\left(u^1 - \phi_0 - \tau\phi_1\right)/(s_l\tau^2), & n=2, \\ e^{-s_l\tau}F_l^{n-1} + \left(e^{-s_l\tau} - e^{-2s_l\tau}\right)\left(u^{n-1} - 2u^{n-2} + u^{n-3}\right)/(s_l\tau^2), & n=3,4,\cdots. \end{cases}
\tag{2.3.42}
$$

对于给定的 τ 和 ε, (2.3.39) 表明, 当 $T \gg 1$ 时, $N_{\exp} = \mathcal{O}\left(\ln N_T\right)$, 而当 $T \approx 1$ 时, $N_{\exp} = \mathcal{O}\left(\ln^2 N_T\right)$, 其中 $N_T = T/\tau$ 表示整个迭代步数. 因此, $N_{\exp}$ 通常比 N_T 小很多. 因为 (2.3.13) 中的直接离散需要先前所有时间步上的解, 所以直接离散的计算成本约为 $\mathcal{O}\left(N_T^2\right)$, 而 (2.3.41) 中的快速离散大约需要 $N_{\exp}$ 个时间步上的解, 从而快速离散的计算成本约为 $\mathcal{O}\left(N_T N_{\exp}\right)$. 因此, 本节的快速离散可以有效降低 2.3.1 节直接离散的计算复杂度.

将 (2.3.41) 代入 (2.3.15) 得到

$$-\Delta u^n\left(\boldsymbol{x}\right) + 2\nu a_0^{(n)} u^n\left(\boldsymbol{x}\right)$$
$$= \Delta u^{n-1}\left(\boldsymbol{x}\right) + 2\nu a_0^{(n)}\left[2u^{n-1}\left(\boldsymbol{x}\right) - u^{n-2}\left(\boldsymbol{x}\right)\right]$$
$$- \frac{2\nu}{\Gamma\left(2-\alpha\right)}\sum_{l=1}^{N_{\exp}}\omega_l F_l^n\left(\boldsymbol{x}\right) + 2f^{n-0.5}\left(\boldsymbol{x}\right) + \mathcal{O}\left(\tau^{3-\alpha} + \varepsilon\right), \quad \boldsymbol{x} \in \Omega. \quad (2.3.43)$$

最终, 将 (2.3.16) 和 (2.3.43) 结合在一起, 时间分数阶扩散波方程 (2.3.1) 的快速时间半离散格式为

$$-\Delta u^n\left(\boldsymbol{x}\right) + 2\nu a_0^{(n)} u^n\left(\boldsymbol{x}\right) = \tilde{b}^n\left(\boldsymbol{x}\right) + 2f^{n-0.5}\left(\boldsymbol{x}\right) + R^n, \quad \boldsymbol{x} \in \Omega, \quad n = 1, 2, \cdots,$$
$$(2.3.44)$$

其中

$$R^1 = \mathcal{O}\left(\tau^{3-\alpha}\right), \quad R^n = \mathcal{O}\left(\tau^{3-\alpha} + \varepsilon\right), \quad n = 2, 3, \cdots,$$

$$\tilde{b}^n = \begin{cases} \Delta\phi_0 + 2\nu a_0^{(n)}\left(\phi_0 + \tau\phi_1\right), & n = 1, \\ \Delta u^{n-1} + 2\nu a_0^{(n)}\left(2u^{n-1} - u^{n-2}\right) - \dfrac{2\nu}{\Gamma\left(2-\alpha\right)}\displaystyle\sum_{l=1}^{N_{\exp}}\omega_l F_l^n, & n = 2, 3, \cdots. \end{cases}$$
$$(2.3.45)$$

在 (2.3.44) 中略去 R^n, 则时间分数阶扩散波方程 (2.3.1) 在时间方向上可快速近似为

$$-\Delta\tilde{U}^n + 2\nu a_0^{(n)}\tilde{U}^n = \begin{cases} \Delta\phi_0 + 2\nu a_0^{(n)}\left(\phi_0 + \tau\phi_1\right) + 2f^{0.5}, & n = 1, \\ \Delta\tilde{U}^{n-1} + 2\nu a_0^{(n)}\left(2\tilde{U}^{n-1} - \tilde{U}^{n-2}\right) & \\ - \dfrac{2\nu}{\Gamma\left(2-\alpha\right)}\displaystyle\sum_{l=1}^{N_{\exp}}\omega_l \tilde{F}_l^n + 2f^{n-0.5}, & n = 2, 3, \cdots, \end{cases}$$
$$(2.3.46)$$

其中 $\tilde{U}^n$ 是 u^n 的近似, 由 (2.3.2) 有 $\tilde{U}^0 = u^0 = \phi_0$, 而由 (2.3.42) 有

$$\tilde{F}_l^n = \begin{cases} 2\left(e^{-s_l\tau} - e^{-1.5s_l\tau}\right)\left(\tilde{U}^1 - \phi_0 - \tau\phi_1\right)/\left(s_l\tau^2\right), & n = 2, \\ e^{-s_l\tau}\tilde{F}_l^{n-1} + \left(e^{-s_l\tau} - e^{-2s_l\tau}\right) & \\ \times\left(\tilde{U}^{n-1} - 2\tilde{U}^{n-2} + \tilde{U}^{n-3}\right)/\left(s_l\tau^2\right), & n = 3, 4, \cdots. \end{cases}$$

下面讨论时间半离散格式 (2.3.46) 的稳定性.

定理 2.3.2　如果 $\tilde{U}^n \in H_0^1(\Omega)$ 且 $\varepsilon < \min\{1/(2T^{\alpha-1}), (3-2\times 1.5^{2-\alpha})/[\tau^{\alpha-1}(2-\alpha)]\}$, 则时间半离散格式 (2.3.46) 在 H^1 半范数中无条件稳定.

证明　当 $n=1$ 时, 类似 (2.3.25), 可证

$$\left\|\nabla \tilde{U}^1\right\|_{0,\Omega}^2 \leqslant \left\|\nabla \tilde{U}^0\right\|_{0,\Omega}^2 + \frac{\nu \tau^{2-\alpha}}{\Gamma(3-\alpha)}\left\|\phi_1\right\|_{0,\Omega}^2 + \nu^{-1}\tau^\alpha \Gamma(3-\alpha)\left\|f^{0.5}\right\|_{0,\Omega}^2. \quad (2.3.47)$$

当 $n=2,3,\cdots$ 时, 令

$$\tilde{a}_0^{(n)} = \frac{1}{\tau^2 \Gamma(2-\alpha)} \int_{(n-1.5)\tau}^{(n-0.5)\tau} \frac{\mathrm{d}s}{[(n-0.5)\tau-s]^{\alpha-1}} = \frac{1}{\tau^\alpha \Gamma(3-\alpha)} = a_0^{(n)}, \quad (2.3.48)$$

$$\tilde{a}_k^{(n)} = \frac{1}{\tau^2 \Gamma(2-\alpha)} \cdot \begin{cases} \displaystyle\int_{(n-k-1.5)\tau}^{(n-k-0.5)\tau} \sum_{l=1}^{N_{\exp}} \omega_l e^{-s_l[(n-0.5)\tau-s]}\mathrm{d}s, & k=1,2,\cdots,n-2, \\[3mm] \displaystyle 2\int_0^{0.5\tau} \sum_{l=1}^{N_{\exp}} \omega_l e^{-s_l[(n-0.5)\tau-s]}\mathrm{d}s, & k=n-1, \end{cases}$$
$$(2.3.49)$$

则易知

$$\tilde{a}_1^{(n)} > \tilde{a}_2^{(n)} > \cdots > \tilde{a}_{n-2}^{(n)} > \tilde{a}_{n-1}^{(n)}. \quad (2.3.50)$$

因为

$$\tilde{a}_0^{(n)} - \tilde{a}_1^{(n)} = a_0^{(n)} - \tilde{a}_1^{(n)} = \left(a_0^{(n)} - a_1^{(n)}\right) + \left(a_1^{(n)} - \tilde{a}_1^{(n)}\right)$$
$$\geqslant \left(a_0^{(n)} - a_1^{(n)}\right) - \left|a_1^{(n)} - \tilde{a}_1^{(n)}\right|, \quad (2.3.51)$$

而由 (2.3.14) 可得

$$a_0^{(n)} - a_1^{(n)} = \frac{1}{\tau^\alpha \Gamma(3-\alpha)} - \frac{1}{\tau^\alpha \Gamma(3-\alpha)} \cdot \begin{cases} 2^{2-\alpha}-1, & n=3,4,\cdots, \\ 2(1.5^{2-\alpha}-1), & n=2 \end{cases}$$
$$= \frac{1}{\tau^\alpha \Gamma(3-\alpha)} \cdot \begin{cases} 2-2^{2-\alpha}, & n=3,4,\cdots, \\ 3-2\times 1.5^{2-\alpha}, & n=2 \end{cases}$$
$$\geqslant \frac{3-2\times 1.5^{2-\alpha}}{\tau^\alpha \Gamma(3-\alpha)}, \quad (2.3.52)$$

$$a_1^{(n)} - \tilde{a}_1^{(n)} = \frac{1}{\tau^2 \Gamma(2-\alpha)}$$

$$
\cdot
\begin{cases}
\displaystyle\int_{(n-2.5)\tau}^{(n-1.5)\tau} \left\{ [(n-0.5)\,\tau-s]^{1-\alpha} - \sum_{l=1}^{N_{\exp}} \omega_l e^{-s_l[(n-0.5)\tau-s]} \right\}\,\mathrm{d}s, \quad n=3,4,\cdots, \\[4mm]
\displaystyle 2\int_{0}^{0.5\tau} \left\{ (1.5\tau-s)^{1-\alpha} - \sum_{l=1}^{N_{\exp}} \omega_l e^{-s_l(1.5\tau-s)} \right\}\,\mathrm{d}s, \qquad\qquad n=2,
\end{cases}
$$

再由 (2.3.38) 可得

$$
\left| a_1^{(n)} - \tilde{a}_1^{(n)} \right| \leqslant \frac{1}{\tau^2\Gamma\left(2-\alpha\right)} \cdot
\begin{cases}
\displaystyle\int_{(n-2.5)\tau}^{(n-1.5)\tau} \varepsilon\,\mathrm{d}s = \varepsilon\tau, \quad n=3,4,\cdots, \\[4mm]
\displaystyle 2\int_{0}^{0.5\tau} \varepsilon\,\mathrm{d}s = \varepsilon\tau, \qquad n=2
\end{cases}
$$

$$
= \frac{\varepsilon}{\tau\Gamma\left(2-\alpha\right)}, \tag{2.3.53}
$$

所以利用 $\varepsilon < \left(3 - 2\times 1.5^{2-\alpha}\right)/\left[\tau^{\alpha-1}\left(2-\alpha\right)\right]$，将 (2.3.52) 和 (2.3.53) 代入 (2.3.51) 得到

$$
\tilde{a}_0^{(n)} - \tilde{a}_1^{(n)} \geqslant \frac{3 - 2\times 1.5^{2-\alpha}}{\tau^\alpha\Gamma\left(3-\alpha\right)} - \frac{\varepsilon}{\tau\Gamma\left(2-\alpha\right)} > 0. \tag{2.3.54}
$$

结合 (2.3.50) 和 (2.3.54)，有

$$
\tilde{a}_0^{(n)} > \tilde{a}_1^{(n)} > \tilde{a}_2^{(n)} > \cdots > \tilde{a}_{n-2}^{(n)} > \tilde{a}_{n-1}^{(n)}. \tag{2.3.55}
$$

将 (2.3.48) 和 (2.3.49) 代入 (2.3.40)，则 (2.3.41) 等价于

$$
\left.\frac{\partial u^\alpha\left(\boldsymbol{x},t\right)}{\partial t^\alpha}\right|_{t=(n-0.5)\tau} = \tilde{a}_0^{(n)}\left[u^n\left(\boldsymbol{x}\right) - u^{n-1}\left(\boldsymbol{x}\right)\right]
$$

$$
- \sum_{k=1}^{n-1}\left(\tilde{a}_{n-k-1}^{(n)} - \tilde{a}_{n-k}^{(n)}\right)\left[u^k\left(\boldsymbol{x}\right) - u^{k-1}\left(\boldsymbol{x}\right)\right]
$$

$$
- \tilde{a}_{n-1}^{(n)}\tau\phi_1\left(\boldsymbol{x}\right) + \mathcal{O}\left(\tau^{3-\alpha} + \varepsilon\right), \quad n=2,3,\cdots. \tag{2.3.56}
$$

类似地, (2.3.46) 等价于

$$
- \Delta\tilde{U}^n + 2\nu\tilde{a}_0^{(n)}\tilde{U}^n
$$

$$
=
\begin{cases}
\Delta\phi_0 + 2\nu\tilde{a}_0^{(n)}\left(\phi_0 + \tau\phi_1\right) + 2f^{0.5}, \quad n=1, \\[2mm]
\Delta\tilde{U}^{n-1} + 2\nu\tilde{a}_0^{(n)}\tilde{U}^{n-1} + 2\nu\displaystyle\sum_{k=1}^{n-1}\left(\tilde{a}_{n-k-1}^{(n)} - \tilde{a}_{n-k}^{(n)}\right)\left(\tilde{U}^k - \tilde{U}^{k-1}\right) \\[2mm]
+ 2\nu\tilde{a}_{n-1}^{(n)}\tau\phi_1 + 2f^{n-0.5}, \quad n=2,3,\cdots.
\end{cases}
\tag{2.3.57}
$$

该式与 (2.3.21) 结构完全一样. 因此, 类似 (2.3.33), 可证

$$\left\| \nabla \tilde{U}^n \right\|_{0,\Omega}^2 \leqslant \left\| \nabla \tilde{U}^0 \right\|_{0,\Omega}^2 + \nu \tau^2 \sum_{k=1}^n \tilde{a}_{k-1}^{(k)} \left\| \phi_1 \right\|_{0,\Omega}^2$$

$$+ \sum_{k=1}^n \frac{1}{\nu \tilde{a}_{n-k}^{(n)}} \left\| f^{k-0.5} \right\|_{0,\Omega}^2, \quad n = 2, 3, \cdots . \tag{2.3.58}$$

利用 (2.3.14), (2.3.38) 和 (2.3.49), 可得

$$\left| a_{k-1}^{(k)} - \tilde{a}_{k-1}^{(k)} \right| = \frac{2}{\tau^2 \Gamma(2-\alpha)}$$

$$\times \left| \int_0^{0.5\tau} \left\{ \left[(k-0.5)\tau - s \right]^{1-\alpha} - \sum_{l=1}^{N_{\exp}} \omega_l e^{-s_l \left[(k-0.5)\tau - s \right]} \right\} \mathrm{d}s \right|$$

$$\leqslant \frac{2}{\tau^2 \Gamma(2-\alpha)} \int_0^{0.5\tau} \left| \left[(k-0.5)\tau - s \right]^{1-\alpha} - \sum_{l=1}^{N_{\exp}} \omega_l e^{-s_l \left[(k-0.5)\tau - s \right]} \right| \mathrm{d}s$$

$$\leqslant \frac{2}{\tau^2 \Gamma(2-\alpha)} \int_0^{0.5\tau} \varepsilon \, \mathrm{d}s$$

$$= \frac{\varepsilon}{\tau \Gamma(2-\alpha)}, \quad k = 2, 3, \cdots, n.$$

再注意到 (2.3.48), 于是有

$$\left| \sum_{k=1}^n \left(a_{k-1}^{(k)} - \tilde{a}_{k-1}^{(k)} \right) \right| = \left| \sum_{k=2}^n \left(a_{k-1}^{(k)} - \tilde{a}_{k-1}^{(k)} \right) \right| \leqslant \sum_{k=2}^n \left| a_{k-1}^{(k)} - \tilde{a}_{k-1}^{(k)} \right| \leqslant \frac{(n-1)\varepsilon}{\tau \Gamma(2-\alpha)}.$$

因为当 $n \geqslant 2$ 时, 有 $\varepsilon < \dfrac{1}{2T^{\alpha-1}} < \dfrac{1}{2\left[(n-0.5)\tau\right]^{\alpha-1}}$, 所以利用 (2.3.34) 和 (2.3.36) 可得

$$\sum_{k=1}^n \tilde{a}_{k-1}^{(k)} \leqslant \sum_{k=1}^n a_{k-1}^{(k)} + \left| \sum_{k=1}^n \left(a_{k-1}^{(k)} - \tilde{a}_{k-1}^{(k)} \right) \right|$$

$$\leqslant \frac{2(n-0.5)^{2-\alpha}}{\tau^\alpha \Gamma(3-\alpha)} + \frac{(n-1)\varepsilon}{\tau \Gamma(2-\alpha)}$$

$$\leqslant \frac{2(n-0.5)^{2-\alpha}}{\tau^\alpha \Gamma(3-\alpha)} + \frac{(n-1)(n-0.5)^{1-\alpha}\tau^{1-\alpha}}{2\tau \Gamma(2-\alpha)}$$

$$\leqslant \frac{3(n-0.5)^{2-\alpha}}{\tau^\alpha \Gamma(3-\alpha)}, \tag{2.3.59}$$

$$\tilde{a}_0^{(n)} > \tilde{a}_1^{(n)} > \cdots > \tilde{a}_{n-1}^{(n)} = a_{n-1}^{(n)} - \left(a_{n-1}^{(n)} - \tilde{a}_{n-1}^{(n)} \right)$$

$$\geqslant \frac{1}{\tau^\alpha \Gamma(2-\alpha)}(n-0.5)^{1-\alpha} - \frac{\varepsilon}{\tau\Gamma(2-\alpha)}$$

$$\geqslant \frac{(n-0.5)^{1-\alpha}}{2\tau^\alpha \Gamma(2-\alpha)}. \tag{2.3.60}$$

将 (2.3.59) 和 (2.3.60) 代入 (2.3.58), 得到

$$\left\|\nabla \tilde{U}^n\right\|_{0,\Omega}^2 \leqslant \left\|\nabla \tilde{U}^0\right\|_{0,\Omega}^2 + \frac{3\nu}{\Gamma(3-\alpha)}[(n-0.5)\tau]^{2-\alpha}\left\|\phi_1\right\|_{0,\Omega}^2$$

$$+ 2\nu^{-1}\Gamma(2-\alpha)\tau[(n-0.5)\tau]^{\alpha-1}\sum_{k=1}^n \left\|f^{k-0.5}\right\|_{0,\Omega}^2$$

$$\leqslant \left\|\nabla \tilde{U}^0\right\|_{0,\Omega}^2 + \frac{3\nu}{\Gamma(3-\alpha)}T^{2-\alpha}\left\|\phi_1\right\|_{0,\Omega}^2$$

$$+ 2\nu^{-1}\Gamma(2-\alpha)\frac{T^\alpha}{n}\sum_{k=1}^n \left\|f^{k-0.5}\right\|_{0,\Omega}^2, \quad n = 2, 3, \cdots. \tag{2.3.61}$$

最终, 由 (2.3.47) 和 (2.3.61) 可知 (2.3.46) 在 H^1 半范数中无条件稳定. 证毕.

2.3.3 慢扩散方程的时间半离散格式

时间分数阶慢扩散方程是一个典型的分数阶微分方程, 可以通过将整数阶扩散方程中的一阶时间导数用 $\alpha \in (0,1)$ 阶分数导数代替来获得, 已被广泛用于描述物理和化学等领域中的慢扩散现象和过程. 本节将针对时间分数阶慢扩散方程的初边值问题, 通过使用 L2-1_σ 公式[46] 离散 $\alpha \in (0,1)$ 阶的 Caputo 分数阶导数, 建立二阶收敛的时间半离散格式, 将时间分数阶慢扩散方程的初边值问题转化为整数阶椭圆边值问题, 并理论分析该格式的稳定性.

考虑如下时间分数阶慢扩散方程:

$$_0^C D_t^\alpha u(\boldsymbol{x}, t) = \kappa \Delta u(\boldsymbol{x}, t) + f(\boldsymbol{x}, t), \quad \boldsymbol{x} \in \Omega, \quad t \in (0, T], \tag{2.3.62}$$

初始条件为

$$u(\boldsymbol{x}, 0) = \psi(\boldsymbol{x}), \quad \boldsymbol{x} \in \Omega, \tag{2.3.63}$$

边界条件为

$$u(\boldsymbol{x}, t) = \varphi(\boldsymbol{x}, t), \quad \boldsymbol{x} \in \partial\Omega, \quad t \in (0, T], \tag{2.3.64}$$

其中 $u(\boldsymbol{x}, t)$ 是未知函数, $\kappa > 0$ 是已知扩散系数, Δ 是 Laplace 算子, $f(\boldsymbol{x}, t)$, $\psi(\boldsymbol{x})$ 和 $\varphi(\boldsymbol{x}, t)$ 都是已知函数, T 是计算终止时刻, Ω 是 n 维空间 $\mathbb{R}^n$ 中的有界连通区域, 其边界为 $\partial\Omega$. 另外, $_0^C D_t^\alpha u(\boldsymbol{x}, t)$ 表示函数 $u(\boldsymbol{x}, t)$ 关于时间变量 t 的 α 阶 Caputo 分数阶导数, 即

$$_0^C D_t^\alpha u(\boldsymbol{x}, t) = \frac{1}{\Gamma(1-\alpha)}\int_0^t \frac{\partial u(\boldsymbol{x}, s)}{\partial s}\frac{\mathrm{d}s}{(t-s)^\alpha}, \quad \alpha \in (0, 1), \tag{2.3.65}$$

其中 $\Gamma(\cdot)$ 是 Gamma 函数.

为了建立时间分数阶慢扩散方程 (2.3.62) 的时间半离散格式, 令 $\tau > 0$ 为时间步长,

$$\sigma = 1 - \frac{\alpha}{2},$$

$$t_n = n\tau, \quad u^n(\boldsymbol{x}) = u(\boldsymbol{x}, t_n), \quad n = 0, 1, 2, \cdots, T/\tau,$$

$$t_{n-1+\sigma} = (n - 1 + \sigma)\tau, \quad u^{n-1+\sigma}(\boldsymbol{x}) = u(\boldsymbol{x}, t_{n-1+\sigma}), \quad n = 1, 2, \cdots, T/\tau.$$

在点 $(\boldsymbol{x}, t_{n-1+\sigma})$ 处考虑 (2.3.62), 可得

$$
\begin{aligned}
&{}_0^C D_t^\alpha u^{n-1+\sigma}(\boldsymbol{x}) = \kappa \Delta u^{n-1+\sigma}(\boldsymbol{x}) + f^{n-1+\sigma}(\boldsymbol{x}), \\
&\boldsymbol{x} \in \Omega, \quad n = 1, 2, \cdots, T/\tau,
\end{aligned}
\tag{2.3.66}
$$

其中 $f^{n-1+\sigma}(\boldsymbol{x}) = f(\boldsymbol{x}, t_{n-1+\sigma})$.

注意到 (2.3.65), 当 $t = t_{n-1+\sigma}$ 时, 可将分数阶导数 ${}_0^C D_t^\alpha u(\boldsymbol{x}, t)$ 表示为

$$
\begin{aligned}
{}_0^C D_t^\alpha u^{n-1+\sigma}(\boldsymbol{x}) &= \frac{1}{\Gamma(1-\alpha)} \int_0^{t_{n-1+\sigma}} \frac{\partial u(\boldsymbol{x}, s)}{\partial s} \frac{\mathrm{d}s}{(t_{n-1+\sigma} - s)^\alpha} \\
&= \frac{1}{\Gamma(1-\alpha)} \left[\sum_{k=1}^{n-1} \int_{t_{k-1}}^{t_k} \frac{\partial u(\boldsymbol{x}, s)}{\partial s} \frac{\mathrm{d}s}{(t_{n-1+\sigma} - s)^\alpha} \right. \\
&\quad \left. + \int_{t_{n-1}}^{t_{n-1+\sigma}} \frac{\partial u(\boldsymbol{x}, s)}{\partial s} \frac{\mathrm{d}s}{(t_{n-1+\sigma} - s)^\alpha} \right],
\end{aligned}
$$

其中 $n = 1, 2, \cdots, T/\tau$. 设 $L_{2k}(\boldsymbol{x}, s)$ 是 $u(\boldsymbol{x}, s)$ 在区间 $[t_{k-1}, t_{k+1}]$ 上基于节点 $(t_{k-1}, u(\boldsymbol{x}, t_{k-1}))$, $(t_k, u(\boldsymbol{x}, t_k))$ 和 $(t_{k+1}, u(\boldsymbol{x}, t_{k+1}))$ 的二次 Lagrange 插值多项式, $L_{1n}(\boldsymbol{x}, s)$ 是 $u(\boldsymbol{x}, s)$ 在区间 $[t_{n-1}, t_n]$ 上基于节点 $(t_{n-1}, u(\boldsymbol{x}, t_{n-1}))$ 和 $(t_n, u(\boldsymbol{x}, t_n))$ 的线性 Lagrange 插值多项式, 则

$$\frac{\partial u(\boldsymbol{x}, s)}{\partial s} \approx \frac{\partial L_{2k}(\boldsymbol{x}, s)}{\partial s}, \quad s \in [t_{k-1}, t_k] \subset [t_{k-1}, t_{k+1}],$$

$$\frac{\partial u(\boldsymbol{x}, s)}{\partial s} \approx \frac{\partial L_{1n}(\boldsymbol{x}, s)}{\partial s}, \quad s \in [t_{n-1}, t_{n-1+\sigma}] \subset [t_{n-1}, t_n],$$

从而

$$
\begin{aligned}
{}_0^C D_t^\alpha u^{n-1+\sigma}(\boldsymbol{x}) &\approx \frac{1}{\Gamma(1-\alpha)} \left[\sum_{k=1}^{n-1} \int_{t_{k-1}}^{t_k} \frac{\partial L_{2k}(\boldsymbol{x}, s)}{\partial s} \frac{\mathrm{d}s}{(t_{n-1+\sigma} - s)^\alpha} \right. \\
&\quad \left. + \int_{t_{n-1}}^{t_{n-1+\sigma}} \frac{\partial L_{1n}(\boldsymbol{x}, s)}{\partial s} \frac{\mathrm{d}s}{(t_{n-1+\sigma} - s)^\alpha} \right].
\end{aligned}
$$

通过计算上式中的定积分, 当 $u(\cdot, t) \in C^3([0, n\tau])$ 时可得分数阶导数 ${}_0^C D_t^\alpha u(\boldsymbol{x}, t)$ 的 L2-1_σ 公式 [46],

$$
{}_0^C D_t^\alpha u^{n-1+\sigma}(\boldsymbol{x}) = \frac{\tau^{-\alpha}}{\Gamma(2-\alpha)} \sum_{k=0}^{n-1} c_k^{(n,\alpha)} \left[u^{n-k}(\boldsymbol{x}) - u^{n-k-1}(\boldsymbol{x}) \right] + \mathcal{O}\left(\tau^{3-\alpha}\right), \quad (2.3.67)
$$

其中 $n = 1, 2, \cdots, T/\tau$. 当 $n = 1$ 时,

$$
c_0^{(n,\alpha)} = \sigma^{1-\alpha}. \quad (2.3.68)
$$

当 $n \geqslant 2$ 时,

$$
c_0^{(n,\alpha)} = \frac{1}{2-\alpha} \left[(\sigma+1)^{2-\alpha} - \sigma^{2-\alpha} \right] - \frac{1}{2} \left[(\sigma+1)^{1-\alpha} - \sigma^{1-\alpha} \right], \quad (2.3.69)
$$

$$
\begin{aligned}
c_k^{(n,\alpha)} = {}& \frac{1}{2-\alpha} \left[(\sigma+k+1)^{2-\alpha} - 2(\sigma+k)^{2-\alpha} + (\sigma+k-1)^{2-\alpha} \right] \\
& - \frac{1}{2} \left[(\sigma+k+1)^{1-\alpha} - 2(\sigma+k)^{1-\alpha} \right. \\
& \left. + (\sigma+k-1)^{1-\alpha} \right], \quad 1 \leqslant k \leqslant n-2,
\end{aligned} \quad (2.3.70)
$$

$$
\begin{aligned}
c_{n-1}^{(n,\alpha)} = {}& \frac{1}{2} \left[3(n-1+\sigma)^{1-\alpha} - (n-2+\sigma)^{1-\alpha} \right] \\
& - \frac{1}{2-\alpha} \left[(n-1+\sigma)^{2-\alpha} - (n-2+\sigma)^{2-\alpha} \right].
\end{aligned} \quad (2.3.71)
$$

另外, 利用 Taylor 公式, 有

$$
\Delta u^n(\boldsymbol{x}) = \Delta u^{n-1+\sigma}(\boldsymbol{x}) + (1-\sigma)\tau \left. \frac{\partial \Delta u(\boldsymbol{x}, t)}{\partial t} \right|_{t=(n-1+\sigma)\tau} + \mathcal{O}\left(\tau^2\right),
$$

$$
\Delta u^{n-1}(\boldsymbol{x}) = \Delta u^{n-1+\sigma}(\boldsymbol{x}) - \sigma\tau \left. \frac{\partial \Delta u(\boldsymbol{x}, t)}{\partial t} \right|_{t=(n-1+\sigma)\tau} + \mathcal{O}\left(\tau^2\right),
$$

从而

$$
\Delta u^{n-1+\sigma}(\boldsymbol{x}) = (1-\sigma)\Delta u^{n-1}(\boldsymbol{x}) + \sigma \Delta u^n(\boldsymbol{x}) + \mathcal{O}\left(\tau^2\right). \quad (2.3.72)
$$

将 (2.3.67) 和 (2.3.72) 代入 (2.3.66), 可得

$$
-\Delta u^n(\boldsymbol{x}) + a_n u^n(\boldsymbol{x}) = b_n(\boldsymbol{x}) + R^n, \quad \boldsymbol{x} \in \Omega, \quad n = 1, 2, \cdots, T/\tau, \quad (2.3.73)
$$

其中

$$
a_n = \frac{1}{\kappa\sigma} \frac{\tau^{-\alpha}}{\Gamma(2-\alpha)} c_0^{(n,\alpha)},
$$

$$b_n(\boldsymbol{x}) = \frac{1-\sigma}{\sigma}\Delta u^{n-1}(\boldsymbol{x}) + a_n u^{n-1}(\boldsymbol{x})$$
$$- \sum_{k=1}^{n-1} a_{nk}\left[u^{n-k}(\boldsymbol{x}) - u^{n-k-1}(\boldsymbol{x})\right] + \frac{1}{\kappa\sigma}f^{n-1+\sigma}(\boldsymbol{x}),$$
$$R^n = \mathcal{O}\left(\tau^2\right),$$

这里 $u^0(\boldsymbol{x}) = \psi(\boldsymbol{x})$, $\sum_{k=1}^{0}(\cdot) = 0$, 以及

$$a_{nk} = \frac{1}{\kappa\sigma}\frac{\tau^{-\alpha}}{\Gamma(2-\alpha)}c_k^{(n,\alpha)}.$$

最终, 时间分数阶慢扩散系统 (2.3.62)—(2.3.64) 的时间半离散格式为

$$\begin{cases} -\Delta u^n(\boldsymbol{x}) + a_n u^n(\boldsymbol{x}) = b_n(\boldsymbol{x}) + R^n, & \boldsymbol{x} \in \Omega, \\ u^n(\boldsymbol{x}) = \varphi^n(\boldsymbol{x}) \triangleq \varphi(\boldsymbol{x}, t_n), & \boldsymbol{x} \in \partial\Omega, \end{cases} \quad n = 1, 2, \cdots, T/\tau.$$

在 (2.3.73) 中略去 R^n, 则时间分数阶慢扩散方程 (2.3.62) 在时间方向上可近似为

$$-\Delta U^n + a_n U^n = \frac{1-\sigma}{\sigma}\Delta U^{n-1} + a_n U^{n-1}$$
$$- \sum_{k=1}^{n-1} a_{nk}\left(U^{n-k} - U^{n-k-1}\right) + \frac{1}{\kappa\sigma}f^{n-1+\sigma}, \quad (2.3.74)$$

其中 U^n 是 u^n 的近似, $n = 1, 2, \cdots, T/\tau$, 且由 (2.3.63) 有 $U^0 = u^0 = \psi$.

下面讨论时间半离散格式 (2.3.74) 的稳定性, 为此需要如下引理 [46].

引理 2.3.1　(2.3.68)—(2.3.71) 中的 $c_k^{(n,\alpha)}$ 满足

$$c_0^{(n,\alpha)} > c_1^{(n,\alpha)} > c_2^{(n,\alpha)} > \cdots > c_{n-2}^{(n,\alpha)} > c_{n-1}^{(n,\alpha)} > (1-\alpha)n^{-\alpha}, \quad (2.3.75)$$

$$\sum_{k=0}^{n-1} c_k^{(n,\alpha)}\left(U^{n-k} - U^{n-k-1}, \sigma U^n + (1-\sigma)U^{n-1}\right)$$
$$\geqslant \frac{1}{2}\sum_{k=0}^{n-1} c_k^{(n,\alpha)}\left(\left\|U^{n-k}\right\|_{0,\Omega}^2 - \left\|U^{n-k-1}\right\|_{0,\Omega}^2\right). \quad (2.3.76)$$

定理 2.3.3　如果 $U^n \in H_0^1(\Omega) \triangleq \{v : v \in H^1(\Omega), v|_{\partial\Omega} = 0\}$, 则时间半离散格式 (2.3.74) 在 L^2 范数中无条件稳定.

证明　可将 (2.3.74) 等价地化为

$$\frac{\tau^{-\alpha}}{\Gamma\left(2-\alpha\right)}\sum_{k=0}^{n-1}c_k^{(n,\alpha)}\left(U^{n-k}-U^{n-k-1}\right)$$

$$= \kappa\left(\sigma\Delta U^n + (1-\sigma)\Delta U^{n-1}\right) + f^{n-1+\sigma}. \tag{2.3.77}$$

计算 (2.3.77) 关于 $\sigma U^n + (1-\sigma)U^{n-1}$ 的内积, 可得

$$\frac{\tau^{-\alpha}}{\Gamma\left(2-\alpha\right)}\sum_{k=0}^{n-1}c_k^{(n,\alpha)}\left(U^{n-k}-U^{n-k-1},\sigma U^n + (1-\sigma)U^{n-1}\right)$$

$$= \kappa\left(\sigma\Delta U^n + (1-\sigma)\Delta U^{n-1},\sigma U^n + (1-\sigma)U^{n-1}\right)$$

$$+ \left(f^{n-1+\sigma},\sigma U^n + (1-\sigma)U^{n-1}\right). \tag{2.3.78}$$

利用 Green 公式和 Friedrichs 不等式可知

$$\left(\sigma\Delta U^n + (1-\sigma)\Delta U^{n-1},\sigma U^n + (1-\sigma)U^{n-1}\right)$$

$$= -\left\|\sigma\nabla U^n + (1-\sigma)\nabla U^{n-1}\right\|_{0,\Omega}^2$$

$$\leqslant -C\left\|\sigma U^n + (1-\sigma)U^{n-1}\right\|_{0,\Omega}^2, \tag{2.3.79}$$

而利用 Cauchy-Schwarz 不等式和 Young 不等式可知

$$\left(f^{n-1+\sigma},\sigma U^n + (1-\sigma)U^{n-1}\right)$$

$$\leqslant \left\|\sigma U^n + (1-\sigma)U^{n-1}\right\|_{0,\Omega}\left\|f^{n-1+\sigma}\right\|_{0,\Omega}$$

$$\leqslant \kappa C\left\|\sigma U^n + (1-\sigma)U^{n-1}\right\|_{0,\Omega}^2 + \frac{1}{4\kappa C}\left\|f^{n-1+\sigma}\right\|_{0,\Omega}^2. \tag{2.3.80}$$

将 (2.3.76), (2.3.79) 和 (2.3.80) 代入 (2.3.78), 得到

$$\frac{\tau^{-\alpha}}{\Gamma\left(2-\alpha\right)}\sum_{k=0}^{n-1}c_k^{(n,\alpha)}\left(\left\|U^{n-k}\right\|_{0,\Omega}^2 - \left\|U^{n-k-1}\right\|_{0,\Omega}^2\right) \leqslant \frac{1}{2\kappa C}\left\|f^{n-1+\sigma}\right\|_{0,\Omega}^2, \tag{2.3.81}$$

即

$$c_0^{(n,\alpha)}\left\|U^n\right\|_{0,\Omega}^2 \leqslant \sum_{k=1}^{n-1}\left(c_{k-1}^{(n,\alpha)} - c_k^{(n,\alpha)}\right)\left\|U^{n-k}\right\|_{0,\Omega}^2$$

$$+ c_{n-1}^{(n,\alpha)}\left\|U^0\right\|_{0,\Omega}^2 + \frac{\tau^\alpha\Gamma\left(2-\alpha\right)}{2\kappa C}\left\|f^{n-1+\sigma}\right\|_{0,\Omega}^2. \tag{2.3.82}$$

由 (2.3.75), 有

$$\tau^\alpha\Gamma\left(2-\alpha\right) \leqslant \tau^\alpha\Gamma\left(2-\alpha\right)\frac{c_{n-1}^{(n,\alpha)}}{(1-\alpha)n^{-\alpha}} = c_{n-1}^{(n,\alpha)}t_n^\alpha\Gamma\left(1-\alpha\right), \tag{2.3.83}$$

从而

$$c_0^{(n,\alpha)} \|U^n\|_{0,\Omega}^2 \leqslant \sum_{k=1}^{n-1} \left(c_{k-1}^{(n,\alpha)} - c_k^{(n,\alpha)} \right) \|U^{n-k}\|_{0,\Omega}^2$$

$$+ c_{n-1}^{(n,\alpha)} \left(\|U^0\|_{0,\Omega}^2 + \frac{1}{2\kappa C} t_n^\alpha \Gamma(1-\alpha) \|f^{n-1+\sigma}\|_{0,\Omega}^2 \right). \quad (2.3.84)$$

为了证明 (2.3.74) 在 $L^2(\Omega)$ 中无条件稳定, 下面验证

$$\|U^n\|_{0,\Omega}^2 \leqslant \|U^0\|_{0,\Omega}^2 + \frac{\Gamma(1-\alpha)}{2\kappa C} \max_{1 \leqslant j \leqslant n} \left\{ t_j^\alpha \|f^{j-1+\sigma}\|_{0,\Omega}^2 \right\}, \quad n = 1, 2, \cdots, T/\tau.$$
$$(2.3.85)$$

当 $n=1$ 时, 由 (2.3.84) 可得

$$C_0^{(1,\alpha)} \|U^1\|_{0,\Omega}^2 \leqslant C_0^{(1,\alpha)} \left(\|U^0\|_{0,\Omega}^2 + \frac{1}{2\kappa C} t_1^\alpha \Gamma(1-\alpha) \|f^\sigma\|_{0,\Omega}^2 \right), \quad (2.3.86)$$

因此 (2.3.85) 在 $n=1$ 时成立.

根据数学归纳法, 假定 (2.3.85) 在 $n = 1, 2, \cdots, i-1$ 时成立, 这里 $2 \leqslant i \leqslant T/\tau$, 则

$$\|U^{i-k}\|_{0,\Omega}^2 \leqslant \|U^0\|_{0,\Omega}^2 + \frac{\Gamma(1-\alpha)}{2\kappa C} \max_{1 \leqslant j \leqslant i-k} \left\{ t_j^\alpha \|f^{j-1+\sigma}\|_{0,\Omega}^2 \right\},$$

从而当 $n=i$ 时, 由 (2.3.84) 可得

$$c_0^{(i,\alpha)} \|U^i\|_{0,\Omega}^2$$

$$\leqslant \sum_{k=1}^{i-1} \left(c_{k-1}^{(i,\alpha)} - c_k^{(i,\alpha)} \right) \|U^{i-k}\|_{0,\Omega}^2 + c_{i-1}^{(i,\alpha)} \left(\|U^0\|_{0,\Omega}^2 + \frac{\Gamma(1-\alpha)}{2\kappa C} t_i^\alpha \|f^{i-1+\sigma}\|_{0,\Omega}^2 \right)$$

$$\leqslant \sum_{k=1}^{i-1} \left(c_{k-1}^{(i,\alpha)} - c_k^{(i,\alpha)} \right) \left(\|U^0\|_{0,\Omega}^2 + \frac{\Gamma(1-\alpha)}{2\kappa C} \max_{1 \leqslant j \leqslant i-k} \left\{ t_j^\alpha \|f^{j-1+\sigma}\|_{0,\Omega}^2 \right\} \right)$$

$$+ c_{i-1}^{(i,\alpha)} \left(\|U^0\|_{0,\Omega}^2 + \frac{\Gamma(1-\alpha)}{2\kappa C} t_i^\alpha \|f^{i-1+\sigma}\|_{0,\Omega}^2 \right)$$

$$\leqslant c_0^{(i,\alpha)} \|U^0\|_{0,\Omega}^2 + \sum_{k=1}^{i-1} \left(c_{k-1}^{(i,\alpha)} - c_k^{(i,\alpha)} \right) \frac{\Gamma(1-\alpha)}{2\kappa C} \max_{1 \leqslant j \leqslant i} \left\{ t_j^\alpha \|f^{j-1+\sigma}\|_{0,\Omega}^2 \right\}$$

$$+ c_{i-1}^{(i,\alpha)} \frac{\Gamma(1-\alpha)}{2\kappa C} \max_{1 \leqslant j \leqslant i} \left\{ t_j^\alpha \|f^{j-1+\sigma}\|_{0,\Omega}^2 \right\}$$

$$= c_0^{(i,\alpha)} \|U^0\|_{0,\Omega}^2 + c_0^{(i,\alpha)} \frac{\Gamma(1-\alpha)}{2\kappa C} \max_{1 \leqslant j \leqslant i} \left\{ t_j^\alpha \|f^{j-1+\sigma}\|_{0,\Omega}^2 \right\},$$

因此 (2.3.85) 在 $n = i$ 时成立. 最后, 由数学归纳法, (2.3.85) 对所有 $n = 1, 2, \cdots, T/\tau$ 均成立, 从而 (2.3.74) 在 L^2 范数中无条件稳定. 证毕.

2.3.4 多项时间分数阶慢扩散方程的快速时间半离散格式

多项分数阶微分方程不仅可以模拟复杂黏弹性流体、流变材料和非均质含水层中的反常扩散现象, 而且也存在于分布阶导数的离散形式. 本节将在 2.3.3 节单项时间分数阶慢扩散方程的时间半离散格式的基础之上, 针对多项时间分数阶慢扩散方程的初边值问题, 通过使用多项 L2-1$_\sigma$ 公式 [47] 和快速多项 L2-1$_\sigma$ 公式 [48] 离散多项 Caputo 分数阶导数, 建立二阶收敛的时间半离散格式及其快速格式, 将多项时间分数阶慢扩散方程的初边值问题转化为整数阶椭圆边值问题, 并理论分析稳定性.

考虑如下多项时间分数阶慢扩散方程:

$$\sum_{r=1}^{\gamma} \lambda_r {}_0^C D_t^{\alpha_r} u(\boldsymbol{x}, t) = \Delta u(\boldsymbol{x}, t) + f(\boldsymbol{x}, t), \quad \boldsymbol{x} \in \Omega, \quad t \in (0, T], \quad (2.3.87)$$

初始条件为

$$u(\boldsymbol{x}, 0) = \psi(\boldsymbol{x}), \quad \boldsymbol{x} \in \Omega \cup \partial\Omega, \quad (2.3.88)$$

边界条件为

$$u(\boldsymbol{x}, t) = \varphi(\boldsymbol{x}, t), \quad \boldsymbol{x} \in \partial\Omega, \quad t \in (0, T], \quad (2.3.89)$$

其中 γ 表示分数阶导数的项数, $u(\boldsymbol{x}, t)$ 是未知函数, $\{\lambda_r\}_{r=1}^{\gamma}$ 是已知系数, Δ 是 Laplace 算子, $f(\boldsymbol{x}, t)$, $\psi(\boldsymbol{x})$ 和 $\varphi(\boldsymbol{x})$ 都是已知函数, T 是计算终止时刻, Ω 是 n 维空间 $\mathbb{R}^n$ 中的有界连通区域, 其边界为 $\partial\Omega$. 另外, 已知系数 $\{\alpha_r\}_{r=1}^{\gamma}$ 满足 $0 \leqslant \alpha_\gamma < \alpha_{\gamma-1} < \cdots < \alpha_1 \leqslant 1$, 并且至少存在一个 $\bar{r} \in \{1, 2, \cdots, \gamma\}$ 使得 $0 < \alpha_{\bar{r}} < 1$. ${}_0^C D_t^{\alpha_r} u(\boldsymbol{x}, t)$ 表示函数 $u(\boldsymbol{x}, t)$ 关于时间变量 t 的 α_r 阶 Caputo 分数阶导数, 即

$$
{}_0^C D_t^{\alpha_r} u(\boldsymbol{x}, t) = \begin{cases} u(\boldsymbol{x}, t) - u(\boldsymbol{x}, 0), & \alpha_r = 0, \\ \dfrac{1}{\Gamma(1-\alpha_r)} \displaystyle\int_0^t \dfrac{\partial u(\boldsymbol{x}, s)}{\partial s} \dfrac{\mathrm{d}s}{(t-s)^{\alpha_r}}, & \alpha_r \in (0, 1), \\ \dfrac{\partial u(\boldsymbol{x}, t)}{\partial t}, & \alpha_r = 1, \end{cases} \quad (2.3.90)
$$

其中 $\Gamma(\cdot)$ 是 Gamma 函数.

根据文献 [47], 记

$$F(\sigma) = \sum_{r=1}^{\gamma} \frac{\lambda_r}{\Gamma(3-\alpha_r)} \sigma^{1-\alpha_r} \left[\sigma - \left(1 - \frac{\alpha_r}{2}\right) \right] \tau^{2-\alpha_r},$$

则存在唯一 $\sigma \in \left[1 - \dfrac{\alpha_1}{2}, 1 - \dfrac{\alpha_\gamma}{2}\right] \subseteq \left[\dfrac{1}{2}, 1\right]$, 使得

$$F\left(\sigma\right) = 0.$$

此外, 取 $\sigma_0 = 1 - \dfrac{\alpha_\gamma}{2}$, 则由 Newton 迭代法可得

$$\sigma_{k+1} = \sigma_k - \frac{F\left(\sigma_k\right)}{F'\left(\sigma_k\right)}, \quad k = 0, 1, 2, \cdots,$$

该迭代序列 $\{\sigma_k\}_{k=1}^{\infty}$ 单调下降并收敛于非线性方程 $F\left(\sigma\right) = 0$ 的根 σ.

为了建立时间半离散格式, 令 $\tau > 0$ 为时间步长,

$$t_n = n\tau, \quad u^n\left(\boldsymbol{x}\right) = u\left(\boldsymbol{x}, t_n\right), \quad n = 0, 1, 2, \cdots, T/\tau,$$

$$t_{n-1+\sigma} = (n - 1 + \sigma)\tau, \quad u^{n-1+\sigma}\left(\boldsymbol{x}\right) = u\left(\boldsymbol{x}, t_{n-1+\sigma}\right), \quad n = 1, 2, \cdots, T/\tau.$$

注意到 (2.3.90), 当 $t = t_{n-1+\sigma}$ 时, 可将多项分数阶导数 $\sum_{r=1}^{\gamma} \lambda_r {}_0^C D_t^{\alpha_r} u\left(\boldsymbol{x}, t\right)$ 表示为

$$\sum_{r=1}^{\gamma} \lambda_r {}_0^C D_t^{\alpha_r} u^{n-1+\sigma}\left(\boldsymbol{x}\right)$$

$$= \sum_{r=1}^{\gamma} \frac{1}{\Gamma\left(1 - \alpha_r\right)} \int_0^{t_{n-1+\sigma}} \frac{\partial u\left(\boldsymbol{x}, s\right)}{\partial s} \frac{\mathrm{d}s}{\left(t_{n-1+\sigma} - s\right)^{\alpha_r}}$$

$$= \sum_{r=1}^{\gamma} \frac{\lambda_r}{\Gamma\left(1 - \alpha_r\right)} \left[\sum_{k=1}^{n-1} \int_{t_{k-1}}^{t_k} \frac{\partial u\left(\boldsymbol{x}, s\right)}{\partial s} \frac{\mathrm{d}s}{\left(t_{n-1+\sigma} - s\right)^{\alpha_r}} \right.$$

$$\left. + \int_{t_{n-1}}^{t_{n-1+\sigma}} \frac{\partial u\left(\boldsymbol{x}, s\right)}{\partial s} \frac{\mathrm{d}s}{\left(t_{n-1+\sigma} - s\right)^{\alpha_r}}\right],$$

其中 $n = 1, 2, \cdots, T/\tau$. 设 $L_{2k}\left(\boldsymbol{x}, s\right)$ 是 $u\left(\boldsymbol{x}, s\right)$ 在区间 $[t_{k-1}, t_{k+1}]$ 上基于节点 $(t_{k-1}, u\left(\boldsymbol{x}, t_{k-1}\right))$, $(t_k, u\left(\boldsymbol{x}, t_k\right))$ 和 $(t_{k+1}, u\left(\boldsymbol{x}, t_{k+1}\right))$ 的二次 Lagrange 插值多项式, $L_{1n}\left(\boldsymbol{x}, s\right)$ 是 $u\left(\boldsymbol{x}, s\right)$ 在区间 $[t_{n-1}, t_n]$ 上基于节点 $(t_{n-1}, u\left(\boldsymbol{x}, t_{n-1}\right))$ 和 $(t_n, u\left(\boldsymbol{x}, t_n\right))$ 的线性 Lagrange 插值多项式, 则

$$\sum_{r=1}^{\gamma} \lambda_r {}_0^C D_t^{\alpha_r} u^{n-1+\sigma}\left(\boldsymbol{x}\right)$$

$$\approx \sum_{r=1}^{\gamma} \frac{\lambda_r}{\Gamma\left(1 - \alpha_r\right)} \left[\sum_{k=1}^{n-1} \int_{t_{k-1}}^{t_k} \frac{\partial L_{2k}\left(\boldsymbol{x}, s\right)}{\partial s} \frac{\mathrm{d}s}{\left(t_{n-1+\sigma} - s\right)^{\alpha_r}}\right.$$

$$+ \int_{t_{n-1}}^{t_{n-1+\sigma}} \frac{\partial L_{1n}(\boldsymbol{x}, s)}{\partial s} \frac{\mathrm{d}s}{(t_{n-1+\sigma} - s)^{\alpha_r}} \Bigg]. \tag{2.3.91}$$

通过计算 (2.3.91) 中的定积分, 当 $u(\cdot, t) \in C^3([0, n\tau])$ 时可得多项分数阶导数的多项 L2-1_σ 公式[47],

$$\sum_{r=1}^{\gamma} \lambda_r {}_0^C D_t^{\alpha_r} u^{n-1+\sigma}(\boldsymbol{x})$$

$$= \sum_{r=1}^{\gamma} \frac{\lambda_r}{\tau^{\alpha_r} \Gamma(2 - \alpha_r)} \sum_{k=0}^{n-1} c_k^{(n, \alpha_r)} \left[u^{n-k}(\boldsymbol{x}) - u^{n-k-1}(\boldsymbol{x}) \right] + \mathcal{O}\left(\tau^{3-\alpha_1} \right), \tag{2.3.92}$$

其中 $n = 1, 2, \cdots, T/\tau$, $c_k^{(n, \alpha_r)}$ 由 (2.3.68)—(2.3.71) 给出.

从 (2.3.92) 中我们可以发现, 多项 L2-1_σ 公式计算多项时间分数阶导数 $\sum_{r=1}^{\gamma} \lambda_r {}_0^C D_t^{\alpha_r} u^{n-1+\sigma}(\boldsymbol{x})$ 在第 n 步的值时, 需要前面所有步的值 $\{u^{n-k}\}_{k=0}^{n-1}$, 这将增大计算量和存储量. 类似 2.3.2 节, 接下来给出多项 L2-1_σ 公式的快速格式. 根据指数和逼近理论[45], 对任意 $\varepsilon > 0$, 存在正数 $N_{\exp}^{(\alpha_r)}$, $\omega_l^{(\alpha_r)}$ 和 $s_l^{(\alpha_r)}$, 使得

$$\left| \frac{1}{(t_{n-1+\sigma} - s)^{\alpha_r}} - \sum_{l=1}^{N_{\exp}^{(\alpha_r)}} \omega_l^{(\alpha_r)} e^{-s_l^{(\alpha_r)}(t_{n-1+\sigma} - s)} \right| \leqslant \varepsilon, \quad \forall s \in [0, t_{n-1}]. \tag{2.3.93}$$

利用 (2.3.93), 可将 (2.3.91) 近似为

$$\sum_{r=1}^{\gamma} \lambda_r {}_0^C D_t^{\alpha_r} u^{n-1+\sigma}(\boldsymbol{x})$$

$$\approx \sum_{r=1}^{\gamma} \frac{\lambda_r}{\Gamma(1 - \alpha_r)} \Bigg[\sum_{k=1}^{n-1} \int_{t_{k-1}}^{t_k} \frac{\partial L_{2k}(\boldsymbol{x}, s)}{\partial s} \sum_{l=1}^{N_{\exp}^{(\alpha_r)}} \omega_l^{(\alpha_r)} e^{-s_l^{(\alpha_r)}(t_{n-1+\sigma} - s)} \mathrm{d}s$$

$$+ \int_{t_{n-1}}^{t_{n-1+\sigma}} \frac{\partial L_{1n}(\boldsymbol{x}, s)}{\partial s} \frac{\mathrm{d}s}{(t_{n-1+\sigma} - s)^{\alpha_r}} \Bigg].$$

通过计算上式中的定积分, 可得多项分数阶导数的快速多项 L2-1_σ 公式[48],

$$\sum_{r=1}^{\gamma} \lambda_r {}_0^C D_t^{\alpha_r} u^{n-1+\sigma}(\boldsymbol{x})$$

$$= \sum_{r=1}^{\gamma} \frac{\lambda_r}{\Gamma(1 - \alpha_r)} \left\{ \sum_{l=1}^{N_{\exp}^{(\alpha_r)}} \omega_l^{(\alpha_r)} F_l^{(n, \alpha_r)}(\boldsymbol{x}) + \frac{\sigma^{1-\alpha_r}}{\tau^{\alpha_r}(1 - \alpha_r)} \left[u^n(\boldsymbol{x}) - u^{n-1}(\boldsymbol{x}) \right] \right\}$$

$$+ \mathcal{O}\left(\tau^{3-\alpha_1} + \varepsilon\right), \quad n = 1, 2, \cdots, T/\tau. \tag{2.3.94}$$

当 $n = 1$ 时,

$$F_l^{(n,\alpha_r)}(\boldsymbol{x}) = 0, \tag{2.3.95}$$

当 $n \geqslant 2$ 时,

$$\begin{aligned}
F_l^{(n,\alpha_r)}(\boldsymbol{x}) = {} & e^{-s_l^{(\alpha_r)}\tau} F_l^{(n-1,\alpha_r)}(\boldsymbol{x}) + A_l^{(\alpha_r)}\left[u^{n-1}(\boldsymbol{x}) - u^{n-2}(\boldsymbol{x})\right] \\
& + B_l^{(\alpha_r)}\left[u^n(\boldsymbol{x}) - u^{n-1}(\boldsymbol{x})\right],
\end{aligned} \tag{2.3.96}$$

其中

$$A_l^{(\alpha_r)} = \int_0^1 (1.5 - s) e^{-s_l^{(\alpha_r)}\tau(\sigma+1-s)} \mathrm{d}s = e^{-s_l^{(\alpha_r)}\tau(\sigma+1)}\left(\frac{e^{s_l^{(\alpha_r)}\tau} - 3}{2s_l^{(\alpha_r)}\tau} + \frac{e^{s_l^{(\alpha_r)}\tau} - 1}{\left(s_l^{(\alpha_r)}\tau\right)^2}\right),$$

$$B_l^{(\alpha_r)} = \int_0^1 (s - 0.5) e^{-s_l^{(\alpha_r)}\tau(\sigma+1-s)} \mathrm{d}s = e^{-s_l^{(\alpha_r)}\tau(\sigma+1)}\left(\frac{e^{s_l^{(\alpha_r)}\tau} + 1}{2s_l^{(\alpha_r)}\tau} - \frac{e^{s_l^{(\alpha_r)}\tau} - 1}{\left(s_l^{(\alpha_r)}\tau\right)^2}\right).$$

与 (2.3.72) 一样, 由 Taylor 公式可得

$$\Delta u^{n-1+\sigma}(\boldsymbol{x}) = \sigma \Delta u^n(\boldsymbol{x}) + (1-\sigma) \Delta u^{n-1}(\boldsymbol{x}) + \mathcal{O}\left(\tau^2\right). \tag{2.3.97}$$

注意到 $3 - \alpha_1 \geqslant 2$, 在点 $(\boldsymbol{x}, t_{n-1+\sigma})$ 处考虑 (2.3.87), 并利用 (2.3.94) 和 (2.3.97), 可得

$$\sum_{r=1}^{\gamma} \frac{\lambda_r}{\Gamma(1-\alpha_r)}\left\{\sum_{l=1}^{N_{\exp}^{(\alpha_r)}} \omega_l^{(\alpha_r)} F_l^{(n,\alpha_r)}(\boldsymbol{x}) + \frac{\sigma^{1-\alpha_r}}{\tau^{\alpha_r}(1-\alpha_r)}\left[u^n(\boldsymbol{x}) - u^{n-1}(\boldsymbol{x})\right]\right\}$$

$$= \sigma \Delta u^n(\boldsymbol{x}) + (1-\sigma) \Delta u^{n-1}(\boldsymbol{x}) + f^{n-1+\sigma}(\boldsymbol{x}) + \mathcal{O}\left(\tau^2 + \varepsilon\right), \quad \boldsymbol{x} \in \Omega. \tag{2.3.98}$$

因此, 多项时间分数阶慢扩散方程 (2.3.87) 的时间半离散格式为

$$-\sigma \Delta u^n(\boldsymbol{x}) + a_n u^n(\boldsymbol{x})$$

$$= (1-\sigma) \Delta u^{n-1}(\boldsymbol{x}) + a_n u^{n-1}(\boldsymbol{x}) + g^n(\boldsymbol{x}) + R^n(\boldsymbol{x}), \quad \boldsymbol{x} \in \Omega, \quad n = 1, 2, \cdots, T/\tau, \tag{2.3.99}$$

其中

$$R^n(\boldsymbol{x}) = \mathcal{O}\left(\tau^2 + \varepsilon\right), \quad \boldsymbol{x} \in \Omega, \quad n = 1, 2, \cdots, T/\tau, \tag{2.3.100}$$

$$
a_n = \begin{cases} \displaystyle\sum_{r=1}^{\gamma} \frac{\lambda_r \sigma^{1-\alpha_r}}{\tau^{\alpha_r} \Gamma\left(2-\alpha_r\right)}, & n=1, \\[4mm] \displaystyle\sum_{r=1}^{\gamma} \frac{\lambda_r \sigma^{1-\alpha_r}}{\tau^{\alpha_r} \Gamma\left(2-\alpha_r\right)} + \sum_{r=1}^{\gamma} \frac{\lambda_r}{\Gamma\left(1-\alpha_r\right)} \sum_{l=1}^{N_{\exp}^{(\alpha_r)}} \omega_l^{(\alpha_r)} B_l^{(\alpha_r)}, & n \geqslant 2, \end{cases}
$$

$$\tag{2.3.101}$$

$$
g^n\left(\boldsymbol{x}\right) = \begin{cases} f^{n-1+\sigma}\left(\boldsymbol{x}\right), & n=1, \\[3mm] f^{n-1+\sigma}\left(\boldsymbol{x}\right) - \displaystyle\sum_{r=1}^{\gamma} \frac{\lambda_r}{\Gamma\left(1-\alpha_r\right)} \sum_{l=1}^{N_{\exp}^{(\alpha_r)}} \omega_l^{(\alpha_r)} \left\{ e^{-s_l^{(\alpha_r)}\tau} F_l^{(n-1,\alpha_r)}\left(\boldsymbol{x}\right) \right. \\[3mm] \qquad\qquad \left. + A_l^{(\alpha_r)} \left[u^{n-1}\left(\boldsymbol{x}\right) - u^{n-2}\left(\boldsymbol{x}\right)\right] \right\}, & n \geqslant 2. \end{cases}
$$

$$\tag{2.3.102}$$

由 (2.3.88) 可知 $u^0\left(\boldsymbol{x}\right) = \psi\left(\boldsymbol{x}\right)$.

在 (2.3.98) 中略去 R^n, 则多项时间分数阶慢扩散方程 (2.3.87) 在时间方向上可近似为

$$
\sum_{r=1}^{\gamma} \frac{\lambda_r}{\Gamma\left(1-\alpha_r\right)} \left\{ \sum_{l=1}^{N_{\exp}^{(\alpha_r)}} \omega_l^{(\alpha_r)} \tilde{F}_l^{(n,\alpha_r)}\left(\boldsymbol{x}\right) + \frac{\sigma^{1-\alpha_r}}{\tau^{\alpha_r}\left(1-\alpha_r\right)} \left[U^n\left(\boldsymbol{x}\right) - U^{n-1}\left(\boldsymbol{x}\right)\right] \right\}
$$

$$
= \sigma \Delta U^n\left(\boldsymbol{x}\right) + \left(1-\sigma\right) \Delta U^{n-1}\left(\boldsymbol{x}\right) + f^{n-1+\sigma}\left(\boldsymbol{x}\right), \quad n=1,2,\cdots,T/\tau,
$$

$$\tag{2.3.103}$$

其中 $U^n\left(\boldsymbol{x}\right)$ 是 $u^n\left(\boldsymbol{x}\right)$ 的近似. 由 (2.3.88), 有 $U^0\left(\boldsymbol{x}\right) = u^0\left(\boldsymbol{x}\right) = \psi\left(\boldsymbol{x}\right)$. 另外, 由 (2.3.95) 和 (2.3.96), 当 $n=1$ 时,

$$
\tilde{F}_l^{(n,\alpha_r)}\left(\boldsymbol{x}\right) = 0,
$$

当 $n \geqslant 2$ 时,

$$
\tilde{F}_l^{(n,\alpha_r)}\left(\boldsymbol{x}\right) = e^{-s_l^{(\alpha_r)}\tau} \tilde{F}_l^{(n-1,\alpha_r)}\left(\boldsymbol{x}\right) + A_l^{(\alpha_r)} \left[U^{n-1}\left(\boldsymbol{x}\right) - U^{n-2}\left(\boldsymbol{x}\right)\right]
$$

$$
+ B_l^{(\alpha_r)} \left[U^n\left(\boldsymbol{x}\right) - U^{n-1}\left(\boldsymbol{x}\right)\right].
$$

基于 $\tilde{F}_l^{(n,\alpha_r)}\left(\boldsymbol{x}\right)$ 的上述递推关系, 通过整理可得 [48]

$$
\sum_{r=1}^{\gamma} \frac{\lambda_r}{\Gamma\left(1-\alpha_r\right)} \left\{ \sum_{l=1}^{N_{\exp}^{(\alpha_r)}} \omega_l^{(\alpha_r)} \tilde{F}_l^{(n,\alpha_r)}\left(\boldsymbol{x}\right) + \frac{\sigma^{1-\alpha_r}}{\tau^{\alpha_r}\left(1-\alpha_r\right)} \left[U^n\left(\boldsymbol{x}\right) - U^{n-1}\left(\boldsymbol{x}\right)\right] \right\}
$$

$$
= \sum_{k=0}^{n-1} d_k^{(n)} \left[U^{n-k}\left(\boldsymbol{x}\right) - U^{n-k-1}\left(\boldsymbol{x}\right)\right],
$$

$$\tag{2.3.104}$$

其中

$$d_k^{(n)} = \sum_{r=1}^{\gamma} \frac{\lambda_r}{\Gamma(1-\alpha_r)} d_k^{(n,\alpha_r)}, \tag{2.3.105}$$

这里

$$d_0^{(1,\alpha_r)} = \frac{\sigma^{1-\alpha_r}}{t_\sigma^{\alpha_r}(1-\alpha_r)}, \tag{2.3.106}$$

$$d_k^{(n,\alpha_r)} = \begin{cases} \displaystyle\sum_{l=1}^{N_{\exp}^{(\alpha_r)}} \omega_l^{(\alpha_r)} B_l^{(\alpha_r)} + d_0^{(1,\alpha_r)}, & k=0, \\[2em] \displaystyle\sum_{l=1}^{N_{\exp}^{(\alpha_r)}} \omega_l^{(\alpha_r)} \left[e^{-s_l^{(\alpha_r)} t_{k-1}} A_l^{(\alpha_r)} + e^{-s_l^{\alpha_r} t_k} B_l^{(\alpha_r)} \right], & k=1,2,\cdots,n-2, \\[2em] \displaystyle\sum_{l=1}^{N_{\exp}^{(\alpha_r)}} \omega_l^{(\alpha_r)} e^{-s_l^{(\alpha_r)} t_{k-1}} A_l^{(\alpha_r)}, & k=n-1. \end{cases}$$

$$\tag{2.3.107}$$

根据 (2.3.104), 可将 (2.3.103) 等价地化为

$$\sum_{k=0}^{n-1} d_k^{(n)} \left[U^{n-k}(\boldsymbol{x}) - U^{n-k-1}(\boldsymbol{x}) \right] = \sigma \Delta U^n(\boldsymbol{x}) + (1-\sigma)\Delta U^{n-1}(\boldsymbol{x}) + f^{n-1+\sigma}(\boldsymbol{x}).$$

$$\tag{2.3.108}$$

下面讨论时间半离散格式 (2.3.103) 和 (2.3.108) 的稳定性, 为此需要如下引理 [46−48].

引理 2.3.2　当 ε 充分小时, (2.3.105) 中的系数序列 $\left\{ d_k^{(n)} \right\}_{k=0}^{n-1}$ 满足

$$d_0^{(n)} > d_1^{(n)} > d_2^{(n)} > \cdots > d_{n-1}^{(n)} \geqslant C_{\mathcal{F}} > 0, \tag{2.3.109}$$

其中

$$C_{\mathcal{F}} = \min \left\{ \sum_{r=1}^{\gamma} \frac{\lambda_r \sigma}{t_\sigma^{\alpha_r} \Gamma(2-\alpha_r)}, \sum_{r=1}^{\gamma} \frac{\lambda_r}{\Gamma(1-\alpha_r)} \sum_{l=1}^{N_{\exp}^{(\alpha_r)}} \omega_l^{(\alpha_r)} e^{-T s_l^{(\alpha_r)}} A_l^{(\alpha_r)} \right\}.$$

另外, 对任意序列 $\left\{ v^k \right\}_{k=1}^n$, 有

$$\sum_{k=1}^{n} d_{n-k}^{(n)} \left(v^k - v^{k-1}, \sigma v^n + (1-\sigma) v^{n-1} \right) \geqslant \frac{1}{2} \sum_{k=1}^{n} d_{n-k}^{(n)} \left(\left\| v^k \right\|_{0,\Omega}^2 - \left\| v^{k-1} \right\|_{0,\Omega}^2 \right).$$

$$\tag{2.3.110}$$

定理 2.3.4 如果 $U^n \in H_0^1(\Omega)$, 则时间半离散格式 (2.3.103) 和 (2.3.108) 在 L^2 范数中无条件稳定.

证明 计算 (2.3.108) 关于 $\sigma U^n + (1-\sigma)U^{n-1}$ 的内积, 可得

$$\sum_{k=0}^{n-1} d_k^{(n)} \left(U^{n-k} - U^{n-k-1}, \sigma U^n + (1-\sigma)U^{n-1} \right)$$

$$= \left(\sigma \Delta U^n + (1-\sigma)\Delta U^{n-1}, \sigma U^n + (1-\sigma)U^{n-1} \right) + \left(f^{n-1+\sigma}, \sigma U^n + (1-\sigma)U^{n-1} \right). \tag{2.3.111}$$

因为利用 (2.3.110) 可知

$$\sum_{k=1}^{n} d_{n-k}^{(n)} \left(\left\| U^k \right\|_{0,\Omega}^2 - \left\| U^{k-1} \right\|_{0,\Omega}^2 \right) \leqslant 2 \sum_{k=0}^{n-1} d_k^{(n)} \left(U^{n-k} - U^{n-k-1}, \sigma U^n + (1-\sigma)U^{n-1} \right),$$

利用 Green 公式和 Friedrichs 不等式可知

$$\left(\sigma \Delta U^n + (1-\sigma)\Delta U^{n-1}, \sigma U^n + (1-\sigma)U^{n-1} \right) = - \left\| \sigma \nabla U^n + (1-\sigma)\nabla U^{n-1} \right\|_{0,\Omega}^2$$

$$\leqslant -C \left\| \sigma U^n + (1-\sigma)U^{n-1} \right\|_{0,\Omega}^2,$$

利用 Cauchy-Schwarz 不等式和 Young 不等式可知

$$\left(f^{n-1+\sigma}, \sigma U^n + (1-\sigma)U^{n-1} \right) \leqslant \left\| \sigma U^n + (1-\sigma)U^{n-1} \right\|_{0,\Omega} \left\| f^{n-1+\sigma} \right\|_{0,\Omega}$$

$$\leqslant C \left\| \sigma U^n + (1-\sigma)U^{n-1} \right\|_{0,\Omega}^2 + \frac{1}{4C} \left\| f^{n-1+\sigma} \right\|_{0,\Omega}^2,$$

所以将以上三个式子代入 (2.3.111) 可以得到

$$\sum_{k=1}^{n} d_{n-k}^{(n)} \left(\left\| U^k \right\|_{0,\Omega}^2 - \left\| U^{k-1} \right\|_{0,\Omega}^2 \right) \leqslant \frac{1}{2C} \left\| f^{n-1+\sigma} \right\|_{0,\Omega}^2,$$

即

$$d_0^{(n)} \left\| U^n \right\|_{0,\Omega}^2 \leqslant \sum_{k=1}^{n-1} \left(d_{k-1}^{(n)} - d_k^{(n)} \right) \left\| U^{n-k} \right\|_{0,\Omega}^2 + d_{n-1}^{(n)} \left\| U^0 \right\|_{0,\Omega}^2 + \frac{1}{2C} \left\| f^{n-1+\sigma} \right\|_{0,\Omega}^2. \tag{2.3.112}$$

为了证明 (2.3.103) 和 (2.3.108) 在 $L^2(\Omega)$ 中无条件稳定, 下面验证

$$\left\| U^n \right\|_{0,\Omega}^2 \leqslant \left\| U^0 \right\|_{0,\Omega}^2 + \frac{1}{2CC_{\mathcal{F}}} \max_{1 \leqslant j \leqslant n} \left\{ \left\| f^{j-1+\sigma} \right\|_{0,\Omega}^2 \right\}, \quad n = 1, 2, \cdots, T/\tau. \tag{2.3.113}$$

当 $n = 1$ 时, 由 (2.3.112) 可得

$$d_0^{(1)} \left\| U^1 \right\|_{0,\Omega}^2 \leqslant d_0^{(1)} \left\| U^0 \right\|_{0,\Omega}^2 + \frac{1}{2C} \left\| f^\sigma \right\|_{0,\Omega}^2,$$

因此 (2.3.113) 在 $n = 1$ 时成立.

　　根据数学归纳法, 假定 (2.3.113) 在 $n = 1, 2, \cdots, i-1$ 时成立, 这里 $2 \leqslant i \leqslant T/\tau$, 则当 $n = i$ 时, 由 (2.3.112) 可得

$$
\begin{aligned}
d_0^{(i)} \left\| U^i \right\|_{0,\Omega}^2 &\leqslant \sum_{k=1}^{i-1} \left(d_{k-1}^{(i)} - d_k^{(i)} \right) \left\| U^{i-k} \right\|_{0,\Omega}^2 + d_{i-1}^{(i)} \left\| U^0 \right\|_{0,\Omega}^2 + \frac{1}{2C} \left\| f^{i-1+\sigma} \right\|_{0,\Omega}^2 \\
&\leqslant \sum_{k=1}^{i-1} \left(d_{k-1}^{(i)} - d_k^{(i)} \right) \left(\left\| U^0 \right\|_{0,\Omega}^2 + \frac{1}{2CC_{\mathcal{F}}} \max_{1 \leqslant j \leqslant i-k} \left\{ \left\| f^{j-1+\sigma} \right\|_{0,\Omega}^2 \right\} \right) \\
&\quad + d_{i-1}^{(i)} \left\| U^0 \right\|_{0,\Omega}^2 + \frac{d_{i-1}^{(i)}}{2CC_{\mathcal{F}}} \left\| f^{i-1+\sigma} \right\|_{0,\Omega}^2 \\
&\leqslant d_0^{(i)} \left\| U^0 \right\|_{0,\Omega}^2 + d_0^{(i)} \frac{1}{2CC_{\mathcal{F}}} \max_{1 \leqslant j \leqslant i} \left\{ \left\| f^{j-1+\sigma} \right\|_{0,\Omega}^2 \right\},
\end{aligned}
$$

因此 (2.3.113) 在 $n = i$ 时成立. 最后, 由数学归纳法, (2.3.113) 对所有 $n = 1, 2, \cdots, T/\tau$ 均成立, 从而 (2.3.103) 和 (2.3.108) 在 L^2 范数中无条件稳定. 证毕.

2.3.5　多项时间分数阶慢扩散方程的无单元 Galerkin 法全离散格式

　　本节以 (2.3.87)—(2.3.89) 中的多项时间分数阶慢扩散方程初边值问题为例, 在 2.3.4 节快速时间半离散格式的基础之上, 推导时间分数阶慢扩散方程的无单元 Galerkin 法全离散格式, 同时理论分析相应的误差. 在 (2.3.87) 中, 当分数阶导数的项数只有一项时, 多项时间分数阶慢扩散方程 (2.3.87) 即退化为单项时间分数阶慢扩散方程 (2.3.62), 所以本节的无单元 Galerkin 法同时适用于 2.3.3 节的单项时间分数阶慢扩散方程和 2.3.4 节的多项时间分数阶慢扩散方程. 对于 2.3.1 节和 2.3.2 节中的分数阶扩散波方程, 可以类似建立相应的无单元 Galerkin 法.

　　根据 Green 公式, 与 (2.3.99) 对应的变分问题为: 求 $u^n \in H_0^1(\Omega)$, 使得

$$\mathcal{B}_n\left(u^n, v\right) = -\left(1-\sigma\right) \int_\Omega \nabla u^{n-1} \cdot \nabla v \mathrm{d}\boldsymbol{x} + \int_\Omega \left(a_n u^{n-1} + g^n + R^n\right) v \mathrm{d}\boldsymbol{x}, \quad \forall v \in H_0^1(\Omega),$$

$$(2.3.114)$$

其中 $n = 1, 2, \cdots, T/\tau$, 双线性形式 $\mathcal{B}_n(\cdot, \cdot)$ 的定义如下:

$$\mathcal{B}_n\left(u^n, v\right) \triangleq \sigma \int_\Omega \nabla u^n \cdot \nabla v \mathrm{d}\boldsymbol{x} + a_n \int_\Omega u^n v \mathrm{d}\boldsymbol{x}.$$

为了获得问题 (2.3.114) 的无网格数值解, 将 $\Omega \cup \partial\Omega$ 用 N 个节点 $\{\boldsymbol{x}_i\}_{i=1}^N$ 进行离散, 并用 $h = \max\limits_{1 \leqslant i \leqslant N} \min\limits_{1 \leqslant j \leqslant N, j \neq i} |\boldsymbol{x}_i - \boldsymbol{x}_j|$ 表示节点间距, 利用 1.4.3 节的稳定移动最小二乘近似建立未知函数 $u^n(\boldsymbol{x})$ 的无网格近似,

$$u^n(\boldsymbol{x}) \approx u_h^n(\boldsymbol{x}) = \sum_{i=1}^N \Phi_i(\boldsymbol{x}) u_i^n, \quad n = 1, 2, \cdots, T/\tau,$$

其中 $\Phi_i(\boldsymbol{x})$ 是移动最小二乘近似基于节点 $\{\boldsymbol{x}_i\}_{i=1}^N$ 构造的无网格形函数, u_i^n 是节点值 $u(\boldsymbol{x}_i, n\tau)$ 的近似. 令无网格近似解空间为

$$V_h(\Omega) = \operatorname{span}\{\Phi_i, 1 \leqslant i \leqslant N\},$$

则由 (2.3.114), 多项时间分数阶慢扩散方程的无单元 Galerkin 法全离散格式为: 求 $u_h^n \in V_h(\Omega) \cap H_0^1(\Omega)$, 使得

$$\mathcal{B}_n(u_h^n, v) = -(1-\sigma) \int_\Omega \nabla u_h^{n-1} \cdot \nabla v \mathrm{d}\boldsymbol{x} + \int_\Omega \left(a_n u_h^{n-1} + g_h^n\right) v \mathrm{d}\boldsymbol{x},$$

$$\forall v \in V_h(\Omega) \cap H_0^1(\Omega), \tag{2.3.115}$$

其中 $n = 1, 2, \cdots, T/\tau$. 由 (2.3.102), 当 $n = 1$ 时,

$$g_h^n(\boldsymbol{x}) = f^{n-1+\sigma}(\boldsymbol{x}),$$

当 $n \geqslant 2$ 时,

$$g_h^n(\boldsymbol{x}) = f^{n-1+\sigma}(\boldsymbol{x}) - \sum_{r=1}^\gamma \frac{\lambda_r}{\Gamma(1-\alpha_r)}$$

$$\times \sum_{l=1}^{N_{\exp}^{(\alpha_r)}} \omega_l^{(\alpha_r)} \left\{ e^{-s_l^{(\alpha_r)}\tau} F_{h,l}^{(n-1,\alpha_r)}(\boldsymbol{x}) + A_l^{(\alpha_r)} \left[u_h^{n-1}(\boldsymbol{x}) - u_h^{n-2}(\boldsymbol{x}) \right] \right\}.$$

当 $n = 2$ 时, 由 (2.3.95) 有

$$F_{h,l}^{(n-1,\alpha_r)}(\boldsymbol{x}) = 0,$$

而当 $n \geqslant 3$ 时, 由 (2.3.96) 有

$$F_{h,l}^{(n-1,\alpha_r)}(\boldsymbol{x}) = e^{-s_l^{(\alpha_r)}\tau} F_{h,l}^{(n-2,\alpha_r)}(\boldsymbol{x}) + A_l^{(\alpha_r)} \left[u_h^{n-2}(\boldsymbol{x}) - u_h^{n-3}(\boldsymbol{x}) \right]$$

$$+ B_l^{(\alpha_r)} \left[u_h^{n-1}(\boldsymbol{x}) - u_h^{n-2}(\boldsymbol{x}) \right].$$

根据 (2.3.89), 相应于 (2.3.99) 的边界条件是

$$u^n(\boldsymbol{x}) = \varphi^n(\boldsymbol{x}) \triangleq \varphi(\boldsymbol{x}, t_n), \quad \boldsymbol{x} \in \partial\Omega, \quad n = 1, 2, \cdots, T/\tau. \tag{2.3.116}$$

通过使用罚函数方法施加边界条件, 可将 (2.3.115) 转化为

$$\sigma \int_\Omega \nabla u_h^n \cdot \nabla v \mathrm{d}\boldsymbol{x} + \sigma\beta \int_{\partial\Omega} u_h^n v \mathrm{d}s_{\boldsymbol{x}} + a_n \int_\Omega u_h^n v \mathrm{d}\boldsymbol{x}$$

$$= \begin{cases} (1-\sigma) \int_\Omega \Delta\psi v \mathrm{d}\boldsymbol{x} + \sigma\beta \int_{\partial\Omega} \varphi^n v \mathrm{d}s_{\boldsymbol{x}} \\ \quad + \int_\Omega (a_n\psi + g_h^n) v \mathrm{d}\boldsymbol{x}, \quad n = 1, \\ -(1-\sigma) \int_\Omega \nabla u_h^{n-1} \cdot \nabla v \mathrm{d}\boldsymbol{x} \\ \quad + (1-\sigma)\beta \int_{\partial\Omega} (\varphi^{n-1} - u_h^{n-1}) v \mathrm{d}s_{\boldsymbol{x}} + \sigma\beta \int_{\partial\Omega} \varphi^n v \mathrm{d}s_{\boldsymbol{x}} \\ \quad + \int_\Omega (a_n u_h^{n-1} + g_h^n) v \mathrm{d}\boldsymbol{x}, \quad n = 2, 3, \cdots, T/\tau, \end{cases} \quad \forall v \in V_h(\Omega),$$

其中 β 是罚因子. 由此, 无单元 Galerkin 法求解时间分数阶慢扩散方程 (2.3.87) 的线性代数方程组为

$$(a_n\boldsymbol{G} + \sigma\boldsymbol{K})\boldsymbol{u}^n = \begin{cases} \boldsymbol{b}^n, & n = 1, \\ (a_n\boldsymbol{G} - (1-\sigma)\boldsymbol{K})\boldsymbol{u}^{n-1} + \boldsymbol{b}^n, & n = 2, 3, \cdots, T/\tau, \end{cases}$$

其中

$$\boldsymbol{u}^n = (u_1^n, u_2^n, \cdots, u_N^n)^{\mathrm{T}},$$

$$\boldsymbol{K}(i,j) = \int_\Omega \nabla\Phi_i \cdot \nabla\Phi_j \mathrm{d}\boldsymbol{x} + \beta \int_{\partial\Omega} \Phi_i\Phi_j \mathrm{d}s_{\boldsymbol{x}},$$

$$\boldsymbol{G}(i,j) = \int_\Omega \Phi_i\Phi_j \mathrm{d}\boldsymbol{x},$$

$$\boldsymbol{b}^n(i) = \begin{cases} (1-\sigma) \int_\Omega \Delta\psi\Phi_i \mathrm{d}\boldsymbol{x} + \sigma\beta \int_{\partial\Omega} \varphi^n\Phi_i \mathrm{d}s_{\boldsymbol{x}} \\ \quad + \int_\Omega (a_n\psi + g_h^n)\Phi_i \mathrm{d}\boldsymbol{x}, & n = 1, \\ \beta \int_{\partial\Omega} [(1-\sigma)\varphi^{n-1} + \sigma\varphi^n]\Phi_i \mathrm{d}s_{\boldsymbol{x}} + \int_\Omega g_h^n\Phi_i \mathrm{d}\boldsymbol{x}, & n = 2, 3, \cdots, T/\tau. \end{cases}$$

可以发现, 矩阵 K 和 G 与时间步 n 无关, 只需要在初始迭代时计算一次.

2.3.6 误差分析

本节将理论分析 2.3.5 节多项时间分数阶慢扩散方程的无单元 Galerkin 法的误差.

Grönwall 不等式是理论分析发展方程数值计算方法的有效工具之一, 目前针对不同的分数阶微分方程建立了一些 Grönwall 不等式 [49-51]. 下面的引理给出适用于快速多项 L2-1_σ 公式的 Grönwall 不等式.

引理 2.3.3 如果非负实值数列 $\{\xi_k\}_{k=0}^n$ 和 $\{\eta_k\}_{k=0}^n$ 满足

$$\sum_{k=1}^n d_{n-k}^{(n)} (\xi_k - \xi_{k-1}) \leqslant \xi_{n-1+\sigma} + \eta_n, \quad n = 1, 2, \cdots, T/\tau,$$

其中 $d_{n-k}^{(n)}$ 由 (2.3.105) 给出, 则当 $\varepsilon \leqslant \min\limits_{1 \leqslant r \leqslant m} \left\{ \dfrac{1}{T^{\alpha_r} \Gamma(1-\alpha_r)} \min\left(\dfrac{\alpha_r}{2(1-\alpha_r)}, \dfrac{1}{26} \right) \right\}$

和 $\tau \leqslant [4\Gamma(2-\alpha_{\bar{r}})]^{-1/\alpha_{\bar{r}}}$ 时, 有

$$\xi_n \leqslant 2E_{\alpha_{\bar{r}}} \left(\frac{4t_n^{\alpha_{\bar{r}}}}{\lambda_{\bar{r}}} \right) \left(\xi_0 + \frac{2\Gamma(1-\alpha_{\bar{r}})}{\lambda_{\bar{r}}} \max_{1 \leqslant k \leqslant n} \{ t_k^{\alpha_{\bar{r}}} \eta_k \} \right), \tag{2.3.117}$$

其中 $\bar{r}$ 满足 $\bar{r} \in \{1, 2, \cdots, \gamma\}$ 且 $0 < \alpha_{\bar{r}} < 1$, $E_{\alpha_{\bar{r}}}(z) = \sum_{k=0}^\infty \dfrac{z^k}{\Gamma(1+k\alpha_{\bar{r}})}$ 是 Mittag-Leffler 函数.

证明 根据文献 [50] 中的 Lemma 3.1, (2.3.106) 和 (2.3.107) 中的数列 $\left\{ d_k^{(n,\alpha_r)} \right\}_{k=0}^{n-1}$ 满足

$$d_{n-k}^{(n,\alpha_r)} \geqslant \frac{1}{2\tau} \int_{t_{k-1}}^{t_k} \frac{\mathrm{d}s}{(t_n - s)^{\alpha_r}}, \quad 1 \leqslant k \leqslant n \leqslant T/\tau.$$

因此, (2.3.105) 中的数列 $\left\{ d_k^{(n)} \right\}_{k=0}^{n-1}$ 满足

$$
\begin{aligned}
d_{n-k}^{(n)} &= \sum_{r=1}^\gamma \frac{\lambda_r}{\Gamma(1-\alpha_r)} d_{n-k}^{(n,\alpha_r)} \\
&\geqslant \sum_{r=1}^\gamma \frac{\lambda_r}{2\tau\Gamma(1-\alpha_r)} \int_{t_{k-1}}^{t_k} \frac{\mathrm{d}s}{(t_n - s)^{\alpha_r}} \\
&\geqslant \frac{\lambda_{\bar{r}}}{2\tau\Gamma(1-\alpha_{\bar{r}})} \int_{t_{k-1}}^{t_k} \frac{\mathrm{d}s}{(t_n - s)^{\alpha_{\bar{r}}}}, \quad 1 \leqslant k \leqslant n \leqslant T/\tau.
\end{aligned}
$$

另外, 由 (2.3.109) 可得

$$d_{n-k-1}^{(n)} \geqslant d_{n-k}^{(n)}, \quad 1 \leqslant k \leqslant n-1,$$

所以, 利用文献 [49] 中的 Theorem 3.1 或者文献 [50] 中的 Lemma 1.1 可得
(2.3.117).   证毕.

定理 2.3.5 设 $u^n \in H_0^{m+1}(\Omega)$ 是 (2.3.114) 的解析解, $u_h^n \in V_h(\Omega) \cap H_0^1(\Omega)$
是 (2.3.115) 给出的无单元 Galerkin 法的数值解, 则

$$\|u^n - u_h^n\|_{1,\Omega} \leqslant C_1 h^m + C_2 \tau^2 + C_3 \varepsilon, \quad n = 1, 2, \cdots, T/\tau, \quad (2.3.118)$$

其中 m 是移动最小二乘近似中使用的多项式基函数次数.

证明 类似 (2.3.108), 由 (2.3.104) 可知 (2.3.99) 等价于

$$-\sigma \Delta u^n(\boldsymbol{x}) + d_0^{(n)} u^n(\boldsymbol{x}) = \begin{cases} (1-\sigma)\,\Delta \psi(\boldsymbol{x}) + d_0^{(1)} \psi(\boldsymbol{x}) + f^\sigma(\boldsymbol{x}) + R^1(\boldsymbol{x}), & n=1, \\ (1-\sigma)\,\Delta u^{n-1}(\boldsymbol{x}) + d_0^{(n)} u^{n-1}(\boldsymbol{x}) \\ \quad - \displaystyle\sum_{k=1}^{n-1} d_k^{(n)} \left[u^{n-k}(\boldsymbol{x}) - u^{n-k-1}(\boldsymbol{x}) \right] \\ \quad + f^{n-1+\sigma}(\boldsymbol{x}) + R^n(\boldsymbol{x}), & n \geqslant 2, \end{cases}$$

从而 (2.3.114) 等价于

$$\mathcal{A}_1(u^1, v) = (1-\sigma) \int_\Omega \Delta \psi v \mathrm{d}\boldsymbol{x} + \int_\Omega \left(d_0^{(1)} \psi + f^\sigma + R^1 \right) v \mathrm{d}\boldsymbol{x}, \quad \forall v \in H_0^1(\Omega), \quad n=1, \tag{2.3.119}$$

$$\begin{aligned} \mathcal{A}_n(u^n, v) = {}& -(1-\sigma) \int_\Omega \nabla u^{n-1} \cdot \nabla v \mathrm{d}\boldsymbol{x} \\ & + \int_\Omega \left[d_0^{(n)} u^{n-1} - \sum_{k=1}^{n-2} d_k^{(n)} \left(u^{n-k} - u^{n-k-1} \right) + f^{n-1+\sigma} \right] v \mathrm{d}\boldsymbol{x} \\ & - d_{n-1}^{(n)} \int_\Omega \left(u^1 - \psi \right) v \mathrm{d}\boldsymbol{x} + \int_\Omega R^n v \mathrm{d}\boldsymbol{x}, \quad \forall v \in H_0^1(\Omega), \quad n \geqslant 2, \end{aligned} \tag{2.3.120}$$

其中双线性形式 $\mathcal{A}_n(\cdot, \cdot)$ 的定义如下:

$$\mathcal{A}_n(u^n, v) \triangleq \sigma \int_\Omega \nabla u^n \cdot \nabla v \mathrm{d}\boldsymbol{x} + d_0^{(n)} \int_\Omega u^n v \mathrm{d}\boldsymbol{x}, \quad n = 1, 2, \cdots, T/\tau.$$

另外, (2.3.115) 等价于

$$\mathcal{A}_1\left(u_h^1, v\right) = (1-\sigma)\int_\Omega \Delta\psi v \mathrm{d}\boldsymbol{x} + \int_\Omega \left(d_0^{(1)}\psi + f^\sigma\right) v \mathrm{d}\boldsymbol{x}, \quad \forall v \in V\left(\Omega\right) \cap H_0^1\left(\Omega\right), \quad n=1,$$

$$(2.3.121)$$

$$\mathcal{A}_n\left(u_h^n, v\right) = -(1-\sigma)\int_\Omega \nabla u_h^{n-1}\cdot\nabla v \mathrm{d}\boldsymbol{x}$$
$$+ \int_\Omega \left[d_0^{(n)}u_h^{n-1} - \sum_{k=1}^{n-2} d_k^{(n)}\left(u_h^{n-k} - u_h^{n-k-1}\right) + f^{n-1+\sigma}\right] v \mathrm{d}\boldsymbol{x}$$
$$- d_{n-1}^{(n)}\int_\Omega \left(u_h^1 - \psi\right) v \mathrm{d}\boldsymbol{x}, \quad \forall v \in V_h\left(\Omega\right) \cap H_0^1\left(\Omega\right), \quad n \geqslant 2.$$

$$(2.3.122)$$

为了证明 (2.3.118), 令 $e^n = u^n - u_h^n$, 则 $e^n \in H_0^1\left(\Omega\right)$.

下面先证明 (2.3.118) 在 $n = 1$ 时成立. 从 (2.3.119) 中减去 (2.3.121) 可得

$$\mathcal{A}_1\left(e^1, v\right) = \int_\Omega R^1 v \mathrm{d}\boldsymbol{x}, \quad \forall v \in V_h\left(\Omega\right) \cap H_0^1\left(\Omega\right).$$

$$(2.3.123)$$

设 $\mathcal{M}$ 是移动最小二乘近似的逼近算子, 则 $\mathcal{M}u^1 - u_h^1 \in V_h\left(\Omega\right) \cap H_0^1\left(\Omega\right)$, 再利用 (2.3.100) 得到

$$\mathcal{A}_1\left(e^1, \mathcal{M}u^1 - u_h^1\right) = \int_\Omega R^1\left(\mathcal{M}u^1 - u_h^1\right)\mathrm{d}\boldsymbol{x}$$
$$\leqslant C_4\left(\tau^2 + \varepsilon\right)\left(\left\|\mathcal{M}u^1 - u^1\right\|_{0,\Omega} + \left\|e^1\right\|_{0,\Omega}\right),$$

从而

$$C_5\left\|e^1\right\|_{1,\Omega}^2 \leqslant \mathcal{A}_1\left(e^1, e^1\right) = \mathcal{A}_1\left(e^1, u^1 - \mathcal{M}u^1\right) + \mathcal{A}_1\left(e^1, \mathcal{M}u^1 - u_h^1\right)$$
$$\leqslant C_6\left\|e^1\right\|_{1,\Omega}\left\|u^1 - \mathcal{M}u^1\right\|_{1,\Omega} + C_4\left(\tau^2 + \varepsilon\right)\left(\left\|\mathcal{M}u^1 - u^1\right\|_{0,\Omega} + \left\|e^1\right\|_{1,\Omega}\right).$$

$$(2.3.124)$$

调用定理 1.5.3, 有

$$\left\|u^1 - \mathcal{M}u^1\right\|_{l,\Omega} \leqslant C_7 h^{m+1-l}\left\|u^1\right\|_{m+1,\Omega}, \quad l=0,1,2,\cdots,m+1,$$

$$(2.3.125)$$

将 (2.3.125) 代入 (2.3.124) 得到

$$\left\|e^1\right\|_{1,\Omega} \leqslant C_1 h^m + C_2 \tau^2 + C_3 \varepsilon,$$

$$(2.3.126)$$

因此 (2.3.118) 在 $n = 1$ 时成立.

现在证明 (2.3.118) 在 $n = 2, 3, \cdots, T/\tau$ 时成立. 从 (2.3.120) 中减去 (2.3.122) 可得

$$\sigma \int_\Omega \nabla e^n \cdot \nabla v \mathrm{d}\boldsymbol{x} + d_0^{(n)} \int_\Omega e^n v \mathrm{d}\boldsymbol{x}$$

$$= -(1-\sigma) \int_\Omega \nabla e^{n-1} \cdot \nabla v \mathrm{d}\boldsymbol{x} + \int_\Omega \left[d_0^{(n)} e^{n-1} - \sum_{k=1}^{n-2} d_k^{(n)} \left(e^{n-k} - e^{n-k-1} \right) \right] v \mathrm{d}\boldsymbol{x}$$

$$+ \int_\Omega \left(R^n - d_{n-1}^{(n)} e^1 \right) v \mathrm{d}\boldsymbol{x},$$

即

$$\sum_{k=2}^n d_{n-k}^{(n)} \int_\Omega \left(e^k - e^{k-1} \right) v \mathrm{d}\boldsymbol{x} = -\int_\Omega \nabla e^{n-1+\sigma} \cdot \nabla v \mathrm{d}\boldsymbol{x} + \int_\Omega \left(R^n - d_{n-1}^{(n)} e^1 \right) v \mathrm{d}\boldsymbol{x},$$

$$(2.3.127)$$

其中 $e^{n-1+\sigma} \triangleq \sigma e^n + (1-\sigma) e^{n-1}$. 利用 (2.3.110), 在 (2.3.127) 中令 $v = e^{n-1+\sigma}$, 再调用 Young 不等式, 可得

$$\frac{1}{2} \sum_{k=2}^n d_{n-k}^{(n)} \left(\left\| e^k \right\|_{0,\Omega}^2 - \left\| e^{k-1} \right\|_{0,\Omega}^2 \right)$$

$$\leqslant \sum_{k=2}^n d_{n-k}^{(n)} \left(e^k - e^{k-1}, e^{n-1+\sigma} \right)$$

$$= -\left\| \nabla e^{n-1+\sigma} \right\|_{0,\Omega}^2 + \int_\Omega \left(R^n - d_{n-1}^{(n)} e^1 \right) e^{n-1+\sigma} \mathrm{d}\boldsymbol{x}$$

$$\leqslant \int_\Omega \left(R^n - d_{n-1}^{(n)} e^1 \right) e^{n-1+\sigma} \mathrm{d}\boldsymbol{x}$$

$$\leqslant \frac{1}{2} \left\| e^{n-1+\sigma} \right\|_{0,\Omega}^2 + \frac{1}{2} \left\| R^n - d_{n-1}^{(n)} e^1 \right\|_{0,\Omega}^2. \quad (2.3.128)$$

利用 Green 公式, 可将 (2.3.127) 改写为

$$\sum_{k=2}^n d_{n-k}^{(n)} \int_\Omega \left(e^k - e^{k-1} \right) v \mathrm{d}\boldsymbol{x} = \int_\Omega \Delta e^{n-1+\sigma} v \mathrm{d}\boldsymbol{x} + \int_\Omega \left(R^n - d_{n-1}^{(n)} e^1 \right) v \mathrm{d}\boldsymbol{x}.$$

$$(2.3.129)$$

在 (2.3.129) 中令 $v = \Delta e^{n-1+\sigma}$, 则

$$\sum_{k=2}^n d_{n-k}^{(n)} \int_\Omega \left(e^k - e^{k-1} \right) \Delta e^{n-1+\sigma} \mathrm{d}\boldsymbol{x}$$

$$= \int_{\Omega} \left(\Delta e^{n-1+\sigma} \right)^2 \mathrm{d}\boldsymbol{x} + \int_{\Omega} \left(R^n - d_{n-1}^{(n)} e^1 \right) \Delta e^{n-1+\sigma} \mathrm{d}\boldsymbol{x},$$

再利用 Green 公式, 有

$$-\sum_{k=2}^{n} d_{n-k}^{(n)} \int_{\Omega} \nabla \left(e^k - e^{k-1} \right) \cdot \nabla e^{n-1+\sigma} \mathrm{d}\boldsymbol{x}$$

$$= \int_{\Omega} \left(\Delta e^{n-1+\sigma} \right)^2 \mathrm{d}\boldsymbol{x} - \int_{\Omega} \nabla e^{n-1+\sigma} \cdot \nabla \left(R^n - d_{n-1}^{(n)} e^1 \right) \mathrm{d}\boldsymbol{x}.$$

调用 (2.3.110) 和 Young 不等式, 可得

$$\frac{1}{2} \sum_{k=2}^{n} d_{n-k}^{(n)} \left(\left\| \nabla e^k \right\|_{0,\Omega}^2 - \left\| \nabla e^{k-1} \right\|_{0,\Omega}^2 \right)$$

$$\leqslant \sum_{k=2}^{n} d_{n-k}^{(n)} \int_{\Omega} \nabla \left(e^k - e^{k-1} \right) \cdot \nabla e^{n-1+\sigma} \mathrm{d}\boldsymbol{x}$$

$$\leqslant \int_{\Omega} \nabla e^{n-1+\sigma} \cdot \nabla \left(R^n - d_{n-1}^{(n)} e^1 \right) \mathrm{d}\boldsymbol{x}$$

$$\leqslant \frac{1}{2} \left\| \nabla e^{n-1+\sigma} \right\|_{0,\Omega}^2 + \frac{1}{2} \left\| \nabla \left(R^n - d_{n-1}^{(n)} e^1 \right) \right\|_{0,\Omega}^2. \tag{2.3.130}$$

将 (2.3.128) 和 (2.3.130) 结合起来, 有

$$\frac{1}{2} \sum_{k=2}^{n} d_{n-k}^{(n)} \left(\left\| e^k \right\|_{1,\Omega}^2 - \left\| e^{k-1} \right\|_{1,\Omega}^2 \right) \leqslant \frac{1}{2} \left\| e^{n-1+\sigma} \right\|_{1,\Omega}^2 + \frac{1}{2} \left\| R^n - d_{n-1}^{(n)} e^1 \right\|_{1,\Omega}^2.$$

调用引理 2.3.3 得到

$$\left\| e^n \right\|_{1,\Omega}^2 \leqslant 2 E_{\alpha_{\bar{r}}} \left(\frac{4 t_n^{\alpha_{\bar{r}}}}{\lambda_{\bar{r}}} \right) \left(\left\| e^1 \right\|_{1,\Omega}^2 + \frac{4 \Gamma \left(1 - \alpha_{\bar{r}} \right)}{\lambda_{\bar{r}}} \max_{1 \leqslant k \leqslant n} \left\{ t_k^{\alpha_{\bar{r}}} \left\| R^k - d_{k-1}^{(k)} e^1 \right\|_{1,\Omega}^2 \right\} \right),$$

将 (2.3.100) 和 (2.3.126) 代入该式, 可知 (2.3.118) 在 $n = 2, 3, \cdots, T/\tau$ 时成立.

证毕.

2.3.7 数值算例

本节给出一些数值算例来阐释 2.3.5 节时间分数阶慢扩散方程的无单元 Galerkin 法的有效性和证实 2.3.6 节的理论误差分析. 在计算中, τ 表示时间步长, h 表示节点间距, 在移动最小二乘近似中使用二次基函数 (即 $m = 2$) 和

Gauss 权函数构造形函数, 节点影响域的半径为 $2.5h$, 罚方法中的罚因子选取为 $\beta = 10^2 h^{-5/3}$, 在矩形背景积分网格中采用 4×4 的 Gauss 积分公式数值计算积分, 同时计算区域上采用规则分布的节点.

例 2.3.1　单项时间分数阶慢扩散方程

考虑如下单项时间分数阶慢扩散方程 [52]:

$$_0^C D_t^\alpha u\,(\boldsymbol{x}, t) = \Delta u\,(\boldsymbol{x}, t) + \sin x_1 \sin x_2 \left(\frac{1}{2} t^2 \Gamma\,(3 + \alpha) + 2t^{2+\alpha} \right),$$

$$\boldsymbol{x} = (x_1, x_2)^{\mathrm{T}} \in \Omega, \quad t \in (0, 1],$$

初始条件为

$$u\,(\boldsymbol{x}, 0) = 0, \quad \boldsymbol{x} \in \Omega,$$

边界条件为

$$u\,(\boldsymbol{x}, t) = 0, \quad \boldsymbol{x} \in \partial\Omega, \quad t \in (0, 1],$$

其中 $\Omega = (0, \pi)^2$. 在计算中, 选取 $\alpha = 1/3$, $1/2$ 和 $2/3$. 该问题的解析解是

$$u\,(\boldsymbol{x}, t) = t^{2+\alpha} \sin x_1 \sin x_2.$$

为了研究无单元 Galerkin 法求解单项时间分数阶慢扩散方程时在空间方向上的收敛性, 选取 $\tau = 1/100$, 以及 $h = \pi/4$, $\pi/8$, $\pi/16$ 和 $\pi/32$, 表 2.3.1 给出了关于空间步长 h 的 H^1 误差 $\|u - u_h\|_{1,\Omega}$ 及相应收敛阶. 另外, 为了研究在时间方向上的收敛性, 选取 $h = \pi/100$, 以及 $\tau = 1/4$, $1/8$, $1/16$ 和 $1/32$, 表 2.3.2 给出了关于时间步长 τ 的 H^1 误差及相应收敛阶. 可以发现, 无单元 Galerkin 法在空间方向和时间方向上的 H^1 误差收敛阶都接近 2. 这些数值结果与定理 2.3.5 的理论结果相符.

表 2.3.1　例 2.3.1 中无单元 Galerkin 法在 $\tau = 1/100$ 时关于空间步长的 H^1 误差和收敛阶

h	$\alpha = 1/3$		$\alpha = 1/2$		$\alpha = 2/3$	
	误差	收敛阶	误差	收敛阶	误差	收敛阶
$\pi/4$	1.092e-01		1.090e-01		1.088e-01	
$\pi/8$	3.057e-02	1.837	3.047e-02	1.839	3.037e-02	1.841
$\pi/16$	7.384e-03	2.049	7.327e-03	2.056	7.264e-03	2.064
$\pi/32$	1.434e-03	2.365	1.396e-03	2.391	1.357e-03	2.421

表 2.3.2 例 2.3.1 中无单元 Galerkin 法在 $h = \pi/100$ 时关于时间步长的 H^1 误差和收敛阶

τ	$\alpha = 1/3$		$\alpha = 1/2$		$\alpha = 2/3$	
	误差	收敛阶	误差	收敛阶	误差	收敛阶
1/4	2.502e-02		4.080e-02		5.748e-02	
1/8	6.441e-03	1.958	1.038e-02	1.975	1.451e-02	1.985
1/16	1.808e-03	1.833	2.772e-03	1.904	3.789e-03	1.938
1/32	7.271e-04	1.314	9.402e-04	1.560	1.176e-03	1.688

例 2.3.2 两项时间分数阶慢扩散方程

考虑如下两项时间分数阶慢扩散方程 [53-55]:

$$_0^C D_t^{\alpha_1} u\left(\boldsymbol{x}, t\right) + {}_0^C D_t^{\alpha_2} u\left(\boldsymbol{x}, t\right) = \Delta u\left(\boldsymbol{x}, t\right) + f\left(\boldsymbol{x}, t\right), \quad \boldsymbol{x} = \left(x_1, x_2\right)^{\mathrm{T}} \in \Omega, \quad t \in (0, 1],$$

初始条件为

$$u\left(\boldsymbol{x}, 0\right) = 0, \quad \boldsymbol{x} \in \Omega,$$

边界条件为

$$u\left(\boldsymbol{x}, t\right) = 0, \quad \boldsymbol{x} \in \partial\Omega, \quad t \in (0, 1],$$

其中 $\Omega = (0, \pi)^2$. 另外,

$$f\left(\boldsymbol{x}, t\right) = \left[\frac{\Gamma\left(4 + \alpha_1 + \alpha_2\right) t^{3 + \alpha_1}}{\Gamma\left(4 + \alpha_1\right)} + \frac{\Gamma\left(4 + \alpha_1 + \alpha_2\right) t^{3 + \alpha_2}}{\Gamma\left(4 + \alpha_2\right)} + 2t^{3 + \alpha_1 + \alpha_2}\right] \sin x_1 \sin x_2.$$

该问题的解析解是

$$u\left(\boldsymbol{x}, t\right) = t^{3 + \alpha_1 + \alpha_2} \sin x_1 \sin x_2.$$

在 2.3.4 节, (2.3.92) 表示多项分数阶导数的时间离散 L2-1$_\sigma$ 公式, 而 (2.3.94) 表示相应的快速公式. 当 $\alpha_1 = 0.1, \alpha_2 = 0.9$ 和 $t = 1$ 时, 表 2.3.3 和表 2.3.4 分别给出了无单元 Galerkin 法关于不同时间步长 τ 和空间步长 h 的 H^1 误差 $\|u - u_h\|_{1, \Omega}$、收敛阶和 CPU 耗时. 这里的 CPU 耗时经过了规范化处理, 即相对于无单元 Galerkin 法使用最小的 τ 或 h 的 CPU 耗时, 对每种情况下的 CPU 耗时进行归一化, 从而表 2.3.3 和表 2.3.4 右下角的 CPU 耗时都为 1. 可以发现, 使用 L2-1$_\sigma$ 公式和快速 L2-1$_\sigma$ 公式得到的误差和收敛阶几乎完全相同, 但是快速 L2-1$_\sigma$ 公式花费的 CPU 时间明显低于 L2-1$_\sigma$ 公式. 因此, 快速 L2-1$_\sigma$ 公式能在保证精度和收敛性的同时显著降低计算时间, 从而具有更高的计算效率. 接下来的计算将采用快速时间离散公式.

表 2.3.3　当 $\alpha_1 = 0.1$, $\alpha_2 = 0.9$ 和 $t = 1$ 时, 例 2.3.2 中无单元 Galerkin 法在 $h = \pi/100$ 时关于时间步长的 H^1 误差、收敛阶和 CPU 耗时

τ	时间离散 L2-1$_\sigma$ 公式 (2.3.92)			快速时间离散 L2-1$_\sigma$ 公式 (2.3.94)		
	误差	收敛阶	CPU 耗时	误差	收敛阶	CPU 耗时
1/20	3.20140e-02		0.92248	3.20137e-02		0.90960
1/40	8.06430e-03	1.98908	1.02272	8.06436e-03	1.98906	0.91839
1/80	2.20669e-03	1.86967	1.28628	2.20675e-03	1.86964	0.95061
1/160	9.31506e-04	1.24425	3.00304	9.31553e-04	1.24421	1.00000

表 2.3.4　当 $\alpha_1 = 0.1$, $\alpha_2 = 0.9$ 和 $t = 1$ 时, 例 2.3.2 中无单元 Galerkin 法在 $\tau = 1/200$ 时关于时间步长的 H^1 误差、收敛阶和 CPU 耗时

h	时间离散 L2-1$_\sigma$ 公式 (2.3.92)			快速时间离散 L2-1$_\sigma$ 公式 (2.3.94)		
	误差	收敛阶	CPU 耗时	误差	收敛阶	CPU 耗时
$\pi/10$	1.24995e-01		0.07189	1.24995e-01		0.00657
$\pi/20$	2.91515e-02	2.10023	0.28455	2.91515e-02	2.10023	0.02648
$\pi/40$	6.40154e-03	2.18708	1.02473	6.40153e-03	2.18708	0.11701
$\pi/80$	1.36634e-03	2.22810	4.92420	1.36639e-03	2.22805	1.00000

为了研究无单元 Galerkin 法求解多项时间分数阶慢扩散方程时在空间方向上的收敛性, 选取 $\tau = 10^{-3}$, 以及 $h = \pi/4, \pi/8, \pi/16$ 和 $\pi/32$, 表 2.3.5 给出了 $\alpha_1 = 0.2$, $\alpha_2 = 0.4$ 和 $t = 0.8$ 时无单元 Galerkin 法关于空间步长 h 的 H^1 误差 $\|u - u_h\|_{1,\Omega}$ 及相应收敛阶, 表 2.3.6 给出了 $\alpha_1 = 0.1$, $\alpha_2 = 0.9$ 和 $t = 0.9$ 时无单元 Galerkin 法关于 h 的 H^1 误差及收敛阶. 表 2.3.5 和表 2.3.6 还分别包含了有限元法 [54] 和超收敛有限元法 [55] 在 $\tau = 10^{-4}$ 时的计算结果. 可以发现, 无单元 Galerkin 法在空间方向上的 H^1 误差收敛阶都接近 2. 这些数值结果与定理 2.3.5 的理论结果相符. 另外, 本节无单元 Galerkin 法比有限元法获得了更小的误差和更好的收敛性.

表 2.3.5　当 $\alpha_1 = 0.2$, $\alpha_2 = 0.4$ 和 $t = 0.8$ 时, 例 2.3.2 中无单元 Galerkin 法和有限元法 [54] 关于空间步长的 H^1 误差和收敛阶

h	无单元 Galerkin 法 ($\tau = 10^{-3}$)		有限元法 ($\tau = 10^{-4}$)	
	误差	收敛阶	误差	收敛阶
$\pi/4$	4.303e-02		2.252e-01	
$\pi/8$	9.680e-03	2.152	1.127e-01	0.999
$\pi/16$	1.875e-03	2.368	5.638e-02	0.999
$\pi/32$	3.658e-04	2.358	2.819e-02	1.001

表 2.3.6 当 $\alpha_1 = 0.1$、$\alpha_2 = 0.9$ 和 $t = 0.9$ 时, 例 2.3.2 中无单元 Galerkin 法和超收敛有限元法[55] 关于空间步长的 H^1 误差和收敛阶

h	无单元 Galerkin 法 ($\tau = 10^{-3}$)		超收敛有限元法 ($\tau = 10^{-4}$)	
	误差	收敛阶	误差	收敛阶
$\pi/4$	6.31e-02		1.84e-01	
$\pi/8$	1.42e-02	2.15	4.66e-02	1.98
$\pi/16$	2.762e-03	2.36	1.16e-02	2.01
$\pi/32$	5.41e-04	2.35	2.92e-03	1.99

为了研究无单元 Galerkin 法求解多项时间分数阶慢扩散方程时在时间方向上的收敛性, 类似文献 [54, 55] 选取 $\tau = 1/20,\ 1/40,\ 1/80$ 和 $1/160$, 以及 $h^2 \approx \tau^{2-\alpha_2}$, $t = 0.1$, 表 2.3.7 给出了 $\alpha_1 = 0.3$ 和 $\alpha_2 = 0.9$ 时无单元 Galerkin 法和有限元法[54] 关于时间步长 τ 的 H^1 误差及相应收敛阶, 表 2.3.8 给出了 $\alpha_1 = 0.15$ 和 $\alpha_2 = 0.95$ 时无单元 Galerkin 法和超收敛有限元法[55] 关于 τ 的误差及收敛阶. 可以发现, 无单元 Galerkin 法在时间方向上的 H^1 误差收敛阶接近 2, 并且比有限元法的误差更小一些.

表 2.3.7 当 $\alpha_1 = 0.3$, $\alpha_2 = 0.9$, $t = 0.1$ 和 $h^2 \approx \tau^{2-\alpha_2}$ 时, 例 2.3.2 中无单元 Galerkin 法和有限元法[54] 关于时间步长的 H^1 误差和收敛阶

τ	无单元 Galerkin 法		有限元法	
	误差	收敛阶	误差	收敛阶
1/20	2.295e-05		1.146e-4	
1/40	6.032e-06	1.928	5.342e-5	1.101
1/80	1.575e-06	1.938	2.498e-5	1.097
1/160	4.482e-07	1.813	1.172e-5	1.092

表 2.3.8 当 $\alpha_1 = 0.15$, $\alpha_2 = 0.95$, $t = 0.1$ 和 $h^2 \approx \tau^{2-\alpha_2}$ 时, 例 2.3.2 中无单元 Galerkin 法和超收敛有限元法[55] 关于时间步长的 H^1 误差和收敛阶

τ	无单元 Galerkin 法		超收敛有限元法	
	误差	收敛阶	误差	收敛阶
1/20	3.36e-05		1.67e-04	
1/40	1.11e-05	1.60	7.86e-05	1.09
1/80	2.69e-06	2.04	3.72e-05	1.08
1/160	6.14e-07	2.13	1.78e-05	1.06

例 2.3.3 三项时间分数阶慢扩散方程

考虑如下三项时间分数阶慢扩散方程[56,57]:

$$\sum_{r=1}^{3} \lambda_r {}^C_0 D_t^{\alpha_r} u(\boldsymbol{x}, t) = \Delta u(\boldsymbol{x}, t) + f(\boldsymbol{x}, t), \quad \boldsymbol{x} = (x_1, x_2)^{\mathrm{T}} \in \Omega, \quad t \in (0, 1],$$

初始条件为

$$u\left(\boldsymbol{x}, 0\right) = 0, \quad \boldsymbol{x} \in \Omega,$$

边界条件为

$$u\left(\boldsymbol{x}, t\right) = 0, \quad \boldsymbol{x} \in \partial\Omega, \quad t \in (0, 1],$$

其中 $\Omega = (0, 1)^2$. 另外,

$$f\left(\boldsymbol{x}, t\right) = \left[\sum_{i=1}^{3} \lambda_i \left(t^{\alpha_1 - \alpha_i} \frac{\Gamma\left(1 + \alpha_1\right)}{\Gamma\left(1 + \alpha_1 - \alpha_i\right)} \right. \right.$$
$$\left. \left. + 6t^{3-\alpha_i} \frac{\Gamma\left(3\right)}{\Gamma\left(4 - \alpha_i\right)} \right) + 2\pi^2 \left(t^{\alpha_1} + 2t^3 \right) \right] \sin\left(\pi x_1\right) \sin\left(\pi x_2\right).$$

该问题的解析解是

$$u\left(\boldsymbol{x}, t\right) = \left(t^{\alpha_1} + t^3 \right) \sin\left(\pi x_1\right) \sin\left(\pi x_2\right).$$

对于不同的分数阶 α_r 和系数 λ_r, 表 2.3.9 给出了无单元 Galerkin 法和有限元法 [56] 关于时间步长 τ 的 H^1 误差和收敛阶, 表 2.3.10 和表 2.3.11 给出了无单元 Galerkin 法、有限元法 [56] 和弱有限元法 [57] 关于空间步长 h 的误差和收敛阶. 可以发现, 无单元 Galerkin 法比有限元法和弱有限元法获得了更小的误差和更好的收敛性. 另外, 无单元 Galerkin 法在 H^1 范数中的收敛情况约为 $\mathcal{O}\left(h^2 + \tau^2\right)$, 这与定理 2.3.5 的理论结果相符.

表 2.3.9 当 $\alpha_1 = 0.1$, $\alpha_2 = 0.2$, $\alpha_3 = 0.8$, $\lambda_1 = \lambda_2 = 0.1$, $\lambda_3 = 1$ 和 $h \approx \tau^{2-\alpha_3}$ 时, 例 2.3.3 中无单元 Galerkin 法和有限元法 [56] 关于时间步长的 H^1 误差和收敛阶

τ	无单元 Galerkin 法		有限元法	
	误差	收敛阶	误差	收敛阶
1/10	2.2108e-02		5.8938e-01	
1/20	5.3815e-03	2.0385	2.5385e-01	1.2152
1/30	2.3870e-03	2.0049	1.5635e-01	1.1953
1/40	1.3468e-03	1.9894	1.1159e-01	1.1724

表 2.3.10 当 $\alpha_1 = 0.1$, $\alpha_2 = 0.2$, $\alpha_3 = 0.4$, $\lambda_1 = \lambda_2 = 0.1$ 和 $\lambda_3 = 1$ 时, 例 2.3.3 中无单元 Galerkin 法和有限元法 [56] 关于空间步长的 H^1 误差和收敛阶

h	无单元 Galerkin 法 ($\tau = 1/500$)		有限元法 ($\tau = 1/1500$)	
	误差	收敛阶	误差	收敛阶
1/8	3.4236e-02		1.3454e-01	
1/16	6.5672e-03	2.3822	3.3633e-02	2.0001
1/32	1.3143e-03	2.3209	8.4262e-03	1.9969
1/64	2.8873e-04	2.1865	2.1254e-03	1.9871

表 2.3.11 当 $\alpha_1 = 0.2$, $\alpha_2 = 0.3$, $\alpha_3 = 0.5$ 和 $\lambda_1 = \lambda_2 = \lambda_3 = 1$ 时, 例 2.3.3 中无单元 Galerkin 法和弱有限元法 [57] 关于空间步长的 H^1 误差和收敛阶

h	无单元 Galerkin 法 ($\tau = 1/500$)		弱有限元法 ($\tau = 1/1500$)	
	误差	收敛阶	误差	收敛阶
1/8	6.3212e-02		1.1205e-01	
1/16	1.2154e-02	2.3787	4.5428e-02	1.3025
1/32	2.3244e-03	2.3866	2.0492e-02	1.1485
1/64	4.7049e-04	2.3046	9.9235e-03	1.0461

2.4 数值积分对无单元 Galerkin 法的影响

无单元 Galerkin 法等 Galerkin 型无网格方法基于 Galerkin 变分形式, 因此需要使用适当的数值方法计算积分. 移动最小二乘近似等无网格形函数方法构造的形函数与有限元法的多项式形函数不同, 无网格形函数通常是有理式, 并且没有显式表达式, 因此无单元 Galerkin 法中的积分难以精确计算, 也不能像有限元法那样利用形函数的多项式次数确定数值积分公式.

大量实验表明, 数值积分对 Galerkin 型无网格方法的计算精度和计算量有很大影响 [10,59]. Babuška 等 [60,61]、张庆辉等 [62,63] 和王东东等 [64] 的理论研究表明积分方法必须满足特定的 "积分约束"(integration constraint) 条件才能保证计算精度和收敛性. 在 Galerkin 型无网格方法中, 常用 Gauss 积分公式计算积分, 但 Gauss 积分公式不满足积分约束条件, 无法保证 Galerkin 型无网格方法的精度和最优收敛阶. 为了降低积分误差, Galerkin 型无网格方法通常使用高阶 Gauss 积分公式, 这需要大量积分点, 而在每个积分点都要构造无网格形函数及其导数, 导致计算量非常大. 从无网格方法诞生至今, 如何建立适用于无网格方法的高效稳定数值积分方法一直是无网格方法研究领域的核心问题之一 [10,59-70].

Belytschko 等 [65] 提出的直接节点积分法 (nodal integration method) 能有效降低无单元 Galerkin 法的计算量, 但会导致严重的精度降低和计算不稳定. 为此, Chen 等 [66] 推导了一阶积分约束条件, 提出了线性准确的稳定协调节点积分法 (stabilized conforming nodal integration method); 段庆林和 Belytschko 等 [67] 推导了二阶积分约束条件, 提出了二次准确的二阶一致积分法 (quadratically consistent integration method), 但需要在每个积分单元上求解线性代数方程组来获得形函数导数的近似值; 王东东等 [68] 提出了二次准确的嵌套子域光滑梯度积分法 (nesting sub-domain gradient smoothing integration method), 不涉及线性代数方程组, 比稳定协调节点积分法和二阶一致积分法更高效, 但在构造光滑梯度时要求各层次嵌套子域完全相似, 难以推广至高次基函数; 王东东等 [69] 提出了任意次准确的再生光滑梯度积分 (reproducing kernel gradient smoothing integration,

RKGSI) 法, 能够满足任意阶积分约束条件, 但在构造积分公式时需要求解线性整数规划问题; 任晓丹等 [70] 提出了任意次准确的一致投影积分法 (consistent projection integration method), 可以直接调用 Gauss 积分公式, 但涉及有限元插值形函数.

　　本节研究数值积分对无单元 Galerkin 法的影响. 首先, 针对二阶线性椭圆边值问题, 通过采用 Nitsche 方法来施加 Dirichlet 边界条件, 分析不包含数值积分的无单元 Galerkin 法的计算公式和误差估计. 其次, 通过理论分析积分约束条件和再生光滑梯度积分法的性质, 建立可以根据代数精度和多项式次数来确定积分公式的数值积分准则 [71-74], 简化积分公式的构造过程, 获得适用于无单元 Galerkin 法等 Galerkin 型无网格方法的数值积分公式. 该积分公式由于满足积分约束条件, 同时形函数在积分子域内的导数可以基于形函数直接构造, 不需要进行繁琐的形函数求导计算, 因而具有高效高精度等特点. 最后, 给出包含数值积分的无单元 Galerkin 法的计算公式, 分析无单元 Galerkin 法在包含数值积分时近似解的存在唯一性, 并通过建立 Strang 第一引理的修正形式, 给出无单元 Galerkin 法在包含数值积分时的理论误差估计, 从误差公式可以看出如何选择求积公式来保证无单元 Galerkin 法的最优收敛速度.

2.4.1　不包含数值积分的无单元 Galerkin 法

　　本节针对含有 Dirichlet 和 Robin 混合边界条件的二阶线性椭圆边值问题, 通过采用 Nitsche 方法施加 Dirichlet 边界条件, 建立不包含数值积分的无单元 Galerkin 法的计算公式, 同时给出相应的误差分析.

　　考虑如下边值问题:

$$\begin{cases} -\mathrm{div}\left(\boldsymbol{A}\nabla u\left(\boldsymbol{x}\right)\right) + b\left(\boldsymbol{x}\right)u\left(\boldsymbol{x}\right) = f\left(\boldsymbol{x}\right), & \boldsymbol{x} \in \Omega, \\ u\left(\boldsymbol{x}\right) = \bar{u}\left(\boldsymbol{x}\right), & \boldsymbol{x} \in \Gamma^{D}, \\ \boldsymbol{A}\nabla u\left(\boldsymbol{x}\right) \cdot \boldsymbol{n}\left(\boldsymbol{x}\right) + \sigma\left(\boldsymbol{x}\right)u\left(\boldsymbol{x}\right) = \bar{q}\left(\boldsymbol{x}\right), & \boldsymbol{x} \in \Gamma^{R}, \end{cases} \tag{2.4.1}$$

其中 $u\left(\boldsymbol{x}\right)$ 是未知函数, $f\left(\boldsymbol{x}\right) \in L^{2}\left(\Omega\right)$, $\bar{u}\left(\boldsymbol{x}\right) \in L^{2}\left(\Gamma^{D}\right)$, $\bar{q}\left(\boldsymbol{x}\right) \in L^{2}\left(\Gamma^{R}\right)$, $b\left(\boldsymbol{x}\right) \in L^{\infty}\left(\Omega\right)$, $\sigma\left(\boldsymbol{x}\right) \in C\left(\Gamma^{R}\right)$ 都是已知函数, $\boldsymbol{A} = \{a_{ij}\}_{i,j=1}^{n}$ 是一个对称矩阵, Ω 是 n 维空间 $\mathbb{R}^{n}$ 中的有界连通区域, 其边界 $\Gamma = \partial\Omega = \Gamma^{D} \cup \Gamma^{R}$ 分段光滑, $\boldsymbol{n} = (n_{1}, n_{2}, \cdots, n_{n})^{\mathrm{T}}$ 是边界 Γ 上的单位外法向量. 另外, 存在正常数 σ_{*} 和 a_{*} 使得 $\sigma_{*} = \inf\limits_{\boldsymbol{x} \in \Gamma^{R}} \sigma\left(\boldsymbol{x}\right) \geqslant 0, 0 < a_{*} \leqslant \|\boldsymbol{A}\|_{\infty}$ 且

$$\begin{cases} \sum\limits_{i,j=1}^{n} a_{ij}\xi_{i}\xi_{j} \geqslant a_{*} \sum\limits_{i=1}^{n} |\xi_{i}|^{2}, & \forall\left(\xi_{1}, \xi_{2}, \cdots, \xi_{n}\right)^{\mathrm{T}} \in \mathbb{R}^{n}, \\ b\left(\boldsymbol{x}\right) \geqslant a_{*}, & \forall\boldsymbol{x} \in \Omega. \end{cases} \tag{2.4.2}$$

由于移动最小二乘近似构造的形函数不具备插值性质, 这里采用 Nitsche 方法 [75-77] 来处理 Dirichlet 边界条件. 利用 Gauss 公式和问题 (2.4.1) 的边界条件, 于是有

$$
-\int_\Omega \mathrm{div}\,(\boldsymbol{A}\nabla u)\,v\mathrm{d}\boldsymbol{x}
$$

$$
= \int_\Omega \boldsymbol{A}\nabla u \cdot \nabla v\mathrm{d}\boldsymbol{x} - \int_\Gamma \boldsymbol{A}\nabla u \cdot \boldsymbol{n}v\mathrm{d}s_{\boldsymbol{x}}
$$

$$
= \int_\Omega \boldsymbol{A}\nabla u \cdot \nabla v\mathrm{d}\boldsymbol{x} - \int_\Gamma \boldsymbol{A}\nabla u \cdot \boldsymbol{n}v\mathrm{d}s_{\boldsymbol{x}}
$$

$$
+ \alpha h^{-1}\int_{\Gamma^D} (u - \bar{u})\,v\mathrm{d}s_{\boldsymbol{x}} - \int_{\Gamma^D} (u - \bar{u})\,\boldsymbol{A}\nabla v \cdot \boldsymbol{n}\mathrm{d}s_{\boldsymbol{x}}
$$

$$
= \int_\Omega \boldsymbol{A}\nabla u \cdot \nabla v\mathrm{d}\boldsymbol{x} + \int_{\Gamma^D} \left(\alpha h^{-1}uv - u\boldsymbol{A}\nabla v \cdot \boldsymbol{n} - \boldsymbol{A}\nabla u \cdot \boldsymbol{n}v \right)\mathrm{d}s_{\boldsymbol{x}}
$$

$$
- \int_{\Gamma^D} \bar{u}\left(\alpha h^{-1}v - \boldsymbol{A}\nabla v \cdot \boldsymbol{n} \right)\mathrm{d}s_{\boldsymbol{x}} - \int_{\Gamma^R} (\bar{q} - \sigma u)\,v\mathrm{d}s_{\boldsymbol{x}}, \qquad (2.4.3)
$$

其中 α 是 Nitsche 方法中的罚因子. 当 $\Gamma^D = \varnothing$ 时, 可令 $\alpha = 0$.

对任意 $v \in H^2(\Omega)$, 问题 (2.4.1) 的控制方程两边同时乘以 v 并在 Ω 上积分, 可得

$$
-\int_\Omega \mathrm{div}\,(\boldsymbol{A}\nabla u)\,v\mathrm{d}\boldsymbol{x} + \int_\Omega buv\mathrm{d}\boldsymbol{x} = \int_\Omega fv\mathrm{d}\boldsymbol{x}. \qquad (2.4.4)
$$

因此, 将 (2.4.3) 代入 (2.4.4), 问题 (2.4.1) 相应的变分问题为: 求 $u \in H^2(\Omega)$, 使得

$$
B(u,v) = L(v), \quad \forall v \in H^2(\Omega), \qquad (2.4.5)
$$

其中

$$
B(u,v) = B^s(u,v) + B^m(u,v) + B^b(u,v), \qquad (2.4.6)
$$

$$
L(v) = L^\Omega(v) + L^\Gamma(v), \qquad (2.4.7)
$$

并且

$$
B^s(u,v) = \int_\Omega \boldsymbol{A}\nabla u \cdot \nabla v\mathrm{d}\boldsymbol{x}, \qquad (2.4.8)
$$

$$
B^m(u,v) = \int_\Omega buv\mathrm{d}\boldsymbol{x}, \qquad (2.4.9)
$$

$$
B^b(u,v) = \int_{\Gamma^D} \left(\alpha h^{-1}uv - u\boldsymbol{A}\nabla v \cdot \boldsymbol{n} - \boldsymbol{A}\nabla u \cdot \boldsymbol{n}v \right)\mathrm{d}s_{\boldsymbol{x}} + \int_{\Gamma^R} \sigma uv\mathrm{d}s_{\boldsymbol{x}}, \quad (2.4.10)
$$

$$L^{\Omega}(v) = \int_{\Omega} f v \mathrm{d}\boldsymbol{x}, \tag{2.4.11}$$

$$L^{\Gamma}(v) = \int_{\Gamma^D} \bar{u} \left(\alpha h^{-1} v - \boldsymbol{A} \nabla v \cdot \boldsymbol{n} \right) \mathrm{d}s_{\boldsymbol{x}} + \int_{\Gamma^R} \bar{q} v \mathrm{d}s_{\boldsymbol{x}}. \tag{2.4.12}$$

为了确保双线性形式 $B(\cdot,\cdot)$ 在 $H^2(\Omega)$ 上具有强制性或正定性, 假定存在不依赖于 h 的正常数 χ, 使得如下逆不等式成立:

$$h \left\| \boldsymbol{A} \nabla v \cdot \boldsymbol{n} \right\|_{0,\Gamma^D}^2 \leqslant \chi \int_{\Omega} \boldsymbol{A} \nabla v \cdot \nabla v \mathrm{d}\boldsymbol{x}, \quad \forall v \in H^2(\Omega). \tag{2.4.13}$$

定义范数 $\left\| \cdot \right\|_{\alpha}$ 为

$$\left\| v \right\|_{\alpha}^2 = \left\| v \right\|_{1,\Omega}^2 + h \left\| \boldsymbol{A} \nabla v \cdot \boldsymbol{n} \right\|_{0,\Gamma^D}^2 + h^{-1} \left\| v \right\|_{0,\Gamma^D}^2 + \sigma_* \left\| v \right\|_{0,\Gamma^R}^2, \quad \forall v \in H^2(\Omega).$$

因为 (2.4.13) 表明

$$h \left\| \boldsymbol{A} \nabla v \cdot \boldsymbol{n} \right\|_{0,\Gamma^D}^2 \leqslant \chi \int_{\Omega} \boldsymbol{A} \nabla v \cdot \nabla v \mathrm{d}\boldsymbol{x} \leqslant \chi \left\| \boldsymbol{A} \right\|_{\infty} \left| v \right|_{1,\Omega}^2, \tag{2.4.14}$$

所以

$$\left\| v \right\|_{1,\Omega}^2 \leqslant \left\| v \right\|_{\alpha}^2 \leqslant (1 + \chi \left\| \boldsymbol{A} \right\|_{\infty}) \left(\left\| v \right\|_{1,\Omega}^2 + h^{-1} \left\| v \right\|_{0,\Gamma^D}^2 + \sigma_* \left\| v \right\|_{0,\Gamma^R}^2 \right). \tag{2.4.15}$$

引理 2.4.1　对任意 w 和 $v \in H^2(\Omega)$, 有

$$B(w,v) \leqslant C_1 (1 + \alpha) \left\| w \right\|_{\alpha} \left\| v \right\|_{\alpha}.$$

若 $\alpha > (2 \left\| \boldsymbol{A} \right\|_{\infty} / a_* - 1) \chi$, 其中 χ 满足 (2.4.13), 则对任意 $v \in H^2(\Omega)$, 有

$$B(v,v) \geqslant C_2 \left\| v \right\|_{\alpha}^2.$$

证明　根据 (2.4.6) 和 Cauchy-Schwarz 不等式, 可得

$$
\begin{aligned}
B(w,v) &= \int_{\Omega} \boldsymbol{A} \nabla w \cdot \nabla v \mathrm{d}\boldsymbol{x} + \int_{\Omega} b w v \mathrm{d}\boldsymbol{x} \\
&\quad + \int_{\Gamma^D} \left(\alpha h^{-1} w v - w \boldsymbol{A} \nabla v \cdot \boldsymbol{n} - \boldsymbol{A} \nabla w \cdot \boldsymbol{n} v \right) \mathrm{d}s_{\boldsymbol{x}} \\
&\quad + \int_{\Gamma^R} \sigma w v \mathrm{d}s_{\boldsymbol{x}} \\
&\leqslant \left\| \boldsymbol{A} \right\|_{\infty} \left| w \right|_{1,\Omega} \left| v \right|_{1,\Omega} + \left\| b \right\|_{\infty} \left\| w \right\|_{0,\Omega} \left\| v \right\|_{0,\Omega}
\end{aligned}
$$

$$+ \alpha \left(h^{-1/2} \left\| w \right\|_{0,\Gamma^D} \right) \left(h^{-1/2} \left\| v \right\|_{0,\Gamma^D} \right)$$

$$+ \left(h^{-1/2} \left\| w \right\|_{0,\Gamma^D} \right) \left(h^{1/2} \left\| \boldsymbol{A} \nabla v \cdot \boldsymbol{n} \right\|_{0,\Gamma^D} \right)$$

$$+ \left(h^{-1/2} \left\| v \right\|_{0,\Gamma^D} \right) \left(h^{1/2} \left\| \boldsymbol{A} \nabla w \cdot \boldsymbol{n} \right\|_{0,\Gamma^D} \right)$$

$$+ \left\| \sigma \right\|_{\infty} \left\| w \right\|_{0,\Gamma^R} \left\| v \right\|_{0,\Gamma^R}$$

$$\leqslant C_1 \left(1 + \alpha \right) \left\| w \right\|_{\alpha} \left\| v \right\|_{\alpha}.$$

利用 Cauchy-Schwarz 不等式和 Young 不等式, 有

$$2 \int_{\Gamma^D} v \left(\boldsymbol{A} \nabla v \cdot \boldsymbol{n} \right) \mathrm{d} s_{\boldsymbol{x}} \leqslant 2 \left\| v \right\|_{0,\Gamma^D} \left\| \boldsymbol{A} \nabla v \cdot \boldsymbol{n} \right\|_{0,\Gamma^D}$$

$$\leqslant C_Y h^{-1} \left\| v \right\|_{0,\Gamma^D}^2 + C_Y^{-1} h \left\| \boldsymbol{A} \nabla v \cdot \boldsymbol{n} \right\|_{0,\Gamma^D}^2,$$

对任意正数 C_Y 均成立. 因此, 由 (2.4.14), 可得

$$2 \int_{\Gamma^D} v \left(\boldsymbol{A} \nabla v \cdot \boldsymbol{n} \right) \mathrm{d} s_{\boldsymbol{x}} \leqslant C_Y h^{-1} \left\| v \right\|_{0,\Gamma^D}^2 + C_Y^{-1} \chi \left\| \boldsymbol{A} \right\|_{\infty} \left| v \right|_{1,\Omega}^2. \tag{2.4.16}$$

利用 (2.4.2), (2.4.6) 和 (2.4.16), 有

$$B(v,v) = \int_{\Omega} \boldsymbol{A} \nabla v \cdot \nabla v \mathrm{d} \boldsymbol{x} + \int_{\Omega} b v^2 \mathrm{d} \boldsymbol{x}$$

$$+ \int_{\Gamma^D} \left(\alpha h^{-1} v^2 - 2 v \boldsymbol{A} \nabla v \cdot \boldsymbol{n} \right) \mathrm{d} s_{\boldsymbol{x}} + \int_{\Gamma^R} \sigma v^2 \mathrm{d} s_{\boldsymbol{x}}$$

$$\geqslant a_* \left| v \right|_{1,\Omega}^2 + a_* \left\| v \right\|_{0,\Omega}^2 + \alpha h^{-1} \left\| v \right\|_{0,\Gamma^D}^2$$

$$- C_Y h^{-1} \left\| v \right\|_{0,\Gamma^D}^2 - C_Y^{-1} \chi \left\| \boldsymbol{A} \right\|_{\infty} \left| v \right|_{1,\Omega}^2 + \sigma_* \left\| v \right\|_{0,\Gamma^R}^2$$

$$\geqslant \left(a_* - C_Y^{-1} \chi \left\| \boldsymbol{A} \right\|_{\infty} \right) \left| v \right|_{1,\Omega}^2 + \left(\alpha - C_Y \right) h^{-1} \left\| v \right\|_{0,\Gamma^D}^2 + \sigma_* \left\| v \right\|_{0,\Gamma^R}^2.$$

为了确保 $a_* - C_Y^{-1} \chi \left\| \boldsymbol{A} \right\|_{\infty}$ 和 $\alpha - C_Y$ 大于零, 取 $C_Y = 0.5 \left(\chi + \alpha \right)$, 则由 $\alpha > \left(2 \left\| \boldsymbol{A} \right\|_{\infty} / a_* - 1 \right) \chi$ 和 $0 < a_* \leqslant \left\| \boldsymbol{A} \right\|_{\infty}$ 易知

$$a_* - C_Y^{-1} \chi \left\| \boldsymbol{A} \right\|_{\infty} = a_* - 2 \chi \left\| \boldsymbol{A} \right\|_{\infty} \left(\chi + \alpha \right)^{-1} > 0,$$

$$\alpha - C_Y = 0.5 \left(\alpha - \chi \right) > 0.$$

因此, 再由 (2.4.15) 可得

$$B(v,v) \geqslant \left(a_* - 2 \chi \left\| \boldsymbol{A} \right\|_{\infty} \left(\chi + \alpha \right)^{-1} \right) \left\| v \right\|_{1,\Omega}^2 + 0.5 \left(\alpha - \chi \right) h^{-1} \left\| v \right\|_{0,\Gamma^D}^2 + \sigma_* \left\| v \right\|_{0,\Gamma^R}^2$$

$$\geqslant C_2 \left\| v \right\|_\alpha^2,$$

其中 $C_2 = \min \left\{ a_* - 2\chi \left\| \boldsymbol{A} \right\|_\infty (\chi + \alpha)^{-1}, 0.5(\alpha - \chi), 1 \right\} (1 + \chi \left\| \boldsymbol{A} \right\|_\infty)^{-1} > 0.$

证毕.

根据引理 2.4.1 和 Lax-Milgram 定理, 变分问题 (2.4.5) 存在唯一解 $u \in H^2(\Omega)$.

利用 1.4.3 节的移动最小二乘近似建立无网格形函数 $\Phi_i(\boldsymbol{x})$, 令近似解空间为

$$V_h(\Omega) = \operatorname{span} \left\{ \Phi_i, 1 \leqslant i \leqslant N \right\}, \tag{2.4.17}$$

则可将变分问题 (2.4.1) 近似为: 求 $u_h \in V_h(\Omega)$, 使得

$$B(u_h, v) = L(v), \quad \forall v \in V_h(\Omega). \tag{2.4.18}$$

为了分析基于 Nitsche 格式的无单元 Galerkin 法, 先给出如下引理.

引理 2.4.2　对给定的向量 $\boldsymbol{v} = (v_1, v_2, \cdots, v_N)^{\mathrm{T}}$, 设 $v(\boldsymbol{x}) = \sum_{i=1}^{N} \Phi_i(\boldsymbol{x}) v_i$,

$$\wedge_j = \left\{ i : \Re_i \cap \Re_j \neq \varnothing, 1 \leqslant i \leqslant N \right\}, \quad j = 1, 2, \cdots, N, \tag{2.4.19}$$

$$N_\Omega = \left\{ i : \Re_i \cap \Gamma = \varnothing, 1 \leqslant i \leqslant N \right\}, \quad N_\Gamma = \left\{ i : \Re_i \cap \Gamma \neq \varnothing, 1 \leqslant i \leqslant N \right\}, \tag{2.4.20}$$

则当 $1 \leqslant q \leqslant \infty$ 和 $0 \leqslant p \leqslant m$ 时, 有

$$\sum_{i \in \wedge_j} |v_i| \leqslant C_2 r_j^{p-n/2} \left\| v \right\|_{p, \Re_j}, \quad j = 1, 2, \cdots, N, \tag{2.4.21}$$

$$\sum_{i \in \wedge_j \cap N_\Gamma} |v_i| \leqslant C_2 r_j^{p-(n-1)/2} \left\| v \right\|_{p, \Re_j}, \quad j = 1, 2, \cdots, N, \tag{2.4.22}$$

$$C_1 h^{p-n/q} \left\| v \right\|_{p, q, \Omega} \leqslant \left(\sum_{i=1}^{N} |v_i|^q \right)^{1/q} \leqslant C_2 h^{p-n/q} \left\| v \right\|_{p, q, \Omega}, \tag{2.4.23}$$

$$C_1 h^{p-(n-1)/q} \left\| v \right\|_{p, q, \Gamma} \leqslant \left(\sum_{i \in N_\Gamma} |v_i|^q \right)^{1/q} \leqslant C_2 h^{p-(n-1)/q} \left\| v \right\|_{p, q, \Gamma}, \tag{2.4.24}$$

$$C_1 h^{-n} \leqslant N \leqslant C_2 h^{-n}, \quad C_1 h^{-n} \leqslant |N_\Omega| \leqslant C_2 h^{-n}, \quad C_1 h^{1-n} \leqslant |N_\Gamma| \leqslant C_2 h^{1-n}, \tag{2.4.25}$$

其中 $|N_\Omega|$ 和 $|N_\Gamma|$ 分别表示集合 N_Ω 和 N_Γ 中元素的个数. 当 $q = \infty$ 时, (2.4.23) 和 (2.4.24) 中的 $\left(\sum |v_i|^q \right)^{1/q}$ 用 $\max |v_i|$ 替换.

证明 如果 $i \notin \wedge_j$ 和 $\boldsymbol{x} \in \Re_j$，那么由 (1.1.3) 可知 $i \notin \wedge(\boldsymbol{x})$，再由 (2.4.19) 可得 $\boldsymbol{x} \notin \Re_i$. 因此，当 $i \notin \wedge_j$ 和 $\boldsymbol{x} \in \Re_j$ 时，有 $\Phi_i(\boldsymbol{x}) = 0$，故

$$v(\boldsymbol{x}) = \sum_{i=1}^{N} \Phi_i(\boldsymbol{x}) v_i = \sum_{i \in \wedge_j} \Phi_i(\boldsymbol{x}) v_i, \quad \boldsymbol{x} \in \Re_j. \tag{2.4.26}$$

设 $\hat{\Re}$ 是中心在原点的 n 维单位球，则存在仿射变换 $F_j : \hat{\Re} \to \Re_j$ 使得 $\Re_j = F_j(\hat{\Re})$，即对任意 $\hat{\boldsymbol{x}} \in \hat{\Re}$ 有 $\boldsymbol{x} = F_j(\hat{\boldsymbol{x}}) \in \Re_j$，从而

$$v(\boldsymbol{x}) = v(F_j(\hat{\boldsymbol{x}})) \triangleq \hat{v}(\hat{\boldsymbol{x}}), \quad \boldsymbol{x} \in \Re_j, \tag{2.4.27}$$

$$\Phi_i(\boldsymbol{x}) = \Phi_i(F_j(\hat{\boldsymbol{x}})) \triangleq \hat{\Phi}_i(\hat{\boldsymbol{x}}), \quad \boldsymbol{x} \in \Re_j. \tag{2.4.28}$$

根据 (2.4.26) 和 (2.4.27) 可得

$$\hat{v}(\hat{\boldsymbol{x}}) = \sum_{i \in \wedge_j} \Phi_i(\boldsymbol{x}) v_i, \quad \hat{\boldsymbol{x}} \in \hat{\Re}, \tag{2.4.29}$$

将 (2.4.28) 代入 (2.4.29) 得到

$$\hat{v}(\hat{\boldsymbol{x}}) = \sum_{i \in \wedge_j} \hat{\Phi}_i(\hat{\boldsymbol{x}}) v_i, \quad \hat{\boldsymbol{x}} \in \hat{\Re}, \tag{2.4.30}$$

因此

$$D^{\boldsymbol{\lambda}} \hat{v}(\hat{\boldsymbol{x}}) = \sum_{i \in \wedge_j} D^{\boldsymbol{\lambda}} \hat{\Phi}_i(\hat{\boldsymbol{x}}) v_i \in \hat{V}_{jh}^{\boldsymbol{\lambda}}(\hat{\Re}) \triangleq \mathrm{span} \left\{ D^{\boldsymbol{\lambda}} \hat{\Phi}_i, i \in \wedge_j \right\}, \quad \hat{\boldsymbol{x}} \in \hat{\Re}.$$

因为 $\hat{V}_{jh}^{\boldsymbol{\lambda}}(\hat{\Re})$ 是单位球上的有限维空间，所以 $D^{\boldsymbol{\lambda}} \hat{v}$ 的范数 $\left(\sum_{i \in \wedge_j} |v_i|^q \right)^{1/q}$ 和 $\left\| D^{\boldsymbol{\lambda}} \hat{v} \right\|_{0,q,\hat{\Re}}$ 等价，即

$$C_3 |\hat{v}|_{p,q,\hat{\Re}} \leqslant \left(\sum_{i \in \wedge_j} |v_i|^q \right)^{1/q} \leqslant C_4 |\hat{v}|_{p,q,\hat{\Re}}, \quad p = |\boldsymbol{\lambda}|. \tag{2.4.31}$$

由于单位球 $\hat{\Re}$ 的半径与 h 无关，从而 (2.4.31) 中的 C_3 和 C_4 也与 h 无关. 鉴于 $\Re_j$ 和 $\hat{\Re}$ 是空间 $\mathbb{R}^n$ 中两个仿射等价的开集，类似有限元专著 [1] 中的定理 3.1.2，利用 (2.4.27) 和缩放技巧 (scaling trick) 可得

$$C_5 r_j^p \left(|\Re_j| / |\hat{\Re}| \right)^{-1/q} |v|_{p,q,\Re_j} \leqslant |\hat{v}|_{p,q,\hat{\Re}} \leqslant C_6 r_j^p \left(|\Re_j| / |\hat{\Re}| \right)^{-1/q} |v|_{p,q,\Re_j}. \tag{2.4.32}$$

将 (2.4.32) 代入 (2.4.31), 并注意到假设 1.4.2, 可得

$$C_1 r_j^{p-n/q} |v|_{p,q,\Re_j} \leqslant \left(\sum_{i \in \wedge_j} |v_i|^q \right)^{1/q} \leqslant C_2 r_j^{p-n/q} |v|_{p,q,\Re_j} . \tag{2.4.33}$$

类似地

$$C_1 r_j^{p-(n-1)/q} |v|_{p,q,\Re_j \cap \Gamma} \leqslant \left(\sum_{i \in \wedge_j \cap N_\Gamma} |v_i|^q \right)^{1/q} \leqslant C_2 r_j^{p-(n-1)/q} |v|_{p,q,\Re_j \cap \Gamma} . \tag{2.4.34}$$

注意到假设 1.4.1 和假设 1.4.2, 由 (2.4.33) 可得 (2.4.23), 由 (2.4.34) 可得 (2.4.24). 在 (2.4.23) 和 (2.4.24) 中取 $q = 1$, $p = 0$ 和 $v = 1$ 可得 (2.4.25). 最后, 利用 Cauchy-Schwarz 不等式和 (2.4.33) 得到

$$\sum_{i \in \wedge_j} |v_i| \leqslant \left(\sum_{i \in \wedge_j} |v_i|^2 \right)^{1/2} |\wedge_j|^{1/2} \leqslant C_7 \kappa_m^{1/2} r_j^{p-n/2} \|v\|_{p,\Re_j} \leqslant C_8 r_j^{p-n/2} \|v\|_{p,\Re_j} ,$$

从而 (2.4.21) 成立. 类似可得 (2.4.22) 成立.   证毕.

引理 2.4.3　存在不依赖于 h 的正常数 χ, 使得如下逆不等式成立:

$$h \|\boldsymbol{A} \nabla v \cdot \boldsymbol{n}\|_{0,\Gamma^D}^2 \leqslant \chi \int_\Omega \boldsymbol{A} \nabla v \cdot \nabla v \mathrm{d}\boldsymbol{x}, \quad \forall v \in V_h(\Omega) . \tag{2.4.35}$$

证明　一方面, 在 (2.4.33) 中取 $q = 2$ 和 $p = 1$, 可得

$$C_1 r_j^{1-n/2} |v|_{1,\Re_j} \leqslant \left(\sum_{i \in \wedge_j} |v_i|^2 \right)^{1/2} \leqslant C_2 r_j^{1-n/2} |v|_{1,\Re_j} ,$$

因此

$$C_3 r_j^{2-n} |v|_{1,\Re_j}^2 \leqslant \sum_{i \in \wedge_j} v_i^2 \leqslant C_4 r_j^{2-n} |v|_{1,\Re_j}^2 . \tag{2.4.36}$$

将 (2.4.36) 两边关于 j 从 1 到 N 求和, 并注意到假设 1.4.1 和假设 1.4.2, 可得

$$C_5 h^{2-n} |v|_{1,\Omega}^2 \leqslant \sum_{i=1}^N v_i^2 \leqslant C_6 h^{2-n} |v|_{1,\Omega}^2 . \tag{2.4.37}$$

另一方面, 在 (2.4.34) 中取 $q = 2$ 和 $p = 1$, 可得

$$C_7 r_j^{1-(n-1)/2} |v|_{1,\Re_j \cap \Gamma} \leqslant \left(\sum_{i \in \wedge_j \cap N_\Gamma} |v_i|^2 \right)^{1/2} \leqslant C_8 r_j^{1-(n-1)/2} |v|_{1,\Re_j \cap \Gamma} ,$$

因此

$$C_9 r_j^{3-n} |v|_{1,\Re_j \cap \Gamma}^2 \leqslant \sum_{i \in \wedge_j \cap N_\Gamma} v_i^2 \leqslant C_{10} r_j^{3-n} |v|_{1,\Re_j \cap \Gamma}^2, \qquad (2.4.38)$$

将 (2.4.38) 两边关于 j 从 1 到 N 求和, 并注意到假设 1.4.1 和假设 1.4.2, 可得

$$C_{11} h^{3-n} |v|_{1,\Gamma}^2 \leqslant \sum_{i \in N_\Gamma} v_i^2 \leqslant C_{12} h^{3-n} |v|_{1,\Gamma}^2. \qquad (2.4.39)$$

由 (2.4.37) 和 (2.4.39), 有

$$C_{11} h^{3-n} |v|_{1,\Gamma}^2 \leqslant \sum_{i \in N_\Gamma} v_i^2 \leqslant \sum_{i=1}^N v_i^2 \leqslant C_6 h^{2-n} |v|_{1,\Omega}^2,$$

再结合 $|v|_{1,\Gamma^D}^2 \leqslant |v|_{1,\Gamma}^2$ 可得 $C_{11} h |v|_{1,\Gamma^D}^2 \leqslant C_6 |v|_{1,\Omega}^2$. 因此, 注意到 (2.4.2), 有

$$
\begin{aligned}
h \|\boldsymbol{A}\nabla v \cdot \boldsymbol{n}\|_{0,\Gamma^D}^2 &\leqslant h \|\boldsymbol{A}\|_\infty |v|_{1,\Gamma^D}^2 \\
&\leqslant (C_6/C_{11}) \left(\|\boldsymbol{A}\|_\infty/a_*\right) a_* |v|_{1,\Omega}^2 \\
&\leqslant (C_6/C_{11}) \left(\|\boldsymbol{A}\|_\infty/a_*\right) \int_\Omega \boldsymbol{A}\nabla v \cdot \nabla v \mathrm{d}\boldsymbol{x}.
\end{aligned}
$$

最后, 令 $\chi = (C_6/C_{11}) \left(\|\boldsymbol{A}\|_\infty/a_*\right)$ 可得 (2.4.35). 　　　　　　　证毕.

　　引理 2.4.3 中的逆不等式在分析基于 Nitsche 格式的 Galerkin 数值计算方法中起着至关重要的作用. 事实上, 如引理 2.4.1 所示, 逆不等式是证明双线性形式强制性的关键. 在基于多项式插值的有限元法中, 文献 [75] 等给出了这个不等式的理论证明. 引理 2.4.3 表明了 (2.4.13) 中的逆不等式在无网格近似空间中成立. 从而, 再结合引理 2.4.1 可得以下定理.

定理 2.4.1　对任意 w 和 $v \in V_h(\Omega)$, 有

$$B(w,v) \leqslant C_1 (1 + \alpha) \|w\|_\alpha \|v\|_\alpha.$$

若 Nitsche 方法中的罚因子满足 $\alpha > (2\|\boldsymbol{A}\|_\infty/a_* - 1)\chi$, 其中正常数 χ 满足 (2.4.35), 则对任意 $v \in V_h(\Omega)$, 有

$$B(v,v) \geqslant C_2 \|v\|_\alpha^2.$$

　　根据定理 2.4.1 和 Lax-Milgram 定理, 变分问题 (2.4.18) 存在唯一解 $u_h \in V_h(\Omega)$.

定理 2.4.2 设 $u \in H^{r+1}(\Omega)$ 是边值问题 (2.4.1) 的解析解, u_h 是由 (2.4.18) 给出的近似解. 若 (2.4.18) 中的积分能够精确计算, 即不考虑数值积分的影响, 则无单元 Galerkin 法有以下最优阶误差估计

$$\|u - u_h\|_{1,\Omega} \leqslant C(1+\alpha) h^{\tilde{m}} \|u\|_{\tilde{m}+1,\Omega}, \quad \tilde{m} = \min\{m, r\}.$$

证明 因为 $\mathcal{M}u \in V_h(\Omega)$, 调用定理 1.5.3 和迹不等式, 可得

$$\|u - \mathcal{M}u\|_{0,\Gamma^D}^2 \leqslant C_1 \|u - \mathcal{M}u\|_{0,\Omega} \|u - \mathcal{M}u\|_{1,\Omega} \leqslant C_2 h^{2\tilde{m}+1} \|u\|_{\tilde{m}+1,\Omega}^2,$$

$$\|u - \mathcal{M}u\|_{0,\Gamma^R}^2 \leqslant C_3 \|u - \mathcal{M}u\|_{0,\Omega} \|u - \mathcal{M}u\|_{1,\Omega} \leqslant C_4 h^{2\tilde{m}+1} \|u\|_{\tilde{m}+1,\Omega}^2,$$

$$\|\nabla(u - \mathcal{M}u) \cdot \boldsymbol{n}\|_{0,\Gamma^D}^2 \leqslant C_3 \|u - \mathcal{M}u\|_{1,\Omega} \|u - \mathcal{M}u\|_{2,\Omega} \leqslant C_5 h^{2\tilde{m}-1} \|u\|_{\tilde{m}+1,\Omega}^2,$$

所以

$$\begin{aligned}
\|u - \mathcal{M}u\|_\alpha^2 &= \|u - \mathcal{M}u\|_{1,\Omega}^2 + h \|\boldsymbol{A}\nabla(u - \mathcal{M}u) \cdot \boldsymbol{n}\|_{0,\Gamma^D}^2 \\
&\quad + h^{-1} \|u - \mathcal{M}u\|_{0,\Gamma^D}^2 + \sigma_* \|u - \mathcal{M}u\|_{0,\Gamma^R}^2 \\
&\leqslant C_6 h^{2\tilde{m}} (1 + \|\boldsymbol{A}\|_\infty) \|u\|_{\tilde{m}+1,\Omega}^2.
\end{aligned} \tag{2.4.40}$$

因为从 (2.4.5) 中减去 (2.4.18) 可得

$$B(u - u_h, v) = 0, \quad \forall v \in V_h(\Omega),$$

从而利用 $\mathcal{M}u - u_h \in V_h(\Omega)$ 可知 $B(u - u_h, \mathcal{M}u - u_h) = 0$, 再利用定理 2.4.1 得到

$$\begin{aligned}
C_6 \|u - u_h\|_\alpha^2 &\leqslant B(u - u_h, u - u_h) = B(u - u_h, u - \mathcal{M}u) \\
&\leqslant C_7(1+\alpha) \|u - u_h\|_\alpha \|u - \mathcal{M}u\|_\alpha.
\end{aligned}$$

最后, 结合 (2.4.40), 有

$$\|u - u_h\|_{1,\Omega} \leqslant \|u - u_h\|_\alpha \leqslant C_8(1+\alpha) \|u - \mathcal{M}u\|_\alpha \leqslant C(1+\alpha) h^{\tilde{m}} \|u\|_{\tilde{m}+1,\Omega}. \text{ 证毕.}$$

2.4.2 积分约束条件

由于移动最小二乘近似构造的形函数 $\Phi_i(\boldsymbol{x})$ 不是多项式, 因此准确有效地计算 (2.4.18) 中双线性形式 $B(\cdot, \cdot)$ 和线性形式 $L(\cdot)$ 中的积分对于保证 Galerkin 数值方法的收敛性至关重要. 在第 1 章中, 形函数 $\Phi_i(\boldsymbol{x})$ 是由 m 次多项式空间 $\mathbb{P}_m$ 的基向量 $\boldsymbol{p}(\boldsymbol{x})$ 生成的. 根据文献 [61, 62, 64, 66, 69], 积分约束条件给出了保证

(2.4.18) 的离散形式可以重构 m 次多项式空间 $\mathbb{P}_m$ 中任何元素的条件. 本节针对二阶线性椭圆边值问题, 讨论 Galerkin 数值方法的积分约束条件.

设 $\boldsymbol{q}(\boldsymbol{x})$ 为 k 次多项式空间 $\mathbb{P}_k$ 中的单项式基向量, 其中 k 是用于控制数值积分精度的正整数.

定理 2.4.3 (积分约束条件) (2.4.18) 的离散形式可以重构任意 $u_h \in \mathbb{P}_{k+1}$ 的充要条件是 $V_h(\Omega)$ 中的基函数 Φ_i 满足如下积分约束条件:

$$\int_\Omega \Phi_{i,j} \boldsymbol{q} \mathrm{d}\boldsymbol{x} = \int_\Gamma \Phi_i n_j \boldsymbol{q} \mathrm{d}s_{\boldsymbol{x}} - \int_\Omega \Phi_i \boldsymbol{q}_{,j} \mathrm{d}\boldsymbol{x}, \quad i = 1, 2, \cdots, N, \quad j = 1, 2, \cdots, n,$$
(2.4.41)

其中 $(\cdot)_{,j} = \partial(\cdot)/\partial x_j$.

证明 对任意 $u_h \in \mathbb{P}_{k+1}$, 存在常数向量 $\boldsymbol{c}_j$ 使得

$$\sum_{l=1}^n a_{jl} u_{h,l} = \boldsymbol{c}_j^{\mathrm{T}} \boldsymbol{q}, \quad j = 1, 2, \cdots, n.$$
(2.4.42)

令

$$\begin{cases} f_h(\boldsymbol{x}) = -\mathrm{div}(\boldsymbol{A}\nabla u_h(\boldsymbol{x})) + b(\boldsymbol{x}) u_h(\boldsymbol{x}), & \boldsymbol{x} \in \Omega, \\ \bar{u}_h(\boldsymbol{x}) = u_h(\boldsymbol{x}), & \boldsymbol{x} \in \Gamma^D, \\ \bar{q}_h(\boldsymbol{x}) = \boldsymbol{A}\nabla u_h(\boldsymbol{x}) \cdot \boldsymbol{n}(\boldsymbol{x}) + \sigma(\boldsymbol{x}) u_h(\boldsymbol{x}), & \boldsymbol{x} \in \Gamma^R, \end{cases}$$
(2.4.43)

则类似 (2.4.18) 可得, 问题 (2.4.43) 相应的变分问题为: 求 $u_h \in V_h(\Omega)$, 使得

$$B(u_h, v) = \int_\Omega f_h v \mathrm{d}\boldsymbol{x} + \int_{\Gamma^D} \bar{u}_h \left(\alpha h^{-1} v - \boldsymbol{A}\nabla v \cdot \boldsymbol{n} \right) \mathrm{d}s_{\boldsymbol{x}} + \int_{\Gamma^R} \bar{q}_h v \mathrm{d}s_{\boldsymbol{x}}, \quad \forall v \in V_h(\Omega).$$
(2.4.44)

如果 (2.4.18) 的离散形式可以重构任意 u_h, 那么将 (2.4.43) 代入 (2.4.44) 可得

$$\int_\Omega \boldsymbol{A}\nabla u_h \cdot \nabla v \mathrm{d}\boldsymbol{x} = \int_\Gamma \boldsymbol{A}\nabla u_h \cdot \boldsymbol{n} v \mathrm{d}s_{\boldsymbol{x}} - \int_\Omega (\mathrm{div}(\boldsymbol{A}\nabla u_h)) v \mathrm{d}\boldsymbol{x},$$

再由 (2.4.42) 可知

$$\sum_{j=1}^n \int_\Omega \boldsymbol{c}_j^{\mathrm{T}} \boldsymbol{q} v_{,j} \mathrm{d}\boldsymbol{x} = \sum_{j=1}^n \int_\Gamma \boldsymbol{c}_j^{\mathrm{T}} \boldsymbol{q} n_j v \mathrm{d}s_{\boldsymbol{x}} - \sum_{j=1}^n \int_\Omega \boldsymbol{c}_j^{\mathrm{T}} \boldsymbol{q}_{,j} v \mathrm{d}\boldsymbol{x}.$$

因此, 根据 u_h 的任意性, 有

$$\int_\Omega v_{,j} \boldsymbol{q} \mathrm{d}\boldsymbol{x} = \int_\Gamma v n_j \boldsymbol{q} \mathrm{d}s_{\boldsymbol{x}} - \int_\Omega v \boldsymbol{q}_{,j} \mathrm{d}\boldsymbol{x}, \quad j = 1, 2, \cdots, n, \quad \forall v \in V_h(\Omega).$$

最后, 令 $v = \Phi_i \in V_h(\Omega)$ 即得 (2.4.41).

如果形函数 Φ_i 满足 (2.4.41), 那么

$$\sum_{j=1}^{n} \boldsymbol{c}_j^{\mathrm{T}} \int_{\Omega} \Phi_{i,j} \boldsymbol{q} \mathrm{d}\boldsymbol{x} = \sum_{j=1}^{n} \boldsymbol{c}_j^{\mathrm{T}} \left(\int_{\Gamma} \Phi_i n_j \boldsymbol{q} \mathrm{d}s_{\boldsymbol{x}} - \int_{\Omega} \Phi_i \boldsymbol{q}_{,j} \mathrm{d}\boldsymbol{x} \right), \quad i = 1, 2, \cdots, N.$$

$$(2.4.45)$$

将 (2.4.42) 代入 (2.4.45) 可得

$$\sum_{j=1}^{n} \int_{\Omega} \Phi_{i,j} \sum_{l=1}^{n} a_{jl} u_{h,l} \mathrm{d}\boldsymbol{x} = \sum_{j=1}^{n} \int_{\Gamma} \Phi_i n_j \sum_{l=1}^{n} a_{jl} u_{h,l} \mathrm{d}s_{\boldsymbol{x}} - \sum_{k=1}^{n} \int_{\Omega} \Phi_i \frac{\partial}{\partial x_j} \sum_{l=1}^{n} a_{jl} u_{h,l} \mathrm{d}\boldsymbol{x},$$

即

$$\int_{\Omega} \boldsymbol{A} \nabla u_h \cdot \nabla \Phi_i \mathrm{d}\boldsymbol{x} = \int_{\Gamma} \boldsymbol{A} \nabla u_h \cdot \boldsymbol{n} \Phi_i \mathrm{d}s_{\boldsymbol{x}} - \int_{\Omega} \mathrm{div} \left(\boldsymbol{A} \nabla u_h \right) \Phi_i \mathrm{d}\boldsymbol{x}, \quad i = 1, 2, \cdots, N.$$

因此, 再利用 (2.4.43), 可得

$$\begin{aligned}
B\left(u_h, \Phi_i\right) &= \int_{\Omega} \boldsymbol{A} \nabla u_h \cdot \nabla \Phi_i \mathrm{d}\boldsymbol{x} + \int_{\Omega} b u_h \Phi_i \mathrm{d}\boldsymbol{x} \\
&\quad + \int_{\Gamma^D} \left[\alpha h^{-1} u_h \Phi_i - u_h \left(\boldsymbol{A} \nabla \Phi_i \cdot \boldsymbol{n} \right) - \left(\boldsymbol{A} \nabla u_h \cdot \boldsymbol{n} \right) \Phi_i \right] \mathrm{d}s_{\boldsymbol{x}} \\
&\quad + \int_{\Gamma^R} \sigma u_h \Phi_i \mathrm{d}s_{\boldsymbol{x}} \\
&= \int_{\Omega} \left(-\mathrm{div} \left(\boldsymbol{A} \nabla u_h \right) + b u_h \right) \Phi_i \mathrm{d}\boldsymbol{x} \\
&\quad + \int_{\Gamma^D} \left[\alpha h^{-1} u_h \Phi_i - u_h \left(\boldsymbol{A} \nabla \Phi_i \cdot \boldsymbol{n} \right) \right] \mathrm{d}s_{\boldsymbol{x}} \\
&\quad + \int_{\Gamma^R} \left(\boldsymbol{A} \nabla u_h \cdot \boldsymbol{n} + \sigma u_h \right) \Phi_i \mathrm{d}s_{\boldsymbol{x}} \\
&= \int_{\Omega} f_h \Phi_i \mathrm{d}\boldsymbol{x} + \int_{\Gamma^D} \bar{u}_h \left(\alpha h^{-1} \Phi_i - \boldsymbol{A} \nabla \Phi_i \cdot \boldsymbol{n} \right) \mathrm{d}s_{\boldsymbol{x}} \\
&\quad + \int_{\Gamma^R} \bar{q}_h \Phi_i \mathrm{d}s_{\boldsymbol{x}}, \quad i = 1, 2, \cdots, N,
\end{aligned}$$

这表明 (2.4.18) 的离散形式可以重构任意 $u_h \in \mathbb{P}_{k+1}$.   证毕.

定理 2.4.3 针对一般二阶椭圆边值问题给出了确保 Galerkin 数值方法可以重构基函数空间中元素的一个标准. 积分约束条件 (2.4.41) 可以直接从分部积分运算中推导出来, 因此它在本质上是成立的. 积分约束条件不依赖于边值问题 (2.4.1) 中的矩阵 $\boldsymbol{A}$、项 bu、右端项 f, 也不依赖于边界条件和近似解空间, 因此定理 2.4.3 中的积分约束条件不仅适用于无网格 Galerkin 数值方法, 也适用于基于网格单元的 Galerkin 数值方法, 并且本节中的数值积分公式对于二阶边值问题具有很好的通用性. 此外, 积分约束条件不依赖于罚参数 α, 因此 Nitsche 技术对求积规则没有影响.

为了数值计算变分问题 (2.4.18) 中的积分, 假设问题域 Ω 被划分为 N_c 个非重叠的积分网格 Ω_ℓ, 即 $\bar{\Omega} = \bigcup_{\ell=1}^{N_c} \Omega_\ell$. 每个积分网格 Ω_ℓ 是闭集, 其内部非空, 其边界 Lipschitz 连续. 需要强调的是, 积分网格的拓扑结构可以比有限元法中的单元拓扑结构简单得多, 因为无网格方法中的积分网格仅用于数值积分, 不需要满足有限元法中的兼容性要求.

根据性质 1.3.4, 用 $\Re_i$ 和 $\Re_j$ 分别表示形函数 $\Phi_i(\boldsymbol{x})$ 和 $\Phi_j(\boldsymbol{x})$ 的紧支集. 令 $\Gamma_\ell = \Omega_\ell \cap \Gamma$, $\Gamma_\ell^D = \Omega_\ell \cap \Gamma^D$, $\Gamma_\ell^R = \Omega_\ell \cap \Gamma^R$, 以及

$$\mathcal{I}_i = \left\{ \ell : \Omega_\ell \cap \Re_i \neq \varnothing, 1 \leqslant \ell \leqslant N_c \right\}, \quad \mathcal{I}_{ij} = \left\{ \ell : \Omega_\ell \cap \Re_i \cap \Re_j \neq \varnothing, 1 \leqslant \ell \leqslant N_c \right\}, \tag{2.4.46}$$

$$\mathcal{I}_i^D = \left\{ \ell : \Gamma_\ell^D \cap \Re_i \neq \varnothing, 1 \leqslant \ell \leqslant N_c \right\}, \quad \mathcal{I}_{ij}^D = \left\{ \ell : \Gamma_\ell^D \cap \Re_i \cap \Re_j \neq \varnothing, 1 \leqslant \ell \leqslant N_c \right\}, \tag{2.4.47}$$

$$\mathcal{I}_i^R = \left\{ \ell : \Gamma_\ell^R \cap \Re_i \neq \varnothing, 1 \leqslant \ell \leqslant N_c \right\}, \quad \mathcal{I}_{ij}^R = \left\{ \ell : \Gamma_\ell^R \cap \Re_i \cap \Re_j \neq \varnothing, 1 \leqslant \ell \leqslant N_c \right\}, \tag{2.4.48}$$

其中 $i, j = 1, 2, \cdots, N$. 显然,

$$\Re_i \subseteq \bigcup_{\ell \in \mathcal{I}_i} \Omega_\ell, \quad \Re_i \cap \Re_j \subseteq \bigcup_{\ell \in \mathcal{I}_{ij}} \Omega_\ell, \quad \Re_i \cap \Gamma \subseteq \bigcup_{\ell \in \mathcal{I}_i^D \cup \mathcal{I}_i^R} \Gamma_\ell, \tag{2.4.49}$$

$$\Re_i \cap \Gamma^D \subseteq \bigcup_{\ell \in \mathcal{I}_i^D} \Gamma_\ell^D, \quad \Re_i \cap \Re_j \cap \Gamma^D \subseteq \bigcup_{\ell \in \mathcal{I}_{ij}^D} \Gamma_\ell^D, \tag{2.4.50}$$

$$\Re_i \cap \Gamma^R \subseteq \bigcup_{\ell \in \mathcal{I}_i^R} \Gamma_\ell^R, \quad \Re_i \cap \Re_j \cap \Gamma^R \subseteq \bigcup_{\ell \in \mathcal{I}_{ij}^R} \Gamma_\ell^R. \tag{2.4.51}$$

自然地, 可以假设积分网格满足如下条件.

假设 2.4.1 对任意 $\ell = 1, 2, \cdots, N_c$, 存在不依赖于 h 的常数 C 使得 $|\Omega_\ell| \leqslant Ch^n$, $\left| \Gamma_\ell^D \right| \leqslant Ch^{n-1}$ 和 $\left| \Gamma_\ell^R \right| \leqslant Ch^{n-1}$, 其中 $|\cdot|$ 表示相应区域的 "面积" 或 "长度".

假设 2.4.2   对任意 $i = 1, 2, \cdots, N$, 存在不依赖于 h 的常数 κ_c 使得 $|\mathcal{I}_i| \leqslant \kappa_c$, $|\mathcal{I}_i^D| \leqslant \kappa_c$ 和 $|\mathcal{I}_i^R| \leqslant \kappa_c$, 其中 $|\cdot|$ 表示相应集合中元素的个数.

2.4.3   形函数的光滑梯度

为无单元 Galerkin 法等 Galerkin 无网格方法设计高效求积公式的关键是精确考虑形函数的非多项式特性, 并构造满足积分约束条件的求积公式. 由于无网格形函数的梯度 $\Phi_{i,j}(\boldsymbol{x})$ 较为复杂, 很难直接构造满足 (2.4.41) 中积分约束条件的显式求积公式. 为了满足 Galerkin 数值方法的积分约束条件, 本节首先给出形函数光滑梯度的构造过程, 然后分析形函数光滑梯度的性质.

根据再生核理论 [78], $\Phi_{i,j}(\boldsymbol{x})$ 可以表示为

$$\tilde{\Phi}_{i,j}(\boldsymbol{x}) = \int_{\Omega} \boldsymbol{q}^{\mathrm{T}}(\boldsymbol{y}) \, \tilde{\boldsymbol{a}}(\boldsymbol{x}) \, \tilde{\phi}(\boldsymbol{x}, \boldsymbol{y}) \, \Phi_{i,j}(\boldsymbol{y}) \, \mathrm{d}\boldsymbol{y}, \quad \boldsymbol{x} \in \Omega,$$

其中 $\boldsymbol{q}(\boldsymbol{y})$ 为 k 次多项式空间 $\mathbb{P}_k$ 中的单项式基向量, $\tilde{\boldsymbol{a}}(\boldsymbol{x})$ 是系数向量, $\tilde{\phi}(\boldsymbol{x}, \boldsymbol{y})$ 是进行光滑运算的核函数. 当 $\boldsymbol{x} \in \Omega_\ell$ 时令 $\tilde{\phi}(\boldsymbol{x}, \boldsymbol{y}) = 1$, 而当 $\boldsymbol{x} \notin \Omega_\ell$ 时令 $\tilde{\phi}(\boldsymbol{x}, \boldsymbol{y}) = 0$, 则

$$\tilde{\Phi}_{i,j}(\boldsymbol{x}) = \int_{\Omega_\ell} \boldsymbol{q}^{\mathrm{T}}(\boldsymbol{y}) \, \tilde{\boldsymbol{a}}(\boldsymbol{x}) \, \Phi_{i,j}(\boldsymbol{y}) \, \mathrm{d}\boldsymbol{y} = \tilde{\boldsymbol{a}}^{\mathrm{T}}(\boldsymbol{x}) \int_{\Omega_\ell} \boldsymbol{q}(\boldsymbol{y}) \, \Phi_{i,j}(\boldsymbol{y}) \, \mathrm{d}\boldsymbol{y}, \quad \boldsymbol{x} \in \Omega_\ell. \tag{2.4.52}$$

系数向量 $\tilde{\boldsymbol{a}}(\boldsymbol{x})$ 可以通过施加 k 阶再生性得到, 即

$$\tilde{\boldsymbol{a}}^{\mathrm{T}}(\boldsymbol{x}) \int_{\Omega_\ell} \boldsymbol{q}(\boldsymbol{y}) \, \boldsymbol{q}^{\mathrm{T}}(\boldsymbol{y}) \, \mathrm{d}\boldsymbol{y} = \boldsymbol{q}^{\mathrm{T}}(\boldsymbol{x}),$$

所以

$$\tilde{\boldsymbol{a}}^{\mathrm{T}}(\boldsymbol{x}) = \boldsymbol{q}^{\mathrm{T}}(\boldsymbol{x}) \, \boldsymbol{G}_\ell^{-1}, \tag{2.4.53}$$

其中

$$\boldsymbol{G}_\ell = \int_{\Omega_\ell} \boldsymbol{q}(\boldsymbol{y}) \, \boldsymbol{q}^{\mathrm{T}}(\boldsymbol{y}) \, \mathrm{d}\boldsymbol{y} = \int_{\Omega_\ell} \boldsymbol{q}(\boldsymbol{x}) \, \boldsymbol{q}^{\mathrm{T}}(\boldsymbol{x}) \, \mathrm{d}\boldsymbol{x}. \tag{2.4.54}$$

将 (2.4.53) 代入 (2.4.52), $\Phi_i(\boldsymbol{x})$ 在积分网格 Ω_ℓ 上的再生核光滑梯度为

$$\tilde{\Phi}_{i,j}(\boldsymbol{x}) = \boldsymbol{q}^{\mathrm{T}}(\boldsymbol{x}) \, \boldsymbol{G}_\ell^{-1} \boldsymbol{g}_{\ell ij}, \quad i = 1, 2, \cdots, N, \quad j = 1, 2, \cdots, n, \quad \boldsymbol{x} \in \Omega_\ell. \tag{2.4.55}$$

利用分部积分公式, 可以将 (2.4.55) 中的 $\boldsymbol{g}_{\ell ij}$ 表示为

$$\boldsymbol{g}_{\ell ij} = \int_{\Omega_\ell} \boldsymbol{q}(\boldsymbol{y}) \, \Phi_{i,j}(\boldsymbol{y}) \, \mathrm{d}\boldsymbol{y}$$

$$= \int_{\Omega_\ell} \boldsymbol{q}\left(\boldsymbol{x}\right) \Phi_{i,j}\left(\boldsymbol{x}\right) \mathrm{d}\boldsymbol{x}$$

$$= \int_{\partial\Omega_\ell} \Phi_i\left(\boldsymbol{x}\right) n_j\left(\boldsymbol{x}\right) \boldsymbol{q}\left(\boldsymbol{x}\right) \mathrm{d}s_{\boldsymbol{x}} - \int_{\Omega_\ell} \Phi_i\left(\boldsymbol{x}\right) \boldsymbol{q}_{,j}\left(\boldsymbol{x}\right) \mathrm{d}\boldsymbol{x}. \qquad (2.4.56)$$

性质 2.4.1 光滑梯度 $\tilde{\Phi}_{i,j}(\boldsymbol{x})$ 是 Ω_ℓ 内的 k 次多项式, 即 $\tilde{\Phi}_{i,j}(\boldsymbol{x}) \in \mathbb{P}_k\left(\Omega_\ell\right)$. 另外, 当 $k \leqslant m-1$ 时, $\tilde{\Phi}_{i,j}(\boldsymbol{x}) \in \mathrm{span}\{\Phi_{l,j}, 1 \leqslant l \leqslant N\}$.

证明 由 (2.4.54) 和 (2.4.56) 可得 $\boldsymbol{G}_\ell$ 和 $\boldsymbol{g}_{\ell ij}$ 在 Ω_ℓ 内是常数, 因此 $\tilde{\Phi}_{i,j}(\boldsymbol{x}) \in \mathbb{P}_k\left(\Omega_\ell\right)$.

因为对任意 $p \in \mathbb{P}_{k+1} \subseteq \mathbb{P}_m$, 性质 1.3.6 表明 $\sum_{l=1}^N \Phi_{l,j}\left(\boldsymbol{x}\right) p\left(\boldsymbol{x}_l\right) = p_{,j}\left(\boldsymbol{x}\right)$, 所以对任意 $q \in \mathbb{P}_k$, 存在常数 $c_1, c_2, \cdots, c_N$ 使得 $\sum_{l=1}^N c_l \Phi_{l,j}\left(\boldsymbol{x}\right) = q\left(\boldsymbol{x}\right)$. 最后由 $\tilde{\Phi}_{i,j}\left(\boldsymbol{x}\right) \in \mathbb{P}_k\left(\Omega_\ell\right)$ 得到 $\tilde{\Phi}_{i,j}\left(\boldsymbol{x}\right) \in \mathrm{span}\{\Phi_{l,j}, 1 \leqslant l \leqslant N\}$. 证毕.

性质 2.4.2 光滑梯度 $\tilde{\Phi}_{i,j}(\boldsymbol{x})$ 具有紧支集 $\bigcup_{\ell \in \mathcal{T}_i} \Omega_\ell$.

证明 根据性质 1.3.4, $\Phi_i\left(\boldsymbol{x}\right)$ 具有紧支集, 从而 (2.4.56) 表明 $\boldsymbol{g}_{\ell ij} \neq 0$ 当且仅当 $\Omega_\ell \cap \Re_i \neq \varnothing$. 然后, 利用 (2.4.46) 可得 $\boldsymbol{g}_{\ell ij} \neq 0$ 当且仅当 $\ell \in \mathcal{I}_i$. 因此, 当 $\boldsymbol{x} \in \bigcup_{\ell \in \mathcal{I}_i} \Omega_\ell$ 时, $\tilde{\Phi}_{i,j}\left(\boldsymbol{x}\right) \neq 0$, 从而光滑梯度 $\tilde{\Phi}_{i,j}\left(\boldsymbol{x}\right)$ 具有紧支集 $\bigcup_{\ell \in \mathcal{I}_i} \Omega_\ell$. 证毕.

性质 2.4.3 (Green 恒等式) 对任意 $q \in \mathbb{P}_k$, 光滑梯度 $\tilde{\Phi}_{i,j}(\boldsymbol{x})$ 满足

$$\int_{\Omega_\ell} \tilde{\Phi}_{i,j}\left(\boldsymbol{x}\right) q\left(\boldsymbol{x}\right) \mathrm{d}\boldsymbol{x} = \int_{\partial\Omega_\ell} \Phi_i\left(\boldsymbol{x}\right) n_j\left(\boldsymbol{x}\right) q\left(\boldsymbol{x}\right) \mathrm{d}s_{\boldsymbol{x}} - \int_{\Omega_\ell} \Phi_i\left(\boldsymbol{x}\right) q_{,j}\left(\boldsymbol{x}\right) \mathrm{d}\boldsymbol{x},$$
$$(2.4.57)$$

$$\int_{\Omega} \tilde{\Phi}_{i,j}\left(\boldsymbol{x}\right) q\left(\boldsymbol{x}\right) \mathrm{d}\boldsymbol{x} = \int_{\Gamma} \Phi_i\left(\boldsymbol{x}\right) n_j\left(\boldsymbol{x}\right) q\left(\boldsymbol{x}\right) \mathrm{d}s_{\boldsymbol{x}} - \int_{\Omega} \Phi_i\left(\boldsymbol{x}\right) q_{,j}\left(\boldsymbol{x}\right) \mathrm{d}\boldsymbol{x}. \quad (2.4.58)$$

证明 由 (2.4.55) 可得

$$\int_{\Omega_\ell} \boldsymbol{q}\left(\boldsymbol{x}\right) \tilde{\Phi}_{i,j}\left(\boldsymbol{x}\right) \mathrm{d}\boldsymbol{x} = \int_{\Omega_\ell} \boldsymbol{q}\left(\boldsymbol{x}\right) \boldsymbol{q}^{\mathrm{T}}\left(\boldsymbol{x}\right) \boldsymbol{G}_\ell^{-1} \boldsymbol{g}_{\ell ij} \mathrm{d}\boldsymbol{x}$$

$$= \left(\int_{\Omega_\ell} \boldsymbol{q}\left(\boldsymbol{x}\right) \boldsymbol{q}^{\mathrm{T}}\left(\boldsymbol{x}\right) \mathrm{d}\boldsymbol{x} \right) \boldsymbol{G}_\ell^{-1} \boldsymbol{g}_{\ell ij}$$

$$= \boldsymbol{g}_{\ell ij}$$

$$= \int_{\partial\Omega_\ell} \Phi_i\left(\boldsymbol{x}\right) n_j\left(\boldsymbol{x}\right) \boldsymbol{q}\left(\boldsymbol{x}\right) \mathrm{d}s_{\boldsymbol{x}} - \int_{\Omega_\ell} \Phi_i\left(\boldsymbol{x}\right) \boldsymbol{q}_{,j}\left(\boldsymbol{x}\right) \mathrm{d}\boldsymbol{x}.$$

因为 Ω 被分解成了 N_c 个非重叠的积分网格 Ω_ℓ, 并且满足 $\bigcup_{\ell=1}^{N_c} \Omega_\ell = \bar{\Omega}$, 所

以 $\sum_{\ell=1}^{N_c} \int_{\partial\Omega_\ell} f n_j \mathrm{d}s_{\boldsymbol{x}} = \int_\Gamma f n_j \mathrm{d}s_{\boldsymbol{x}}$, 从而

$$\int_\Omega \tilde{\Phi}_{i,j}(\boldsymbol{x}) q(\boldsymbol{x}) \mathrm{d}\boldsymbol{x} = \sum_{\ell=1}^{N_c} \int_{\Omega_\ell} \tilde{\Phi}_{i,j}(\boldsymbol{x}) q(\boldsymbol{x}) \mathrm{d}\boldsymbol{x}$$

$$= \sum_{\ell=1}^{N_c} \left[\int_{\partial\Omega_\ell} \Phi_i(\boldsymbol{x}) n_j(\boldsymbol{x}) q(\boldsymbol{x}) \mathrm{d}s_{\boldsymbol{x}} - \int_{\Omega_\ell} \Phi_i(\boldsymbol{x}) q_{,j}(\boldsymbol{x}) \mathrm{d}\boldsymbol{x} \right]$$

$$= \int_\Gamma \Phi_i(\boldsymbol{x}) n_j(\boldsymbol{x}) q(\boldsymbol{x}) \mathrm{d}s_{\boldsymbol{x}} - \int_\Omega \Phi_i(\boldsymbol{x}) q_{,j}(\boldsymbol{x}) \mathrm{d}\boldsymbol{x}. \qquad 证毕.$$

性质 2.4.3 表明 $\tilde{\Phi}_{i,j}(\boldsymbol{x})$ 在 Ω_ℓ 和 Ω 中均满足 Green 恒等式. (2.4.58) 可被看作文献 [69] 中的积分限制 (integration constraint) 或者文献 [67] 中的散度一致性条件 (divergence consistency condition), 而 (2.4.57) 可被看作局部积分限制.

性质 2.4.4 (正交性)　如果 $k \leqslant m-1$, 则

$$\int_{\Omega_\ell} \left[\tilde{\Phi}_{i,j}(\boldsymbol{x}) - \Phi_{i,j}(\boldsymbol{x}) \right] q(\boldsymbol{x}) \mathrm{d}\boldsymbol{x} = 0, \quad \forall q \in \mathbb{P}_k, \qquad (2.4.59)$$

$$\int_\Omega \left[\tilde{\Phi}_{i,j}(\boldsymbol{x}) - \Phi_{i,j}(\boldsymbol{x}) \right] q(\boldsymbol{x}) \mathrm{d}\boldsymbol{x} = 0, \quad \forall q \in \mathbb{P}_k. \qquad (2.4.60)$$

证明　利用分部积分公式可得

$$\int_{\Omega_\ell} \Phi_{i,j}(\boldsymbol{x}) q(\boldsymbol{x}) \mathrm{d}\boldsymbol{x} = \int_{\partial\Omega_\ell} \Phi_i(\boldsymbol{x}) n_j(\boldsymbol{x}) q(\boldsymbol{x}) \mathrm{d}s_{\boldsymbol{x}}$$

$$- \int_{\Omega_\ell} \Phi_i(\boldsymbol{x}) q_{,j}(\boldsymbol{x}) \mathrm{d}\boldsymbol{x}, \quad \forall q \in \mathbb{P}_{m-1}.$$

再由 (2.4.57) 和 $k \leqslant m-1$ 有

$$\int_{\Omega_\ell} \tilde{\Phi}_{i,j}(\boldsymbol{x}) q(\boldsymbol{x}) \mathrm{d}\boldsymbol{x} = \int_{\Omega_\ell} \Phi_{i,j}(\boldsymbol{x}) q(\boldsymbol{x}) \mathrm{d}\boldsymbol{x}, \quad \forall q \in \mathbb{P}_k,$$

从而 (2.4.59) 成立. 类似可证 (2.4.60) 成立.　　　　　　　　　　　　　　　证毕.

性质 2.4.4 表明, 当 $k \leqslant m-1$ 时, $\tilde{\Phi}_{i,j}(\boldsymbol{x})$ 刚好是 $\Phi_{i,j}(\boldsymbol{x})$ 在空间 $\mathbb{P}_k$ 中的正交投影.

性质 2.4.5 (梯度再生性质)　如果 $k \leqslant m-1$, 则对任意 $p \in \mathbb{P}_{k+1}$ 有

$$\sum_{i=1}^N \tilde{\Phi}_{i,j}(\boldsymbol{x}) p(\boldsymbol{x}_i) = p_{,j}(\boldsymbol{x}).$$

证明 利用 $\boldsymbol{G}_\ell = \boldsymbol{G}_\ell^{\mathrm{T}}$ 可得 $\tilde{\Phi}_{i,j}(\boldsymbol{x}) = \boldsymbol{q}^{\mathrm{T}}(\boldsymbol{x})\,\boldsymbol{G}_\ell^{-1}\boldsymbol{g}_{\ell ij} = \boldsymbol{g}_{\ell ij}^{\mathrm{T}}\boldsymbol{G}_\ell^{-1}\boldsymbol{q}(\boldsymbol{x})$. 另外, 对于空间 $\mathbb{P}_{k+1} \subseteq \mathbb{P}_m$ 中的基向量 $\boldsymbol{p}(\boldsymbol{x})$, 由性质 1.3.5 可得 $\sum_{i=1}^{N}\boldsymbol{p}(\boldsymbol{x}_i)\Phi_i(\boldsymbol{x}) = \boldsymbol{p}(\boldsymbol{x})$. 因此,

$$\sum_{i=1}^{N}\tilde{\Phi}_{i,j}(\boldsymbol{x})\,\boldsymbol{p}(\boldsymbol{x}_i)$$

$$= \sum_{i=1}^{N}\boldsymbol{p}(\boldsymbol{x}_i)\,\boldsymbol{g}_{\ell ij}^{\mathrm{T}}\boldsymbol{G}_\ell^{-1}\boldsymbol{q}(\boldsymbol{x})$$

$$= \sum_{i=1}^{N}\boldsymbol{p}(\boldsymbol{x}_i)\left(\int_{\partial\Omega_\ell}\Phi_i(\boldsymbol{x})\,n_j(\boldsymbol{x})\,\boldsymbol{q}^{\mathrm{T}}(\boldsymbol{x})\,\mathrm{d}s_{\boldsymbol{x}} - \int_{\Omega_\ell}\Phi_i(\boldsymbol{x})\,\boldsymbol{q}_{,j}^{\mathrm{T}}(\boldsymbol{x})\,\mathrm{d}\boldsymbol{x}\right)\boldsymbol{G}_\ell^{-1}\boldsymbol{q}(\boldsymbol{x})$$

$$= \left(\int_{\partial\Omega_\ell}\sum_{i=1}^{N}\boldsymbol{p}(\boldsymbol{x}_i)\,\Phi_i(\boldsymbol{x})\boldsymbol{q}^{\mathrm{T}}(\boldsymbol{x})\,n_j(\boldsymbol{x})\,\mathrm{d}s_{\boldsymbol{x}}\right.$$

$$\left. - \int_{\Omega_\ell}\sum_{i=1}^{N}\boldsymbol{p}(\boldsymbol{x}_i)\,\Phi_i(\boldsymbol{x})\boldsymbol{q}_{,j}^{\mathrm{T}}(\boldsymbol{x})\,\mathrm{d}\boldsymbol{x}\right)\boldsymbol{G}_\ell^{-1}\boldsymbol{q}(\boldsymbol{x})$$

$$= \left(\int_{\partial\Omega_\ell}\boldsymbol{p}(\boldsymbol{x})\,\boldsymbol{q}^{\mathrm{T}}(\boldsymbol{x})\,n_j(\boldsymbol{x})\,\mathrm{d}s_{\boldsymbol{x}} - \int_{\Omega_\ell}\boldsymbol{p}(\boldsymbol{x})\,\boldsymbol{q}_{,j}^{\mathrm{T}}(\boldsymbol{x})\,\mathrm{d}\boldsymbol{x}\right)\boldsymbol{G}_\ell^{-1}\boldsymbol{q}(\boldsymbol{x}). \qquad (2.4.61)$$

因为 $\boldsymbol{q}(\boldsymbol{x})$ 是空间 $\mathbb{P}_k$ 中的基向量, 所以存在常数矩阵 $\boldsymbol{C}_j$ 使得 $\boldsymbol{p}_{,j}(\boldsymbol{x}) = \boldsymbol{C}_j\boldsymbol{q}(\boldsymbol{x})$. 再由 (2.4.54) 可得

$$\left(\int_{\partial\Omega_\ell}\boldsymbol{p}(\boldsymbol{x})\,\boldsymbol{q}^{\mathrm{T}}(\boldsymbol{x})\,n_j(\boldsymbol{x})\,\mathrm{d}s_{\boldsymbol{x}} - \int_{\Omega_\ell}\boldsymbol{p}(\boldsymbol{x})\,\boldsymbol{q}_{,j}^{\mathrm{T}}(\boldsymbol{x})\,\mathrm{d}\boldsymbol{x}\right)\boldsymbol{G}_\ell^{-1}\boldsymbol{q}(\boldsymbol{x})$$

$$= \left(\int_{\Omega_\ell}\boldsymbol{p}_{,j}(\boldsymbol{x})\,\boldsymbol{q}^{\mathrm{T}}(\boldsymbol{x})\,\mathrm{d}\boldsymbol{x}\right)\boldsymbol{G}_\ell^{-1}\boldsymbol{q}(\boldsymbol{x})$$

$$= \boldsymbol{C}_j\boldsymbol{G}_\ell\boldsymbol{G}_\ell^{-1}\boldsymbol{q}(\boldsymbol{x})$$

$$= \boldsymbol{p}_{,j}(\boldsymbol{x}). \qquad (2.4.62)$$

最后, 将 (2.4.62) 代入 (2.4.61) 即得结论.   证毕.

性质 2.4.5 表明光滑梯度 $\tilde{\Phi}_{i,j}(\boldsymbol{x})$ 自然地具有梯度再生性. 性质 2.4.5 在理论上成立, 为了在数值上也成立, 由 (2.4.55) 令

$$\tilde{\Phi}_{i,j}^{*}(\boldsymbol{x}) = \boldsymbol{q}^{\mathrm{T}}(\boldsymbol{x})\,(\boldsymbol{G}_\ell^{*})^{-1}\,\boldsymbol{g}_{\ell ij}^{*}, \quad i = 1, 2, \cdots, N, \quad j = 1, 2, \cdots, n, \quad \boldsymbol{x} \in \Omega_\ell,$$
$$(2.4.63)$$

其中

$$G_\ell^* = \int_{\Omega_\ell}^* \boldsymbol{q}(\boldsymbol{x})\, \boldsymbol{q}^{\mathrm{T}}(\boldsymbol{x})\, \mathrm{d}\boldsymbol{x}, \tag{2.4.64}$$

$$\boldsymbol{g}_{\ell ij}^* = \int_{\partial\Omega_\ell}^* \Phi_i(\boldsymbol{x})\, n_j(\boldsymbol{x})\, \boldsymbol{q}(\boldsymbol{x})\, \mathrm{d}s_{\boldsymbol{x}} - \int_{\Omega_\ell}^* \Phi_i(\boldsymbol{x})\, \boldsymbol{q}_{,j}(\boldsymbol{x})\, \mathrm{d}\boldsymbol{x}, \tag{2.4.65}$$

这里的星号表示数值积分运算. 显然, $\tilde{\Phi}_{i,j}^*(\boldsymbol{x})$, G_ℓ^* 和 $\boldsymbol{g}_{\ell ij}^*$ 分别是 $\tilde{\Phi}_{i,j}(\boldsymbol{x})$, G_ℓ 和 $\boldsymbol{g}_{\ell ij}$ 对应的数值积分形式.

类似光滑梯度 $\tilde{\Phi}_{i,j}(\boldsymbol{x})$ 的性质, 可得

性质 2.4.6　光滑梯度 $\tilde{\Phi}_{i,j}^*(\boldsymbol{x})$ 是 Ω_ℓ 上的 k 次多项式, 即 $\tilde{\Phi}_{i,j}^*(\boldsymbol{x}) \in \mathbb{P}_k(\Omega_\ell)$. 另外, 如果 $k \leqslant m-1$, 则 $\tilde{\Phi}_{i,j}^*(\boldsymbol{x}) \in \mathrm{span}\{\Phi_{s,j}, 1 \leqslant s \leqslant N\}$.

性质 2.4.7　光滑梯度 $\tilde{\Phi}_{i,j}^*(\boldsymbol{x})$ 具有紧支集 $\bigcup_{\ell \in \mathcal{I}_i} \Omega_\ell$.

性质 2.4.8 (离散 Green 恒等式)　光滑梯度 $\tilde{\Phi}_{i,j}^*(\boldsymbol{x})$ 满足

$$\int_{\Omega_\ell}^* \tilde{\Phi}_{i,j}^* q \mathrm{d}\boldsymbol{x} = \int_{\partial\Omega_\ell}^* \Phi_i n_j q \mathrm{d}s_{\boldsymbol{x}} - \int_{\Omega_\ell}^* \Phi_i q_{,j} \mathrm{d}\boldsymbol{x}, \quad \forall q \in \mathbb{P}_k,$$

$$\int_{\Omega}^* \tilde{\Phi}_{i,j}^* q \mathrm{d}\boldsymbol{x} = \int_{\Gamma}^* \Phi_i n_j q \mathrm{d}s_{\boldsymbol{x}} - \int_{\Omega}^* \Phi_i q_{,j} \mathrm{d}\boldsymbol{x}, \quad \forall q \in \mathbb{P}_k.$$

再生条件在数值逼近中起着关键作用. 因此, 鉴于性质 2.4.5, 可以通过假设以下条件来建立求积公式.

假设 2.4.3　设 $k \leqslant m-1$, 其中 m 是构造无网格形函数时使用的多项式基函数的最大次数, k 是光滑梯度 $\tilde{\Phi}_{i,j}^*(\boldsymbol{x})$ 的多项式次数.

引理 2.4.4　设 $v(\boldsymbol{x}) \in W^{r+1,q}(\Omega)$, 当 $q \in (1,\infty]$ 时 $r+1 > n/q$, 当 $q = 1$ 时 $r+1 \geqslant n$, 令

$$\tilde{\nabla}\mathcal{M}v(\boldsymbol{x}) = \sum_{i=1}^N \tilde{\nabla}\Phi_i^*(\boldsymbol{x}) v_i, \quad \nabla\mathcal{M}v(\boldsymbol{x}) = \sum_{i=1}^N \nabla\Phi_i(\boldsymbol{x}) v_i,$$

其中 $\tilde{\nabla}\Phi_i^* = \left(\tilde{\Phi}_{i,1}^*, \tilde{\Phi}_{i,2}^*, \cdots, \tilde{\Phi}_{i,n}^*\right)^{\mathrm{T}}$ 和 $\nabla\Phi_i = (\Phi_{i,1}, \Phi_{i,2}, \cdots, \Phi_{i,n})^{\mathrm{T}}$, 则

$$\left\|\nabla v - \tilde{\nabla}\mathcal{M}v\right\|_{l,q,\Omega_\ell} \leqslant Ch^{j-l} \|v\|_{j+1,q,\hat{\Omega}_\ell},$$

$$\left\|\nabla v - \tilde{\nabla}\mathcal{M}v\right\|_{l,\infty,\Omega_\ell} \leqslant Ch^{j-l-n/q} \|v\|_{j+1,q,\hat{\Omega}_\ell}, \tag{2.4.66}$$

$$\left\|\nabla\mathcal{M}v - \tilde{\nabla}\mathcal{M}v\right\|_{l,q,\Omega_\ell} \leqslant Ch^{j-l} \|v\|_{j+1,q,\hat{\Omega}_\ell},$$

$$\left\| \nabla \mathcal{M}v - \tilde{\nabla} \mathcal{M}v \right\|_{l,\infty,q,\Omega_\ell} \leqslant Ch^{j-l-n/q} \left\| v \right\|_{j+1,q,\hat{\Omega}_\ell}, \tag{2.4.67}$$

其中 $0 \leqslant l \leqslant j \leqslant \tilde{k} = \min\{k+1, r\}$, $\hat{\Omega}_\ell = \{\boldsymbol{x} \in \Omega : |\boldsymbol{x} - \boldsymbol{y}| < r(\boldsymbol{y}) + \max\limits_{1 \leqslant i \leqslant N} r(\boldsymbol{x}_i), \forall \boldsymbol{y} \in \Omega_\ell\}$, $r(\boldsymbol{y})$ 表示点 $\boldsymbol{y}$ 的影响域的半径.

证明 因为由性质 2.4.6 可知 $\tilde{\Phi}_{i,j}^*(\boldsymbol{x}) \in \mathbb{P}_k(\Omega_\ell)$, 所以利用多项式插值理论 [1,3] 可得 (2.4.66) 的证明如下:

$$\left\| \nabla v - \tilde{\nabla} \mathcal{M}v \right\|_{l,q,\Omega_\ell} \leqslant Ch^{j-l} \left\| \nabla v \right\|_{j,q,\hat{\Omega}_\ell} \leqslant Ch^{j-l} \left\| v \right\|_{j+1,q,\hat{\Omega}_\ell},$$

$$\left\| \nabla v - \tilde{\nabla} \mathcal{M}v \right\|_{l,\infty,\Omega_\ell} \leqslant Ch^{j-l-n/q} \left\| \nabla v \right\|_{j,q,\hat{\Omega}_\ell} \leqslant Ch^{j-l-n/q} \left\| v \right\|_{j+1,q,\hat{\Omega}_\ell}.$$

因为由假设 2.4.3 可知 $j \leqslant \tilde{k} \leqslant \tilde{m} = \min\{m, r\}$, 所以将定理 1.5.3 和 (2.4.66) 应用于 $\left\| \nabla \mathcal{M}v - \tilde{\nabla} \mathcal{M}v \right\| \leqslant \left\| \nabla \mathcal{M}v - \nabla v \right\| + \left\| \nabla v - \tilde{\nabla} \mathcal{M}v \right\|$ 可得 (2.4.67). 证毕.

2.4.4 数值积分准则

为了建立满足积分约束条件的数值积分公式, 本节基于形函数的光滑梯度, 讨论可以根据代数精度和多项式次数来确定积分公式的数值积分准则.

令 $\boldsymbol{p}(\boldsymbol{x})$ 和 $\boldsymbol{q}(\boldsymbol{x})$ 分别是空间 $\mathbb{P}_{k+1} \subseteq \mathbb{P}_m$ 和 $\mathbb{P}_k$ 中的基函数向量, 则由性质 1.3.5 可得

$$\sum_{i=1}^N \boldsymbol{p}(\boldsymbol{x}_i) \Phi_i(\boldsymbol{x}) = \boldsymbol{p}(\boldsymbol{x}).$$

另外, 由 $\boldsymbol{G}_\ell^* = \boldsymbol{G}_\ell^{*\mathrm{T}}$ 可得

$$\tilde{\Phi}_{i,j}^*(\boldsymbol{x}) = \boldsymbol{q}^{\mathrm{T}}(\boldsymbol{x}) (\boldsymbol{G}_\ell^*)^{-1} \boldsymbol{g}_{\ell ij}^* = \boldsymbol{g}_{\ell ij}^{*\mathrm{T}} (\boldsymbol{G}_\ell^*)^{-1} \boldsymbol{q}(\boldsymbol{x}).$$

因此

$$\sum_{i=1}^N \tilde{\Phi}_{i,j}^*(\boldsymbol{x}) \boldsymbol{p}(\boldsymbol{x}_i)$$

$$= \sum_{i=1}^N \boldsymbol{p}(\boldsymbol{x}_i) \boldsymbol{g}_{\ell ij}^{*\mathrm{T}} (\boldsymbol{G}_\ell^*)^{-1} \boldsymbol{q}(\boldsymbol{x})$$

$$= \sum_{i=1}^N \boldsymbol{p}(\boldsymbol{x}_i) \left(\int_{\partial \Omega_\ell}^* \Phi_i(\boldsymbol{x}) n_j(\boldsymbol{x}) \boldsymbol{q}^{\mathrm{T}}(\boldsymbol{x}) \, \mathrm{d}s_{\boldsymbol{x}} - \int_{\Omega_\ell}^* \Phi_i(\boldsymbol{x}) \boldsymbol{q}_{,j}^{\mathrm{T}}(\boldsymbol{x}) \, \mathrm{d}\boldsymbol{x} \right) (\boldsymbol{G}_\ell^*)^{-1} \boldsymbol{q}(\boldsymbol{x})$$

$$= \left(\int_{\partial \Omega_\ell}^* \boldsymbol{p}(\boldsymbol{x}) \boldsymbol{q}^{\mathrm{T}}(\boldsymbol{x}) n_j(\boldsymbol{x}) \,\mathrm{d}s_{\boldsymbol{x}} - \int_{\Omega_\ell}^* \boldsymbol{p}(\boldsymbol{x}) \boldsymbol{q}_{,j}^{\mathrm{T}}(\boldsymbol{x}) \,\mathrm{d}\boldsymbol{x} \right) (\boldsymbol{G}_\ell^*)^{-1} \boldsymbol{q}(\boldsymbol{x}). \quad (2.4.68)$$

为了建立数值积分准则, 通过比较 (2.4.61) 和 (2.4.68), 可令

$$\int_{\Omega_\ell} \boldsymbol{p}(\boldsymbol{x}) \boldsymbol{q}_{,j}^{\mathrm{T}}(\boldsymbol{x}) \,\mathrm{d}\boldsymbol{x} = \int_{\Omega_\ell}^* \boldsymbol{p}(\boldsymbol{x}) \boldsymbol{q}_{,j}^{\mathrm{T}}(\boldsymbol{x}) \,\mathrm{d}\boldsymbol{x}, \quad (2.4.69)$$

$$\int_{\partial \Omega_\ell} \boldsymbol{p}(\boldsymbol{x}) \boldsymbol{q}^{\mathrm{T}}(\boldsymbol{x}) n_j(\boldsymbol{x}) \,\mathrm{d}s_{\boldsymbol{x}} = \int_{\partial \Omega_\ell}^* \boldsymbol{p}(\boldsymbol{x}) \boldsymbol{q}^{\mathrm{T}}(\boldsymbol{x}) n_j(\boldsymbol{x}) \,\mathrm{d}s_{\boldsymbol{x}}, \quad (2.4.70)$$

即 (2.4.69) 和 (2.4.70) 中的数值积分是精确的.

因为 $\boldsymbol{p}(\boldsymbol{x}) \boldsymbol{q}_{,j}^{\mathrm{T}}(\boldsymbol{x})$ 是 $2k$ 次多项式, 所以 (2.4.69) 中的数值积分公式在 Ω_ℓ 中具有 $2k$ 次代数精度, 即

$$\int_{\Omega_\ell} f(\boldsymbol{x}) \,\mathrm{d}\boldsymbol{x} = \int_{\Omega_\ell}^* f(\boldsymbol{x}) \,\mathrm{d}\boldsymbol{x} \triangleq \sum_{s=1}^{N_I} \omega_s^{\ell I} f(\boldsymbol{x}_s^\ell), \quad \forall f(\boldsymbol{x}) \in \mathbb{P}_{2k}(\Omega_\ell), \quad (2.4.71)$$

其中 $\boldsymbol{x}_s^\ell \in \Omega_\ell$ 是积分点, $\omega_s^{\ell I}$ 是相应的积分权系数, N_I 是积分点个数.

实际应用中, 通常将积分网格 Ω_ℓ 选取为多边形或多面体. 此时, 法向量 $\boldsymbol{n}(\boldsymbol{x})$ 在 $\partial \Omega_\ell$ 的每条边或每个面上是常数, 从而 $\boldsymbol{p}(\boldsymbol{x}) \boldsymbol{q}^{\mathrm{T}}(\boldsymbol{x}) n_j(\boldsymbol{x})$ 是一个 $2k+1$ 次多项式, 所以 (2.4.70) 中的数值积分公式在 $\partial \Omega_\ell$ 上具有 $2k+1$ 次代数精度, 即

$$\int_{\partial \Omega_\ell} f(\boldsymbol{x}) \,\mathrm{d}s_{\boldsymbol{x}} = \int_{\partial \Omega_\ell}^* f(\boldsymbol{x}) \,\mathrm{d}s_{\boldsymbol{x}} \triangleq \sum_{s=1}^{N_B} \omega_s^{\ell B} f(\boldsymbol{x}_s^\ell), \quad \forall f(\boldsymbol{x}) \in \mathbb{P}_{2k+1}(\partial \Omega_\ell),$$
$$(2.4.72)$$

其中 $\boldsymbol{x}_s^\ell \in \partial \Omega_\ell$ 是积分点, $\omega_s^{\ell B}$ 是相应的积分权系数, N_B 是积分点个数.

可将 (2.4.71) 和 (2.4.72) 看作数值积分准则, 用来确定本节再生光滑梯度积分 (RKGSI) 公式中的积分点和权重. (2.4.71) 控制积分网格 Ω_ℓ 中的求积公式, 而 (2.4.72) 控制边界 $\partial \Omega_\ell$ 上的求积公式.

因为 $\boldsymbol{q}(\boldsymbol{x}) \boldsymbol{q}^{\mathrm{T}}(\boldsymbol{x}) \in \mathbb{P}_{2k}$, 所以由 (2.4.69) 有

$$\int_{\Omega_\ell} \boldsymbol{q}(\boldsymbol{x}) \boldsymbol{q}^{\mathrm{T}}(\boldsymbol{x}) \,\mathrm{d}\boldsymbol{x} = \int_{\Omega_\ell}^* \boldsymbol{q}(\boldsymbol{x}) \boldsymbol{q}^{\mathrm{T}}(\boldsymbol{x}) \,\mathrm{d}\boldsymbol{x},$$

再利用 (2.4.54), (2.4.64) 和 (2.4.71), $\boldsymbol{G}_\ell$ 和 $\boldsymbol{G}_\ell^*$ 的计算公式如下

$$\boldsymbol{G}_\ell = \boldsymbol{G}_\ell^* = \sum_{s=1}^{N_I} \omega_s^{\ell I} \boldsymbol{q}(\boldsymbol{x}_s^\ell) \boldsymbol{q}^{\mathrm{T}}(\boldsymbol{x}_s^\ell). \quad (2.4.73)$$

另外, 将 (2.4.71) 和 (2.4.72) 代入 (2.4.65), $\boldsymbol{g}^*_{\ell ij}$ 的计算公式如下:

$$\boldsymbol{g}^*_{\ell ij} = \sum_{s=1}^{N_B} \omega_s^{\ell B} \Phi_i\left(\boldsymbol{x}_s^\ell\right) n_j\left(\boldsymbol{x}_s^\ell\right) \boldsymbol{q}\left(\boldsymbol{x}_s^\ell\right) - \sum_{s=1}^{N_I} \omega_s^{\ell I} \Phi_i\left(\boldsymbol{x}_s^\ell\right) \boldsymbol{q}_{,j}\left(\boldsymbol{x}_s^\ell\right). \qquad (2.4.74)$$

将 (2.4.73) 和 (2.4.74) 代入 (2.4.63), 可得光滑梯度 $\tilde{\Phi}^*_{i,j}(\boldsymbol{x})$ 的计算公式.

性质 2.4.9 (梯度再生性质) 如果求积公式满足 (2.4.69) 和 (2.4.70), 则对任意 $p \in \mathbb{P}_{k+1}$, 有

$$\sum_{i=1}^{N} \tilde{\Phi}^*_{i,j}(\boldsymbol{x}) p(\boldsymbol{x}_i) = p_{,j}(\boldsymbol{x}).$$

证明 将 (2.4.69), (2.4.70) 和 (2.4.73) 代入 (2.4.68), 并利用 (2.4.62) 可得

$$\sum_{i=1}^{N} \tilde{\Phi}^*_{i,j}(\boldsymbol{x}) \boldsymbol{p}(\boldsymbol{x}_i)$$

$$= \left(\int_{\partial\Omega_\ell} \boldsymbol{p}(\boldsymbol{x}) \boldsymbol{q}^{\mathrm{T}}(\boldsymbol{x}) n_j(\boldsymbol{x}) \,\mathrm{d}s_{\boldsymbol{x}} - \int_{\Omega_\ell} \boldsymbol{p}(\boldsymbol{x}) \boldsymbol{q}^{\mathrm{T}}_{,j}(\boldsymbol{x}) \,\mathrm{d}\boldsymbol{x} \right) \boldsymbol{G}^{-1}_\ell \boldsymbol{q}(\boldsymbol{x})$$

$$= \boldsymbol{p}_{,j}(\boldsymbol{x}). \qquad\qquad 证毕.$$

性质 2.4.9 表明包含数值积分的光滑梯度 $\tilde{\Phi}^*_{i,j}(\boldsymbol{x})$ 仍然具有梯度再生性.

引理 2.4.5 在假设 2.4.3 的条件下, 有

$$\left| \int_{\Omega_\ell} f_1 \mathrm{d}\boldsymbol{x} - \int^*_{\Omega_\ell} f_1 \mathrm{d}\boldsymbol{x} \right| \leqslant C_\Omega h^n \|f_1\|_{\infty,\Omega_\ell}, \qquad \left| \int^*_{\Omega_\ell} f_1 \mathrm{d}\boldsymbol{x} \right| \leqslant C h^n \|f_1\|_{\infty,\Omega_\ell},$$

$$\tag{2.4.75}$$

$$\left| \int_{\partial\Omega_\ell} f_2 \mathrm{d}s_{\boldsymbol{x}} - \int^*_{\partial\Omega_\ell} f_2 \mathrm{d}s_{\boldsymbol{x}} \right| \leqslant C_\Gamma h^{n-1} \|f_2\|_{\infty,\partial\Omega_\ell}, \qquad \left| \int^*_{\partial\Omega_\ell} f_2 \mathrm{d}s_{\boldsymbol{x}} \right| \leqslant C h^{n-1} \|f_2\|_{\infty,\partial\Omega_\ell},$$

$$\tag{2.4.76}$$

其中 $f_1 \in W^{r_1,\infty}(\Omega_\ell)$, $f_2 \in W^{r_2,\infty}(\partial\Omega_\ell)$, $r_1 \geqslant 1$ 和 $r_2 \geqslant 1$.

证明 利用文献 [79] 中的积分误差估计和假设 2.4.1, 可得

$$\left| \int_{\Omega_\ell} f_1 \mathrm{d}\boldsymbol{x} - \int^*_{\Omega_\ell} f_1 \mathrm{d}\boldsymbol{x} \right| \leqslant C_1 |\Omega_\ell| \|f_1\|_{\infty,\Omega_\ell} \leqslant C_\Omega h^n \|f_1\|_{\infty,\Omega_\ell},$$

所以

$$\left| \int^*_{\Omega_\ell} f_1 \mathrm{d}\boldsymbol{x} \right| \leqslant \left| \int^*_{\Omega_\ell} f_1 \mathrm{d}\boldsymbol{x} - \int_{\Omega_\ell} f_1 \mathrm{d}\boldsymbol{x} \right| + \left| \int_{\Omega_\ell} f_1 \mathrm{d}\boldsymbol{x} \right|$$

$$\leqslant C_\Omega h^n \|f_1\|_{\infty,\Omega_\ell} + C_2 |\Omega_\ell| \|f_1\|_{\infty,\Omega_\ell}$$

$$\leqslant C h^n \|f_1\|_{\infty,\Omega_\ell}.$$

因此 (2.4.75) 成立. 类似可证 (2.4.76) 成立. 证毕.

2.4.5　数值积分公式

对于二维问题, 当 $\Omega \subset \mathbb{R}^2$ 时, 无单元 Galerkin 法等 Galerkin 型无网格方法常常使用三角形积分网格. 本节以三角形积分网格为例, 阐述如何建立具体的数值积分公式.

如图 2.4.1, 设三角形积分网格 Ω_ℓ 的顶点是 $\boldsymbol{x}_1 = (x_1, y_1)^{\mathrm{T}}$, $\boldsymbol{x}_2 = (x_2, y_2)^{\mathrm{T}}$ 和 $\boldsymbol{x}_3 = (x_3, y_3)^{\mathrm{T}}$, Ω_ℓ 的面积是 $A_\ell = A(\boldsymbol{x}_1, \boldsymbol{x}_2, \boldsymbol{x}_3)$, Ω_ℓ 的边界是 $\partial\Omega_\ell = \bigcup_{t=1}^{3} \partial\Omega_\ell^t$, $\partial\Omega_\ell^t$ 是 Ω_ℓ 的第 t 条边, 其长度记为 L_ℓ^t, $\boldsymbol{n}^t$ 为 $\partial\Omega_\ell^t$ 的单位外法向量, 则

$$A_\ell = \int_{\Omega_\ell} \mathrm{d}\boldsymbol{x} = \frac{1}{2} \begin{vmatrix} 1 & 1 & 1 \\ x_1 & x_2 & x_3 \\ y_1 & y_2 & y_3 \end{vmatrix} = \frac{1}{2}\left(x_2 y_3 + x_3 y_1 + x_1 y_2 - x_2 y_1 - x_3 y_2 - x_1 y_3\right),$$

$$L_\ell^1 = |\boldsymbol{x}_2 - \boldsymbol{x}_3| = \sqrt{(x_2 - x_3)^2 + (y_2 - y_3)^2}, \quad \boldsymbol{n}^1 = \frac{1}{L_\ell^1}\left(y_3 - y_2, x_2 - x_3\right)^{\mathrm{T}},$$

$$L_\ell^2 = |\boldsymbol{x}_3 - \boldsymbol{x}_1| = \sqrt{(x_3 - x_1)^2 + (y_3 - y_1)^2}, \quad \boldsymbol{n}^2 = \frac{1}{L_\ell^2}\left(y_1 - y_3, x_3 - x_1\right)^{\mathrm{T}},$$

$$L_\ell^3 = |\boldsymbol{x}_1 - \boldsymbol{x}_2| = \sqrt{(x_1 - x_2)^2 + (y_1 - y_2)^2}, \quad \boldsymbol{n}^3 = \frac{1}{L_\ell^3}\left(y_2 - y_1, x_1 - x_2\right)^{\mathrm{T}}.$$

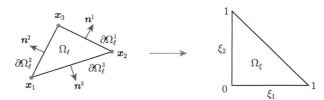

图 2.4.1　三角形积分网格 Ω_ℓ 和标准三角形 $\Omega_{\boldsymbol{\xi}}$ 的示意图

每个三角形积分网格 Ω_ℓ 可映射为标准三角形 $\Omega_{\boldsymbol{\xi}}$,

$$\Omega_{\boldsymbol{\xi}} = \left\{ \boldsymbol{\xi} = (\xi_1, \xi_2)^{\mathrm{T}} \in \mathbb{R}^2 : 0 < \xi_1 < 1, 0 < \xi_2 < 1 - \xi_1 \right\},$$

其中 $\xi_1 = A(\boldsymbol{x}, \boldsymbol{x}_2, \boldsymbol{x}_3)/A_\ell$ 和 $\xi_2 = A(\boldsymbol{x}, \boldsymbol{x}_3, \boldsymbol{x}_1)/A_\ell$ 是三角形的内蕴坐标,

$$A(\boldsymbol{x}, \boldsymbol{x}_2, \boldsymbol{x}_3) = \frac{1}{2}\left(x_2 y_3 - x_3 y_2 + (y_2 - y_3)x + (x_3 - x_2)y\right),$$

$$A(\boldsymbol{x}, \boldsymbol{x}_3, \boldsymbol{x}_1) = \frac{1}{2}\left(x_3 y_1 - x_1 y_3 + (y_3 - y_1)x + (x_1 - x_3)y\right).$$

所以, 对任意 $\boldsymbol{x} = (x, y)^{\mathrm{T}} \in \Omega_\ell$, 有

$$x = x_1 \xi_1 + x_2 \xi_2 + x_3 \left(1 - \xi_1 - \xi_2\right),$$

$$y = y_1 \xi_1 + y_2 \xi_2 + y_3 \left(1 - \xi_1 - \xi_2\right).$$

令 $\boldsymbol{q}$ 和 $\boldsymbol{p}$ 分别为多项式空间 $\mathbb{P}_k$ 和 $\mathbb{P}_{k+1} \subseteq \mathbb{P}_m$ 中的基函数向量, 则存在常数矩阵 $\boldsymbol{T}_\ell$ 和 $\tilde{\boldsymbol{T}}_\ell$ 使得

$$\boldsymbol{q}\left(\boldsymbol{x}\right) = \boldsymbol{T}_\ell \boldsymbol{q}\left(\boldsymbol{\xi}\right), \quad \boldsymbol{p}\left(\boldsymbol{x}\right) = \tilde{\boldsymbol{T}}_\ell \boldsymbol{p}\left(\boldsymbol{\xi}\right), \quad \boldsymbol{x} \in \Omega_\ell, \quad \boldsymbol{\xi} \in \Omega_{\boldsymbol{\xi}}, \tag{2.4.77}$$

从而

$$\boldsymbol{q}_{,j}\left(\boldsymbol{x}\right) = \frac{1}{2A_\ell} \boldsymbol{T}_\ell \left[\boldsymbol{q}_{,1}\left(\boldsymbol{\xi}\right) \boldsymbol{Q}_{\ell j1} + \boldsymbol{q}_{,2}\left(\boldsymbol{\xi}\right) \boldsymbol{Q}_{\ell j2}\right], \quad j = 1, 2, \tag{2.4.78}$$

其中 $\boldsymbol{Q}_{\ell 11} = y_2 - y_3$, $\boldsymbol{Q}_{\ell 12} = y_3 - y_1$, $\boldsymbol{Q}_{\ell 21} = x_3 - x_2$ 和 $\boldsymbol{Q}_{\ell 22} = x_1 - x_3$. 将 (2.4.77) 和 (2.4.78) 代入 (2.4.69) 可得

$$\int_{\Omega_{\boldsymbol{\xi}}} \boldsymbol{p}\left(\boldsymbol{\xi}\right) \left[\boldsymbol{q}_{,1}\left(\boldsymbol{\xi}\right) \boldsymbol{Q}_{\ell j1} + \boldsymbol{q}_{,2}\left(\boldsymbol{\xi}\right) \boldsymbol{Q}_{\ell j2}\right]^{\mathrm{T}} \mathrm{d}\boldsymbol{\xi} = \int_{\Omega_{\boldsymbol{\xi}}}^* \boldsymbol{p}\left(\boldsymbol{\xi}\right) \left[\boldsymbol{q}_{,1}\left(\boldsymbol{\xi}\right) \boldsymbol{Q}_{\ell j1} + \boldsymbol{q}_{,2}\left(\boldsymbol{\xi}\right) \boldsymbol{Q}_{\ell j2}\right]^{\mathrm{T}} \mathrm{d}\boldsymbol{\xi}.$$

因为矩阵 $\boldsymbol{p}\left(\boldsymbol{\xi}\right) \left[\boldsymbol{q}_{,1}\left(\boldsymbol{\xi}\right) \boldsymbol{Q}_{\ell j1} + \boldsymbol{q}_{,2}\left(\boldsymbol{\xi}\right) \boldsymbol{Q}_{\ell j2}\right]^{\mathrm{T}}$ 的所有元素都属于 $\mathbb{P}_{2k}\left(\Omega_{\boldsymbol{\xi}}\right)$, 所以可令

$$\int_{\Omega_{\boldsymbol{\xi}}} f\left(\boldsymbol{\xi}\right) \mathrm{d}\Omega = \int_{\Omega_{\boldsymbol{\xi}}}^* f\left(\boldsymbol{\xi}\right) \mathrm{d}\Omega, \quad \forall f\left(\boldsymbol{\xi}\right) \in \mathbb{P}_{2k}\left(\Omega_{\boldsymbol{\xi}}\right), \tag{2.4.79}$$

类似地, 由 (2.4.70) 有

$$\int_0^1 f\left(\xi\right) \mathrm{d}\xi = \int_0^{1*} f\left(\xi\right) \mathrm{d}\xi, \quad \forall f\left(\xi\right) \in \mathbb{P}_{2k+1}\left(\left[0, 1\right]\right). \tag{2.4.80}$$

(2.4.79) 和 (2.4.80) 是确定三角形参考空间中积分点和积分权系数的求积准则.

将 (2.4.77) 代入 (2.4.54) 可得

$$\boldsymbol{G}_\ell = \int_{\Omega_\ell} \boldsymbol{q}\left(\boldsymbol{x}\right) \boldsymbol{q}^{\mathrm{T}}\left(\boldsymbol{x}\right) \mathrm{d}\boldsymbol{x} = \det\left(\boldsymbol{J}_\ell\right) \int_{\Omega_{\boldsymbol{\xi}}} \boldsymbol{T}_\ell \boldsymbol{q}\left(\boldsymbol{\xi}\right) \left(\boldsymbol{T}_\ell \boldsymbol{q}\left(\boldsymbol{\xi}\right)\right)^{\mathrm{T}} \mathrm{d}\boldsymbol{\xi} = 2A_\ell \boldsymbol{T}_\ell \boldsymbol{G}_{\boldsymbol{\xi}} \boldsymbol{T}_\ell^{\mathrm{T}}, \tag{2.4.81}$$

其中 $\boldsymbol{J}_\ell$ 是 Ω_ℓ 变换到 $\Omega_{\boldsymbol{\xi}}$ 的 Jacobi 矩阵, 显然 $\det\left(\boldsymbol{J}_\ell\right) = 2A_\ell$. 另外,

$$\boldsymbol{G}_{\boldsymbol{\xi}} = \int_{\Omega_{\boldsymbol{\xi}}} \boldsymbol{q}\left(\boldsymbol{\xi}\right) \boldsymbol{q}^{\mathrm{T}}\left(\boldsymbol{\xi}\right) \mathrm{d}\boldsymbol{\xi} = \int_0^1 \int_0^{1-\xi_1} \boldsymbol{q}\left(\boldsymbol{\xi}\right) \boldsymbol{q}^{\mathrm{T}}\left(\boldsymbol{\xi}\right) \mathrm{d}\xi_2 \mathrm{d}\xi_1. \tag{2.4.82}$$

比如, 当 $k = 0$, 即 $\boldsymbol{q}\left(\boldsymbol{\xi}\right) = 1 \in \mathbb{P}_0\left(\Omega_{\boldsymbol{\xi}}\right)$ 时,

$$\boldsymbol{G}_{\boldsymbol{\xi}} = \int_0^1 \int_0^{1-\xi_1} \boldsymbol{q}\left(\boldsymbol{\xi}\right) \boldsymbol{q}^{\mathrm{T}}\left(\boldsymbol{\xi}\right) \mathrm{d}\xi_2 \mathrm{d}\xi_1 = \int_0^1 \int_0^{1-\xi_1} \mathrm{d}\xi_2 \mathrm{d}\xi_1 = \frac{1}{2}. \tag{2.4.83}$$

当 $k = 1$, 即 $\boldsymbol{q}\left(\boldsymbol{\xi}\right) = \left(1, \xi_1, \xi_2\right)^{\mathrm{T}} \in \mathbb{P}_1\left(\Omega_{\boldsymbol{\xi}}\right)$ 时,

$$\boldsymbol{G}_{\boldsymbol{\xi}} = \int_0^1 \int_0^{1-\xi_1} \boldsymbol{q}\left(\boldsymbol{\xi}\right) \boldsymbol{q}^{\mathrm{T}}\left(\boldsymbol{\xi}\right) \mathrm{d}\xi_2 \mathrm{d}\xi_1$$

$$= \int_0^1 \int_0^{1-\xi_1} \begin{bmatrix} 1 & \xi_1 & \xi_2 \\ \xi_1 & \xi_1^2 & \xi_1\xi_2 \\ \xi_2 & \xi_1\xi_2 & \xi_2^2 \end{bmatrix} \mathrm{d}\xi_2 \mathrm{d}\xi_1 = \begin{bmatrix} \dfrac{1}{2} & \dfrac{1}{6} & \dfrac{1}{6} \\ \dfrac{1}{6} & \dfrac{1}{12} & \dfrac{1}{24} \\ \dfrac{1}{6} & \dfrac{1}{24} & \dfrac{1}{12} \end{bmatrix}. \tag{2.4.84}$$

(2.4.65) 表明需要在每个积分点 $\boldsymbol{x}$ 处计算形函数 $\Phi_i\left(\boldsymbol{x}\right)$ 的值. 因此, 为了有效地进行数值积分, 并显著提高无网格方法的计算效率, 从全局角度来看, 应尽量减少积分点的总数 [69]. 一旦相邻积分网格共用的积分点尽可能多, 积分点的总数就有望达到最小. 因此, 可将积分网格的所有顶点用作积分点. 具体如下.

首先, 鉴于端点由相邻积分网格共用, 积分网格 Ω_ℓ 的边界 $\partial\Omega_\ell^t$ 的两个端点, 即 Ω_ℓ 的顶点, 可用于积分. 因此, (2.4.80) 中的数值积分可以采用 Gauss-Lobatto 求积公式 [79,80]. 对于 (2.4.80) 中的求积公式, 精度的最低要求为 $2k + 1$. 那么, 可以将 (2.4.80) 设置为

$$\int_0^1 f\left(\xi\right) \mathrm{d}\xi = \int_0^{1*} f\left(\xi\right) \mathrm{d}\xi = \omega_0^B f\left(0\right) + \sum_{l=1}^k \omega_l^B f\left(\xi_l^B\right) + \omega_{k+1}^B f\left(1\right), \quad \forall f\left(\xi\right) \in \mathbb{P}_{2k+1}. \tag{2.4.85}$$

若 $P_{k+1}\left(x\right)$ 表示区间 $[-1, 1]$ 上的 $k + 1$ 次 Legendre 多项式 [81], 则 $2\xi_l^B - 1$ 是 $P_{k+1}'\left(x\right)$ 的第 l 个零点, 据此可求得第 l 个积分点 $\xi_l^B \in \left(0, 1\right)$. 另外, 根据积分点的对称性, 积分权系数满足 $\omega_l^B = \omega_{k+1-l}^B$ 和 $\omega_0^B = \omega_{k+1}^B$. 因此, 根据 Gauss-Lobatto 求积公式 [79,80], 由 (2.4.85) 可得

$$\int_0^{1*} f\left(\xi\right) \mathrm{d}\xi = \frac{1}{\left(k+1\right)\left(k+2\right)} \left\{ \left[f\left(0\right) + f\left(1\right)\right] + \sum_{l=1}^k \frac{1}{\left[P_{k+1}\left(2\xi_l^B - 1\right)\right]^2} f\left(\xi_l^B\right) \right\}. \tag{2.4.86}$$

其次, 为了最小化积分点的总数, 可将边界 $\partial\Omega_\ell = \bigcup_{t=1}^3 \partial\Omega_\ell^t$ 上的所有积分点用于积分网格 Ω_ℓ 内的积分. 对于 (2.4.79) 中的求积公式, 代数精度的最低要求为

$2k$. 然后, 可以将 (2.4.79) 设置为

$$\int_{\Omega_{\xi}} f(\boldsymbol{\xi}) \, \mathrm{d}\boldsymbol{\xi} = \int_{\Omega_{\xi}}^{*} f(\boldsymbol{\xi}) \, \mathrm{d}\boldsymbol{\xi}$$

$$= \sum_{\boldsymbol{\xi}_l^I \in \mathcal{S}_1} \omega_s^I f(\boldsymbol{\xi}_s^I) + \sum_{\boldsymbol{\xi}_l^I \in \mathcal{S}_2} \omega_l^I f(\boldsymbol{\xi}_l^I) + \sum_{\boldsymbol{\xi}_l^I \in \mathcal{S}_3} \omega_l^I f(\boldsymbol{\xi}_l^I), \quad \forall f(\boldsymbol{\xi}) \in \mathbb{P}_{2k}, \quad (2.4.87)$$

其中 $\boldsymbol{\xi}_l^I \in \Omega_{\xi}$ 是积分点, ω_l^I 是相应的积分权系数, $\mathcal{S}_1$ 表示 Ω_{ξ} 的顶点构成的集合, $\mathcal{S}_2$ 表示 (2.4.86) 中对应于 ξ_l^B 的边界上积分点构成的集合, $\mathcal{S}_3$ 表示位于 Ω_{ξ} 内部的积分点构成的集合. 在平均意义下, $\mathcal{S}_1$ 中的每个点被 6 个相邻的积分网格共用, $\mathcal{S}_2$ 中的每个点被 2 个相邻积分网格共用.

下面给出 $k = 0$ 和 1 时的求积公式的推导过程.

当 $k = 0$ 时, 由 (2.4.86) 可得

$$\int_0^{1*} f(\xi) \, \mathrm{d}\xi = \frac{1}{2} \left[f(0) + f(1) \right], \quad k = 0, \quad (2.4.88)$$

这正是梯形数值求积公式, 代数精度为 1, 满足 (2.4.80) 中代数精度的最低要求. 从 (2.4.88) 可以看出, 整个边界 $\partial\Omega_{\xi} = \bigcup_{t=1}^3 \partial\Omega_{\xi}^t$ 上的积分使用了 Ω_{ξ} 的 3 个顶点. 使用这 3 个点和三角形上的 Gauss 求积公式, (2.4.87) 在 $k = 0$ 时可以表示为

$$\int_{\Omega_{\xi}}^{*} f(\boldsymbol{\xi}) \, \mathrm{d}\boldsymbol{\xi} = \int_0^1 \int_0^{1-\xi_1} f(\xi_1, \xi_2) \, \mathrm{d}\xi_2 \mathrm{d}\xi_1$$

$$= \frac{1}{6} \left[f(0,0) + f(0,1) + f(1,0) \right], \quad k = 0, \quad (2.4.89)$$

其代数精度为 1, 高于 (2.4.79) 中代数精度的最低要求. 显然, Ω_{ℓ} 中用于积分的所有点都是 Ω_{ℓ} 的顶点.

当 $k = 1$ 时, 因为二次 Legendre 多项式为 $P_2(x) = (3x^2 - 1)/2$, 而 $P_2'(x) = 3x$ 的零点为 0, 所以再由 $2\xi_1^B - 1 = 0$ 可得 $\xi_1^B = 1/2$, 进而有 $P_2(2\xi_1^B - 1) = P_2(0) = -1/2$. 那么, (2.4.86) 在 $k = 1$ 变为

$$\int_0^{1*} f(\xi) \, \mathrm{d}\xi = \frac{1}{6} \left[f(0) + 4f\left(\frac{1}{2}\right) + f(1) \right], \quad k = 1. \quad (2.4.90)$$

这正是 Simpson 求积公式, 代数精度为 3, 满足 (2.4.80) 中代数精度的最低要求. 从 (2.4.90) 可以看出, 整个边界 $\partial\Omega_{\xi}$ 上的积分使用了三角形积分网格 Ω_{ξ} 的 3 个顶点和 3 条边的 3 个中点. 使用这 6 个点和三角形上的 Gauss 求积公式, (2.4.87)

在 $k=1$ 时可以表示为

$$\int_{\Omega_{\boldsymbol{\xi}}}^{*} f(\boldsymbol{\xi})\,\mathrm{d}\boldsymbol{\xi} = \int_{0}^{1}\int_{0}^{1-\xi_1} f(\xi_1,\xi_2)\,\mathrm{d}\xi_2\mathrm{d}\xi_1$$

$$= \frac{1}{6}\left[f\left(\frac{1}{2},0\right) + f\left(0,\frac{1}{2}\right) + f\left(\frac{1}{2},\frac{1}{2}\right)\right], \quad k=1, \qquad (2.4.91)$$

其代数精度为 2, 满足 (2.4.79) 中代数精度的最低要求. 此时, Ω_{ℓ} 中用于积分的所有点都位于 Ω_{ℓ} 的边界上.

与有限元方法一样, 本节中的求积公式不依赖于无网格形函数和影响域, 因此可以在参考空间 (如标准三角形 $\Omega_{\boldsymbol{\xi}}$) 中显式构造.

(2.4.88) 和 (2.4.89) 给出了 $k=0$ 时的 RKGSI, 表明数值积分时只需要三角形积分网格的 3 个顶点. (2.4.90) 和 (2.4.91) 给出了 $k=1$ 时的 RKGSI, 表明数值积分时只需要三角形积分网格的 3 个顶点和 3 条边的 3 个中点. 图 2.4.2 给出了标准三角形 $\Omega_{\boldsymbol{\xi}}$ 上 $k=0$ 和 $k=1$ 时的 RKGSI, 以及 6 点和 13 点 Gauss 积分公式的积分点, 图 2.4.3 和图 2.4.4 分别给出了区域 $\Omega=(0,1)^2$ 上规则和不规则分布节点、RKGSI 和 13 点 Gauss 积分公式的积分点的示意图.

由于每个顶点 (例如图 2.4.3 和图 2.4.4 中的点 $\boldsymbol{x}_v$) 在平均意义上被 6 个相邻积分网格共用, 每个中点 (例如图 2.4.3 和图 2.4.4 中的点 $\boldsymbol{x}_m$) 被 2 个相邻积分网格共用, 从而在总体平均意义上, $k=0$ 时的 RKGSI 在每个积分网格上仅包含 $3/6=1/2$ 个积分点, $k=1$ 时的 RKGSI 在每个积分网格上仅包含 $3/6 + 3/2 = 2$ 个积分点. 因此, 与无单元 Galerkin 法中常用的 13 点 Gauss 积分公式相比, 本节的 RKGSI 大大提高了计算效率.

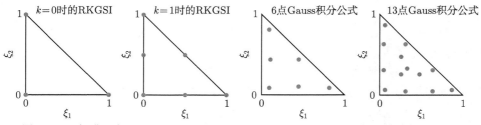

图 2.4.2   标准三角形 $\Omega_{\boldsymbol{\xi}}$ 上 RKGSI, 以及 6 点和 13 点 Gauss 积分公式的积分点,
其中实心点表示积分点

接下来利用 (2.4.88)—(2.4.91) 中的 RKGSI, 推导 (2.4.63) 中形函数光滑梯度 $\tilde{\Phi}_{i,j}^{*}(\boldsymbol{x})$ 的具体计算公式. 显然, (2.4.81) 中的 $\boldsymbol{G}_{\ell}$ 可以通过 (2.4.73) 和 (2.4.91) 进行数值计算, 也可以通过 (2.4.81) 解析计算.

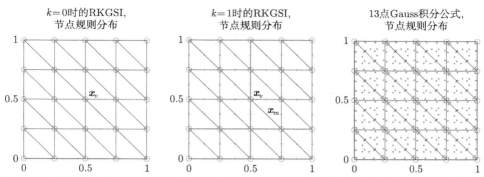

图 2.4.3　规则分布节点、RKGSI 和 13 点 Gauss 积分公式的积分点在区域 $\Omega = (0,1)^2$ 上的示意图, 其中圆圈和实心点分别表示节点和积分点

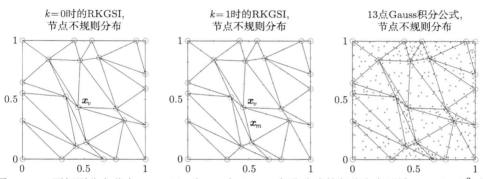

图 2.4.4　不规则分布节点、RKGSI 和 13 点 Gauss 积分公式的积分点在区域 $\Omega = (0,1)^2$ 上的示意图, 其中圆圈和实心点分别表示节点和积分点

在 Ω_ℓ 上应用 Gauss 散度定理可得 $\int_{\Omega_\ell} \mathrm{div}\boldsymbol{w}\mathrm{d}\boldsymbol{x} = \int_{\partial\Omega_\ell} \boldsymbol{w} \cdot \boldsymbol{n}\mathrm{d}s$, 将向量函数 $\boldsymbol{w}$ 的第 j 个分量取为 1, 其余分量取为 0, 则 $\int_{\partial\Omega_\ell} n_j\mathrm{d}s = 0$. 另外, 根据图 2.4.1 可知 $\int_{\partial\Omega_\ell} n_j\mathrm{d}s = \sum_{t=1}^3 \int_{\partial\Omega_\ell^t} n_j^t\mathrm{d}s = \sum_{t=1}^3 L_\ell^t n_j^t$, 所以

$$L_\ell^1 n_j^1 + L_\ell^2 n_j^2 + L_\ell^3 n_j^3 = 0. \qquad (2.4.92)$$

由图 2.4.1 还可得

$$\int_{\partial\Omega_\ell}^* \Phi_i\left(\boldsymbol{x}\right) n_j\left(\boldsymbol{x}\right) \boldsymbol{q}\left(\boldsymbol{x}\right) \mathrm{d}s_{\boldsymbol{x}}$$

$$= n_j^1 \int_{\partial\Omega_\ell^1}^* \Phi_i\left(\boldsymbol{x}\right) \boldsymbol{q}\left(\boldsymbol{x}\right) \mathrm{d}s_{\boldsymbol{x}} + n_j^2 \int_{\partial\Omega_\ell^2}^* \Phi_i\left(\boldsymbol{x}\right) \boldsymbol{q}\left(\boldsymbol{x}\right) \mathrm{d}s_{\boldsymbol{x}} + n_j^3 \int_{\partial\Omega_\ell^3}^* \Phi_i\left(\boldsymbol{x}\right) \boldsymbol{q}\left(\boldsymbol{x}\right) \mathrm{d}s_{\boldsymbol{x}}.$$

当 $k = 0$ 时, 注意到 $q(x) = 1$ 和 $q_{,j}(x) = 0$, 由 (2.4.65) 和 (2.4.88) 可得 $g^*_{\ell ij}$ 在 $k = 0$ 时的计算公式为

$$
\begin{aligned}
g^*_{\ell ij} &= \int_{\partial\Omega_\ell}^* \Phi_i(x) n_j(x) q(x) \mathrm{d}s_x - \int_{\Omega_\ell}^* \Phi_i(x) q_{,j}(x) \mathrm{d}x \\
&= n_j^1 \int_{\partial\Omega_\ell^1}^* \Phi_i(x) \mathrm{d}s_x + n_j^2 \int_{\partial\Omega_\ell^2}^* \Phi_i(x) \mathrm{d}s_x + n_j^3 \int_{\partial\Omega_\ell^3}^* \Phi_i(x) \mathrm{d}s_x \\
&= \frac{1}{2} n_j^1 L_\ell^1 [\Phi_i(x_2) + \Phi_i(x_3)] + \frac{1}{2} n_j^2 L_\ell^2 [\Phi_i(x_3) + \Phi_i(x_1)] \\
&\quad + \frac{1}{2} n_j^3 L_\ell^3 [\Phi_i(x_1) + \Phi_i(x_2)] \\
&= \frac{1}{2}\left(L_\ell^2 n_j^2 + L_\ell^3 n_j^3\right)\Phi_i(x_1) + \frac{1}{2}\left(L_\ell^1 n_j^1 + L_\ell^3 n_j^3\right)\Phi_i(x_2) \\
&\quad + \frac{1}{2}\left(L_\ell^1 n_j^1 + L_\ell^2 n_j^2\right)\Phi_i(x_3) \\
&= -\frac{1}{2}L_\ell^1 n_j^1 \Phi_i(x_1) - \frac{1}{2}L_\ell^2 n_j^2 \Phi_i(x_2) - \frac{1}{2}L_\ell^3 n_j^3 \Phi_i(x_3) \\
&= -\frac{1}{2}\sum_{l=1}^3 L_\ell^l n_j^l \Phi_i(x_l),
\end{aligned}
\tag{2.4.93}
$$

其中 x_1, x_2 和 x_3 是 Ω_ℓ 的三个顶点. (2.4.77) 中的常数矩阵 T_ℓ 在 $k = 0$ 时为 $T_\ell = 1$, 再由 (2.4.83) 有 $G_\ell^* = G_\ell = 2A_\ell G_\xi = A_\ell$, 从而由 (2.4.63) 可得 $\tilde{\Phi}^*_{i,j}(x)$ 在 $k = 0$ 时的计算公式为

$$
\tilde{\Phi}^*_{i,j}(x) = q^{\mathrm{T}}(x)\left(G_\ell^*\right)^{-1} g^*_{\ell ij} = \frac{g^*_{\ell ij}}{A_\ell}, \quad i = 1, 2, \cdots, N, \quad j = 1, 2, \quad x \in \Omega_\ell.
$$

当 $k = 1$ 时, 注意到 $q(x) = (1, x, y)^{\mathrm{T}}$, $q_{,1}(x) = (0, 1, 0)^{\mathrm{T}}$ 和 $q_{,2}(x) = (0, 0, 1)^{\mathrm{T}}$, 由 (2.4.90) 和 (2.4.91) 可得

$$
\begin{aligned}
\int_{\Omega_\ell}^* \Phi_i(x) q_{,j}(x) \mathrm{d}x &= \frac{1}{3} A_\ell \left[\Phi_i(x_4) q_{,j}(x_4) + \Phi_i(x_5) q_{,j}(x_5) + \Phi_i(x_6) q_{,j}(x_6)\right] \\
&= \frac{1}{3} A_\ell \sum_{l=4}^6 \Phi_i(x_l) q_{,j}(x_l),
\end{aligned}
$$

$$\int_{\partial\Omega_\ell}^* \Phi_i\left(\boldsymbol{x}\right) n_j\left(\boldsymbol{x}\right) \boldsymbol{q}\left(\boldsymbol{x}\right) \mathrm{d}s_{\boldsymbol{x}}$$

$$= n_j^1 \int_{\partial\Omega_\ell^1}^* \Phi_i\left(\boldsymbol{x}\right) \boldsymbol{q}\left(\boldsymbol{x}\right) \mathrm{d}s_{\boldsymbol{x}} + n_j^2 \int_{\partial\Omega_\ell^2}^* \Phi_i\left(\boldsymbol{x}\right) \boldsymbol{q}\left(\boldsymbol{x}\right) \mathrm{d}s_{\boldsymbol{x}} + n_j^3 \int_{\partial\Omega_\ell^3}^* \Phi_i\left(\boldsymbol{x}\right) \boldsymbol{q}\left(\boldsymbol{x}\right) \mathrm{d}s_{\boldsymbol{x}}$$

$$= \frac{1}{6} n_j^1 L_\ell^1 \left[\Phi_i\left(\boldsymbol{x}_2\right) \boldsymbol{q}\left(\boldsymbol{x}_2\right) + 4\Phi_i\left(\boldsymbol{x}_4\right) \boldsymbol{q}\left(\boldsymbol{x}_4\right) + \Phi_i\left(\boldsymbol{x}_3\right) \boldsymbol{q}\left(\boldsymbol{x}_3\right)\right]$$

$$+ \frac{1}{6} n_j^2 L_\ell^2 \left[\Phi_i\left(\boldsymbol{x}_3\right) \boldsymbol{q}\left(\boldsymbol{x}_3\right) + 4\Phi_i\left(\boldsymbol{x}_5\right) \boldsymbol{q}\left(\boldsymbol{x}_5\right) + \Phi_i\left(\boldsymbol{x}_1\right) \boldsymbol{q}\left(\boldsymbol{x}_1\right)\right]$$

$$+ \frac{1}{6} n_j^3 L_\ell^3 \left[\Phi_i\left(\boldsymbol{x}_1\right) \boldsymbol{q}\left(\boldsymbol{x}_1\right) + 4\Phi_i\left(\boldsymbol{x}_6\right) \boldsymbol{q}\left(\boldsymbol{x}_6\right) + \Phi_i\left(\boldsymbol{x}_2\right) \boldsymbol{q}\left(\boldsymbol{x}_2\right)\right],$$

其中 $\boldsymbol{x}_1$, $\boldsymbol{x}_2$ 和 $\boldsymbol{x}_3$ 是 Ω_ℓ 的 3 个顶点, $\boldsymbol{x}_4 = (\boldsymbol{x}_2 + \boldsymbol{x}_3)/2$, $\boldsymbol{x}_5 = (\boldsymbol{x}_1 + \boldsymbol{x}_3)/2$ 和 $\boldsymbol{x}_6 = (\boldsymbol{x}_1 + \boldsymbol{x}_2)/2$ 是 Ω_ℓ 三条边的中点. 再利用 (2.4.92) 可知

$$\int_{\partial\Omega_\ell}^* \Phi_i\left(\boldsymbol{x}\right) n_j\left(\boldsymbol{x}\right) \boldsymbol{q}\left(\boldsymbol{x}\right) \mathrm{d}s_{\boldsymbol{x}}$$

$$= \frac{1}{6} L_\ell^1 n_j^1 \left[4\Phi_i\left(\boldsymbol{x}_4\right) \boldsymbol{q}\left(\boldsymbol{x}_4\right) - \Phi_i\left(\boldsymbol{x}_1\right) \boldsymbol{q}\left(\boldsymbol{x}_1\right)\right]$$

$$+ \frac{1}{6} L_\ell^2 n_j^2 \left[4\Phi_i\left(\boldsymbol{x}_5\right) \boldsymbol{q}\left(\boldsymbol{x}_5\right) - \Phi_i\left(\boldsymbol{x}_2\right) \boldsymbol{q}\left(\boldsymbol{x}_2\right)\right]$$

$$+ \frac{1}{6} L_\ell^3 n_j^3 \left[4\Phi_i\left(\boldsymbol{x}_6\right) \boldsymbol{q}\left(\boldsymbol{x}_6\right) - \Phi_i\left(\boldsymbol{x}_3\right) \boldsymbol{q}\left(\boldsymbol{x}_3\right)\right]$$

$$= \frac{1}{6} \sum_{l=1}^{3} L_\ell^l n_j^l \left[4\Phi_i\left(\boldsymbol{x}_{l+3}\right) \boldsymbol{q}\left(\boldsymbol{x}_{l+3}\right) - \Phi_i\left(\boldsymbol{x}_l\right) \boldsymbol{q}\left(\boldsymbol{x}_l\right)\right].$$

因此, 由 (2.4.65), $\boldsymbol{g}_{\ell ij}^*$ 在 $k = 1$ 时的计算公式为

$$\boldsymbol{g}_{\ell ij}^* = \int_{\partial\Omega_\ell}^* \Phi_i\left(\boldsymbol{x}\right) n_j\left(\boldsymbol{x}\right) \boldsymbol{q}\left(\boldsymbol{x}\right) \mathrm{d}s_{\boldsymbol{x}} - \int_{\Omega_\ell}^* \Phi_i\left(\boldsymbol{x}\right) \boldsymbol{q}_{,j}\left(\boldsymbol{x}\right) \mathrm{d}\boldsymbol{x}$$

$$= \frac{1}{6} \sum_{l=1}^{3} L_\ell^l n_j^l \left[4\Phi_i\left(\boldsymbol{x}_{l+3}\right) \boldsymbol{q}\left(\boldsymbol{x}_{l+3}\right) - \Phi_i\left(\boldsymbol{x}_l\right) \boldsymbol{q}\left(\boldsymbol{x}_l\right)\right]$$

$$- \frac{1}{3} A_\ell \sum_{l=4}^{6} \Phi_i\left(\boldsymbol{x}_l\right) \boldsymbol{q}_{,j}\left(\boldsymbol{x}_l\right). \tag{2.4.94}$$

再将 (2.4.77) 和 (2.4.81) 代入 (2.4.63), 可得 $\tilde{\Phi}_{i,j}^*\left(\boldsymbol{x}\right)$ 在 $k = 1$ 时的计算公式为

$$\tilde{\Phi}_{i,j}^*\left(\boldsymbol{x}\right) = \boldsymbol{q}^{\mathrm{T}}\left(\boldsymbol{x}\right) \left(\boldsymbol{G}_\ell^*\right)^{-1} \boldsymbol{g}_{\ell ij}^*$$

$$= \left(\boldsymbol{T}_\ell \boldsymbol{q}\left(\boldsymbol{\xi}\right)\right)^{\mathrm{T}} \left(2 A_\ell \boldsymbol{T}_\ell \boldsymbol{G}_{\boldsymbol{\xi}} \boldsymbol{T}_\ell^{\mathrm{T}}\right)^{-1} \boldsymbol{g}_{\ell ij}^*$$

$$= \frac{1}{2A_\ell} \boldsymbol{q}^{\mathrm{T}}(\boldsymbol{\xi})\,\boldsymbol{T}_\ell^{\mathrm{T}}\left(\boldsymbol{T}_\ell^{\mathrm{T}}\right)^{-1}\boldsymbol{G}_{\boldsymbol{\xi}}^{-1}\boldsymbol{T}_\ell^{-1}\boldsymbol{g}_{\ell ij}^*$$

$$= \frac{1}{2A_\ell} \boldsymbol{q}^{\mathrm{T}}(\boldsymbol{\xi})\,\boldsymbol{G}_{\boldsymbol{\xi}}^{-1}\left(\boldsymbol{T}_\ell^{-1}\boldsymbol{g}_{\ell ij}^*\right),\quad i=1,2,\cdots,N,\quad j=1,2,\quad \boldsymbol{x}\in\Omega_\ell,$$

$$(2.4.95)$$

其中 $\boldsymbol{G}_{\boldsymbol{\xi}}$ 由 (2.4.84) 给出. 根据 (2.4.77), $\boldsymbol{T}_\ell^{-1}\boldsymbol{q}(\boldsymbol{x})=\boldsymbol{q}(\boldsymbol{\xi})$, 进而 (2.4.95) 中 $\boldsymbol{T}_\ell^{-1}\boldsymbol{g}_{\ell ij}^*$ 可由下式计算:

$$\boldsymbol{T}_\ell^{-1}\boldsymbol{g}_{\ell ij}^* = \frac{1}{6}\sum_{l=1}^{3}L_\ell^l n_j^l\left[4\Phi_i\left(\boldsymbol{x}_{l+3}\right)\boldsymbol{T}_\ell^{-1}\boldsymbol{q}\left(\boldsymbol{x}_{l+3}\right)-\Phi_i\left(\boldsymbol{x}_l\right)\boldsymbol{T}_\ell^{-1}\boldsymbol{q}\left(\boldsymbol{x}_l\right)\right]$$

$$-\frac{1}{3}\boldsymbol{T}_\ell^{-1}A_\ell\sum_{l=4}^{6}\Phi_i\left(\boldsymbol{x}_l\right)\boldsymbol{q}_{,j}\left(\boldsymbol{x}_l\right)$$

$$= \frac{1}{6}\sum_{l=1}^{3}L_\ell^l n_j^l\left[4\Phi_i\left(\boldsymbol{x}_{l+3}\right)\boldsymbol{q}\left(\boldsymbol{\xi}_{l+3}\right)-\Phi_i\left(\boldsymbol{x}_l\right)\boldsymbol{q}\left(\boldsymbol{\xi}_l\right)\right]$$

$$-\frac{1}{3}\sum_{l=4}^{6}\Phi_i\left(\boldsymbol{x}_l\right)\boldsymbol{T}_\ell^{-1}A_\ell\boldsymbol{q}_{,j}\left(\boldsymbol{x}_l\right).\qquad (2.4.96)$$

因为 (2.4.77) 表明常数矩阵 $\boldsymbol{T}_\ell$ 在 $k=1$ 时满足

$$\boldsymbol{q}(\boldsymbol{x})=\begin{pmatrix}1\\x\\y\end{pmatrix}=\begin{pmatrix}1\\x_1\xi_1+x_2\xi_2+x_3\left(1-\xi_1-\xi_2\right)\\y_1\xi_1+y_2\xi_2+y_3\left(1-\xi_1-\xi_2\right)\end{pmatrix}$$

$$=\begin{pmatrix}1&0&0\\x_3&x_1-x_3&x_2-x_3\\y_3&y_1-y_3&y_2-y_3\end{pmatrix}\begin{pmatrix}1\\\xi_1\\\xi_2\end{pmatrix}=\boldsymbol{T}_\ell\boldsymbol{q}(\boldsymbol{\xi}),$$

从而

$$\boldsymbol{T}_\ell^{-1}=\frac{1}{2A_\ell}\begin{pmatrix}\left(x_1-x_3\right)\left(y_2-y_3\right)-\left(y_1-y_3\right)\left(x_2-x_3\right)&0&0\\y_3\left(x_2-x_3\right)-x_3\left(y_2-y_3\right)&y_2-y_3&x_3-x_2\\x_3\left(y_1-y_3\right)-y_3\left(x_1-x_3\right)&y_3-y_1&x_1-x_3\end{pmatrix},$$

再注意到在 $k=1$ 时 $\boldsymbol{q}_{,1}(\boldsymbol{x})=(0,1,0)^{\mathrm{T}}$ 和 $\boldsymbol{q}_{,2}(\boldsymbol{x})=(0,0,1)^{\mathrm{T}}$, 于是

$$\boldsymbol{T}_\ell^{-1} A_\ell \boldsymbol{q}_{,1}\left(\boldsymbol{x}_l\right) = -\frac{1}{2}\begin{pmatrix} 0 \\ y_3 - y_2 \\ y_1 - y_3 \end{pmatrix} = -\frac{1}{2}\begin{pmatrix} 0 \\ L_\ell^1 n_1^1 \\ L_\ell^2 n_1^2 \end{pmatrix},$$

$$\boldsymbol{T}_\ell^{-1} A_\ell \boldsymbol{q}_{,2}\left(\boldsymbol{x}_l\right) = -\frac{1}{2}\begin{pmatrix} 0 \\ x_2 - x_3 \\ x_3 - x_1 \end{pmatrix} = -\frac{1}{2}\begin{pmatrix} 0 \\ L_\ell^1 n_2^1 \\ L_\ell^2 n_2^2 \end{pmatrix}. \tag{2.4.97}$$

将 (2.4.97) 代入 (2.4.96), 再将 (2.4.96) 代入 (2.4.95), 即得 $\tilde{\Phi}_{i,j}^*\left(\boldsymbol{x}\right)$ 在 $k = 1$ 时的最终计算公式.

2.4.6 包含数值积分的无单元 Galerkin 法

基于 2.4.5 节的数值积分公式, 本节给出包含数值积分的无单元 Galerkin 法的计算公式.

在实际计算中, (2.4.18) 中的所有积分都需要进行数值计算. 根据 (2.4.63) 中的光滑梯度 $\tilde{\Phi}_{i,j}^*\left(\boldsymbol{x}\right)$, 令

$$\tilde{\nabla} u_h^*\left(\boldsymbol{x}\right) = \sum_{i=1}^N \tilde{\nabla}\Phi_i^*\left(\boldsymbol{x}\right) u_i, \quad \tilde{\nabla}\Phi_i^* = \left(\tilde{\Phi}_{i,1}^*, \tilde{\Phi}_{i,2}^*, \cdots, \tilde{\Phi}_{i,n}^*\right)^{\mathrm{T}}. \tag{2.4.98}$$

对任意 $u_h^*\left(\boldsymbol{x}\right) \in V_h\left(\Omega\right) = \operatorname{span}\left\{\Phi_i, 1 \leqslant i \leqslant N\right\}$, 使用性质 2.4.6 可得 $\tilde{\nabla} u_h^*\left(\boldsymbol{x}\right) \in \operatorname{span}\left\{\nabla\Phi_l, 1 \leqslant l \leqslant N\right\}$. 然后, 根据 (2.4.18), 问题 (2.4.1) 包含数值积分的无单元 Galerkin 法为: 求 $u_h^* \in V_h\left(\Omega\right)$, 使得

$$\tilde{B}^*\left(u_h^*, v\right) = L^*\left(v\right), \quad \forall v \in V_h\left(\Omega\right), \tag{2.4.99}$$

其中

$$\tilde{B}^*\left(u_h^*, v\right) = \tilde{B}^{s*}\left(u_h^*, v\right) + \tilde{B}^{m*}\left(u_h^*, v\right) + B^{b*}\left(u_h^*, v\right), \tag{2.4.100}$$

$$L^*\left(v\right) = L^{\Omega*}\left(v\right) + L^{\Gamma*}\left(v\right), \tag{2.4.101}$$

$$\tilde{B}^{s*}\left(u_h^*, v\right) = \int_\Omega^* \boldsymbol{A}\tilde{\nabla} u_h^* \cdot \tilde{\nabla} v \mathrm{d}\boldsymbol{x}, \tag{2.4.102}$$

$$\tilde{B}^{m*}\left(u_h^*, v\right) = \int_\Omega^* b u_h^* v \mathrm{d}\boldsymbol{x}, \tag{2.4.103}$$

$$B^{b*}\left(u_h^*, v\right) = \int_{\Gamma^D}^* \left(\alpha h^{-1} u_h^* v - u_h^* \boldsymbol{A}\nabla v \cdot \boldsymbol{n} - \boldsymbol{A}\nabla u_h^* \cdot \boldsymbol{n} v\right) \mathrm{d}s_{\boldsymbol{x}} + \int_{\Gamma^R}^* \sigma u_h^* v \mathrm{d}s_{\boldsymbol{x}}, \tag{2.4.104}$$

$$L^{\Omega*}(v) = \int_{\Omega}^{*} fv\mathrm{d}\boldsymbol{x}, \tag{2.4.105}$$

$$L^{\Gamma*}(v) = \int_{\Gamma^D}^{*} \bar{u}\left(\alpha h^{-1}v - \boldsymbol{A}\nabla v \cdot \boldsymbol{n}\right)\mathrm{d}s_{\boldsymbol{x}} + \int_{\Gamma^R}^{*} \bar{q}v\mathrm{d}s_{\boldsymbol{x}}. \tag{2.4.106}$$

显然, (2.4.99) 是 (2.4.5) 对应的最终数值格式.

在无网格空间 $V_h(\Omega)$ 中, 近似解 $u_h^*(\boldsymbol{x})$ 和 $\nabla u_h^*(\boldsymbol{x})$ 可表示为

$$u_h^*(\boldsymbol{x}) = \sum_{j=1}^{N} \Phi_j(\boldsymbol{x})u_j, \quad \nabla u_h^*(\boldsymbol{x}) = \sum_{j=1}^{N} \nabla\Phi_j(\boldsymbol{x})u_j. \tag{2.4.107}$$

根据 (2.4.98) 和 (2.4.107), 变分问题 (2.4.99) 等价于如下线性代数方程组:

$$\left(\tilde{\boldsymbol{B}}^{s*} + \tilde{\boldsymbol{B}}^{m*} + \boldsymbol{B}^{b*}\right)\boldsymbol{u} = \boldsymbol{L}^{\Omega*} + \boldsymbol{L}^{\Gamma*}, \tag{2.4.108}$$

其中 $\boldsymbol{u} = (u_1, u_2, \cdots, u_N)^{\mathrm{T}}$. 利用 (2.4.49)—(2.4.51), (2.4.71) 和 (2.4.72), 可得

$$\tilde{B}_{ij}^{s*} = \tilde{B}^{s*}(\Phi_i, \Phi_j) = \sum_{\ell \in \mathcal{I}_{ij}} \int_{\Omega_\ell}^{*} \sum_{k,l=1}^{n} a_{kl}\tilde{\Phi}_{i,k}^{*}\tilde{\Phi}_{j,l}^{*}\mathrm{d}\boldsymbol{x}$$

$$= \sum_{\ell \in \mathcal{I}_{ij}} \sum_{s=1}^{N_I} \omega_s^{\ell I} \sum_{k,l=1}^{n} a_{kl}\tilde{\Phi}_{i,k}^{*}\left(\boldsymbol{x}_s^{\ell}\right)\tilde{\Phi}_{j,l}^{*}\left(\boldsymbol{x}_s^{\ell}\right), \tag{2.4.109}$$

$$\tilde{B}_{ij}^{m*} = \tilde{B}^{m*}(\Phi_j, \Phi_i) = \sum_{\ell \in \mathcal{I}_{ij}} \int_{\Omega_\ell}^{*} b\Phi_i\Phi_j\mathrm{d}\boldsymbol{x} = \sum_{\ell \in \mathcal{I}_{ij}} \sum_{s=1}^{N_I} \omega_s^{\ell I} b\left(\boldsymbol{x}_s^{\ell}\right)\Phi_i\left(\boldsymbol{x}_s^{\ell}\right)\Phi_j\left(\boldsymbol{x}_s^{\ell}\right), \tag{2.4.110}$$

$$L_i^{\Omega*} = L^{\Omega*}(\Phi_i) = \sum_{\ell \in \mathcal{I}_i} \int_{\Omega_\ell}^{*} f\Phi_i\mathrm{d}\boldsymbol{x} = \sum_{\ell \in \mathcal{I}_i} \sum_{s=1}^{N_I} \omega_s^{\ell I} f\left(\boldsymbol{x}_s^{\ell}\right)\Phi_i\left(\boldsymbol{x}_s^{\ell}\right), \tag{2.4.111}$$

$$B_{ij}^{b*} = B^{b*}(\Phi_i, \Phi_j)$$

$$= \sum_{\ell \in \mathcal{I}_{ij}^D} \int_{\Gamma_\ell^D}^{*} \left(\alpha h^{-1}\Phi_i\Phi_j - \boldsymbol{A}\nabla\Phi_i \cdot \boldsymbol{n}\Phi_j - \Phi_i\boldsymbol{A}\nabla\Phi_j \cdot \boldsymbol{n}\right)\mathrm{d}s_{\boldsymbol{x}}$$

$$+ \sum_{\ell \in \mathcal{I}_{ij}^R} \int_{\Gamma_\ell^R}^{*} \sigma\Phi_i\Phi_j\mathrm{d}s_{\boldsymbol{x}}$$

$$
\begin{aligned}
= &\sum_{\ell \in \mathcal{I}_{ij}^D} \sum_{s=1}^{N_B} \omega_s^{\ell B} \Big[\alpha h^{-1} \Phi_i \left(\boldsymbol{x}_s^\ell \right) \Phi_j \left(\boldsymbol{x}_s^\ell \right) - \boldsymbol{A} \nabla \Phi_i \left(\boldsymbol{x}_s^\ell \right) \cdot \boldsymbol{n} \left(\boldsymbol{x}_s^\ell \right) \Phi_j \left(\boldsymbol{x}_s^\ell \right) \\
&- \Phi_i \left(\boldsymbol{x}_s^\ell \right) \boldsymbol{A} \nabla \Phi_j \left(\boldsymbol{x}_s^\ell \right) \cdot \boldsymbol{n} \left(\boldsymbol{x}_s^\ell \right) \Big] \\
&+ \sum_{\ell \in \mathcal{I}_{ij}^R} \sum_{s=1}^{N_B} \omega_s^{\ell B} \sigma \left(\boldsymbol{x}_s^\ell \right) \Phi_i \left(\boldsymbol{x}_s^\ell \right) \Phi_j \left(\boldsymbol{x}_s^\ell \right),
\end{aligned} \tag{2.4.112}
$$

$$
\begin{aligned}
L_i^{\Gamma *} &= L^{\Gamma *} \left(\Phi_i \right) \\
&= \sum_{\ell \in \mathcal{I}_i^D} \int_{\Gamma_\ell^D}^* \bar{u} \left(\alpha h^{-1} \Phi_i - \boldsymbol{A} \nabla \Phi_i \cdot \boldsymbol{n} \right) \mathrm{d}s_{\boldsymbol{x}} + \sum_{\ell \in \mathcal{I}_i^R} \int_{\Gamma_\ell^R}^* \bar{q} \Phi_i \mathrm{d}s_{\boldsymbol{x}} \\
&= \sum_{\ell \in \mathcal{I}_i^D} \sum_{s=1}^{N_B} \omega_s^{\ell B} \bar{u} \left(\boldsymbol{x}_s^\ell \right) \left(\alpha h^{-1} \Phi_i \left(\boldsymbol{x}_s^\ell \right) - \boldsymbol{A} \nabla \Phi_i \left(\boldsymbol{x}_s^\ell \right) \cdot \boldsymbol{n} \left(\boldsymbol{x}_s^\ell \right) \right) \\
&\quad + \sum_{\ell \in \mathcal{I}_i^R} \sum_{s=1}^{N_B} \omega_s^{\ell B} \bar{q} \left(\boldsymbol{x}_s^\ell \right) \Phi_i \left(\boldsymbol{x}_s^\ell \right).
\end{aligned} \tag{2.4.113}
$$

由 (2.4.63) 可知

$$
\int_{\Omega_\ell}^* \tilde{\Phi}_{i,k}^* \left(\boldsymbol{x} \right) \tilde{\Phi}_{j,l}^* \left(\boldsymbol{x} \right) \mathrm{d}\boldsymbol{x} = \int_{\Omega_\ell}^* \boldsymbol{g}_{\ell i k}^{* \mathrm{T}} \boldsymbol{G}_\ell^{-1} \boldsymbol{q} \left(\boldsymbol{x} \right) \boldsymbol{q}^{\mathrm{T}} \left(\boldsymbol{x} \right) \boldsymbol{G}_\ell^{-1} \boldsymbol{g}_{\ell j l}^* \mathrm{d}\boldsymbol{x} = \boldsymbol{g}_{\ell i k}^{* \mathrm{T}} \boldsymbol{G}_\ell^{-1} \boldsymbol{g}_{\ell j l}^*,
\tag{2.4.114}
$$

其中 $\boldsymbol{g}_{\ell i k}^*$ 和 $\boldsymbol{G}_\ell$ 分别由 (2.4.73) 和 (2.4.74) 计算. 因此, (2.4.109) 中的 $\tilde{B}_{ij}^{s*}$ 可由下式直接计算

$$
\tilde{B}_{ij}^{s*} = \sum_{\ell \in \mathcal{I}_{ij}} \sum_{k,l=1}^n a_{kl} \int_{\Omega_\ell}^* \tilde{\Phi}_{i,k}^* \left(\boldsymbol{x} \right) \tilde{\Phi}_{j,l}^* \left(\boldsymbol{x} \right) \mathrm{d}\boldsymbol{x} = \sum_{\ell \in \mathcal{I}_{ij}} \sum_{k,l=1}^n a_{kl} \boldsymbol{g}_{\ell i k}^{* \mathrm{T}} \boldsymbol{G}_\ell^{-1} \boldsymbol{g}_{\ell j l}^*. \tag{2.4.115}
$$

从而, 对于边值问题 (2.4.1), 在实际计算中可以不用计算光滑梯度 $\tilde{\Phi}_{i,k}^* \left(\boldsymbol{x} \right)$ 和 $\tilde{\Phi}_{j,l}^* \left(\boldsymbol{x} \right)$ 在积分点处的值.

(2.4.108) 是无单元 Galerkin 法求解边值问题 (2.4.1) 的最终代数系统. 可以发现, 使用 Nitsche 技术来处理 Dirichlet 边界条件时不会增加代数方程和未知量. 另外, (2.4.108) 的系数矩阵 $\tilde{\boldsymbol{B}}^{s*} + \tilde{\boldsymbol{B}}^{m*} + \boldsymbol{B}^{b*}$ 保持了边值问题 (2.4.1) 的对称正定性. 一旦从 (2.4.108) 中求出未知向量 $\boldsymbol{u}$, 就可以从 (2.4.107) 中计算出问题 (2.4.1) 的近似解 u_h^*.

2.4.7   存在唯一性分析

本节理论分析无单元 Galerkin 法在包含数值积分时近似解的存在唯一性.

定理 2.4.4   若 Nitsche 方法中的罚因子满足 $\alpha > \chi$, 其中正常数 χ 满足 (2.4.35), 则对任意 w 和 $v \in V_h(\Omega)$, 当 $h \leqslant 1$ 时, 有

$$\tilde{B}^*(w, v) \leqslant C_1 (1 + \alpha) \|w\|_\alpha \|v\|_\alpha. \tag{2.4.116}$$

另外, 存在正常数 $h_0 > 0$, 当 $h \leqslant \min\{1, h_0\}$ 时, 有

$$\tilde{B}^*(v, v) \geqslant C_2 \|v\|_\alpha^2. \tag{2.4.117}$$

证明   由 (2.4.100) 可得

$$\tilde{B}^*(w, v) = E_1(w, v) + E_2(w, v) - E_3(w, v), \tag{2.4.118}$$

其中

$$E_1(w, v) = \int_\Omega^* \boldsymbol{A}\tilde{\nabla}w \cdot \tilde{\nabla}v \mathrm{d}\boldsymbol{x},$$

$$E_2(w, v) = \int_\Omega bwv\mathrm{d}\boldsymbol{x} + \int_{\Gamma^D} \left(\alpha h^{-1}wv - w\boldsymbol{A}\nabla v \cdot \boldsymbol{n} - \boldsymbol{A}\nabla w \cdot \boldsymbol{n}v\right)\mathrm{d}s_{\boldsymbol{x}} + \int_{\Gamma^R} \sigma wv\mathrm{d}s_{\boldsymbol{x}},$$

$$\begin{aligned}
E_3(w, v) = {} & \int_\Omega bwv\mathrm{d}\boldsymbol{x} - \int_\Omega^* bwv\mathrm{d}\boldsymbol{x} + \int_{\Gamma^D} \left(\alpha h^{-1}wv - w\boldsymbol{A}\nabla v \cdot \boldsymbol{n} - \boldsymbol{A}\nabla w \cdot \boldsymbol{n}v\right)\mathrm{d}s_{\boldsymbol{x}} \\
& - \int_{\Gamma^D}^* \left(\alpha h^{-1}wv - w\boldsymbol{A}\nabla v \cdot \boldsymbol{n} - \boldsymbol{A}\nabla w \cdot \boldsymbol{n}v\right)\mathrm{d}s_{\boldsymbol{x}} \\
& + \int_{\Gamma^R} \sigma wv\mathrm{d}s_{\boldsymbol{x}} - \int_{\Gamma^R}^* \sigma wv\mathrm{d}s_{\boldsymbol{x}}.
\end{aligned} \tag{2.4.119}$$

因为 (2.4.69) 给出的数值积分公式在 Ω_ℓ 中具有 $2k$ 次代数精度, 同时性质 2.4.6 表明 $\tilde{\nabla}w \in \mathbb{P}_k(\Omega_\ell)$ 和 $\tilde{\nabla}v \in \mathbb{P}_k(\Omega_\ell)$, 所以 $\displaystyle\int_{\Omega_\ell} \tilde{\nabla}w \cdot \tilde{\nabla}v\mathrm{d}\boldsymbol{x} = \int_{\Omega_\ell}^* \tilde{\nabla}w \cdot \tilde{\nabla}v\mathrm{d}\boldsymbol{x}$, 因此

$$E_1(w, v) = \int_\Omega^* \boldsymbol{A}\tilde{\nabla}w \cdot \tilde{\nabla}v\mathrm{d}\boldsymbol{x} = \int_\Omega \boldsymbol{A}\tilde{\nabla}w \cdot \tilde{\nabla}v\mathrm{d}\boldsymbol{x}. \tag{2.4.120}$$

对于任意 $v(\boldsymbol{x}) = \sum_{i=1}^N \Phi_i(\boldsymbol{x}) v_i \in V_h(\Omega)$, 由性质 2.4.6 可知, $\tilde{\nabla}v(\boldsymbol{x}) \in \mathrm{span}\{\nabla\Phi_s, 1 \leqslant s \leqslant N\}$, 再由 (2.4.27) 和 (2.4.30) 得到

$$\tilde{\nabla}\hat{v}(\hat{\boldsymbol{x}}) = \sum_{i \in \wedge_j} \tilde{\nabla}\hat{\Phi}_i(\hat{\boldsymbol{x}}) v_i \in \tilde{V}_j(\hat{\Re}) = \mathrm{span}\left\{\nabla\hat{\Phi}_i, i \in \wedge_j\right\}.$$

因为 $\tilde{V}_j(\hat{\Re})$ 是单位球 $\hat{\Re}$ 上的有限维子空间, $\tilde{\nabla}\hat{v}$ 的范数 $\sum_{i\in\wedge_j} v_i^2$ 和 $\left\|\tilde{\nabla}\hat{v}\right\|_{0,\hat{\Re}}^2$ 是等价的, 再由 (2.4.31) 可知 $\sum_{i\in\wedge_j} v_i^2$ 和 $|\hat{v}|_{1,\hat{\Re}}^2$ 等价, 所以 $C_3 |\hat{v}|_{1,\hat{\Re}}^2 \leqslant \left\|\tilde{\nabla}\hat{v}\right\|_{0,\hat{\Re}}^2 \leqslant C_4 |\hat{v}|_{1,\hat{\Re}}^2$. 因此, 类似有限元法 [1], 利用 (2.4.27) 可证得 $C_5 |v|_{1,\Re_j}^2 \leqslant \left\|\tilde{\nabla}v\right\|_{0,\Re_j}^2 \leqslant C_6 |v|_{1,\Re_j}^2$. 将该式两边关于 j 从 1 到 N 求和, 并注意到假设 1.4.1, 可得 $C_7 |v|_{1,\Omega}^2 \leqslant \left\|\tilde{\nabla}v\right\|_{0,\Omega}^2 \leqslant C_8 |v|_{1,\Omega}^2$. 所以, 类似定理 2.4.1, 可得

$$|E_1(w,v) + E_2(w,v)| \leqslant C_9 (1+\alpha) \|w\|_\alpha \|v\|_\alpha, \tag{2.4.121}$$

$$|E_1(v,v) + E_2(v,v)| \geqslant C_{10} \|v\|_\alpha^2. \tag{2.4.122}$$

注意到 $v(\boldsymbol{x}) = \sum_{i=1}^N \Phi_i(\boldsymbol{x}) v_i$, 使用 Cauchy-Schwarz 不等式可得

$$E_3(w,v) \leqslant \left(\sum_{i=1}^N v_i^2\right)^{1/2} \left(\sum_{i=1}^N [E_3(w,\Phi_i)]^2\right)^{1/2}. \tag{2.4.123}$$

为了估计 $E_3(w,\Phi_i)$, 由 (2.4.49)—(2.4.51) 可知

$$E_3(w,\Phi_i) = \sum_{\ell\in\mathcal{I}_i} E_{31}(w,\Phi_i) + \sum_{\ell\in\mathcal{I}_i^D} E_{32}(w,\Phi_i) + \sum_{\ell\in\mathcal{I}_i^R} E_{33}(w,\Phi_i),$$

这里

$$E_{31}(w,\Phi_i) = \int_{\Omega_\ell} bw\Phi_i \mathrm{d}\boldsymbol{x} - \int_{\Omega_\ell}^* bw\Phi_i \mathrm{d}\boldsymbol{x},$$

$$E_{32}(w,\Phi_i) = \int_{\Gamma_\ell^D} \left(\alpha h^{-1} w\Phi_i - w\boldsymbol{A}\nabla\Phi_i\cdot\boldsymbol{n} - \boldsymbol{A}\nabla w\cdot\boldsymbol{n}\Phi_i\right) \mathrm{d}s_{\boldsymbol{x}}$$
$$- \int_{\Gamma_\ell^D}^* \left(\alpha h^{-1} w\Phi_i - w\boldsymbol{A}\nabla\Phi_i\cdot\boldsymbol{n} - \boldsymbol{A}\nabla w\cdot\boldsymbol{n}\Phi_i\right) \mathrm{d}s_{\boldsymbol{x}},$$

$$E_{33}(w,\Phi_i) = \int_{\Gamma_\ell^R} \sigma w\Phi_i \mathrm{d}s_{\boldsymbol{x}} - \int_{\Gamma_\ell^R}^* \sigma w\Phi_i \mathrm{d}s_{\boldsymbol{x}}.$$

由于 $w(\boldsymbol{x}) = \sum_{i=1}^N \Phi_i(\boldsymbol{x}) w_i$, 调用 (2.4.19) 可得

$$E_{31}(w,\Phi_i) = \sum_{j\in\wedge_i} w_j \left(\int_{\Omega_\ell} b\Phi_j\Phi_i \mathrm{d}\boldsymbol{x} - \int_{\Omega_\ell}^* b\Phi_j\Phi_i \mathrm{d}\boldsymbol{x}\right).$$

然后, 利用引理 2.4.5、引理 1.5.4、引理 2.4.2 中的 (2.4.21), 可得

$$|E_{31}(w, \Phi_i)| \leqslant \sum_{j \in \wedge_i} |w_j| \, C_\Omega h^n \, \|b\Phi_j\Phi_i\|_{\infty,\Omega_\ell}$$

$$\leqslant \tilde{C}_{11} h^{1-n/2} \|w\|_{1,\Re_i} \, C_\Omega h^n \leqslant C_{11} h^{1+n/2} \|w\|_{1,\Re_i},$$

$$|E_{32}(w, \Phi_i)| \leqslant \sum_{j \in \wedge_i \cap N_\Gamma} |w_j| \, |\Gamma_\ell^D| \, \left\| \left(\alpha h^{-1} \Phi_j \Phi_i - \Phi_j \boldsymbol{A} \nabla \Phi_i \cdot \boldsymbol{n} - \boldsymbol{A} \nabla \Phi_j \cdot \boldsymbol{n} \Phi_i \right) \right\|_{\infty,\Gamma_\ell^D}$$

$$\leqslant \tilde{C}_{12} h^{1-(n-1)/2} \|w\|_{1,\Re_i} \, C_\Gamma h^{n-1} h^{-1} \left(\alpha + \|\boldsymbol{A}\|_\infty \right)$$

$$\leqslant C_{12} h^{(n-1)/2} \|w\|_{1,\Re_i},$$

$$|E_{33}(w, \Phi_i)| \leqslant \sum_{j \in \wedge_i \cap N_\Gamma} |w_j| \, C_\Gamma h^{n-1} \, \|\sigma \Phi_j \Phi_i\|_{\infty,\Gamma_\ell^R} \leqslant C_{13} h^{(n+1)/2} \|w\|_{1,\Re_i}.$$

因此, 当 $h \leqslant 1$ 时, 调用假设 2.4.2 得到

$$|E_3(w, \Phi_i)| \leqslant \sum_{\ell \in \mathcal{I}_i} |E_{31}(w, \Phi_i)| + \sum_{\ell \in \wedge \mathcal{I}_i^D} |E_{32}(w, \Phi_i)| + \sum_{\ell \in \wedge \mathcal{I}_i^R} |E_{33}(w, \Phi_i)|$$

$$\leqslant \kappa_c C_{11} h^{1+n/2} \|w\|_{1,\Re_i} + \kappa_c C_{12} h^{(n-1)/2} \|w\|_{1,\Re_i} + \kappa_c C_{13} h^{(n+1)/2} \|w\|_{1,\Re_i}$$

$$\leqslant C_{14} h^{(n-1)/2} \|w\|_{1,\Re_i}. \tag{2.4.124}$$

将 (2.4.124) 代入 (2.4.123) 并注意到 (2.4.23) 和 (2.4.15), 可得

$$E_3(w, v) \leqslant C_{15} h^{1-n/2} \|v\|_{1,\Omega} \, h^{(n-1)/2} \|w\|_{1,\Omega} \leqslant C_{15} h^{1/2} \|w\|_\alpha \|v\|_\alpha. \tag{2.4.125}$$

最后, 将 (2.4.121) 和 (2.4.125) 代入 (2.4.118), 得到

$$\left| \tilde{B}^*(w, v) \right| \leqslant |E_1(w, v) + E_2(w, v)| + |E_3(w, v)|$$

$$\leqslant \left[C_9(1 + \alpha) + C_{15} h^{1/2} \right] \|w\|_\alpha \|v\|_\alpha, \tag{2.4.126}$$

所以 (2.4.116) 在 $h \leqslant 1$ 时成立. 另外, 令 $w = v$, 由 (2.4.118) 可知

$$\left| \tilde{B}^*(v, v) \right| = |E_1(v, v) + E_2(v, v) - E_3(v, v)|$$

$$\geqslant |E_1(v, v) + E_2(v, v)| - |E_3(v, v)|.$$

注意到 (2.4.122) 和 (2.4.125), 可得

$$\left| \tilde{B}^*(v, v) \right| \geqslant C_{10} \|v\|_\alpha^2 - C_{15} h^{1/2} \|v\|_\alpha^2 = \left(C_{10} - C_{15} h^{1/2} \right) \|v\|_\alpha^2. \tag{2.4.127}$$

令 $h_0 = 0.25 \left(C_{10}/C_{15} \right)^2$, 则当 $h \leqslant \min\{1, h_0\}$ 时可知 $C_{10} - C_{15}h^{1/2} \geqslant C_{10} - C_{15}h_0^{1/2} = 0.5C_{10}$, 并且 (2.4.127) 转化为 $\left| \tilde{B}^*(v, v) \right| \geqslant 0.5C_{10} \|v\|_\alpha^2 = C_2 \|v\|_\alpha^2$, 其中 $C_2 = 0.5C_{10}$. 因此, (2.4.127) 表明 (2.4.117) 在 $h \leqslant \min\{1, h_0\}$ 时成立. 证毕.

根据定理 2.4.4 和 Lax-Milgram 定理, 包含数值积分的无单元 Galerkin 法的变分问题 (2.4.99) 存在唯一解 $u_h^*(\boldsymbol{x}) \in V_h(\Omega)$. 再根据 (2.4.108) 和 (2.4.99) 的等价性, 由 (2.4.108) 给出的线性代数方程组存在唯一解.

2.4.8 误差分析

Strang 第一引理 [1,4,82] 是分析 Galerkin 微分方程数值解法中数值积分等 "变分犯规"(variational crime) 影响的重要工具. 本节理论分析无单元 Galerkin 法在包含数值积分时的误差. 为此, 首先建立 Strang 第一引理的一种修正形式, 然后给出无单元 Galerkin 法的最优误差估计.

引理 2.4.6 若 u 和 u_h^* 分别是变分问题 (2.4.5) 和 (2.4.99) 的解, 则对任意 $w \in V_h(\Omega)$, 有

$$\|u - u_h^*\|_{1,\Omega} \leqslant C_1(1 + \alpha) \|u - w\|_\alpha$$

$$+ C_2 \sup_{v \in V_h(\Omega)} \frac{\left| [B(w, v) - L(v)] - \left[\tilde{B}^*(w, v) - L^*(v) \right] \right|}{\|v\|_{1,\Omega}}. \tag{2.4.128}$$

证明 因为 $u_h^* \in V_h(\Omega)$, 所以对任意 $w \in V_h(\Omega)$, 由 (2.4.5) 可得

$$B(u, u_h^* - w) = L(u_h^* - w),$$

而由 (2.4.99) 可得

$$\tilde{B}^*(u_h^*, u_h^* - w) = L^*(u_h^* - w).$$

因此, 利用引理 2.4.1 给出的双线性形式 $B(\cdot, \cdot)$ 的有界性, 有

$$\tilde{B}^*(u_h^* - w, u_h^* - w)$$

$$= \tilde{B}^*(u_h^*, u_h^* - w) - \tilde{B}^*(w, u_h^* - w) + B(u - w, u_h^* - w)$$

$$- B(u, u_h^* - w) + B(w, u_h^* - w)$$

$$\leqslant C_3(1 + \alpha) \|u - w\|_\alpha \|u_h^* - w\|_\alpha$$

$$+ [B(w, u_h^* - w) - L(u_h^* - w)] - \left[\tilde{B}^*(w, u_h^* - w) - L^*(u_h^* - w) \right]. \tag{2.4.129}$$

由于利用定理 2.4.4 给出的双线性形式 $\tilde{B}^*(\cdot,\cdot)$ 的强制性, 有

$$\tilde{B}^*(u_h^* - w, u_h^* - w) \geqslant C_4 \|u_h^* - w\|_\alpha^2, \tag{2.4.130}$$

联立 (2.4.129) 和 (2.4.130) 得到

$$\|u_h^* - w\|_\alpha$$

$$\leqslant C_5 (1 + \alpha) \|u - w\|_\alpha$$

$$+ C_6 \frac{\left| [B(w, u_h^* - w) - L(u_h^* - w)] - \left[\tilde{B}^*(w, u_h^* - w) - L^*(u_h^* - w)\right] \right|}{\|u_h^* - w\|_\alpha}.$$

将上式代入三角不等式 $\|u - u_h^*\|_{1,\Omega} \leqslant \|u - u_h^*\|_\alpha \leqslant \|u - w\|_\alpha + \|u_h^* - w\|_\alpha$, 并利用 (2.4.15) 和 $u_h^* - w \in V_h(\Omega)$, 可知 (2.4.128) 成立.   证毕.

定理 2.4.5   若 $u \in H^{r+1}(\Omega)$ 是边值问题 (2.4.1) 的解析解, u_h^* 是由 (2.4.99) 给出的无单元 Galerkin 法近似解, 则

$$\|u - u_h^*\|_{1,\Omega} \leqslant C_1 \left[1 + \alpha + C_\Omega + (1 + \alpha) C_\Gamma\right] h^{\tilde{m}} \|u\|_{\tilde{m}+1,\Omega} + C_2 h^{\tilde{k}} \|u\|_{\tilde{k}+1,\Omega}, \tag{2.4.131}$$

其中 $\tilde{m} = \min\{m, r\}$ 和 $\tilde{k} = \min\{k+1, r\}$.

证明   由于 $\mathcal{M}u \in V_h(\Omega)$, 从引理 2.4.6 可得

$$\|u - u_h^*\|_{1,\Omega} \leqslant C_3 (1 + \alpha) \|u - \mathcal{M}u\|_\alpha + C_4 \sup_{v \in V_h(\Omega)} \frac{|E(v)|}{\|v\|_{1,\Omega}}, \tag{2.4.132}$$

其中

$$E(v) = [B(\mathcal{M}u, v) - L(v)] - \left[\tilde{B}^*(\mathcal{M}u, v) - L^*(v)\right].$$

对任意 $v(\boldsymbol{x}) = \sum_{i=1}^N \Phi_i(\boldsymbol{x}) v_i \in V_h(\Omega)$, 调用 Cauchy-Schwarz 不等式和 (2.4.23) 可得

$$|E(v)| = \left| \sum_{i=1}^N E_i v_i \right| \leqslant \left(\sum_{i=1}^N E_i^2 \right)^{1/2} \left(\sum_{i=1}^N v_i^2 \right)^{1/2} \leqslant C_5 h^{1-n/2} \|v\|_{1,\Omega} \left(\sum_{i=1}^N E_i^2 \right)^{1/2}, \tag{2.4.133}$$

其中

$$E_i = E(\Phi_i) = [B(\mathcal{M}u, \Phi_i) - L(\Phi_i)] - \left[\tilde{B}^*(\mathcal{M}u, \Phi_i) - L^*(\Phi_i)\right]. \tag{2.4.134}$$

为了估计 E_i, 利用 (2.4.6) 和 Gauss 定理可知

$$B(\mathcal{M}u, \Phi_i) = \int_\Gamma \boldsymbol{A} \nabla \mathcal{M}u \cdot \boldsymbol{n} \Phi_i \mathrm{d}s_{\boldsymbol{x}} - \int_\Omega \mathrm{div}(\boldsymbol{A} \nabla \mathcal{M}u) \Phi_i \mathrm{d}\boldsymbol{x} + \int_\Omega b \mathcal{M}u \Phi_i \mathrm{d}\boldsymbol{x}$$

$$+ \int_{\Gamma^D} \mathcal{M}u \left(\alpha h^{-1} \Phi_i - \boldsymbol{A}\nabla\Phi_i \cdot \boldsymbol{n} \right) \mathrm{d}s_{\boldsymbol{x}}$$

$$- \int_{\Gamma^D} \boldsymbol{A}\nabla\mathcal{M}u \cdot \boldsymbol{n}\Phi_i \mathrm{d}s_{\boldsymbol{x}} + \int_{\Gamma^R} \sigma\mathcal{M}u\Phi_i \mathrm{d}s_{\boldsymbol{x}},$$

而利用 (2.4.7) 和问题 (2.4.1) 可知

$$L\left(\Phi_i\right) = \int_{\Omega} \left[-\mathrm{div}\left(\boldsymbol{A}\nabla u\right) + bu\right]\Phi_i \mathrm{d}\boldsymbol{x} + \int_{\Gamma^D} u\left(\alpha h^{-1}\Phi_i - \boldsymbol{A}\nabla\Phi_i \cdot \boldsymbol{n}\right)\mathrm{d}s_{\boldsymbol{x}}$$

$$+ \int_{\Gamma^R} \left(\boldsymbol{A}\nabla u \cdot \boldsymbol{n} + \sigma u\right)\Phi_i \mathrm{d}s_{\boldsymbol{x}}$$

记 $e = u - \mathcal{M}u$, 则

$$B\left(\mathcal{M}u, \Phi_i\right) - L\left(\Phi_i\right) = \int_{\Omega} \left[\mathrm{div}\left(\boldsymbol{A}\nabla e\right) - be\right]\Phi_i \mathrm{d}\boldsymbol{x} - \int_{\Gamma^D} e\left(\alpha h^{-1}\Phi_i - \boldsymbol{A}\nabla\Phi_i \cdot \boldsymbol{n}\right)\mathrm{d}s_{\boldsymbol{x}}$$

$$- \int_{\Gamma^R} \left(\boldsymbol{A}\nabla e \cdot \boldsymbol{n} + \sigma e\right)\Phi_i \mathrm{d}s_{\boldsymbol{x}}. \tag{2.4.135}$$

性质 2.4.6 表明 $\tilde{\Phi}_{i,j}^* \in \mathbb{P}_k$, 从而 $\boldsymbol{A}\tilde{\nabla}\mathcal{M}u \in (\mathbb{P}_k)^n$, 再利用性质 2.4.8 得到

$$\int_{\Omega}^* \boldsymbol{A}\tilde{\nabla}\mathcal{M}u \cdot \tilde{\nabla}\Phi_i^* \mathrm{d}\boldsymbol{x} = \int_{\Gamma}^* \boldsymbol{A}\tilde{\nabla}\mathcal{M}u \cdot \boldsymbol{n}\Phi_i \mathrm{d}s_{\boldsymbol{x}} - \int_{\Omega}^* \mathrm{div}\left(\boldsymbol{A}\tilde{\nabla}\mathcal{M}u\right)\Phi_i \mathrm{d}\boldsymbol{x}.$$

因此, 由 (2.4.100), 有

$$\tilde{B}^*\left(\mathcal{M}u, \Phi_i\right) = \int_{\Gamma}^* \boldsymbol{A}\tilde{\nabla}\mathcal{M}u \cdot \boldsymbol{n}\Phi_i \mathrm{d}s_{\boldsymbol{x}} - \int_{\Omega}^* \mathrm{div}\left(\boldsymbol{A}\tilde{\nabla}\mathcal{M}u\right)\Phi_i \mathrm{d}\boldsymbol{x} + \int_{\Omega}^* b\mathcal{M}u\Phi_i \mathrm{d}\boldsymbol{x}$$

$$+ \int_{\Gamma^D}^* \mathcal{M}u\left(\alpha h^{-1}\Phi_i - \boldsymbol{A}\nabla\Phi_i \cdot \boldsymbol{n}\right)\mathrm{d}s_{\boldsymbol{x}}$$

$$- \int_{\Gamma^D}^* \boldsymbol{A}\nabla\mathcal{M}u \cdot \boldsymbol{n}\Phi_i \mathrm{d}s_{\boldsymbol{x}} + \int_{\Gamma^R}^* \sigma\mathcal{M}u\Phi_i \mathrm{d}s_{\boldsymbol{x}}.$$

此外, 利用 (2.4.101) 和 (2.4.1) 可得

$$L^*\left(\Phi_i\right) = \int_{\Omega}^* \left[-\mathrm{div}\left(\boldsymbol{A}\nabla u\right) + bu\right]\Phi_i \mathrm{d}\boldsymbol{x} + \int_{\Gamma^D}^* u\left(\alpha h^{-1}\Phi_i - \boldsymbol{A}\nabla\Phi_i \cdot \boldsymbol{n}\right)\mathrm{d}s_{\boldsymbol{x}}$$

$$+ \int_{\Gamma^R}^* \left(\boldsymbol{A}\nabla u \cdot \boldsymbol{n} + \sigma u\right)\Phi_i \mathrm{d}s_{\boldsymbol{x}}.$$

所以, 注意到 $e = u - \mathcal{M}u$, 可以推出

$$\tilde{B}^*\left(\mathcal{M}u, \Phi_i\right) - L^*\left(\Phi_i\right)$$

$$= \int_\Gamma^* \boldsymbol{A}\tilde{\nabla}\mathcal{M}u \cdot \boldsymbol{n}\Phi_i \mathrm{d}s_{\boldsymbol{x}} - \int_\Omega^* \operatorname{div}\left(\boldsymbol{A}\tilde{\nabla}\mathcal{M}u\right)\Phi_i \mathrm{d}\boldsymbol{x} - \int_\Omega^* be\Phi_i \mathrm{d}\boldsymbol{x}$$

$$- \int_{\Gamma^D}^* e\left(\alpha h^{-1}\Phi_i - \boldsymbol{A}\nabla\Phi_i \cdot \boldsymbol{n}\right)\mathrm{d}s_{\boldsymbol{x}} - \int_\Gamma^* \boldsymbol{A}\nabla\mathcal{M}u \cdot \boldsymbol{n}\Phi_i \mathrm{d}s_{\boldsymbol{x}}$$

$$- \int_{\Gamma^R}^* \left(\boldsymbol{A}\nabla e \cdot \boldsymbol{n} + \sigma e\right)\Phi_i \mathrm{d}s_{\boldsymbol{x}}$$

$$+ \int_\Omega^* \operatorname{div}\left(\boldsymbol{A}\nabla\mathcal{M}u\right)\Phi_i \mathrm{d}\boldsymbol{x} + \int_\Omega^* \operatorname{div}\left(\boldsymbol{A}\nabla e\right)\Phi_i \mathrm{d}\boldsymbol{x}$$

$$= \int_\Omega^* \left(\operatorname{div}\left(\boldsymbol{A}\nabla e\right) - be\right)\Phi_i \mathrm{d}\boldsymbol{x} - \int_{\Gamma^D}^* e\left(\alpha h^{-1}\Phi_i - \boldsymbol{A}\nabla\Phi_i \cdot \boldsymbol{n}\right)\mathrm{d}s_{\boldsymbol{x}}$$

$$- \int_{\Gamma^R}^* \left(\boldsymbol{A}\nabla e \cdot \boldsymbol{n} + \sigma e\right)\Phi_i \mathrm{d}s_{\boldsymbol{x}} + \int_\Omega^* \operatorname{div}\left(\boldsymbol{A}\left(\nabla\mathcal{M}u - \tilde{\nabla}\mathcal{M}u\right)\right)\Phi_i \mathrm{d}\boldsymbol{x}$$

$$- \int_\Gamma^* \boldsymbol{A}\left(\nabla\mathcal{M}u - \tilde{\nabla}\mathcal{M}u\right) \cdot \boldsymbol{n}\Phi_i \mathrm{d}s_{\boldsymbol{x}}. \tag{2.4.136}$$

将 (2.4.135) 和 (2.4.136) 代入 (2.4.134), 并注意到 (2.4.49)—(2.4.51), 可得

$$E_i = \sum_{\ell\in\mathcal{I}_i}\left\{\int_{\Omega_\ell}\left[\operatorname{div}\left(\boldsymbol{A}\nabla e\right) - be\right]\Phi_i \mathrm{d}\boldsymbol{x} - \int_{\Omega_\ell}^*\left[\operatorname{div}\left(\boldsymbol{A}\nabla e\right) - be\right]\Phi_i \mathrm{d}\boldsymbol{x}\right\}$$

$$- \sum_{\ell\in\mathcal{I}_i^D}\left\{\int_{\Gamma_\ell^D} e\left(\alpha h^{-1}\Phi_i - \boldsymbol{A}\nabla\Phi_i \cdot \boldsymbol{n}\right)\mathrm{d}s_{\boldsymbol{x}} - \int_{\Gamma_\ell^D}^* e\left(\alpha h^{-1}\Phi_i - \boldsymbol{A}\nabla\Phi_i \cdot \boldsymbol{n}\right)\mathrm{d}s_{\boldsymbol{x}}\right\}$$

$$- \sum_{\ell\in\mathcal{I}_i^R}\left\{\int_{\Gamma_\ell^R}\left(\boldsymbol{A}\nabla e \cdot \boldsymbol{n} + \sigma e\right)\Phi_i \mathrm{d}s_{\boldsymbol{x}} - \int_{\Gamma_\ell^R}^*\left(\boldsymbol{A}\nabla e \cdot \boldsymbol{n} + \sigma e\right)\Phi_i \mathrm{d}s_{\boldsymbol{x}}\right\}$$

$$- \sum_{\ell\in\mathcal{I}_i}\int_{\Omega_\ell}^* \operatorname{div}\left(\boldsymbol{A}\left(\nabla\mathcal{M}u - \tilde{\nabla}\mathcal{M}u\right)\right)\Phi_i \mathrm{d}\boldsymbol{x}$$

$$+ \sum_{\ell\in\mathcal{I}_i^D\cup\mathcal{I}_i^R}\int_{\Gamma_\ell}^* \boldsymbol{A}\left(\nabla\mathcal{M}u - \tilde{\nabla}\mathcal{M}u\right) \cdot \boldsymbol{n}\Phi_i \mathrm{d}s_{\boldsymbol{x}}.$$

再调用引理 2.4.5, 得

$$|E_i| \leqslant \sum_{\ell\in\mathcal{I}_i} C_\Omega h^n \left\|\left(\operatorname{div}\left(\boldsymbol{A}\nabla e\right) - be\right)\Phi_i\right\|_{\infty,\Omega_\ell}$$

$$+ \sum_{\ell\in\mathcal{I}_i^D} C_\Gamma h^{n-1}\left\|e\left(\alpha h^{-1}\Phi_i - \boldsymbol{A}\nabla\Phi_i \cdot \boldsymbol{n}\right)\right\|_{\infty,\Gamma_\ell^D}$$

$$+ \sum_{\ell \in \mathcal{I}_i^R} C_\Gamma h^{n-1} \left\| (\boldsymbol{A} \nabla e \cdot \boldsymbol{n} + \sigma e) \, \Phi_i \right\|_{\infty, \Gamma_\ell^R}$$

$$+ \sum_{\ell \in \mathcal{I}_i} C_6 h^n \left\| \mathrm{div} \left(\boldsymbol{A} \left(\nabla \mathcal{M} u - \tilde{\nabla} \mathcal{M} u \right) \right) \Phi_i \right\|_{\infty, \Omega_\ell}$$

$$+ \sum_{\ell \in \mathcal{I}_i^D \cup \mathcal{I}_i^R} C_7 h^{n-1} \left\| \boldsymbol{A} \left(\nabla \mathcal{M} u - \tilde{\nabla} \mathcal{M} u \right) \cdot \boldsymbol{n} \Phi_i \right\|_{\infty, \Gamma_\ell}. \tag{2.4.137}$$

调用定理 1.5.3, 可知

$$\| e \|_{l, \infty, \Omega_\ell} \leqslant C_8 h^{\tilde{m}+1-l-n/2} \| u \|_{\tilde{m}+1, \hat{\Omega}_\ell}, \quad 0 \leqslant l \leqslant \tilde{m}+1,$$

再利用引理 1.5.4 和迹不等式, 得

$$\left\| (\mathrm{div} \left(\boldsymbol{A} \nabla e \right) - be) \, \Phi_i \right\|_{\infty, \Omega_\ell}$$

$$\leqslant \tilde{C}_9 \left(\| \boldsymbol{A} \|_\infty \| e \|_{2, \infty, \Omega_\ell} + \| b \|_{\infty, \Omega_\ell} \| e \|_{\infty, \Omega_\ell} \right) \| \Phi_i \|_{\infty, \Omega_\ell}$$

$$\leqslant C_9 h^{\tilde{m}-1-n/2} \left(\| \boldsymbol{A} \|_\infty + h^2 \| b \|_{\infty, \Omega_\ell} \right) \| u \|_{\tilde{m}+1, \hat{\Omega}_\ell}, \tag{2.4.138}$$

$$\left\| e \left(\alpha h^{-1} \Phi_i - \boldsymbol{A} \nabla \Phi_i \cdot \boldsymbol{n} \right) \right\|_{\infty, \Gamma_\ell^D}$$

$$\leqslant \tilde{C}_{10} \| e \|_{\infty, \Gamma_\ell^D} \left(\alpha h^{-1} \| \Phi_i \|_{\infty, \Gamma_\ell^D} + \| \boldsymbol{A} \|_\infty \| \Phi_i \|_{1, \infty, \Gamma_\ell^D} \right)$$

$$\leqslant C_{10} h^{\tilde{m}-n/2} \left(\alpha + \| \boldsymbol{A} \|_\infty \right) \| u \|_{\tilde{m}+1, \hat{\Omega}_\ell}, \tag{2.4.139}$$

$$\left\| (\boldsymbol{A} \nabla e \cdot \boldsymbol{n} + \sigma e) \, \Phi_i \right\|_{\infty, \Gamma_\ell^R}$$

$$\leqslant \tilde{C}_{11} \left(\| \boldsymbol{A} \|_\infty \| e \|_{1, \infty, \Gamma_\ell^R} + \| \sigma \|_{\infty, \Gamma_\ell^R} \| e \|_{\infty, \Gamma_\ell^R} \right) \| \Phi_i \|_{\infty, \Gamma_\ell^R}$$

$$\leqslant C_{11} h^{\tilde{m}-n/2} \left(\| \boldsymbol{A} \|_\infty + h \| \sigma \|_{\infty, \Gamma_\ell^R} \right) \| u \|_{\tilde{m}+1, \hat{\Omega}_\ell}. \tag{2.4.140}$$

利用引理 2.4.4 和引理 1.5.4 推出

$$\left\| \mathrm{div} \left(\boldsymbol{A} \left(\nabla \mathcal{M} u - \tilde{\nabla} \mathcal{M} u \right) \right) \Phi_i \right\|_{\infty, \Omega_\ell}$$

$$\leqslant \left\| \mathrm{div} \left(\boldsymbol{A} \left(\nabla \mathcal{M} u - \tilde{\nabla} \mathcal{M} u \right) \right) \right\|_{\infty, \Omega_\ell} \| \Phi_i \|_{\infty, \Omega_\ell}$$

$$\leqslant C_{12} h^{\tilde{k}-1-n/2} \| \boldsymbol{A} \|_\infty \| u \|_{\tilde{k}+1, \hat{\Omega}_\ell}, \tag{2.4.141}$$

$$\left\| \boldsymbol{A} \left(\nabla \mathcal{M} u - \tilde{\nabla} \mathcal{M} u \right) \cdot \boldsymbol{n} \Phi_i \right\|_{\infty, \Gamma_\ell} \leqslant \left\| \boldsymbol{A} \left(\nabla \mathcal{M} u - \tilde{\nabla} \mathcal{M} u \right) \right\|_{\infty, \Gamma_\ell} \left\| \Phi_i \right\|_{\infty, \Gamma_\ell}$$

$$\leqslant C_{13} h^{\tilde{k}-n/2} \left\| \boldsymbol{A} \right\|_\infty \left\| u \right\|_{\tilde{k}+1, \hat{\Omega}_\ell}. \qquad (2.4.142)$$

将 (2.4.138)—(2.4.142) 代入 (2.4.137), 并注意到假设 2.4.2, 可得

$$|E_i| \leqslant C_{14} h^{\tilde{m}-1+n/2} \Bigg[\sum_{\ell \in \mathcal{I}_i} C_\Omega \left\| u \right\|_{\tilde{m}+1, \hat{\Omega}_\ell} + \sum_{\ell \in \mathcal{I}_i^D} (1+\alpha) \, C_\Gamma \left\| u \right\|_{\tilde{m}+1, \hat{\Omega}_\ell}$$

$$+ \sum_{\ell \in \mathcal{I}_i^R} C_\Gamma \left\| u \right\|_{\tilde{m}+1, \hat{\Omega}_\ell} \Bigg]$$

$$+ C_{15} h^{\tilde{k}-1+n/2} \Bigg[\sum_{\ell \in \mathcal{I}_i} \left\| u \right\|_{\tilde{k}+1, \hat{\Omega}_\ell} + \sum_{\ell \in \mathcal{I}_i^D \cup \mathcal{I}_i^R} \left\| u \right\|_{\tilde{k}+1, \hat{\Omega}_\ell} \Bigg],$$

从而

$$\left(\sum_{i=1}^N E_i^2 \right)^{1/2} \leqslant C_{16} h^{\tilde{m}-1+n/2} \left[(1+\alpha) \, C_\Gamma + C_\Omega \right] \left\| u \right\|_{\tilde{m}+1, \Omega} + C_{17} h^{\tilde{k}-1+n/2} \left\| u \right\|_{\tilde{k}+1, \Omega}.$$

$$(2.4.143)$$

最后, 将 (2.4.40) 和 (2.4.133) 代入 (2.4.132), 并利用 (2.4.143), 可得 (2.4.131).

证毕.

定理 2.4.5 明确指出, 无单元 Galerkin 法的误差来自未知函数的无网格近似和 Galerkin 变分公式的数值积分. 当 $\tilde{m} = \tilde{k}$, 即 $k = m-1$ 时, 误差为最优, 从而可以在应用中设置 $k = m-1$, 这与假设 2.4.3 吻合.

为了保证积分误差不影响最优收敛速度, (2.4.71) 和 (2.4.72) 中的求积公式应分别在每个积分网格 Ω_ℓ 及其边界 $\partial \Omega_\ell$ 上至少具有 $2m-2$ 次和 $2m-1$ 次代数精度. 特别是, 在二次基 ($m=2$) 时, 求积公式在积分网格中的精度为 2, 在边界上的精度为 3, 这是充分且必要的. 因此, 为了保持解的精度和最优收敛特性, 无单元 Galerkin 法等 Galerkin 无网格方法对数值积分的要求确实较高.

最后, 根据定理 2.4.5, 可以直接得到如下最优阶误差估计.

定理 2.4.6　如果 $k = m-1$ 且 $u \in H^{r+1}(\Omega)$, 那么无单元 Galerkin 法在包含数值积分时具有如下最优阶误差估计:

$$\left\| u - u_h^* \right\|_{1, \Omega} \leqslant C \left[1 + \alpha + C_\Omega + (1+\alpha) \, C_\Gamma \right] h^{\tilde{m}} \left\| u \right\|_{\tilde{m}+1, \Omega}, \quad \tilde{m} = \min \left\{ m, r \right\}.$$

2.4.9 数值算例

为了数值研究无单元 Galerkin 法中数值积分的影响并验证理论分析结果, 下面给出一些算例. 在边值问题 (2.4.1) 中假定

$$\boldsymbol{A} = \begin{pmatrix} 2 & 1 \\ 1 & 3 \end{pmatrix}, \quad b(\boldsymbol{x}) = 2\ln\left(x_1^2 + x_2^4 + 3\right), \quad \sigma(\boldsymbol{x}) = e^{x_1}\sin x_2,$$

源项 $f(\boldsymbol{x})$、边界条件 $\bar{u}(\boldsymbol{x})$ 和 $\bar{q}(\boldsymbol{x})$ 都可由解析解来确定, 求解区域为 $\Omega = (-0.5, 0.5)^2$, Dirichlet 边界为 $\Gamma^D = \{x_1 = -0.5, x_2 \in [-0.5, 0.5]\} \cup \{x_1 \in [-0.5, 0.5], x_2 = -0.5\}$, Robin 边界为 $\Gamma^R = \partial\Omega/\Gamma^D$. 在计算中, h 表示节点间距, Nitsche 方法中的罚因子取为 $\alpha = 10$, 另外使用了线性基函数 ($m = 1$) 和二次基函数 ($m = 2$), 以及如下三次样条权函数来构造移动最小二乘近似的形函数:

$$w_i(\boldsymbol{x}) = \begin{cases} 2/3 - 4d_i^2 + 4d_i^3, & d_i \leqslant 1/2, \\ 4/3 - 4d_i + 4d_i^2 - 4d_i^3/3, & 1/2 < d_i \leqslant 1, \\ 0, & d_i > 1, \end{cases}$$

其中 $d_i = |\boldsymbol{x} - \boldsymbol{x}_i|/r_i$, 节点 $\boldsymbol{x}_i$ 的影响域半径取为 $r_i = (m + 0.5)h$.

例 2.4.1 分片实验

(2.4.88) 和 (2.4.89) 给出了 $k = 0$ 时的再生光滑梯度积分 (RKGSI) 公式, 而 (2.4.90) 和 (2.4.91) 给出了 $k = 1$ 时的 RKGSI. 为了证实无单元 Galerkin 法在使用 RKGSI 进行数值积分时可以重构基函数空间中的函数, 取解析解为

$$u_1(x_1, x_2) = 1 + x_1 + x_2,$$
$$u_2(x_1, x_2) = x_1^2 + x_1 x_2 + x_2^2.$$

如图 2.4.5, 在区域 Ω 上采用 25 个规则分布和不规则分布的节点. 表 2.4.1 和表 2.4.2 分别针对规则分布节点和不规则分布节点, 给出了 $m = 1$ 和 2 时无单元 Galerkin 法的误差 $\|u - u_h^*\|_{1,\Omega}$. 为了比较, 无单元 Galerkin 法中分别使用了 $k = 0$ 和 $k = 1$ 时的 RKGSI, 以及 6 点和 13 点 Gauss 积分公式进行数值积分.

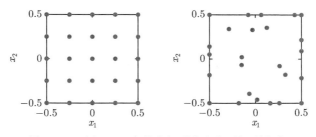

图 2.4.5 例 2.4.1 中节点规则分布和不规则分布

表 2.4.1 和表 2.4.2 表明, 线性函数 u_1 在 $m = 1$ 和 2 时, 对于规则和不规则分布节点, 无单元 Galerkin 法使用 $k = 0$ 和 1 的 RKGSI 获得的误差均接近 10^{-14}, 达到了机器精度. 二次函数 u_2 在 $m = 1$ 时, 两种 RKGSI 获得的误差均接近 10^{-1}, 不能达到机器精度. 二次函数 u_2 在 $m = 2$ 时, $k = 0$ 和 1 的 RKGSI 获得的误差对于规则分布节点是 1.058×10^{-1} 和 4.035×10^{-15}, 对于不规则分布节点是 2.065×10^{-1} 和 4.622×10^{-15}. 因此, 当解析解次数等于基函数次数时, $k \geqslant m - 1$ 的 RKGSI 能精确通过标准分片实验, 但是 $k < m - 1$ 的 RKGSI 不能通过分片实验, 从而证实了定理 2.4.3 中的积分约束条件.

表 2.4.1 节点规则分布时, 无单元 Galerkin 法使用 RKGSI 和 Gauss 积分在分片实验中的误差

u	线性基 ($m = 1$)				二次基 ($m = 2$)			
	RKGSI		Gauss 积分		RKGSI		Gauss 积分	
	$k = 0$	$k = 1$	6 点公式	13 点公式	$k = 0$	$k = 1$	6 点公式	13 点公式
u_1	2.893e-15	3.070e-15	2.898e-04	1.527e-04	1.642e-14	9.745e-15	1.189e-02	1.698e-03
u_2	1.499e-01	1.350e-01	1.321e-01	1.351e-01	1.058e-01	4.035e-15	9.329e-03	1.636e-03

表 2.4.2 节点不规则分布时, 无单元 Galerkin 法使用 RKGSI 和 Gauss 积分在分片实验中的误差

u	线性基 ($m = 1$)				二次基 ($m = 2$)			
	RKGSI		Gauss 积分		RKGSI		Gauss 积分	
	$k = 0$	$k = 1$	6 点公式	13 点公式	$k = 0$	$k = 1$	6 点公式	13 点公式
u_1	1.623e-13	1.617e-13	4.233e-01	1.244e-01	2.124e-14	1.456e-14	9.919e-02	5.440e-02
u_2	3.670e-01	6.036e-01	5.488e-01	3.534e-01	2.065e-01	4.622e-15	6.123e-02	2.171e-02

尽管三角形积分网格内的 6 点和 13 点 Gauss 积分公式的代数精度分别为 4 和 7, 但表 2.4.1 和表 2.4.2 表明, 无单元 Galerkin 法使用这些 Gauss 积分公式的误差在所有情况下都大于 10^{-4}, 无法达到机器精度. 因此, 无单元 Galerkin 法在使用 Gauss 积分公式时不能通过分片实验, 也不满足解的重构特性.

例 2.4.2 混合边值问题

由定理 2.4.5 和定理 2.4.6 得出, 无单元 Galerkin 法使用 RKGSI 进行数值积分时获得的误差 $\|u - u_h^*\|_{1,\Omega}$ 的最优收敛速度在线性基 ($m = 1$) 时为 1, 在二次基 ($m = 2$) 时为 2. 为了数值研究无单元 Galerkin 法使用 RKGSI 和 Gauss 积分公式进行数值积分时的收敛性, 解析解取为 $u(x_1, x_2) = \cos(2\pi x_1 x_2) e^{x_1 + x_2} (x_1^2 + x_2^2)^{3/2}$, 并在区域 Ω 上使用规则分布的节点.

无单元 Galerkin 法使用 $k = 0$ 或 1 的 RKGSI 进行数值积分时, 表 2.4.3 给

出了误差 $\|u - u_h^*\|_{1,\Omega}$ 在线性基 ($m = 1$) 时的收敛结果. 可以发现, 这两种情况都达到了最优收敛速度, 并且精度几乎相同. 显然, 根据 (2.4.88)—(2.4.91), $k = 0$ 时的 RKGSI 比 $k = 1$ 时的 RKGSI 需要的积分点更少, 这说明 $k = 0$ 时计算量更少. 因此, 为了获得无单元 Galerkin 法在线性基 ($m = 1$) 时的最优收敛速度, 使用 $k = 0$ 时的 RKGSI 就足够了, 不需要使用精度更高的求积公式.

表 2.4.3　例 2.4.2 中无单元 Galerkin 法在线性基 ($m = 1$) 时的收敛情况

h	$k = 0$ 的 RKGSI		$k = 1$ 的 RKGSI	
	误差 $\|u - u_h^*\|_{1,\Omega}$	收敛阶	误差 $\|u - u_h^*\|_{1,\Omega}$	收敛阶
1/10	8.205e-02		7.199e-02	
1/20	3.333e-02	1.300	3.074e-02	1.228
1/40	1.423e-02	1.227	1.370e-02	1.166
1/80	6.463e-03	1.139	6.365e-03	1.106
1/160	3.068e-03	1.075	3.051e-03	1.061
1/320	1.494e-03	1.038	1.491e-03	1.033

无单元 Galerkin 法使用 $k = 0$ 或 1 的 RKGSI, 以及 6 点和 13 点 Gauss 积分公式进行数值积分时, 表 2.4.4 给出了误差 $\|u - u_h^*\|_{1,\Omega}$ 在二次基 ($m = 2$) 时的收敛结果. 可以发现, RKGSI 只有在 $k = 1$ 时才能获得最优收敛速度, 而高阶 Gauss 积分公式不能达到最优收敛速度. 特别地, 无论使用多少积分点, Gauss 积分公式的收敛速度最终都接近 0.5. 在全局平均意义下, 由于 $k = 1$ 时的 RKGSI 在每个积分单元上只需要 2 个积分点, 因此 RKGSI 比高阶 Gauss 积分公式的计算量少得多, 表 2.4.4 却表明 RKGSI 得到的数值计算结果更准确, 并且有效地保证了无单元 Galerkin 法能够获得最优收敛阶. 因此, 为了获得无单元 Galerkin 法在二次基 ($m = 2$) 时的最优收敛速度, 有必要使用 $k = 1$ 时的 RKGSI.

表 2.4.3 和表 2.4.4 表明, $k = m - 1$ 时的 RKGSI 的实验收敛速度接近理论速度, 因此是最优的, 这些数值结果与定理 2.4.5 和定理 2.4.6 中的理论结果一致.

表 2.4.4　例 2.4.2 中无单元 Galerkin 法在二次基 ($m = 2$) 时的收敛情况

h	RKGSI				Gauss 积分			
	$k = 1$		$k = 0$		13 点公式		6 点公式	
	误差	收敛阶	误差	收敛阶	误差	收敛阶	误差	收敛阶
1/10	1.744e-02		6.576e-02		1.695e-02		1.783e-02	
1/20	3.696e-03	2.238	2.072e-02	1.666	3.621e-03	2.227	4.595e-03	1.956
1/40	8.141e-04	2.183	6.124e-03	1.759	8.067e-04	2.166	2.006e-03	1.196
1/80	1.868e-04	2.124	1.691e-03	1.857	2.064e-04	1.967	1.330e-03	0.592
1/160	4.434e-05	2.075	4.507e-04	1.907	8.183e-05	1.335	9.475e-04	0.490
1/320	1.077e-05	2.041	1.181e-04	1.933	5.047e-05	0.697	6.753e-04	0.489

2.5　Ginzburg-Landau 方程的无单元 Galerkin 法

Ginzburg-Landau 方程是物理、力学和化学中一个重要的非线性发展方程, 可用于模拟超流体、超导、相变、Bose-Einstein 凝聚, 以及场论中的弦和液晶等许多物理过程 [83-85]. 近年来, 有限差分法 [86-89]、有限元方法 [90-93]、无网格方法 [94-97] 成功求解了该方程.

本节主要讨论数值求解 Ginzburg-Landau 方程的无单元 Galerkin 法. 首先, 利用 Crank-Nicolson 格式进行时间离散并处理非线性项, 建立二阶收敛的时间半离散格式. 其次, 在 2.1 节椭圆边值问题无单元 Galerkin 法的基础之上, 采用 Nitsche 方法精确满足边界条件, 并使用 2.4.5 节的再生光滑梯度积分公式加速计算积分, 推导 Ginzburg-Landau 方程的无单元 Galerkin 法全离散格式. 最后, 基于 Grönwall 不等式和误差分裂技巧, 分别分析时间半离散格式和空间全离散格式在 L^2 和 H^1 范数中的误差, 得到 Ginzburg-Landau 方程无单元 Galerkin 法在 L^2 和 H^1 范数中的最优误差估计.

2.5.1　问题描述

设 Ω 是平面上的有界区域, 其边界是 Γ. 考虑如下 Ginzburg-Landau 方程:

$$u_t - (\nu + \mathrm{i}\alpha)\,\Delta u + (\kappa + \mathrm{i}\beta)\,|u|^2\,u - \gamma u = 0, \quad \boldsymbol{x} = (x_1, x_2)^{\mathrm{T}} \in \Omega, \quad t \in (0, T],$$
$$(2.5.1)$$

初始条件为

$$u(\boldsymbol{x}, 0) = u^0(\boldsymbol{x}), \quad \boldsymbol{x} \in \Omega, \tag{2.5.2}$$

边界条件为

$$u(\boldsymbol{x}, t) = 0, \quad \boldsymbol{x} \in \Gamma = \partial\Omega, \quad t \in (0, T], \tag{2.5.3}$$

其中 $u = u(\boldsymbol{x}, t)$ 是未知函数, $u_t = \partial u/\partial t$, $\mathrm{i} = \sqrt{-1}$ 是虚数单位, $\nu > 0$, $\kappa > 0$, α, β 和 γ 都是已知系数, $u^0(\boldsymbol{x})$ 是已知函数.

2.5.2　时间半离散格式

本节利用 Crank-Nicolson 格式, 建立 Ginzburg-Landau 方程初边值问题 (2.5.1)—(2.5.3) 的时间半离散格式.

为了离散时间变量和处理非线性项 $|u|^2\,u$, 令 $\tau > 0$ 为时间步长,

$$u^k(\boldsymbol{x}) = u(\boldsymbol{x}, k\tau), \quad \boldsymbol{x} \in \Omega \cup \Gamma, \quad k = 0, 1, 2, \cdots, T/\tau.$$

由 Taylor 公式和 Crank-Nicolson 公式可得 [99]

$$u_t^{k-0.5}(\boldsymbol{x}) = \frac{u^k(\boldsymbol{x}) - u^{k-1}(\boldsymbol{x})}{\tau} + \mathcal{O}(\tau^2), \tag{2.5.4}$$

$$u^{k-0.5}\left(\boldsymbol{x}\right) = \frac{1}{2}\left(u^{k}\left(\boldsymbol{x}\right) + u^{k-1}\left(\boldsymbol{x}\right)\right) + \mathcal{O}\left(\tau^{2}\right), \tag{2.5.5}$$

$$\left|u^{k-0.5}\left(\boldsymbol{x}\right)\right|^{2} = \frac{3}{2}\left|u^{k-1}\left(\boldsymbol{x}\right)\right|^{2} - \frac{1}{2}\left|u^{k-2}\left(\boldsymbol{x}\right)\right|^{2} + \mathcal{O}\left(\tau^{2}\right). \tag{2.5.6}$$

在点 $\left(\boldsymbol{x}, (k - 0.5)\tau\right)$ 处考虑 (2.5.1), 并利用 (2.5.4)—(2.5.6) 可得

$$\frac{u^{k} - u^{k-1}}{\tau} - \frac{1}{2}\left(\nu + \mathrm{i}\alpha\right)\left(\Delta u^{k} + \Delta u^{k-1}\right)$$

$$+ \frac{1}{2}\left(\kappa + \mathrm{i}\beta\right)\left(\frac{3}{2}\left|u^{k-1}\right|^{2} - \frac{1}{2}\left|u^{k-2}\right|^{2}\right)\left(u^{k} + u^{k-1}\right) - \frac{1}{2}\gamma\left(u^{k} + u^{k-1}\right)$$

$$= R^{k},$$

即

$$-2\tau\left(\nu + \mathrm{i}\alpha\right)\Delta u^{k} + \left[4 - 2\tau\gamma + \tau\left(\kappa + \mathrm{i}\beta\right)\left(3\left|u^{k-1}\right|^{2} - \left|u^{k-2}\right|^{2}\right)\right]u^{k}$$

$$= 2\tau\left(\nu + \mathrm{i}\alpha\right)\Delta u^{k-1} + \left[4 + 2\tau\gamma - \tau\left(\kappa + \mathrm{i}\beta\right)\left(3\left|u^{k-1}\right|^{2} - \left|u^{k-2}\right|^{2}\right)\right]u^{k-1} + 4\tau R^{k}, \tag{2.5.7}$$

其中余项 R^{k} 满足 $\left\|R^{k}\right\|_{0,\Omega}^{2} \leqslant C_{kR}\tau^{4}$, C_{kR} 是正常数. 在 (2.5.7) 中略去 R^{k}, Ginzburg-Landau 方程 (2.5.1) 在时间方向可近似为

$$-2\tau\left(\nu + \mathrm{i}\alpha\right)\Delta U^{k} + \left[4 - 2\tau\gamma + \tau\left(\kappa + \mathrm{i}\beta\right)\left(3\left|U^{k-1}\right|^{2} - \left|U^{k-2}\right|^{2}\right)\right]U^{k}$$

$$= 2\tau\left(\nu + \mathrm{i}\alpha\right)\Delta U^{k-1} + \left[4 + 2\tau\gamma - \tau\left(\kappa + \mathrm{i}\beta\right)\left(3\left|U^{k-1}\right|^{2} - \left|U^{k-2}\right|^{2}\right)\right]U^{k-1}, \tag{2.5.8}$$

其中 U^{k} 是 u^{k} 的近似.

(2.5.8) 给出了 Ginzburg-Landau 方程 (2.5.1) 的一种线性显式格式, 在第 k 步迭代求解 U^{k} 时需要前两步的 U^{k-1} 和 U^{k-2}. 因此, 如果用 (2.5.8) 来求解 U^{1}, 那么需要 U^{0} 和 U^{-1}. 由 (2.5.2) 可知 $U^{0} = u^{0}$, 但是不容易直接获得 U^{-1}.

为了计算 U^{1}, 在点 $\left(\boldsymbol{x}, 0.5\tau\right)$ 处考虑 (2.5.1), 并利用 (2.5.4) 和 (2.5.5) 可得

$$\frac{u^{1} - u^{0}}{\tau} - \frac{1}{2}\left(\nu + \mathrm{i}\alpha\right)\left(\Delta u^{1} + \Delta u^{0}\right)$$

$$+ \frac{1}{2}\left(\kappa + \mathrm{i}\beta\right)\left|\frac{1}{2}\left(u^{1} + u^{0}\right)\right|^{2}\left(u^{1} + u^{0}\right) - \frac{1}{2}\gamma\left(u^{1} + u^{0}\right) = R^{1},$$

即

$$
- 2\tau \left(\nu + \mathrm{i}\alpha\right) \Delta u^1 + \frac{1}{2}\tau \left(\kappa + \mathrm{i}\beta\right) \left|u^1 + u^0\right|^2 \left(u^1 + u^0\right) + \left(4 - 2\tau\gamma\right) u^1
$$

$$
= 2\tau \left(\nu + \mathrm{i}\alpha\right) \Delta u^0 + \left(4 + 2\tau\gamma\right) u^0 + 4\tau R^1, \tag{2.5.9}
$$

其中余项 R^1 满足 $\left\| R^1 \right\|_{0,\Omega}^2 \leqslant C_{1R}\tau^4$, C_{1R} 是正常数. 在 (2.5.9) 中略去 R^1, 则计算 U^1 的方程为

$$
- 2\tau \left(\nu + \mathrm{i}\alpha\right) \Delta U^1 + \frac{1}{2}\tau \left(\kappa + \mathrm{i}\beta\right) \left|U^1 + U^0\right|^2 \left(U^1 + U^0\right) + \left(4 - 2\tau\gamma\right) U^1
$$

$$
= 2\tau \left(\nu + \mathrm{i}\alpha\right) \Delta U^0 + \left(4 + 2\tau\gamma\right) U^0. \tag{2.5.10}
$$

(2.5.10) 避免了使用 U^{-1}, 但它是一个非线性隐式格式, 为此可将非线性方程 (2.5.10) 转化为如下两步显式迭代格式:

$$
- 2\tau \left(\nu + \mathrm{i}\alpha\right) \Delta U^\ell + \frac{1}{2}\tau \left(\kappa + \mathrm{i}\beta\right) \left|2U^0\right|^2 \left(U^\ell + U^0\right) + \left(4 - 2\tau\gamma\right) U^\ell
$$

$$
= 2\tau \left(\nu + \mathrm{i}\alpha\right) \Delta U^0 + \left(4 + 2\tau\gamma\right) U^0 \tag{2.5.11}
$$

和

$$
- 2\tau \left(\nu + \mathrm{i}\alpha\right) \Delta U^1 + \frac{1}{2}\tau \left(\kappa + \mathrm{i}\beta\right) \left|U^\ell + U^0\right|^2 \left(U^1 + U^0\right) + \left(4 - 2\tau\gamma\right) U^1
$$

$$
= 2\tau \left(\nu + \mathrm{i}\alpha\right) \Delta U^0 + \left(4 + 2\tau\gamma\right) U^0. \tag{2.5.12}
$$

令

$$
u^\ell = u^1, \quad U^0 = u^0, \quad \boldsymbol{x} \in \Omega, \tag{2.5.13}
$$

则 (2.5.7) 和 (2.5.9) 可统一为

$$
- 2\tau \left(\nu + \mathrm{i}\alpha\right) \Delta u^k + \left(4 + b^k\right) u^k
$$

$$
= \begin{cases} 2\tau \left(\nu + \mathrm{i}\alpha\right) \Delta u^0 + \left(4 - b^k\right) u^0 + 4\tau R^1, & k = \ell, 1, \\ 2\tau \left(\nu + \mathrm{i}\alpha\right) \Delta u^{k-1} + \left(4 - b^k\right) u^{k-1} + 4\tau R^k, & k \geqslant 2, \end{cases} \quad \boldsymbol{x} \in \Omega. \tag{2.5.14}
$$

根据 (2.5.8), (2.5.11) 和 (2.5.12), Ginzburg-Landau 方程 (2.5.1) 的时间半离散格式为

$$- 2\tau \left(\nu + \mathrm{i}\alpha\right) \Delta U^{k} + \left(4 + B^{k}\right) U^{k}$$

$$= \begin{cases} 2\tau \left(\nu + \mathrm{i}\alpha\right) \Delta U^{0} + \left(4 - B^{k}\right) U^{0}, & k = \ell, 1, \\ 2\tau \left(\nu + \mathrm{i}\alpha\right) \Delta U^{k-1} + \left(4 - B^{k}\right) U^{k-1}, & k \geqslant 2, \end{cases} \quad \boldsymbol{x} \in \Omega, \quad (2.5.15)$$

相应的边界条件为

$$U^{k}\left(\boldsymbol{x}\right) = 0, \quad \boldsymbol{x} \in \Gamma, \quad k = \ell, 1, 2, \cdots, T/\tau, \quad (2.5.16)$$

其中

$$\left\| R^{k} \right\|_{0,\Omega}^{2} \leqslant C_{R}\tau^{4}, \quad k = 1, 2, \cdots, T/\tau, \quad (2.5.17)$$

$$b^{k} = \begin{cases} -2\tau\gamma + \dfrac{1}{2}\tau \left(\kappa + \mathrm{i}\beta\right) \left|u^{1} + u^{0}\right|^{2}, & k = \ell, 1, \\ -2\tau\gamma + \tau \left(\kappa + \mathrm{i}\beta\right) \left(3\left|u^{k-1}\right|^{2} - \left|u^{k-2}\right|^{2}\right), & k = 2, 3, \cdots, T/\tau, \end{cases} \quad (2.5.18)$$

$$B^{k} = \begin{cases} -2\tau\gamma + \dfrac{1}{2}\tau \left(\kappa + \mathrm{i}\beta\right) \left|2U^{0}\right|^{2}, & k = \ell, \\ -2\tau\gamma + \dfrac{1}{2}\tau \left(\kappa + \mathrm{i}\beta\right) \left|U^{\ell} + U^{0}\right|^{2}, & k = 1, \\ -2\tau\gamma + \tau \left(\kappa + \mathrm{i}\beta\right) \left(3\left|U^{k-1}\right|^{2} - \left|U^{k-2}\right|^{2}\right), & k = 2, 3, \cdots, T/\tau. \end{cases}$$

$$(2.5.19)$$

2.5.3　空间全离散格式

本节在 2.5.2 节时间半离散格式的基础之上, 推导 Ginzburg-Landau 方程初边值问题 (2.5.1)—(2.5.3) 的无单元 Galerkin 法全离散格式.

根据 Green 公式, 与 (2.5.15) 和 (2.5.16) 构成的边值问题对应的变分问题为: 求 $U^{k} \in H_{0}^{1}\left(\Omega\right)$, 使得

$$2\tau \left(\nu + \mathrm{i}\alpha\right) \left(\nabla U^{k}, \nabla v\right) + \left(\left(4 + B^{k}\right) U^{k}, v\right)$$

$$= \begin{cases} -2\tau \left(\nu + \mathrm{i}\alpha\right) \left(\nabla U^{0}, \nabla v\right) \\ \quad + \left(\left(4 - B^{k}\right) U^{0}, v\right), & k = \ell, 1, \\ -2\tau \left(\nu + \mathrm{i}\alpha\right) \left(\nabla U^{k-1}, \nabla v\right) \\ \quad + \left(\left(4 - B^{k}\right) U^{k-1}, v\right), & k = 2, 3, \cdots, T/\tau, \end{cases} \quad \forall v \in H_{0}^{1}\left(\Omega\right), \quad (2.5.20)$$

其中 $(\cdot, \cdot)$ 表示在区域 Ω 上的 L^{2} 内积, $H_{0}^{1}\left(\Omega\right) = \{v : v \in H^{1}\left(\Omega\right), v|_{\Gamma} = 0\}$.

为了获得问题 (2.5.15) 的无网格数值解, 将 $\Omega \cup \Gamma$ 用 N 个节点 $\{\boldsymbol{x}_i\}_{i=1}^N$ 进行离散, 并用 $h = \max\limits_{1 \leqslant i \leqslant N} \min\limits_{1 \leqslant j \leqslant N, j \neq i} |\boldsymbol{x}_i - \boldsymbol{x}_j|$ 表示节点间距, 利用 1.4.3 节的稳定移动最小二乘近似建立未知函数 $U^k(\boldsymbol{x})$ 的无网格近似,

$$U^k(\boldsymbol{x}) \approx \mathcal{M}U^k(\boldsymbol{x}) = \sum_{i=1}^N \Phi_i(\boldsymbol{x}) u_i^k, \quad k = \ell, 1, 2, \cdots, T/\tau, \qquad (2.5.21)$$

其中 $\mathcal{M}$ 是移动最小二乘近似逼近算子, $\Phi_i(\boldsymbol{x})$ 是移动最小二乘近似基于节点 $\{\boldsymbol{x}_i\}_{i=1}^N$ 构造的无网格形函数, u_i^k 是节点值 $u(\boldsymbol{x}_i, k\tau)$ 的近似. 令无网格近似解空间为

$$V_h(\Omega) = \mathrm{span}\{\Phi_i, 1 \leqslant i \leqslant N\}, \quad V_{0h}(\Omega) = \{v : v \in V_h(\Omega), v|_\Gamma = 0\},$$

则由 (2.5.20), Ginzburg-Landau 初边值问题 (2.5.1)—(2.5.3) 的无单元 Galerkin 法全离散格式为: 求

$$u_h^k(\boldsymbol{x}) = \sum_{i=1}^N \Phi_i(\boldsymbol{x}) u_i^k, \qquad (2.5.22)$$

使得

$$
\begin{aligned}
&2\tau(\nu + \mathrm{i}\alpha)\left(\nabla u_h^k, \nabla v\right) + \left(\left(4 + b_h^k\right) u_h^k, v\right) \\
&= \begin{cases}
\begin{aligned}
&-2\tau(\nu + \mathrm{i}\alpha)\left(\nabla u_h^0, \nabla v\right) \\
&\quad + \left(\left(4 - b_h^k\right) u_h^0, v\right), &&k = \ell, 1, \\
&-2\tau(\nu + \mathrm{i}\alpha)\left(\nabla u_h^{k-1}, \nabla v\right) \\
&\quad + \left(\left(4 - b_h^k\right) u_h^{k-1}, v\right), &&k = 2, 3, \cdots, T/\tau,
\end{aligned}
\end{cases}
\quad \forall v \in V_{0h}(\Omega),
\end{aligned}
\qquad (2.5.23)
$$

其中

$$u_h^0 = \mathcal{M}U^0 = \mathcal{M}u^0, \qquad (2.5.24)$$

$$
b_h^k = \begin{cases}
-2\tau\gamma + \dfrac{1}{2}\tau(\kappa + \mathrm{i}\beta)\left|2u_h^0\right|^2, & k = \ell, \\[2mm]
-2\tau\gamma + \dfrac{1}{2}\tau(\kappa + \mathrm{i}\beta)\left|u_h^\ell + u_h^0\right|^2, & k = 1, \\[2mm]
-2\tau\gamma + \tau(\kappa + \mathrm{i}\beta)\left(3\left|u_h^{k-1}\right|^2 - \left|u_h^{k-2}\right|^2\right), & k = 2, 3, \cdots, T/\tau.
\end{cases}
\qquad (2.5.25)
$$

鉴于移动最小二乘近似的形函数 $\Phi_i(\boldsymbol{x})$ 不具有插值性质, 这里采用 Nitsche 方法处理 Dirichlet 边界条件 [75,76]. 由 (2.5.16) 可得

$$u_h^k = 0, \quad k = \ell, 1, 2, \cdots, T/\tau, \quad \boldsymbol{x} \in \Gamma, \qquad (2.5.26)$$

从而

$$-\left(\Delta u_h^k, v\right) = \left(\nabla u_h^k, \nabla v\right) - \left\langle \nabla u_h^k \cdot \boldsymbol{n}, v\right\rangle$$

$$= \left(\nabla u_h^k, \nabla v\right) - \left\langle \nabla u_h^k \cdot \boldsymbol{n}, v\right\rangle + \rho h^{-1}\left\langle u_h^k - 0, v\right\rangle - \left\langle u_h^k - 0, \nabla v \cdot \boldsymbol{n}\right\rangle$$

$$= \left(\nabla u_h^k, \nabla v\right) - \left\langle \nabla u_h^k \cdot \boldsymbol{n}, v\right\rangle + \left\langle u_h^k, \rho h^{-1} v - \nabla v \cdot \boldsymbol{n}\right\rangle, \tag{2.5.27}$$

其中 $v \in V_h\left(\Omega\right)$, ρ 是 Nitsche 罚参数, $\boldsymbol{n}$ 是边界 Γ 上的单位外法向量, $\langle\cdot,\cdot\rangle$ 表示在边界 Γ 上的 L^2 内积. 利用 (2.5.27), 可将 (2.5.23) 改写成

$$2\tau\left(\nu + \mathrm{i}\alpha\right)\left[\left(\nabla u_h^k, \nabla v\right) - \left\langle \nabla u_h^k \cdot \boldsymbol{n}, v\right\rangle + \left\langle u_h^k, \rho h^{-1} v - \nabla v \cdot \boldsymbol{n}\right\rangle\right]$$

$$+ \left(\left(4 + b_h^k\right) u_h^k, v\right)$$

$$= \begin{cases} -2\tau\left(\nu + \mathrm{i}\alpha\right)\left[\left(\nabla u_h^0, \nabla v\right) - \left\langle \nabla u_h^0 \cdot \boldsymbol{n}, v\right\rangle + \left\langle u_h^0, \rho h^{-1} v - \nabla v \cdot \boldsymbol{n}\right\rangle\right] \\ \quad + \left(\left(4 - b_h^k\right) u_h^0, v\right), \qquad\qquad\qquad\qquad\qquad\qquad\qquad\quad k = \ell, 1, \\ -2\tau\left(\nu + \mathrm{i}\alpha\right)\left[\left(\nabla u_h^{k-1}, \nabla v\right) - \left\langle \nabla u_h^{k-1} \cdot \boldsymbol{n}, v\right\rangle \right. \\ \quad \left. + \left\langle u_h^{k-1}, \rho h^{-1} v - \nabla v \cdot \boldsymbol{n}\right\rangle\right] + \left(\left(4 - b_h^k\right) u_h^{k-1}, v\right), \qquad\quad k \geqslant 2, \end{cases}$$

其中 $v \in V_h\left(\Omega\right)$. 最终, 无单元 Galerkin 法求解 Ginzburg-Landau 初边值问题 (2.5.1)—(2.5.3) 的线性代数方程组为

$$\left(\boldsymbol{K} + \boldsymbol{H} + \boldsymbol{G}^k\right) \boldsymbol{u}^k = \begin{cases} -\left(\boldsymbol{K} - \boldsymbol{H} + \boldsymbol{G}^k\right) \boldsymbol{u}^0, & k = \ell, 1, \\ -\left(\boldsymbol{K} - \boldsymbol{H} + \boldsymbol{G}^k\right) \boldsymbol{u}^{k-1}, & k = 2, 3, \cdots, T/\tau, \end{cases} \tag{2.5.28}$$

其中

$$\boldsymbol{u}^k = \left[u_1^k, u_2^k, \cdots, u_N^k\right]^{\mathrm{T}},$$

$$\boldsymbol{K}\left(i, j\right) = 2\tau\left(\nu + \mathrm{i}\alpha\right)\left[\left(\nabla \Phi_i, \nabla \Phi_j\right) - \left\langle \nabla \Phi_i \cdot \boldsymbol{n}, \Phi_j\right\rangle\right.$$

$$\left. + \rho h^{-1}\left\langle \Phi_i, \Phi_j\right\rangle - \left\langle \Phi_i, \nabla \Phi_j \cdot \boldsymbol{n}\right\rangle\right], \tag{2.5.29}$$

$$\boldsymbol{H}\left(i, j\right) = 4\left(\Phi_i, \Phi_j\right), \tag{2.5.30}$$

$$\boldsymbol{G}^k\left(i, j\right) = \left(b_h^k \Phi_i, \Phi_j\right). \tag{2.5.31}$$

在本节建立的 Ginzburg-Landau 方程的无单元 Galerkin 法中, 将采用二次多项式基函数构造形函数, 即移动最小二乘近似中使用的多项式基函数次数是 $m = 2$. 为了提高数值积分的精度和效率, 将采用 2.4.5 节中的再生光滑梯度积分公式 (2.4.90) 和 (2.4.91) 来数值计算 (2.5.29)—(2.5.31) 中的积分.

2.5.4 时间半离散格式的误差分析

接下来将基于 Grönwall 不等式和误差分裂技巧理论分析 Ginzburg-Landau 方程无单元 Galerkin 法的误差.

本节分析时间半离散格式的误差, 需要如下引理中的 Grönwall 不等式 [98].

引理 2.5.1　设 $\{\omega_j\}_{j=1}^M$ 和 $\{\xi_j\}_{j=1}^M$ 是两个非负实值数列, η 是一个非负数. 若

$$\omega_k \leqslant \eta + \tau \sum_{j=1}^k \xi_j \omega_j,$$

则当 $\tau \leqslant 1 \Big/ \Big(2 \max_{1 \leqslant j \leqslant k} \xi_j \Big)$ 时, 有

$$\omega_k \leqslant \eta \exp \left(2\tau \sum_{j=1}^k \xi_j \right), \quad k = 1, 2, \cdots, M.$$

定理 2.5.1　设 u 是 Ginzburg-Landau 初边值问题 (2.5.1)—(2.5.3) 的解析解, 满足

$$\begin{cases} u \in L^\infty \left((0, T) ; H^3 (\Omega) \right), \\ u_t = \partial u / \partial t \in L^2 \left((0, T) ; H^3 (\Omega) \right), \\ u_{tt} = \partial^2 u / \partial t^2 \in L^2 \left((0, T) ; H^2 (\Omega) \right), \\ u_{ttt} = \partial^3 u / \partial t^3 \in L^2 \left((0, T) ; L^2 (\Omega) \right). \end{cases} \tag{2.5.32}$$

令 $e^k = u^k - U^k$, 其中 U^k 是 (2.5.15) 和 (2.5.16) 构成的时间半离散系统的解析解, $u^\ell = u^1$, 则当 τ 充分小时, 有

$$\left\| e^\ell \right\|_{0,\Omega} + \sqrt{\tau} \left\| \nabla e^\ell \right\|_{0,\Omega} + \tau \left\| \Delta e^\ell \right\|_{0,\Omega} \leqslant C\tau^2, \tag{2.5.33}$$

$$\left\| e^k \right\|_{0,\Omega} + \left\| \nabla e^k \right\|_{0,\Omega} + \tau \left\| \Delta e^k \right\|_{0,\Omega} \leqslant C\tau^2, \quad k = 1, 2, \cdots, T/\tau, \tag{2.5.34}$$

$$\left\| U^k \right\|_{0,\infty,\Omega} \leqslant K_u, \quad \left\| U^k \right\|_{2,\Omega} \leqslant C, \quad \left\| U^k - U^{k-1} \right\|_{2,\Omega} \leqslant C\tau, \quad k = \ell, 1, 2, \cdots, T/\tau, \tag{2.5.35}$$

其中 $K_u = 1 + \max\limits_{0 \leqslant k \leqslant T/\tau} \left\| u^k \right\|_{0,\infty}$.

证明　从 (2.5.14) 中减去 (2.5.15), 可得

$$-2\tau (\nu + \mathrm{i}\alpha) \Delta e^k + 4e^k = \zeta_1^k - \zeta_2^k + 4\tau R^1, \quad k = \ell, 1, \tag{2.5.36}$$

$$-2\tau (\nu + \mathrm{i}\alpha) \Delta \left(e^k + e^{k-1} \right) + 4 \left(e^k - e^{k-1} \right) = \zeta_1^k - \zeta_2^k + 4\tau R^k, \quad k \geqslant 2, \tag{2.5.37}$$

其中

$$\begin{aligned} \zeta_1^k &= \begin{cases} \left(B^k - b^k \right) \left(u^k + u^0 \right), & k = \ell, 1, \\ \left(B^k - b^k \right) \left(u^k + u^{k-1} \right), & k \geqslant 2, \end{cases} \\ \zeta_2^k &= \begin{cases} B^k e^k, & k = \ell, 1, \\ B^k \left(e^k + e^{k-1} \right), & k \geqslant 2. \end{cases} \end{aligned} \tag{2.5.38}$$

当 $\boldsymbol{x} \in \Gamma$ 时, 由 (2.5.3) 和 (2.5.16) 可知 $e^k(\boldsymbol{x}) = 0$, 从而

$$\left(\Delta e^j, e^k\right) = -\left(\nabla e^j, \nabla e^k\right).$$

计算 (2.5.36) 关于 e^k 的内积, 再计算 (2.5.37) 关于 $e^k + e^{k-1}$ 的内积, 可得

$$2\tau(\nu + \mathrm{i}\alpha)\left\|\nabla e^k\right\|_{0,\Omega}^2 + 4\left\|e^k\right\|_{0,\Omega}^2 = \left(\zeta_1^k - \zeta_2^k, e^k\right) + 4\tau\left(R^1, e^k\right), \quad k = \ell, 1, \tag{2.5.39}$$

$$2\tau(\nu + \mathrm{i}\alpha)\left\|\nabla\left(e^k + e^{k-1}\right)\right\|_{0,\Omega}^2 + 4\left(\left\|e^k\right\|_{0,\Omega}^2 - \left\|e^{k-1}\right\|_{0,\Omega}^2\right)$$
$$= \left(\zeta_1^k - \zeta_2^k, e^k + e^{k-1}\right) + 4\tau\left(R^k, e^k + e^{k-1}\right), \quad k \geqslant 2. \tag{2.5.40}$$

利用 Cauchy-Schwarz 不等式、(2.5.17) 和 Young 不等式, 有

$$2\tau\left|\left(R^1, e^k\right)\right| \leqslant 2\tau\left\|R^1\right\|_0\left\|e^k\right\|_0 \leqslant 2\tau\sqrt{C_R\tau^4}\left\|e^k\right\|_0$$
$$= \left(\sqrt{2C_R}\tau^3\right)\left(\sqrt{2}\left\|e^k\right\|_0\right) \leqslant C_R\tau^6 + \left\|e^k\right\|_0^2,$$

$$2\left|\left(R^k, e^k + e^{k-1}\right)\right| \leqslant 2\left\|R^k\right\|_0\left\|e^k + e^{k-1}\right\|_0 \leqslant 2\sqrt{C_R\tau^4}\left(\left\|e^k\right\|_0 + \left\|e^{k-1}\right\|_0\right)$$
$$= \sqrt{2C_R\tau^4}\left(\sqrt{2}\left\|e^k\right\|_0\right) + \sqrt{2C_R\tau^4}\left(\sqrt{2}\left\|e^{k-1}\right\|_0\right)$$
$$\leqslant 2C_R\tau^4 + \left\|e^k\right\|_0^2 + \left\|e^{k-1}\right\|_0^2.$$

因此, 取 (2.5.39) 和 (2.5.40) 的实部, 在等式左边略去正项 $2\tau\nu\left\|\nabla e^k\right\|_{0,\Omega}^2$ 和 $2\tau\nu\left\|\nabla\left(e^k + e^{k-1}\right)\right\|_{0,\Omega}^2$, 可得

$$2\left\|e^k\right\|_{0,\Omega}^2 \leqslant \left|\left(\zeta_1^k - \zeta_2^k, e^k\right)\right| + 2C_R\tau^6 \leqslant \left|\left(\zeta_1^k, e^k\right)\right| + \left|\left(\zeta_2^k, e^k\right)\right| + 2C_R\tau^6, \quad k = \ell, 1, \tag{2.5.41}$$

$$4\left(\left\|e^k\right\|_{0,\Omega}^2 - \left\|e^{k-1}\right\|_{0,\Omega}^2\right) \leqslant \left|\left(\zeta_1^k - \zeta_2^k, e^k + e^{k-1}\right)\right| + 4C_R\tau^5$$
$$+ 2\tau\left(\left\|e^k\right\|_{0,\Omega}^2 + \left\|e^{k-1}\right\|_{0,\Omega}^2\right), \quad k \geqslant 2. \tag{2.5.42}$$

计算 (2.5.36) 关于 e^k/τ 的内积, 再计算 (2.5.37) 关于 $\left(e^k - e^{k-1}\right)/\tau$ 的内积, 可得

$$2(\nu + \mathrm{i}\alpha)\left\|\nabla e^k\right\|_{0,\Omega}^2 + \frac{4}{\tau}\left\|e^k\right\|_{0,\Omega}^2 = \frac{1}{\tau}\left(\zeta_1^k - \zeta_2^k, e^k\right) + 4\left(R^1, e^k\right), \quad k = \ell, 1, \tag{2.5.43}$$

$$2 \left(\nu + \mathrm{i} \alpha \right) \left(\left\| \nabla e^k \right\|_{0,\Omega}^2 - \left\| \nabla e^{k-1} \right\|_{0,\Omega}^2 \right) + \frac{4}{\tau} \left\| e^k - e^{k-1} \right\|_{0,\Omega}^2$$

$$= \frac{1}{\tau} \left(\zeta_1^k - \zeta_2^k, e^k - e^{k-1} \right) + 4 \left(R^k, e^k - e^{k-1} \right), \quad k \geqslant 2. \tag{2.5.44}$$

利用 Cauchy-Schwarz 不等式、(2.5.17) 和 Young 不等式, 有

$$\left| \left(R^1, e^k \right) \right| \leqslant \left\| R^1 \right\|_{0,\Omega} \left\| e^k \right\|_{0,\Omega} \leqslant \frac{1}{4} C_R \tau^5 + \frac{1}{\tau} \left\| e^k \right\|_{0,\Omega}^2,$$

$$\left| \left(R^k, e^k - e^{k-1} \right) \right| \leqslant \left\| R^k \right\|_{0,\Omega} \left\| e^k - e^{k-1} \right\|_{0,\Omega} \leqslant \frac{1}{2} C_R \tau^5 + \frac{1}{2\tau} \left\| e^k - e^{k-1} \right\|_{0,\Omega}^2.$$

因此, 取 (2.5.43) 和 (2.5.44) 的实部, 可得

$$2\nu \left\| \nabla e^k \right\|_{0,\Omega}^2 \leqslant \frac{1}{\tau} \left| \left(\zeta_1^k - \zeta_2^k, e^k \right) \right| + C_R \tau^5, \quad k = \ell, 1, \tag{2.5.45}$$

$$2\nu \left(\left\| \nabla e^k \right\|_{0,\Omega}^2 - \left\| \nabla e^{k-1} \right\|_{0,\Omega}^2 \right) + \frac{2}{\tau} \left\| e^k - e^{k-1} \right\|_{0,\Omega}^2$$

$$\leqslant \frac{1}{\tau} \left| \left(\zeta_1^k - \zeta_2^k, e^k - e^{k-1} \right) \right| + 2 C_R \tau^5, \quad k \geqslant 2. \tag{2.5.46}$$

计算 (2.5.36) 关于 $-\Delta e^k / \tau$ 的内积, 再计算 (2.5.37) 关于 $-\Delta \left(e^k - e^{k-1} \right)/ \tau$ 的内积, 可得

$$2 \left(\nu + \mathrm{i} \alpha \right) \left\| \Delta e^k \right\|_{0,\Omega}^2 + \frac{4}{\tau} \left\| \nabla e^k \right\|_{0,\Omega}^2 = -\frac{1}{\tau} \left(\zeta_1^k - \zeta_2^k, \Delta e^k \right) - 4 \left(R^1, \Delta e^k \right), \quad k = \ell, 1, \tag{2.5.47}$$

$$2 \left(\nu + \mathrm{i} \alpha \right) \left(\left\| \Delta e^k \right\|_{0,\Omega}^2 - \left\| \Delta e^{k-1} \right\|_{0,\Omega}^2 \right) + \frac{4}{\tau} \left\| \nabla \left(e^k - e^{k-1} \right) \right\|_{0,\Omega}^2$$

$$= -\frac{1}{\tau} \left(\zeta_1^k - \zeta_2^k, \Delta \left(e^k - e^{k-1} \right) \right) - 4 \left(R^k, \Delta \left(e^k - e^{k-1} \right) \right), \quad k \geqslant 2. \tag{2.5.48}$$

鉴于 $\nu > 0$, 利用 Cauchy-Schwarz 不等式、(2.5.17) 和 Young 不等式, 有

$$\left| \left(R^1, \Delta e^k \right) \right| \leqslant \left\| R^1 \right\|_{0,\Omega} \left\| \Delta e^k \right\|_{0,\Omega} \leqslant \frac{C_R}{\nu} \tau^4 + \frac{\nu}{4} \left\| \Delta e^k \right\|_{0,\Omega}^2,$$

$$\left| \left(R^k, \Delta \left(e^k - e^{k-1} \right) \right) \right| \leqslant \left\| R^k \right\|_{0,\Omega} \left\| \Delta \left(e^k - e^{k-1} \right) \right\|_{0,\Omega}$$

$$\leqslant \frac{2 C_R}{\nu} \tau^3 + \frac{\nu \tau}{4} \left(\left\| \Delta e^k \right\|_{0,\Omega}^2 + \left\| \Delta e^{k-1} \right\|_{0,\Omega}^2 \right).$$

因此, 取 (2.5.47) 和 (2.5.48) 的实部, 在等式左边略去正项 $\dfrac{4}{\tau}\left\|\nabla e^k\right\|_{0,\Omega}^2$ 和 $\dfrac{4}{\tau}\times$ $\left\|\nabla\left(e^k - e^{k-1}\right)\right\|_{0,\Omega}^2$, 可得

$$2\nu\left\|\Delta e^k\right\|_{0,\Omega}^2 \leqslant \frac{1}{\tau}\left|\left(\zeta_1^k - \zeta_2^k, \Delta e^k\right)\right| + \frac{4C_R}{\nu}\tau^4 + \nu\left\|\Delta e^k\right\|_{0,\Omega}^2, \quad k=\ell,1, \quad (2.5.49)$$

$$2\nu\left(\left\|\Delta e^k\right\|_{0,\Omega}^2 - \left\|\Delta e^{k-1}\right\|_{0,\Omega}^2\right)$$
$$\leqslant \frac{1}{\tau}\left|\left(\zeta_1^k - \zeta_2^k, \Delta\left(e^k - e^{k-1}\right)\right)\right| + \frac{8C_R}{\nu}\tau^3 + \nu\tau\left(\left\|\Delta e^k\right\|_{0,\Omega}^2 + \left\|\Delta e^{k-1}\right\|_{0,\Omega}^2\right), \quad k\geqslant 2.$$
$$(2.5.50)$$

下面分三步证明 (2.5.33)—(2.5.35).

第一步, 证明 (2.5.33) 和 (2.5.35) 在 $k=\ell$ 时成立.

由 (2.5.18) 和 (2.5.19) 有

$$\begin{aligned} B^\ell - b^\ell &= \frac{1}{2}\tau\left(\kappa + \mathrm{i}\beta\right)\left(\left|2u^0\right|^2 - \left|u^1 + u^0\right|^2\right) \\ &= \frac{1}{2}\tau\left(\kappa + \mathrm{i}\beta\right)\left(2u^0\left(\overline{u^0} - \overline{u^1}\right) + \left(u^0 - u^1\right)\left(\overline{u^1} + \overline{u^0}\right)\right). \end{aligned}$$

利用 (2.5.32) 可知 b^ℓ/τ 和 B^ℓ/τ 均是有界的, 而利用 Taylor 公式有 $u^1 = u^0 + \mathcal{O}(\tau)$, 因此由 (2.5.38) 可得

$$\left\|\zeta_1^\ell\right\|_0 = \left\|\left(B^\ell - b^\ell\right)\left(u^1 + u^0\right)\right\|_{0,\Omega} \leqslant C_{\ell 1}\tau^2, \quad (2.5.51)$$

$$\left|\left(\zeta_1^\ell, e^\ell\right)\right| \leqslant \left\|\zeta_1^\ell\right\|_{0,\Omega}\left\|e^\ell\right\|_{0,\Omega} \leqslant C_{\ell 1}\tau^2\left\|e^\ell\right\|_{0,\Omega} \leqslant C_{\ell 1}\left(C_{Y\ell 1}\tau^4 + \frac{1}{4C_{Y\ell 1}}\left\|e^\ell\right\|_{0,\Omega}^2\right), \quad (2.5.52)$$

$$\left|\left(\zeta_2^\ell, e^\ell\right)\right| = \left|\left(B^\ell e^\ell, e^\ell\right)\right| \leqslant C_{\ell 2}\tau\left\|e^\ell\right\|_{0,\Omega}^2, \quad (2.5.53)$$

其中 $C_{Y\ell 1}$ 是任意正数. 将 (2.5.52) 和 (2.5.53) 代入 (2.5.41), 得到

$$2\left\|e^\ell\right\|_{0,\Omega}^2 \leqslant \left(\frac{C_{\ell 1}}{4C_{Y\ell 1}} + C_{\ell 2}\tau\right)\left\|e^\ell\right\|_{0,\Omega}^2 + C_{\ell 1}C_{Y\ell 1}\tau^4 + 2C_R\tau^6.$$

取 $C_{Y\ell 1} = C_{\ell 1}/2$, 则当 $\tau \leqslant 1/(2C_{\ell 2})$ 时, 有

$$\left\|e^\ell\right\|_{0,\Omega} \leqslant C_{l0\ell}\tau^2. \quad (2.5.54)$$

注意到 (2.5.52)—(2.5.54), 由 (2.5.45) 可得

$$2\nu \left\| \nabla e^\ell \right\|_{0,\Omega}^2 \leqslant \frac{1}{\tau} \left| (\zeta_1^\ell, e^k) \right| + \frac{1}{\tau} \left| (\zeta_2^\ell, e^k) \right| + C_R \tau^5$$

$$\leqslant C_{\ell 1} C_{Y\ell 1} \tau^3 + \frac{C_{\ell 1}}{4 C_{Y\ell 1}} C_{l0\ell}^2 \tau^3 + C_{\ell 2} C_{l0\ell}^2 \tau^4 + C_R \tau^5,$$

从而

$$\left\| \nabla e^\ell \right\|_{0,\Omega} \leqslant C_{l1\ell} \tau^{3/2}. \tag{2.5.55}$$

利用 (2.5.38), B^ℓ/τ 的有界性和 (2.5.54) 可知

$$\left\| \zeta_2^\ell \right\|_{0,\Omega} = \left\| B^\ell e^\ell \right\|_{0,\Omega} = \left\| \left(\frac{B^\ell}{\tau} \right) (\tau e^\ell) \right\|_{0,\Omega} \leqslant C_{\ell 3} \tau^3,$$

再利用 (2.5.51) 得到

$$\left| (\zeta_1^\ell - \zeta_2^\ell, \Delta e^\ell) \right| \leqslant C_{\ell 4} \tau^2 \left\| \Delta e^\ell \right\|_{0,\Omega} \leqslant C_{\ell 4} \tau \left(C_{Y\ell 2} \tau^2 + \frac{1}{4 C_{Y\ell 2}} \left\| \Delta e^\ell \right\|_{0,\Omega}^2 \right), \tag{2.5.56}$$

其中 $C_{Y\ell 2}$ 是任意正数. 将 (2.5.56) 代入 (2.5.49), 得到

$$\left(\nu - \frac{C_{\ell 4}}{4 C_{Y\ell 2}} \right) \left\| \Delta e^\ell \right\|_{0,\Omega}^2 \leqslant C_{\ell 4} C_{Y\ell 2} \tau^2 + \frac{4 C_R}{\nu} \tau^4.$$

取 $C_{Y\ell 2} = C_{\ell 4}/(2\nu)$, 则

$$\left\| \Delta e^\ell \right\|_{0,\Omega} \leqslant C_{l2\ell} \tau. \tag{2.5.57}$$

(2.5.54), (2.5.55) 和 (2.5.57) 表明 (2.5.33) 成立, 从而 $\left\| e^\ell \right\|_{2,\Omega} \leqslant C_{l2\ell} \tau$. 由 Sobolev 不等式 [3] 有 $\left\| e^\ell \right\|_{0,\infty,\Omega} \leqslant C_S \left\| e^\ell \right\|_{2,\Omega}$, 再利用 (2.5.32) 可得

$$\left\| U^\ell \right\|_{0,\infty,\Omega} = \left\| u^1 - e^\ell \right\|_{0,\infty,\Omega} \leqslant \left\| u^1 \right\|_{0,\infty,\Omega} + \left\| e^\ell \right\|_{0,\infty,\Omega}$$

$$\leqslant \left\| u^1 \right\|_{0,\infty,\Omega} + C_S \left\| e^\ell \right\|_{2,\Omega} \leqslant K_u. \tag{2.5.58}$$

另外,

$$\left\| U^\ell \right\|_{2,\Omega} = \left\| u^1 - e^\ell \right\|_{2,\Omega} \leqslant \left\| u^1 \right\|_{2,\Omega} + \left\| e^\ell \right\|_{2,\Omega} \leqslant C,$$

$$\left\| U^\ell - U^0 \right\|_{2,\Omega} = \left\| U^\ell - u^1 + u^1 - u^0 \right\|_{2,\Omega} \leqslant \left\| e^\ell \right\|_{2,\Omega} + \left\| u^1 - u^0 \right\|_{2,\Omega} \leqslant C\tau,$$

所以 (2.5.35) 在 $k = \ell$ 时成立.

第二步, 证明 (2.5.34) 和 (2.5.35) 在 $k = 1$ 时成立.

由 (2.5.18) 和 (2.5.19) 有

$$B^1 - b^1 = \frac{1}{2}\tau\left(\kappa + \mathrm{i}\beta\right)\left(\left|U^\ell + u^0\right|^2 - \left|u^1 + u^0\right|^2\right)$$
$$= -\frac{1}{2}\tau\left(\kappa + \mathrm{i}\beta\right)\left[\left(u^1 + u^0\right)\overline{e^\ell} + e^\ell\left(\overline{U^\ell} + \overline{u^0}\right)\right].$$

利用 (2.5.32) 可知 b^1/τ 和 B^1/τ 均是有界的, 因此由 (2.5.38) 可得

$$\left\|\zeta_1^1\right\|_{0,\Omega} = \left\|\left(B^1 - b^1\right)\left(u^1 + u^0\right)\right\|_{0,\Omega} \leqslant C\tau\left\|e^\ell\right\|_{0,\Omega} \leqslant C_{11}\tau^3, \tag{2.5.59}$$

$$\left|\left(\zeta_1^1, e^1\right)\right| \leqslant \left\|\zeta_1^1\right\|_{0,\Omega}\left\|e^1\right\|_{0,\Omega} \leqslant C_{11}\tau^3\left\|e^1\right\|_{0,\Omega} \leqslant C_{11}\left(C_{Y11}\tau^6 + \frac{1}{4C_{Y11}}\left\|e^1\right\|_{0,\Omega}^2\right),$$
$$\tag{2.5.60}$$

$$\left|\left(\zeta_2^1, e^1\right)\right| = \left|\left(a^1 e^1, e^1\right)\right| \leqslant C_{12}\tau\left\|e^1\right\|_{0,\Omega}^2, \tag{2.5.61}$$

其中 C_{Y11} 是任意正数. 将 (2.5.60) 和 (2.5.61) 代入 (2.5.41), 得到

$$2\left\|e^1\right\|_{0,\Omega}^2 \leqslant \left(\frac{C_{11}}{4C_{Y11}} + C_{12}\tau\right)\left\|e^1\right\|_{0,\Omega}^2 + \left(C_{11}C_{Y11} + 2C_R\right)\tau^6.$$

取 $C_{Y11} = C_{11}/2$, 则当 $\tau \leqslant \min\left\{1, 1/(2C_{12})\right\}$ 时,

$$\left\|e^1\right\|_{0,\Omega} \leqslant C_{l01}\tau^3 \leqslant C_{l01}\tau^2. \tag{2.5.62}$$

注意到 (2.5.60)—(2.5.62), 由 (2.5.45) 可得

$$2\nu\left\|\nabla e^1\right\|_{0,\Omega}^2 \leqslant C_{11}C_{Y11}\tau^5 + \frac{C_{11}}{4C_{Y11}}C_{l01}^2\tau^5 + C_{12}C_{l01}^2\tau^6 + C_R\tau^5,$$

从而当 $\tau \leqslant 1$ 时, 有

$$\left\|\nabla e^1\right\|_{0,\Omega} \leqslant C_{l11}\tau^{5/2} \leqslant C_{l11}\tau^2. \tag{2.5.63}$$

利用 (2.5.38), B^1/τ 的有界性和 (2.5.62) 可知

$$\left\|\zeta_2^1\right\|_{0,\Omega} = \left\|B^1 e^1\right\|_{0,\Omega} = \left\|\left(\frac{B^1}{\tau}\right)\left(\tau e^1\right)\right\|_{0,\Omega} \leqslant C_{13}\tau^4,$$

再利用 (2.5.59) 得到

$$\left|\left(\zeta_1^1 - \zeta_2^1, \Delta e^1\right)\right| \leqslant C_{14}\tau^3\left\|\Delta e^1\right\|_{0,\Omega} \leqslant C_{14}\tau\left(C_{Y12}\tau^4 + \frac{1}{4C_{Y12}}\left\|\Delta e^1\right\|_{0,\Omega}^2\right),$$
$$\tag{2.5.64}$$

其中 C_{Y12} 是任意正数. 将 (2.5.64) 代入 (2.5.49), 得到

$$\left(\nu - \frac{C_{14}}{4C_{Y12}}\right) \left\|\Delta e^1\right\|_{0,\Omega}^2 \leqslant C_{14}C_{Y12}\tau^4 + \frac{4C_R}{\nu}\tau^4.$$

取 $C_{Y12} = C_{14}/(2\nu)$, 则当 $\tau \leqslant 1$ 时, 有

$$\left\|\Delta e^1\right\|_{0,\Omega} \leqslant C_{l21}\tau^2 \leqslant C_{l21}\tau. \tag{2.5.65}$$

(2.5.62), (2.5.63) 和 (2.5.65) 表明 (2.5.34) 在 $k = 1$ 时成立, 从而 $\|e^1\|_{2,\Omega} \leqslant C_{l21}\tau^2$. 由 Sobolev 不等式有 $\|e^1\|_{0,\infty,\Omega} \leqslant C_S \|e^1\|_{2,\Omega}$, 再利用 (2.5.32) 可得

$$\left\|U^1\right\|_{0,\infty,\Omega} \leqslant \left\|u^1\right\|_{0,\infty,\Omega} + \left\|e^1\right\|_{0,\infty,\Omega} \leqslant \left\|u^1\right\|_{0,\infty,\Omega} + C_S \left\|e^1\right\|_{2,\Omega} \leqslant K_u.$$

另外,

$$\left\|U^1\right\|_{2,\Omega} \leqslant \left\|u^1\right\|_{2,\Omega} + \left\|e^1\right\|_{2,\Omega} \leqslant C,$$

$$\left\|U^1 - U^0\right\|_{2,\Omega} = \left\|U^1 - u^1 + u^1 - u^0\right\|_{2,\Omega} \leqslant \left\|e^1\right\|_{2,\Omega} + \left\|u^1 - u^0\right\|_{2,\Omega} \leqslant C\tau,$$

所以 (2.5.35) 在 $k = 1$ 时成立.

第三步, 根据数学归纳法, 假定 (2.5.34) 和 (2.5.35) 在 $k \leqslant n - 1$ 时成立, 这里 $n = 2, 3, \cdots, T/\tau$, 现在证明 (2.5.34) 和 (2.5.35) 在 $k = n$ 时成立.

由 (2.5.18) 和 (2.5.19) 有

$$B^n - b^n = \tau\left(\kappa + \mathrm{i}\beta\right)\left(3\left|U^{n-1}\right|^2 - \left|U^{n-2}\right|^2 - 3\left|u^{n-1}\right|^2 + \left|u^{n-2}\right|^2\right)$$

$$= \tau\left(\kappa + \mathrm{i}\beta\right)\left(-3U^{n-1}\overline{e^{n-1}} - 3e^{n-1}\overline{u^{n-1}} + U^{n-2}\overline{e^{n-2}} + e^{n-2}\overline{u^{n-2}}\right). \tag{2.5.66}$$

利用 (2.5.32) 和 (2.5.35) 可知 b^n/τ 和 B^n/τ 均是有界的, 因此由 (2.5.38) 可得

$$\left\|\zeta_1^n\right\|_{0,\Omega} = \left\|\left(B^n - b^n\right)\left(u^n + u^{n-1}\right)\right\|_{0,\Omega} \leqslant C\tau\left(\left\|e^{n-1}\right\|_{0,\Omega} + \left\|e^{n-2}\right\|_{0,\Omega}\right) \leqslant C_{n1}\tau^3, \tag{2.5.67}$$

$$\left|\left(\zeta_1^n, e^n + e^{n-1}\right)\right| \leqslant C_{n1}\tau^3\left(\left\|e^n\right\|_{0,\Omega} + \left\|e^{n-1}\right\|_{0,\Omega}\right)$$

$$\leqslant C_{n1}\tau\left(0.5\tau^4 + \left\|e^n\right\|_{0,\Omega}^2 + \left\|e^{n-1}\right\|_{0,\Omega}^2\right), \tag{2.5.68}$$

$$\left|\left(\zeta_2^n, e^n + e^{n-1}\right)\right| = \left|\left(B^n\left(e^n + e^{n-1}\right), e^n + e^{n-1}\right)\right| \leqslant C_{n2}\tau\left(\left\|e^n\right\|_{0,\Omega}^2 + \left\|e^{n-1}\right\|_{0,\Omega}^2\right). \tag{2.5.69}$$

将 (2.5.68) 和 (2.5.69) 代入 (2.5.42), 得到

$$4\left(\left\|e^n\right\|_{0,\Omega}^2 - \left\|e^{n-1}\right\|_{0,\Omega}^2\right) \leqslant \tau C_{s1}\left(\left\|e^n\right\|_{0,\Omega}^2 + \left\|e^{n-1}\right\|_{0,\Omega}^2\right) + C_{s2}\tau^5, \qquad (2.5.70)$$

其中 $C_{s1} = 2 + C_{n2} + C_{n1}$, $C_{s2} = 0.5C_{n1} + 4C_R$. 在 (2.5.70) 中, 将 n 换成 j, 再关于 j 从 2 到 n 求和, 可得

$$\left\|e^n\right\|_{0,\Omega}^2 \leqslant \left\|e^1\right\|_{0,\Omega}^2 + \tau 0.5C_{s1}\sum_{j=1}^{n}\left\|e^j\right\|_{0,\Omega}^2 + 0.25(n-1)C_{s2}\tau^5.$$

当 $\tau \leqslant \tau_0 = 1/C_{s1}$ 时, 利用引理 2.5.1 中的 Grönwall 不等式和 $(n-1)\tau < T$ 可得

$$\left\|e^n\right\|_{0,\Omega}^2 \leqslant \left(\left\|e^1\right\|_{0,\Omega}^2 + 0.25C_{s2}T\tau^4\right)e^{TC_{s1}}.$$

令 $C_{l0n} = \left(C_{l01} + \sqrt{0.25C_{s2}T}\right)e^{0.5TC_{s1}}$, 并注意到 (2.5.62), 有

$$\left\|e^n\right\|_{0,\Omega} \leqslant C_{l0n}\tau^2. \qquad (2.5.71)$$

利用 (2.5.38) 和 (2.5.71) 可得

$$\left\|\zeta_2^n\right\|_{0,\Omega} = \left\|B^n\left(e^n + e^{n-1}\right)\right\|_{0,\Omega} = \left\|(B^n/\tau)\tau\left(e^n + e^{n-1}\right)\right\|_{0,\Omega} \leqslant C_{n3}\tau^3, \quad (2.5.72)$$

而利用 (2.5.67) 得到

$$\left|\left(\zeta_1^n - \zeta_2^n, e^n - e^{n-1}\right)\right| \leqslant C_{n4}\tau^3\left\|e^n - e^{n-1}\right\|_{0,\Omega}$$

$$\leqslant C_{n4}\left(C_{Yn3}\tau^6 + \frac{1}{4C_{Yn3}}\left\|e^n - e^{n-1}\right\|_{0,\Omega}^2\right), \qquad (2.5.73)$$

其中 C_{Yn3} 是任意正数. 将 (2.5.73) 代入 (2.5.46), 有

$$2\nu\left(\left\|\nabla e^n\right\|_{0,\Omega}^2 - \left\|\nabla e^{n-1}\right\|_{0,\Omega}^2\right) + \frac{2}{\tau}\left\|e^n - e^{n-1}\right\|_{0,\Omega}^2$$

$$\leqslant (C_{n4}C_{Yn3} + 2C_R)\tau^5 + \frac{1}{\tau}\frac{C_{n4}}{4C_{Yn3}}\left\|e^n - e^{n-1}\right\|_{0,\Omega}^2.$$

取 $C_{Yn3} = C_{n4}/8$, 则

$$2\nu\left(\left\|\nabla e^n\right\|_{0,\Omega}^2 - \left\|\nabla e^{n-1}\right\|_{0,\Omega}^2\right) \leqslant (C_{n4}C_{Yn3} + 2C_R)\tau^5. \qquad (2.5.74)$$

在 (2.5.74) 中, 将 n 换成 j, 再关于 j 从 2 到 n 求和, 可得

$$\left\|\nabla e^n\right\|_{0,\Omega}^2 \leqslant \left\|\nabla e^1\right\|_{0,\Omega}^2 + (n-1)C_n\tau^5.$$

利用 $(n-1)\tau < T$ 和 (2.5.63), 有

$$\|\nabla e^n\|_{0,\Omega} \leqslant C_{l1n}\tau^2. \tag{2.5.75}$$

因为调用 (2.5.67) 和 (2.5.72) 得到

$$
\begin{aligned}
\left|\left(\zeta_1^n - \zeta_2^n, \Delta\left(e^n - e^{n-1}\right)\right)\right| &\leqslant C_{n5}\tau^3\left(\|\Delta e^n\|_{0,\Omega} + \|\Delta e^{n-1}\|_{0,\Omega}\right) \\
&\leqslant C_{n5}\tau^2\left(0.5\tau^2 + \|\Delta e^n\|_{0,\Omega}^2 + \|\Delta e^{n-1}\|_{0,\Omega}^2\right),
\end{aligned}
$$

所以可将 (2.5.50) 化为

$$2\left(\|\Delta e^n\|_{0,\Omega}^2 - \|\Delta e^{n-1}\|_{0,\Omega}^2\right) \leqslant \tau C_{s3}\left(\|\Delta e^n\|_{0,\Omega}^2 + \|\Delta e^{n-1}\|_{0,\Omega}^2\right) + 2C_{s4}\tau^3, \tag{2.5.76}$$

其中 $C_{s3} = 1 + C_{n5}/\nu$, $C_{s4} = C_{n5}/(4\nu) + 4C_R/(\nu^2)$. 将 (2.5.76) 求和, 有

$$\|\Delta e^n\|_{0,\Omega}^2 \leqslant \|\Delta e^1\|_{0,\Omega}^2 + \tau C_{s3}\sum_{j=1}^{n}\|\Delta e^j\|_{0,\Omega}^2 + (n-1)C_{s4}\tau^3.$$

当 $\tau \leqslant \tau_0 = 1/(2C_{s3})$ 时, 利用引理 2.5.1 中的 Grönwall 不等式和 $(n-1)\tau < T$ 可得

$$\|\Delta e^n\|_{0,\Omega}^2 \leqslant \left(\|\Delta e^1\|_{0,\Omega}^2 + 0.5C_{s4}T\tau^2\right)e^{2TC_{s3}}.$$

令 $C_{l2n} = \left(C_{l21} + \sqrt{0.5C_{s4}T}\right)e^{TC_{s3}}$, 并注意到 (2.5.65), 有

$$\|\Delta e^n\|_{0,\Omega} \leqslant C_{l2n}\tau. \tag{2.5.77}$$

(2.5.71)、(2.5.75) 和 (2.5.77) 表明 (2.5.34) 在 $k = n$ 时成立, 从而 $\|e^n\|_{2,\Omega} \leqslant C_{l2n}\tau$. 由 Sobolev 不等式有 $\|e^n\|_{0,\infty,\Omega} \leqslant C_S\|e^n\|_{2,\Omega}$, 再利用 (2.5.32) 可得

$$\|U^n\|_{0,\infty,\Omega} \leqslant \|u^n\|_{0,\infty,\Omega} + \|e^n\|_{0,\infty,\Omega} \leqslant \|u^n\|_{0,\infty,\Omega} + C_S\|e^n\|_{2,\Omega} \leqslant K_u.$$

另外,

$$\|U^n\|_{2,\Omega} \leqslant \|u^n\|_{2,\Omega} + \|e^n\|_{2,\Omega} \leqslant C,$$

$$
\begin{aligned}
\|U^n - U^{n-1}\|_{2,\Omega} &\leqslant \|u^n - u^{n-1}\|_{2,\Omega} + \|e^n - e^{n-1}\|_{2,\Omega} \\
&\leqslant C_u\tau + \|e^n\|_{2,\Omega} + \|e^{n-1}\|_{2,\Omega} \leqslant C\tau,
\end{aligned}
$$

所以 (2.5.35) 在 $k = n$ 时成立. 最后, 由数学归纳法, (2.5.34) 对所有 $k = 1, 2, \cdots, T/\tau$ 成立, (2.5.35) 对所有 $k = \ell, 1, 2, \cdots, T/\tau$ 成立.   证毕.

2.5.5 空间全离散格式的误差分析

本节理论分析 Ginzburg-Landau 方程的无单元 Galerkin 法全离散格式的误差. 为此, 先证明如下几个引理.

首先, 注意到本节的无单元 Galerkin 法使用的是二次多项式基函数构造的形函数 $\Phi_i(\boldsymbol{x})$, 因而根据定理 1.5.3 可得

引理 2.5.2 若 $\mathcal{M}v(\boldsymbol{x}) = \sum_{i=1}^{N} \Phi_i(\boldsymbol{x}) v_i$ 是由二次多项式基函数构造的移动最小二乘近似, 则

$$\|v - \mathcal{M}v\|_{i,\Omega} \leqslant Ch^{j-i}\|v\|_{j,\Omega}, \quad 0 \leqslant i \leqslant j \leqslant 3, \quad \forall v \in H^j(\Omega), \tag{2.5.78}$$

$$\|v - \mathcal{M}v\|_{0,\infty,\Omega} \leqslant C\|v\|_{0,\infty,\Omega}, \quad \forall v \in L^\infty(\Omega). \tag{2.5.79}$$

引理 2.5.3 对任意 $v_h \in V_h(\Omega)$, 有

$$\|v_h\|_{0,\infty,\Omega} \leqslant Ch^{-1}\|v_h\|_{0,\Omega}.$$

证明 根据引理 1.5.4, 存在不依赖于 h 的有界数 $C_{\Phi_i}(\boldsymbol{x})$, 使得 $\Phi_i(\boldsymbol{x}) = C_{\Phi_i}(\boldsymbol{x})$, 从而对任意 $i,j = 1, 2, \cdots, N$, 有

$$|\Phi_i|_{L^\infty(\Re_j \cap \Omega)} = \operatorname*{ess\,sup}_{\boldsymbol{x} \in \Re_j \cap \Omega} |C_{\Phi_i}(\boldsymbol{x})|,$$

$$|\Phi_i|_{L^2(\Re_j \cap \Omega)} = \left(\int_{\Re_j \cap \Omega} (C_{\Phi_i}(\boldsymbol{x}))^2 \, \mathrm{d}\boldsymbol{x} \right)^{1/2},$$

其中 $\Re_j$ 表示节点 $\boldsymbol{x}_j$ 的影响域. 注意到 $C_{\Phi_i}(\boldsymbol{x})$ 有界, 以及 $\displaystyle\int_{\Re_j \cap \Omega} \mathrm{d}\boldsymbol{x} = C_0 h^2$, 从而存在不依赖于 h 的常数 C_1 和 C_2, 使得

$$|\Phi_i|_{0,\infty,\Re_j \cap \Omega} \leqslant C_1, \quad |\Phi_i|_{0,\Re_j \cap \Omega} \geqslant C_2 h.$$

因此,

$$|\Phi_i|_{0,\infty,\Re_j \cap \Omega} \leqslant (C_1/C_2) h^{-1} |\Phi_i|_{0,\Re_j \cap \Omega}, \quad i,j = 1, 2, \cdots, N.$$

对任意 $v_h \in V_h(\Omega)$, 由于 v_h 可以表示成 $\Phi_1, \Phi_2, \cdots, \Phi_N$ 的线性组合, 所以结论成立. 证毕.

引理 2.5.4 设 $\mathcal{P}$ 是 $H^1(\Omega)$ 到 $V_h(\Omega)$ 的正交投影算子, 即

$$(\nabla \mathcal{P}v, \nabla \omega) = (\nabla v, \nabla \omega), \quad \forall v \in H^1(\Omega), \quad \forall \omega \in V_h(\Omega). \tag{2.5.80}$$

如果 $v \in H^j(\Omega)$, 其中 $j \leqslant 3$, 那么

$$\|\nabla \mathcal{P}v\|_{0,\Omega} \leqslant C \|\nabla v\|_{0,\Omega}, \tag{2.5.81}$$

$$\|\nabla (v - \mathcal{P}v)\|_{0,\Omega} \leqslant Ch^{j-1} \|v\|_{j,\Omega}, \tag{2.5.82}$$

$$\|\nabla (\mathcal{M}v - \mathcal{P}v)\|_{0,\Omega} \leqslant Ch^{j-1} \|v\|_{j,\Omega}, \tag{2.5.83}$$

$$\|v - \mathcal{P}v\|_{0,\Omega} \leqslant Ch^{j} \|v\|_{j,\Omega}. \tag{2.5.84}$$

证明 在 (2.5.80) 中, 令 $\omega = \mathcal{P}v$, 则

$$\|\nabla \mathcal{P}v\|_{0,\Omega}^2 = (\nabla \mathcal{P}v, \nabla \mathcal{P}v) = (\nabla v, \nabla \mathcal{P}v) \leqslant \|\nabla v\|_{0,\Omega} \|\nabla \mathcal{P}v\|_{0,\Omega},$$

所以 (2.5.81) 成立.

由 (2.5.80) 可得 $(\nabla (v - \mathcal{P}v), \nabla (\mathcal{M}v - \mathcal{P}v)) = 0$, 从而

$$\begin{aligned}
\|\nabla (v - \mathcal{P}v)\|_{0,\Omega}^2 &= (\nabla (v - \mathcal{P}v), \nabla (v - \mathcal{M}v)) \\
&\leqslant \|\nabla (v - \mathcal{P}v)\|_{0,\Omega} \|\nabla (v - \mathcal{M}v)\|_{0,\Omega},
\end{aligned}$$

$$\begin{aligned}
\|\nabla (\mathcal{M}v - \mathcal{P}v)\|_{0,\Omega}^2 &= (\nabla (\mathcal{M}v - v), \nabla (\mathcal{M}v - \mathcal{P}v)) \\
&\leqslant \|\nabla (\mathcal{M}v - v)\|_{0,\Omega} \|\nabla (\mathcal{M}v - \mathcal{P}v)\|_{0,\Omega}.
\end{aligned}$$

因此, 调用 (2.5.78), 可知 (2.5.82) 和 (2.5.83) 成立.

设 $\psi \in H^2(\Omega) \cap H_0^1(\Omega)$ 满足方程 $-\Delta\psi = v - \mathcal{P}v$, 则存在如下先验估计:

$$\|\psi\|_{2,\Omega} \leqslant C_e \|\Delta\psi\|_{0,\Omega} = C_e \|v - \mathcal{P}v\|_{0,\Omega}. \tag{2.5.85}$$

由 (2.5.80) 可得 $(\nabla (v - \mathcal{P}v), \nabla \mathcal{P}\psi) = 0$, 从而调用 (2.5.82) 得到

$$\begin{aligned}
\|v - \mathcal{P}v\|_{0,\Omega}^2 &= (v - \mathcal{P}v, -\Delta\psi) \\
&= (\nabla (v - \mathcal{P}v), \nabla\psi) \\
&= (\nabla (v - \mathcal{P}v), \nabla (\psi - \mathcal{P}\psi)) \\
&\leqslant \|\nabla (v - \mathcal{P}v)\|_{0,\Omega} \|\nabla (\psi - \mathcal{P}\psi)\|_{0,\Omega} \\
&\leqslant C_{\mathcal{P}} h^{j-1} \|v\|_{j,\Omega} C_e h \|\psi\|_{2,\Omega}. \tag{2.5.86}
\end{aligned}$$

最后, 将 (2.5.85) 代入 (2.5.86) 即得 (2.5.84). 证毕.

引理 2.5.5 设 U^k 是 (2.5.15) 和 (2.5.16) 构成的时间半离散系统的解析解, 则

$$\|\mathcal{P}U^k\|_{0,\infty,\Omega} \leqslant C, \quad k = \ell, 1, 2, \cdots, T/\tau. \tag{2.5.87}$$

证明 鉴于 (2.5.35), 当 $h \leqslant 1$ 时调用引理 2.5.2 可得

$$\left\| U^k - \mathcal{M}U^k \right\|_{0,\Omega} \leqslant C_{\mathcal{M}1} h^2 \left\| U^k \right\|_{2,\Omega},$$

$$\left\| \mathcal{M}U^k \right\|_{0,\infty,\Omega} \leqslant \left\| \mathcal{M}U^k - U^k \right\|_{0,\infty,\Omega} + \left\| U^k \right\|_{0,\infty,\Omega} \leqslant C_{\mathcal{M}2} \left\| U^k \right\|_{0,\infty,\Omega},$$

而调用 (2.5.84) 可得

$$\left\| \mathcal{P}U^k - U^k \right\|_{0,\Omega} \leqslant C_{\mathcal{P}1} h^2 \left\| U^k \right\|_{2,\Omega}.$$

因此, 利用引理 2.5.3 得到

$$\begin{aligned}
\left\| \mathcal{P}U^k - \mathcal{M}U^k \right\|_{0,\infty,\Omega} &\leqslant C_{\mathcal{P}2} h^{-1} \left\| \mathcal{P}U^k - \mathcal{M}U^k \right\|_{0,\Omega} \\
&\leqslant C_{\mathcal{P}2} h^{-1} \left(\left\| \mathcal{P}U^k - U^k \right\|_{0,\Omega} + \left\| U^k - \mathcal{M}U^k \right\|_{0,\Omega} \right) \\
&\leqslant C_{\mathcal{P}3} h \left\| U^k \right\|_{2,\Omega},
\end{aligned}$$

从而,

$$\begin{aligned}
\left\| \mathcal{P}U^k \right\|_{0,\infty,\Omega} &\leqslant \left\| \mathcal{P}U^k - \mathcal{M}U^k \right\|_{0,\infty,\Omega} + \left\| \mathcal{M}U^k \right\|_{0,\infty,\Omega} \\
&\leqslant C_{\mathcal{P}3} h \left\| U^k \right\|_{2,\Omega} + C_{\mathcal{M}2} \left\| U^k \right\|_{0,\infty,\Omega}.
\end{aligned}$$

最后, 注意到 (2.5.35), 该引理结论成立.　　　　　　　　　　　　　　证毕.

定理 2.5.2 设 u 是 Ginzburg-Landau 初边值问题 (2.5.1)—(2.5.3) 的解析解且满足 (2.5.32), u_h^k 是由全离散格式 (2.5.23) 得到的无单元 Galerkin 法数值解, 则当 τ 和 h 充分小时, 有

$$\left\| u^k - u_h^k \right\|_{0,\Omega} \leqslant C_1 \tau^2 + C_2 h^3, \quad k = \ell, 1, 2, \cdots, T/\tau, \tag{2.5.88}$$

$$\left\| \nabla \left(u^k - u_h^k \right) \right\|_{0,\Omega} \leqslant C_1 \tau^2 + C_2 h^2, \quad k = \ell, 1, 2, \cdots, T/\tau, \tag{2.5.89}$$

$$\left\| u_h^k \right\|_{0,\infty,\Omega} \leqslant K_U \triangleq 1 + \left\| \mathcal{P}U^\ell \right\|_{0,\infty,\Omega} + \max_{0 \leqslant k \leqslant T/\tau} \left\| \mathcal{P}U^k \right\|_{0,\infty,\Omega}, \quad k = 0, \ell, 1, 2, \cdots, T/\tau. \tag{2.5.90}$$

证明 基于误差分裂技巧, 令

$$u^k - u_h^k = \varepsilon_{\mathcal{P}}^k + \varepsilon_h^k, \tag{2.5.91}$$

其中

$$\varepsilon_{\mathcal{P}}^k = u^k - \mathcal{P}u^k, \quad \varepsilon_h^k = \mathcal{P}u^k - u_h^k.$$

再令

$$e_{\mathcal{P}}^k = U^k - \mathcal{P}U^k, \quad e_{\mathcal{P}}^{\ell-1} = e_{\mathcal{P}}^0, \quad U^{\ell-1} = U^0, \tag{2.5.92}$$

$$e_h^k = \mathcal{P}U^k - u_h^k, \quad e_h^{\ell-1} = e_h^0. \tag{2.5.93}$$

为了证明 (2.5.88) 和 (2.5.89), 需要证明 (2.5.90), 以及

$$\left\|e_h^k\right\|_{0,\Omega} \leqslant Ch^2, \quad \left\|\nabla e_h^k\right\|_{0,\Omega} \leqslant Ch^2, \quad k = 0, \ell, 1, 2, \cdots, T/\tau. \tag{2.5.94}$$

下面分三步证明本定理. 首先证明 (2.5.90) 和 (2.5.94), 然后证明 (2.5.89), 最后证明 (2.5.88).

第一步, 利用数学归纳法证明 (2.5.90) 和 (2.5.94).

注意到 (2.5.13), (2.5.24) 和 (2.5.32), 利用 (2.5.78), (2.5.82) 和 (2.5.84) 可得

$$\begin{aligned} \left\|e_h^0\right\|_{j,\Omega} &= \left\|\mathcal{P}u^0 - u^0 + u^0 - \mathcal{M}u^0\right\|_{j,\Omega} \\ &\leqslant \left\|\mathcal{P}u^0 - u^0\right\|_{j,\Omega} + \left\|u^0 - \mathcal{M}u^0\right\|_{j,\Omega} \\ &\leqslant C_{j0}h^{3-j}, \quad j = 0, 1. \end{aligned} \tag{2.5.95}$$

鉴于 $e_h^0 \in V_h(\Omega)$, 使用引理 2.5.3 得到 $\left\|e_h^0\right\|_{0,\infty,\Omega} \leqslant C_3 h^{-1} \left\|e_h^0\right\|_{0,\Omega} \leqslant C_4 h^2$, 再调用引理 2.5.5 可得

$$\left\|u_h^0\right\|_{0,\infty,\Omega} = \left\|\mathcal{P}U^0 - e_h^0\right\|_{0,\infty,\Omega} \leqslant \left\|\mathcal{P}U^0\right\|_{0,\infty,\Omega} + \left\|e_h^0\right\|_{0,\infty,\Omega} \leqslant K_U. \tag{2.5.96}$$

因此, (2.5.90) 和 (2.5.94) 在 $k = 0$ 时成立.

注意到 (2.5.95) 和 (2.5.96), 根据数学归纳法假设 (2.5.90) 和 (2.5.94) 在 $k = 0, \ell, 1, 2, \cdots, n-1$ 时成立, 这里 $n = \ell, 1, 2, \cdots, T/\tau$. 现在证明 (2.5.90) 和 (2.5.94) 在 $k = n$ 时成立.

由引理 2.5.4 可知 $(\nabla e_{\mathcal{P}}^n, \nabla v) = 0$ 和 $(\nabla e_{\mathcal{P}}^{n-1}, \nabla v) = 0$, 所以从 (2.5.23) 中减去 (2.5.20), 并令 $k = n$, 可得

$$2\tau(\nu + \mathrm{i}\alpha)\left(\nabla\left(e_h^n + e_h^{n-1}\right), \nabla v\right) + 4\left(e_{\mathcal{P}}^n + e_h^n - e_{\mathcal{P}}^{n-1} - e_h^{n-1}, v\right) = \left(\eta_1^n - \eta_2^n - \eta_3^n, v\right), \tag{2.5.97}$$

其中

$$\eta_1^n = (b_h^n - B^n)\left(U^n + U^{n-1}\right), \quad \eta_2^n = b_h^n\left(e_{\mathcal{P}}^n + e_{\mathcal{P}}^{n-1}\right), \quad \eta_3^n = b_h^n\left(e_h^n + e_h^{n-1}\right). \tag{2.5.98}$$

在 (2.5.97) 中, 若令 $v = e_h^n + e_h^{n-1}$, 则

$$4\left(\left\|e_h^n\right\|_{0,\Omega}^2 - \left\|e_h^{n-1}\right\|_{0,\Omega}^2\right) + 2\tau(\nu + \mathrm{i}\alpha)\left\|\nabla\left(e_h^n + e_h^{n-1}\right)\right\|_{0,\Omega}^2$$

$$= \left(\eta_1^n - \eta_2^n - \eta_3^n, e_h^n + e_h^{n-1}\right) - 4\left(e_{\mathcal{P}}^n - e_{\mathcal{P}}^{n-1}, e_h^n + e_h^{n-1}\right), \qquad (2.5.99)$$

若令 $v = \left(e_h^n - e_h^{n-1}\right)/\tau$, 则

$$2\left(\nu + \mathrm{i}\alpha\right)\left(\left\|\nabla e_h^n\right\|_{0,\Omega}^2 - \left\|\nabla e_h^{n-1}\right\|_{0,\Omega}^2\right) + \frac{4}{\tau}\left\|e_h^n - e_h^{n-1}\right\|_{0,\Omega}^2$$

$$= \frac{1}{\tau}\left(\eta_1^n - \eta_2^n - \eta_3^n, e_h^n - e_h^{n-1}\right) - \frac{4}{\tau}\left(e_{\mathcal{P}}^n - e_{\mathcal{P}}^{n-1}, e_h^n - e_h^{n-1}\right). \qquad (2.5.100)$$

鉴于 (2.5.35), 由 (2.5.84) 可得

$$\left\|e_{\mathcal{P}}^n\right\|_{0,\Omega} = \left\|U^n - \mathcal{P}U^n\right\|_{0,\Omega} \leqslant Ch^2\left\|U^n\right\|_{2,\Omega} \leqslant C_{\mathcal{P}}h^2, \qquad (2.5.101)$$

$$\left\|e_{\mathcal{P}}^n - e_{\mathcal{P}}^{n-1}\right\|_{0,\Omega} = \left\|U^n - U^{n-1} - \mathcal{P}\left(U^n - U^{n-1}\right)\right\|_{0,\Omega}$$

$$\leqslant Ch^2\left\|U^n - U^{n-1}\right\|_{2,\Omega} \leqslant C_{\mathcal{P}}\tau h^2,$$

进而利用 Cauchy-Schwarz 不等式和 Young 不等式, 有

$$2\left|\left(e_{\mathcal{P}}^n - e_{\mathcal{P}}^{n-1}, e_h^n + e_h^{n-1}\right)\right| \leqslant 2C_{\mathcal{P}}\tau h^2\left\|e_h^n + e_h^{n-1}\right\|_{0,\Omega}$$

$$\leqslant \tau\left(2C_{\mathcal{P}}^2 h^4 + \left\|e_h^n\right\|_{0,\Omega}^2 + \left\|e_h^{n-1}\right\|_{0,\Omega}^2\right),$$

$$\left|\left(e_{\mathcal{P}}^n - e_{\mathcal{P}}^{n-1}, e_h^n - e_h^{n-1}\right)\right| \leqslant C_{\mathcal{P}}\tau h^2\left\|e_h^n - e_h^{n-1}\right\|_{0,\Omega}$$

$$\leqslant 0.5C_{\mathcal{P}}^2 \tau^2 h^4 + 0.5\left\|e_h^n - e_h^{n-1}\right\|_{0,\Omega}^2.$$

因此, 取 (2.5.99) 的实部, 在等式左边略去正项 $2\tau\nu\left\|\nabla\left(e_h^n + e_h^{n-1}\right)\right\|_{0,\Omega}^2$, 可得

$$4\left(\left\|e_h^n\right\|_{0,\Omega}^2 - \left\|e_h^{n-1}\right\|_{0,\Omega}^2\right) \leqslant \left|\left(\eta_1^n - \eta_2^n - \eta_3^n, e_h^n + e_h^{n-1}\right)\right|$$

$$+ 4\tau C_{\mathcal{P}}^2 h^4 + 2\tau\left(\left\|e_h^n\right\|_{0,\Omega}^2 + \left\|e_h^{n-1}\right\|_{0,\Omega}^2\right), \quad (2.5.102)$$

取 (2.5.100) 的实部, 可得

$$2\nu\left(\left\|\nabla e_h^n\right\|_{0,\Omega}^2 - \left\|\nabla e_h^{n-1}\right\|_{0,\Omega}^2\right) + \frac{4}{\tau}\left\|e_h^n - e_h^{n-1}\right\|_{0,\Omega}^2$$

$$\leqslant \frac{1}{\tau}\left|\left(\eta_1^n - \eta_2^n - \eta_3^n, e_h^n - e_h^{n-1}\right)\right| + 2C_{\mathcal{P}}^2 \tau h^4 + \frac{2}{\tau}\left\|e_h^n - e_h^{n-1}\right\|_{0,\Omega}^2. \qquad (2.5.103)$$

利用 (2.5.32) 和 (2.5.90) 可知 B^n/τ 和 b_h^n/τ 均有界, 从而由 (2.5.19) 和 (2.5.25) 可得

$$b_h^n - B^n$$

$$= \begin{cases} 0, & n = \ell, \\ -\dfrac{1}{2}\tau\left(\kappa + \mathrm{i}\beta\right)\left[\left(U^\ell + u^0\right)\left(\overline{e_{\mathcal{P}}^\ell} + \overline{e_h^\ell} + \overline{e_{\mathcal{P}}^0} + \overline{e_h^0}\right)\right. & \\ \left.\quad + \left(e_{\mathcal{P}}^\ell + e_h^\ell + e_{\mathcal{P}}^0 + e_h^0\right)\left(\overline{u_h^\ell} + \overline{u_h^0}\right)\right], & n = 1, \\ \tau\left(\kappa + \mathrm{i}\beta\right)\left[u_h^{n-2}\left(\overline{e_{\mathcal{P}}^{n-2}} + \overline{e_h^{n-2}}\right) + \left(e_{\mathcal{P}}^{n-2} + e_h^{n-2}\right)\overline{U^{n-2}}\right. & \\ \left.\quad - 3u_h^{n-1}\left(\overline{e_{\mathcal{P}}^{n-1}} + \overline{e_h^{n-1}}\right) - 3\left(e_{\mathcal{P}}^{n-1} + e_h^{n-1}\right)\overline{U^{n-1}}\right], & n \geqslant 2. \end{cases}$$

注意到 (2.5.94) 和 (2.5.101), 由 (2.5.98) 有

$$\|\eta_1^n\|_{0,\Omega} \leqslant C_{n0}\tau h^2, \quad \|\eta_2^n\|_{0,\Omega} \leqslant C_{n0}\tau h^2, \tag{2.5.104}$$

$$\|\eta_3^n\|_{0,\Omega} \leqslant C_{n0}\tau \left\|e_h^n + e_h^{n-1}\right\|_{0,\Omega}, \tag{2.5.105}$$

从而

$$\left|\left(\eta_1^n - \eta_2^n, e_h^n + e_h^{n-1}\right)\right| \leqslant C_{n1}\tau h^2\left(\|e_h^n\|_{0,\Omega} + \|e_h^{n-1}\|_{0,\Omega}\right)$$

$$\leqslant C_{n1}\tau\left(0.5h^4 + \|e_h^n\|_{0,\Omega}^2 + \|e_h^{n-1}\|_{0,\Omega}^2\right),$$

$$\left|\left(\eta_3^n, e_h^n + e_h^{n-1}\right)\right| \leqslant C_{n2}\tau\left(\|e_h^n\|_{0,\Omega}^2 + \|e_h^{n-1}\|_{0,\Omega}^2\right),$$

并且可将 (2.5.102) 化为

$$4\left(\|e_h^n\|_{0,\Omega}^2 - \|e_h^{n-1}\|_{0,\Omega}^2\right)$$

$$\leqslant \tau\left(0.5C_{n1} + 4C_{\mathcal{P}}^2\right)h^4 + \tau\left(C_{n1} + C_{n2} + 2\right)\left(\|e_h^n\|_{0,\Omega}^2 + \|e_h^{n-1}\|_{0,\Omega}^2\right). \tag{2.5.106}$$

在 (2.5.106) 中, 将 n 换成 j, 再关于 j 从 ℓ, 1, 2 到 n 求和, 可得

$$\|e_h^n\|_{0,\Omega}^2 \leqslant \|e_h^0\|_{0,\Omega}^2 + C_n\tau\left(h^4 + \|e_h^\ell\|_{0,\Omega}^2 + \sum_{j=0}^n \|e_h^j\|_{0,\Omega}^2\right).$$

当 τ 充分小时, 利用引理 2.5.1 中的 Grönwall 不等式和 (2.5.95) 可得

$$\|e_h^n\|_{0,\Omega} \leqslant C_{0n}h^2. \tag{2.5.107}$$

根据假设, 有 $\left\| e_h^{n-1} \right\|_{0,\Omega} \leqslant C_{0,n-1} h^2$, 所以由 (2.5.105) 可得

$$\left\| \eta_3^n \right\|_{0,\Omega} \leqslant C_{n3} \tau h^2,$$

再注意到 (2.5.104), 有

$$\left| \left(\eta_1^n - \eta_2^n - \eta_3^n, e_h^n - e_h^{n-1} \right) \right| \leqslant C_{n4} \tau h^2 \left\| e_h^n - e_h^{n-1} \right\|_{0,\Omega}$$
$$\leqslant C_{n4} \left(C_{Yn2} \tau^2 h^4 + \frac{1}{4 C_{Yn2}} \left\| e_h^n - e_h^{n-1} \right\|_{0,\Omega}^2 \right),$$

其中 C_{Yn2} 是任意正数. 因此, 可将 (2.5.103) 化为

$$2\nu \left(\left\| \nabla e_h^n \right\|_{0,\Omega}^2 - \left\| \nabla e_h^{n-1} \right\|_{0,\Omega}^2 \right) + \frac{4}{\tau} \left\| e_h^n - e_h^{n-1} \right\|_{0,\Omega}^2$$
$$\leqslant \left(C_{n4} C_{Yn2} + 2 C_{\mathcal{P}}^2 \right) \tau h^4 + \left(\frac{C_{n4}}{4 C_{Yn2}} + 2 \right) \frac{1}{\tau} \left\| e_h^n - e_h^{n-1} \right\|_{0,\Omega}^2.$$

取 $C_{Yn2} = C_{n4}/8$, 则

$$2\nu \left(\left\| \nabla e_h^n \right\|_{0,\Omega}^2 - \left\| \nabla e_h^{n-1} \right\|_{0,\Omega}^2 \right) \leqslant \left(C_{n4} C_{Yn2} + 2 C_{\mathcal{P}}^2 \right) \tau h^4. \tag{2.5.108}$$

在 (2.5.108) 中, 将 n 换成 j, 再关于 j 从 $\ell, 1, 2$ 到 n 求和, 可得

$$\left\| \nabla e_h^n \right\|_{0,\Omega}^2 \leqslant \left\| \nabla e_h^0 \right\|_{0,\Omega}^2 + (n+1) C \tau h^4.$$

利用 (2.5.95) 和 $n\tau \leqslant T$, 从而有

$$\left\| \nabla e_h^n \right\|_{0,\Omega} \leqslant C_{1n} h^2. \tag{2.5.109}$$

注意到 $e_h^n \in V_h(\Omega)$, 调用引理 2.5.3 和引理 2.5.5 得到

$$\left\| u_h^n \right\|_{0,\infty,\Omega} = \left\| \mathcal{P} U^n - e_h^n \right\|_{0,\infty,\Omega}$$
$$\leqslant \left\| \mathcal{P} U^n \right\|_{0,\infty,\Omega} + \left\| e_h^n \right\|_{0,\infty,\Omega}$$
$$\leqslant \left\| \mathcal{P} U^n \right\|_{0,\infty,\Omega} + C h^{-1} \left\| e_h^n \right\|_{0,\Omega}$$
$$\leqslant K_U. \tag{2.5.110}$$

(2.5.107), (2.5.109) 和 (2.5.110) 表明 (2.5.90) 和 (2.5.94) 在 $k = n$ 时成立. 因此, 由数学归纳法, (2.5.90) 和 (2.5.94) 对所有 $k = 0, \ell, 1, 2, \cdots, T/\tau$ 均成立.

第二步, 证明 (2.5.89).

鉴于 $\mathcal{P}U^k \in V_h(\Omega)$ 和 $\mathcal{M}U^k \in V_h(\Omega)$, 利用 (2.5.33), (2.5.81) 和 (2.5.83) 可知

$$\left\|\nabla\left(\mathcal{P}u^k - \mathcal{P}U^k\right)\right\|_{0,\Omega} \leqslant C_\mathcal{P}\left\|\nabla\left(u^k - U^k\right)\right\|_{0,\Omega} \leqslant C_3\tau^2,$$

$$\left\|\nabla\left(\mathcal{M}u^k - \mathcal{P}u^k\right)\right\|_{0,\Omega} \leqslant C_4 h^2 \left\|u^k\right\|_{3,\Omega},$$

再利用 (2.5.32), (2.5.78) 和 (2.5.94) 可得

$$\begin{aligned}
\left\|\nabla\left(u^k - u_h^k\right)\right\|_{0,\Omega} &\leqslant \left\|\nabla\left(u^k - \mathcal{M}u^k\right)\right\|_{0,\Omega} + \left\|\nabla\left(\mathcal{M}u^k - \mathcal{P}u^k\right)\right\|_{0,\Omega} \\
&\quad + \left\|\nabla\left(\mathcal{P}u^k - \mathcal{P}U^k\right)\right\|_{0,\Omega} + \left\|\nabla\left(\mathcal{P}U^k - u_h^k\right)\right\|_{0,\Omega} \\
&\leqslant C_5 h^2 \left\|u^k\right\|_{3,\Omega} + C_4 h^2 \left\|u^k\right\|_{3,\Omega} + C_3\tau^2 + C_6 h^2 \\
&\leqslant C_1\tau^2 + C_2 h^2,
\end{aligned}$$

所以 (2.5.89) 成立.

第三步, 证明 (2.5.88).

利用 (2.5.91), 可得

$$\left\|u^k - u_h^k\right\|_{0,\Omega} \leqslant \left\|\varepsilon_\mathcal{P}^k\right\|_{0,\Omega} + \left\|\varepsilon_h^k\right\|_{0,\Omega}. \tag{2.5.111}$$

因为由 (2.5.32), (2.5.84) 和 Taylor 公式可以得到

$$\left\|\varepsilon_\mathcal{P}^k\right\|_{0,\Omega}^2 \leqslant C_3 h^6 \left\|u^k\right\|_{3,\Omega}^2 \leqslant C_\mathcal{P} h^6, \tag{2.5.112}$$

$$\begin{aligned}
\left\|\varepsilon_\mathcal{P}^k - \varepsilon_\mathcal{P}^{k-1}\right\|_{0,\Omega} &= \left\|u^k - u^{k-1} - \mathcal{P}\left(u^k - u^{k-1}\right)\right\|_{0,\Omega} \\
&\leqslant C_4 h^3 \left\|u^k - u^{k-1}\right\|_{3,\Omega} \leqslant C_\mathcal{P}\tau h^3, \tag{2.5.113}
\end{aligned}$$

所以为了证明 (2.5.88) 只需要估计 $\left\|\varepsilon_h^k\right\|_{0,\Omega}$.

接下来利用数学归纳法证明

$$\left\|\varepsilon_h^k\right\|_0 \leqslant C_5\tau^2 + C_6 h^3, \quad k = \ell, 1, 2, \cdots, T/\tau. \tag{2.5.114}$$

使用 (2.5.24), (2.5.32), (2.5.78) 和 (2.5.84) 可得

$$\begin{aligned}
\left\|\varepsilon_h^0\right\|_{0,\Omega} = \left\|\mathcal{P}u^0 - u_h^0\right\|_{0,\Omega} &\leqslant \left\|\mathcal{P}u^0 - u^0\right\|_{0,\Omega} + \left\|u^0 - \mathcal{M}u^0\right\|_{0,\Omega} \\
&\leqslant C_7 h^3 \left\|u^0\right\|_{3,\Omega} \leqslant C_8 h^3. \tag{2.5.115}
\end{aligned}$$

根据 Green 公式, (2.5.14) 相应的变分形式为

$$2\tau \left(\nu + \mathrm{i}\alpha\right)\left(\nabla u^k, \nabla v\right) + \left(\left(4 + b^k\right) u^k, v\right)$$

$$= \begin{cases} -2\tau \left(\nu + \mathrm{i}\alpha\right)\left(\nabla u^0, \nabla v\right) + \left(\left(4 - b^k\right) u^0, v\right) + 4\tau \left(R^1, v\right), & k = \ell, \\ -2\tau \left(\nu + \mathrm{i}\alpha\right)\left(\nabla u^{k-1}, \nabla v\right) + \left(\left(4 - b^k\right) u^{k-1}, v\right) + 4\tau \left(R^k, v\right), & k \geqslant 1, \end{cases}$$

$$\tag{2.5.116}$$

其中 $v \in H_0^1\left(\Omega\right)$.

由 (2.5.80) 可知 $\left(\nabla \varepsilon_{\mathcal{P}}^j, \nabla v\right) = 0$, 所以从 (2.5.23) 中减去 (2.5.116) 得到

$$2\tau \left(\nu + \mathrm{i}\alpha\right)\left(\nabla \left(\varepsilon_h^k + \varepsilon_h^{k-1}\right), \nabla v\right) + 4\left(\varepsilon_{\mathcal{P}}^k + \varepsilon_h^k - \varepsilon_{\mathcal{P}}^{k-1} - \varepsilon_h^{k-1}, v\right)$$

$$= \left(\xi_1^k - \xi_2^k - \xi_3^k, v\right) + 4\tau \left(R^k, v\right), \quad k = \ell, 1, 2, \cdots, T/\tau, \tag{2.5.117}$$

其中 $\varepsilon_{\mathcal{P}}^{\ell-1} = \varepsilon_{\mathcal{P}}^0$, $\varepsilon_h^{\ell-1} = \varepsilon_h^0$, $R^\ell = R^1$, 以及

$$\xi_1^k = \left(b_h^k - b^k\right)\left(u^k + u^{k-1}\right), \quad \xi_2^k = b_h^k \left(\varepsilon_{\mathcal{P}}^k + \varepsilon_{\mathcal{P}}^{k-1}\right), \quad \xi_3^k = b_h^k \left(\varepsilon_h^k + \varepsilon_h^{k-1}\right).$$

$$\tag{2.5.118}$$

在 (2.5.117) 中取 $v = \varepsilon_h^k + \varepsilon_h^{k-1}$, 则

$$2\tau \left(\nu + \mathrm{i}\alpha\right)\left\|\nabla \left(\varepsilon_h^k + \varepsilon_h^{k-1}\right)\right\|_{0,\Omega}^2 + 4\left(\left\|\varepsilon_h^k\right\|_{0,\Omega}^2 - \left\|\varepsilon_h^{k-1}\right\|_{0,\Omega}^2\right)$$

$$= \left(\xi_1^k - \xi_2^k - \xi_3^k, \varepsilon_h^k + \varepsilon_h^{k-1}\right) - 4\left(\varepsilon_{\mathcal{P}}^k - \varepsilon_{\mathcal{P}}^{k-1}, \varepsilon_h^k + \varepsilon_h^{k-1}\right) + 4\tau \left(R^k, \varepsilon_h^k + \varepsilon_h^{k-1}\right).$$

$$\tag{2.5.119}$$

利用 Cauchy-Schwarz 不等式、Young 不等式、(2.5.113) 和 (2.5.115), 有

$$4\left|\left(\varepsilon_{\mathcal{P}}^1 - \varepsilon_{\mathcal{P}}^0, \varepsilon_h^\ell + \varepsilon_h^0\right)\right| \leqslant 4C_{\mathcal{P}}\tau h^3 \left(\left\|\varepsilon_h^\ell\right\|_{0,\Omega} + \left\|\varepsilon_h^0\right\|_{0,\Omega}\right)$$

$$\leqslant 8C_{\mathcal{P}}^2 \tau^2 h^6 + \left\|\varepsilon_h^\ell\right\|_{0,\Omega}^2 + C_8^2 h^6,$$

$$4\tau \left|\left(R^1, \varepsilon_h^\ell + \varepsilon_h^0\right)\right| \leqslant 4\sqrt{C_R}\tau^3 \left(\left\|\varepsilon_h^\ell\right\|_{0,\Omega} + \left\|\varepsilon_h^0\right\|_{0,\Omega}\right)$$

$$\leqslant 8C_R \tau^6 + \left\|\varepsilon_h^\ell\right\|_{0,\Omega}^2 + C_8^2 h^6,$$

$$4\left|\left(\varepsilon_{\mathcal{P}}^k - \varepsilon_{\mathcal{P}}^{k-1}, \varepsilon_h^k + \varepsilon_h^{k-1}\right)\right| \leqslant 4C_{\mathcal{P}}\tau h^3 \left(\left\|\varepsilon_h^k\right\|_{0,\Omega} + \left\|\varepsilon_h^{k-1}\right\|_{0,\Omega}\right)$$

$$\leqslant \tau \left(4C_{\mathcal{P}}^2 h^6 + 2\left\|\varepsilon_h^k\right\|_{0,\Omega}^2 + 2\left\|\varepsilon_h^{k-1}\right\|_{0,\Omega}^2\right), \quad k \geqslant 1,$$

$$4\tau \left|\left(R^k, \varepsilon_h^k + \varepsilon_h^{k-1}\right)\right| \leqslant 4\sqrt{C_R}\tau^3 \left(\left\|\varepsilon_h^k\right\|_{0,\Omega} + \left\|\varepsilon_h^{k-1}\right\|_{0,\Omega}\right)$$

$$\leqslant 4C_R \tau^5 + 2\tau \left\|\varepsilon_h^k\right\|_{0,\Omega}^2 + 2\tau \left\|\varepsilon_h^{k-1}\right\|_{0,\Omega}^2, \quad k \geqslant 1.$$

取 (2.5.119) 的实部, 在等式左边略去正项 $2\tau\nu\left\|\nabla\left(\varepsilon_h^k+\varepsilon_h^{k-1}\right)\right\|_{0,\Omega}^2$, 可得

$$2\left\|\varepsilon_h^\ell\right\|_{0,\Omega}^2 \leqslant \left|\left(\xi_1^\ell-\xi_2^\ell-\xi_3^\ell,\varepsilon_h^\ell+\varepsilon_h^0\right)\right| + 8C_{\mathcal{P}}^2\tau^2h^6 + 8C_R\tau^6 + 2C_8^2h^6, \quad (2.5.120)$$

$$4\left(\left\|\varepsilon_h^k\right\|_{0,\Omega}^2 - \left\|\varepsilon_h^{k-1}\right\|_{0,\Omega}^2\right)$$
$$\leqslant \left|\left(\xi_1^k-\xi_2^k-\xi_3^k,\varepsilon_h^k+\varepsilon_h^{k-1}\right)\right| + 4\tau C_{\mathcal{P}}^2h^6 + 4C_R\tau^5$$
$$+ 4\tau\left(\left\|\varepsilon_h^k\right\|_{0,\Omega}^2 + \left\|\varepsilon_h^{k-1}\right\|_{0,\Omega}^2\right), \quad k \geqslant 1. \qquad (2.5.121)$$

因为由 (2.5.18), (2.5.25) 和 Taylor 公式可知

$$b_h^\ell - b^\ell = 2\tau\left(\kappa+\mathrm{i}\beta\right)\left(\left|u_h^0\right|^2 - \frac{1}{4}\left|u^1+u^0\right|^2\right)$$
$$= 2\tau\left(\kappa+\mathrm{i}\beta\right)\left(\left|u^0-\varepsilon^0\right|^2 - \left|u^0+\mathcal{O}\left(\tau\right)\right|^2\right)$$
$$= 2\tau\left(\kappa+\mathrm{i}\beta\right)\left(\varepsilon^0\overline{\varepsilon^0} - \varepsilon^0\overline{u^0} - u^0\overline{\varepsilon^0}\right) + \mathcal{O}\left(\tau^2\right),$$

其中 $\varepsilon^0 = \varepsilon_{\mathcal{P}}^0 + \varepsilon_h^0$, 又因为利用 (2.5.32) 和 (2.5.90) 可知 b^ℓ/τ 和 b_h^ℓ/τ 均是有界的, 所以调用 (2.5.112), (2.5.115) 和 (2.5.118) 可以得到

$$\left|\left(\xi_1^\ell-\xi_2^\ell,\varepsilon_h^\ell\right)\right| \leqslant C_{\ell1}\tau\left(h^3+\tau\right)\left\|\varepsilon_h^\ell\right\|_{0,\Omega}$$
$$\leqslant C_{\ell1}\left(h^3+\tau^2\right)\left\|\varepsilon_h^\ell\right\|_{0,\Omega}$$
$$\leqslant C_{\ell1}\left(2C_{Y\ell1}\left(h^6+\tau^4\right) + \frac{1}{4C_{Y\ell1}}\left\|\varepsilon_h^\ell\right\|_{0,\Omega}^2\right),$$

$$\left|\left(\xi_1^\ell-\xi_2^\ell,\varepsilon_h^0\right)\right| \leqslant C_{\ell1}\tau\left(h^3+\tau\right)h^3 \leqslant C_{\ell1}\left(h^3+\tau^2\right)h^3 \leqslant C_{\ell1}\left(1.5h^6+0.5\tau^4\right),$$

$$\left|\left(\xi_3^\ell,\varepsilon_h^\ell+\varepsilon_h^0\right)\right| \leqslant C_{\ell2}\tau\left(\left\|\varepsilon_h^\ell\right\|_{0,\Omega}^2 + \left\|\varepsilon_h^0\right\|_{0,\Omega}^2\right) \leqslant C_{\ell2}\tau\left(\left\|\varepsilon_h^\ell\right\|_{0,\Omega}^2 + C_8^2h^6\right),$$

其中 $\tau \leqslant 1$, $C_{Y\ell1}$ 是任意正数. 因此, 可将 (2.5.120) 化为

$$2\left\|\varepsilon_h^\ell\right\|_{0,\Omega}^2 \leqslant \left(\frac{C_{\ell1}}{4C_{Y\ell1}} + C_{\ell2}\tau\right)\left\|\varepsilon_h^\ell\right\|_{0,\Omega}^2 + C_{\ell3}\tau^4 + C_{\ell4}h^6.$$

取 $C_{Y\ell1} = C_{\ell1}/2$, 则当 $\tau \leqslant 1/(2C_{\ell2})$ 时, 有

$$\left\|\varepsilon_h^\ell\right\|_{0,\Omega} \leqslant C_5\tau^2 + C_6h^3. \qquad (2.5.122)$$

根据数学归纳法, 假定 (2.5.114) 在 $k \leqslant n-1$ 时成立, 其中 $n = 1, 2, \cdots, T/\tau$. 现在证明 (2.5.114) 在 $k = n$ 时成立.

因为由 (2.5.18) 和 (2.5.25) 可知

$$
\begin{aligned}
&b_h^n - b^n \\
&= \begin{cases}
-\dfrac{1}{2}\tau\left(\kappa + \mathrm{i}\beta\right)\left[\left(u_h^\ell + u_h^0\right)\left(\overline{\varepsilon_{\mathcal{P}}^1} + \overline{\varepsilon_h^\ell} + \overline{\varepsilon_{\mathcal{P}}^0} + \overline{\varepsilon_h^0}\right)\right. \\
\qquad \left. + \left(\varepsilon_{\mathcal{P}}^1 + \varepsilon_h^\ell + \varepsilon_{\mathcal{P}}^0 + \varepsilon_h^0\right)\left(\overline{u^1} + \overline{u^0}\right)\right], & n = 1, \\[2mm]
\tau\left(\kappa + \mathrm{i}\beta\right)\left[u_h^{n-2}\left(\overline{\varepsilon_{\mathcal{P}}^{n-2}} + \overline{\varepsilon_h^{n-2}}\right) + \left(\varepsilon_{\mathcal{P}}^{n-2} + \varepsilon_h^{n-2}\right)\overline{u^{n-2}}\right. \\
\qquad \left. -3u_h^{n-1}\left(\overline{\varepsilon_{\mathcal{P}}^{n-1}} + \overline{\varepsilon_h^{n-1}}\right) - 3\left(\varepsilon_{\mathcal{P}}^{n-1} + \varepsilon_h^{n-1}\right)\overline{u^{n-1}}\right], & n \geqslant 2.
\end{cases}
\end{aligned}
$$

又因为由 (2.5.32) 和 (2.5.90) 可知 b^n/τ 和 b_h^n/τ 均是有界的, 所以调用 (2.5.112) 和 (2.5.118) 可以得到

$$
\begin{aligned}
\left|\left(\xi_1^n - \xi_2^n, \varepsilon_h^n + \varepsilon_h^{n-1}\right)\right| &\leqslant C_{n1}\tau\left(h^3 + \tau^2\right)\left(\|\varepsilon_h^n\|_{0,\Omega} + \|\varepsilon_h^{n-1}\|_{0,\Omega}\right) \\
&\leqslant C_{n1}\tau\left(h^6 + \tau^4 + \|\varepsilon_h^n\|_{0,\Omega}^2 + \|\varepsilon_h^{n-1}\|_{0,\Omega}^2\right),
\end{aligned}
$$

$$
\left|\left(\xi_3^n, \varepsilon_h^n + \varepsilon_h^{n-1}\right)\right| \leqslant C_{n2}\tau\left(\|\varepsilon_h^n\|_{0,\Omega}^2 + \|\varepsilon_h^{n-1}\|_{0,\Omega}^2\right),
$$

从而可将 (2.5.121) 化为

$$
\begin{aligned}
&4\left(\|\varepsilon_h^n\|_{0,\Omega}^2 - \|\varepsilon_h^{n-1}\|_{0,\Omega}^2\right) \\
&\leqslant \tau\left[\left(C_{n1} + C_{n2} + 4\right)\left(\|\varepsilon_h^n\|_{0,\Omega}^2 + \|\varepsilon_h^{n-1}\|_{0,\Omega}^2\right)\right. \\
&\qquad \left. + \left(C_{n1} + 4C_R\right)\tau^4 + \left(C_{n1} + 4C_{\mathcal{P}}^2\right)h^6\right], \quad n \geqslant 1.
\end{aligned}
\tag{2.5.123}
$$

在 (2.5.123) 中, 将 n 换成 j, 再关于 j 从 1 到 n 求和, 可得

$$
\|\varepsilon_h^n\|_{0,\Omega}^2 \leqslant \|\varepsilon_h^0\|_{0,\Omega}^2 + C_n\tau\left(\tau^4 + h^6 + \sum_{j=0}^n \|\varepsilon_h^j\|_{0,\Omega}^2\right).
$$

当 τ 和 h 充分小时, 利用引理 2.5.1 中的 Grönwall 不等式和 (2.5.115) 可得

$$
\|\varepsilon_h^n\|_{0,\Omega} \leqslant C_5\tau^2 + C_6 h^3,
$$

这表明 (2.5.114) 在 $k = n$ 时成立. 因此, 由数学归纳法, (2.5.114) 对所有 $k = \ell, 1, 2, \cdots, T/\tau$ 均成立. 最后, 将 (2.5.112) 和 (2.5.114) 代入 (2.5.111) 可得 (2.5.88).　　　　　　　　　　　　　　　　　　　　　　证毕.

2.5.6　数值算例

为了证实数值求解 Ginzburg-Landau 方程的无单元 Galerkin 法的有效性, 下面给出一些数值算例. 在计算中, τ 表示时间步长, h 表示节点间距, Nitsche 方法中的罚因子取为 $\alpha = 10$, 移动最小二乘近似使用二次多项式基函数和三次样条权函数构造形函数, 节点影响域的半径为 $2.5h$, 另外采用 2.4.5 节的再生光滑梯度积分公式 (2.4.90) 和 (2.4.91) 数值计算无单元 Galerkin 法中的积分.

例 2.5.1　具有平面波解的 Ginzburg-Landau 方程

Ginzburg-Landau 方程 (2.5.1) 具有如下形式的平面波解 [86]:

$$u(x_1, x_2, t) = a \exp\{\mathrm{i}[\xi(x_1 + x_2) - \omega t]\}, \quad (x_1, x_2) \in \Omega = (0, L)^2, \quad t \in (0, T],$$
$$(2.5.124)$$

其中 a, ξ 和 ω 是参数. 将 (2.5.124) 代入 (2.5.1) 可得

$$-\mathrm{i}\omega u + 2\xi^2(\nu + \mathrm{i}\alpha)u + a^2(\kappa + \mathrm{i}\beta)u - \gamma u = 0,$$

从而

$$-\mathrm{i}\omega + 2\xi^2(\nu + \mathrm{i}\alpha) + a^2(\kappa + \mathrm{i}\beta) - \gamma = 0,$$

即

$$2\nu\xi^2 + \kappa a^2 - \gamma + \mathrm{i}(2\alpha\xi^2 + \beta a^2 - \omega) = 0,$$

因此参数 a, ξ 和 ω 满足如下关系式:

$$\begin{cases} 2\nu\xi^2 + \kappa a^2 - \gamma = 0, \\ 2\alpha\xi^2 + \beta a^2 - \omega = 0. \end{cases}$$

当 $\nu = \alpha = \kappa = 1$, $\beta = 2$ 和 $\gamma = 1 + 2\pi^2/9$ 时, 有 $a = 1$, $\xi = \pi/3$ 和 $\omega = 2(1 + \pi^2/9)$, 此时由 (2.5.124) 可得 [87,96]

$$u_1(x_1, x_2, t) = \exp\left\{\mathrm{i}\left[\frac{\pi}{3}(x_1 + x_2) - 2\left(1 + \frac{\pi^2}{9}\right)t\right]\right\}, \quad L = 6, \quad T = 1. \tag{2.5.125}$$

另外, 当 $\nu = \alpha = \kappa = 1$, $\beta = 2$ 和 $\gamma = 3$ 时, 有 $a = 1$, $\xi = 1$ 和 $\omega = 4$, 此时由 (2.5.124) 可得 [88,96]

$$u_2(x_1, x_2, t) = \exp[\mathrm{i}(x_1 + x_2 - 4t)], \quad L = 2\pi, \quad T = 1. \tag{2.5.126}$$

为了研究无单元 Galerkin 法求解 Ginzburg-Landau 方程时在空间方向上的收敛性, 选取 $\tau = 1/1000$, 以及 $h = L/6, L/12, L/24$ 和 $L/48$, 表 2.5.1 给出了 u_1 和 u_2 关于空间步长 h 的 L^2 误差和 H^1 误差及相应收敛阶. 另外, 为了研究在时间方向上的收敛性, 选取 $h = L/60$, 以及 $\tau = 1/10, 1/20, 1/40$ 和 $1/80$, 表 2.5.2 给出了 u_1 和 u_2 关于时间步长 τ 的 L^2 误差和 H^1 误差及相应收敛阶. 可以发现, 无单元 Galerkin 法在空间方向上的 L^2 误差收敛阶趋于 3, H^1 误差收敛阶趋于 2, 而在时间方向上的 L^2 和 H^1 误差收敛阶都趋于 2. 这些数值结果与定理 2.5.2 的理论结果相符.

表 2.5.1 例 2.5.1 中无单元 Galerkin 法在 $\tau = 1/1000$ 时关于空间步长 h 的收敛情况

h	L^2 误差				H^1 误差			
	$\|u_1 - u_{1h}\|_{0,\Omega}$		$\|u_2 - u_{2h}\|_{0,\Omega}$		$\|u_1 - u_{1h}\|_{1,\Omega}$		$\|u_2 - u_{2h}\|_{1,\Omega}$	
	误差	收敛阶	误差	收敛阶	误差	收敛阶	误差	收敛阶
$L/6$	1.120e-01		1.138e-01		5.146e-01		5.148e-01	
$L/12$	7.243e-03	3.951	7.558e-03	3.912	1.144e-01	2.170	1.144e-01	2.170
$L/24$	6.294e-04	3.524	6.584e-04	3.521	2.780e-02	2.041	2.780e-02	2.041
$L/48$	6.197e-05	3.344	6.370e-05	3.370	6.778e-03	2.036	6.778e-03	2.036

表 2.5.2 例 2.5.1 中无单元 Galerkin 法在 $h = L/60$ 时关于时间步长 τ 的收敛情况

τ	L^2 误差				H^1 误差			
	$\|u_1 - u_{1h}\|_{0,\Omega}$		$\|u_2 - u_{2h}\|_{0,\Omega}$		$\|u_1 - u_{1h}\|_{1,\Omega}$		$\|u_2 - u_{2h}\|_{1,\Omega}$	
	误差	收敛阶	误差	收敛阶	误差	收敛阶	误差	收敛阶
$1/10$	2.500e-01		2.264e-01		4.380e-01		3.885e-01	
$1/20$	6.246e-02	2.001	5.652e-02	2.002	1.098e-01	1.996	9.733e-02	1.997
$1/40$	1.555e-02	2.006	1.408e-02	2.005	2.776e-02	1.983	2.471e-02	1.978
$1/80$	3.878e-03	2.004	3.513e-03	2.003	8.141e-03	1.770	7.500e-03	1.720

例 2.5.2 变系数 Ginzburg-Landau 方程

考虑如下具有变系数的 Ginzburg-Landau 方程 [90,94-96]:

$$\frac{\partial u(\boldsymbol{x}, t)}{\partial t} - \frac{\mathrm{i}}{2}\Delta u(\boldsymbol{x}, t) + \mathrm{i}\,|u(\boldsymbol{x}, t)|^2\, u(\boldsymbol{x}, t) + \mathrm{i}\left(1 - \sin^2(x_1)\sin^2(x_2)\right) u(\boldsymbol{x}, t) = 0,$$

其中 $\boldsymbol{x} \in (0, L)^2$, $t \in (0, T]$, 计算中取 $L = 2\pi$. 该问题的解析解是

$$u(\boldsymbol{x}, t) = \sin(x_1)\sin(x_2)\exp(-2\mathrm{i}t).$$

当 $\tau = 1/1000$ 时, 表 2.5.3 给出了 u 关于空间步长 h 的 L^2 误差和 H^1 误差及相应收敛阶. 另外, 当 $h = L/100$ 时, 表 2.5.4 给出了 u 关于时间步长 τ 的 L^2

误差和 H^1 误差及相应收敛阶. 可以发现, 无单元 Galerkin 法在 L^2 范数中的收敛情况约为 $\mathcal{O}\left(h^3 + \tau^2\right)$, 而在 H^1 范数中的收敛情况约为 $\mathcal{O}\left(h^2 + \tau^2\right)$. 这些数值结果与定理 2.5.2 的理论结果相符.

表 2.5.3　例 2.5.2 中无单元 Galerkin 法在 $\tau = 1/1000$ 时关于空间步长 h 的收敛情况

h	L^2 误差 $\|u - u_h\|_{0,\Omega}$		H^1 误差 $\|u - u_h\|_{1,\Omega}$	
	误差	收敛阶	误差	收敛阶
$L/5$	2.170e-01		1.028e+00	
$L/10$	9.787e-03	4.471	9.640e-02	3.415
$L/20$	1.222e-03	3.001	2.286e-02	2.076
$L/40$	1.522e-04	3.006	5.285e-03	2.113

表 2.5.4　例 2.5.2 中无单元 Galerkin 法在 $h = L/100$ 时关于时间步长 τ 的收敛情况

τ	L^2 误差 $\|u - u_h\|_{0,\Omega}$		H^1 误差 $\|u - u_h\|_{1,\Omega}$	
	误差	收敛阶	误差	收敛阶
$1/5$	9.363e-02		1.630e-01	
$1/10$	2.242e-02	2.062	3.890e-02	2.067
$1/20$	5.432e-03	2.045	9.447e-03	2.042
$1/40$	1.334e-03	2.026	2.441e-03	1.952

参 考 文 献

[1] Ciarlet P G. The Finite Element Method for Elliptic Problems. Amsterdam: North-Holland, 1978.

[2] 李开泰, 黄艾香, 黄庆怀. 有限元方法及其应用. 北京: 科学出版社, 2006.

[3] Brenner S C, Scott L R. The Mathematical Theory of Finite Element Methods. 3rd ed. New York: Springer, 2009.

[4] 杜其奎, 陈金如. 有限元方法的数学理论. 北京: 科学出版社, 2012.

[5] 石钟慈, 王鸣. 有限元方法. 北京: 科学出版社, 2016.

[6] Nayroles B, Touzot G, Villon P. Generalizing the finite element method: Diffuse approximation and diffuse elements. Computational Mechanics, 1992, 10: 307-318.

[7] Belytschko T, Lu Y Y, Gu L. Element-free Galerkin methods. International Journal for Numerical Methods in Engineering, 1994, 37: 229-256.

[8] Liu G R. Meshfree Methods: Moving Beyond the Finite Element Method. 2nd ed. Boca Raton: CRC Press, 2009.

[9] 程玉民. 无网格方法 (上、下册). 北京: 科学出版社, 2015.

[10] Belytschko T, Chen J S, Hillman M. Meshfree and Particle Methods: Fundamentals and Applications. Hoboken: John Wiley & Sons, 2024.

[11] Zhu T, Atluri S N. A modified collocation method and a penalty formulation for enforcing the essential boundary conditions in the element free Galerkin method. Computational Mechanics, 1998, 21: 211-222.

[12] Lions J L, Magenes E. Non-Homogeneous Boundary Value Problems and Applications. Berlin: Springer, 1972.

[13] Zienkiewicz O C, Taylor R L, Zhu J Z. The Finite Element Method: Its Basis & Fundamentals. 7th ed. Oxford: Butterworth-Heinemann, 2013.

[14] Glowinski R. Numerical Methods for Nonlinear Variational Problems. New York: Springer, 1984.

[15] Rodrigues J F. Obstacle Problems in Mathematical Physics. Amsterdam: North-Holland, 1987.

[16] Yan N N. A posteriori error estimators of gradient recovery type for elliptic obstacle problems. Advances in Computational Mathematics, 2001, 15: 333-361.

[17] Zeng Y P, Chen J R, Wang F. Convergence analysis of a modified weak Galerkin finite element method for Signorini and obstacle problems. Numerical Methods for Partial Differential Equations, 2017, 33: 1459-1474.

[18] Xu C, Shi D Y. Superconvergence analysis of low order nonconforming finite element methods for variational inequality problem with displacement obstacle. Applied Mathematics and Computation, 2019, 348: 1-11.

[19] Lewis T, Rapp A, Zhang Y. Convergence analysis of symmetric dual-wind discontinuous Galerkin approximation methods for the obstacle problem. Journal of Mathematical Analysis and Applications, 2020, 485: 123840.

[20] Li X L, Dong H Y. An element-free Galerkin method for the obstacle problem. Applied Mathematics Letters, 2021, 112: 106724.

[21] Li X L, Li S L. A complex variable boundary point interpolation method for the nonlinear Signorini problem. Computers and Mathematics with Applications, 2020, 79: 3297-3309.

[22] Li X L, Dong H Y. Analysis of the element-free Galerkin method for Signorini problems. Applied Mathematics and Computation, 2019, 346: 41-56.

[23] Li X L, Yu C Y. Meshless projection iterative analysis of Signorini problems using a boundary element-free method. Computers and Mathematics with Applications, 2015, 70: 869-882.

[24] Samko S G, Kilbas A A, Maricev O I. Fractional Integrals and Derivatives: Theory and Applications. Yverdon: Gordon and Breach Science Publishers, 1993.

[25] 郭柏灵, 蒲学科, 黄凤辉. 分数阶偏微分方程及其数值解. 北京: 科学出版社, 2012.

[26] 刘发旺, 庄平辉, 刘青霞. 分数阶偏微分方程数值方法及其应用. 北京: 科学出版社, 2015.

[27] Li C P, Cai M. Theory and Numerical Approximations of Fractional Integrals and Derivatives. Philadelphia: Society for Industrial and Applied Mathematics (SIAM), 2020.

[28] 孙志忠, 高广花. 分数阶微分方程的有限差分方法. 2 版. 北京: 科学出版社, 2021.

[29] Brunner H, Ling L, Yamamoto M. Numerical simulations of 2D fractional subdiffusion problems. Journal of Computational Physics, 2010, 229: 6613-6622.

[30] Dehghan M, Abbaszadeh M, Mohebbi A. Analysis of a meshless method for the time fractional diffusion-wave equation. Numerical Algorithms, 2016, 73: 445-476.

[31] Kumar A, Bhardwaj A, Kumar B V R. A meshless local collocation method for time fractional diffusion wave equation. Computers and Mathematics with Applications, 2019, 78: 1851-1861.

[32] Sun H G, Wang Z Y, Nie J Y, Zhang Y, Xiao R. Generalized finite difference method for a class of multidimensional space-fractional diffusion equations. Computational Mechanics, 2021, 67: 17-32.

[33] Wang Z Y, Sun H G. Generalized finite difference method with irregular mesh for a class of three-dimensional variable-order time-fractional advection-diffusion equations. Engineering Analysis with Boundary Elements, 2021, 132: 345-355.

[34] Qing L Y, Li X L. Meshless analysis of fractional diffusion-wave equations by generalized finite difference method. Applied Mathematics Letters, 2024, 157: 109204.

[35] Qing L Y, Li X L. Analysis of a meshless generalized finite difference method for the time-fractional diffusion-wave equation. Computers and Mathematics with Applications, 2024, 172: 134-151.

[36] Yang J Y, Zhao Y M, Liu N, Bu W P, Xu T L, Tang Y F. An implicit MLS meshless method for 2-D time dependent fractional diffusion-wave equation. Applied Mathematical Modelling, 2015, 39: 1229-1240.

[37] Li X L, Li S L. A finite point method for the fractional cable equation using meshless smoothed gradients. Engineering Analysis with Boundary Elements, 2022, 134: 453-465.

[38] Dehghan M, Abbaszadeh M. Analysis of the element free Galerkin (EFG) method for solving fractional cable equation with Dirichlet boundary condition. Applied Numerical Mathematics, 2016, 109: 208-234.

[39] Abbaszadeh M, Dehghan M. The Crank-Nicolson/interpolating stabilized element-free Galerkin method to investigate the fractional Galilei invariant advection-diffusion equation. Mathematical Methods in the Applied Sciences, 2021, 44: 2752-2768.

[40] Li X L, Li S L. A fast element-free Galerkin method for the fractional diffusion-wave equation. Applied Mathematics Letters, 2021, 122: 107529.

[41] Hu Z S, Li X L. An element-free Galerkin method for the time-fractional subdiffusion equations. Engineering Analysis with Boundary Elements, 2023, 154: 161-171.

[42] Hu Z S, Li X L. Analysis of a fast element-free Galerkin method for the multi-term time fractional diffusion equation. Mathematics and Computers in Simulation, 2024, 223: 677-692.

[43] Sun Z Z, Wu X N. A fully discrete difference scheme for a diffusion-wave system. Applied Numerical Mathematics, 2006, 56: 193-209.

[44] Shen J Y, Li C P, Sun Z Z. An H2N2 interpolation for Caputo derivative with order

in (1, 2) and its application to time-fractional wave equations in more than one space dimension. Journal of Scientific Computing, 2020, 83: 38.

[45] Jiang S D, Zhang J W, Zhang Q, Zhang Z M. Fast evaluation of the Caputo fractional derivative and its applications to fractional diffusion equations. Communications in Computational Physics, 2017, 21: 650-678.

[46] Alikhanov A A. A new difference scheme for the time fractional diffusion equation. Journal of Computational Physics, 2015, 280: 424-438.

[47] Gao G H, Alikhanov A, Sun Z Z. The temporal second order difference schemes based on the interpolation approximation for solving the time multi-term and distributed-order fractional sub-diffusion equations. Journal of Scientific Computing, 2017, 73: 93-112.

[48] Gao G H, Yang Q. Fast evaluation of linear combinations of Caputo fractional derivatives and its applications to multi-term time-fractional sub-diffusion equations. Numerical Mathematics: Theory, Methods and Applications, 2020, 13: 433-451.

[49] Liao H L, McLean W, Zhang J W. A discrete Grönwall inequality with application to numerical schemes for subdiffusion problems. SIAM Journal on Numerical Analysis, 2019, 57: 218-237.

[50] Li X, Liao H L, Zhang L M. A second-order fast compact scheme with unequal time-steps for subdiffusion problems. Numerical Algorithms, 2021, 86: 1011-1039.

[51] Li D F, She M F, Sun H W, Yan X Q. A novel discrete fractional Gronwall-type inequality and its application in pointwise-in-time error estimates. Journal of Scientific Computing, 2022, 91: 27.

[52] Ren J C, Mao S P, Zhang J W. Fast evaluation and high accuracy finite element approximation for the time fractional subdiffusion equation. Numerical Methods for Partial Differential Equations, 2018, 34: 705-730.

[53] Ren J C, Sun Z Z. Efficient and stable numerical methods for multi-term time fractional sub-diffusion equations. East Asian Journal on Applied Mathematics, 2014, 4: 242-266.

[54] Zhao Y M, Zhang Y D, Liu F, Turner I, Shi D Y. Analytical solution and nonconforming finite element approximation for the 2D multi-term fractional subdiffusion equation. Applied Mathematical Modelling, 2016, 40: 8810-8825.

[55] Zhao Y M, Zhang Y D, Liu F, Turner I, Tang Y F, Anh V. Convergence and superconvergence of a fully-discrete scheme for multi-term time fractional diffusion equations. Computers and Mathematics with Applications, 2017, 73: 1087-1099.

[56] Huang C B, Stynes M. Superconvergence of a finite element method for the multi-term time-fractional diffusion problem. Journal of Scientific Computing, 2020, 82: 10.

[57] Toprakseven Ş. A weak Galerkin finite element method on temporal graded meshes for the multi-term time fractional diffusion equations. Computers and Mathematics with Applications, 2022, 128: 108-120.

[58] Zhang Y N, Sun Z Z. Alternating direction implicit schemes for the two-dimensional fractional sub-diffusion equation. Journal of Computational Physics, 2011, 230: 8713-8728.

[59]　Dolbow J, Belytschko T. Numerical integration of the Galerkin weak form in meshfree methods. Computational Mechanics, 1999, 23: 219-230.

[60]　Babuška I, Banerjee U, Osborn J E, Li Q L. Quadrature for meshless methods. International Journal for Numerical Methods in Engineering, 2008, 76: 1434-1470.

[61]　Babuška I, Banerjee U, Osborn J E, Zhang Q H. Effect of numerical integration on meshless methods. Computer Methods in Applied Mechanics and Engineering, 2009, 198: 2886-2897.

[62]　Zhang Q H, Banerjee U. Numerical integration in Galerkin meshless methods, applied to elliptic Neumann problem with non-constant coefficients. Advances in Computational Mathematics, 2012, 37: 453-492.

[63]　Zhang Q H. Quadrature for meshless Nitsche's method. Numerical Methods for Partial Differential Equations, 2014, 30: 265-288.

[64]　Wu J C, Wang D D. An accuracy analysis of Galerkin meshfree methods accounting for numerical integration. Computer Methods in Applied Mechanics and Engineering, 2021, 375: 113631.

[65]　Beissel S, Belytschko T. Nodal integration of the element-free Galerkin method. Computer Methods in Applied Mechanics and Engineering, 1996, 139: 49-74.

[66]　Chen J S, Wu C T, Yoon S, You Y. A stabilized conforming nodal integration for Galerkin meshfree methods. International Journal for Numerical Methods in Engineering, 2001, 50: 435-466.

[67]　Duan Q L, Li X K, Zhang H W, Belytschko T. Second-order accurate derivatives and integration schemes for meshfree methods. International Journal for Numerical Methods in Engineering, 2012, 92: 399-424.

[68]　Wang D D, Wu J C. An efficient nesting sub-domain gradient smoothing integration algorithm with quadratic exactness for Galerkin meshfree methods. Computer Methods in Applied Mechanics and Engineering, 2016, 298: 485-519.

[69]　Wang D D, Wu J C. An inherently consistent reproducing kernel gradient smoothing framework toward efficient Galerkin meshfree formulation with explicit quadrature. Computer Methods in Applied Mechanics and Engineering, 2019, 349: 628-672.

[70]　Wang J F, Ren X D. A consistent projection integration for Galerkin meshfree methods. Computer Methods in Applied Mechanics and Engineering, 2023, 414: 116143.

[71]　Li X L. Theoretical analysis of the reproducing kernel gradient smoothing integration technique in Galerkin meshless methods. Journal of Computational Mathematics, 2023, 41: 483-506.

[72]　Li X L, Li S L. Effect of an efficient numerical integration technique on the element-free Galerkin method. Applied Numerical Mathematics, 2023, 193: 204-225.

[73]　Li X L. Element-free Galerkin analysis of Stokes problems using the reproducing kernel gradient smoothing integration. Journal of Scientific Computing, 2023, 96: 43.

[74]　Li X L. A weak Galerkin meshless method for incompressible Navier-Stokes equations. Journal of Computational and Applied Mathematics, 2024, 445: 115823.

[75] Stenberg R. On some techniques for approximating boundary conditions in the finite element method. Journal of Computational and Applied Mathematics, 1995, 63: 139-148.

[76] Babuška I, Banerjee U, Osborn J E. Survey of meshless and generalized finite element methods: A unified approach. Acta Numerica, 2003, 12: 1-125.

[77] Melenk J M. On approximation in meshless methods// Blowey J F, Craig A W. Frontiers of Numerical Analysis. Berlin: Springer, 2005: 65-141.

[78] Liu W K, Jun S, Zhang Y F. Reproducing kernel particle methods. International Journal for Numerical Methods in Fluids, 1995, 20: 1081-1106.

[79] Davis P J, Rabinowitz P. Methods of Numerical Integration. 2nd ed. New York: Academic Press, 1984.

[80] Eslahchi M R, Masjed-Jamei M, Babolian E. On numerical improvement of Gauss-Lobatto quadrature rules. Applied Mathematics and Computation, 2005, 164: 707-717.

[81] 李庆扬, 王能超, 易大义. 数值分析. 5 版. 北京: 清华大学出版社, 2008.

[82] Strang G. Variational crimes in the finite element method// Aziz A K. The Mathematical Foundations of the Finite Element Method with Applications to Partial Differential Equations. New York: Academic Press, 1972: 689-710.

[83] Aranson I S, Kramer L. The world of the complex Ginzburg-Landau equation. Reviews of Modern Physics, 2002, 74: 99-143.

[84] Ankiewicz A, Akhmediev N. Dissipative Solitons: From Optics to Biology and Medicine. Berlin: Springer, 2008.

[85] Du Q, Gunzburger M D, Peterson J S. Analysis and approximation of the Ginzburg-Landau model of superconductivity. SIAM Reviews, 1992, 34: 54-81.

[86] Xu Q B, Chang Q S. Difference methods for computing the Ginzburg-Landau equation in two dimensions. Numerical Methods for Partial Differential Equations, 2011, 27: 507-528.

[87] Wang T C, Guo B L. Analysis of some finite difference schemes for two-dimensional Ginzburg-Landau equation. Numerical Methods for Partial Differential Equations, 2011, 27: 1340-1363.

[88] Zhang Y N, Sun Z Z, Wang T C. Convergence analysis of a linearized Crank-Nicolson scheme for the two-dimensional complex Ginzburg-Landau equation. Numerical Methods for Partial Differential Equations, 2013, 29: 1487-1503.

[89] Kong L H, Kuang L Q, Wang T C. Efficient numerical schemes for two-dimensional Ginzburg-Landau equation in superconductivity. Discrete and Continuous Dynamical Systems - Series B, 2019, 24: 6325-6347.

[90] Shi D Y, Liu Q. Unconditional superconvergent analysis of a new mixed finite element method for Ginzburg-Landau equation. Numerical Methods for Partial Differential Equations, 2019, 35: 422-439.

[91] Xu C, Pei L F. Unconditional optimal error estimates of a modified finite element fully discrete scheme for the complex Ginzburg-Landau equation. Computers and Mathe-

matics with Applications, 2022, 115: 1-13.

[92] Wang D, Li M, Lu Y. Unconditionally convergent and superconvergent analysis of second-order weighted IMEX FEMs for nonlinear Ginzburg-Landau equation. Computers and Mathematics with Applications, 2023, 146: 84-105.

[93] Yang H J. A new error analysis of backward Euler Galerkin finite element method for two-dimensional time-dependent Ginzburg-Landau equation. Applied Mathematics Letters, 2023, 145: 108767.

[94] Shokri A, Bahmani E. Direct meshless local Petrov-Galerkin (DMLPG) method for 2D complex Ginzburg-Landau equation. Engineering Analysis with Boundary Elements, 2019, 100: 195-203.

[95] Ilati M. A meshless local moving Kriging method for solving Ginzburg-Landau equation on irregular domains. European Physical Journal Plus, 2020, 135: 873.

[96] Li X L, Li S L. A linearized element-free Galerkin method for the complex Ginzburg-Landau equation. Computers and Mathematics with Applications, 2021, 90: 135-147.

[97] Li X L, Cui X Y, Zhang S G. Analysis of a Crank-Nicolson fast element-free Galerkin method for the nonlinear complex Ginzburg-Landau equation. Journal of Computational and Applied Mathematics, 2025, 457: 116323.

[98] Zhou Y L. Application of Discrete Functional Analysis to the Finite Difference Method. Beijing: International Academic Publishers, 1991.

[99] Burden R L, Faires J D. Numerical Analysis. 9th ed. Boston: Cengage Learning, 2011.

第 3 章　无网格边界积分方程法

边界元法 [1-5] 是一种求解偏微分方程边值问题的数值方法, 它基于边界积分方程, 可使求解问题的维数降低, 只需要离散问题域的边界, 建立的线性代数方程组的未知量较少. 边界元法相比基于区域建立近似函数的有限元法和无单元Galerkin 法等有一定的优势, 尤其是非常适用于求解无限域问题.

1997 年, Mukherjee 等率先把移动最小二乘近似引入到边界积分方程中, 提出了边界点法 (boundary node method)[6,7]. 在边界点法中, 首先用一组仅分布在边界上的节点构造移动最小二乘近似的形函数, 然后基于配点格式离散边界积分方程.

在 Mukherjee 等的工作之后, 许多无网格边界积分方程法相继发展起来. 比如, Atluri 等将移动最小二乘近似与局部边界积分方程相结合, 提出了无网格局部边界积分方程 (local boundary integral equation) 法 [8]; 张见明和姚振汉将移动最小二乘近似和修正变分原理相结合, 提出了杂交边界点法 (hybrid boundary node method)[9,10]; 顾元通和刘桂荣将点插值法与边界积分方程相结合, 提出了边界点插值法 (boundary point interpolation method)[11]; Li 和 Aluru 采用广义移动最小二乘法构造边界节点的试探函数, 然后和边界积分方程结合, 提出了边界云团法 (boundary cloud method)[12]; 程玉民等用带权的正交函数作为基函数来改进移动最小二乘近似, 并将其与边界积分方程结合, 提出了边界无单元法 (boundary element-free method)[13,14]; 陈文等通过将问题的数值解表示为满足控制微分方程的非奇异径向基函数的线性组合, 或者将问题的数值解表示为基本解的线性组合, 再基于配点格式, 提出了边界节点法 (boundary knot method)[15] 和奇异边界法 (singular boundary method)[16].

在上述方法中, 无网格局部边界积分方程法需要在整个求解区域上分布节点, 是一种区域型无网格方法. 除无网格局部边界积分方程法以外, 其余方法都属于边界型无网格方法. 这些边界型无网格方法仅将问题域的边界通过一组节点表示, 而问题域的内部不设节点, 因此它们都具有降维特性, 即把三维问题转变成二维问题来处理, 将二维问题转变成一维问题来处理. 与无单元 Galerkin 法等区域型法相比, 它们具有输入数据少、计算时间短等优点, 特别适用于无限域问题. 此外, 同边界元法一样, 边界型无网格方法属于半数值半解析的方法, 拥有比较高的计算精度.

由于移动最小二乘近似构造的函数不满足 Delta 函数性质, 在基于移动最小二乘近似的无网格边界积分方程法中精确满足边界条件较为困难. 这个问题在无网格边界积分方程法中更加突出, 因为 Neumann 边界条件需要和 Dirichlet 边界条件完全一样的处理. Mukherjee 等在边界点法中采用了一种添加一组额外方程的方法来满足边界条件, 这一处理增加了系统方程的数目. 另外, 类似于基于配点格式的边界元法, 上述无网格边界积分方程法都是基于配点格式, 缺乏包括收敛性分析和误差估计在内的数学理论基础.

本章将边界积分方程的变分公式与移动最小二乘近似结合起来, 给出一种基于边界积分方程的无网格方法——Galerkin 边界点法 (Galerkin boundary node method)[17-24]. 与基于全局 Galerkin 弱式的无网格方法相比, Galerkin 边界点法基于边界积分方程的变分公式, 只需要在边界上布置节点. 另外, Galerkin 边界点法还具有边界条件容易施加、能保持变分问题的对称性和正定性等特点. 本章将首先给出 Galerkin 边界点法求解作为拟微分算子方程的一般边界积分方程的算法, 然后建立 Laplace 方程 Dirichlet 问题、Laplace 方程 Neumann 问题, 以及双调和问题的 Galerkin 边界点法, 同时分析数值实施过程和背景网格积分所带来的误差.

3.1 边界积分方程的无网格近似和误差分析

一些偏微分方程的边值问题可以化归为边界积分方程. 由于积分表达式的不同, 相应的积分方程可被归纳为第一类和第二类 Fredholm 方程、Cauchy 型积分方程、超奇异型 (或称 Hadamard 有限部分型奇异) 积分方程. 这些积分方程的性质不同, 研究它们的方法也不同. 因为边界积分方程中的算子是边界流形上的线性积分算子, 所以拟微分算子是建立统一方法的自然有效的工具 [25]. 如果把边界积分方程都归纳为拟微分算子的范畴, 则它们具有一个很强的共性, 即强椭圆性, 这样就可以用一个统一的方式来分析边界化归的合理性, 以及各种边界积分方程的可解性和稳定性.

边界积分方程存在着不同的离散化数值解法. 边界元法在离散求解边界积分方程时, 首先将边界剖分成单元, 然后利用单元建立插值函数, 最后基于配点格式或者边界积分方程的变分公式将边界积分方程离散为线性代数方程组. 本节给出一种求解边界积分方程的 Galerkin 无网格方法——Galerkin 边界点法, 并在 Sobolev 空间中给出该方法的误差估计和收敛性分析. Galerkin 边界点法采用移动最小二乘近似构造边界积分方程的变分公式中的检验函数和试探函数, 因此在构造近似函数时不需要单元, 并且近似函数的光滑性优于边界元法.

3.1.1 拟微分算子方程

拟微分算子是线性偏微分算子的推广, 微分算子以及在边界积分方程中出现的积分算子都可归纳为拟微分算子的范畴. 拟微分算子理论可以作为研究微分方程以及积分方程的可解性和正则性的一个统一工具.

假定 Ω 是 n 维空间 $\mathbb{R}^n$ 上由光滑边界 $\Gamma \subset \mathbb{R}^{n-1}$ 所围成的单连通区域, 记 $\bar{\Omega} = \Omega \cup \Gamma$ 和 $\Omega' = \mathbb{R}^n / \bar{\Omega}$, 用 $\boldsymbol{x} = (x_1, x_2, \cdots, x_n)^{\mathrm{T}}$ 或者 $\boldsymbol{y} = (y_1, y_2, \cdots, y_n)^{\mathrm{T}}$ 表示 $\mathbb{R}^n$ 上的点.

设 $\mathcal{A}$ 是 2α 阶拟微分算子, α 是固定常数. 考虑作为拟微分算子方程的边界积分方程,

$$\mathcal{A}v\left(\boldsymbol{x}\right) \triangleq \int_{\Gamma} v\left(\boldsymbol{y}\right) K\left(\boldsymbol{x}, \boldsymbol{y}\right) \mathrm{d}s_{\boldsymbol{y}} = f\left(\boldsymbol{x}\right), \quad \boldsymbol{x} \in \Gamma, \tag{3.1.1}$$

这里 $v(\boldsymbol{x}) \in H^{\tau+\alpha}(\Gamma)$, $\tau \in \mathbb{R}$, $K(\boldsymbol{x}, \boldsymbol{y})$ 是积分核, $f(\boldsymbol{x}) \in H^{\tau-\alpha}(\Gamma)$ 是已知函数. 由拟微分算子理论可知边界积分算子 $\mathcal{A}$ 是 $H^{\tau+\alpha}(\Gamma) \to H^{\tau-\alpha}(\Gamma)$ 的线性连续映射 [25].

可以把边界积分方程 (3.1.1) 按照算子 $\mathcal{A}$ 的阶数进行分类:

(1) 当 $2\alpha < 0$ 时, 方程 (3.1.1) 属于第一类 Fredholm 积分方程.

(2) 当 $2\alpha = 0$ 且 $\mathcal{A}$ 具有形式 $a\mathcal{I} + \mathcal{K}$ 时, 这里 $a \neq 0$, $\mathcal{I}$ 是恒等算子. 若 $\mathcal{K}$ 是 Cauchy 型奇异积分算子, 则方程 (3.1.1) 属于 Cauchy 型积分方程; 若 $\mathcal{K}$ 是紧算子, 则方程 (3.1.1) 属于第二类 Fredholm 积分方程.

(3) 当 $2\alpha > 0$ 且 $\mathcal{A}$ 具有形式 $\mathcal{L} + \mathcal{K}$ 时, 这里 $\mathcal{L}$ 是微分算子, $\mathcal{K}$ 是超奇异积分算子. 若 $\mathcal{L}$ 的阶数等于 2α, 则方程 (3.1.1) 属于积分–微分方程; 若 $\mathcal{L}$ 的阶数小于 2α, 则方程 (3.1.1) 属于超奇异型积分方程.

对于 Laplace 方程

$$\begin{cases} \Delta u\left(\boldsymbol{x}\right) = 0, \quad \boldsymbol{x} \in \Omega \cup \Omega', \\ \lim_{|\boldsymbol{x}| \to \infty} u\left(\boldsymbol{x}\right) = 0, \end{cases} \tag{3.1.2}$$

在求解内部 Dirichlet 边值问题时, 可得到边界积分方程 [3]

$$u\left(\boldsymbol{x}\right) = \int_{\Gamma} \sigma\left(\boldsymbol{y}\right) u^*\left(\boldsymbol{x}, \boldsymbol{y}\right) \mathrm{d}s_{\boldsymbol{y}}, \quad \boldsymbol{x} \in \Gamma, \tag{3.1.3}$$

$$\frac{\partial u\left(\boldsymbol{x}\right)}{\partial \boldsymbol{n}\left(\boldsymbol{x}\right)} = \frac{1}{2}\sigma\left(\boldsymbol{x}\right) + \int_{\Gamma} \sigma\left(\boldsymbol{y}\right) \frac{\partial}{\partial \boldsymbol{n}\left(\boldsymbol{x}\right)} u^*\left(\boldsymbol{x}, \boldsymbol{y}\right) \mathrm{d}s_{\boldsymbol{y}}, \quad \boldsymbol{x} \in \Gamma. \tag{3.1.4}$$

在求解外部 Dirichlet 边值问题时, 可得到边界积分方程

$$u\left(\boldsymbol{x}\right) = \int_{\Gamma} \sigma\left(\boldsymbol{y}\right) u^*\left(\boldsymbol{x}, \boldsymbol{y}\right) \mathrm{d}s_{\boldsymbol{y}}, \quad \boldsymbol{x} \in \Gamma, \tag{3.1.5}$$

$$\frac{\partial u\left(\boldsymbol{x}\right)}{\partial\boldsymbol{n}\left(\boldsymbol{x}\right)}=-\frac{1}{2}\sigma\left(\boldsymbol{x}\right)+\int_{\Gamma}\sigma\left(\boldsymbol{y}\right)\frac{\partial}{\partial\boldsymbol{n}\left(\boldsymbol{x}\right)}u^{*}\left(\boldsymbol{x},\boldsymbol{y}\right)\mathrm{d}s_{\boldsymbol{y}},\quad\boldsymbol{x}\in\Gamma. \tag{3.1.6}$$

在求解内部 Neumann 边值问题时, 可得到边界积分方程

$$u\left(\boldsymbol{x}\right)=\frac{1}{2}\mu\left(\boldsymbol{x}\right)-\int_{\Gamma}\mu\left(\boldsymbol{y}\right)\frac{\partial}{\partial\boldsymbol{n}\left(\boldsymbol{x}\right)}u^{*}\left(\boldsymbol{x},\boldsymbol{y}\right)\mathrm{d}s_{\boldsymbol{y}},\quad\boldsymbol{x}\in\Gamma, \tag{3.1.7}$$

$$\frac{\partial u\left(\boldsymbol{x}\right)}{\partial\boldsymbol{n}\left(\boldsymbol{x}\right)}=-\int_{\Gamma}\mu\left(\boldsymbol{y}\right)\frac{\partial^{2}}{\partial\boldsymbol{n}\left(\boldsymbol{x}\right)\partial\boldsymbol{n}\left(\boldsymbol{y}\right)}u^{*}\left(\boldsymbol{x},\boldsymbol{y}\right)\mathrm{d}s_{\boldsymbol{y}},\quad\boldsymbol{x}\in\Gamma. \tag{3.1.8}$$

在求解外部 Neumann 边值问题时, 可得到边界积分方程

$$u\left(\boldsymbol{x}\right)=-\frac{1}{2}\mu\left(\boldsymbol{x}\right)-\int_{\Gamma}\mu\left(\boldsymbol{y}\right)\frac{\partial}{\partial\boldsymbol{n}\left(\boldsymbol{x}\right)}u^{*}\left(\boldsymbol{x},\boldsymbol{y}\right)\mathrm{d}s_{\boldsymbol{y}},\quad\boldsymbol{x}\in\Gamma, \tag{3.1.9}$$

$$\frac{\partial u\left(\boldsymbol{x}\right)}{\partial\boldsymbol{n}\left(\boldsymbol{x}\right)}=-\int_{\Gamma}\mu\left(\boldsymbol{y}\right)\frac{\partial^{2}}{\partial\boldsymbol{n}\left(\boldsymbol{x}\right)\partial\boldsymbol{n}\left(\boldsymbol{y}\right)}u^{*}\left(\boldsymbol{x},\boldsymbol{y}\right)\mathrm{d}s_{\boldsymbol{y}},\quad\boldsymbol{x}\in\Gamma, \tag{3.1.10}$$

这里, $\sigma\left(\boldsymbol{x}\right)$ 表示法向导数 $\partial u\left(\boldsymbol{x}\right)/\partial\boldsymbol{n}\left(\boldsymbol{x}\right)$ 在穿越边界 Γ 时的跃变, $\mu\left(\boldsymbol{x}\right)$ 表示位势函数 $u\left(\boldsymbol{x}\right)$ 在穿越 Γ 时的跃变, $\boldsymbol{n}\left(\boldsymbol{x}\right)$ 是点 $\boldsymbol{x}$ 处的边界单位外法向量, $u^{*}\left(\boldsymbol{x},\boldsymbol{y}\right)$ 是 Laplace 方程的基本解.

定义以下四种基本的边界积分算子

$$\mathcal{V}\sigma\left(\boldsymbol{x}\right)\triangleq\int_{\Gamma}\sigma\left(\boldsymbol{y}\right)u^{*}\left(\boldsymbol{x},\boldsymbol{y}\right)\mathrm{d}s_{\boldsymbol{y}},\quad(单层积分算子\ \mathcal{V})$$

$$\mathcal{K}\mu\left(\boldsymbol{x}\right)\triangleq\int_{\Gamma}\mu\left(\boldsymbol{y}\right)\frac{\partial u^{*}\left(\boldsymbol{x},\boldsymbol{y}\right)}{\partial\boldsymbol{n}\left(\boldsymbol{y}\right)}\mathrm{d}s_{\boldsymbol{y}},\quad(双层积分算子\ \mathcal{K})$$

$$\mathcal{K}'\sigma\left(\boldsymbol{x}\right)\triangleq\int_{\Gamma}\sigma\left(\boldsymbol{y}\right)\frac{\partial u^{*}\left(\boldsymbol{x},\boldsymbol{y}\right)}{\partial\boldsymbol{n}\left(\boldsymbol{x}\right)}\mathrm{d}s_{\boldsymbol{y}},\quad(算子\ \mathcal{K}\ 的转置)$$

$$\mathcal{D}\mu\left(\boldsymbol{x}\right)\triangleq-\frac{\partial}{\partial\boldsymbol{n}\left(\boldsymbol{x}\right)}\int_{\Gamma}\mu\left(\boldsymbol{y}\right)\frac{\partial u^{*}\left(\boldsymbol{x},\boldsymbol{y}\right)}{\partial\boldsymbol{n}\left(\boldsymbol{y}\right)}\mathrm{d}s_{\boldsymbol{y}},\quad(超奇异积分算子\ \mathcal{D})$$

则根据上述分类, 若用 $\mathcal{A}$ 表示 (3.1.3)—(3.1.10) 中的不同类型的边界积分算子, 可以得到形如 (3.1.1) 的第一类和第二类 Fredholm 边界积分方程

$$\mathcal{A}=\mathcal{V},\quad 2\alpha=-1 \tag{3.1.11}$$

$$\mathcal{A}=\frac{1}{2}\mathcal{I}\pm\mathcal{K},\quad\mathcal{A}=\frac{1}{2}\mathcal{I}\mp\mathcal{K}',\quad 2\alpha=0, \tag{3.1.12}$$

$$\mathcal{A}=\mathcal{D},\quad 2\alpha=1, \tag{3.1.13}$$

上述 (3.1.11)—(3.1.13) 中的算子 $\mathcal{A}$ 都是 2α 阶的拟微分算子.

对于第一类和第二类边界积分方程, 与它们等价的变分公式一般不同. 对于第一类 Fredholm 边界积分方程, 例如 (3.1.3), (3.1.5), (3.1.8) 和 (3.1.10), 内外边值问题的边界积分方程具有相同的形式, 因此与内外边值问题对应的变分公式也一样. 对于第二类 Fredholm 边界积分方程, 例如 (3.1.4), (3.1.6), (3.1.7) 和 (3.1.9), 内外边值问题的边界积分方程及相应的变分公式具有不同的形式.

3.1.2 边界积分方程中未知函数的无网格逼近

在边界型无网格方法中, 只需要将边界上的未知函数采用移动最小二乘近似等方案进行无网格逼近. 接下来以二维边值问题为例, 给出边界积分方程的无网格离散. 三维边值问题的无网格边界积分方程法可以参考文献 [22, 23].

在二维边值问题中, $\Omega \subset \mathbb{R}^2$ 是平面上的区域, 其边界 Γ 可以是分段光滑曲线组成的闭曲线, 这里简单地假定整个边界 Γ 是一条光滑曲线. 用 L 表示曲线 Γ 的长度, 则边界以 L 为周期的参数方程是

$$\boldsymbol{x} = X(s), \tag{3.1.14}$$

其中 $\boldsymbol{x} \in \Gamma$, 参数 s 表示弧长. 显然, $X(s)$ 是以 L 为周期的周期函数. 另外, $X(s)$ 是由 $\mathbb{R}$ 到 $\mathbb{R}^2$ 的映射, 对任何一点 $\partial X(s)/\partial s$ 均不为零向量.

将边界 Γ 用 N 个节点离散, 边界节点 $\boldsymbol{x}_i$ 满足

$$\boldsymbol{x}_i = X(s_i), \quad i = 1, 2, \cdots, N, \tag{3.1.15}$$

这里 s_i 是边界节点 $\boldsymbol{x}_i$ 的参数坐标. 因为 Γ 是闭曲线, 可记 $s_0 = s_N - L$, 则 $\boldsymbol{x}_0 = \boldsymbol{x}_N$.

定义 3.1.1 记

$$h = \max_{1 \leqslant i \leqslant N} (s_i - s_{i-1}), \quad h_i = \left| \overrightarrow{\boldsymbol{x}_{i-1}\boldsymbol{x}_i} \right| = |X(s_i) - X(s_{i-1})|. \tag{3.1.16}$$

由微分中值定理, 存在 $s \in [s_{i-1}, s_i]$, 使得

$$X(s_i) - X(s_{i-1}) = (s_i - s_{i-1}) \frac{\partial X(s)}{\partial s}.$$

由于 $\partial X(s)/\partial s$ 有界, 故

$$h_i = \mathcal{O}(h), \quad i = 1, 2, \cdots, N, \tag{3.1.17}$$

所以可以用 h 度量边界节点之间的距离.

定义 3.1.2   对任意 $\boldsymbol{x} \in \Gamma$, $\boldsymbol{x}$ 的影响域定义为

$$\Re(\boldsymbol{x}) = \Re(X(s)) = \{\boldsymbol{y}(\tilde{s}) \in \Gamma : |s - \tilde{s}| \leqslant r(\boldsymbol{x})\}, \tag{3.1.18}$$

其中 $\tilde{s}$ 是边界点 $\boldsymbol{y}$ 的局部参数坐标, $r(\boldsymbol{x})$ 是 $\boldsymbol{x}$ 的影响域的半径.

根据定义 3.1.2, 边界节点 $\boldsymbol{x}_i$ 的影响域可以表示为

$$\Re_i = \Re(X(s_i)) = \{\boldsymbol{y}(\tilde{s}) \in \Gamma : |s_i - \tilde{s}| \leqslant r_i\}, \quad i = 1, 2, \cdots, N, \tag{3.1.19}$$

其中 $r_i = r(\boldsymbol{x}_i)$ 的选取要求满足

$$\Gamma = \bigcup_{i=1}^{N} \Re_i,$$

即 N 个子域 $\Re_i$ 完全覆盖边界 Γ, 如图 3.1.1 所示.

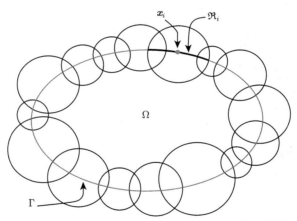

图 3.1.1   二维问题边界上的节点及其影响域示意图

用 $v(\boldsymbol{x})$ 表示边界积分方程中的未知函数. 类似 1.2 节, 边界函数 $v(\boldsymbol{x})$ 在点 $\boldsymbol{x} = X(s) \in \Gamma$ 的移动最小二乘近似可定义为

$$v(\boldsymbol{x}) \approx \mathcal{M}v(X(s)) = \sum_{j=0}^{m} p_j(s) a_j(s) = \boldsymbol{p}^{\mathrm{T}}(s) \boldsymbol{a}(s), \quad \boldsymbol{x} \in \Gamma, \tag{3.1.20}$$

其中 $\mathcal{M}$ 是逼近算子,

$$\boldsymbol{a}(s) = (a_0(s), a_1(s), \cdots, a_m(s))^{\mathrm{T}}$$

是待定系数 $a_j(s)$ 构成的向量, $p_j(s)$ 是自变量为参数坐标 s 的基函数, $m+1$ 是基函数的个数, $\boldsymbol{p}(s) = (p_0(s), p_1(s), \cdots, p_m(s))^{\mathrm{T}}$ 是基函数向量.

根据加权最小二乘法可得

$$\boldsymbol{a}(s) = \boldsymbol{A}^{-1}(s)\boldsymbol{B}(s)\boldsymbol{v}, \tag{3.1.21}$$

其中

$$\boldsymbol{v} = \left(v_{I_1}, v_{I_2}, \cdots, v_{I_{\tau(s)}}\right)^{\mathrm{T}}$$

是节点处的函数近似值 v_i 构成的向量,

$$[\boldsymbol{A}(s)]_{ij} = \sum_{\ell \in \wedge(s)} p_i(s_\ell) w_\ell(s) p_j(s_\ell), \quad i, j = 0, 1, 2, \cdots, m, \tag{3.1.22}$$

$$[\boldsymbol{B}(s)]_{ij} = w_{I_j}(s) p_i(s_{I_j}), \quad i = 0, 1, 2, \cdots, m, \quad j = 1, 2, \cdots, \tau(s), \tag{3.1.23}$$

而 $\wedge(s) = \left\{I_1, I_2, \cdots, I_{\tau(s)}\right\}$ 表示影响域覆盖边界点 $\boldsymbol{x} = X(s)$ 的节点 $\boldsymbol{x}_i = X(s_i)$ 的全局序号构成的集合.

把 (3.1.21) 代入 (3.1.20), 边界函数 $v(\boldsymbol{x})$ 在点 $\boldsymbol{x} = X(s)$ 的移动最小二乘近似为

$$v(\boldsymbol{x}) \approx \mathcal{M}v(X(s)) = \sum_{i \in \wedge(s)} \Phi_i(s) v_i = \sum_{i=1}^{N} \Phi_i(s) v_i, \quad \boldsymbol{x} \in \Gamma, \tag{3.1.24}$$

其中移动最小二乘近似形函数为

$$\Phi_i(s) = \begin{cases} \sum_{j=0}^{m} p_j(s) \left[\boldsymbol{A}^{-1}(s)\boldsymbol{B}(s)\right]_{j\ell}, & i = I_\ell \in \wedge(s), \\ 0, & i \notin \wedge(s), \end{cases} \quad i = 1, 2, \cdots, N. \tag{3.1.25}$$

假设 3.1.1 用 m 表示构造形函数 $\Phi_i(\boldsymbol{x})$ 的基函数的次数, 假设存在非负整数 $\gamma \geqslant m+1$, 使得权函数 γ 阶连续, 并且边界 Γ 是分段 C^γ 光滑曲线.

类似定理 1.5.3, 边界函数 $v(\boldsymbol{x})$ 的移动最小二乘近似具有如下误差估计.

定理 3.1.1 对任意 $v \in H^{p+1}(\Gamma)$, $0 \leqslant p \leqslant m$, 有

$$\|v - \mathcal{M}v\|_{\ell, \Gamma} \leqslant Ch^{p+1-\ell} \|v\|_{p+1, \Gamma}, \quad 0 \leqslant \ell \leqslant p+1.$$

3.1.3 边界积分方程的变分公式

数值求解边界积分方程最常用的方法是配点法, 边界点法[6,7]、无网格局部边界积分方程法[8]、杂交边界点法[9,10]、边界点插值法[11]、边界云团法[12]、边界

无单元法 [13,14]、边界节点法 [15]、奇异边界法 [16] 等大量无网格边界积分方程法都属于配点法. 由于移动最小二乘近似形函数不具有插值特性, 在基于移动最小二乘近似的无网格边界积分方程法中精确满足边界条件较为困难. 另外, 这些无网格边界积分方程法的系统刚度矩阵不具有对称性.

本节的数值方法基于边界积分方程的弱形式或变分公式, 而且采用边界上的无网格离散方法来数值求解. 这种方法能保持变分问题的对称性和正定性, 边界条件也可以在变分公式中精确满足. 除此之外, 基于边界积分方程的变分公式可以更方便地研究边界积分方程广义解的存在性和唯一性, 还可以把理论分析诸如解的存在唯一性、近似解的收敛性及误差估计等和实际的数值计算公式联系在一起.

根据 Galerkin 方法, 边界积分方程 (3.1.1) 的弱解由如下边界变分问题确定

$$
\begin{cases}
\text{求 } v \in H^{\alpha}\left(\Gamma\right), \text{ 使得} \\
\langle \mathcal{A}v, v' \rangle_{\Gamma} = \langle f, v' \rangle_{\Gamma}, \quad \forall v' \in H^{\alpha}\left(\Gamma\right),
\end{cases}
\tag{3.1.26}
$$

其中 $\langle \cdot, \cdot \rangle_{\Gamma}$ 表示在边界 Γ 上的内积,

$$
\langle \mathcal{A}v, v' \rangle_{\Gamma} = \int_{\Gamma} \mathcal{A}v\left(\boldsymbol{y}\right) \cdot v'\left(\boldsymbol{y}\right) \mathrm{d}s_{\boldsymbol{y}} = \int_{\Gamma}\int_{\Gamma} v\left(\boldsymbol{x}\right) K\left(\boldsymbol{x}, \boldsymbol{y}\right) v'\left(\boldsymbol{y}\right) \mathrm{d}s_{\boldsymbol{x}} \mathrm{d}s_{\boldsymbol{y}},
$$

$$
\langle f, v' \rangle_{\Gamma} = \int_{\Gamma} f\left(\boldsymbol{y}\right) v'\left(\boldsymbol{y}\right) \mathrm{d}s_{\boldsymbol{y}}.
$$

因为算子 $\mathcal{A}$ 是 $H^{\tau+\alpha}\left(\Gamma\right) \to H^{\tau-\alpha}\left(\Gamma\right)$ 的线性连续映射, 所以双线性形式 $\langle \mathcal{A}\cdot, \cdot \rangle_{\Gamma}$ 在 Sobolev 空间 $H^{\alpha}\left(\Gamma\right) \times H^{\alpha}\left(\Gamma\right)$ 上是连续的. 又因为 $\langle f, v' \rangle_{\Gamma}$ 是 $H^{\alpha}\left(\Gamma\right)$ 上的线性连续泛函, 所以根据 Lax-Milgram 定理 [2,3,26,27], 变分问题 (3.1.26) 存在唯一解的必要条件是双线性形式 $\langle \mathcal{A}\cdot, \cdot \rangle_{\Gamma}$ 在 Sobolev 空间 $H^{\alpha}\left(\Gamma\right) \times H^{\alpha}\left(\Gamma\right)$ 上具有强制性, 即满足著名的 Ladyzenskaya-Babuška-Brezzi (LBB) 条件, 或者所谓的 inf-sup 条件. 为此, 需要如下假设:

假设 3.1.2 存在常数 $C_B > 0$, 使得双线性形式 $\langle \mathcal{A}\cdot, \cdot \rangle_{\Gamma}$ 满足如下 LBB 条件:

$$
\sup_{0 \neq v' \in V_h\left(\Gamma\right)} \frac{\langle \mathcal{A}v, v' \rangle_{\Gamma}}{\|v'\|_{\alpha, \Gamma}} \geqslant C_B \|v\|_{H^{\alpha}\left(\Gamma\right)}, \quad \forall v \in V_h\left(\Gamma\right) \subset H^{\alpha}\left(\Gamma\right).
\tag{3.1.27}
$$

根据文献 [2, 3], 由 (3.1.11)—(3.1.13) 定义的算子都满足假设 3.1.2.

为了得到变分问题 (3.1.26) 的数值解, 用移动最小二乘近似形函数构造变分问题 (3.1.26) 的检验函数和试探函数, 进而得到一种基于边界积分方程的 Galerkin 无

网格方法——Galerkin 边界点法. 在 Γ 上定义有限维函数空间 $V_h(\Gamma)$,

$$V_h(\Gamma) = \mathrm{span}\,\{\Phi_i, 1 \leqslant i \leqslant N\}, \tag{3.1.28}$$

其中 Φ_i 是 (3.1.25) 定义的移动最小二乘近似形函数.

因为当 $\Phi_i \in C^\gamma(\Gamma)$ 且 $\alpha \leqslant p \leqslant \gamma$ 时,

$$\Phi_i \in H^p(\Gamma) \subset H^\alpha(\Gamma),$$

所以变分问题 (3.1.26) 在空间 $V_h(\Gamma)$ 中的近似问题可表示为

$$\begin{cases} 求\ v_h \in V_h(\Gamma),\ 使得 \\ \langle \mathcal{A}v_h, v' \rangle_\Gamma = \langle f, v' \rangle_\Gamma, \quad \forall v' \in V_h(\Gamma). \end{cases} \tag{3.1.29}$$

根据假设 3.1.2 和 Lax-Milgram 定理可得这个变分问题在 $V_h(\Gamma)$ 中有唯一解.

在空间 $V_h(\Gamma)$ 中, 近似解 $v_h(\boldsymbol{x})$ 可表示为

$$v_h(\boldsymbol{x}) = \sum_{i \in \wedge(\boldsymbol{x})} \Phi_i(\boldsymbol{x}) v_i, \tag{3.1.30}$$

从而变分问题 (3.1.29) 可转化为如下线性代数方程组:

$$\sum_{j=1}^{N} a_{ij} v_j = f_i, \quad 1 \leqslant i \leqslant N, \tag{3.1.31}$$

其中

$$\begin{cases} a_{ij} = \langle \mathcal{A}\Phi_j, \Phi_i \rangle_\Gamma = \displaystyle\int_\Gamma \mathcal{A}\Phi_j(\boldsymbol{y}) \cdot \Phi_i(\boldsymbol{y})\,\mathrm{d}s_{\boldsymbol{y}} \\[2mm] \quad = \displaystyle\int_\Gamma \int_\Gamma \Phi_j(\boldsymbol{x}) K(\boldsymbol{x}, \boldsymbol{y}) \Phi_i(\boldsymbol{y})\,\mathrm{d}s_{\boldsymbol{x}}\mathrm{d}s_{\boldsymbol{y}}, \\[2mm] f_i = \langle f, \Phi_i \rangle_\Gamma = \displaystyle\int_\Gamma f(\boldsymbol{y}) \Phi_i(\boldsymbol{y})\,\mathrm{d}s_{\boldsymbol{y}}. \end{cases} \tag{3.1.32}$$

在边界元法中, 边界 Γ 被离散成一系列单元, (3.1.32) 中对边界的积分可以转化为对各单元积分的和, 又因为单元上的形函数通常是多项式, 所以边界元法可以采用 Gauss 积分公式精确计算各单元中的积分. 在无网格方法中, 边界是用节点离散的, 并且形函数 Φ_i 通常是有理函数, 因此 (3.1.32) 中的积分难以直接用 Gauss 积分精确计算. 为了较好地完成数值积分, 积分背景网格被广泛应用于 Galerkin 型无网格方法 [28-30] 和无网格边界积分方程法 [6,7,11-14], 并取得了很好的计算效果.

3.1.4   边界上的积分背景网格

本节将针对二维边值问题在边界曲线上构造用于数值计算 (3.1.32) 中积分的背景网格. 在无网格方法中, 背景网格是边界的一种近似, 只用来计算积分, 与边界节点和形函数的构造无关.

为了构造用于数值积分的背景网格, 在边界 Γ 上选取 N_C 个分点 A_i, 则由 (3.1.14), 可记

$$A_i = X(\tilde{s}_i), \quad 1 \leqslant i \leqslant N_C, \tag{3.1.33}$$

这里 $\tilde{s}_i$ 是边界点 A_i 的参数坐标. 因为 Γ 是闭曲线, 记 $\tilde{s}_0 = \tilde{s}_{N_C} - L$, 则 $A_0 = A_{N_C}$. 值得注意的是, 这里选取的 N_C 个分点 A_i 只用于构造积分背景网格, 而 3.1.2 节选取的 N 个边界节点 $\boldsymbol{x}_i$ 只用于构造移动最小二乘近似的形函数, 因此 A_i 和 $\boldsymbol{x}_i$ 之间没有关系, 如图 3.1.2.

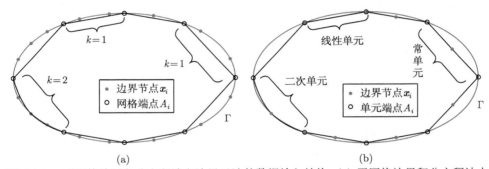

图 3.1.2   无网格边界积分方程法和边界元法的数据输入结构: (a) 无网格边界积分方程法中的背景网格和边界节点; (b) 边界元法中的边界单元和边界节点

建立以 A_{i-1} 为原点、横轴与 $\overrightarrow{A_{i-1}A_i}$ 重合的正交局部坐标系 $(\boldsymbol{g}_{1i}, \boldsymbol{g}_{2i})$. 记曲线段 $A_{i-1}A_i$ 为 Γ_i, 则有

$$\Gamma = \bigcup_{i=1}^{N_C} \Gamma_i.$$

在局部坐标系下, 边界曲线段 Γ_i 上的任一点 $\boldsymbol{x}$ 可表示为

$$\boldsymbol{x} = \psi_i(\xi) = \left(\xi\tilde{h}_i, f_i(\xi)\right), \quad \xi \in [0, 1], \tag{3.1.34}$$

这里 $\tilde{h}_i$ 是线段 $A_{i-1}A_i$ 的长度,

$$f_i(\xi) = \boldsymbol{g}_{2i} \cdot \overrightarrow{A_{i-1}X(s)},$$

其中 s 是 ξ 的函数, 满足

$$\boldsymbol{g}_{1i} \cdot \overrightarrow{A_{i-1}X(s)} = \xi\tilde{h}_i. \tag{3.1.35}$$

因为 $X(s)$ 是连续可微的, 所以只要节点间距足够小, s 可由 ξ 唯一确定, 记为

$$s = \varphi_i(\xi), \quad \xi \in [0,1], \tag{3.1.36}$$

这里 φ_i 是由 $[0,1]$ 到 $[\tilde{s}_{i-1}, \tilde{s}_i]$ 的双射.

设 $p_i(\xi)$ 是 $f_i(\xi)$ 在插值点 j/k 上的 k 阶插值多项式, 其中 $0 \leqslant j \leqslant k$. 在局部坐标系下, 定义积分背景网格 Γ_{ih} 是由满足下式的所有点 $\boldsymbol{x}_h$ 构成的 k 次多项式曲线,

$$\boldsymbol{x}_h = \psi_{ih}(\xi) = \left(\xi \tilde{h}_i, p_i(\xi) \right), \quad \xi \in [0,1], \tag{3.1.37}$$

则 Γ_{ih} 是边界曲线段 Γ_i 的 k 阶近似. 若 Γ_i 本身是 k 次多项式曲线, 则 Γ_{ih} 与 Γ_i 完全贴合.

由于边界曲线段 Γ_i 的两个端点为 A_{i-1} 和 A_i, 所以在实际应用中, 可以直接在 A_{i-1} 和 A_i 之间选取 $k-1$ 个位于 Γ_i 上的点, 这 $k-1$ 个点与 A_{i-1} 和 A_i 一起共 $k+1$ 个点, 基于这 $k+1$ 个点构造 k 阶插值, 即可得到 Γ_{ih}. 如图 3.1.2 所示, 当 $k=1$ 时, 直接使用 A_{i-1} 和 A_i 进行线性插值可以得到 Γ_i 的线性近似; 当 $k=2$ 时, 使用 A_{i-1}, A_i, 以及 A_{i-1} 和 A_i 在 Γ_i 上的中点, 进行二次插值可以得到 Γ_i 的二次近似.

对于定义在 Γ_{ih} 上的函数 $v_h(\boldsymbol{x}_h)$, 通过映射 ψ_{ih}, 可以得到一个定义在 $[0,1]$ 上的函数

$$\hat{v}_h(\xi) = v_h \circ \psi_{ih} = v_h(\psi_{ih}(\xi)) = v_h(\boldsymbol{x}_h).$$

反之, 定义在 $[0,1]$ 上的函数 $\hat{v}_h(\xi)$, 也对应于一个定义在 Γ_{ih} 上的函数 $v_h(\boldsymbol{x}_h)$.

将

$$\Gamma_h = \bigcup_{i=1}^{N_C} \Gamma_{ih} \tag{3.1.38}$$

取作边界曲线 Γ 的近似曲线, 并建立 $\Gamma \to \Gamma_h$ 的映射 Ψ, 则

$$\Psi = \psi_{ih} \circ \psi_i^{-1}. \tag{3.1.39}$$

当节点间距充分小时, 这是一个双射.

曲线 Γ_h 可以用作数值积分的背景网格, 它是边界 Γ 的 k 阶近似. 当边界 Γ 本身是多项式曲线时, Γ_h 可与 Γ 完全贴合. 这里的背景网格 Γ_{ih} 不同于边界元法中的边界单元, 因为背景网格与边界节点和形函数无关, 只用来数值计算积分. 另外, 无网格边界积分方程法中的边界节点位于边界 Γ 上, 但是边界元法中的边界节点位于边界单元上, 而边界单元是边界 Γ 的插值逼近. 图 3.1.2 给出了无网格边界积分方程法中背景网格和边界元法中插值单元的区别. 在需要借助背景网格

完成数值积分的无网格方法中, 节点布置不受网格连续性的约束, 因此可以根据需要灵活地增删节点, 实现节点的自适应分布 [28-30].

由于无网格方法的近似函数一般为有理函数, 而不是多项式, 所以采用背景网格数值计算积分时, 为了保证积分精度, 通常要求与每段背景网格 Γ_{ih} 对应的边界节点不能太多 [6,28-30]. 该要求与复化求积公式的基本思想类似. 一般地, 可以要求

假设 3.1.3 存在非负整数 $\bar{K}$, 使得每段背景网格至多对应 $\bar{K}$ 个边界节点. 即, 对于 N 个边界节点 $\boldsymbol{x}_i$, $i = 1, 2, \cdots, N$, 每段背景网格至多包含 $\bar{K}$ 个 $\Psi(\boldsymbol{x}_i)$.

设

$$\tilde{h} = \max_{1 \leqslant i \leqslant N_C} (\tilde{s}_i - \tilde{s}_{i-1}), \quad \tilde{h}_i = \left| \overrightarrow{A_{i-1} A_i} \right| = |X(\tilde{s}_i) - X(\tilde{s}_{i-1})|. \tag{3.1.40}$$

由微分中值定理, 存在 $s \in [\tilde{s}_{i-1}, \tilde{s}_i]$, 使得

$$X(\tilde{s}_i) - X(\tilde{s}_{i-1}) = \frac{\mathrm{d}X(s)}{\mathrm{d}s}(\tilde{s}_i - \tilde{s}_{i-1}).$$

由于 $\mathrm{d}X(s)/\mathrm{d}s$ 有界, 故

$$\tilde{h}_i = \mathcal{O}\left(\tilde{h}\right), \quad 1 \leqslant i \leqslant N_C. \tag{3.1.41}$$

根据定义 3.1.1 和假设 3.1.3, 任一背景网格的长度可以用 h 来度量, 即

$$\tilde{h}_i = \mathcal{O}(h), \quad 1 \leqslant i \leqslant N_C. \tag{3.1.42}$$

根据假设 3.1.1 可得 $X(s) \in (C^\gamma)^2$, 且当 $0 \leqslant \ell \leqslant \gamma$ 时, $\partial^\ell X / \partial s^\ell$ 有界.

假设 3.1.4 边界 Γ 的近似阶数 k 满足 $1 \leqslant k \leqslant \gamma - 2$.

性质 3.1.1 设 Ψ 是由 (3.1.39) 定义的映射, 则对任意 $\boldsymbol{x} \in \Gamma$, 有

$$|\boldsymbol{x} - \Psi(\boldsymbol{x})| \leqslant Ch^{k+1}. \tag{3.1.43}$$

证明 假设 $\boldsymbol{x} \in \Gamma_i$, 则 $\boldsymbol{x} = \psi_i(\xi) = \left(\xi \tilde{h}_i, f_i(\xi)\right)$, $\Psi(\boldsymbol{x}) = \psi_{ih}(\xi) = \left(\xi \tilde{h}_i, p_i(\xi)\right)$, $\xi \in [0, 1]$, 所以

$$|\boldsymbol{x} - \Psi(\boldsymbol{x})| = |f_i(\xi) - p_i(\xi)|. \tag{3.1.44}$$

因为 $p_i(\xi)$ 是 $f_i(\xi)$ 在插值点 j/k 上的 k 阶插值多项式, 其中 $0 \leqslant j \leqslant k$, 所以

$$f_i(\xi) - p_i(\xi) = \pi(\xi) f_i\left[0, \frac{1}{k}, \cdots, \frac{j}{k}, \cdots, 1, \xi\right], \quad \forall \xi \in [0, 1],$$

其中 $f_i\left[0,1/k,\cdots,j/k,\cdots,1,\xi\right]$ 表示 $f_i(\xi)$ 在 $k+2$ 个点 $0,1/k,\cdots,j/k,\cdots,1$ 和 ξ 上的 $k+1$ 阶差商, 而

$$\pi(\xi) = \prod_{j=0}^{k}\left(\xi - \frac{j}{k}\right).$$

根据差商的性质, 存在 $\tilde{\xi} \in [0,1]$, 使得

$$f_i(\xi) - p_i(\xi) = \frac{\pi(\xi)}{(k+1)!}\frac{\mathrm{d}^{k+1}f_i\left(\tilde{\xi}\right)}{\mathrm{d}\xi^{k+1}}, \quad \forall \xi \in [0,1].$$

利用文献 [3, 31] 可得

$$\left|\frac{\mathrm{d}^{k+1}f_i\left(\tilde{\xi}\right)}{\mathrm{d}\xi^{k+1}}\right| \leqslant Ch^{k+1}, \quad \forall \xi \in [0,1],$$

所以

$$|f_i(\xi) - p_i(\xi)| \leqslant Ch^{k+1}, \quad \forall \xi \in [0,1]. \tag{3.1.45}$$

把 (3.1.45) 代入 (3.1.44) 即得 (3.1.43). 证毕.

由下面的性质可知, Γ 上的两个点 x 和 y 在映射 Ψ 的作用下, 在 Γ_h 上的映像之间的距离可由 x 和 y 之间的距离来估计.

性质 3.1.2[3,31] 对任意 $x \in \Gamma$ 和 $y \in \Gamma$, 有 $\Psi(x) \in \Gamma_h$ 和 $\Psi(y) \in \Gamma_h$, 且

$$C_1|\Psi(x) - \Psi(y)| \leqslant |x - y| \leqslant C_2|\Psi(x) - \Psi(y)|, \tag{3.1.46}$$

$$\left|\ln\left|\frac{\Psi(x) - \Psi(y)}{x - y}\right|\right| \leqslant Ch^{k+1}, \tag{3.1.47}$$

$$|1 - J_x(\partial\Psi)| \leqslant Ch^{k+1}, \tag{3.1.48}$$

其中

$$J_x(\partial\Psi) = D\Psi(x) = \left|\frac{\mathrm{d}\psi_{ih}(\xi)/\mathrm{d}\xi}{\mathrm{d}\psi_i(\xi)/\mathrm{d}\xi}\right|. \tag{3.1.49}$$

3.1.5 无网格近似解

无网格近似解空间 $V_h(\Gamma_h)$ 可记为

$$V_h(\Gamma_h) = \mathrm{span}\{\Phi_{ih}, 1 \leqslant i \leqslant N\}, \tag{3.1.50}$$

其中

$$\Phi_{ih}\left(\boldsymbol{x}\right) = \Phi_i\left(\boldsymbol{x}\right) \circ \Psi \tag{3.1.51}$$

是定义在近似边界 Γ_h 上的移动最小二乘近似形函数, $\Phi_i\left(\boldsymbol{x}\right)$ 是由 (3.1.25) 给出的定义在原边界 Γ 上的移动最小二乘近似形函数.

根据性质 1.3.3, $\Phi_i\left(\boldsymbol{x}\right)$ 至少 γ 阶连续, 又因为根据映射 Ψ 的定义可知 Ψ 具有 k 阶连续可微性, 所以 $\Phi_{ih}\left(\boldsymbol{x}\right)$ 是 $\min\left(\gamma, k\right)$ 阶连续的. 此外, 性质 1.3.4 指出, 移动最小二乘近似形函数 $\Phi_i\left(\boldsymbol{x}\right)$ 在 Γ 上具有紧支集, 所以由 (3.1.51) 可见, $\Phi_{ih}\left(\boldsymbol{x}\right)$ 在 Γ_h 上具有紧支集.

为了能够估计误差, 对于定义在 Γ_h 上的函数, 需要通过映射 Ψ 建立它在 Γ 上对应的函数. 为此, 令

$$V\left(\Gamma\right) = \operatorname{span}\left\{\Phi_i, 1 \leqslant i \leqslant N\right\}, \tag{3.1.52}$$

则 $V_h\left(\Gamma_h\right)$ 是 $V\left(\Gamma\right)$ 在映射 Ψ 作用下的映像. 因为 $\Phi_{ih}\left(\boldsymbol{x}\right) \in C^{\min(\gamma,k)}\left(\Gamma_h\right)$, 所以当 $\alpha \leqslant \ell \leqslant \min\left(\gamma, k\right)$ 时, 对任意 $v_h \in V_h\left(\Gamma_h\right)$, 有 $v_h \in H^\ell\left(\Gamma_h\right) \subset H^\alpha\left(\Gamma_h\right)$; 另外, 对任意 $v \in V\left(\Gamma\right)$, 有 $v \in H^\ell\left(\Gamma\right) \subset H^\alpha\left(\Gamma\right)$.

在进行误差估计时, 有时要把较强的范数与较弱的范数加以比较, 这就要出现 "逆估计".

定理 3.1.2　设 $v_h \in V_h(\Gamma_h)$, $\tilde{v}_h = v_h \circ \Psi^{-1} \in \tilde{V}_h(\Gamma)$, 则下列逆不等式成立

$$\|\tilde{v}_h\|_{p,\Gamma} \leqslant Ch^{\ell-p}\|\tilde{v}_h\|_{\ell,\Gamma}, \quad -m \leqslant \ell \leqslant p, \quad 0 \leqslant p \leqslant m. \tag{3.1.53}$$

证明　因为在无网格边界积分方程法中, 移动最小二乘近似只需要在边界上构造形函数, 所以由引理 1.5.4 的证明过程可得

$$D^{\boldsymbol{\beta}}\Phi_i\left(\boldsymbol{x}\right) = C_{\Phi_i}\left(\boldsymbol{x}, \boldsymbol{\beta}\right) h^{-|\boldsymbol{\beta}|}, \quad i = 1, 2, \cdots, N,$$

其中 $C_{\Phi_i}\left(\boldsymbol{x}, \boldsymbol{\beta}\right)$ 是不依赖于 h 的有界量, 进而

$$|\Phi_i|^2_{p,\Gamma} = \int_\Gamma \sum_{|\boldsymbol{\beta}|=p} \left|D^{\boldsymbol{\beta}}\Phi_i\left(\boldsymbol{x}\right)\right|^2 \mathrm{d}s_{\boldsymbol{x}} \leqslant \int_\Gamma \left(C_p h^{-p}\right)^2 \mathrm{d}s_{\boldsymbol{x}}, \quad 0 \leqslant p \leqslant m,$$

$$|\Phi_i|^2_{\ell,\Gamma} = \int_\Gamma \sum_{|\boldsymbol{\beta}|=\ell} \left|D^v\Phi_i\left(\boldsymbol{x}\right)\right|^2 \mathrm{d}s_{\boldsymbol{x}} \geqslant \int_\Gamma \left(C_\ell h^{-\ell}\right)^2 \mathrm{d}s_{\boldsymbol{x}}, \quad 0 \leqslant \ell \leqslant m,$$

因此,

$$|\Phi_i|_{p,\Gamma} \leqslant Ch^{\ell-p}|\Phi_i|_{\ell,\Gamma}, \quad 0 \leqslant \ell \leqslant p \leqslant m. \tag{3.1.54}$$

由 (3.1.50)—(3.1.52) 可见, $\tilde{v}_h \in \tilde{V}_h(\Gamma)$ 可以表示成形函数 Φ_i 的线性组合, 从而

$$\|\tilde{v}_h\|_{p,\Gamma} \leqslant Ch^{\ell-p} \|\tilde{v}_h\|_{\ell,\Gamma}, \quad 0 \leqslant \ell \leqslant p \leqslant m. \tag{3.1.55}$$

再由对偶关系, 有

$$\|\tilde{v}_h\|_{0,\Gamma}^2 \leqslant C \|\tilde{v}_h\|_{\ell,\Gamma} \|\tilde{v}_h\|_{-\ell,\Gamma} \leqslant Ch^\ell \|\tilde{v}_h\|_{\ell,\Gamma} \|\tilde{v}_h\|_{0,\Gamma}, \quad -m \leqslant \ell \leqslant 0,$$

因此

$$\|\tilde{v}_h\|_{0,\Gamma} \leqslant Ch^\ell \|\tilde{v}_h\|_{\ell,\Gamma}, \quad -m \leqslant \ell \leqslant 0. \tag{3.1.56}$$

由 (3.1.55) 和 (3.1.56) 得

$$\|\tilde{v}_h\|_{p,\Gamma} \leqslant Ch^{-p} \|\tilde{v}_h\|_{0,\Gamma} \leqslant Ch^{\ell-p} \|\tilde{v}_h\|_{\ell,\Gamma}, \quad -m \leqslant \ell \leqslant 0, \quad 0 \leqslant p \leqslant m. \tag{3.1.57}$$

联立 (3.1.55) 和 (3.1.57), 即得结论.   证毕.

在空间 $V_h(\Gamma_h)$ 中, 变分问题 (3.1.26) 的近似问题可表示为

$$\begin{cases} \text{求 } v_h \in V_h(\Gamma_h), \text{ 使得} \\ \langle \mathcal{A}_h v_h, v_h'\rangle_{\Gamma_h} = \langle f_h, v_h'\rangle_{\Gamma_h}, \quad \forall v_h' \in V_h(\Gamma_h), \end{cases} \tag{3.1.58}$$

其中 $\langle \cdot, \cdot \rangle_{\Gamma_h}$ 表示在积分背景网格 Γ_h 上的内积, f_h 是已知函数 f 在 Γ_h 上的近似,

$$\mathcal{A}_h v_h(\boldsymbol{x}) = \int_{\Gamma_h} v_h(\boldsymbol{y}) K(\boldsymbol{x}, \boldsymbol{y}) \,\mathrm{d}s_{h\boldsymbol{y}}, \quad \boldsymbol{x} \in \Gamma_h,$$

$$\langle \mathcal{A}_h v_h, v_h'\rangle_{\Gamma_h} = \int_{\Gamma_h} \mathcal{A}_h v_h(\boldsymbol{y}) \cdot v_h'(\boldsymbol{y}) \,\mathrm{d}s_{h\boldsymbol{y}} = \int_{\Gamma_h}\int_{\Gamma_h} v_h(\boldsymbol{x}) K(\boldsymbol{x}, \boldsymbol{y}) v_h'(\boldsymbol{y}) \,\mathrm{d}s_{h\boldsymbol{x}}\mathrm{d}s_{h\boldsymbol{y}},$$

$$\langle f_h, v_h'\rangle_{\Gamma_h} = \int_{\Gamma_h} f_h(\boldsymbol{y}) v_h'(\boldsymbol{y}) \,\mathrm{d}s_{h\boldsymbol{y}}.$$

为了证明变分问题 (3.1.58) 有唯一解, 根据 Lax-Milgram 定理, 只需证明双线性形式 $\langle \mathcal{A}_h \cdot, \cdot \rangle_{\Gamma_h}$ 是 $V_h(\Gamma_h)$ 强制的. 这一性质并不明显, 为此假设

假设 3.1.5 对任意 $v_h \in V_h(\Gamma_h)$, $v_h' \in V_h(\Gamma_h)$, 记 $\tilde{v}_h = v_h \circ \Psi^{-1} \in V(\Gamma)$, $\tilde{v}_h' = v_h' \circ \Psi^{-1} \in V(\Gamma)$, 假定存在与 h 无关的常数 $C > 0$, 使得

$$\left| \langle \mathcal{A}\tilde{v}_h, \tilde{v}_h'\rangle_\Gamma - \langle \mathcal{A}_h v_h, v_h'\rangle_{\Gamma_h} \right| \leqslant Ch^{k+1} \|\tilde{v}_h\|_{\bar{\alpha},\Gamma} \|\tilde{v}_h'\|_{\bar{\alpha},\Gamma}, \tag{3.1.59}$$

这里 $\bar{\alpha} = \max\{\alpha, 0\}$.

在分析实际问题时, 将针对具体的边界积分算子验证该假设.

引理 3.1.1 在假设 3.1.2 和假设 3.1.5 的条件下, 存在常数 $C > 0$, 使得

$$\langle \mathcal{A}_h v_h, v_h \rangle_{\Gamma_h} \geqslant C \|\tilde{v}_h\|^2_{\alpha,\Gamma}, \quad \forall v_h \in V_h(\Gamma_h), \quad \tilde{v}_h = v_h \circ \Psi^{-1} \in V(\Gamma). \quad (3.1.60)$$

证明 根据假设 3.1.5 可得

$$\langle \mathcal{A}_h v_h, v_h \rangle_{\Gamma_h} \geqslant \langle \mathcal{A}\tilde{v}_h, \tilde{v}_h \rangle_{\Gamma} - C_1 h^{k+1} \|\tilde{v}_h\|^2_{\bar{\alpha},\Gamma}.$$

由于 $\tilde{v}_h \in \tilde{V}_h(\Gamma) \subset H^\alpha(\Gamma)$ 和双线性形式 $\langle \mathcal{A}\cdot, \cdot \rangle_{\Gamma}$ 的 $H^\alpha(\Gamma)$ 强制性, 由假设 3.1.2 有

$$\langle \mathcal{A}\tilde{v}_h, \tilde{v}_h \rangle_{\Gamma} \geqslant C_B \|\tilde{v}_h\|^2_{\alpha,\Gamma}, \quad C_B > 0.$$

因为 $\bar{\alpha} = \max\{\alpha, 0\} \geqslant \alpha$, 所以利用定理 3.1.2 得到

$$\|\tilde{v}_h\|_{\bar{\alpha},\Gamma} \leqslant C_2 h^{\alpha - \bar{\alpha}} \|\tilde{v}_h\|_{\alpha,\Gamma},$$

从而

$$\langle \mathcal{A}_h v_h, v_h \rangle_{\Gamma_h} \geqslant C_B \|\tilde{v}_h\|^2_{\alpha,\Gamma} - C_1 h^{k+1} \|\tilde{v}_h\|^2_{\bar{\alpha},\Gamma} \geqslant \left(C_B - C_1 C_2 h^{k+1+2(\alpha - \bar{\alpha})} \right) \|\tilde{v}_h\|^2_{\alpha,\Gamma}.$$

因为 h 充分小, 所以令 $C = C_B - C_1 C_2 h^{k+1+2(\alpha - \bar{\alpha})} > 0$, 可得 (3.1.60).   证毕.

引理 3.1.1 说明双线性形式 $\langle \mathcal{A}_h \cdot, \cdot \rangle_{\Gamma_h}$ 具有强制性, 所以根据 Lax-Milgram 定理可得

定理 3.1.3 在假设 3.1.2 和假设 3.1.5 的条件下, 变分问题 (3.1.58) 存在唯一解.

在空间 $V_h(\Gamma_h)$ 中, 近似解 $v_h(\boldsymbol{x})$ 可表示为

$$v_h(\boldsymbol{x}) = \sum_{i \in \wedge(\boldsymbol{x})} \Phi_{ih}(\boldsymbol{x}) v_i, \quad (3.1.61)$$

从而变分问题 (3.1.58) 可化为如下线性代数方程组:

$$\sum_{j=1}^{N} a_{ij} v_j = f_i, \quad 1 \leqslant i \leqslant N, \quad (3.1.62)$$

其中

$$a_{ij} = \langle \mathcal{A}_h \Phi_{jh}, \Phi_{ih} \rangle_{\Gamma_h} = \int_{\Gamma_h} \int_{\Gamma_h} \Phi_{jh}(\boldsymbol{y}) K(\boldsymbol{x}, \boldsymbol{y}) \Phi_{ih}(\boldsymbol{x}) \, ds_{h\boldsymbol{x}} ds_{h\boldsymbol{y}}, \quad (3.1.63)$$

$$f_i = \langle f_h, \Phi_{ih} \rangle_{\Gamma_h} = \int_{\Gamma_h} f_h(\boldsymbol{y}) \Phi_{ih}(\boldsymbol{y}) \, ds_{h\boldsymbol{y}}. \quad (3.1.64)$$

在 (3.1.63) 中, 当积分核 $K(\boldsymbol{x}, \boldsymbol{y})$ 具有对称性, 即 $K(\boldsymbol{x}, \boldsymbol{y}) = K(\boldsymbol{y}, \boldsymbol{x})$ 时, 系数矩阵 a_{ij} 是对称的, 即 $a_{ij} = a_{ji}$.

由 (3.1.64) 可见, 虽然移动最小二乘近似形函数缺乏 Delta 函数性质, 但是通过把边界函数乘以形函数并在边界上积分, 边界条件可以很容易施加, 且不会增加离散的线性代数方程的个数.

背景网格 Γ_h 是用来计算积分的, 与边界节点和形函数的构造无关, 因此一般使用比较规则的背景网格. 类似于无单元 Galerkin 法与有限元法的差别, 与边界元法相比, 背景网格的生成比边界元网格的生成要容易一些. 尤其对三维边值问题, 边界元网格需要满足一定的正则条件. 与无单元 Galerkin 法中使用的背景网格一样, 无网格边界积分方程法中背景网格的大小和形状可以任意选择, 对背景网格的唯一要求是背景网格的并集是整个边界的近似. 另外, 每个背景网格对应的边界节点数目可以是任意的, 当增加或者减少边界节点时, 背景网格不受任何影响, 因而无网格方法可以容易地进行自适应分析. 这也是无网格方法与传统的有限元法、边界元法的区别. 背景网格和边界元网格的区别见图 3.1.2.

3.1.6 误差分析

下面分析变分方程 (3.1.26) 的解 v 与 (3.1.58) 的解 v_h 之间的误差.

定理 3.1.4 设 $\mathcal{P}$ 是由 $L^2(\Gamma)$ 到 $V(\Gamma)$ 的正交投影算子, 则对任意 $v \in H^{p+1}(\Gamma)$, 有

$$\|v - \mathcal{P}v\|_{\ell, \Gamma} \leqslant Ch^{p+1-\ell} \|v\|_{p+1, \Gamma}, \quad -(m+1) \leqslant \ell \leqslant p, \quad 0 \leqslant p \leqslant m. \quad (3.1.65)$$

证明 由定理 3.1.1 得知

$$\|v - \mathcal{M}v\|_{\ell, \Gamma} \leqslant Ch^{p+1-\ell} \|v\|_{p+1, \Gamma}, \quad 0 \leqslant \ell \leqslant p \leqslant m, \quad (3.1.66)$$

所以

$$\|v - \mathcal{P}v\|_{0, \Gamma} \leqslant \|v - \mathcal{M}v\|_{0, \Gamma} \leqslant Ch^{p+1} \|v\|_{p+1, \Gamma}, \quad 0 \leqslant p \leqslant m.$$

再根据定理 3.1.2 有

$$\begin{aligned}
\|v - \mathcal{P}v\|_{\ell, \Gamma} &\leqslant \|v - \mathcal{M}v\|_{\ell, \Gamma} + \|\mathcal{M}v - \mathcal{P}v\|_{\ell, \Gamma} \\
&\leqslant \|v - \mathcal{M}v\|_{\ell, \Gamma} + Ch^{-\ell} \|\mathcal{M}v - \mathcal{P}v\|_{0, \Gamma} \\
&\leqslant \|v - \mathcal{M}v\|_{\ell, \Gamma} + Ch^{-\ell} \left(\|\mathcal{M}v - v\|_{0, \Gamma} + \|v - \mathcal{P}v\|_{0, \Gamma} \right) \\
&\leqslant Ch^{p+1-\ell} \|v\|_{p+1, \Gamma}, \quad 0 \leqslant \ell \leqslant p \leqslant m. \quad (3.1.67)
\end{aligned}$$

由 $\mathcal{P}$ 的定义有 $\langle v - \mathcal{P}v, \mathcal{P}g \rangle_\Gamma = 0$, 从而利用对偶关系可以推出

$$
\begin{aligned}
\|v - \mathcal{P}v\|_{-\ell,\Gamma} &= \sup_{g \in H^\ell(\Gamma)} \frac{\langle v - \mathcal{P}v, g \rangle_\Gamma}{\|g\|_{\ell,\Gamma}} \\
&= \sup_{g \in H^\ell(\Gamma)} \frac{\langle v - \mathcal{P}v, g - \mathcal{P}g \rangle_\Gamma}{\|g\|_{\ell,\Gamma}} \\
&\leqslant C h^{p+1+\ell} \|v\|_{p+1,\Gamma}, \quad 1 \leqslant \ell \leqslant m+1, \quad 0 \leqslant p \leqslant m.
\end{aligned} \tag{3.1.68}
$$

当 $-1 \leqslant \ell \leqslant 0$ 时, 利用内插空间的范数性质可得

$$
\begin{aligned}
\|v - \mathcal{P}v\|_{\ell,\Gamma} &\leqslant \|v - \mathcal{P}v\|_{-1,\Gamma}^{-\ell} \|v - \mathcal{P}v\|_{0,\Gamma}^{1+\ell} \\
&\leqslant \left(C_1 h^{p+2} \|v\|_{p+1,\Gamma} \right)^{-\ell} \left(C_2 h^{p+1} \|v\|_{p+1,\Gamma} \right)^{1+\ell} \\
&\leqslant C h^{p+1-\ell} \|v\|_{p+1,\Gamma}, \quad 0 \leqslant p \leqslant m.
\end{aligned} \tag{3.1.69}
$$

综合 (3.1.67)—(3.1.69), 定理得证.   证毕.

定理 3.1.5　设 v 是变分问题 (3.1.26) 的解, v_h 是近似问题 (3.1.58) 的解, Ψ 是由 (3.1.39) 定义的 Γ 到 Γ_h 的映射, $\tilde{v}_h = v_h \circ \Psi^{-1} \in V(\Gamma)$. 若 $v \in H^{p+1}(\Gamma)$, 则

$$
\|v - \tilde{v}_h\|_{\alpha,\Gamma} \leqslant C \left\{ \left\| f - \hat{f}_h \right\|_{-\alpha,\Gamma} + h^{p+1-\alpha} \|v\|_{p+1,\Gamma} + h^{k+1+\alpha-\bar{\alpha}} \|v\|_{\bar{\alpha},\Gamma} \right\},
\tag{3.1.70}
$$

其中 $\bar{\alpha} = \max\{\alpha, 0\} \leqslant p \leqslant m$, $\hat{f}_h(\boldsymbol{x}) = (f_h \circ \Psi^{-1})(\boldsymbol{x}) \cdot J_{\boldsymbol{x}}(\partial \Psi)$.

证明　因为 $\mathcal{P}v \in V(\Gamma)$, $\mathcal{P}v \circ \Psi \in V_h(\Gamma_h)$, 所以

$$
\begin{aligned}
&\langle \mathcal{A}_h(v_h - \mathcal{P}v \circ \Psi), v_h - \mathcal{P}v \circ \Psi \rangle_{\Gamma_h} \\
&= \left\langle \hat{f}_h - f, \tilde{v}_h - \mathcal{P}v \right\rangle_\Gamma + \langle \mathcal{A}(v - \mathcal{P}v), \tilde{v}_h - \mathcal{P}v \rangle_\Gamma \\
&\quad + \langle \mathcal{A}(\mathcal{P}v), \tilde{v}_h - \mathcal{P}v \rangle_\Gamma - \langle \mathcal{A}_h(\mathcal{P}v \circ \Psi), v_h - \mathcal{P}v \circ \Psi \rangle_{\Gamma_h}.
\end{aligned}
$$

利用引理 3.1.1、假设 3.1.5 以及算子 $\mathcal{A}$ 的连续性, 有

$$
\begin{aligned}
\|\tilde{v}_h - \mathcal{P}v\|_{\alpha,\Gamma}^2 &\leqslant C \Bigg\{ \left(\left\| f - \hat{f}_h \right\|_{-\alpha,\Gamma} + \|v - \mathcal{P}v\|_{\alpha,\Gamma} \right) \|\tilde{v}_h - \mathcal{P}v\|_{\alpha,\Gamma} \\
&\quad + h^{k+1} \|\mathcal{P}v\|_{\bar{\alpha},\Gamma} \|\tilde{v}_h - \mathcal{P}v\|_{\bar{\alpha},\Gamma} \Bigg\}.
\end{aligned}
$$

又由定理 3.1.2 可得

$$
\|\tilde{v}_h - \mathcal{P}v\|_{\bar{\alpha},\Gamma} \leqslant C h^{\alpha-\bar{\alpha}} \|\tilde{v}_h - \mathcal{P}v\|_{\alpha,\Gamma},
$$

所以

$$\left\| \tilde{v}_h - \mathcal{P}v \right\|_{\alpha,\Gamma} \leqslant C \left\{ \left\| f - \hat{f}_h \right\|_{-\alpha,\Gamma} + \left\| v - \mathcal{P}v \right\|_{\alpha,\Gamma} + h^{k+1+\alpha-\bar{\alpha}} \left\| \mathcal{P}v \right\|_{\bar{\alpha},\Gamma} \right\},$$

从而利用三角不等式和定理 3.1.4 可得

$$\begin{aligned}
\|v - \tilde{v}_h\|_{\alpha,\Gamma} &\leqslant \|v - \mathcal{P}v\|_{\alpha,\Gamma} + \|\mathcal{P}v - \tilde{v}_h\|_{\alpha,\Gamma} \\
&\leqslant C \left\{ \left\| f - \hat{f}_h \right\|_{-\alpha,\Gamma} + \|v - \mathcal{P}v\|_{\alpha,\Gamma} + h^{k+1+\alpha-\bar{\alpha}} \|\mathcal{P}v\|_{\bar{\alpha},\Gamma} \right\} \\
&\leqslant C \left\{ \left\| f - \hat{f}_h \right\|_{-\alpha,\Gamma} + h^{p+1-\alpha} \|v\|_{p+1,\Gamma} + h^{k+1+\alpha-\bar{\alpha}} \|v\|_{\bar{\alpha},\Gamma} \right\}.
\end{aligned}$$

$$(3.1.71)$$

证毕.

定理 3.1.6 在定理 3.1.5 的条件下, 可以进一步得到

$$\begin{aligned}
&\|v - \tilde{v}_h\|_{-\ell,\Gamma} \\
&\leqslant C \left\{ h^{\ell+\alpha} \left\| f - \hat{f}_h \right\|_{-\alpha,\Gamma} + \left\| f - \hat{f}_h \right\|_{-\ell-2,\Gamma} \right. \\
&\quad \left. + h^{p+\ell+1} \|v\|_{p+1,\Gamma} + h^{k+1} \left(h^{\ell+2\alpha-\bar{\alpha}} + 1 \right) \|v\|_{\bar{\alpha},\Gamma} \right\},
\end{aligned}$$

$$(3.1.72)$$

其中 $\max\{-\alpha, 0\} \leqslant \ell \leqslant m+1-2\alpha$, $\bar{\alpha} = \max\{\alpha, 0\} \leqslant p \leqslant m$.

证明 设 $\omega \in H^{\ell+2\alpha}(\Gamma)$ 是如下积分方程的解:

$$\mathcal{A}\omega(\boldsymbol{x}) = g(\boldsymbol{x}), \quad \boldsymbol{x} \in \Gamma. \tag{3.1.73}$$

由算子 $\mathcal{A}$ 的连续性可得

$$\|\omega\|_{\ell+2\alpha,\Gamma} \leqslant C \|g\|_{\ell,\Gamma}, \quad -\alpha \leqslant \ell \leqslant m+1-2\alpha,$$

再由对偶理论有

$$\|v - \tilde{v}_h\|_{-\ell,\Gamma} = \sup_{g \in H^\ell(\Gamma)} \frac{\langle v - \tilde{v}_h, g \rangle_\Gamma}{\|g\|_{\ell,\Gamma}} \leqslant C \sup_{\omega \in H^{\ell+2\alpha}(\Gamma)} \frac{\langle \mathcal{A}(v - \tilde{v}_h), \omega \rangle_\Gamma}{\|\omega\|_{\ell+2\alpha,\Gamma}},$$

$$\max\{-\alpha, 0\} \leqslant \ell \leqslant m+1-2\alpha.$$

把分子写成两项

$$\langle \mathcal{A}(v - \tilde{v}_h), \omega \rangle_\Gamma = \langle \mathcal{A}(v - \tilde{v}_h), \omega - \mathcal{P}\omega \rangle_\Gamma + \langle \mathcal{A}(v - \tilde{v}_h), \mathcal{P}\omega \rangle_\Gamma.$$

由定理 3.1.4 和定理 3.1.5 可把第一项估计为

$$\langle \mathcal{A}(v - \tilde{v}_h), \omega - \mathcal{P}\omega \rangle_\Gamma \leqslant C \|v - \tilde{v}_h\|_{\alpha,\Gamma} \|\omega - \mathcal{P}\omega\|_{\alpha,\Gamma}$$

$$\leqslant Ch^{\ell+\alpha} \|v - \tilde{v}_h\|_{\alpha,\Gamma} \|\omega\|_{\ell+2\alpha,\Gamma}$$

$$\leqslant C\left\{ h^{\ell+\alpha} \left\|f - \hat{f}_h\right\|_{-\alpha,\Gamma} \right.$$

$$\left. + h^{p+\ell+1} \|v\|_{p+1,\Gamma} + h^{k+\ell+1+2\alpha-\bar{\alpha}} \|v\|_{\bar{\alpha},\Gamma} \right\} \|\omega\|_{\ell+2\alpha,\Gamma}.$$

利用假设 3.1.5 和定理 3.1.2 可把第二项估计为

$$\langle \mathcal{A}(v - \tilde{v}_h), \mathcal{P}\omega \rangle_\Gamma = \langle \mathcal{A}v, \mathcal{P}\omega \rangle_\Gamma - \langle \mathcal{A}\tilde{v}_h, \mathcal{P}\omega \rangle_\Gamma$$

$$= \langle f, \mathcal{P}\omega \rangle_\Gamma - \left\langle \hat{f}_h, \mathcal{P}\omega \right\rangle_\Gamma + \langle \mathcal{A}_h v_h, \mathcal{P}\omega \circ \Psi \rangle_{\Gamma_h} - \langle \mathcal{A}\tilde{v}_h, \mathcal{P}\omega \rangle_\Gamma$$

$$\leqslant C \left\|f - \hat{f}_h\right\|_{-\ell-2\alpha,\Gamma} \|\mathcal{P}\omega\|_{\ell+2\alpha,\Gamma} + Ch^{k+1} \|\tilde{v}_h\|_{\bar{\alpha},\Gamma} \|\mathcal{P}\omega\|_{\bar{\alpha},\Gamma}$$

$$\leqslant C \left\{ \left\|f - \hat{f}_h\right\|_{-\ell-2\alpha,\Gamma} + h^{k+1}\left(h^{\ell+2\alpha-\bar{\alpha}} + 1 \right) \|v\|_{\bar{\alpha},\Gamma} \right\} \|\omega\|_{\ell+2\alpha,\Gamma}.$$

把这两项的估计联合起来, 就得出结论.　　　　　　　　　　　　　　　　证毕.

3.1.7　积分背景网格与边界重合

当背景网格与真实边界有差别时, 定理 3.1.5 和定理 3.1.6 给出了 Galerkin 边界点法求解边界积分方程 (3.1.1) 的误差估计.

如果背景网格与真实边界重合, 即数值积分是在原边界上完成的, 则不存在几何近似的误差. 此时, 无网格近似解空间直接由 (3.1.28) 定义在原边界 Γ 上, 变分问题 (3.1.26) 的近似问题是 (3.1.29). (3.1.31) 给出了这种情况的离散线性代数方程组, 现在给出近似解的误差估计.

在这种情况下, 由定理 3.1.2 和定理 3.1.4 的证明过程可以看出, 它们的结论仍然成立. 此外, 定理 3.1.5 可以简化为

定理 3.1.7　设 v 是变分问题 (3.1.26) 的解, v_h 是近似问题 (3.1.29) 的解. 若 $v \in H^{p+1}(\Gamma)$, 则

$$\|v - v_h\|_{\alpha,\Gamma} \leqslant Ch^{p+1-\alpha} \|v\|_{p+1,\Gamma}, \quad \max\{\alpha, 0\} \leqslant p \leqslant m. \tag{3.1.74}$$

另外, 由定理 3.1.6 可得

定理 3.1.8　在定理 3.1.7 的条件下, 可以进一步得到

$$\|v - v_h\|_{\ell,\Gamma} \leqslant Ch^{p+1-\ell} \|v\|_{p+1,\Gamma}, \tag{3.1.75}$$

其中 $2\alpha - m - 1 \leqslant \ell \leqslant m$, $\max\{\alpha, 0\} \leqslant p \leqslant m$.

证明 当 $\max\{-\alpha, 0\} \leqslant \ell \leqslant m + 1 - 2\alpha$ 且 $\max\{\alpha, 0\} \leqslant p \leqslant m$ 时, 由定理 3.1.6 可得

$$\|v - v_h\|_{-\ell, \Gamma} \leqslant Ch^{p+1+\ell} \|v\|_{p+1, \Gamma}. \tag{3.1.76}$$

当 $\max\{\alpha, 0\} \leqslant \ell \leqslant p \leqslant m$ 时, 由定理 3.1.2、定理 3.1.4 和定理 3.1.7, 有

$$\begin{aligned}
\|v - v_h\|_{\ell, \Gamma} &\leqslant \|v - \mathcal{P}v\|_{\ell, \Gamma} + \|\mathcal{P}v - v_h\|_{\ell, \Gamma} \\
&\leqslant \|v - \mathcal{P}v\|_{\ell, \Gamma} + Ch^{\alpha - \ell} \|\mathcal{P}v - v_h\|_{\alpha, \Gamma} \\
&\leqslant \|v - \mathcal{P}v\|_{\ell, \Gamma} + Ch^{\alpha - \ell} \left(\|\mathcal{P}v - v\|_{\alpha, \Gamma} + \|v - v_h\|_{\alpha, \Gamma} \right) \\
&\leqslant Ch^{p+1-\ell} \|v\|_{p+1, \Gamma}.
\end{aligned} \tag{3.1.77}$$

令 $\tau_1 = -\max\{-\alpha, 0\}$ 和 $\tau_2 = \max\{\alpha, 0\}$, 则当 $\tau_1 \leqslant \ell \leqslant \tau_2$ 时, 根据 Sobolev 空间内插定理, 有

$$\begin{aligned}
\|v - v_h\|_{\ell, \Gamma} &\leqslant \left(\|v - v_h\|_{\tau_1, \Gamma}^{\ell - \tau_2} \|v - v_h\|_{\tau_2, \Gamma}^{\tau_1 - \ell} \right)^{\frac{1}{\tau_1 - \tau_2}} \\
&\leqslant \left[\left(Ch^{p+1-\tau_1} \|v\|_{p+1, \Gamma} \right)^{\ell - \tau_2} \left(Ch^{p+1-\tau_2} \|v\|_{p+1, \Gamma} \right)^{\tau_1 - \ell} \right]^{\frac{1}{\tau_1 - \tau_2}} \\
&\leqslant Ch^{p+1-\ell} \|v\|_{p+1, \Gamma}, \quad \max\{\alpha, 0\} \leqslant p \leqslant m.
\end{aligned} \tag{3.1.78}$$

综合 (3.1.76)—(3.1.78), 定理得证. 证毕.

3.2 Laplace 方程 Dirichlet 问题的 Galerkin 边界点法

力学和物理学中的问题可分为位势场问题和结构问题两大类. 位势场问题有引力场、温度场、电势场、磁势场、流体运动、弹性扭转和多孔介质渗流等, 这些问题虽然物理背景不同, 但是可能导致完全相同的数学表达式. 位势是标量, 典型的控制方程是 Laplace 方程.

本节提出 Laplace 方程 Dirichlet 问题的 Galerkin 边界点法. 通过使用单层位势, 得到与边值问题等价的第一类 Fredholm 边界积分方程. 这里的积分算子是拟微分算子, 因此可用 3.1.5 节发展的 Galerkin 边界点法求解该边界积分方程. 对 Dirichlet 问题, 第一类 Fredholm 积分方程的解要附加在边界上积分为零的条件, 这里采用 Lagrange 乘子放松这个约束, 在求解扩展的变分方程时, 可同时得出解在无穷远处的值.

本节详细推导 Laplace 方程 Dirichlet 问题的 Galerkin 边界点法的公式, 并研究数值实施过程. 利用 3.1.6 节中得到的边界积分方程解的误差估计, 导出该问题解的渐进误差估计. 当用于积分的背景网格与原边界重合时, 给出近似解的最优能量模估计, 同时还证明近似解在边界附近的最大模收敛性以及在边界的邻域之外的最大模超收敛性.

3.2.1　解的积分表示及变分公式

在有限平面区域 Ω 及 Ω' 中考虑如下 Dirichlet 内外边值问题:

$$
\begin{cases}
\Delta u\left(\boldsymbol{x}\right)=0, & \boldsymbol{x}\in\Omega\cup\Omega', \\
u\left(\boldsymbol{x}\right)=u_0\left(\boldsymbol{x}\right), & \boldsymbol{x}\in\Gamma,
\end{cases}
\tag{3.2.1}
$$

其中 $u_0\left(\boldsymbol{x}\right)\in H^{1/2}\left(\Gamma\right)$ 是已知函数. 对于外边值问题, 假定解 $u\left(\boldsymbol{x}\right)$ 在无穷远处具有如下性态:

$$
\left|u\left(\boldsymbol{x}\right)\right|=\mathcal{O}\left(1\right),\quad\left|\boldsymbol{x}\right|\to\infty.
\tag{3.2.2}
$$

对于无界区域 Ω', 为了限制函数在无穷远处的性态, 需要引入带权 Sobolev 空间 [3].

定义 3.2.1　当 m 和 k 是非负整数时, 定义如下带权 Sobolev 空间:

$$
\begin{aligned}
W_k^p\left(\Omega'\right)=\Big\{& u\in\mathscr{D}'\left(\Omega'\right):\forall\boldsymbol{\lambda},0\leqslant\left|\boldsymbol{\lambda}\right|\leqslant p-1-k, \\
& \left(1+r^2\right)^{\frac{k-p+\left|\boldsymbol{\lambda}\right|}{2}}\left(\rho\left(r\right)\right)^{-1}D^{\boldsymbol{\lambda}}u\in L^2\left(\Omega'\right); \\
& \forall\boldsymbol{\lambda},p-k\leqslant\left|\boldsymbol{\lambda}\right|\leqslant p,\left(1+r^2\right)^{\frac{k-p+\left|\boldsymbol{\lambda}\right|}{2}}D^{\boldsymbol{\lambda}}u\in L^2\left(\Omega'\right)\Big\},
\end{aligned}
$$

其中 $\mathscr{D}'\left(\Omega'\right)$ 是 $C^\infty\left(\Omega'\right)$ 的对偶空间, $\boldsymbol{\lambda}=\left(\lambda_1,\lambda_2\right)^{\mathrm{T}}$, $\left|\boldsymbol{\lambda}\right|=\lambda_1+\lambda_2$, $\rho\left(r\right)=\ln\left(2+r^2\right)$, $r=\left|\boldsymbol{x}\right|$ 表示 $\mathbb{R}^2$ 中的点 $\boldsymbol{x}$ 到原点的距离.

空间 $W_k^p\left(\Omega'\right)$ 除了限制其中的解及其导数在无穷远处的性态之外, 与空间 $H^p\left(\Omega'\right)$ 具有相同的性质. 因此, 若 $\mathscr{O}$ 是包含在 Ω' 内的有界开区域, 则 $W_k^p\left(\mathscr{O}\right)\subset H^p\left(\mathscr{O}\right)$.

定义 3.2.2　$W_k^p\left(\Omega'\right)$ 的范数和半范数分别为

$$
\begin{aligned}
\left\|u\right\|_{W_k^p\left(\Omega'\right)}=\Bigg(& \sum_{\left|\boldsymbol{\lambda}\right|=0}^{p-1-k}\left\|\left(1+r^2\right)^{\frac{k-p+\left|\boldsymbol{\lambda}\right|}{2}}\left(\rho\left(r\right)\right)^{-1}D^{\boldsymbol{\lambda}}u\right\|_{L^2\left(\Omega'\right)}^2 \\
& +\sum_{\left|\boldsymbol{\lambda}\right|=p-k}^{p}\left\|\left(1+r^2\right)^{\frac{k-p+\left|\boldsymbol{\lambda}\right|}{2}}D^{\boldsymbol{\lambda}}u\right\|_{L^2\left(\Omega'\right)}^2\Bigg)^{1/2},
\end{aligned}
$$

$$|u|_{W_k^p(\Omega')} = \left(\sum_{|\boldsymbol{\lambda}|=p} \left\| (1+r^2)^{\frac{k}{2}} D^{\boldsymbol{\lambda}} u \right\|_{L^2(\Omega')}^2 \right)^{1/2}.$$

用

$$\sigma(\boldsymbol{x}) = \lim_{\boldsymbol{y}\to\boldsymbol{x}, \boldsymbol{y}\in\Omega} \frac{\partial u(\boldsymbol{y})}{\partial\boldsymbol{n}(\boldsymbol{y})} - \lim_{\boldsymbol{y}\to\boldsymbol{x}, \boldsymbol{y}\in\Omega'} \frac{\partial u(\boldsymbol{y})}{\partial\boldsymbol{n}(\boldsymbol{y})}, \quad \boldsymbol{y}\in\Gamma$$

表示法向导数 $\partial u(\boldsymbol{x})/\partial\boldsymbol{n}(x)$ 在穿越 Γ 时的跃变, 则问题 (3.2.1) 的解可用单层位势表示为 [3,31]

$$u(\boldsymbol{x}) = -\frac{1}{2\pi} \int_\Gamma \sigma(\boldsymbol{y}) \ln|\boldsymbol{x}-\boldsymbol{y}| \mathrm{d}s_{\boldsymbol{y}} + C^*, \quad \boldsymbol{x}\in\Omega\cup\Omega', \quad C^*\in\mathbb{R}. \quad (3.2.3)$$

由 (3.2.3) 可以得到一个联系已知函数 $u_0(\boldsymbol{x})$ 与未知函数 $\sigma(\boldsymbol{y})$ 的边界积分方程

$$-\frac{1}{2\pi} \int_\Gamma \sigma(\boldsymbol{y}) \ln|\boldsymbol{x}-\boldsymbol{y}| \mathrm{d}s_{\boldsymbol{y}} + C^* = u_0(\boldsymbol{x}), \quad \boldsymbol{x}\in\Gamma. \quad (3.2.4)$$

这个方程对内边值问题和外边值问题均是适合的.

令

$$\mathcal{A}\sigma(\boldsymbol{x}) = -\frac{1}{2\pi} \int_\Gamma \sigma(\boldsymbol{y}) \ln|\boldsymbol{x}-\boldsymbol{y}| \mathrm{d}s_{\boldsymbol{y}} + C^*, \quad \boldsymbol{x}\in\Gamma, \quad (3.2.5)$$

则根据 (3.1.11), (3.2.5) 中的算子 $\mathcal{A}$ 是 -1 阶拟微分算子.

3.2.2 约束条件处理

在求解二维边值问题 (3.2.1) 时, 为了确定常数 C^*, 除了边界积分方程 (3.2.4) 之外, 边界上的未知密度函数 $\sigma(\boldsymbol{y})$ 还需要满足适当的约束条件. 应用 Green 公式, 可以得到对应于问题 (3.2.1) 的变分公式

$$\int_{\mathbb{R}^2} \nabla u(\boldsymbol{y}) \cdot \nabla v(\boldsymbol{y}) \mathrm{d}\boldsymbol{y} = \int_\Gamma \sigma(\boldsymbol{y}) v(\boldsymbol{y}) \mathrm{d}s_{\boldsymbol{y}}, \quad \forall v\in W_0^1(\mathbb{R}^2). \quad (3.2.6)$$

因为 $\mathbb{R}\subset W_0^1(\mathbb{R}^2)$, 所以在 (3.2.6) 中 $v(\boldsymbol{y})$ 可以选取为一个常数, 从而得到 $\sigma(\boldsymbol{y})$ 必须满足

$$\int_\Gamma \sigma(\boldsymbol{y}) \mathrm{d}s_{\boldsymbol{y}} = 0. \quad (3.2.7)$$

定义 3.2.3 把空间 $H^k(\Gamma)$ 中满足约束条件 (3.2.7) 的函数的全体记为

$$H_0^k(\Gamma) = \left\{ v : v\in H^k(\Gamma), \int_\Gamma v\mathrm{d}s = 0 \right\}, \quad k\in\mathbb{R},$$

并按照 $H^k(\Gamma)$ 的范数定义空间 $H_0^k(\Gamma)$ 的范数.

根据定义 3.2.3, 当 $v \in H_0^k(\Gamma) \subset H^k(\Gamma)$ 时, $\|v\|_{H_0^k(\Gamma)} = \|v\|_{H^k(\Gamma)}$. 从而, $H^k(\Gamma)$ 和 $H_0^k(\Gamma)$ 中的范数都可简记为 $\|v\|_{k,\Gamma}$.

注意到约束条件 (3.2.7), (3.2.5) 定义的算子 $\mathcal{A}$ 是从 $H_0^{-1/2}(\Gamma)$ 到 $H^{1/2}(\Gamma)/\mathbb{R}$ 的线性、有界和强椭圆算子 [3]. 因此, 与边界积分方程 (3.2.4) 等价的变分问题是

$$
\begin{cases}
\text{求 } \sigma \in H_0^{-1/2}(\Gamma), \text{ 使得} \\
b(\sigma, \sigma') = \int_\Gamma u_0(\boldsymbol{y})\, \sigma'(\boldsymbol{y})\, \mathrm{d}s_{\boldsymbol{y}}, \quad \forall \sigma' \in H_0^{-1/2}(\Gamma),
\end{cases}
\tag{3.2.8}
$$

其中双线性形式 $b(\cdot, \cdot)$ 在 $H_0^{-1/2}(\Gamma)$ 上具有强制性和连续性,

$$
b(\sigma, \sigma') = -\frac{1}{2\pi} \int_\Gamma \int_\Gamma \sigma(\boldsymbol{x}) \ln|\boldsymbol{x} - \boldsymbol{y}|\, \sigma'(\boldsymbol{y})\, \mathrm{d}s_{\boldsymbol{x}} \mathrm{d}s_{\boldsymbol{y}}.
\tag{3.2.9}
$$

根据 Lax-Milgram 定理可得

定理 3.2.1   若已知函数 $u_0 \in H^{1/2}(\Gamma)$, 则变分问题 (3.2.8) 存在唯一解 $\sigma \in H_0^{-1/2}(\Gamma)$, 此时原边值问题 (3.2.1) 分别在 $H^1(\Omega)$ 和 $W_0^1(\Omega')$ 中有唯一解.

3.2.3   无网格近似解

求解变分问题 (3.2.8) 的近似解时, 为了处理约束条件 (3.2.7), 定义无网格近似解空间

$$
V_{0h}(\Gamma_h) = \left\{ v : v \in V_h(\Gamma_h), \int_{\Gamma_h} v \mathrm{d}s_h = 0 \right\},
\tag{3.2.10}
$$

其中 $V_h(\Gamma_h)$ 由 (3.1.50) 定义. 在空间 $V_{0h}(\Gamma_h)$ 中, 变分问题 (3.2.8) 的近似问题可表示为

$$
\begin{cases}
\text{求 } \sigma_h \in V_{0h}(\Gamma_h), \text{ 使得} \\
b_h(\sigma_h, \sigma_h') = \int_{\Gamma_h} u_{0h}(\boldsymbol{y})\, \sigma_h'(\boldsymbol{y})\, \mathrm{d}s_{h\boldsymbol{y}}, \quad \forall \sigma_h' \in V_{0h}(\Gamma_h),
\end{cases}
\tag{3.2.11}
$$

其中 u_{0h} 是已知边界函数 u_0 在 Γ_h 上的近似,

$$
b_h(\sigma_h, \sigma_h') = -\frac{1}{2\pi} \int_{\Gamma_h} \int_{\Gamma_h} \sigma_h(\boldsymbol{x}) \ln|\boldsymbol{x} - \boldsymbol{y}|\, \sigma_h'(\boldsymbol{y})\, \mathrm{d}s_{h\boldsymbol{x}} \mathrm{d}s_{h\boldsymbol{y}}.
\tag{3.2.12}
$$

引理 3.2.1   对于 (3.2.9) 和 (3.2.12) 定义的双线性形式 $b(\cdot, \cdot)$ 和 $b_h(\cdot, \cdot)$, 有

$$
|b(\tilde{\sigma}_h, \tilde{\sigma}_h') - b_h(\sigma_h, \sigma_h')| \leqslant Ch^{k+1} \|\tilde{\sigma}_h\|_{0,\Gamma} \|\tilde{\sigma}_h'\|_{0,\Gamma},
\tag{3.2.13}
$$

其中 $\tilde{\sigma}_h = \sigma_h \circ \Psi^{-1}$, $\tilde{\sigma}'_h = \sigma'_h \circ \Psi^{-1}$, $\sigma_h \in V_{0h}(\Gamma_h)$, $\sigma'_h \in V_{0h}(\Gamma_h)$.

证明 利用映射 Ψ 把方程 (3.2.12) 中的积分转换到 Γ 上来,

$$b_h(\sigma_h, \sigma'_h) = -\frac{1}{2\pi} \int_\Gamma \int_\Gamma \tilde{\sigma}_h(\boldsymbol{x}) \ln |\Psi(\boldsymbol{x}) - \Psi(\boldsymbol{y})| \tilde{\sigma}'_h(\boldsymbol{y}) J_{\boldsymbol{x}}(\partial\Psi) J_{\boldsymbol{y}}(\partial\Psi) \, \mathrm{d}s_{\boldsymbol{x}} \mathrm{d}s_{\boldsymbol{y}}.$$

因此

$$b(\tilde{\sigma}_h, \tilde{\sigma}'_h) - b_h(\sigma_h, \sigma'_h)$$

$$= -\frac{1}{2\pi} \int_\Gamma \int_\Gamma \tilde{\sigma}_h(\boldsymbol{x}) \ln |\boldsymbol{x} - \boldsymbol{y}| \tilde{\sigma}'_h(\boldsymbol{y}) (1 - J_{\boldsymbol{x}}(\partial\Psi) J_{\boldsymbol{y}}(\partial\Psi)) \, \mathrm{d}s_{\boldsymbol{x}} \mathrm{d}s_{\boldsymbol{y}}$$

$$- \frac{1}{2\pi} \int_\Gamma \int_\Gamma \tilde{\sigma}_h(\boldsymbol{x}) (\ln |\boldsymbol{x} - \boldsymbol{y}| - \ln |\Psi(\boldsymbol{x}) - \Psi(\boldsymbol{y})|) \tilde{\sigma}'_h(\boldsymbol{y}) J_{\boldsymbol{x}}(\partial\Psi) J_{\boldsymbol{y}}(\partial\Psi) \, \mathrm{d}s_{\boldsymbol{x}} \mathrm{d}s_{\boldsymbol{y}}.$$

根据性质 3.1.2 有

$$|J_{\boldsymbol{x}}(\partial\Psi)| \leqslant C, \tag{3.2.14}$$

$$|1 - J_{\boldsymbol{x}}(\partial\Psi) J_{\boldsymbol{y}}(\partial\Psi)| \leqslant |1 - J_{\boldsymbol{x}}(\partial\Psi)| + |J_{\boldsymbol{x}}(\partial\Psi)| |1 - J_{\boldsymbol{y}}(\partial\Psi)| \leqslant Ch^{k+1}. \tag{3.2.15}$$

又利用性质 3.1.2, 有

$$|\ln |\boldsymbol{x} - \boldsymbol{y}| - \ln |\Psi(\boldsymbol{x}) - \Psi(\boldsymbol{y})|| = \left| \ln \left| \frac{\Psi(\boldsymbol{x}) - \Psi(\boldsymbol{y})}{\boldsymbol{x} - \boldsymbol{y}} \right| \right| \leqslant Ch^{k+1}, \tag{3.2.16}$$

所以

$$|b(\tilde{\sigma}_h, \tilde{\sigma}'_h) - b_h(\sigma_h, \sigma'_h)|$$

$$\leqslant Ch^{k+1} \int_\Gamma \int_\Gamma (|\tilde{\sigma}_h(\boldsymbol{x}) \ln |\boldsymbol{x} - \boldsymbol{y}| \tilde{\sigma}'_h(y)| + |\tilde{\sigma}_h(\boldsymbol{x})\tilde{\sigma}'_h(\boldsymbol{y})|) \, \mathrm{d}s_{\boldsymbol{x}} \, \mathrm{d}s_{\boldsymbol{y}}.$$

由于双线性形式 $b(\cdot, \cdot)$ 在 $H^{-1/2}(\Gamma) \times H^{-1/2}(\Gamma)$ 上连续, 因而在 $L^2(\Gamma) \times L^2(\Gamma)$ 上也连续, 所以

$$|b(\tilde{\sigma}_h, \tilde{\sigma}'_h) - b_h(\sigma_h, \sigma'_h)| \leqslant Ch^{k+1} \|\tilde{\sigma}_h\|_{0,\Gamma} \|\sigma'_h\|_{0,\Gamma}. \qquad \text{证毕.}$$

类似引理 3.1.1, 由引理 3.2.1 可得

引理 3.2.2 对任意 $\sigma_h \in V_{0h}(\Gamma_h)$, 令 $\tilde{\sigma}_h = \sigma_h \circ \Psi^{-1}$, 则

$$b_h(\sigma_h, \sigma_h) = \langle \mathcal{A}_h \sigma_h, \sigma_h \rangle_{\Gamma_h} \geqslant C \|\tilde{\sigma}_h\|_{-1/2,\Gamma}^2, \tag{3.2.17}$$

其中

$$\mathcal{A}_h \sigma_h\left(\boldsymbol{x}\right) = -\frac{1}{2\pi} \int_{\Gamma_h} \sigma_h\left(\boldsymbol{y}\right) \ln\left|\boldsymbol{x} - \boldsymbol{y}\right| \mathrm{d}s_{h\boldsymbol{y}} + C^*, \quad \boldsymbol{x} \in \Gamma_h.$$

引理 3.2.2 说明双线性形式 $b_h\left(\cdot, \cdot\right)$ 具有强制性, 所以根据 Lax-Milgram 定理可得变分问题 (3.2.11) 在 $V_{0h}\left(\Gamma_h\right)$ 中存在唯一解.

根据空间 $V_{0h}\left(\Gamma_h\right)$ 的定义, 在求解 (3.2.11) 时近似解 $\sigma_h\left(\boldsymbol{x}\right)$ 需要满足约束条件

$$\int_{\Gamma_h} \sigma_h\left(\boldsymbol{x}\right) \mathrm{d}s_{h\boldsymbol{x}} = 0. \tag{3.2.18}$$

因为移动最小二乘近似的形函数 $\Phi_i\left(\boldsymbol{x}\right)$ 不满足约束条件 (3.2.7), 空间 $V_h\left(\Gamma_h\right)$ 中的函数不一定满足约束条件 (3.2.18), 所以这个约束条件在离散化数值计算中难于直接处理. 这里采用另外一种方法, 即用一个带 Lagrange 乘子的公式来满足约束条件 (3.2.18). 为此, 定义双线性形式

$$L_h\left(v_h, C^*\right) = C^* \int_{\Gamma_h} v_h\left(\boldsymbol{y}\right) \mathrm{d}s_{h\boldsymbol{y}}, \quad \forall v_h \in V_h\left(\Gamma_h\right), \quad C^* \in \mathbb{R}. \tag{3.2.19}$$

现在直接求解另外一个变分问题

$$\begin{cases} 求 \ \left(\sigma_h, C^*\right) \in V_h\left(\Gamma_h\right) \times \mathbb{R}, \ 使得 \\[2mm] b_h\left(\sigma_h, \sigma_h'\right) + L_h\left(\sigma_h', C^*\right) = \displaystyle\int_{\Gamma_h} u_{0h}\left(\boldsymbol{y}\right) \sigma_h'\left(\boldsymbol{y}\right) \mathrm{d}s_{h\boldsymbol{y}}, \quad \forall \sigma_h' \in V_h\left(\Gamma_h\right), \\[2mm] L_h\left(\sigma_h, C'\right) = 0, \quad \forall C' \in \mathbb{R}. \end{cases}$$

$$\tag{3.2.20}$$

定理 3.2.2　变分问题 (3.2.11) 存在唯一解 $\sigma_h \in V_{0h}\left(\Gamma_h\right)$, 且存在一个常数 $C^* \in \mathbb{R}$, 使得 $\left(\sigma_h, C^*\right)$ 是变分问题 (3.2.20) 的唯一解.

证明　根据 Brezzi[32] 和 Girault 和 Raviart[33] 的定理, 只需验证如下两个条件:

(1) 存在非负常数 C_1, 使得

$$b_h\left(\sigma_h, \sigma_h\right) \geqslant C_1 \left\|\tilde{\sigma}_h\right\|_{-1/2, \Gamma}^2, \quad \forall \sigma_h \in V_{0h}\left(\Gamma_h\right), \quad \tilde{\sigma}_h = \sigma_h \circ \Psi^{-1}; \tag{3.2.21}$$

(2) 存在非负常数 C_2, 使得

$$\sup_{\sigma_h\left(\boldsymbol{x}\right) \in V_h\left(\Gamma_h\right)} \frac{L_h\left(\sigma_h, C^*\right)}{\left\|\sigma_h\right\|_{-1/2, \Gamma_h}} \geqslant C_2 \left|C^*\right|, \quad \forall C^* \in \mathbb{R}. \tag{3.2.22}$$

由引理 3.2.2 可知, 条件 (1) 成立. 设 σ_h 是一个零次多项式 (即常数), 则根据多项式空间的所有范数都等价, 可以得出条件 (2) 成立.   证毕.

在 $V_h(\Gamma_h)$ 中, 变分问题 (3.2.20) 的未知函数 σ_h 可表示为

$$\sigma_h(\boldsymbol{x}) = \sum_{i \in \wedge(\boldsymbol{x})} \Phi_{ih}(\boldsymbol{x}) \sigma_i, \tag{3.2.23}$$

其中 σ_i 是待定系数. 利用所选取的基函数, 问题 (3.2.20) 可离散为如下的 $(N+1)$ $\times (N+1)$ 线性方程组:

$$\left\{ \begin{bmatrix} [a_{ij}] & [c_i] \\ [b_j] & [0] \end{bmatrix} \right\} \left\{ \begin{matrix} \{\sigma_j\} \\ C^* \end{matrix} \right\} = \left\{ \begin{matrix} \{f_i\} \\ \{0\} \end{matrix} \right\}, \quad i, j = 1, 2, \cdots, N, \tag{3.2.24}$$

其中

$$a_{ij} = b_h(\Phi_{jh}, \Phi_{ih}) = -\frac{1}{2\pi} \int_{\Gamma_h} \int_{\Gamma_h} \Phi_{jh}(\boldsymbol{x}) \ln|\boldsymbol{x} - \boldsymbol{y}| \Phi_{ih}(\boldsymbol{y}) \, \mathrm{d}s_{h\boldsymbol{x}} \mathrm{d}s_{h\boldsymbol{y}}, \tag{3.2.25}$$

$$c_i = b_i = \int_{\Gamma_h} \Phi_{ih}(\boldsymbol{y}) \, \mathrm{d}s_{h\boldsymbol{y}}, \tag{3.2.26}$$

$$f_i = \int_{\Gamma_h} u_{0h}(\boldsymbol{y}) \Phi_{ih}(\boldsymbol{y}) \, \mathrm{d}s_{h\boldsymbol{y}}. \tag{3.2.27}$$

对于 (3.2.25) 中的积分, 积分核具有弱奇异性. 对于弱奇异积分, 可以采用对数 Gauss 积分公式或 Clenshaw-Curtis 积分公式计算[4,34,35]. (3.2.26) 和 (3.2.27) 中的积分始终是非奇异的, 可以用 Gauss 积分公式计算.

当 σ_i 和 C^* 求出之后, 原边值问题 (3.2.1) 的近似解可表示为

$$u_h(\boldsymbol{x}) = -\frac{1}{2\pi} \int_{\Gamma_h} \sigma_h(\boldsymbol{y}) \ln|\boldsymbol{x} - \boldsymbol{y}| \, \mathrm{d}s_{h\boldsymbol{y}} + C^*$$

$$= -\frac{1}{2\pi} \sum_{i=1}^{N} \sigma_i \int_{\Gamma_h} \Phi_{ih}(\boldsymbol{y}) \ln|\boldsymbol{x} - \boldsymbol{y}| \, \mathrm{d}s_{h\boldsymbol{y}} + C^*, \quad \boldsymbol{x} \in \Omega \cup \Omega'. \tag{3.2.28}$$

这样, Galerkin 边界点法求解二维 Laplace 方程 Dirichlet 问题 (3.2.1) 的途径是先由变分问题 (3.2.20) 得到 (σ_h, C^*), 再利用 (3.2.28) 即得 $\mathbb{R}^2$ 上任意点的位势解.

3.2.4 误差分析

因为移动最小二乘近似的形函数 $\Phi_i(\boldsymbol{x})$ 不满足约束条件 (3.2.7), 所以由 $\Phi_{ih}(\boldsymbol{x})$ 生成的空间 $V_h(\Gamma_h)$ 中的函数不一定满足约束条件 (3.2.18), 定理 3.1.4 的结论在 $V_{0h}(\Gamma)$ 中不再成立, 此时有如下结论.

定理 3.2.3　设 $\mathcal{P}$ 是由 $L^2(\Gamma)$ 到 $V_{0h}(\Gamma)$ 的正交投影算子, 则当 $v \in H_0^{p+1}(\Gamma)$ 时, 有

$$\|v - \mathcal{P}v\|_{-1/2,\Gamma} \leqslant C\left\{h^{p+3/2}\|v\|_{p+1,\Gamma} + h^{k+3/2}\|v\|_{0,\Gamma}\right\}, \quad 0 \leqslant p \leqslant m. \quad (3.2.29)$$

证明　令

$$v_h^* = \mathcal{M}v \circ \Psi, \quad (3.2.30)$$

则

$$\int_{\Gamma_h} v_h^*(\boldsymbol{y})\,\mathrm{d}s_{h\boldsymbol{y}} = \int_{\Gamma}\left(v_h^* \circ \Psi^{-1}\right)(\boldsymbol{y})\,J_{\boldsymbol{y}}(\partial\Psi)\,\mathrm{d}s_{\boldsymbol{y}} = \int_{\Gamma}\mathcal{M}v(\boldsymbol{y})\cdot J_{\boldsymbol{y}}(\partial\Psi)\,\mathrm{d}s_{\boldsymbol{y}}, \quad (3.2.31)$$

所以 v_h^* 在 Γ_h 上的积分不一定为零, 即 $v_h^* \notin V_{0h}(\Gamma_h)$. 为此, 令

$$v_h(\boldsymbol{y}) = v_h^*(\boldsymbol{y}) - \frac{1}{\operatorname{mes}(\Gamma_h)}\int_{\Gamma_h} v_h^*(\boldsymbol{y})\,\mathrm{d}s_{h\boldsymbol{y}}, \quad (3.2.32)$$

则 $v_h \in V_{0h}(\Gamma)$. 利用 (3.2.30) 和 (3.2.32) 可得

$$\tilde{v}_h(\boldsymbol{y}) := v_h(\boldsymbol{y}) \circ \Psi^{-1} = \mathcal{M}v(\boldsymbol{y}) - \frac{1}{\operatorname{mes}(\Gamma_h)}\int_{\Gamma_h} v_h^*(\boldsymbol{y})\,\mathrm{d}s_{h\boldsymbol{y}}, \quad (3.2.33)$$

显然 $\tilde{v}_h \in V_{0h}(\Gamma)$.

因为当 $v \in H_0^{p+1}(\Gamma)$ 时

$$\int_{\Gamma} v(\boldsymbol{y})\,\mathrm{d}s_{\boldsymbol{y}} = 0,$$

所以由 (3.2.31) 可得

$$\int_{\Gamma_h} v_h^*(\boldsymbol{y})\,\mathrm{d}s_{h\boldsymbol{y}} = \int_{\Gamma}\mathcal{M}v(\boldsymbol{y})\,J_{\boldsymbol{y}}(\partial\Psi)\,\mathrm{d}s_{\boldsymbol{y}} - \int_{\Gamma} v(\boldsymbol{y})\,\mathrm{d}s_{\boldsymbol{y}}$$

$$= \int_{\Gamma}\left(\mathcal{M}v(\boldsymbol{y}) - v(\boldsymbol{y})\right)\mathrm{d}s_{\boldsymbol{y}} + \int_{\Gamma}\mathcal{M}v(\boldsymbol{y})\left(J_{\boldsymbol{y}}(\partial\Psi) - 1\right)\mathrm{d}s_{\boldsymbol{y}},$$

从而根据 (3.1.48) 和 (3.2.33) 有

$$|\mathcal{M}v - \tilde{v}_h| = \frac{1}{\operatorname{mes}(\Gamma_h)}\left|\int_{\Gamma_h} v_h^*(\boldsymbol{y})\,\mathrm{d}s_{h\boldsymbol{y}}\right| \leqslant C\left\{\|v - \mathcal{M}v\|_{0,\Gamma} + h^{k+1}\|v\|_{0,\Gamma}\right\}.$$

再利用投影算子 $\mathcal{P}$ 的定义和定理 3.1.1, 可得

$$\|v - \mathcal{P}v\|_{0,\Gamma} \leqslant \|v - \tilde{v}_h\|_{0,\Gamma} \leqslant \|v - \mathcal{M}v\|_{0,\Gamma} + \|\mathcal{M}v - \tilde{v}_h\|_{0,\Gamma}$$

$$\leqslant C\left\{h^{p+1}\left\|v\right\|_{p+1,\Gamma}+h^{k+1}\left\|v\right\|_{0,\Gamma}\right\}.$$

类似地, 对任意 $g \in H_0^1(\Gamma)$, 有

$$\left\|g-\mathcal{P}g\right\|_{0,\Gamma}\leqslant C\left\{h\left\|g\right\|_{1,\Gamma}+h^{k+1}\left\|g\right\|_{0,\Gamma}\right\}.$$

利用对偶关系, 有

$$
\begin{aligned}
\left\|v-\mathcal{P}v\right\|_{-1,\Gamma} &= \sup_{g\in H_0^1(\Gamma)}\frac{\langle v-\mathcal{P}v,g\rangle_{\Gamma}}{\left\|g\right\|_{1,\Gamma}} \\
&= \sup_{g\in H_0^1(\Gamma)}\frac{\langle v-\mathcal{P}v,g-\mathcal{P}g\rangle_{\Gamma}}{\left\|g\right\|_{1,\Gamma}} \\
&\leqslant \sup_{g\in H_0^1(\Gamma)}\frac{\left\|v-\mathcal{P}v\right\|_{0,\Gamma}\left\|g-\mathcal{P}g\right\|_{0,\Gamma}}{\left\|g\right\|_{1,\Gamma}} \\
&\leqslant C\left\{h^{p+1}\left\|v\right\|_{p+1,\Gamma}+h^{k+1}\left\|v\right\|_{0,\Gamma}\right\}\sup_{g\in H_0^1(\Gamma)}\frac{h\left\|g\right\|_{1,\Gamma}+h^{k+1}\left\|g\right\|_{0,\Gamma}}{\left\|g\right\|_{1,\Gamma}} \\
&\leqslant C\left\{h^{p+2}\left\|v\right\|_{p+1,\Gamma}+h^{k+2}\left\|v\right\|_{0,\Gamma}\right\}.
\end{aligned}
$$

最后, 根据内插空间的范数性质, 可得

$$
\begin{aligned}
\left\|v-\mathcal{P}v\right\|_{-1/2,\Gamma} &\leqslant \left\|v-\mathcal{P}v\right\|_{0,\Gamma}^{1/2}\left\|v-\mathcal{P}v\right\|_{-1,\Gamma}^{1/2} \\
&\leqslant C\left\{h^{p+3/2}\left\|v\right\|_{p+1,\Gamma}+h^{k+3/2}\left\|v\right\|_{0,\Gamma}\right\}. \qquad \text{证毕.}
\end{aligned}
$$

定理 3.2.4 设 σ 是变分问题 (3.2.8) 的解, σ_h 是近似问题 (3.2.20) 的解, Ψ 是由 (3.1.39) 定义的 Γ 到 Γ_h 的映射, $\tilde{\sigma}_h=\sigma_h\circ\Psi^{-1}$. 若 $\sigma\in H_0^{p+1}(\Gamma)$, $0\leqslant p\leqslant m$, 则

$$
\begin{aligned}
\left\|\sigma-\tilde{\sigma}_h\right\|_{-\ell,\Gamma}\leqslant C\Big\{ &h^{\bar{k}-1/2}\left\|u_0-\hat{u}_{0h}\right\|_{1/2,\Gamma}+\left\|u_0-\hat{u}_{0h}\right\|_{1-\ell,\Gamma} \\
&+h^{p+\bar{k}+1}\left\|\sigma\right\|_{p+1,\Gamma}+h^{k+1}\left(h^{\bar{k}-1}+1\right)\left\|\sigma\right\|_{0,\Gamma}\Big\},
\end{aligned}
$$

其中 $1/2\leqslant\ell\leqslant m+2$, $\bar{k}=\min\left\{\ell,k+2\right\}$, $\hat{u}_{0h}(\boldsymbol{x})=\left(u_{0h}\circ\Psi^{-1}\right)(\boldsymbol{x})\cdot J_{\boldsymbol{x}}(\partial\Psi)$.

证明 类似于定理 3.1.5, 利用引理 3.2.1 和引理 3.2.2 可得

$$\left\|\sigma-\tilde{\sigma}_h\right\|_{-1/2,\Gamma}\leqslant C\left\{\left\|u_0-\hat{u}_{0h}\right\|_{1/2,\Gamma}+h^{p+3/2}\left\|\sigma\right\|_{p+1,\Gamma}+h^{k+1/2}\left\|\sigma\right\|_{0,\Gamma}\right\}.$$

$$(3.2.34)$$

设 $\omega \in H_0^{\ell+2\alpha}(\Gamma)$ 是如下积分方程的解:

$$\mathcal{A}\omega(\boldsymbol{x}) = g(\boldsymbol{x}), \quad \boldsymbol{x} \in \Gamma, \tag{3.2.35}$$

其中算子 $\mathcal{A}$ 由 (3.2.4) 定义. 由 $\mathcal{A}$ 的连续性可知

$$\|\omega\|_{\ell-1,\Gamma} \leqslant C \|g\|_{\ell,\Gamma}, \quad 1/2 \leqslant \ell \leqslant m+2,$$

所以由对偶理论

$$\|\sigma - \tilde{\sigma}_h\|_{-\ell,\Gamma} = \sup_{g \in H^\ell(\Gamma)} \frac{\langle \sigma - \tilde{\sigma}_h, g \rangle_\Gamma}{\|g\|_{\ell,\Gamma}}$$

$$\leqslant C \sup_{\omega \in H^{\ell+2\alpha}(\Gamma)} \frac{\langle \mathcal{A}(\sigma - \tilde{\sigma}_h), \omega \rangle_\Gamma}{\|\omega\|_{\ell-1,\Gamma}}, \quad 1/2 \leqslant \ell \leqslant m+2. \tag{3.2.36}$$

把分子写成两项

$$\langle \mathcal{A}(\sigma - \tilde{\sigma}_h), \omega \rangle_\Gamma = \langle \mathcal{A}(\sigma - \tilde{\sigma}_h), \omega - \mathcal{P}\omega \rangle_\Gamma + \langle \mathcal{A}(\sigma - \tilde{\sigma}_h), \mathcal{P}\omega \rangle_\Gamma. \tag{3.2.37}$$

由定理 3.2.3 可得

$$\|\omega - \mathcal{P}\omega\|_{-1/2,\Gamma} \leqslant C \left\{ h^{\ell-1/2} \|\omega\|_{\ell-1,\Gamma} + h^{k+3/2} \|\omega\|_{0,\Gamma} \right\} \leqslant C h^{\bar{k}-1/2} \|\omega\|_{\ell-1,\Gamma}.$$

再根据 (3.2.34) 可把第一项估计为

$$\langle \mathcal{A}(\sigma - \tilde{\sigma}_h), \omega - \mathcal{P}\omega \rangle_\Gamma \leqslant C \|\sigma - \tilde{\sigma}_h\|_{-1/2,\Gamma} \|\omega - \mathcal{P}\omega\|_{-1/2,\Gamma}$$

$$\leqslant C \left\{ h^{\bar{k}-1/2} \|u_0 - \hat{u}_{0h}\|_{1/2,\Gamma} + h^{p+\bar{k}+1} \|\sigma\|_{p+1,\Gamma} + h^{k+\bar{k}} \|\sigma\|_{0,\Gamma} \right\} \|\omega\|_{\ell-1,\Gamma}. \tag{3.2.38}$$

利用引理 3.2.1 和定理 3.1.2 可把第二项估计为

$$\langle \mathcal{A}(\sigma - \tilde{\sigma}_h), \mathcal{A}\omega \rangle_\Gamma = \langle \mathcal{A}\sigma, \mathcal{P}\omega \rangle_\Gamma - \langle \mathcal{A}\tilde{\sigma}_h, \mathcal{P}\omega \rangle_\Gamma$$

$$= \langle u_0, \mathcal{P}\omega \rangle_\Gamma - \langle \hat{u}_{0h}, \mathcal{P}\omega \rangle_\Gamma + \langle \mathcal{A}_h \sigma_h, \mathcal{P}\omega \circ \Psi \rangle_{\Gamma_h} - \langle \mathcal{A}\tilde{\sigma}_h, \mathcal{P}\omega \rangle_\Gamma$$

$$\leqslant C \|u_0 - \hat{u}_{0h}\|_{1-\ell,\Gamma} \|\mathcal{P}\omega\|_{\ell-1,\Gamma} + C h^{k+1} \|\tilde{\sigma}_h\|_{0,\Gamma} \|\mathcal{P}\omega\|_{0,\Gamma}$$

$$\leqslant C \left\{ \|u_0 - \hat{u}_{0h}\|_{1-\ell,\Gamma} + h^{k+1} (h^{\ell-1} + 1) \|\sigma\|_{0,\Gamma} \right\} \|\omega\|_{\ell-1,\Gamma}. \tag{3.2.39}$$

将 (3.2.38) 和 (3.2.39) 代入 (3.2.37), 再将 (3.2.37) 代入 (3.2.36), 就得出结论.

证毕.

最终需要估计 Galerkin 边界点法求得的近似解 u_h 与原边值问题 (3.2.1) 的解析解 u 之间的误差, 下面给出近似解的最大模估计.

定理 3.2.5 设 u 是二维 Laplace 方程 Dirichlet 问题 (3.2.1) 的解, 由 (3.2.3) 表示, u_h 是由 (3.2.28) 表示的近似解. 若 $\sigma \in H_0^{p+1}(\Gamma)$, $0 \leqslant p \leqslant m$, 且对任意 $\boldsymbol{x} \in \Omega \cup \Omega'$, 存在 $\delta > 0$ 使得 $\boldsymbol{x}$ 到边界 Γ 的距离满足

$$d_{\boldsymbol{x}} := \min_{\boldsymbol{y} \in \Gamma} |\boldsymbol{x} - \boldsymbol{y}| \geqslant \delta > 0,$$

则当 h 充分小时, 有

$$|u(\boldsymbol{x}) - u_h(\boldsymbol{x})|$$

$$\leqslant CE(\boldsymbol{x}, \Gamma) \left\{ h^{m+3/2} \|u_0 - \hat{u}_{0h}\|_{1/2,\Gamma} \right.$$

$$\left. + \|u_0 - \hat{u}_{0h}\|_{-m-1,\Gamma} + h^{p+m+3} \|\sigma\|_{p+1,\Gamma} + h^{k+1} \|\sigma\|_{0,\Gamma} \right\}, \tag{3.2.40}$$

$$\left| D^{\boldsymbol{\lambda}} u(\boldsymbol{x}) - D^{\boldsymbol{\lambda}} u_h(\boldsymbol{x}) \right|$$

$$\leqslant CE_{\boldsymbol{\lambda}}(\boldsymbol{x}, \Gamma) \left\{ h^{m+3/2} \|u_0 - \hat{u}_{0h}\|_{1/2,\Gamma} + \|u_0 - \hat{u}_{0h}\|_{-m-1,\Gamma} \right.$$

$$\left. + h^{p+m+3} \|\sigma\|_{p+1,\Gamma} + h^{k+1} \|\sigma\|_{0,\Gamma} \right\}, \tag{3.2.41}$$

其中 $E(\boldsymbol{x}, \Gamma) = |\ln d_{\boldsymbol{x}}| + \sum_{j=1}^{m+2} (d_{\boldsymbol{x}})^{-j}$, $E_{\boldsymbol{\lambda}}(\boldsymbol{x}, \Gamma) = \sum_{j=1}^{m+2} (d_{\boldsymbol{x}})^{-j-|\boldsymbol{\lambda}|}$, $\boldsymbol{\lambda} = (\lambda_1, \lambda_2)^{\mathrm{T}}$, $|\boldsymbol{\lambda}| = \lambda_1 + \lambda_2 \geqslant 1$.

证明 把 (3.2.28) 在 Γ_h 上的积分转移到 Γ 上积分, 可得

$$u_h(\boldsymbol{x}) = -\frac{1}{2\pi} \int_{\Gamma_h} \sigma_h(\boldsymbol{y}) \ln |\boldsymbol{x} - \boldsymbol{y}| \, \mathrm{d}s_{h\boldsymbol{y}} + C^*$$

$$= -\frac{1}{2\pi} \int_{\Gamma} \tilde{\sigma}_h(\boldsymbol{y}) \ln |\boldsymbol{x} - \Psi(\boldsymbol{y})| J_{\boldsymbol{y}}(\partial \Psi) \, \mathrm{d}s_{\boldsymbol{y}} + C^*,$$

再利用 (3.2.3), 有

$$u(\boldsymbol{x}) - u_h(\boldsymbol{x}) = -\frac{1}{2\pi} \int_{\Gamma} \left(\sigma(\boldsymbol{y}) \ln |\boldsymbol{x} - \boldsymbol{y}| - \tilde{\sigma}_h(\boldsymbol{y}) \ln |\boldsymbol{x} - \Psi(\boldsymbol{y})| J_{\boldsymbol{y}}(\partial \Psi) \right) \mathrm{d}s_{\boldsymbol{y}}.$$

令

$$M_1 = -\frac{1}{2\pi} \int_{\Gamma} (\sigma(\boldsymbol{y}) - \tilde{\sigma}_h(\boldsymbol{y})) \ln |\boldsymbol{x} - \boldsymbol{y}| \, \mathrm{d}s_{\boldsymbol{y}},$$

$$M_2 = -\frac{1}{2\pi} \int_\Gamma \tilde{\sigma}_h(\boldsymbol{y}) \left(\ln|\boldsymbol{x} - \boldsymbol{y}| - \ln|\boldsymbol{x} - \Psi(\boldsymbol{y})|\right) \mathrm{d}s_{\boldsymbol{y}},$$

$$M_3 = -\frac{1}{2\pi} \int_\Gamma \tilde{\sigma}_h(\boldsymbol{y}) \ln|\boldsymbol{x} - \Psi(\boldsymbol{y})| \left(1 - J_{\boldsymbol{y}}(\partial\Psi)\right) \mathrm{d}s_{\boldsymbol{y}},$$

则

$$u(\boldsymbol{x}) - u_h(\boldsymbol{x}) = M_1 + M_2 + M_3. \tag{3.2.42}$$

首先估计 M_1. 由于 $d_{\boldsymbol{x}} \geqslant \delta > 0$, 所以

$$\|\ln|\boldsymbol{x} - \boldsymbol{y}|\|_{m+2,\Gamma} \leqslant C|\ln d_{\boldsymbol{x}}| + C\sum_{j=1}^{m+2} (d_{\boldsymbol{x}})^{-j} = CE(\boldsymbol{x}, \Gamma), \tag{3.2.43}$$

再利用定理 3.2.4 可得

$$\begin{aligned}
|M_1| &\leqslant C\|\sigma - \tilde{\sigma}_h\|_{-m-2,\Gamma} \|\ln|\boldsymbol{x} - \boldsymbol{y}|\|_{m+2,\Gamma} \\
&\leqslant CE(\boldsymbol{x}, \Gamma) \Big\{ h^{m+3/2} \|u_0 - \hat{u}_{0h}\|_{1/2,\Gamma} + \|u_0 - \hat{u}_{0h}\|_{-m-1,\Gamma} \\
&\quad + h^{p+m+3} \|\sigma\|_{p+1,\Gamma} + h^{k+1} \|\sigma\|_{0,\Gamma} \Big\}.
\end{aligned} \tag{3.2.44}$$

其次估计 M_2. 利用性质 3.1.1 可得

$$|\ln|\boldsymbol{x} - \Psi(\boldsymbol{y})| - \ln|\boldsymbol{x} - \boldsymbol{y}|| = \left|\ln\left|1 + \frac{\boldsymbol{y} - \Psi(\boldsymbol{y})}{\boldsymbol{x} - \boldsymbol{y}}\right|\right| \leqslant \left|\frac{\boldsymbol{y} - \Psi(\boldsymbol{y})}{\boldsymbol{x} - \boldsymbol{y}}\right| \leqslant C\frac{h^{k+1}}{d_{\boldsymbol{x}}}, \tag{3.2.45}$$

所以

$$|M_2| \leqslant Ch^{k+1} (d_{\boldsymbol{x}})^{-1} \|\sigma\|_{0,\Gamma}. \tag{3.2.46}$$

最后估计 M_3. 根据性质 3.1.2 有

$$|\ln|\boldsymbol{x} - \Psi(\boldsymbol{y})| \cdot (1 - J_{\boldsymbol{y}}(\partial\Psi))| \leqslant Ch^{k+1} |\ln d_{\boldsymbol{x}}|, \tag{3.2.47}$$

所以

$$|M_3| \leqslant Ch^{k+1} |\ln d_{\boldsymbol{x}}| \cdot \int_\Gamma |\tilde{\sigma}_h(\boldsymbol{y})| \mathrm{d}s_{\boldsymbol{y}} \leqslant Ch^{k+1} |\ln d_{\boldsymbol{x}}| \|\sigma\|_{0,\Gamma}. \tag{3.2.48}$$

把 (3.2.44), (3.2.46) 和 (3.2.48) 代入 (3.2.42), 即得 (3.2.40).

对 (3.2.41) 可类似地证明, 例如当 $|\boldsymbol{\lambda}| = 1$ 时, 有

$$\nabla u\left(\boldsymbol{x}\right) = -\frac{1}{2\pi}\int_{\Gamma}\frac{\sigma\left(\boldsymbol{y}\right)\left(\boldsymbol{x} - \boldsymbol{y}\right)}{|\boldsymbol{x} - \boldsymbol{y}|^{2}}\mathrm{d}s_{\boldsymbol{y}},$$

$$\nabla u_{h}\left(\boldsymbol{x}\right) = -\frac{1}{2\pi}\int_{\Gamma}\frac{\tilde{\sigma}\left(\boldsymbol{y}\right)\left(\boldsymbol{x} - \Psi\left(\boldsymbol{y}\right)\right)}{|\boldsymbol{x} - \Psi\left(\boldsymbol{y}\right)|^{2}}J_{\boldsymbol{y}}\left(\partial\Psi\right)\mathrm{d}s_{\boldsymbol{y}}.$$

依然把差 $\nabla u\left(\boldsymbol{x}\right) - \nabla u_{h}\left(\boldsymbol{x}\right)$ 分解为三项, 第一项可估计为

$$C\left\|\sigma - \tilde{\sigma}_{h}\right\|_{-m-2,\Gamma}\left\|\frac{\boldsymbol{x} - \boldsymbol{y}}{|\boldsymbol{x} - \boldsymbol{y}|^{2}}\right\|_{m+2,\Gamma},$$

其余各项都可像 (3.2.46) 和 (3.2.48) 那样去估计, 从而得出结论.   证毕.

定理 3.2.5 中没有给出 $u\left(\boldsymbol{x}\right) - u_{h}\left(\boldsymbol{x}\right)$ 在 Γ 的邻域 Γ_{δ} 内的误差估计. 困难在于, $u\left(\boldsymbol{x}\right)$ 的法向导数在穿越 Γ 时不连续, 同样 $u_{h}\left(\boldsymbol{x}\right)$ 的法向导数也不连续, 因而在 Γ 和 Γ_{h} 之间的区域内, 误差难以估计.

比较 (3.2.40) 和 (3.2.41) 可以发现, 当 $\boldsymbol{x}$ 不在 Γ 的 Γ_{δ} 邻域内时, $|\boldsymbol{\lambda}|$ 阶导数 $D^{\boldsymbol{\lambda}}u_{h}\left(\boldsymbol{x}\right)$ 的误差与 $u_{h}\left(\boldsymbol{x}\right)$ 的误差保持相同的阶数. 这是边界类型方法相对于区域型方法 (如有限元法、无单元 Galerkin 法) 的一个优点, 因为区域型方法中导数 $D^{\boldsymbol{\lambda}}u_{h}\left(\boldsymbol{x}\right)$ 的收敛阶通常比 $u_{h}\left(\boldsymbol{x}\right)$ 的收敛阶降低 $|\boldsymbol{\lambda}|$.

从 (3.2.40) 和 (3.2.41) 中还可以发现, Galerkin 边界点法的误差主要来源于两个方面: 一是函数逼近的误差, 即边界函数的 m 阶移动最小二乘近似; 二是几何近似的误差, 即边界 Γ 的 k 阶近似. 当 $k = p + m + 2$ 时, 来自函数逼近的误差与几何近似的误差得以平衡.

3.2.5 积分背景网格与边界重合

当积分背景网格与真实边界有差别时, 定理 3.2.5 给出了 Galerkin 边界点法求解 Laplace 方程 Dirichlet 问题的最大模估计.

如果积分背景网格与真实边界重合, 即数值积分是在原边界上完成的, 则不存在几何近似的误差. 类似 (3.2.20), 此时变分问题 (3.2.8) 的近似问题为

$$\begin{cases} \text{求 } (\sigma_{h}, C^{*}) \in V\left(\Gamma\right) \times \mathbb{R}, \text{ 使得} \\ b\left(\sigma_{h}, \sigma'\right) + L\left(\sigma', C^{*}\right) = \displaystyle\int_{\Gamma}u_{0}\left(\boldsymbol{y}\right)\sigma'\left(\boldsymbol{y}\right)\mathrm{d}s_{\boldsymbol{y}}, \quad \forall \sigma' \in V\left(\Gamma\right), \\ L\left(\sigma_{h}, C'\right) = 0, \quad \forall C' \in \mathbb{R}. \end{cases} \quad (3.2.49)$$

其中 $V\left(\Gamma\right)$ 由 (3.1.52) 定义.

在 $V(\Gamma)$ 中, 变分问题 (3.2.49) 的未知函数 σ_h 可表示为

$$\sigma_h(\boldsymbol{x}) = \sum_{i \in \wedge(\boldsymbol{x})} \Phi_i(\boldsymbol{x}) \sigma_i, \tag{3.2.50}$$

其中 σ_i 是待定系数. 利用所选取的基函数, 问题 (3.2.49) 可离散为如下 $(N+1) \times (N+1)$ 线性方程组:

$$\left\{ \begin{array}{cc} [a_{ij}] & [c_i] \\ [b_j] & [0] \end{array} \right\} \left\{ \begin{array}{c} \{\sigma_j\} \\ C^* \end{array} \right\} = \left\{ \begin{array}{c} \{f_i\} \\ \{0\} \end{array} \right\}, \quad i, j = 1, 2, \cdots, N, \tag{3.2.51}$$

其中

$$a_{ij} = b(\Phi_j, \Phi_i) = -\frac{1}{2\pi} \int_\Gamma \int_\Gamma \Phi_j(\boldsymbol{x}) \ln|\boldsymbol{x} - \boldsymbol{y}| \Phi_i(\boldsymbol{y}) \, \mathrm{d}s_{\boldsymbol{x}} \mathrm{d}s_{\boldsymbol{y}},$$

$$c_i = b_i = \int_\Gamma \Phi_i(\boldsymbol{y}) \, \mathrm{d}s_{\boldsymbol{y}},$$

$$f_i = \int_\Gamma u_0(\boldsymbol{y}) \Phi_i(\boldsymbol{y}) \, \mathrm{d}s_{\boldsymbol{y}}.$$

当 σ_i 和 C^* 求出之后, 问题 (3.2.1) 的近似解为

$$
\begin{aligned}
u_h(\boldsymbol{x}) &= -\frac{1}{2\pi} \int_\Gamma \sigma_h(\boldsymbol{y}) \ln|\boldsymbol{x} - \boldsymbol{y}| \, \mathrm{d}s_{\boldsymbol{y}} + C^* \\
&= -\frac{1}{2\pi} \sum_{i=1}^N \sigma_i \int_\Gamma \Phi_i(\boldsymbol{y}) \ln|\boldsymbol{x} - \boldsymbol{y}| \, \mathrm{d}s_{\boldsymbol{y}} + C^*, \quad \boldsymbol{x} \in \Omega \cup \Omega'. \tag{3.2.52}
\end{aligned}
$$

此时, 定理 3.2.4 可以简化为

定理 3.2.6　设 σ 是变分问题 (3.2.8) 的解, σ_h 是近似问题 (3.2.49) 的解. 若 $\sigma \in H_0^{p+1}(\Gamma)$, 则

$$\|\sigma - \sigma_h\|_{-\ell, \Gamma} \leqslant C h^{p+\ell+1} \|\sigma\|_{p+1, \Gamma}, \quad 1/2 \leqslant \ell \leqslant m+2, \quad 0 \leqslant p \leqslant m. \tag{3.2.53}$$

此外, 定理 3.2.5 可以简化为

定理 3.2.7　设 u 是二维 Laplace 方程 Dirichlet 问题 (3.2.1) 的解, 由 (3.2.3) 表示, u_h 是由 (3.2.52) 表示的近似解. 若 $\sigma \in H_0^{p+1}(\Gamma)$, $0 \leqslant p \leqslant m$, 则当 $\boldsymbol{x}$ 到边界 Γ 的距离 $d_{\boldsymbol{x}} \geqslant \delta > 0$ 时有

$$|u(\boldsymbol{x}) - u_h(\boldsymbol{x})| \leqslant C E(\boldsymbol{x}, \Gamma) h^{p+m+3} \|\sigma\|_{p+1, \Gamma}, \tag{3.2.54}$$

$$\left| D^{\boldsymbol{\lambda}} u\left(\boldsymbol{x}\right) - D^{\boldsymbol{\lambda}} u_h\left(\boldsymbol{x}\right) \right| \leqslant C E_{\boldsymbol{\lambda}}\left(\boldsymbol{x}, \Gamma\right) h^{p+m+3} \left\| \sigma \right\|_{p+1, \Gamma}, \tag{3.2.55}$$

其中 $E\left(\boldsymbol{x}, \Gamma\right) = \left| \ln d_{\boldsymbol{x}} \right| + \sum_{j=1}^{m+2} \left(d_{\boldsymbol{x}}\right)^{-j}$, $E_{\boldsymbol{\lambda}}\left(\boldsymbol{x}, \Gamma\right) = \sum_{j=1}^{m+2} \left(d_{\boldsymbol{x}}\right)^{-j-|\boldsymbol{\lambda}|}$, $|\boldsymbol{\lambda}| \geqslant 1$.

根据定理 3.2.6, 还可进一步得到近似解的能量模估计.

定理 3.2.8 若 u 和 u_h 分别由 (3.2.3) 和 (3.2.52) 表示, 则当 $\sigma \in H_0^{p+1}\left(\Gamma\right)$ 时, 有

$$\left\| u - u_h \right\|_{W_0^1(\mathbb{R}^2)/\mathbb{R}} \leqslant C h^{p+3/2} \left\| \sigma \right\|_{p+1, \Gamma}, \quad 0 \leqslant p \leqslant m. \tag{3.2.56}$$

证明 由于 (3.2.3) 定义的映射 $\sigma \to u|_{\Omega}$ 是 $H_0^{-1/2}\left(\Gamma\right)$ 到 $H^1\left(\Omega\right)/\mathbb{R}$ 的线性连续映射, $\sigma \to u|_{\Omega'}$ 是 $H_0^{-1/2}\left(\Gamma\right)$ 到 $W_0^1\left(\Omega'\right)/\mathbb{R}$ 的线性连续映射, 于是利用定理 3.2.6, 有

$$\left\| u - u_h \right\|_{W_0^1(\mathbb{R}^2)/\mathbb{R}} \leqslant C \left\| \sigma - \sigma_h \right\|_{-1/2, \Gamma} \leqslant C h^{p+3/2} \left\| \sigma \right\|_{p+1, \Gamma}, 0 \leqslant p \leqslant m. \quad \text{证毕.}$$

定理 3.2.7 给出了 $u\left(\boldsymbol{x}\right) - u_h\left(\boldsymbol{x}\right)$ 在 Γ 的 δ 邻域之外的估计, 下面给出在边界附近区域上的最大模收敛性.

定理 3.2.9 设 u 和 u_h 分别由 (3.2.3) 和 (3.2.52) 给出, $\sigma \in H_0^{p+1}\left(\Gamma\right)$, 则存在 $\delta > 0$, 对任意 $\boldsymbol{x} \in \mathbb{R}^2$, 当 $d_{\boldsymbol{x}} < \delta$ 时, 有

$$\left| u\left(\boldsymbol{x}\right) - u_h\left(\boldsymbol{x}\right) \right| \leqslant C\left(\delta\right) h^{p+1-\varepsilon} \left\| \sigma \right\|_{p+1, \Gamma}, \quad 0 < \varepsilon \leqslant p \leqslant m, \tag{3.2.57}$$

其中 ε 是预先指定的任意小的正数.

证明 当 $\varepsilon > 0$ 时, 由 (3.2.3) 和 (3.2.52) 可得

$$\left| u\left(\boldsymbol{x}\right) - u_h\left(\boldsymbol{x}\right) \right| = \frac{1}{2\pi} \left| \int_{\Gamma} \left(\sigma\left(\boldsymbol{y}\right) - \sigma_h\left(\boldsymbol{y}\right) \right) \ln \left| \boldsymbol{x} - \boldsymbol{y} \right| \mathrm{d}s_{\boldsymbol{y}} \right|$$

$$\leqslant C \left\| \sigma - \sigma_h \right\|_{\varepsilon, \Gamma} \left\| \left| \ln \left| \boldsymbol{x} - \boldsymbol{y} \right| \right| \right\|_{-\varepsilon, \Gamma}. \tag{3.2.58}$$

令 $\ell = 2/(1+\varepsilon)$, 则 $0 < \ell < 2$. 根据 Sobolev 空间嵌入定理, 有 $L^2\left(\Gamma\right) \hookrightarrow L^\ell\left(\Gamma\right) \hookrightarrow H^{-\varepsilon}\left(\Gamma\right)$, 所以

$$\left\| \left| \ln \left| \boldsymbol{x} - \boldsymbol{y} \right| \right| \right\|_{-\varepsilon, \Gamma} \leqslant C \left\| \left| \ln \left| \boldsymbol{x} - \boldsymbol{y} \right| \right| \right\|_{0, \Gamma}.$$

令

$$\Gamma^* = \left\{ \boldsymbol{y} \in \Gamma : \left| \boldsymbol{x} - \boldsymbol{y} \right| < \delta \right\}, \quad \ell_{\boldsymbol{x}} = \max_{\boldsymbol{y} \in \Gamma} \left\{ \left| \boldsymbol{x} - \boldsymbol{y} \right| \right\},$$

则

$$\left\| \left| \ln \left| \boldsymbol{x} - \boldsymbol{y} \right| \right| \right\|_{0, \Gamma}^2 = \int_{\Gamma/\Gamma^*} \left| \ln \left| \boldsymbol{x} - \boldsymbol{y} \right| \right|^2 \mathrm{d}s_{\boldsymbol{y}} + \int_{\Gamma^*} \left| \ln \left| \boldsymbol{x} - \boldsymbol{y} \right| \right|^2 \mathrm{d}s_{\boldsymbol{y}}$$

$$\leqslant \int_{\Gamma/\Gamma^*} \max\left\{|\ln \ell_{\boldsymbol{x}}|^2, |\ln \delta|^2\right\} ds_{\boldsymbol{y}} + \delta |\ln \delta|^2 + 2\delta |\ln \delta| + 2\int_{\Gamma^*} ds_{\boldsymbol{y}}$$

$$\leqslant \operatorname{mes}(\Gamma)\left(\max\left\{|\ln \ell_{\boldsymbol{x}}|^2, |\ln \delta|^2\right\}\right) + \delta |\ln \delta|^2 + 2\delta |\ln \delta| + 2\operatorname{mes}(\Gamma),$$

因此

$$\||\ln|\boldsymbol{x}-\boldsymbol{y}|\|_{-\varepsilon,\Gamma} \leqslant C(\delta). \tag{3.2.59}$$

另一方面, 由定理 3.2.6 可得

$$\|\sigma - \sigma_h\|_{\varepsilon,\Gamma} \leqslant Ch^{p+1-\varepsilon}\|\sigma\|_{p+1,\Gamma}, \quad 0 < \varepsilon \leqslant p \leqslant m. \tag{3.2.60}$$

把 (3.2.59) 和 (3.2.60) 代入 (3.2.58), 即得 (3.2.57).　　　　　　　　证毕.

由于 $\partial u(\boldsymbol{x})/\partial n(\boldsymbol{x})$ 在穿越 Γ 时的间断性, 即使积分背景网格与真实边界重合, 仍然难以得到 $|\nabla u(\boldsymbol{x}) - \nabla u_h(\boldsymbol{x})|$ 在 Γ 的 δ 邻域内的误差估计.

3.2.6　数值算例

为了证实 Laplace 方程 Dirichlet 问题 (3.2.1) 的 Galerkin 边界点法的有效性, 下面给出一些数值算例. 在计算中, 边界节点一致分布在边界 Γ 上, 在构造边界上的移动最小二乘近似时, 选用二次基函数和四次样条权函数, 边界点的影响域的半径为 $2.5h$, 其中 h 是节点间距.

例 3.2.1　圆域外部 Dirichlet 问题

设 Ω 是半径为 1、圆心位于原点的单位圆, $u(x_1, x_2) = 1 + (x_1 - x_2)/(x_1^2 + x_2^2)$ 为 $\Omega' = \mathbb{R}^2/\Omega$ 上的调和函数, 即在单位圆的外部考虑 Laplace 方程 Dirichlet 问题 (3.2.1), u 在边界上满足 Dirichlet 边界条件 $u_0 = x_1 - x_2 + 1$.

图 3.2.1 给出了位势 u 及其导数在直线 $x_2 = 1.25$ 上的解析解和数值解. 这

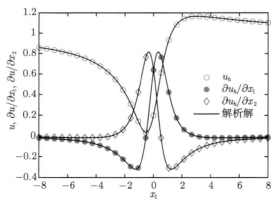

图 3.2.1　例 3.2.1 中位势 u 及其导数 $\partial u/\partial x_1$ 和 $\partial u/\partial x_2$
在直线 $x_2 = 1.25$ 上的解析解和数值解

里使用了 20 个均匀分布的边界节点, 并且边界用二次插值逼近, 即 $k = 2$. 计算结果表明, 数值解和解析解吻合得很好.

当边界分别用线性插值 $(k = 1)$ 和二次插值 $(k = 2)$ 进行逼近时, 表 3.2.1 和表 3.2.2 给出了位势 u 及其导数 $\partial u/\partial x_1$ 和 $\partial^2 u/\partial x_1^2$ 在一些内点处的误差以及收敛阶. 从这两个表中可以看出, 当边界节点增加时, 位势及其导数的精度随着边界节点个数的增加而增加. 比较这两个表, 还可以发现 $k = 2$ 时的精度和收敛阶明显高于 $k = 1$ 时的精度和收敛阶, 这与理论分析是吻合的.

表 3.2.1　例 3.2.1 中 Galerkin 边界点法在边界线性近似 $(k = 1)$ 时的收敛情况

x_1, x_2	误差	$N = 5$	$N = 10$	$N = 20$	$N = 40$	收敛阶
5.0, 1.0	$\|u - u_h\|$	3.577e-02	9.822e-03	2.595e-03	6.201e-04	1.947
	$\left\|\dfrac{\partial u}{\partial x_1} - \dfrac{\partial u_h}{\partial x_1}\right\|$	3.960e-03	1.234e-03	3.155e-04	8.417e-05	1.864
	$\left\|\dfrac{\partial^2 u}{\partial x_1^2} - \dfrac{\partial^2 u_h}{\partial x_1^2}\right\|$	6.057e-04	2.353e-04	6.195e-05	1.660e-05	1.749
10.0, 1.0	$\|u - u_h\|$	2.292e-02	5.954e-03	1.614e-03	3.568e-04	1.990
	$\left\|\dfrac{\partial u}{\partial x_1} - \dfrac{\partial u_h}{\partial x_1}\right\|$	1.558e-03	4.612e-04	1.162e-04	3.155e-05	1.887
	$\left\|\dfrac{\partial^2 u}{\partial x_1^2} - \dfrac{\partial^2 u_h}{\partial x_1^2}\right\|$	2.646e-04	7.861e-05	2.007e-05	5.292e-06	1.890

表 3.2.2　例 3.2.1 中 Galerkin 边界点法在边界二次近似 $(k = 2)$ 时的收敛情况

x_1, x_2	误差	$N = 5$	$N = 10$	$N = 20$	$N = 40$	收敛阶
5.0, 1.0	$\|u - u_h\|$	3.984e-03	5.174e-04	1.338e-04	5.753e-06	3.026
	$\left\|\dfrac{\partial u}{\partial x_1} - \dfrac{\partial u_h}{\partial x_1}\right\|$	3.915e-04	4.998e-05	1.681e-05	6.348e-08	3.934
	$\left\|\dfrac{\partial^2 u}{\partial x_1^2} - \dfrac{\partial^2 u_h}{\partial x_1^2}\right\|$	1.961e-04	2.178e-05	3.787e-06	6.125e-08	3.746
10.0, 1.0	$\|u - u_h\|$	4.915e-03	6.560e-04	1.909e-04	5.821e-06	3.095
	$\left\|\dfrac{\partial u}{\partial x_1} - \dfrac{\partial u_h}{\partial x_1}\right\|$	1.052e-04	1.819e-05	8.169e-06	4.991e-08	3.428
	$\left\|\dfrac{\partial^2 u}{\partial x_1^2} - \dfrac{\partial^2 u_h}{\partial x_1^2}\right\|$	1.221e-05	1.830e-06	8.203e-07	5.813e-09	3.427

例 3.2.2　正方形内部 Dirichlet 问题

设 $\Omega = (-1,1)^2$, $u = \sin\left(x_1^2 - x_2^2\right)\exp\left(2x_1 x_2\right)$ 为 Ω 内的调和函数, 即在正方形的内部考虑 Laplace 方程 Dirichlet 问题 (3.2.1). 因为该问题的边界由直线段组成, 所以此时积分用的背景积分网格与问题边界是重合的.

图 3.2.2 给出了位势 u 及其导数在直线 $x_2 = 0.5x_1$ 上的解析解和数值解. 这里使用了 32 个均匀分布的边界节点. 计算结果表明, 数值解和解析解吻合得很好.

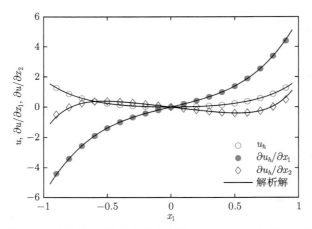

图 3.2.2　例 3.2.2 中位势 u 及其导数在直线 $x_2 = 0.5x_1$ 上的解析解和数值解

为了研究 Galerkin 边界点法在计算点接近边界时的收敛性, 考虑计算点 $(0.990000, 0.0)$, $(0.999000, 0.0)$, $(0.999900, 0.0)$, $(0.999990, 0.0)$ 和 $(0.999999, 0.0)$, 这 5 个计算点逐步靠近边界点 $(1.0, 0.0)$. 表 3.2.3 给出了位势 u 在这些计算点处的误差 $|u - u_h|$ 和收敛阶. 可以发现, 当边界节点增加时, 误差都减小, 但是计算点越靠近边界, 近似解的收敛阶越低, 并趋于 1.0.

表 3.2.3　计算点靠近边界时, 例 3.2.2 中位势 u 的收敛情况

x_1, x_2		$N = 16$	$N = 32$	$N = 64$	$N = 128$	$N = 256$
0.990000, 0.0	误差	1.101e-01	1.369e-02	4.974e-04	2.232e-05	1.449e-07
	收敛阶		3.008	4.782	4.478	7.267
0.999000, 0.0	误差	1.161e-01	1.733e-02	1.963e-03	3.063e-04	3.523e-06
	收敛阶		2.744	3.142	2.681	6.442
0.999900, 0.0	误差	1.167e-01	1.790e-02	2.492e-03	7.676e-04	3.478e-04
	收敛阶		2.705	2.844	1.699	1.142
0.999990, 0.0	误差	1.168e-01	1.796e-02	2.551e-03	8.257e-04	4.045e-04
	收敛阶		2.701	2.815	1.627	1.029
0.999999, 0.0	误差	1.168e-01	1.796e-02	2.557e-03	8.317e-04	4.105e-04
	收敛阶		2.701	2.812	1.620	1.019

3.3 Laplace 方程 Neumann 问题的 Galerkin 边界点法

本节提出 Laplace 方程 Neumann 问题的 Galerkin 边界点法. 通过使用双层位势, 得到与边值问题等价的第一类 Fredholm 边界积分方程. 这里的积分算子是拟微分算子, 因此可用 3.1.5 节发展的 Galerkin 边界点法求解该边界积分方程. 对于 Neumann 问题, 采用双层位势来求解时, 会出现超强奇异积分. 这里通过引进边界旋度, 并应用广义函数和分部积分, 将超强奇异积分转化为对数阶的弱奇异积分.

3.3.1 解的积分表示及变分公式

在有限平面区域 Ω 及 Ω' 中考虑如下 Neumann 问题:

$$\begin{cases} \Delta u\left(\boldsymbol{x}\right) = 0, & \boldsymbol{x} \in \Omega \cup \Omega', \\ \dfrac{\partial u\left(\boldsymbol{x}\right)}{\partial \boldsymbol{n}\left(\boldsymbol{x}\right)} = g\left(\boldsymbol{x}\right), & \boldsymbol{x} \in \Gamma, \end{cases} \tag{3.3.1}$$

其中 $g\left(\boldsymbol{x}\right) \in H^{-1/2}\left(\Gamma\right)$ 是已知函数, $\boldsymbol{n}\left(\boldsymbol{x}\right) = \left(n_1\left(\boldsymbol{x}\right), n_2\left(\boldsymbol{x}\right)\right)^{\mathrm{T}}$ 是边界外法向量.

为了保证该问题在相差一个常数的意义下存在唯一解, 要求已知的边界法向导数函数 $g\left(\boldsymbol{x}\right)$ 满足条件

$$\int_{\Gamma} g\left(\boldsymbol{x}\right) \mathrm{d}s_{\boldsymbol{x}} = 0. \tag{3.3.2}$$

用

$$\mu\left(\boldsymbol{x}\right) = \lim_{\boldsymbol{y} \to \boldsymbol{x}, \boldsymbol{y} \in \Omega} u\left(\boldsymbol{y}\right) - \lim_{\boldsymbol{y} \to \boldsymbol{x}, \boldsymbol{y} \in \Omega'} u\left(\boldsymbol{y}\right), \quad \boldsymbol{x} \in \Gamma$$

表示函数 $u\left(\boldsymbol{x}\right)$ 在穿越 Γ 时的跃变, 则问题 (3.3.1) 的解可用双层位势表示为 [3,36]

$$u\left(\boldsymbol{x}\right) = -\frac{1}{2\pi} \int_{\Gamma} \mu\left(\boldsymbol{y}\right) \frac{\partial}{\partial \boldsymbol{n}\left(\boldsymbol{y}\right)} \ln|\boldsymbol{x} - \boldsymbol{y}| \, \mathrm{d}s_{\boldsymbol{y}} + C^*, \quad \boldsymbol{x} \in \mathbb{R}^2, \tag{3.3.3}$$

其中 C^* 是一个任意常数.

由解的表达式 (3.3.3) 可以得到一个联系已知函数 $g\left(\boldsymbol{x}\right)$ 与未知函数 $\mu\left(\boldsymbol{x}\right)$ 的边界积分方程

$$g\left(\boldsymbol{x}\right) = -\frac{1}{2\pi} \int_{\Gamma} \mu\left(\boldsymbol{y}\right) \frac{\partial^2}{\partial \boldsymbol{n}\left(\boldsymbol{x}\right) \partial \boldsymbol{n}\left(\boldsymbol{y}\right)} \ln|\boldsymbol{x} - \boldsymbol{y}| \, \mathrm{d}s_{\boldsymbol{y}}, \quad \boldsymbol{x} \in \Gamma. \tag{3.3.4}$$

这个方程对内边值问题和外边值问题均是适合的.

令

$$\mathcal{A}\mu\left(\boldsymbol{x}\right) = -\frac{1}{2\pi}\int_{\Gamma}\mu\left(\boldsymbol{y}\right)\frac{\partial^2}{\partial\boldsymbol{n}\left(\boldsymbol{x}\right)\partial\boldsymbol{n}\left(\boldsymbol{y}\right)}\ln\left|\boldsymbol{x}-\boldsymbol{y}\right|\mathrm{d}s_{\boldsymbol{y}},\quad \boldsymbol{x}\in\Gamma, \qquad (3.3.5)$$

则根据 (3.1.13), (3.3.5) 中的算子 $\mathcal{A}$ 是 +1 阶拟微分算子, 且是从 $H^{1/2}\left(\Gamma\right)/\mathbb{R}$ 到 $H_0^{-1/2}\left(\Gamma\right)$ 的线性、有界和强椭圆算子 [3]. 因此, 与边界积分方程 (3.3.4) 等价的变分问题是

$$\begin{cases} 求\ \mu\in H^{1/2}\left(\Gamma\right)/\mathbb{R},\ 使得 \\[2mm] b\left(\mu,\mu'\right) = \int_{\Gamma}g\left(\boldsymbol{y}\right)\mu'\left(\boldsymbol{y}\right)\mathrm{d}s_{\boldsymbol{y}},\quad \forall\mu'\in H^{1/2}\left(\Gamma\right)/\mathbb{R}, \end{cases} \qquad (3.3.6)$$

其中双线性形式 $b\left(\cdot,\cdot\right)$ 在 $H^{1/2}\left(\Gamma\right)/\mathbb{R}$ 上具有强制性和连续性 [3],

$$b\left(\mu,\mu'\right) = -\frac{1}{4\pi}\int_{\Gamma}\int_{\Gamma}\left(\mu\left(\boldsymbol{x}\right)-\mu\left(\boldsymbol{y}\right)\right)\frac{\partial^2\ln\left|\boldsymbol{x}-\boldsymbol{y}\right|}{\partial\boldsymbol{n}\left(\boldsymbol{y}\right)\partial\boldsymbol{n}\left(\boldsymbol{x}\right)}\left(\mu'\left(\boldsymbol{x}\right)-\mu'\left(\boldsymbol{y}\right)\right)\mathrm{d}s_{\boldsymbol{x}}\mathrm{d}s_{\boldsymbol{y}}. \qquad (3.3.7)$$

根据 Lax-Milgram 定理可得

定理 3.3.1　若已知函数 $g\in H_0^{-1/2}\left(\Gamma\right)$, 则变分问题 (3.3.6) 存在唯一解 $\mu\in H^{1/2}\left(\Gamma\right)/\mathbb{R}$, 此时原边值问题 (3.3.1) 分别在 $H^1\left(\Omega\right)/\mathbb{R}$ 和 $W_0^1\left(\Omega'\right)/\mathbb{R}$ 中有唯一解.

3.3.2　无网格近似解

根据移动最小二乘近似的再生性, 由 (3.1.50) 定义的无网格近似解空间 $V_h\left(\Gamma_h\right)$ 中包含任意常数, 所以在空间 $V_h\left(\Gamma_h\right)/\mathbb{R}$ 中, 变分问题 (3.3.6) 的近似问题可表示为

$$\begin{cases} 求\ \mu_h\in V_h\left(\Gamma_h\right)/\mathbb{R},\ 使得 \\[2mm] b_h\left(\mu_h,\mu_h'\right) = \int_{\Gamma_h}g_h\left(\boldsymbol{y}\right)\mu_h'\left(\boldsymbol{y}\right)\mathrm{d}s_{h\boldsymbol{y}},\quad \forall\mu_h'\in V_h\left(\Gamma_h\right)/\mathbb{R}, \end{cases} \qquad (3.3.8)$$

其中 g_h 是已知边界函数 g 在 Γ_h 上的近似,

$$\begin{aligned} b_h\left(\mu_h,\mu_h'\right) = {} & -\frac{1}{4\pi}\int_{\Gamma_h}\int_{\Gamma_h}\left(\mu_h\left(\boldsymbol{x}\right)-\mu_h\left(\boldsymbol{y}\right)\right)\frac{\partial^2\ln\left|\boldsymbol{x}-\boldsymbol{y}\right|}{\partial\boldsymbol{n}_h\left(\boldsymbol{y}\right)\partial\boldsymbol{n}_h\left(\boldsymbol{x}\right)} \\ & \times\left(\mu_h'\left(\boldsymbol{x}\right)-\mu_h'\left(\boldsymbol{y}\right)\right)\mathrm{d}s_{h\boldsymbol{x}}\mathrm{d}s_{h\boldsymbol{y}}, \end{aligned} \qquad (3.3.9)$$

这里 $\boldsymbol{n}_h$ 是边界 Γ 的外法向量 $\boldsymbol{n}$ 的 k 阶插值近似.

根据定理 3.1.3, 当假设 3.1.5 成立时, 变分问题 (3.3.8) 的解存在唯一. 下面针对 Neumann 问题验证假设 3.1.5.

引理 3.3.1　对于 (3.3.7) 和 (3.3.9) 定义的双线性形式 $b(\cdot,\cdot)$ 和 $b_h(\cdot,\cdot)$, 有

$$|b\,(\tilde{\mu}_h, \tilde{\mu}'_h) - b_h\,(\mu_h, \mu'_h)|$$

$$\leqslant Ch^{k+1}\,\|\tilde{\mu}_h\|_{H^{1/2}(\Gamma)/\mathbb{R}}\,\|\tilde{\mu}'_h\|_{H^{1/2}(\Gamma)/\mathbb{R}},\quad \tilde{\mu}_h = \mu_h \circ \Psi^{-1},\quad \tilde{\mu}'_h = \mu'_h \circ \Psi^{-1}.$$
$$(3.3.10)$$

证明　利用映射 Ψ 把方程 (3.3.9) 中的积分转换到 Γ 上来,

$$b_h\,(\mu_h, \mu'_h) = -\frac{1}{4\pi}\int_\Gamma\int_\Gamma (\tilde{\mu}_h(\boldsymbol{x}) - \tilde{\mu}_h(\boldsymbol{y}))\frac{\partial^2 \ln|\Psi(\boldsymbol{x}) - \Psi(\boldsymbol{y})|}{\partial \boldsymbol{n}_h(\boldsymbol{y})\,\partial \boldsymbol{n}_h(\boldsymbol{x})}$$

$$\times (\tilde{\mu}'_h(\boldsymbol{x}) - \tilde{\mu}'_h(\boldsymbol{y}))\,J_{\boldsymbol{x}}(\partial\Psi)\,J_{\boldsymbol{y}}(\partial\Psi)\,\mathrm{d}s_{\boldsymbol{x}}\mathrm{d}s_{\boldsymbol{y}}.$$

因此

$$b\,(\tilde{\mu}_h, \tilde{\mu}'_h) - b_h\,(\mu_h, \mu'_h) = R_1 + R_2,\tag{3.3.11}$$

其中

$$R_1 = -\frac{1}{4\pi}\int_\Gamma\int_\Gamma (\tilde{\mu}_h(\boldsymbol{x}) - \tilde{\mu}_h(\boldsymbol{y}))\frac{\partial^2 \ln|\boldsymbol{x} - \boldsymbol{y}|}{\partial \boldsymbol{n}_h(\boldsymbol{y})\partial \boldsymbol{n}_h(\boldsymbol{x})}(\tilde{\mu}'_h(\boldsymbol{x}) - \tilde{\mu}'_h(\boldsymbol{y}))$$

$$\times (1 - J_{\boldsymbol{x}}(\partial\Psi)J_{\boldsymbol{y}}(\partial\Psi))\,\mathrm{d}s_{\boldsymbol{x}}\,\mathrm{d}s_{\boldsymbol{y}},$$

$$R_2 = -\frac{1}{4\pi}\int_\Gamma\int_\Gamma (\tilde{\mu}_h(\boldsymbol{x}) - \tilde{\mu}_h(\boldsymbol{y}))\left(\frac{\partial^2 \ln|\boldsymbol{x} - \boldsymbol{y}|}{\partial \boldsymbol{n}(\boldsymbol{y})\partial \boldsymbol{n}(\boldsymbol{x})} - \frac{\partial^2 \ln|\Psi(\boldsymbol{x}) - \Psi(\boldsymbol{y})|}{\partial \boldsymbol{n}_h(\boldsymbol{y})\partial \boldsymbol{n}_h(\boldsymbol{x})}\right)$$

$$\times (\tilde{\mu}'_h(\boldsymbol{x}) - \tilde{\mu}'_h(\boldsymbol{y}))\,J_{\boldsymbol{x}}(\partial\Psi)J_{\boldsymbol{y}}(\partial\Psi)\mathrm{d}s_{\boldsymbol{x}}\mathrm{d}s_{\boldsymbol{y}}.$$

根据 (3.2.15) 以及双线性形式 $b(\cdot,\cdot)$ 的连续性, 有

$$|R_1| \leqslant Ch^{k+1}\,\|\tilde{\mu}_h\|_{H^{1/2}(\Gamma)/\mathbb{R}}\,\|\tilde{\mu}'_h\|_{H^{1/2}(\Gamma)/\mathbb{R}}.\tag{3.3.12}$$

在 R_2 中, 积分核之差是

$$\frac{\partial^2 \ln|\boldsymbol{x} - \boldsymbol{y}|}{\partial \boldsymbol{n}(\boldsymbol{y})\partial \boldsymbol{n}(\boldsymbol{x})} - \frac{\partial^2 \ln|\Psi(\boldsymbol{x}) - \Psi(\boldsymbol{y})|}{\partial \boldsymbol{n}_h(\boldsymbol{y})\partial \boldsymbol{n}_h(\boldsymbol{x})}$$

$$= -\frac{(\boldsymbol{n}(\boldsymbol{x}), \boldsymbol{n}(\boldsymbol{y}))}{|\boldsymbol{x} - \boldsymbol{y}|^2} + \frac{(\boldsymbol{n}_h(\boldsymbol{x}), \boldsymbol{n}_h(\boldsymbol{y}))}{|\Psi(\boldsymbol{x}) - \Psi(\boldsymbol{y})|^2} + \frac{2(\boldsymbol{x} - \boldsymbol{y}, \boldsymbol{n}_x)(\boldsymbol{x} - \boldsymbol{y}, \boldsymbol{n}_y)}{|\boldsymbol{x} - \boldsymbol{y}|^4}$$

$$- \frac{2(\Psi(\boldsymbol{x}) - \Psi(\boldsymbol{y}), \boldsymbol{n}_h(\boldsymbol{x}))(\Psi(\boldsymbol{x}) - \Psi(\boldsymbol{y}), \boldsymbol{n}_h(\boldsymbol{y}))}{|\Psi(\boldsymbol{x}) - \Psi(\boldsymbol{y})|^4},$$

这个误差可分为由法向量的近似和距离的近似所产生的两种类型的误差. 由于 $\boldsymbol{n}_h$ 是 $\boldsymbol{n}$ 的 k 阶插值, 所以

$$|\boldsymbol{n}(\boldsymbol{x}) - \boldsymbol{n}_h(\boldsymbol{x})| \leqslant Ch^{k+1},\tag{3.3.13}$$

因此由法向量的近似所产生的误差可估计为

$$\left| \frac{(\boldsymbol{n}(\boldsymbol{x}) - \boldsymbol{n}_h(\boldsymbol{x}), \boldsymbol{n}(\boldsymbol{x}))}{|\boldsymbol{x} - \boldsymbol{y}|^2} \right| \leqslant \frac{Ch^{k+1}}{|\boldsymbol{x} - \boldsymbol{y}|^2},$$

$$\left| \frac{(\boldsymbol{x} - \boldsymbol{y}, \boldsymbol{n}(\boldsymbol{x}) - \boldsymbol{n}_h(\boldsymbol{x}))(\boldsymbol{x} - \boldsymbol{y}, \boldsymbol{n}(\boldsymbol{y}))}{|\boldsymbol{x} - \boldsymbol{y}|^4} \right| \leqslant \frac{Ch^{k+1}}{|\boldsymbol{x} - \boldsymbol{y}|^2}. \tag{3.3.14}$$

下面估计由距离的近似所产生的误差. 令

$$B = |\boldsymbol{x} - \boldsymbol{y}|, \quad D = |\Psi(\boldsymbol{x}) - \Psi(\boldsymbol{y})|,$$

则由性质 3.1.1, 有

$$\frac{1}{|\boldsymbol{x} - \boldsymbol{y}|^2} - \frac{1}{|\Psi(\boldsymbol{x}) - \Psi(\boldsymbol{y})|^2} = \frac{1}{B^2} - \frac{1}{D^2} = \frac{D^2 - B^2}{B^2 D^2} \leqslant \frac{Ch^{k+1}}{B^2} = \frac{Ch^{k+1}}{|\boldsymbol{x} - \boldsymbol{y}|^2},$$
$$\tag{3.3.15}$$

$$\frac{1}{B^4} - \frac{1}{D^4} = \frac{(D^2 + B^2)(D^2 - B^2)}{B^4 D^4} \leqslant C \frac{D^2 \cdot h^{k+1} D^2}{B^4 D^4} = \frac{Ch^{k+1}}{|\boldsymbol{x} - \boldsymbol{y}|^4},$$

从而

$$(\Psi(\boldsymbol{x}) - \Psi(\boldsymbol{y}), \boldsymbol{n}_h(\boldsymbol{x}))(\Psi(\boldsymbol{x}) - \Psi(\boldsymbol{y}), \boldsymbol{n}_h(\boldsymbol{y})) \left(\frac{1}{|\boldsymbol{x} - \boldsymbol{y}|^4} - \frac{1}{|\Psi(\boldsymbol{x}) - \Psi(\boldsymbol{y})|^4} \right)$$

$$\leqslant \frac{Ch^{k+1}}{|\boldsymbol{x} - \boldsymbol{y}|^2}. \tag{3.3.16}$$

当 h 充分小时,

$$|\boldsymbol{x} - \boldsymbol{y} - \Psi(\boldsymbol{x}) + \Psi(\boldsymbol{y})| = |B - D| = \frac{|B^2 - D^2|}{|B + D|} \leqslant C \frac{h^{k+1} B^2}{B} = Ch^{k+1} |\boldsymbol{x} - \boldsymbol{y}|,$$

因此

$$\frac{(\boldsymbol{x} - \boldsymbol{y}, \boldsymbol{n}_h(\boldsymbol{x}))(\boldsymbol{x} - \boldsymbol{y} - \Psi(\boldsymbol{x}) + \Psi(\boldsymbol{y}), \boldsymbol{n}(\boldsymbol{x}))}{|\boldsymbol{x} - \boldsymbol{y}|^4} \leqslant \frac{Ch^{k+1}}{|\boldsymbol{x} - \boldsymbol{y}|^2}. \tag{3.3.17}$$

利用 (3.3.14)—(3.3.17) 可得 R_2 中的积分核之差的上界为 $Ch^{k+1} |\boldsymbol{x} - \boldsymbol{y}|^{-2}$, 再由性质 3.1.2 有

$$|R_2| \leqslant Ch^{k+1} \int_\Gamma \int_\Gamma (\tilde{\mu}_h(\boldsymbol{x}) - \tilde{\mu}_h(\boldsymbol{y})) |\boldsymbol{x} - \boldsymbol{y}|^{-2} (\tilde{\mu}_h'(\boldsymbol{x}) - \tilde{\mu}_h'(\boldsymbol{y})) \, \mathrm{d}s_{\boldsymbol{x}} \, \mathrm{d}s_{\boldsymbol{y}}.$$

又因为

$$\frac{\partial^2}{\partial \boldsymbol{n}\,(\boldsymbol{y})\,\partial \boldsymbol{n}\,(\boldsymbol{x})} \ln |\boldsymbol{x} - \boldsymbol{y}| = |\boldsymbol{x} - \boldsymbol{y}|^{-2} + \omega\,(\boldsymbol{x}, \boldsymbol{y})\,,$$

其中函数 $\omega\,(\boldsymbol{x}, \boldsymbol{y})$ 在 $\boldsymbol{x} = \boldsymbol{y}$ 的某邻域内有界, 且 $\int_\Gamma |\omega\,(\boldsymbol{x}, \boldsymbol{y})|\,\mathrm{d}s_{\boldsymbol{x}}$ 是 $\boldsymbol{x}$ 的有界函数, 所以

$$
\begin{aligned}
|R_2| &\leqslant Ch^{k+1}\left(b\,(\tilde{\mu}_h, \tilde{\mu}_h') + \int_\Gamma \int_\Gamma (\tilde{\mu}_h(\boldsymbol{x}) - \tilde{\mu}_h(\boldsymbol{y}))\,|\omega\,(\boldsymbol{x}, \boldsymbol{y})|\,(\tilde{\mu}_h'(\boldsymbol{x}) - \tilde{\mu}_h'(\boldsymbol{y}))\,\mathrm{d}s_{\boldsymbol{x}}\mathrm{d}s_{\boldsymbol{y}}\right) \\
&\leqslant Ch^{k+1}\left(\|\tilde{\mu}_h\|_{H^{1/2}(\Gamma)/\mathbb{R}}\,\|\tilde{\mu}_h'\|_{H^{1/2}(\Gamma)/\mathbb{R}} + \|\tilde{\mu}_h\|_{0,\Gamma}\,\|\tilde{\mu}_h'\|_{0,\Gamma}\right) \\
&\leqslant Ch^{k+1}\,\|\tilde{\mu}_h\|_{H^{1/2}(\Gamma)/\mathbb{R}}\,\|\tilde{\mu}_h'\|_{H^{1/2}(\Gamma)/\mathbb{R}}\,.
\end{aligned}
\tag{3.3.18}
$$

由 (3.3.11), (3.3.12) 和 (3.3.18) 得知 (3.3.10) 成立.   证毕.

(3.3.7) 中的积分核 $\dfrac{\partial^2}{\partial \boldsymbol{n}\,(\boldsymbol{y})\,\partial \boldsymbol{n}\,(\boldsymbol{x})} \ln |\boldsymbol{x} - \boldsymbol{y}|$ 具有 $|\boldsymbol{x} - \boldsymbol{y}|^{-2}$ 的超强奇异性, 是不可积的. 目前有多种算法数值计算这类超强奇异型积分 [3-5,34,37], 其中一种比较有效的方法是通过引入边界旋度 [3,38,39], 并采用广义函数意义下的分步积分, 把对奇异积分核的导数转化为对积分方程中待定函数的导数, 从而降低积分的奇异性.

在 $\mathbb{R}^2$ 中, 设 Γ_δ 是边界 Γ 的邻域, 由所有与 Γ 的距离小于 δ 的点组成. 对于恰当选取的 δ, 在邻域 Γ_δ 中任取一点 $\boldsymbol{x}$, 都可以把 $\boldsymbol{x}$ 以一种唯一的方式投影到 Γ 上, 即对应一点 $\zeta\,(\boldsymbol{x}) \in \Gamma$. 对于定义在边界曲线 Γ 上的函数 $\mu\,(\boldsymbol{x})$, 可通过以下表达式定义一个在 Γ_δ 上的函数,

$$\tilde{\mu}\,(\boldsymbol{x}) = \mu\,(\zeta\,(\boldsymbol{x}))\,, \quad \boldsymbol{x} \in \Gamma_\delta\,, \quad \zeta\,(\boldsymbol{x}) \in \Gamma\,.$$

令函数 $\mu\,(\boldsymbol{x})$ 在曲线 Γ 上的切向量场为

$$\overrightarrow{\mathrm{rot}_\Gamma}\mu\,(\boldsymbol{x}) = \mathrm{grad}\tilde{\mu}\,(\boldsymbol{x}) \times \boldsymbol{n}\,(\boldsymbol{x})\,, \tag{3.3.19}$$

则 (3.3.7) 等价于

$$b\,(\mu, \mu') = \frac{1}{2\pi}\int_\Gamma \int_\Gamma \ln |\boldsymbol{x} - \boldsymbol{y}| \cdot \overrightarrow{\mathrm{rot}_\Gamma}\mu\,(\boldsymbol{x}) \cdot \overrightarrow{\mathrm{rot}_\Gamma}\mu'\,(\boldsymbol{y})\,\mathrm{d}s_{\boldsymbol{x}}\mathrm{d}s_{\boldsymbol{y}}\,. \tag{3.3.20}$$

在空间 $V_h\,(\Gamma_h)/\mathbb{R}$ 中, 近似解 $\mu_h\,(\boldsymbol{x})$ 可表示为

$$\mu_h\,(\boldsymbol{x}) = \sum_{i \in \wedge(\boldsymbol{x})} \Phi_{ih}\,(\boldsymbol{x})\mu_i\,, \tag{3.3.21}$$

其中 μ_i 是未知量. 变分问题 (3.3.8) 可化为如下线性代数方程组:

$$\sum_{j=1}^{N} a_{ij}\mu_j = f_i, \quad 1 \leqslant j \leqslant N, \tag{3.3.22}$$

其中

$$a_{ij} = b_h\left(\Phi_{jh}, \Phi_{ih}\right) = \frac{1}{2\pi}\int_{\Gamma_h}\int_{\Gamma_h}\ln|\boldsymbol{x}-\boldsymbol{y}|\cdot\overrightarrow{\mathrm{rot}_{\Gamma_h}}\Phi_{jh}\left(\boldsymbol{y}\right)\cdot\overrightarrow{\mathrm{rot}_{\Gamma_h}}\Phi_{ih}\left(\boldsymbol{x}\right)\mathrm{d}s_{h\boldsymbol{x}}\mathrm{d}s_{h\boldsymbol{y}}, \tag{3.3.23}$$

$$f_i = \int_{\Gamma_h} g_h\left(\boldsymbol{y}\right)\Phi_{ih}\left(\boldsymbol{y}\right)\mathrm{d}s_{h\boldsymbol{y}}. \tag{3.3.24}$$

为了数值计算 (3.3.23) 中的积分, 采用线性插值作为积分背景网格的几何近似, 记为 $\Gamma_{\ell h} = A_\ell A_{\ell+1}$, 这里 $\ell = 1, 2, \cdots, N_C$. 若积分背景网格 $\Gamma_{\ell h}$ 的端点 A_ℓ 和 $A_{\ell+1}$ 的直角坐标分别为 $\left(x_1^\ell, x_2^\ell\right)$ 和 $\left(x_1^{\ell+1}, x_2^{\ell+1}\right)$, 则 $\Gamma_{\ell h}$ 是由满足下式的所有点 $\boldsymbol{x} = (x_1, x_2)^{\mathrm{T}}$ 构成的线段:

$$x_j = 0.5x_j^\ell\left(1-\xi\right) + 0.5x_j^{\ell+1}\left(1+\xi\right), \quad \xi \in [-1, 1], \quad j = 1, 2.$$

另外, 直线段 $\Gamma_{\ell h}$ 的单位外法向量为

$$\boldsymbol{n}_h\left(\boldsymbol{x}\right) = \left(\frac{x_2^{\ell+1}-x_2^\ell}{L_\ell}, -\frac{x_1^{\ell+1}-x_1^\ell}{L_\ell}\right)^{\mathrm{T}},$$

这里 L_ℓ 是 $\Gamma_{\ell h}$ 的长度. 用 $\boldsymbol{i}$ 和 $\boldsymbol{j}$ 表示平面上沿正交直角坐标轴正向的单位矢量, $\boldsymbol{k} = \boldsymbol{i} \times \boldsymbol{j}$, 则

$$\mathrm{grad}\Phi_{ih}\left(\boldsymbol{x}\right) = \frac{\partial\Phi_{ih}\left(\boldsymbol{x}\right)}{\partial x_1}\boldsymbol{i} + \frac{\partial\Phi_{ih}\left(\boldsymbol{x}\right)}{\partial x_2}\boldsymbol{j},$$

从而根据 (3.3.19) 有

$$\overrightarrow{\mathrm{rot}_{\Gamma_h}}\Phi_{ih}\left(\boldsymbol{x}\right) = \mathrm{grad}\Phi_{ih}\left(\boldsymbol{x}\right) \times \boldsymbol{n}_h\left(\boldsymbol{x}\right)$$
$$= -\left(\frac{x_1^{\ell+1}-x_1^\ell}{L_\ell}\frac{\partial\Phi_{ih}\left(\boldsymbol{x}\right)}{\partial x_1} + \frac{x_2^{\ell+1}-x_2^\ell}{L_\ell}\frac{\partial\Phi_{ih}\left(\boldsymbol{x}\right)}{\partial x_2}\right)\boldsymbol{k}.$$

把上式代入 (3.3.23), 则 (3.3.23) 中的积分核仅具有对数奇异性, 可以用对数 Gauss 积分公式计算.

当 μ_i 求出之后, 原边值问题 (3.3.1) 的近似解可表示为

$$u_h\left(\boldsymbol{x}\right) = -\frac{1}{2\pi}\int_{\Gamma_h}\mu_h\left(\boldsymbol{y}\right)\frac{\partial}{\partial\boldsymbol{n}_h\left(\boldsymbol{y}\right)}\ln|\boldsymbol{x}-\boldsymbol{y}|\mathrm{d}s_{h\boldsymbol{y}} + C^*$$

$$= -\frac{1}{2\pi} \sum_{i=1}^{N} \mu_i \int_{\Gamma_h} \Phi_{ih}(\boldsymbol{y}) \frac{\partial}{\partial \boldsymbol{n}_h(\boldsymbol{y})} \ln |\boldsymbol{x} - \boldsymbol{y}| \, \mathrm{d}s_{h\boldsymbol{y}} + C^*, \boldsymbol{x} \in \mathbb{R}^2, \quad C^* \in \mathbb{R}.$$

$$(3.3.25)$$

这样, Galerkin 边界点法求解二维 Laplace 方程 Neumann 问题 (3.3.1) 的途径是先由变分问题 (3.3.8) 得到 $u_h(\boldsymbol{x})$, 再利用 (3.3.25) 即得 $\mathbb{R}^2$ 上任意点的位势解.

3.3.3 误差分析

根据引理 3.3.1 可知假设 3.1.5 成立, 所以由引理 3.1.1 可得

$$b_h(\mu_h, \mu_h) = \langle \mathcal{A}_h \mu_h, \mu_h \rangle_{\Gamma_h} \geqslant C \|\tilde{\mu}_h\|^2_{H^{1/2}(\Gamma)/\mathbb{R}}, \quad C > 0, \qquad (3.3.26)$$

其中

$$\mathcal{A}_h \mu_h(\boldsymbol{x}) = -\frac{1}{2\pi} \int_{\Gamma_h} \mu_h(\boldsymbol{y}) \frac{\partial^2}{\partial \boldsymbol{n}(\boldsymbol{x}) \partial \boldsymbol{n}(\boldsymbol{y})} \ln |\boldsymbol{x} - \boldsymbol{y}| \, \mathrm{d}s_{h\boldsymbol{y}}, \quad \boldsymbol{x} \in \Gamma_h.$$

由定理 3.1.6, 有

定理 3.3.2 设 μ 是变分问题 (3.3.6) 的解, μ_h 是近似问题 (3.3.8) 的解, Ψ 是由 (3.1.39) 定义的 Γ 到 Γ_h 的映射, $\tilde{\mu}_h = \mu_h \circ \Psi^{-1}$. 若 $\mu \in H^{p+1}(\Gamma)/\mathbb{R}$, $1/2 \leqslant p \leqslant m$, 则

$$\|\mu - \tilde{\mu}_h\|_{H^{-\ell}(\Gamma)/\mathbb{R}}$$
$$\leqslant C \{ h^{\ell+1/2} \|g - \hat{g}_h\|_{-1/2,\Gamma} + \|g - \hat{g}_h\|_{-\ell-1,\Gamma} + h^{p+\ell+1} \|\mu\|_{H^{p+1}(\Gamma)/\mathbb{R}}$$
$$+ h^{k+1} \|\mu\|_{H^{1/2}(\Gamma)/\mathbb{R}} \}, \qquad (3.3.27)$$

其中 $0 \leqslant \ell \leqslant m$, $\hat{g}_h(\boldsymbol{x}) = (g_h \circ \Psi^{-1})(\boldsymbol{x}) \cdot J_{\boldsymbol{x}}(\partial \Psi)$.

下面给出近似解 u_h 与解析解 u 的最大模估计.

定理 3.3.3 设 u 是二维 Laplace 方程 Neumann 问题 (3.3.1) 的解, 由 (3.3.3) 表示, 且满足 $\int_{\Gamma} \mu \mathrm{d}s = 0$; u_h 是由 (3.3.25) 表示的近似解, 满足 $\int_{\Gamma_h} \mu_h \mathrm{d}s_h = 0$. 假定 $\boldsymbol{x}$ 到边界 Γ 的距离 $d_{\boldsymbol{x}} \geqslant \delta > 0$, 若 $\mu(\boldsymbol{x}) \in H^{p+1}(\Gamma)/\mathbb{R}$, $1/2 \leqslant p \leqslant m$, 则当 h 充分小时, 有

$$|u(\boldsymbol{x}) - u_h(\boldsymbol{x})|$$
$$\leqslant CE(\boldsymbol{x}, \Gamma) \{ h^{m+1/2} \|g - \hat{g}_h\|_{-1/2,\Gamma} + \|g - \hat{g}_h\|_{-\ell-1,\Gamma}$$
$$+ h^{p+m+1} \|\mu\|_{H^{p+1}(\Gamma)/\mathbb{R}} + h^{k+1} \|\mu\|_{H^{1/2}(\Gamma)/\mathbb{R}} \}, \qquad (3.3.28)$$

$$\left| D^{\boldsymbol{\lambda}} u\left(\boldsymbol{x}\right) - D^{\boldsymbol{\lambda}} u_h\left(\boldsymbol{x}\right) \right|$$

$$\leqslant C E_{\boldsymbol{\lambda}}\left(\boldsymbol{x},\Gamma\right)\left\{ h^{m+1/2}\left\| g - \hat{g}_h \right\|_{-1/2,\Gamma} + \left\| g - \hat{g}_h \right\|_{-\ell-1,\Gamma} \right.$$

$$\left. + h^{p+m+1}\left\| \mu \right\|_{H^{p+1}(\Gamma)/\mathbb{R}} + h^{k+1}\left\| \mu \right\|_{H^{1/2}(\Gamma)/\mathbb{R}} \right\}, \tag{3.3.29}$$

其中 $E\left(\boldsymbol{x},\Gamma\right) = \sum_{j=0}^{m}\left(d_{\boldsymbol{x}}\right)^{-j-1} + 1$, $E_{\boldsymbol{\lambda}}\left(\boldsymbol{x},\Gamma\right) = \sum_{j=0}^{\max(m,2)}\left(d_{\boldsymbol{x}}\right)^{-j-|\boldsymbol{\lambda}|-1}$, $\boldsymbol{\lambda} = \left(\lambda_1,\lambda_2\right)^{\mathrm{T}}$, $|\boldsymbol{\lambda}| = \lambda_1 + \lambda_2 \geqslant 1$.

证明　把 (3.3.25) 在 Γ_h 上的积分转移到 Γ 上积分, 可得

$$u_h\left(\boldsymbol{x}\right) = -\frac{1}{2\pi}\int_{\Gamma_h} \mu_h\left(\boldsymbol{y}\right)\frac{\partial \ln|\boldsymbol{x}-\boldsymbol{y}|}{\partial \boldsymbol{n}_h\left(\boldsymbol{y}\right)}\mathrm{d}s_{h\boldsymbol{y}} + C^*$$

$$= -\frac{1}{2\pi}\int_{\Gamma_h} \tilde{\mu}_h\left(\boldsymbol{y}\right)\frac{\partial \ln|\boldsymbol{x}-\Psi\left(\boldsymbol{y}\right)|}{\partial \boldsymbol{n}\left(\boldsymbol{y}\right)} J_{\boldsymbol{y}}\left(\partial\Psi\right)\mathrm{d}s_{\boldsymbol{y}} + C^*,$$

再利用 (3.3.3), 有

$$u\left(\boldsymbol{x}\right) - u_h\left(\boldsymbol{x}\right) = -\frac{1}{2\pi}\int_{\Gamma}\left(\mu\left(\boldsymbol{y}\right)\frac{\partial \ln|\boldsymbol{x}-\boldsymbol{y}|}{\partial \boldsymbol{n}\left(\boldsymbol{y}\right)} - \tilde{\mu}_h\left(\boldsymbol{y}\right)\frac{\partial \ln|\boldsymbol{x}-\Psi\left(\boldsymbol{y}\right)|}{\partial \boldsymbol{n}\left(\boldsymbol{y}\right)} J_{\boldsymbol{y}}\left(\partial\Psi\right)\right)\mathrm{d}s_{\boldsymbol{y}}$$

$$= B_1 + B_2, \tag{3.3.30}$$

其中

$$B_1 = -\frac{1}{2\pi}\int_{\Gamma}\left(\mu\left(\boldsymbol{y}\right) - \tilde{\mu}_h\left(\boldsymbol{y}\right) J_{\boldsymbol{y}}\left(\partial\Psi\right)\right)\frac{\partial \ln|\boldsymbol{x}-\boldsymbol{y}|}{\partial \boldsymbol{n}\left(\boldsymbol{y}\right)}\mathrm{d}s_{\boldsymbol{y}},$$

$$B_2 = -\frac{1}{2\pi}\int_{\Gamma}\tilde{\mu}_h\left(\boldsymbol{y}\right) J_{\boldsymbol{y}}\left(\partial\Psi\right)\left(\frac{\partial \ln|\boldsymbol{x}-\boldsymbol{y}|}{\partial \boldsymbol{n}\left(\boldsymbol{y}\right)} - \frac{\partial \ln|\boldsymbol{x}-\Psi\left(\boldsymbol{y}\right)|}{\partial \boldsymbol{n}\left(\boldsymbol{y}\right)}\right)\mathrm{d}s_{\boldsymbol{y}}.$$

令

$$\tilde{C}\left(\boldsymbol{x}\right) = \int_{\Gamma}\frac{\partial \ln|\boldsymbol{x}-\boldsymbol{y}|}{\partial \boldsymbol{n}\left(\boldsymbol{y}\right)}\mathrm{d}s_{\boldsymbol{y}},$$

则 [3]

$$\tilde{C}\left(\boldsymbol{x}\right) = \begin{cases} -2\pi, & \boldsymbol{x}\in\Omega, \\ 0, & \boldsymbol{x}\in\Omega'. \end{cases}$$

因为

$$\left\|\frac{\partial \ln|\boldsymbol{x}-\boldsymbol{y}|}{\partial \boldsymbol{n}\left(\boldsymbol{y}\right)}\right\|_{m,\Gamma} = \left\|\frac{\cos\left(\boldsymbol{y}-\boldsymbol{x},\boldsymbol{n}\left(\boldsymbol{y}\right)\right)}{|\boldsymbol{x}-\boldsymbol{y}|}\right\|_{m,\Gamma} \leqslant C\sum_{j=0}^{m}\left(d_{\boldsymbol{x}}\right)^{-j-1},$$

$$\int_{\Gamma} (\mu(\boldsymbol{y}) - \tilde{\mu}_h(\boldsymbol{y}) J_{\boldsymbol{y}}(\partial \Psi)) \, \mathrm{d}s_{\boldsymbol{y}} = \int_{\Gamma} \mu(\boldsymbol{y}) \, \mathrm{d}s_{\boldsymbol{y}} - \int_{\Gamma_h} \mu_h(\boldsymbol{y}) \, \mathrm{d}s_{\boldsymbol{y}} = 0,$$

所以

$$|B_1| = \frac{1}{2\pi} \left| \int_{\Gamma} (\mu(\boldsymbol{y}) - \tilde{\mu}_h(\boldsymbol{y}) J_{\boldsymbol{y}}(\partial \Psi)) \left(\frac{\partial \ln |\boldsymbol{x} - \boldsymbol{y}|}{\partial \boldsymbol{n}(\boldsymbol{y})} + \frac{\tilde{C}(\boldsymbol{x})}{\mathrm{mes}(\Gamma)} \right) \mathrm{d}s_{\boldsymbol{y}} \right|$$

$$\leqslant CE(\boldsymbol{x}, \Gamma) \|\mu - \tilde{\mu}_h J(\partial \Psi)\|_{H^{-m}(\Gamma)/\mathbb{R}}.$$

又因为

$$\|\mu - \tilde{\mu}_h J(\partial \Psi)\|_{H^{-m}(\Gamma)/\mathbb{R}} \leqslant \|\mu - \tilde{\mu}_h\|_{H^{-m}(\Gamma)/\mathbb{R}} + \|\tilde{\mu}_h (1 - J(\partial \Psi))\|_{H^{-m}(\Gamma)/\mathbb{R}},$$

由性质 3.1.2 有

$$\|\tilde{\mu}_h (1 - J(\partial \Psi))\|_{H^{-m}(\Gamma)/\mathbb{R}} \leqslant Ch^{k+1} \|\tilde{\mu}_h\|_{H^{-m}(\Gamma)/\mathbb{R}} \leqslant Ch^{k+1} \|\mu\|_{H^{1/2}(\Gamma)/\mathbb{R}},$$

所以

$$|B_1| \leqslant CE(\boldsymbol{x}, \Gamma) \left(\|\mu - \tilde{\mu}_h\|_{H^{-m}(\Gamma)/\mathbb{R}} + h^{k+1} \|\mu\|_{H^{1/2}(\Gamma)/\mathbb{R}} \right).$$

将 (3.3.27) 代入上式, 即完成对 B_1 的估计.

现在估计 B_2,

$$|B_2| \leqslant \|\tilde{\mu}_h J(\partial \Psi)\|_{0,\Gamma} \left\| \frac{\partial \ln |\boldsymbol{x} - \boldsymbol{y}|}{\partial \boldsymbol{n}(\boldsymbol{y})} - \frac{\partial \ln |\boldsymbol{x} - \Psi(\boldsymbol{y})|}{\partial \boldsymbol{n}(\boldsymbol{y})} \right\|_{0,\Gamma}.$$

因为

$$\int_{\Gamma} \tilde{\mu}_h J(\partial \Psi) \, \mathrm{d}s = \int_{\Gamma_h} \mu_h \, \mathrm{d}s_h = 0,$$

所以

$$\|\tilde{\mu}_h J(\partial \Psi)\|_{0,\Gamma} = \|\mu_h\|_{L^2(\Gamma_h)/\mathbb{R}} \leqslant C \|\mu\|_{L^2(\Gamma)/\mathbb{R}} \leqslant C \|\mu\|_{H^{1/2}(\Gamma)/\mathbb{R}}.$$

另一方面, 由性质 3.1.1 和 (3.3.13), 有

$$\left\| \frac{\partial \ln |\boldsymbol{x} - \boldsymbol{y}|}{\partial \boldsymbol{n}(\boldsymbol{y})} - \frac{\partial \ln |\boldsymbol{x} - \Psi(\boldsymbol{y})|}{\partial \boldsymbol{n}(\boldsymbol{y})} \right\|_{0,\Gamma}$$

$$= \left\| \frac{(\boldsymbol{y} - \boldsymbol{x}, \boldsymbol{n}(\boldsymbol{y}))}{|\boldsymbol{x} - \boldsymbol{y}|^2} - \frac{(\Psi(\boldsymbol{y}) - \boldsymbol{x}, \boldsymbol{n}_h(\boldsymbol{y}))}{|\boldsymbol{x} - \Psi(\boldsymbol{y})|^2} \right\|_{0,\Gamma}$$

$$\leqslant \left\| \frac{(\boldsymbol{y}-\boldsymbol{x}, \boldsymbol{n}(\boldsymbol{y})) - (\Psi(\boldsymbol{y})-\boldsymbol{x}, \boldsymbol{n}_h(\boldsymbol{y}))}{|\boldsymbol{x}-\boldsymbol{y}|^2} \right\|_{0,\Gamma}$$

$$+ \left\| (\Psi(\boldsymbol{y})-\boldsymbol{x}, \boldsymbol{n}_h(\boldsymbol{y})) \left(\frac{1}{|\boldsymbol{x}-\boldsymbol{y}|^2} - \frac{1}{|\boldsymbol{x}-\Psi(\boldsymbol{y})|^2} \right) \right\|_{0,\Gamma}$$

$$\leqslant \left\| \frac{(\boldsymbol{y}-\boldsymbol{x}, \boldsymbol{n}(\boldsymbol{y})) - (\boldsymbol{y}-\boldsymbol{x}, \boldsymbol{n}_h(\boldsymbol{y}))}{|\boldsymbol{x}-\boldsymbol{y}|^2} \right\|_{0,\Gamma}$$

$$+ \left\| \frac{(\boldsymbol{y}-\boldsymbol{x}, \boldsymbol{n}_h(\boldsymbol{y})) - (\Psi(\boldsymbol{y})-\boldsymbol{x}, \boldsymbol{n}_h(\boldsymbol{y}))}{|\boldsymbol{x}-\boldsymbol{y}|^2} \right\|_{0,\Gamma}$$

$$+ \left\| (\Psi(\boldsymbol{y})-\boldsymbol{x}, \boldsymbol{n}_h(\boldsymbol{y})) \frac{(|\boldsymbol{x}-\Psi(\boldsymbol{y})|-|\boldsymbol{x}-\boldsymbol{y}|)(|\boldsymbol{x}-\Psi(\boldsymbol{y})|+|\boldsymbol{x}-\boldsymbol{y}|)}{|\boldsymbol{x}-\boldsymbol{y}|^2 |\boldsymbol{x}-\Psi(\boldsymbol{y})|^2} \right\|_{0,\Gamma}$$

$$\leqslant Ch^{k+1} \sum_{j=0}^{2} (d_{\boldsymbol{x}})^{-j},$$

故有

$$|B_2| \leqslant Ch^{k+1} \sum_{l=0}^{2} (d_{\boldsymbol{x}})^{-l} \|\mu\|_{L^2(\Gamma)/\mathbb{R}} \leqslant Ch^{k+1} \sum_{j=0}^{2} (d_{\boldsymbol{x}})^{-j} \|\mu\|_{H^{1/2}(\Gamma)/\mathbb{R}},$$

所以 (3.3.28) 得证. 可类似证明 (3.3.29).   证毕.

定理 3.3.3 表明, $u_h(\boldsymbol{x})$ 的误差与其 $|\boldsymbol{\lambda}|$ 阶导数 $D^{\boldsymbol{\lambda}} u_h(\boldsymbol{x})$ 的误差保持相同的阶数. 另外, Galerkin 边界点法的误差主要来源于边界函数的 m 阶近似和边界 Γ 的 k 阶近似. 当 $k = p + m$ 时, 函数逼近误差与几何近似误差得以平衡.

3.3.4   积分背景网格与边界重合

当积分背景网格与真实边界有差别时, 定理 3.3.3 给出了 Galerkin 边界点法求解 Laplace 方程 Neumann 问题的最大模估计.

如果积分背景网格与真实边界重合, 即数值积分是在原边界上完成的, 则不存在几何近似的误差. 此时, 无网格近似解空间 $V_h(\Gamma)$ 由 (3.1.28) 定义, 变分问题 (3.3.6) 的近似问题为

$$\begin{cases} 求\ \mu_h \in V_h(\Gamma)/\mathbb{R}, \ 使得 \\ b(\mu_h, \mu') = \int_{\Gamma} g(\boldsymbol{y}) \mu'(\boldsymbol{y}) \, \mathrm{d}s_{\boldsymbol{y}}, \quad \forall \mu' \in V_h(\Gamma)/\mathbb{R}, \end{cases} \tag{3.3.31}$$

二维 Laplace 方程 Neumann 问题 (3.3.1) 的近似解可表示为

$$u_h(\boldsymbol{x}) = -\frac{1}{2\pi}\int_\Gamma \mu_h(\boldsymbol{y})\frac{\partial}{\partial\boldsymbol{n}(\boldsymbol{y})}\ln|\boldsymbol{x}-\boldsymbol{y}|\,\mathrm{d}s_{\boldsymbol{y}} + C^*$$

$$= -\frac{1}{2\pi}\sum_{i=1}^N \mu_i \int_\Gamma \Phi_i(\boldsymbol{y})\frac{\partial}{\partial\boldsymbol{n}(\boldsymbol{y})}\ln|\boldsymbol{x}-\boldsymbol{y}|\,\mathrm{d}s_{\boldsymbol{y}} + C^*, \quad \boldsymbol{x}\in\mathbb{R}^2, \quad C^*\in\mathbb{R}.$$

$$(3.3.32)$$

此外, 由定理 3.1.8 和定理 3.3.3 可以直接得到如下两个定理.

定理 3.3.4 设 μ 是变分问题 (3.3.6) 的解, $\mu_h\in V_h(\Gamma)/\mathbb{R}$ 是近似问题 (3.3.31) 的解. 若 $\mu\in H^{p+1}(\Gamma)/\mathbb{R}$, 则有误差估计

$$\|\mu-\mu_h\|_{H^\ell(\Gamma)/\mathbb{R}} \leqslant Ch^{p+1-\ell}\|\mu\|_{H^{p+1}(\Gamma)/\mathbb{R}}, \tag{3.3.33}$$

其中 $-m\leqslant\ell\leqslant p$, $1/2\leqslant p\leqslant m$.

定理 3.3.5 设 u 是二维 Laplace 方程 Neumann 问题 (3.3.1) 的解, 由 (3.3.3) 表示, 且满足 $\int_\Gamma\mu\mathrm{d}s=0$; u_h 是由 (3.3.32) 表示的近似解, 满足 $\int_\Gamma\mu_h\mathrm{d}s=0$. 假定 $\boldsymbol{x}$ 到边界 Γ 的距离 $d_{\boldsymbol{x}}\geqslant\delta>0$, 若 $\mu\in H^{p+1}(\Gamma)/\mathbb{R}$, $1/2\leqslant p\leqslant m$, 则当 h 充分小时, 有

$$|u(\boldsymbol{x})-u_h(\boldsymbol{x})| \leqslant CE(\boldsymbol{x},\Gamma)h^{p+m+1}\|\mu\|_{H^{p+1}(\Gamma)/\mathbb{R}}, \tag{3.3.34}$$

$$\left|D^{\boldsymbol{\lambda}}u(\boldsymbol{x})-D^{\boldsymbol{\lambda}}u_h(\boldsymbol{x})\right| \leqslant CE_{\boldsymbol{\lambda}}(\boldsymbol{x},\Gamma)h^{p+m+1}\|\mu\|_{H^{p+1}(\Gamma)/\mathbb{R}}, \tag{3.3.35}$$

其中 $E(\boldsymbol{x},\Gamma)=\sum_{j=0}^m (d_{\boldsymbol{x}})^{-j-1}+1$, $E_{\boldsymbol{\lambda}}(\boldsymbol{x},\Gamma)=\sum_{j=0}^{\max(m,2)}(d_{\boldsymbol{x}})^{-j-|\boldsymbol{\lambda}|-1}$, $|\boldsymbol{\lambda}|_2\geqslant 1$.

根据定理 3.3.4, 还可进一步得到近似解的能量模估计.

定理 3.3.6 若 u 和 u_h 分别由 (3.3.3) 和 (3.3.32) 表示, $\mu\in H^{p+1}(\Gamma)/\mathbb{R}$, 则

$$\|u-u_h\|_{W_0^1(\mathbb{R}^2)/\mathbb{R}} \leqslant Ch^{p+1/2}\|\mu\|_{H^{p+1}(\Gamma)}, \quad 1/2\leqslant p\leqslant m. \tag{3.3.36}$$

证明 (3.3.3) 定义的映射 $\mu\to u|_\Omega$ 是 $H^{1/2}(\Gamma)/\mathbb{R}$ 到 $H^1(\Omega)/\mathbb{R}$ 的线性连续映射, $\mu\to u|_{\Omega'}$ 是 $H^{1/2}(\Gamma)/\mathbb{R}$ 到 $W_0^1(\Omega')/\mathbb{R}$ 的线性连续映射. 于是, 利用定理 3.3.4 可得

$$\|u-u_h\|_{W_0^1(\mathbb{R}^2)/\mathbb{R}} \leqslant C\|\mu-\mu_h\|_{H^{1/2}(\Gamma)/\mathbb{R}} \leqslant Ch^{p+1/2}\|\mu\|_{H^{p+1}(\Gamma)}, \quad 1/2\leqslant p\leqslant m.$$

证毕.

3.3.5 数值算例

为了证实 Laplace 方程 Neumann 问题 (3.3.1) 的 Galerkin 边界点法的有效性, 下面给出一些数值算例. 在计算中, 边界节点一致分布在边界 Γ 上, 在构造边界上的移动最小二乘近似时, 选用二次基函数和四次样条权函数, 边界点的影响域的半径为 $2.5h$, 其中 h 是节点间距.

例 3.3.1 圆域外部 Neumann 问题

设 Ω 是半径为 1、圆心位于原点的单位圆,

$$u = \frac{1}{r^2}\cos 2\theta = \frac{x_1^2 - x_2^2}{(x_1^2 + x_2^2)^2}$$

为 $\Omega' = \mathbb{R}^2/\Omega$ 上的调和函数, 即在单位圆的外部考虑 Laplace 方程 Neumann 问题 (3.3.1), u 在边界上满足 Neumann 边界条件

$$\left.\frac{\partial u}{\partial \boldsymbol{n}}\right|_\Gamma = -2\cos 2\theta = 2x_2^2 - 2x_1^2.$$

图 3.3.1 给出了位势函数 u 及其导数在直线 $x_2 = 1.25$ 上的解析解和数值解. 这里在圆形边界上均匀配置了 32 个节点. 该图表明数值解和解析解吻合得很好.

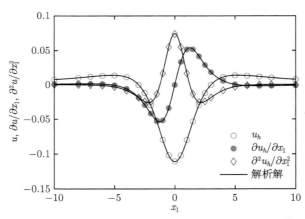

图 3.3.1   例 3.3.1 中位势 u 及其导数在直线 $x_2 = 1.25$ 上的解析解和数值解

表 3.3.1 给出了位势 u 及其导数 $\partial u/\partial x_1$ 和 $\partial^2 u/\partial x_1^2$ 在 Ω' 上一些计算点处的误差以及收敛阶. 可以看出, 当边界节点增加时, 位势及其导数的精度随着边界节点个数的增加而增加, 并且数值结果的收敛阶都约为 2, 这与理论分析吻合.

表 3.3.1   Galerkin 边界点法求解圆域外部 Neumann 问题的收敛情况

x_1, x_2	误差	$N=32$	$N=64$	$N=128$	$N=256$	收敛阶
	$\|u - u_h\|$	2.325e-04	5.833e-05	1.444e-05	3.500e-06	2.018
5.0, 0.0	$\left\|\dfrac{\partial u}{\partial x_1} - \dfrac{\partial u_h}{\partial x_1}\right\|$	9.302e-05	2.333e-05	5.778e-06	1.400e-06	2.018
	$\left\|\dfrac{\partial^2 u}{\partial x_1^2} - \dfrac{\partial^2 u_h}{\partial x_1^2}\right\|$	5.581e-05	1.400e-05	3.467e-06	8.399e-07	2.018
	$\|u - u_h\|$	5.814e-05	1.458e-05	3.611e-06	8.749e-07	2.018
10.0, 0.0	$\left\|\dfrac{\partial u}{\partial x_1} - \dfrac{\partial u_h}{\partial x_1}\right\|$	1.163e-05	2.916e-06	7.222e-07	1.750e-07	2.018
	$\left\|\dfrac{\partial^2 u}{\partial x_1^2} - \dfrac{\partial^2 u_h}{\partial x_1^2}\right\|$	3.488e-06	8.749e-07	2.167e-07	5.250e-08	2.018

例 3.3.2   正方形外部 Neumann 问题

设 $\Omega = (-1, 1)^2$, $u = (x_1^2 - x_2^2) / (x_1^2 + x_2^2)^2$ 为 $\Omega' = \mathbb{R}^2/\Omega$ 内的调和函数, 即在正方形的外部考虑 Laplace 方程 Neumann 问题 (3.3.1). 本算例和例 3.3.1 具有同样的解析解, 但是这两个算例的边界形状不一样. 本算例的边界由直线段组成, 因此积分用的背景网格与边界重合. 例 3.3.1 的边界用线性插值进行逼近, 得到的背景网格只是边界的近似.

为了研究 Galerkin 边界点法对 Laplace 方程 Neumann 问题的收敛性, 分别使用了 32, 64, 128 和 256 个边界节点. 图 3.3.2 给出了 Galerkin 边界点法求解例 3.3.1 的圆域外部 Neumann 问题和例 3.3.2 的正方形外部 Neumann 问题在带权 Sobolev 空间 $W_0^1(\Omega')$ 和 $W_1^2(\Omega')$ 中的收敛结果. 由于 Ω' 是无限区域, 这里在截断区域 $(-20, 20)^2 / \Omega$ 上计算误差 $\|u - u_h\|_{W_0^1(\Omega')}$ 和 $\|u - u_h\|_{W_1^2(\Omega')}$. 从图 3.3.2 中可以发现, 例 3.3.1 的精度和收敛阶都低于例 3.3.2 的结果, 这是因为例 3.3.1 的

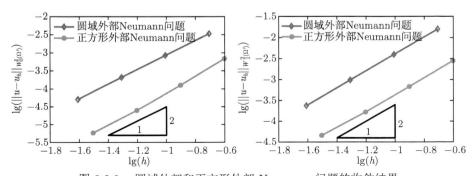

图 3.3.2   圆域外部和正方形外部 Neumann 问题的收敛结果

数值误差包含几何近似带来的误差. 这说明当边界不能被精确逼近时, 边界近似引起的误差必须要考虑.

表 3.3.2 给出了位势 u 及其导数 $\partial u/\partial x_1$ 和 $\partial^2 u/\partial x_1^2$ 在 Ω' 上一些计算点处的误差以及收敛阶. 可以看出, 位势及其导数的收敛阶都趋于 3. 比较表 3.3.1 和表 3.3.2 还可以发现, Galerkin 边界点法求解正方形外部 Neumann 问题的精度和收敛阶都高于求解圆域外部 Neumann 问题的结果.

表 3.3.2 Galerkin 边界点法求解正方形区域外部 Neumann 问题的收敛情况

x_1, x_2	误差	$N = 32$	$N = 64$	$N = 128$	$N = 256$	收敛阶
	$\lvert u - u_h \rvert$	5.559e-05	7.998e-06	1.154e-06	1.753e-07	2.772
5.0, 0.0	$\left\lvert \dfrac{\partial u}{\partial x_1} - \dfrac{\partial u_h}{\partial x_1} \right\rvert$	2.212e-05	3.203e-06	4.670e-07	7.230e-08	2.755
	$\left\lvert \dfrac{\partial^2 u}{\partial x_1^2} - \dfrac{\partial^2 u_h}{\partial x_1^2} \right\rvert$	1.313e-05	1.926e-06	2.865e-07	4.597e-08	2.722
	$\lvert u - u_h \rvert$	1.393e-05	1.998e-06	2.871e-07	4.320e-08	2.780
10.0, 0.0	$\left\lvert \dfrac{\partial u}{\partial x_1} - \dfrac{\partial u_h}{\partial x_1} \right\rvert$	2.785e-06	3.997e-07	5.746e-08	8.657e-09	2.779
	$\left\lvert \dfrac{\partial^2 u}{\partial x_1^2} - \dfrac{\partial^2 u_h}{\partial x_1^2} \right\rvert$	8.350e-07	1.199e-07	1.726e-08	2.607e-09	2.777

3.4 双调和问题的 Galerkin 边界点法

双调和问题广泛存在于流体力学和固体力学中. 例如, 平板弯曲问题和二维定常 Stokes 方程的流函数解问题, 常归结为双调和问题. 借助位势理论转化为边界积分方程组的边界积分方程方法由于能降低问题的维数和易处理外边值问题, 因此迄今已有多种方法把双调和问题转化为边界积分方程, 用单层位势理论导出的第一类间接边界积分方程组具有精度高、离散方程组保持对称性等优点. 本节提出这类问题的 Galerkin 边界点法, 同时给出相应的计算公式和误差估计.

3.4.1 解的积分表示及变分公式

在有限平面区域 Ω 及 Ω' 中考虑如下双调和问题:

$$
\begin{cases}
\Delta^2 u(\boldsymbol{x}) = 0, & \boldsymbol{x} \in \Omega \cup \Omega', \\
u(\boldsymbol{x}) = u_0(\boldsymbol{x}), & \boldsymbol{x} \in \Gamma, \\
\partial u(\boldsymbol{x}) / \partial \boldsymbol{n}(\boldsymbol{x}) = g(\boldsymbol{x}), & \boldsymbol{x} \in \Gamma,
\end{cases}
\tag{3.4.1}
$$

其中 $u_0(\boldsymbol{x}) \in H^{3/2}(\Gamma)$ 和 $g(\boldsymbol{x}) \in H^{1/2}(\Gamma)$ 是已知函数, $\boldsymbol{n}(\boldsymbol{x}) = (n_1(\boldsymbol{x}), n_2(\boldsymbol{x}))^{\mathrm{T}}$

是边界外法向量. 对于外边值问题, 假定解 $u(\boldsymbol{x})$ 在无穷远处具有如下性态:

$$|u(\boldsymbol{x})| = \mathcal{O}(1), \quad |\boldsymbol{x}| \to \infty.$$

用 $q(\boldsymbol{x})$ 和 $\varphi(\boldsymbol{x})$ 分别表示 $\partial \Delta u(\boldsymbol{x})/\partial \boldsymbol{n}(\boldsymbol{x})$ 和 $\Delta u(\boldsymbol{x})$ 在穿越 Γ 时的跃变, 即

$$q(\boldsymbol{x}) = \lim_{\boldsymbol{y} \to \boldsymbol{x}, \boldsymbol{y} \in \Omega} \frac{\partial \Delta u(\boldsymbol{y})}{\partial \boldsymbol{n}(\boldsymbol{y})} - \lim_{\boldsymbol{y} \to \boldsymbol{x}, \boldsymbol{y} \in \Omega'} \frac{\partial \Delta u(\boldsymbol{y})}{\partial \boldsymbol{n}(\boldsymbol{y})}, \quad \boldsymbol{x} \in \Gamma,$$

$$\varphi(\boldsymbol{x}) = \lim_{\boldsymbol{y} \to \boldsymbol{x}, \boldsymbol{y} \in \Omega} \Delta u(\boldsymbol{y}) - \lim_{\boldsymbol{y} \to \boldsymbol{x}, \boldsymbol{y} \in \Omega'} \Delta u(\boldsymbol{y}), \quad \boldsymbol{x} \in \Gamma,$$

则问题 (3.4.1) 的解可表示为 [3,40]

$$u(\boldsymbol{x}) = -\int_{\Gamma} q(\boldsymbol{y}) u^*(\boldsymbol{x}, \boldsymbol{y}) \, \mathrm{d}s_{\boldsymbol{y}} + \int_{\Gamma} \varphi(\boldsymbol{y}) \frac{\partial u^*(\boldsymbol{x}, \boldsymbol{y})}{\partial \boldsymbol{n}(\boldsymbol{y})} \, \mathrm{d}s_{\boldsymbol{y}} + p(\boldsymbol{x}), \quad \boldsymbol{x} \in \mathbb{R}^2,$$
(3.4.2)

其中 $p \in \mathbb{P}_1$, $\mathbb{P}_1$ 是平面上的一次多项式空间, 而

$$u^*(\boldsymbol{x}, \boldsymbol{y}) = \frac{1}{8\pi} |\boldsymbol{x} - \boldsymbol{y}|^2 \ln |\boldsymbol{x} - \boldsymbol{y}|$$

是平面双调和算子的基本解.

由解的表达式 (3.4.2) 可以得到一个联系已知函数 (u_0, g) 与未知函数 (q, φ) 的边界积分方程组

$$\begin{cases} u_0(\boldsymbol{x}) = -\int_{\Gamma} q(\boldsymbol{y}) u^*(\boldsymbol{x}, \boldsymbol{y}) \, \mathrm{d}s_{\boldsymbol{y}} + \int_{\Gamma} \varphi(\boldsymbol{y}) \frac{\partial}{\partial \boldsymbol{n}(\boldsymbol{y})} u^*(\boldsymbol{x}, \boldsymbol{y}) \, \mathrm{d}s_{\boldsymbol{y}} + p(\boldsymbol{x}), \\ g(\boldsymbol{x}) = -\int_{\Gamma} q(\boldsymbol{y}) \frac{\partial u^*(\boldsymbol{x}, \boldsymbol{y})}{\partial \boldsymbol{n}(\boldsymbol{x})} \, \mathrm{d}s_{\boldsymbol{y}} + \int_{\Gamma} \varphi(\boldsymbol{y}) \frac{\partial^2 u^*(\boldsymbol{x}, \boldsymbol{y})}{\partial \boldsymbol{n}(\boldsymbol{x}) \partial \boldsymbol{n}(\boldsymbol{y})} \, \mathrm{d}s_{\boldsymbol{y}} + \frac{\partial p(\boldsymbol{x})}{\partial \boldsymbol{n}(\boldsymbol{x})}, \end{cases} \quad \boldsymbol{x} \in \Gamma,$$
(3.4.3)

这个方程组对内边值问题和外边值问题均是适合的.

为了确定一次多项式 $p(\boldsymbol{x})$, 除了积分方程组 (3.4.3), (q, φ) 还需要满足适当的约束条件. 应用 Green 公式, 可以得到对应于问题 (3.4.1) 的变分公式

$$\int_{\mathbb{R}^2} \Delta u \Delta v \, \mathrm{d}\boldsymbol{x} = -\int_{\Gamma} q v \, \mathrm{d}s + \int_{\Gamma} \varphi \frac{\partial v}{\partial \boldsymbol{n}} \, \mathrm{d}s, \quad \forall v \in W_0^2(\mathbb{R}^2).$$
(3.4.4)

因为 $\mathbb{P}_1 \subset W_0^2(\mathbb{R}^2)$, 所以在 (3.4.4) 中 v 可以选取为一次多项式, 从而得到 (q, φ) 必须满足

$$-\int_{\Gamma} q p \, \mathrm{d}s + \int_{\Gamma} \varphi \frac{\partial p}{\partial \boldsymbol{n}} \, \mathrm{d}s = 0, \quad \forall p \in \mathbb{P}_1.$$
(3.4.5)

令

$$\mathcal{H}(\Gamma) = H^{-3/2}(\Gamma) \times H^{-1/2}(\Gamma),$$

$$\mathcal{H}_0(\Gamma) = \left\{ (q, \varphi) \in \mathcal{H}(\Gamma), -\int_\Gamma qp\,\mathrm{d}s + \int_\Gamma \varphi \frac{\partial p}{\partial \boldsymbol{n}}\,\mathrm{d}s = 0, \ \forall p \in \mathbb{P}_1 \right\},$$

则边界积分方程 (3.4.3) 定义了 $\left(H^{3/2}(\Gamma) \times H^{1/2}(\Gamma)\right)/\mathbb{P}_1$ 到 $\mathcal{H}_0(\Gamma)$ 的一个同构, 且具有变分形式,

$$\begin{cases} 求 \ (q, \varphi) \in \mathcal{H}_0(\Gamma), \ 使得 \\ b\left((q, \varphi), (q', \varphi')\right) = -\langle u_0, q' \rangle_\Gamma + \langle g, \varphi' \rangle_\Gamma, \quad \forall (q', \varphi') \in \mathcal{H}_0(\Gamma), \end{cases} \tag{3.4.6}$$

其中双线性形式 $b(\cdot, \cdot)$ 在 $\mathcal{H}_0(\Gamma)$ 中是连续的和强制的,

$$\begin{aligned} b\left((q, \varphi), (q', \varphi')\right) &= \int_\Gamma \int_\Gamma q(\boldsymbol{x}) q'(\boldsymbol{y}) u^*(\boldsymbol{x}, \boldsymbol{y})\,\mathrm{d}s_{\boldsymbol{x}}\mathrm{d}s_{\boldsymbol{y}} \\ &\quad - \int_\Gamma \int_\Gamma \varphi(\boldsymbol{x}) q'(\boldsymbol{y}) \frac{\partial u^*(\boldsymbol{x}, \boldsymbol{y})}{\partial \boldsymbol{n}(\boldsymbol{x})}\,\mathrm{d}s_{\boldsymbol{x}}\mathrm{d}s_{\boldsymbol{y}} \\ &\quad - \int_\Gamma \int_\Gamma q(\boldsymbol{x}) \varphi'(\boldsymbol{y}) \frac{\partial u^*(\boldsymbol{x}, \boldsymbol{y})}{\partial \boldsymbol{n}(\boldsymbol{y})}\,\mathrm{d}s_{\boldsymbol{x}}\mathrm{d}s_{\boldsymbol{y}} \\ &\quad + \int_\Gamma \int_\Gamma \varphi(\boldsymbol{x}) \varphi'(\boldsymbol{y}) \frac{\partial^2 u^*(\boldsymbol{x}, \boldsymbol{y})}{\partial \boldsymbol{n}(\boldsymbol{y}) \partial \boldsymbol{n}(\boldsymbol{x})}\,\mathrm{d}s_{\boldsymbol{x}}\mathrm{d}s_{\boldsymbol{y}}, \end{aligned} \tag{3.4.7}$$

$$-\langle u_0, q' \rangle_\Gamma + \langle g, \varphi' \rangle_\Gamma = -\int_\Gamma u_0(\boldsymbol{y}) q'(\boldsymbol{y})\,\mathrm{d}s_{\boldsymbol{y}} + \int_\Gamma g(\boldsymbol{y}) \varphi'(\boldsymbol{y})\,\mathrm{d}s_{\boldsymbol{y}}. \tag{3.4.8}$$

根据 Lax-Milgram 定理可得 [3,40]

定理 3.4.1 若已知函数 $u_0(\boldsymbol{x}) \in H^{3/2}(\Gamma)$ 和 $g(\boldsymbol{x}) \in H^{1/2}(\Gamma)$, 则变分问题 (3.4.6) 存在唯一解 $(q(\boldsymbol{x}), \varphi(\boldsymbol{x})) \in \mathcal{H}_0(\Gamma)$, 此时原边值问题 (3.4.1) 有唯一解 $u(\boldsymbol{x}) \in H^2(\Omega) \times W_0^2(\Omega')$.

3.4.2　无网格近似解

为了简便, 假定积分背景网格与真实边界重合, 即数值积分是在原边界上完成的, 此时不存在几何近似的误差.

令

$$\mathcal{V}_h(\Gamma) = V_h(\Gamma) \times V_h(\Gamma),$$

其中 $V_h(\Gamma)$ 由 (3.1.28) 定义. 在空间 $\mathcal{V}_h(\Gamma)$ 中, 约束条件 (3.4.5) 难于满足, 为此定义无网格近似解空间

$$\mathcal{V}_{0h}(\Gamma) = \left\{ (q, \varphi) \in \mathcal{V}_h(\Gamma), -\int_\Gamma qp\,\mathrm{d}s + \int_\Gamma \varphi \frac{\partial p}{\partial \boldsymbol{n}}\,\mathrm{d}s = 0, \quad \forall p \in \mathbb{P}_1 \right\},$$

则在 $\mathcal{V}_{0h}(\Gamma)$ 中, 变分问题 (3.4.6) 的近似问题可表示为

$$\begin{cases} \text{求 } (q_h, \varphi_h) \in \mathcal{V}_{0h}(\Gamma), \text{ 使得} \\ b\left((q_h, \varphi_h), (q', \varphi')\right) = -\langle u_0, q'\rangle_\Gamma + \langle g, \varphi'\rangle_\Gamma, \quad \forall (q', \varphi') \in \mathcal{V}_{0h}(\Gamma). \end{cases} \tag{3.4.9}$$

此时, 近似解 (q_h, φ_h) 需要满足约束条件

$$-\int_\Gamma q_h p \mathrm{d}s + \int_\Gamma \varphi_h \frac{\partial p}{\partial \boldsymbol{n}} \mathrm{d}s = 0, \quad \forall p \in \mathbb{P}_1. \tag{3.4.10}$$

在离散化数值计算中, 这个约束条件难于直接处理. 这里用一个带 Lagrange 乘子的公式来满足约束条件 (3.4.10), 且此乘子即为 (3.4.2) 中的一次多项式 $p(\boldsymbol{y})$. 为此, 对任意 $(q_h, \varphi_h) \in \mathcal{V}_h(\Gamma)$ 和 $p' \in \mathbb{P}_1$, 定义双线性形式

$$L\left(p', (q_h, \varphi_h)\right) = -\int_\Gamma q_h p' \mathrm{d}s + \int_\Gamma \varphi_h \frac{\partial p'}{\partial \boldsymbol{n}} \mathrm{d}s. \tag{3.4.11}$$

现在直接求解另一个变分问题

$$\begin{cases} \text{求 } \left((q_h, \varphi_h), p_h\right) \in \mathcal{V}_h(\Gamma) \times \mathbb{P}_1, \text{ 使得} \\ b\left((q_h, \varphi_h), (q', \varphi')\right) + L\left(p_h, (q', \varphi')\right) = -\langle u_0, q'\rangle_\Gamma + \langle g, \varphi'\rangle_\Gamma, \forall (q', \varphi') \in \mathcal{V}_h(\Gamma), \\ L\left(p', (q_h, \varphi_h)\right) = 0, \quad \forall p' \in \mathbb{P}_1. \end{cases} \tag{3.4.12}$$

定理 3.4.2 变分问题 (3.4.9) 存在唯一解 $(q_h, \varphi_h) \in \mathcal{V}_{0h}(\Gamma)$, 且存在一个一次多项式 $p_h \in \mathbb{P}_1$, 使得 $\left((q_h, \varphi_h), p_h\right)$ 是变分问题 (3.4.12) 的唯一解, 满足

$$\|(q, \varphi) - (q_h, \varphi_h)\|_{\mathcal{H}(\Gamma)} + \|p - p_h\|_{\mathbb{P}_1} \leqslant C_c \inf_{(q', \varphi') \in \mathcal{V}_h(\Gamma)} \|(q, \varphi) - (q', \varphi')\|_{\mathcal{H}(\Gamma)}.$$

证明 变分问题 (3.4.12) 是一个对称的鞍点问题, 因此可以使用有限元法中的标准分析技巧来论证. 显然, 双线性形式 $L(\cdot, \cdot)$ 在 $\mathbb{P}_1 \times \mathcal{V}_h(\Gamma)$ 上是连续的. 由于双线性形式 $b(\cdot, \cdot)$ 在 $\mathcal{H}(\Gamma) \times \mathcal{H}(\Gamma)$ 中是连续的和强制的, 而 $\mathcal{V}_{0h}(\Gamma) \subset \mathcal{H}(\Gamma)$, 所以根据 Brezzi[32] 和 Girault 和 Raviart[33] 的定理, 只需验证双线性形式 $L(\cdot, \cdot)$ 在 $\mathbb{P}_1 \times \mathcal{V}_h(\Gamma)$ 上满足所谓的 inf-sup 条件.

令 $p' \in \mathbb{P}_1$, 则由移动最小二乘近似的再生性可以推出 $p' \in V_h(\Gamma)$, 所以 $w^* = (-p', \partial p'/\partial \boldsymbol{n}) \in \mathcal{V}_h(\Gamma)$, 从而

$$L(p', w^*) = \int_\Gamma |p'|^2 \mathrm{d}s + \int_\Gamma |\partial p'/\partial \boldsymbol{n}|^2 \mathrm{d}s = C_1 \|p'\|_{\mathbb{P}_1}^2,$$

$$\|w^*\|_{\mathcal{H}(\Gamma)}^2 = \|p'\|_{-3/2,\Gamma}^2 + \|\partial p'/\partial \boldsymbol{n}\|_{-1/2,\Gamma}^2 \leqslant C_3 \|p'\|_{0,\Gamma}^2 + \|\partial p'/\partial \boldsymbol{n}\|_{0,\Gamma}^2 = C_2^2 \|p'\|_{\mathbb{P}_1}^2.$$

所以

$$\sup_{(q',\varphi')\in\mathcal{H}(\Gamma)} \frac{L\left(p',(q',\varphi')\right)}{\|(q',\varphi')\|_{\mathcal{H}(\Gamma)}} \geqslant \frac{L\left(p',w^*\right)}{\|w^*\|_{\mathcal{H}(\Gamma)}} \geqslant \frac{C_1 \|p'\|_{\mathbb{P}_1}^2}{C_2 \|p'\|_{\mathbb{P}_1}} \geqslant C \|p'\|_{\mathbb{P}_1}, \quad C > 0,$$

$$(3.4.13)$$

即 $L(\cdot,\cdot)$ 满足 inf-sup 条件.　　　　　　　　　　　　　　　　　　　　证毕.

在 $\mathcal{V}_h(\Gamma) \times \mathbb{P}_1$ 中, 问题 (3.4.12) 的未知函数 $((q_h,\varphi_h),p_h)$ 可表示为

$$q_h(\boldsymbol{x}) = \sum_{i\in\wedge(\boldsymbol{x})} \Phi_i(\boldsymbol{x}) q_i, \quad \varphi_h(\boldsymbol{x}) = \sum_{i\in\wedge(\boldsymbol{x})} \Phi_i(\boldsymbol{x}) \varphi_i, \quad p_h(\boldsymbol{y}) = \xi_1 + \xi_2 y_1 + \xi_3 y_2,$$

$$(3.4.14)$$

其中 q_i, φ_i 和 ξ_k 都是待定系数. 利用所选取的基函数, 问题 (3.4.12) 可离散为如下 $(2N+3) \times (2N+3)$ 线性方程组:

$$\left\{ \begin{bmatrix} a_{ij}^{11} \end{bmatrix} \begin{bmatrix} a_{ij}^{12} \end{bmatrix} \begin{bmatrix} c_{ik}^1 \end{bmatrix} \\ \begin{bmatrix} a_{ij}^{21} \end{bmatrix} \begin{bmatrix} a_{ij}^{22} \end{bmatrix} \begin{bmatrix} c_{ik}^2 \end{bmatrix} \\ \begin{bmatrix} b_{kj}^1 \end{bmatrix} \begin{bmatrix} b_{kj}^2 \end{bmatrix} \begin{bmatrix} 0 \end{bmatrix} \right\} \left\{ \begin{array}{c} \{q_j\} \\ \{\varphi_j\} \\ \{\xi_k\} \end{array} \right\} = \left\{ \begin{array}{c} \{f_i^1\} \\ \{f_i^2\} \\ \{0\} \end{array} \right\},$$

$$i,j = 1,2,\cdots,N, \quad k = 1,2,3,$$

$$(3.4.15)$$

其中

$$a_{ij}^{11} = \int_\Gamma \int_\Gamma \Phi_j(\boldsymbol{x}) u^*(\boldsymbol{x},\boldsymbol{y}) \Phi_i(\boldsymbol{y}) \,\mathrm{d}s_{\boldsymbol{x}}\mathrm{d}s_{\boldsymbol{y}},$$

$$a_{ij}^{12} = -\int_\Gamma \int_\Gamma \Phi_j(\boldsymbol{x}) \frac{\partial u^*(\boldsymbol{x},\boldsymbol{y})}{\partial \boldsymbol{n}(\boldsymbol{x})} \Phi_i(\boldsymbol{y}) \,\mathrm{d}s_{\boldsymbol{x}}\mathrm{d}s_{\boldsymbol{y}},$$

$$a_{ij}^{21} = -\int_\Gamma \int_\Gamma \Phi_j(\boldsymbol{x}) \frac{\partial u^*(\boldsymbol{x},\boldsymbol{y})}{\partial \boldsymbol{n}(\boldsymbol{y})} \Phi_i(\boldsymbol{y}) \,\mathrm{d}s_{\boldsymbol{x}}\mathrm{d}s_{\boldsymbol{y}},$$

$$a_{ij}^{22} = \int_\Gamma \int_\Gamma \Phi_j(\boldsymbol{x}) \frac{\partial^2 u^*(\boldsymbol{x},\boldsymbol{y})}{\partial \boldsymbol{n}(\boldsymbol{y})\partial \boldsymbol{n}(\boldsymbol{x})} \Phi_i(\boldsymbol{y}) \,\mathrm{d}s_{\boldsymbol{x}}\mathrm{d}s_{\boldsymbol{y}},$$

$$c_{i1}^1 = b_{1i}^1 = -\int_\Gamma \Phi_i(\boldsymbol{y}) \,\mathrm{d}s_{\boldsymbol{y}}, \quad c_{i2}^1 = b_{2i}^1 = -\int_\Gamma y_1 \Phi_i(\boldsymbol{y}) \,\mathrm{d}s_{\boldsymbol{y}},$$

$$c_{i3}^1 = b_{3i}^1 = -\int_\Gamma y_2 \Phi_i(\boldsymbol{y}) \,\mathrm{d}s_{\boldsymbol{y}}, \quad c_{i1}^2 = b_{1i}^2 = 0,$$

$$c_{i2}^2 = b_{2i}^2 = \int_\Gamma n_1(\boldsymbol{y}) \Phi_i(\boldsymbol{y}) \,\mathrm{d}s_{\boldsymbol{y}}, \quad c_{i3}^2 = b_{3i}^2 = \int_\Gamma n_2(\boldsymbol{y}) \Phi_i(\boldsymbol{y}) \,\mathrm{d}s_{\boldsymbol{y}},$$

$$f_i^1 = -\int_\Gamma u_0\left(\boldsymbol{y}\right)\Phi_i\left(\boldsymbol{y}\right)\mathrm{d}s_{\boldsymbol{y}}, \quad f_i^2 = \int_\Gamma g\left(\boldsymbol{y}\right)\Phi_i\left(\boldsymbol{y}\right)\mathrm{d}s_{\boldsymbol{y}}.$$

当未知量 q_i, φ_i 和 ξ_k 求出之后, 原边值问题 (3.4.1) 的近似解可表示为

$$
\begin{aligned}
u_h\left(\boldsymbol{x}\right) &= -\int_\Gamma q_h\left(\boldsymbol{y}\right)u^*\left(\boldsymbol{x},\boldsymbol{y}\right)\mathrm{d}s_{\boldsymbol{y}} + \int_\Gamma \varphi_h\left(\boldsymbol{y}\right)\frac{\partial u^*\left(\boldsymbol{x},\boldsymbol{y}\right)}{\partial \boldsymbol{n}\left(\boldsymbol{y}\right)}\mathrm{d}s_{\boldsymbol{y}} + p_h\left(\boldsymbol{x}\right) \\
&= \sum_{i=1}^N \left(-q_i\int_\Gamma \Phi_i\left(\boldsymbol{y}\right)u^*\left(\boldsymbol{x},\boldsymbol{y}\right)\mathrm{d}s_{\boldsymbol{y}} + \varphi_i\int_\Gamma \Phi_i\left(\boldsymbol{y}\right)\frac{\partial u^*\left(\boldsymbol{x},\boldsymbol{y}\right)}{\partial \boldsymbol{n}\left(\boldsymbol{y}\right)}\mathrm{d}s_{\boldsymbol{y}}\right) \\
&\quad + \xi_1 + \xi_2 x_1 + \xi_3 x_2, \quad \boldsymbol{x}\in\mathbb{R}^2.
\end{aligned}
\tag{3.4.16}
$$

这样, Galerkin 边界点法求解双调和问题 (3.4.1) 的途径是先由变分问题 (3.4.12) 得到 $((q_h,\varphi_h),p_h)$, 再利用 (3.4.16) 即得 $\mathbb{R}^2$ 上任意点的解.

3.4.3 误差分析

定理 3.4.3 设 $((q,\varphi),p)$ 是变分问题 (3.4.6) 的解, $((q_h,\varphi_h),p_h)$ 是近似问题 (3.4.12) 的解. 若 $(q,\varphi)\in H^{\ell_1+1}\left(\Gamma\right)\times H^{\ell_2+1}\left(\Gamma\right)$, $0\leqslant \ell_1,\ell_2\leqslant m$, 则

$$\|(q,\varphi)-(q_h,\varphi_h)\|_{\mathcal{H}(\Gamma)} + \|p-p_h\|_{\mathbb{P}_1} \leqslant C\left(h^{\ell_1+5/2}\|q\|_{\ell_1+1,\Gamma} + h^{\ell_2+3/2}\|\varphi\|_{\ell_2+1,\Gamma}\right).$$

证明 因为 $V_h\left(\Gamma\right)\subset L^2\left(\Gamma\right)$, 令 $\mathcal{P}v$ 是由 $L^2\left(\Gamma\right)$ 到 $V_h\left(\Gamma\right)$ 的正交投影算子, 则当 $v\in H^{\ell+1}\left(\Gamma\right)$ 时, 根据定理 3.1.1, 有

$$\|v-\mathcal{P}v\|_{0,\Gamma} \leqslant \|v-\mathcal{M}v\|_{0,\Gamma} \leqslant Ch^{\ell+1}\|v\|_{\ell+1,\Gamma}, \quad 0\leqslant \ell\leqslant m.$$

利用对偶关系的性质, 推出

$$
\begin{aligned}
\|v-\mathcal{P}v\|_{-m-1,\Gamma} &= \sup_{f\in H^{m+1}(\Gamma)}\frac{\langle v-\mathcal{P}v,f\rangle_\Gamma}{\|f\|_{m+1,\Gamma}} = \sup_{f\in H^{m+1}(\Gamma)}\frac{\langle v-\mathcal{P}v,f-\mathcal{P}f\rangle_\Gamma}{\|f\|_{m+1,\Gamma}} \\
&\leqslant Ch^{\ell+m+2}\|v\|_{\ell+1,\Gamma}.
\end{aligned}
$$

当 $-(m+1)\leqslant j\leqslant 0$ 时, 利用内插空间的范数性质 [3,41], 可知

$$\|v-\mathcal{P}v\|_{j,\Gamma} \leqslant \|v-\mathcal{P}v\|_{0,\Gamma}^{1+j/(m+1)}\|v-\mathcal{P}v\|_{-m-1,\Gamma}^{-j/(m+1)} \leqslant Ch^{\ell+1-j}\|v\|_{\ell+1,\Gamma}.$$

所以, 利用上式和定理 3.4.2 有

$$
\begin{aligned}
\|(q,\varphi)-(q_h,\varphi_h)\|_{\mathcal{H}(\Gamma)} + \|p-p_h\|_{\mathbb{P}_1} &\leqslant C_c\|(q,\varphi)-(\mathcal{P}q,\mathcal{P}\varphi)\|_{\mathcal{H}(\Gamma)} \\
&= C_c\left(\|q-\mathcal{P}q\|_{-3/2,\Gamma}^2 + \|\varphi-\mathcal{P}\varphi\|_{-1/2,\Gamma}^2\right)^{1/2}
\end{aligned}
$$

$$\leqslant C \left(h^{\ell_1+5/2} \|q\|_{\ell_1+1,\Gamma} + h^{\ell_2+3/2} \|\varphi\|_{\ell_2+1,\Gamma} \right).$$　　　　证毕.

定理 3.4.4　若 u 和 u_h 分别由 (3.4.2) 和 (3.4.16) 表示, 且 $(q,\varphi) \in H^{\ell_1+1}(\Gamma)$ $\times H^{\ell_2+1}(\Gamma)$, $0 \leqslant \ell_1, \ell_2 \leqslant m$, 则

$$\|u-u_h\|_{H^2(\Omega)} + \|u-u_h\|_{W_0^2(\Omega')}$$
$$\leqslant C \left(h^{\ell_1+5/2} \|q\|_{H^{\ell_1+1}(\Gamma)} + h^{\ell_2+3/2} \|\varphi\|_{H^{\ell_2+1}(\Gamma)} \right). \tag{3.4.17}$$

证明　因为 (3.4.2) 定义了从空间 $V(\Gamma) \times \mathbb{P}_1$ 到 $W_0^2(\mathbb{R}^2)$ 的一个同构, 于是利用定理 3.4.3, 有

$$\|u-u_h\|_{H^2(\Omega)} + \|u-u_h\|_{W_0^2(\Omega')} \leqslant C \left(\|(q,\varphi)-(q_h,\varphi_h)\|_{\mathcal{H}(\Gamma)} + \|p-p_h\|_{\mathbb{P}_1} \right)$$
$$\leqslant C \left(h^{\ell_1+5/2} \|q\|_{H^{\ell_1+1}(\Gamma)} + h^{\ell_2+3/2} \|\varphi\|_{H^{\ell_2+1}(\Gamma)} \right).$$　　　　证毕.

3.4.4　数值算例

为了证实双调和问题 (3.4.1) 的 Galerkin 边界点法的有效性, 下面给出一些数值算例. 在计算中, 边界节点一致分布在边界 Γ 上, 在构造边界上的移动最小二乘近似时, 选用二次基函数和四次样条权函数, 边界点的影响域的半径为 $2.5h$, 其中 h 是节点间距.

例 3.4.1　正方形内部双调和问题

设 $\Omega = (-1,1)^2$, $u = 0.5 x_1 (\sin x_1 \cosh x_2 - \cos x_1 \sinh x_2)$ 为 Ω 内的双调和函数, 即在正方形的内部考虑双调和问题 (3.4.1), 在边界上已知 u 和 $\partial u/\partial n$ 的值.

图 3.4.1 给出了位势函数 u 及其导数 $\partial u/\partial x_1$ 和 Δu 在直线 $x_1 + x_2 = 0$ 上

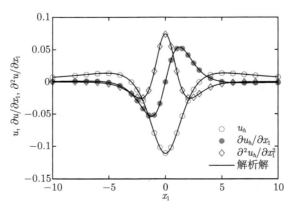

图 3.4.1　例 3.4.1 中位势 u 及其导数在直线 $x_1 + x_2 = 0$ 上的解析解和数值解

的解析解和数值解. 这里使用了 64 个均匀分布的边界节点. 该图表明数值解和解析解吻合得很好.

为了研究 Galerkin 边界点法对双调和问题的收敛性, 分别使用了 8, 16, 32 和 64 个边界节点. 图 3.4.2 给出了位势 u 在 Sobolev 空间 $H^2(\Omega)$ 中的收敛结果.

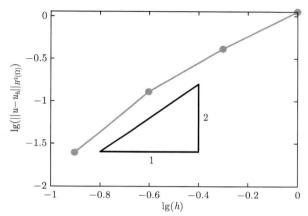

图 3.4.2 例 3.4.1 中正方形内部双调和问题的收敛结果

例 3.4.2 圆域外部双调和问题

设 Ω 是半径为 1、圆心位于原点的单位圆,

$$u = \frac{x_1^2 - x_2^2}{x_1^2 + x_2^2} + \ln \sqrt{x_1^2 + x_2^2}$$

为 $\Omega' = \mathbb{R}^2/\Omega$ 上的双调和函数, 即在单位圆的外部考虑双调和问题 (3.4.1).

图 3.4.3 给出了位势函数 u 及其导数在直线 $x_2 = 2$ 上的解析解和数值解. 这里在正方形边界上均匀配置了 32 个节点. 从图中可以看出, 位势及其导数都具有很高的精度.

为了研究 Galerkin 边界点法对圆域外部双调和问题的收敛性, 图 3.4.4 给出了位势 u 在带权 Sobolev 空间 $W_0^2(\Omega')$ 中的收敛结果. 由于 Ω' 是无限区域, 这里在截断区域 $(-20, 20)^2/\Omega$ 上计算误差 $\|u - u_h\|_{W_0^2(\Omega')}$. 比较图 3.4.2 和图 3.4.4 可以发现, 例 3.4.2 的收敛阶低于例 3.4.1 中的结果, 这是因为例 3.4.2 的数值误差包含几何近似带来的误差.

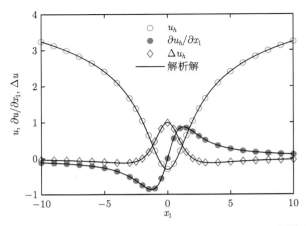

图 3.4.3　例 3.4.2 中位势 u 及其导数在直线 $x_2 = 2$ 上的解析解和数值解

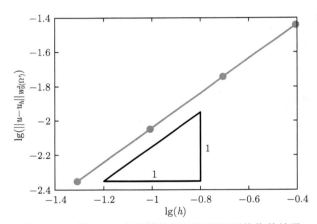

图 3.4.4　例 3.4.2 中圆域外部双调和问题的收敛结果

参 考 文 献

[1] Brebbia C A. The Boundary Element Method for Engineers. London/New York: Pentech Press/Halstead Press, 1978.

[2] Hsiao G C, Wendland W L. Boundary Integral Equations. Berlin: Springer, 2008.

[3] 祝家麟, 袁政强. 边界元分析. 北京: 科学出版社, 2009.

[4] 高效伟, 彭海峰, 杨恺, 王静. 高等边界元法——理论与程序. 北京: 科学出版社, 2015.

[5] 余德浩. 自然边界积分方法及其应用. 北京: 科学出版社, 2017.

[6] Mukherjee Y X, Mukherjee S. The boundary node method for potential problems. International Journal for Numerical Methods in Engineering, 1997, 40: 797-815.

[7] Mukherjee S, Mukherjee Y X. Boundary Methods: Elements, Contours, and Nodes. Boca Raton: CRC Press, 2005.

[8] Zhu T, Zhang J, Atluri S N. A meshless local boundary integral equation (LBIE) method for solving nonlinear problems. Computational Mechanics, 1998, 22: 174-186.

[9] 张见明, 姚振汉, 李宏. 二维势问题的杂交边界点法. 重庆建筑大学学报, 2000, 22(6): 105-107+111.

[10] Zhang J M, Yao Z H, Li H. A hybrid boundary node method. International Journal for Numerical Methods in Engineering, 2002, 53: 751-763.

[11] Gu Y T, Liu G R. A boundary point interpolation method for stress analysis of solids. Computational Mechanics, 2002, 28: 47-54.

[12] Li G, Aluru N R. Boundary cloud method: A combined scattered point/boundary integral approach for boundary-only analysis. Computer Methods in Applied Mechanics and Engineering, 2002, 191: 2337-2370.

[13] 程玉民, 陈美娟. 弹性力学的一种边界无单元法. 力学学报, 2003, 35: 181-186.

[14] Liew K M, Cheng Y M, Kitipornchai S. Boundary element-free method (BEFM) and its application to two-dimensional elasticity problems. International Journal for Numerical Methods in Engineering, 2006, 65: 1310-1332.

[15] Chen W, Tanaka M. A meshless, integration-free, and boundary-only RBF technique. Computers and Mathematics with Applications, 2002, 43: 379- 391.

[16] 陈文. 奇异边界法: 一个新的、简单、无网格、边界配点数值方法. 固体力学学报, 2009, 30(6): 592-599.

[17] Li X L, Zhu J L. A Galerkin boundary node method and its convergence analysis. Journal of Computational and Applied Mathematics, 2009, 230: 314-328.

[18] Li X L, Zhu J L. A meshless Galerkin method for Stokes problems using boundary integral equations. Computer Methods in Applied Mechanics and Engineering, 2009, 198: 2874-2885.

[19] Li X L, Zhu J L. Meshless Galerkin analysis of Stokes slip flow with boundary integral equations. International Journal for Numerical Methods in Fluids, 2009, 61: 1201-1226.

[20] Li X L, Zhu J L. A Galerkin boundary node method for biharmonic problems. Engineering Analysis with Boundary Elements, 2009, 33: 858-865.

[21] Li X L, Zhu J L. Galerkin boundary node method for exterior Neumann problems. Journal of Computational Mathematics, 2011, 29: 243-260.

[22] Li X L. Meshless Galerkin algorithms for boundary integral equations with moving least square approximations. Applied Numerical Mathematics, 2011, 61: 1237-1256.

[23] Li X L. The meshless Galerkin boundary node method for Stokes problems in three dimensions. International Journal for Numerical Methods in Engineering, 2011, 88: 442-472.

[24] Li X L, Zhang S G. Meshless analysis and applications of a symmetric improved Galerkin boundary node method using the improved moving least-square approximation. Applied Mathematical Modelling, 2016, 40: 2875-2896.

[25] Stephen E, Wendland W L. Remarks to Galerkin and least squares methods with finite elements for general elliptic problems. Lecture Notes in Mathematics, 1976, 564: 461-471.

[26] Brenner S C, Scott L R. The Mathematical Theory of Finite Element Methods. 3rd ed. New York: Springer, 2009.

[27] 杜其奎, 陈金如. 有限元方法的数学理论. 北京: 科学出版社, 2012.

[28] Liu G R. Meshfree Methods: Moving Beyond the Finite Element Method. 2nd ed. Boca Raton: CRC Press, 2009.

[29] 程玉民. 无网格方法 (上、下册). 北京: 科学出版社, 2015.

[30] Belytschko T, Chen J S, Hillman M. Meshfree and Particle Methods: Fundamentals and Applications. Chichester: John Wiley & Sons, 2024.

[31] Le Roux M N. Methode d'éléments finis pour la résolution numérique de problèmes extérieurs en dimension 2. RAIRO Analyse Numérique, 1977, 11(1): 27-60.

[32] Brezzi F. On the existence, uniqueness and approximation of saddle-point problems arising from Lagrange multipliers. RAIRO Analyse Numérique, 1974, R2: 129-151.

[33] Girault V, Raviart P A. Finite Element Approximation of the Navier-Stokes Equations. Berlin: Springer, 1979.

[34] Chen L C, Li X L. Numerical calculation of regular and singular integrals in boundary integral equations using Clenshaw-Curtis quadrature rules. Engineering Analysis with Boundary Elements, 2023, 155: 25-37.

[35] Chen L C, Li X L. A boundary point interpolation method for acoustic problems with particular emphasis on the calculation of Cauchy principal value integrals. Computers and Structures, 2024, 297: 107345.

[36] Giroire J, Nedelec J C. Numerical solution of an exterior Neumann problem using a double layer potential. Mathematics of Computation, 1978, 32: 973-990.

[37] Chen L C, Li X L. A Burton-Miller boundary element-free method for Helmholtz problems. Applied Mathematical Modelling, 2020, 83: 386-399.

[38] Nedelec J C. Integral equations with non-integrable kernels. Integral Equations and Operator Theory, 1982, 5: 562-572.

[39] Zhu J L, Zhang S G. Galerkin boundary element method for solving the boundary integral equation with hypersingularity. Journal of University of Science and Technology of China, 2007, 37(11): 1357-1362.

[40] 祝家麟. 用边界积分方程法解平面双调和方程的 Dirichlet 问题. 计算数学, 1984, 6: 278-288.

[41] Lions J L, Magenes E. Non-Homogeneous Boundary Value Problems and Applications. Berlin: Springer, 1972.

第 4 章　无网格配点法

无网格配点法是一类重要的无网格方法. 在这类方法中, 首先将求解区域及其边界用一系列节点进行离散, 然后利用移动最小二乘近似、重构核粒子法、径向基函数法和点插值法等无网格逼近方法建立未知函数的无网格近似, 最后通过配点直接让边值问题的微分方程和边界条件在相应节点上满足, 从而直接将边值问题离散为与节点未知量相关的代数方程组. 由于使用了配点技术, 无网格配点法具有边界条件可以直接施加、不涉及数值积分、不需要背景积分网格、易于应用于高维问题、计算量小, 以及易于程序实现和简单高效等优点. 过去三十多年里发展了许多无网格配点法, 这些方法在微分方程数值解领域取得了重要成效 [1-5].

有限点法 (finite point method)[6-8] 是一种典型的数值求解微分方程边值问题的无网格配点法. 由于采用移动最小二乘近似逼近未知函数及其导数, 有限点法完全不需要网格单元, 易于构造高阶光滑的近似解, 并且形成的离散代数系统具有稀疏和带状等特性. 本章将首先推导有限点法的计算公式及其误差理论, 然后建立和分析光滑梯度移动最小二乘近似 (smoothed gradient moving least squares approximation) 来避免形函数高阶导数的直接计算, 最后讨论具有超收敛特征的超收敛有限点法.

4.1　有　限　点　法

本节将针对二阶线性椭圆边值问题, 首先推导有限点法的计算公式, 其次给出该方法的理论误差分析.

4.1.1　计算公式

考虑如下二阶椭圆边值问题

$$\mathcal{L}u\left(\boldsymbol{x}\right) = f\left(\boldsymbol{x}\right), \quad \boldsymbol{x} = \left(x_1, x_2\right)^{\mathrm{T}} \in \Omega, \tag{4.1.1}$$

$$u\left(\boldsymbol{x}\right) = \bar{u}\left(\boldsymbol{x}\right), \quad \boldsymbol{x} \in \Gamma_D, \tag{4.1.2}$$

$$\mathcal{B}u\left(\boldsymbol{x}\right) = \bar{q}\left(\boldsymbol{x}\right), \quad \boldsymbol{x} \in \Gamma_R = \Gamma/\Gamma_D, \tag{4.1.3}$$

其中 $u(\boldsymbol{x})$ 是未知函数, Ω 是平面上的连通有界区域, 其边界 $\Gamma = \partial\Omega = \Gamma_D \cup \Gamma_R$ 分段光滑, $\mathcal{L}$ 是如下二阶线性椭圆微分算子:

$$\mathcal{L}u(\boldsymbol{x}) = \sum_{k,l=1}^{2} a_{kl}(\boldsymbol{x}) \frac{\partial^2 u(\boldsymbol{x})}{\partial x_k \partial x_l} + \sum_{k=1}^{2} b_k(\boldsymbol{x}) \frac{\partial u(\boldsymbol{x})}{\partial x_k} + c(\boldsymbol{x}) u(\boldsymbol{x}), \quad \boldsymbol{x} \in \Omega. \quad (4.1.4)$$

$\mathcal{B}$ 是如下定义的 Robin 边界条件的微分算子:

$$\mathcal{B}u(\boldsymbol{x}) = \sum_{k,l=1}^{2} \xi_{kl}(\boldsymbol{x}) n_k(\boldsymbol{x}) \frac{\partial u(\boldsymbol{x})}{\partial x_l} + \eta(\boldsymbol{x}) u(\boldsymbol{x}), \quad \boldsymbol{x} \in \Gamma_R. \quad (4.1.5)$$

另外, $f(\boldsymbol{x})$, $\bar{u}(\boldsymbol{x})$, $\bar{q}(\boldsymbol{x})$, $a_{kl}(\boldsymbol{x})$, $b_k(\boldsymbol{x})$, $c(\boldsymbol{x})$, $\xi_{kl}(\boldsymbol{x})$ 和 $\eta(\boldsymbol{x})$ 都是已知的有界函数, $\boldsymbol{n}(\boldsymbol{x}) = (n_1(\boldsymbol{x}), n_2(\boldsymbol{x}))^{\mathrm{T}}$ 是边界 Γ 上的单位外法向量.

为了获得问题 (4.1.1)—(4.1.3) 的无网格数值解, 将 $\Omega \cup \Gamma$ 用 N 个节点 $\{\boldsymbol{x}_i\}_{i=1}^{N}$ 进行离散, 利用 1.4.3 节的稳定移动最小二乘近似建立未知函数 $u(\boldsymbol{x})$ 的无网格近似,

$$u(\boldsymbol{x}) \approx u_h(\boldsymbol{x}) = \sum_{i \in \wedge(\boldsymbol{x})} \Phi_i(\boldsymbol{x}) d_i = \sum_{i=1}^{N} \Phi_i(\boldsymbol{x}) d_i, \quad \boldsymbol{x} \in \Omega \cup \Gamma, \quad (4.1.6)$$

其中 $\Phi_i(\boldsymbol{x})$ 是移动最小二乘近似基于节点 $\{\boldsymbol{x}_i\}_{i=1}^{N}$ 构造的无网格形函数, d_i 是节点处的未知量.

将 (4.1.6) 代入 (4.1.1), 并在区域 Ω 上的所有节点处进行配置, 则

$$\mathcal{L}u_h(\boldsymbol{x}_j) = \sum_{i \in \wedge_j} \mathcal{L}\Phi_i(\boldsymbol{x}_j) d_i = \sum_{i=1}^{N} \mathcal{L}\Phi_i(\boldsymbol{x}_j) d_i = f(\boldsymbol{x}_j), \quad \boldsymbol{x}_j \in \Omega, \quad (4.1.7)$$

其中 $\wedge_j = \wedge(\boldsymbol{x}_j)$ 表示影响域覆盖了点 $\boldsymbol{x}_j$ 的节点序号构成的集合. 类似地, 将 (4.1.2) 在边界 Γ_D 上的所有节点处进行配置

$$u_h(\boldsymbol{x}_j) = \sum_{i=1}^{N} \Phi_i(\boldsymbol{x}_j) d_i = \bar{u}(\boldsymbol{x}_j), \quad \boldsymbol{x}_j \in \Gamma_D, \quad (4.1.8)$$

将 (4.1.3) 在边界 Γ_R 上的所有节点处进行配置

$$\mathcal{B}u(\boldsymbol{x}_j) = \sum_{i \in \wedge_j} \mathcal{B}\Phi_i(\boldsymbol{x}_j) d_i = \sum_{i=1}^{N} \mathcal{B}\Phi_i(\boldsymbol{x}_j) d_i = \bar{q}(\boldsymbol{x}_j), \quad \boldsymbol{x}_j \in \Gamma_R. \quad (4.1.9)$$

将 (4.1.7)—(4.1.9) 组装起来, 则无网格有限点法求解边值问题 (4.1.1)—(4.1.3) 形成的线性代数方程组为

$$\boldsymbol{K}\boldsymbol{d} = \boldsymbol{f}, \tag{4.1.10}$$

其中

$$\boldsymbol{d} = (d_1, d_2, \cdots, d_N)^{\mathrm{T}},$$

$$[\boldsymbol{K}]_{ji} = \begin{cases} \mathcal{L}\Phi_i\left(\boldsymbol{x}_j\right) = \displaystyle\sum_{k,l=1}^{2} a_{kl}\left(\boldsymbol{x}_j\right) \frac{\partial^2 \Phi_i\left(\boldsymbol{x}_j\right)}{\partial x_k \partial x_l} + \sum_{k=1}^{2} b_k\left(\boldsymbol{x}_j\right) \frac{\partial \Phi_i\left(\boldsymbol{x}_j\right)}{\partial x_k} + c\left(\boldsymbol{x}_j\right)\Phi_i\left(\boldsymbol{x}_j\right), \\ \hspace{9cm} \boldsymbol{x}_j \in \Omega, \\ \Phi_i\left(\boldsymbol{x}_j\right), \hspace{6.5cm} \boldsymbol{x}_j \in \Gamma_D, \\ \mathcal{B}\Phi_i\left(\boldsymbol{x}_j\right) = \displaystyle\sum_{k,l=1}^{2} \xi_{kl}\left(\boldsymbol{x}_j\right) n_k\left(\boldsymbol{x}_j\right) \frac{\partial \Phi_i\left(\boldsymbol{x}_j\right)}{\partial x_l} + \eta\left(\boldsymbol{x}_j\right)\Phi_i\left(\boldsymbol{x}_j\right), \hspace{0.8cm} \boldsymbol{x}_j \in \Gamma_R, \end{cases}$$

$$i = 1, 2, \cdots, N, \tag{4.1.11}$$

$$[\boldsymbol{f}]_j = \begin{cases} f\left(\boldsymbol{x}_j\right), & \boldsymbol{x}_j \in \Omega, \\ \bar{u}\left(\boldsymbol{x}_j\right), & \boldsymbol{x}_j \in \Gamma_D, \\ \bar{q}\left(\boldsymbol{x}_j\right), & \boldsymbol{x}_j \in \Gamma_R. \end{cases} \tag{4.1.12}$$

求解 (4.1.10) 之后, 边值问题 (4.1.1)—(4.1.3) 的无网格有限点法近似解 u_h 可由 (4.1.6) 获得.

4.1.2 误差分析

本节将针对二阶椭圆边值问题, 给出有限点法的误差分析. 在无网格配点法 [4,5,9-15] 中, 经常通过分析离散代数系统在区域内部节点处的局部截断误差 [16] 来研究近似解的精度.

将边值问题 (4.1.1)—(4.1.3) 的解析值 $u_i = u\left(\boldsymbol{x}_i\right)$ 用近似值 d_i 代替, 有限点法离散系统的局部截断误差可以定义为

$$e_T = \max_{\boldsymbol{x}_j \in \Omega} \{e_j\}, \tag{4.1.13}$$

其中

$$e_j = \sum_{i=1}^{N} [\boldsymbol{K}]_{ji} u_i - f\left(\boldsymbol{x}_j\right), \quad \boldsymbol{x}_j \in \Omega. \tag{4.1.14}$$

为了分析局部截断误差, 需要移动最小二乘近似形函数 $\Phi_i\left(\boldsymbol{x}\right)$ 的如下性质.

性质 4.1.1   对任意 $\boldsymbol{x} \in \Omega$, 移动最小二乘近似的形函数 $\Phi_i(\boldsymbol{x})$ 满足

$$\Phi_i(\boldsymbol{x}) = \mathcal{O}(1), \quad \Phi_{i,k}(\boldsymbol{x}) = \mathcal{O}(h^{-1}), \quad \Phi_{i,kl}(\boldsymbol{x}) = \mathcal{O}(h^{-2}), \quad i \in \wedge(\boldsymbol{x}),$$
$$(4.1.15)$$

$$\sum_{i \in \wedge(\boldsymbol{x})} \Phi_i(\boldsymbol{x})(x_{1i} - x_1)^s (x_{2i} - x_2)^{n-s} = \delta_{0n}\delta_{0s}, \quad 0 \leqslant s \leqslant n \leqslant m, \qquad (4.1.16)$$

$$\sum_{i \in \wedge(\boldsymbol{x})} \Phi_{i,k}(\boldsymbol{x})(x_{1i} - x_1)^s (x_{2i} - x_2)^{n-s} = \delta_{1n}\delta_{k,2-s}, \quad 0 \leqslant s \leqslant n \leqslant m, \quad (4.1.17)$$

$$\sum_{i \in \wedge(\boldsymbol{x})} \Phi_{i,kl}(\boldsymbol{x})(x_{1i} - x_1)^s (x_{2i} - x_2)^{n-s} = (1 + \delta_{kl})\,\delta_{2n}\delta_{k+l-2,2-s}, \quad 0 \leqslant s \leqslant n \leqslant m,$$
$$(4.1.18)$$

其中 $k, l = 1, 2$, $\boldsymbol{x} = (x_1, x_2)^{\mathrm{T}}$, $\boldsymbol{x}_i = (x_{1i}, x_{2i})^{\mathrm{T}}$, δ_{ij} 和 $\delta_{i,j}$ 表示 Delta 函数, 另外

$$\Phi_{i,k}(\boldsymbol{x}) = \frac{\partial \Phi_i(\boldsymbol{x})}{\partial x_k}, \quad \Phi_{i,kl}(\boldsymbol{x}) = \frac{\partial^2 \Phi_i(\boldsymbol{x})}{\partial x_k \partial x_l}.$$

证明   根据引理 1.5.4 可得 (4.1.15), 根据性质 1.3.5 可得

$$\sum_{i \in \wedge(\boldsymbol{x})} \Phi_i(\boldsymbol{x})\,p_j(\boldsymbol{x}_i) = p_j(\boldsymbol{x}), \quad j = 1, 2, \cdots, \bar{m}, \qquad (4.1.19)$$

其中 $(p_1(\boldsymbol{x}), p_2(\boldsymbol{x}), \cdots, p_{\bar{m}}(\boldsymbol{x}))^{\mathrm{T}} = \{\boldsymbol{x}^{\boldsymbol{\alpha}}\}_{0 \leqslant |\boldsymbol{\alpha}| \leqslant m}$ 是构造形函数 $\Phi_i(\boldsymbol{x})$ 的完备 Pascal 单项式基向量.

根据性质 1.3.7, 有

$$\begin{cases} \displaystyle\sum_{i \in \wedge(\boldsymbol{x})} \Phi_i(\boldsymbol{x})\,p_j(\boldsymbol{x}_i - \boldsymbol{x}) = p_j(\boldsymbol{0}), \\[2mm] \displaystyle\sum_{i \in \wedge(\boldsymbol{x})} \Phi_{i,k}(\boldsymbol{x})\,p_j(\boldsymbol{x}_i - \boldsymbol{x}) = p_{j,k}(\boldsymbol{0}), \quad j = 1, 2, \cdots, \bar{m}, \quad k, l = 1, 2. \\[2mm] \displaystyle\sum_{i \in \wedge(\boldsymbol{x})} \Phi_{i,kl}(\boldsymbol{x})\,p_j(\boldsymbol{x}_i - \boldsymbol{x}) = p_{j,kl}(\boldsymbol{0}), \end{cases}$$

注意到 $\boldsymbol{x} = (x_1, x_2)^{\mathrm{T}}$ 和 $\boldsymbol{x}_i = (x_{1i}, x_{2i})^{\mathrm{T}}$, 从而 (4.1.16) 成立, 并且

$$\sum_{i \in \wedge(\boldsymbol{x})} \Phi_{i,k}(\boldsymbol{x})(x_{1i} - x_1)^s (x_{2i} - x_2)^{n-s}$$

$$= \begin{cases} \delta_{1n}\delta_{1s} = \delta_{1n}\delta_{1,n-s+1}, & k = 1, \\ \delta_{1n}\delta_{0s} = \delta_{1n}\delta_{2,n-s+1}, & k = 2 \end{cases}$$

$$= \delta_{1n}\delta_{k,2-s}, \quad 0 \leqslant s \leqslant n \leqslant m, \quad k = 1, 2,$$

$$\sum_{i \in \wedge(\boldsymbol{x})} \Phi_{i,kl}(\boldsymbol{x})(x_{1i} - x_1)^s (x_{2i} - x_2)^{n-s}$$

$$= \begin{cases} 2\delta_{2n}\delta_{2s} = 2\delta_{2n}\delta_{k+l-2,n-s}, & k = l = 1, \\ \delta_{2n}\delta_{1s} = \delta_{2n}\delta_{k+l-2,n-s}, & k \neq l, \\ 2\delta_{2n}\delta_{0s} = 2\delta_{2n}\delta_{k+l-2,n-s}, & k = l = 2, \end{cases}$$

$$= (1 + \delta_{kl})\delta_{2n}\delta_{k+l-2,2-s}, \quad 0 \leqslant s \leqslant n \leqslant m, \quad k, l = 1, 2,$$

从而 (4.1.17) 和 (4.1.18) 成立. 证毕.

下面的定理分析有限点法求解边值问题 (4.1.1)—(4.1.3) 时的局部截断误差, 这里假定无网格节点均匀分布.

定理 4.1.1 如果 $u(\boldsymbol{x}) \in C^{m+2}(\Omega)$, 则有限点法的局部截断误差为

$$e_T = \begin{cases} \mathcal{O}(h^m), & m \text{ 是偶数}, \\ \mathcal{O}(h^{m-1}), & m \text{ 是奇数}. \end{cases} \tag{4.1.20}$$

证明 将 (4.1.1) 和 (4.1.11) 代入 (4.1.14), 有

$$e_j = \sum_{i=1}^{N} \mathcal{L}\Phi_i(\boldsymbol{x}_j) u_i - f(\boldsymbol{x}_j)$$

$$= \sum_{i \in \wedge_j} \mathcal{L}\Phi_i(\boldsymbol{x}_j) u_i - \mathcal{L}u(\boldsymbol{x}_j)$$

$$= \sum_{i \in \wedge_j} \left[\sum_{k,l=1}^{2} a_{kl}(\boldsymbol{x}_j) \Phi_{i,kl}(\boldsymbol{x}_j) + \sum_{k=1}^{2} b_k(\boldsymbol{x}_j) \Phi_{i,k}(\boldsymbol{x}_j) + c(\boldsymbol{x}_j) \Phi_i(\boldsymbol{x}_j) \right] u_i$$

$$- \left[\sum_{k,l=1}^{2} a_{kl}(\boldsymbol{x}_j) \frac{\partial^2 u_j}{\partial x_k \partial x_l} + \sum_{k=1}^{2} b_k(\boldsymbol{x}_j) \frac{\partial u_j}{\partial x_k} + c(\boldsymbol{x}_j) u(\boldsymbol{x}_j) \right]$$

$$= \sum_{k,l=1}^{2} a_{kl}(\boldsymbol{x}_j) \left[\sum_{i \in \wedge_j} \Phi_{i,kl}(\boldsymbol{x}_j) u_i - \frac{\partial^2 u_j}{\partial x_k \partial x_l} \right]$$

$$+ \sum_{k=1}^{2} b_k(\boldsymbol{x}_j) \left[\sum_{i \in \wedge_j} \Phi_{i,k}(\boldsymbol{x}_j) u_i - \frac{\partial u_j}{\partial x_k} \right]$$

$$+ c\left(\boldsymbol{x}_j\right)\left[\sum_{i\in\wedge_j}\Phi_i\left(\boldsymbol{x}_j\right)u_i - u_j\right],$$

其中 $\wedge_j = \wedge\left(\boldsymbol{x}_j\right)$, $\partial u_j/\partial x_k = \left(\partial u\left(\boldsymbol{x}\right)/\partial x_k\right)\big|_{\boldsymbol{x}=\boldsymbol{x}_j}$ 和 $\partial^2 u_j/\partial x_k\partial x_l = \left(\partial u^2\left(\boldsymbol{x}\right)/\partial x_k\partial x_l\right)\big|_{\boldsymbol{x}=\boldsymbol{x}_j}$. 令

$$e_0 = \sum_{i\in\wedge_j}\Phi_i\left(\boldsymbol{x}_j\right)u_i - u_j, \tag{4.1.21}$$

$$e_{1k} = \sum_{i\in\wedge_j}\Phi_{i,k}\left(\boldsymbol{x}_j\right)u_i - \frac{\partial u_j}{\partial x_k}, \tag{4.1.22}$$

$$e_{2kl} = \sum_{i\in\wedge_j}\frac{\partial^2\Phi_i\left(\boldsymbol{x}_j\right)}{\partial x_k\partial x_l}u_i - \frac{\partial^2 u_j}{\partial x_k\partial x_l}, \tag{4.1.23}$$

则

$$e_j = c\left(\boldsymbol{x}_j\right)e_0 + \sum_{k=1}^{2}b_k\left(\boldsymbol{x}_j\right)e_{1k} + \sum_{k,l=1}^{2}a_{kl}\left(\boldsymbol{x}_j\right)e_{2kl}. \tag{4.1.24}$$

函数 $u\left(\boldsymbol{x}\right)$ 在点 $\boldsymbol{x}_i = \left(x_{1i}, x_{2i}\right)^{\mathrm{T}}$ 处关于点 $\boldsymbol{x}_j = \left(x_{1j}, x_{2j}\right)^{\mathrm{T}}$ 的 Taylor 展开式为

$$u_i = \sum_{n=0}^{m+1}\frac{1}{n!}\sum_{s=0}^{n}\binom{n}{s}h_{1i}^s h_{2i}^{n-s}\frac{\partial^n u_j}{\partial x_1^s\partial x_2^{n-s}}$$

$$+ \frac{1}{(m+2)!}\sum_{s=0}^{m+2}\binom{m+2}{s}h_{1i}^s h_{2i}^{m+2-s}\frac{\partial^{m+2}u\left(\boldsymbol{\xi}\right)}{\partial x_1^s\partial x_2^{m+2-s}}, \tag{4.1.25}$$

这里 $h_{1i} = x_{1i} - x_{1j}$, $h_{2i} = x_{2i} - x_{2j}$, $\binom{n}{s} = \dfrac{n!}{s!\left(n-s\right)!}$, $\boldsymbol{\xi} = \left(\xi_1, \xi_2\right)^{\mathrm{T}}$, $\xi_1 = \theta x_{1i} + (1-\theta)x_{1j}$, $\xi_2 = \theta x_{2i} + (1-\theta)x_{2j}$, $\theta\in(0,1)$.

首先, 估计 (4.1.21) 中的 e_0. 将 (4.1.25) 代入 (4.1.21) 可得

$$e_0 = \sum_{i\in\wedge_j}\Phi_i\left(\boldsymbol{x}_j\right)\sum_{n=0}^{m+1}\frac{1}{n!}\sum_{s=0}^{n}\binom{n}{s}h_{1i}^s h_{2i}^{n-s}\frac{\partial^n u_j}{\partial x_1^s\partial x_2^{n-s}}$$

$$+ \sum_{i\in\wedge_j}\Phi_i\left(\boldsymbol{x}_j\right)\frac{1}{(m+2)!}\sum_{s=0}^{m+2}\binom{m+2}{s}\frac{\partial^{m+2}u\left(\boldsymbol{\xi}\right)}{\partial x_1^s\partial x_2^{m+2-s}}h_{1i}^s h_{2i}^{m+2-s} - u_j$$

$$= \sum_{n=0}^{m+1}\frac{1}{n!}\sum_{s=0}^{n}\binom{n}{s}\frac{\partial^n u_j}{\partial x_1^s\partial x_2^{n-s}}\sum_{i\in\wedge_j}h_{1i}^s h_{2i}^{n-s}\Phi_i\left(\boldsymbol{x}_j\right)$$

$$+ \frac{1}{(m+2)!} \sum_{s=0}^{m+2} \binom{m+2}{s} \frac{\partial^{m+2} u(\boldsymbol{\xi})}{\partial x_1^s \partial x_2^{m+2-s}} \sum_{i \in \wedge_j} h_{1i}^s h_{2i}^{m+2-s} \Phi_i(\boldsymbol{x}_j) - u_j. \quad (4.1.26)$$

利用 (4.1.16), 有

$$\sum_{n=0}^m \frac{1}{n!} \sum_{s=0}^n \binom{n}{s} \frac{\partial^n u_j}{\partial x_1^s \partial x_2^{n-s}} \sum_{i \in \wedge_j} \Phi_i(x_j) h_{1i}^s h_{2i}^{n-s}$$

$$= \sum_{n=0}^m \frac{1}{n!} \sum_{s=0}^n \binom{n}{s} \frac{\partial^n u_j}{\partial x_1^s \partial x_2^{n-s}} \delta_{0n} \delta_{0s} = u_j,$$

从而可将 (4.1.26) 简化为

$$e_0 = \frac{1}{(m+1)!} \sum_{s=0}^{m+1} \binom{m+1}{s} \frac{\partial^{m+1} u_j}{\partial x_1^s \partial x_2^{m+1-s}} \sum_{i \in \wedge_j} h_{1i}^s h_{2i}^{m+1-s} \Phi_i(\boldsymbol{x}_j)$$

$$+ \frac{1}{(m+2)!} \sum_{s=0}^{m+2} \binom{m+2}{s} \frac{\partial^{m+2} u(\boldsymbol{\xi})}{\partial x_1^s \partial x_2^{m+2-s}} \sum_{i \in \wedge_j} h_{1i}^s h_{2i}^{m+2-s} \Phi_i(\boldsymbol{x}_j). \quad (4.1.27)$$

根据文献 [5, 10, 12], 在无网格节点均匀分布的情况下, $\Phi_i(\boldsymbol{x})$ 是周期函数, 且关于点 $\boldsymbol{x}_j$ 偶对称. 同时, 当 m 是偶数时, $h_{1i}^s h_{2i}^{m+1-s} = (x_{1i} - x_{1j})^s (x_{2i} - x_{2j})^{m+1-s}$ 是关于点 $\boldsymbol{x}_j$ 的奇对称函数. 因此,

$$\sum_{i \in \wedge_j} h_{1i}^s h_{2i}^{m+1-s} \Phi_i(\boldsymbol{x}_j) = 0,$$

从而可将 (4.1.27) 写为

$$e_0 = \begin{cases} \dfrac{1}{(m+2)!} \displaystyle\sum_{s=0}^{m+2} \binom{m+2}{s} \frac{\partial^{m+2} u(\boldsymbol{\xi})}{\partial x_1^s \partial x_2^{m+2-s}} \sum_{i \in \wedge_j} h_{1i}^s h_{2i}^{m+2-s} \Phi_i(\boldsymbol{x}_j), & m \text{ 是偶数}, \\[2em] \dfrac{1}{(m+1)!} \displaystyle\sum_{s=0}^{m+1} \binom{m+1}{s} \frac{\partial^{m+1} u_j}{\partial x_1^s \partial x_2^{m+1-s}} \sum_{i \in \wedge_j} h_{1i}^s h_{2i}^{m+1-s} \Phi_i(\boldsymbol{x}_j) \\[1em] \quad + \dfrac{1}{(m+2)!} \displaystyle\sum_{s=0}^{m+2} \binom{m+2}{s} \frac{\partial^{m+2} u(\boldsymbol{\xi})}{\partial x_1^s \partial x_2^{m+2-s}} \sum_{i \in \wedge_j} h_{1i}^s h_{2i}^{m+2-s} \Phi_i(\boldsymbol{x}_j), & m \text{ 是奇数}. \end{cases}$$

当 $i \in \wedge_j$ 时, 有 $\boldsymbol{x}_j \in \Re(\boldsymbol{x}_i)$, 从而 $h_{1i}^s h_{2i}^{m+1-s} = (x_{1i} - x_{1j})^s (x_{2i} - x_{2j})^{m+1-s} = \mathcal{O}(h^{m+1})$ 和 $h_{1i}^s h_{2i}^{m+2-s} = (x_{1i} - x_{1j})^s (x_{2i} - x_{2j})^{m+2-s} = \mathcal{O}(h^{m+2})$. 再调用

(4.1.15), 可得

$$e_0 = \begin{cases} \mathcal{O}\left(h^{m+2}\right), & m \text{ 是偶数}, \\ \mathcal{O}\left(h^{m+1}\right) + \mathcal{O}\left(h^{m+2}\right) = \mathcal{O}\left(h^{m+1}\right), & m \text{ 是奇数}. \end{cases} \tag{4.1.28}$$

其次, 估计 (4.1.22) 中的 e_{1k}. 将 (4.1.25) 代入 (4.1.22) 可得

$$\begin{aligned} e_{1k} &= \sum_{n=0}^{m+1} \frac{1}{n!} \sum_{s=0}^{n} \binom{n}{s} \frac{\partial^n u_j}{\partial x_1^s \partial x_2^{n-s}} \sum_{i \in \wedge_j} h_{1i}^s h_{2i}^{n-s} \Phi_{i,k}\left(\boldsymbol{x}_j\right) \\ &\quad + \frac{1}{(m+2)!} \sum_{s=0}^{m+2} \binom{m+2}{s} \frac{\partial^{m+2} u(\boldsymbol{\xi})}{\partial x_1^s \partial x_2^{m+2-s}} \sum_{i \in \wedge_j} h_{1i}^s h_{2i}^{m+2-s} \Phi_{i,k}\left(\boldsymbol{x}_j\right) - \frac{\partial u_j}{\partial x_k}. \end{aligned}$$
$$\tag{4.1.29}$$

利用 (4.1.17), 有

$$\begin{aligned} &\sum_{n=0}^{m} \frac{1}{n!} \sum_{s=0}^{n} \binom{n}{s} \frac{\partial^n u_j}{\partial x_1^s \partial x_2^{n-s}} \sum_{i \in \wedge_j} h_{1i}^s h_{2i}^{n-s} \Phi_{i,k}\left(\boldsymbol{x}_j\right) \\ &= \sum_{n=0}^{m} \frac{1}{n!} \sum_{s=0}^{n} \binom{n}{s} \frac{\partial^n u_j}{\partial x_1^s \partial x_2^{n-s}} \delta_{1n} \delta_{k,2-s} \\ &= \sum_{s=0}^{1} \binom{1}{s} \frac{\partial u_j}{\partial x_1^s \partial x_2^{1-s}} \delta_{k,2-s} \\ &= \frac{\partial u_j}{\partial x_2} \delta_{k2} + \frac{\partial u_j}{\partial x_1} \delta_{k1} = \frac{\partial u_j}{\partial x_k}, \quad k = 1, 2, \end{aligned}$$

从而可将 (4.1.29) 简化为

$$\begin{aligned} e_{1k} &= \frac{1}{(m+1)!} \sum_{s=0}^{m+1} \binom{m+1}{s} \frac{\partial^{m+1} u_j}{\partial x_1^s \partial x_2^{m+1-s}} \sum_{i \in \wedge_j} h_{1i}^s h_{2i}^{m+1-s} \Phi_{i,k}\left(\boldsymbol{x}_j\right) \\ &\quad + \frac{1}{(m+2)!} \sum_{s=0}^{m+2} \binom{m+2}{s} \frac{\partial^{m+2} u\left(\boldsymbol{\xi}\right)}{\partial x_1^s \partial x_2^{m+2-s}} \sum_{i \in \wedge_j} h_{1i}^s h_{2i}^{m+2-s} \Phi_{i,k}\left(\boldsymbol{x}_j\right). \end{aligned} \tag{4.1.30}$$

根据文献 [4, 5, 12], 在无网格节点均匀分布的情况下, $\Phi_{i,k}\left(\boldsymbol{x}\right)$ 是周期函数, 且关于点 $\boldsymbol{x}_j$ 奇对称. 同时, 当 m 是奇数时, $h_{1i}^s h_{2i}^{m+1-s} = \left(x_{1i} - x_{1j}\right)^s \left(x_{2i} - x_{2j}\right)^{m+1-s}$ 是关于点 $\boldsymbol{x}_j$ 的偶对称函数. 因此,

$$\sum_{i \in \wedge_j} h_{1i}^s h_{2i}^{m+1-s} \Phi_{i,k}\left(\boldsymbol{x}_j\right) = 0, \tag{4.1.31}$$

从而可将 (4.1.30) 写为

$$
e_{1k} = \begin{cases}
\dfrac{1}{(m+1)!} \displaystyle\sum_{s=0}^{m+1} \binom{m+1}{s} \dfrac{\partial^{m+1} u_j}{\partial x_1^s \partial x_2^{m+1-s}} \sum_{i \in \Lambda_j} h_{1i}^s h_{2i}^{m+1-s} \Phi_{i,k}\left(\boldsymbol{x}_j\right) \\[3mm]
+ \dfrac{1}{(m+2)!} \displaystyle\sum_{s=0}^{m+2} \binom{m+2}{s} \dfrac{\partial^{m+2} u(\boldsymbol{\xi})}{\partial x_1^s \partial x_2^{m+2-s}} \sum_{i \in \Lambda_j} h_{1i}^s h_{2i}^{m+2-s} \Phi_{i,k}\left(\boldsymbol{x}_j\right), \quad m \text{ 是偶数}, \\[3mm]
\dfrac{1}{(m+2)!} \displaystyle\sum_{s=0}^{m+2} \binom{m+2}{s} \dfrac{\partial^{m+2} u(\boldsymbol{\xi})}{\partial x_1^s \partial x_2^{m+2-s}} \sum_{i \in \Lambda_j} h_{1i}^s h_{2i}^{m+2-s} \Phi_{i,k}\left(\boldsymbol{x}_j\right), \quad m \text{ 是奇数}.
\end{cases}
$$

$$(4.1.32)$$

当 $i \in \wedge_j$ 时, 有 $h_{1i}^s h_{2i}^{m+1-s} = \mathcal{O}\left(h^{m+1}\right)$ 和 $h_{1i}^s h_{2i}^{m+2-s} = \mathcal{O}\left(h^{m+2}\right)$. 再调用 (4.1.15), 可得

$$
e_{1k} = \begin{cases}
\mathcal{O}\left(h^{-1}\right) \mathcal{O}\left(h^{m+1}\right) + \mathcal{O}\left(h^{-1}\right) \mathcal{O}\left(h^{m+2}\right) = \mathcal{O}\left(h^m\right), & m \text{ 是偶数}, \\[2mm]
\mathcal{O}\left(h^{-1}\right) \mathcal{O}\left(h^{m+2}\right) = \mathcal{O}\left(h^{m+1}\right), & m \text{ 是奇数}.
\end{cases}
$$

$$(4.1.33)$$

最后, 估计 (4.1.23) 中的 e_{2kl}. 将 (4.1.25) 代入 (4.1.23) 可得

$$
e_{2kl} = \sum_{n=0}^{m+1} \frac{1}{n!} \sum_{s=0}^{n} \binom{n}{s} \frac{\partial^n u_j}{\partial x_1^s \partial x_2^{n-s}} \sum_{i \in \wedge_j} h_{1i}^s h_{2i}^{n-s} \Phi_{i,kl}\left(\boldsymbol{x}_j\right)
$$

$$
+ \frac{1}{(m+2)!} \sum_{s=0}^{m+2} \binom{m+2}{s} \frac{\partial^{m+2} u(\boldsymbol{\xi})}{\partial x_1^s \partial x_2^{m+2-s}} \sum_{i \in \wedge_j} h_{1i}^s h_{2i}^{m+2-s} \Phi_{i,k}\left(\boldsymbol{x}_j\right) - \frac{\partial^2 u_j}{\partial x_k \partial x_l}.
$$

$$(4.1.34)$$

因为

$$
\sum_{s=0}^{2} \binom{2}{s} \frac{\partial^2 u_j}{\partial x_1^s \partial x_2^{2-s}} \left(1 + \delta_{kl}\right) \delta_{k+l-2, 2-s}
$$

$$
= \binom{2}{0} \frac{\partial^2 u_j}{\partial x_2^2} \left(1 + \delta_{kl}\right) \delta_{k+l-2, 2} + \binom{2}{1} \frac{\partial^2 u_j}{\partial x_1 \partial x_2} \left(1 + \delta_{kl}\right) \delta_{k+l-2, 1}
$$

$$
+ \binom{2}{2} \frac{\partial^2 u_j}{\partial x_1^2} \left(1 + \delta_{kl}\right) \delta_{k+l-2, 0}
$$

$$
= \frac{\partial^2 u_j}{\partial x_2^2} \left(1 + \delta_{kl}\right) \delta_{k+l, 4} + 2 \frac{\partial^2 u_j}{\partial x_1 \partial x_2} \left(1 + \delta_{kl}\right) \delta_{k+l, 3} + \frac{\partial^2 u_j}{\partial x_1^2} \left(1 + \delta_{kl}\right) \delta_{k+l, 2}
$$

$$
= 2 \frac{\partial^2 u_j}{\partial x_k \partial x_l},
$$

再利用 (4.1.18) 有

$$\sum_{n=0}^{m} \frac{1}{n!} \sum_{s=0}^{n} \binom{n}{s} \frac{\partial^n u_j}{\partial x_1^s \partial x_2^{n-s}} \sum_{i \in \Lambda_j} h_{1i}^s h_{2i}^{n-s} \Phi_{i,kl}(\boldsymbol{x}_j)$$

$$= \sum_{n=0}^{m} \frac{1}{n!} \sum_{s=0}^{n} \binom{n}{s} \frac{\partial^n u_j}{\partial x_1^s \partial x_2^{n-s}} (1 + \delta_{kl}) \delta_{2n} \delta_{k+l-2,2-s}$$

$$= \begin{cases} 0, & m = 1, \\ \dfrac{1}{2!} \sum_{s=0}^{2} \dbinom{2}{s} \dfrac{\partial^2 u_j}{\partial x_1^s \partial x_2^{2-s}} (1 + \delta_{kl}) \delta_{k+l-2,2-s} = \dfrac{\partial^2 u_j}{\partial x_k \partial x_l}, & m \geqslant 2, \end{cases}$$

从而可将 (4.1.34) 简化为

$$e_{2kl} = \frac{1}{(m+1)!} \sum_{s=0}^{m+1} \binom{m+1}{s} \frac{\partial^{m+1} u_j}{\partial x_1^s \partial x_2^{m+1-s}} \sum_{i \in \wedge_j} h_{1i}^s h_{2i}^{m+1-s} \Phi_{i,kl}(\boldsymbol{x}_j)$$

$$+ \frac{1}{(m+2)!} \sum_{s=0}^{m+2} \binom{m+2}{s} \frac{\partial^{m+2} u(\boldsymbol{\xi})}{\partial x_1^s \partial x_2^{m+2-s}} \sum_{i \in \wedge_j} h_{1i}^s h_{2i}^{m+2-s} \Phi_{i,kl}(\boldsymbol{x}_j)$$

$$- \begin{cases} \dfrac{\partial^2 u_j}{\partial x_k \partial x_l}, & m = 1, \\ 0, & m \geqslant 2. \end{cases} \tag{4.1.35}$$

根据文献 [4, 5, 9, 11, 13], 在无网格节点均匀分布的情况下, $\Phi_{i,kl}(\boldsymbol{x})$ 是周期函数, 且关于点 $\boldsymbol{x}_j$ 偶对称. 同时, 当 m 是偶数时, $h_{1i}^s h_{2i}^{m+1-s} = (x_{1i} - x_{1j})^s (x_{2i} - x_{2j})^{m+1-s}$ 是关于点 $\boldsymbol{x}_j$ 的奇对称函数. 因此,

$$\sum_{i \in \wedge_j} h_{1i}^s h_{2i}^{m+1-s} \Phi_{i,kl}(\boldsymbol{x}_j) = 0,$$

从而可将 (4.1.35) 写为

$$
e_{2kl}=\begin{cases}
\dfrac{1}{(m+2)!}\displaystyle\sum_{s=0}^{m+2}\binom{m+2}{s}\dfrac{\partial^{m+2}u(\boldsymbol{\xi})}{\partial x_1^s\partial x_2^{m+2-s}}\sum_{i\in\wedge_j}h_{1i}^s h_{2i}^{m+2-s}\Phi_{i,kl}(\boldsymbol{x}_j), & m\ \text{是偶数},\\[4mm]
\dfrac{1}{(m+1)!}\displaystyle\sum_{s=0}^{m+1}\binom{m+1}{s}\dfrac{\partial^{m+1}u_j}{\partial x_1^s\partial x_2^{m+1-s}}\sum_{i\in\wedge_j}h_{1i}^s h_{2i}^{m+1-s}\Phi_{i,kl}(\boldsymbol{x}_j)\\[4mm]
+\dfrac{1}{(m+2)!}\displaystyle\sum_{s=0}^{m+2}\binom{m+2}{s}\dfrac{\partial^{m+2}u(\boldsymbol{\xi})}{\partial x_1^s\partial x_2^{m+2-s}}\sum_{i\in\wedge_j}h_{1i}^s h_{2i}^{m+2-s}\Phi_{i,kl}(\boldsymbol{x}_j)\\[4mm]
-\dfrac{\partial^2 u_j}{\partial x_k\partial x_l}, & m=1,\\[4mm]
\dfrac{1}{(m+1)!}\displaystyle\sum_{s=0}^{m+1}\binom{m+1}{s}\dfrac{\partial^{m+1}u_j}{\partial x_1^s\partial x_2^{m+1-s}}\sum_{i\in\wedge_j}h_{1i}^s h_{2i}^{m+1-s}\Phi_{i,kl}(\boldsymbol{x}_j)\\[4mm]
+\dfrac{1}{(m+2)!}\displaystyle\sum_{s=0}^{m+2}\binom{m+2}{s}\dfrac{\partial^{m+2}u(\boldsymbol{\xi})}{\partial x_1^s\partial x_2^{m+2-s}}\sum_{i\in\wedge_j}h_{1i}^s h_{2i}^{m+2-s}\Phi_{i,kl}(\boldsymbol{x}_j),\\
& m\ \text{是奇数且}m\geqslant 3.
\end{cases}
$$

当 $i\in\wedge_j$ 时, 有 $h_{1i}^s h_{2i}^{m+1-s}=\mathcal{O}(h^{m+1})$ 和 $h_{1i}^s h_{2i}^{m+2-s}=\mathcal{O}(h^{m+2})$. 再调用 (4.1.15), 可得

$$
e_{2kl}=\begin{cases}
\mathcal{O}(h^{-2})\mathcal{O}(h^{m+2})=\mathcal{O}(h^m), & m\ \text{是偶数},\\
\mathcal{O}(h^{-2})\mathcal{O}(h^{m+1})+\mathcal{O}(h^{-2})\mathcal{O}(h^{m+2})+\mathcal{O}(h^0)=\mathcal{O}(h^0), & m=1,\\
\mathcal{O}(h^{-2})\mathcal{O}(h^{m+1})+\mathcal{O}(h^{-2})\mathcal{O}(h^{m+2})=\mathcal{O}(h^{m-1}), & m\ \text{是奇数且}\ m\geqslant 3
\end{cases}
$$

$$
=\begin{cases}
\mathcal{O}(h^m), & m\ \text{是偶数},\\
\mathcal{O}(h^{m-1}), & m\ \text{是奇数}.
\end{cases}\tag{4.1.36}
$$

将 (4.1.28), (4.1.33) 和 (4.1.36) 代入 (4.1.24), 并注意到 $c(\boldsymbol{x}_j)$, $b_k(\boldsymbol{x}_j)$ 和 $a_{kl}(\boldsymbol{x}_j)$ 是有界的, 可以得到

$$
e_j=\begin{cases}
\mathcal{O}(h^m), & m\ \text{是偶数},\\
\mathcal{O}(h^{m-1}), & m\ \text{是奇数}.
\end{cases}\tag{4.1.37}
$$

最终, 将 (4.1.37) 代入 (4.1.13) 即得 (4.1.20). 证毕.

有限点法使用移动最小二乘近似构造无网格函数逼近. 记 e_{Ak} 为移动最小二乘近似在 H^k 中的误差, 则由定理 1.5.3, 当 $u(\boldsymbol{x})\in H^{m+1}(\Omega)$ 时, 有

$$
e_{Ak}=\mathcal{O}(h^{m-k+1}).\tag{4.1.38}
$$

类似文献 [13-15], 若将有限点法的 H^k 误差记为

$$
e_{H^k}\approx\max\{e_T, e_{Ak}\}, \quad k=0,1,2,\tag{4.1.39}
$$

则将 (4.1.20) 和 (4.1.38) 代入 (4.1.39), 有限点法的 L^2, H^1 和 H^2 误差分别为

$$
e_{L^2} \approx \max\{e_T, e_{A0}\} = \begin{cases} \mathcal{O}(h^m), & m \text{ 是偶数}, \\ \mathcal{O}(h^{m-1}), & m \text{ 是奇数}, \end{cases} \tag{4.1.40}
$$

$$
e_{H^1} \approx \max\{e_T, e_{A1}\} = \begin{cases} \mathcal{O}(h^m), & m \text{ 是偶数}, \\ \mathcal{O}(h^{m-1}), & m \text{ 是奇数}, \end{cases} \tag{4.1.41}
$$

$$
e_{H^2} \approx \max\{e_T, e_{A2}\} = \mathcal{O}(h^{m-1}), \quad m \text{ 是任意正整数}. \tag{4.1.42}
$$

从 (4.1.40) 和 (4.1.41) 可以看出, 有限点法的 L^2 误差和 H^1 误差具有相同的收敛阶, 但是基函数次数 m 是偶数时, 收敛阶为 m; 而 m 是奇数时, 收敛阶为 $m-1$. 这是无网格配点法中的奇偶阶次不一致问题 (basis degree discrepancy problem)[4,13], 等几何配点法 (isogeometric collocation method) 等配点法中也存在这种问题 [17].

4.1.3　数值算例

为了阐释本节有限点法的有效性和证实相应的理论误差分析, 考虑如下混合边值问题:

$$
\begin{cases} \dfrac{\partial^2 u}{\partial x_1^2} + 2\dfrac{\partial^2 u}{\partial x_1 \partial x_2} + 3\dfrac{\partial^2 u}{\partial x_2^2} + (x_1^2+1)\dfrac{\partial u}{\partial x_1} - x_1\dfrac{\partial u}{\partial x_2} - \sinh(x_1 x_2)u = f, & \boldsymbol{x} \in \Omega, \\[2mm] u = \bar{u}, & \boldsymbol{x} \in \Gamma_D = \{x_1=1, x_2 \in [0,1]\} \cup \{x_2=0, x_1 \in [0,1]\}, \\[2mm] n_1\dfrac{\partial u}{\partial x_1} + n_2\dfrac{\partial u}{\partial x_2} + x_1 u = \bar{q}, & \boldsymbol{x} \in \Gamma_R = \Gamma/\Gamma_D, \end{cases}
$$

其中 $\Omega = (0,1)^2$, $f(\boldsymbol{x})$, $\bar{u}(\boldsymbol{x})$ 和 $\bar{q}(\boldsymbol{x})$ 的选取使得解析解为 $u(\boldsymbol{x}) = \exp(x_1)\cos(x_2)$.

表 4.1.1 和表 4.1.2 分别给出了有限点法在二次基 ($m=2$) 和三次基 ($m=3$) 时的误差和收敛情况. 在计算中, 计算区域上采用规则分布的节点, h 表示节点间距. 另外, 在移动最小二乘近似中使用 Gauss 权函数来构造形函数, 节点的影响域半径取为 $(m+0.5)h$.

可以发现, 二次基时, 有限点法的 L^2 和 H^1 误差的收敛阶都接近 2, H^2 误差的收敛阶接近 1.5; 三次基时, 有限点法的 L^2, H^1 和 H^2 误差的收敛阶都接近 2. 这些数值结果证实了无网格配点法中的奇偶阶次不一致现象, 与 (4.1.40)—(4.1.42) 的理论结果相符.

表 4.1.1 有限点法在二次基 ($m = 2$) 时的误差和收敛情况

h	L^2 误差		H^1 误差		H^2 误差	
	误差	收敛阶	误差	收敛阶	误差	收敛阶
1/10	1.153e-03		4.094e-03		5.880e-02	
1/20	3.006e-04	1.939	1.082e-03	1.919	2.313e-02	1.346
1/40	7.603e-05	1.983	2.763e-04	1.970	8.670e-03	1.415
1/80	1.905e-05	1.996	6.961e-05	1.989	3.206e-03	1.435

表 4.1.2 有限点法在三次基 ($m = 3$) 时的误差和收敛情况

h	L^2 误差		H^1 误差		H^2 误差	
	误差	收敛阶	误差	收敛阶	误差	收敛阶
1/10	1.749e-04		8.217e-04		9.641e-03	
1/20	6.193e-05	1.498	1.898e-04	2.114	1.747e-03	2.464
1/40	1.858e-05	1.737	5.161e-05	1.879	3.681e-04	2.246
1/80	5.039e-06	1.882	1.359e-05	1.925	8.418e-05	2.129

4.2 光滑梯度移动最小二乘近似

有限点法由于直接使用配点技术建立离散代数系统, 在求解过程中需要移动最小二乘近似形函数的高阶导数. 例如, 在求解二阶微分方程时, 必须计算形函数的二阶导数. 由于移动最小二乘近似形函数不是多项式, 通过直接微分形函数来计算高阶导数可能比较困难并且计算量大.

为了提高计算形函数高阶导数的效率, 本节首先对形函数的一阶导数进行光滑处理 [4,18], 建立一阶光滑导数, 再对一阶光滑导数进行微分可以得到高阶光滑导数. 特别地, 二阶光滑导数只涉及两个一阶导数的乘积运算, 从而避免了二阶导数的直接计算, 这将有益于无网格有限点法的数值实现. 然后, 分析光滑梯度移动最小二乘近似的一些性质, 发现高阶光滑导数比直接导数的再生性高一阶. 最后, 给出光滑梯度移动最小二乘近似的理论误差估计, 并通过数值算例说明光滑梯度移动最小二乘近似的额外再生性和超收敛性等优点.

4.2.1 计算公式

本节基于 1.2 节的移动最小二乘近似, 推导移动最小二乘近似光滑导数的计算公式.

设 Ω 是 n 维空间 $\mathbb{R}^n$ 上的非空有界开子集, 记 n 维 m 次多项式空间为 $\mathbb{P}_m$, 则 $\mathbb{P}_m$ 中完备多项式基向量的维数为 $\bar{m} = (m+n)!/(m!n!)$. 用 N 个节点 $\{\boldsymbol{x}_i\}_{i=1}^N$ 离散 Ω, $h = \max\limits_{1\leqslant i\leqslant N} \min\limits_{1\leqslant j\leqslant N, j\neq i} |\boldsymbol{x}_i - \boldsymbol{x}_j|$ 表示节点间距.

根据 1.2 节, 函数 $u(\boldsymbol{x})$ 的移动最小二乘近似为

$$u(\boldsymbol{x}) \approx \mathcal{M}u(\boldsymbol{x}) = \sum_{i \in \wedge(\boldsymbol{x})} \Phi_i(\boldsymbol{x}) d_i = \sum_{i=1}^{N} \Phi_i(\boldsymbol{x}) d_i, \qquad (4.2.1)$$

其中 $\mathcal{M}$ 是逼近算子, d_i 是节点处的函数近似值或称为节点系数, $\Phi_i(\boldsymbol{x})$ 是移动最小二乘近似形函数,

$$\Phi_i(\boldsymbol{x}) = \begin{cases} \displaystyle\sum_{j=1}^{\bar{m}} p_j(\boldsymbol{x}) \left[\boldsymbol{A}^{-1}(\boldsymbol{x}) \boldsymbol{B}(\boldsymbol{x})\right]_{j\ell}, & i = I_\ell \in \wedge(\boldsymbol{x}), \\ 0, & i \notin \wedge(\boldsymbol{x}), \end{cases} \quad i = 1, 2, \cdots, N. \tag{4.2.2}$$

若 $\boldsymbol{\alpha} = (\alpha_1, \alpha_2, \cdots, \alpha_n)^{\mathrm{T}}$ 表示 n 维多重指标, 则根据 (4.2.1), 可将 $u(\boldsymbol{x})$ 的 $\boldsymbol{\alpha}$ 阶导数 $D^{\boldsymbol{\alpha}} u(\boldsymbol{x})$ 近似为

$$D^{\boldsymbol{\alpha}} u(\boldsymbol{x}) \approx D^{\boldsymbol{\alpha}} \mathcal{M} u(\boldsymbol{x}) = \sum_{i \in \wedge(\boldsymbol{x})} D^{\boldsymbol{\alpha}} \Phi_i(\boldsymbol{x}) d_i = \sum_{i=1}^{N} D^{\boldsymbol{\alpha}} \Phi_i(\boldsymbol{x}) d_i. \qquad (4.2.3)$$

因为形函数 $\Phi_i(\boldsymbol{x})$ 不是多项式, 由 (1.2.16) 和 (1.2.17) 可知, 通过直接微分 (4.2.2) 来计算高阶导数 $D^{\boldsymbol{\alpha}} \Phi_i(\boldsymbol{x})$ 可能比较困难并且计算量大.

下面给出 $D^{\boldsymbol{\alpha}} \Phi_i(\boldsymbol{x})$ 的光滑形式. 用 $\boldsymbol{e}_k$ 表示第 k 个元素是 1, 其余元素是 0 的 n 维单位列向量. 利用 (4.2.3) 可得

$$D^{\boldsymbol{e}_k} \mathcal{M} u(\boldsymbol{x}_j) = \sum_{i \in \wedge(\boldsymbol{x}_j)} D^{\boldsymbol{e}_k} \Phi_i(\boldsymbol{x}_j) d_i, \quad j = 1, 2, \cdots, N,$$

其中 $D^{\boldsymbol{e}_k} \Phi_i(\boldsymbol{x}) = \partial \Phi_i(\boldsymbol{x}) / \partial x_k$. 类似 (4.2.1), 利用 $D^{\boldsymbol{e}_k} \mathcal{M} u(\boldsymbol{x}_j)$ 可以直接构造 $D^{\boldsymbol{e}_k} \mathcal{M} u(\boldsymbol{x})$ 的移动最小二乘近似, 即

$$\begin{aligned} D^{\boldsymbol{e}_k} u(\boldsymbol{x}) \approx D^{\boldsymbol{e}_k} \mathcal{M} u(\boldsymbol{x}) &\approx \mathcal{M}\left(D^{\boldsymbol{e}_k} \mathcal{M} u(\boldsymbol{x})\right) \\ &= \sum_{j \in \wedge(\boldsymbol{x})} \Phi_j(\boldsymbol{x}) D^{\boldsymbol{e}_k} \mathcal{M} u(\boldsymbol{x}_j) \\ &= \sum_{j \in \wedge(\boldsymbol{x})} \Phi_j(\boldsymbol{x}) \sum_{i \in \wedge(\boldsymbol{x}_j)} D^{\boldsymbol{e}_k} \Phi_i(\boldsymbol{x}_j) d_i. \end{aligned} \qquad (4.2.4)$$

由 (4.2.2), 当 $i \notin \wedge(\boldsymbol{x}_j)$ 时, 有 $D^{\boldsymbol{e}_k} \Phi_i(\boldsymbol{x}_j) = 0$. 令 $\bar{\wedge}(\boldsymbol{x}) = \bigcup\limits_{j \in \wedge(\boldsymbol{x})} \wedge(\boldsymbol{x}_j)$, 则由 (4.2.4) 可得

$$D^{\boldsymbol{e}_k} u(\boldsymbol{x}) \approx \mathcal{M}\left(D^{\boldsymbol{e}_k} \mathcal{M} u(\boldsymbol{x})\right) = \sum_{j \in \wedge(\boldsymbol{x})} \Phi_j(\boldsymbol{x}) \sum_{i \in \bar{\wedge}(\boldsymbol{x})} D^{\boldsymbol{e}_k} \Phi_i(\boldsymbol{x}_j) d_i$$

$$= \sum_{i \in \bar{\wedge}(\boldsymbol{x})} \left[\sum_{j \in \wedge(\boldsymbol{x})} \Phi_j(\boldsymbol{x}) D^{e_k} \Phi_i(\boldsymbol{x}_j) \right] d_i. \quad (4.2.5)$$

令 $\Phi_i(\boldsymbol{x})$ 的一阶光滑导数为

$$\bar{\Phi}_{i,k}(\boldsymbol{x}) = \begin{cases} \displaystyle\sum_{j \in \wedge(\boldsymbol{x})} \Phi_j(\boldsymbol{x}) D^{e_k} \Phi_i(\boldsymbol{x}_j), & i \in \bar{\wedge}(\boldsymbol{x}), \\ 0, & i \notin \bar{\wedge}(\boldsymbol{x}), \end{cases}$$

$$i = 1, 2, \cdots, N, \quad k = 1, 2, \cdots, n. \quad (4.2.6)$$

再记 $D^{e_k}\overline{\mathcal{M}u}(\boldsymbol{x}) = \mathcal{M}(D^{e_k}\mathcal{M}u(\boldsymbol{x}))$ 为 $D^{e_k}\mathcal{M}u(\boldsymbol{x})$ 的移动最小二乘近似, 则

$$D^{e_k}u(\boldsymbol{x}) \approx D^{e_k}\overline{\mathcal{M}u}(\boldsymbol{x}) = \sum_{i=1}^{N} \bar{\Phi}_{i,k}(\boldsymbol{x}) d_i, \quad k = 1, 2, \cdots, n. \quad (4.2.7)$$

显然, 也可将 $D^{e_k}\overline{\mathcal{M}u}(\boldsymbol{x})$ 看作 $D^{e_k}\mathcal{M}u(\boldsymbol{x})$ 的光滑形式.

微分 (4.2.7) 可得

$$D^{\boldsymbol{\alpha}+e_k}u(\boldsymbol{x}) \approx D^{\boldsymbol{\alpha}+e_k}\overline{\mathcal{M}u}(\boldsymbol{x}) = \sum_{i=1}^{N} D^{\boldsymbol{\alpha}} \bar{\Phi}_{i,k}(\boldsymbol{x}) d_i, \quad (4.2.8)$$

其中 $D^{\boldsymbol{\alpha}} \bar{\Phi}_{i,k}(\boldsymbol{x})$ 是移动最小二乘近似形函数 $\Phi_i(\boldsymbol{x})$ 的 $(\boldsymbol{\alpha} + e_k)$ 阶光滑导数,

$$D^{\boldsymbol{\alpha}} \bar{\Phi}_{i,k}(\boldsymbol{x}) = \frac{\partial^{|\boldsymbol{\alpha}|} \bar{\Phi}_{i,k}(\boldsymbol{x})}{\partial x_1^{\alpha_1} \partial x_2^{\alpha_2} \cdots \partial x_n^{\alpha_n}}$$

$$= \begin{cases} \displaystyle\sum_{j \in \wedge(\boldsymbol{x})} D^{\boldsymbol{\alpha}} \Phi_j(\boldsymbol{x}) D^{e_k} \Phi_i(\boldsymbol{x}_j), & i \in \bar{\wedge}(\boldsymbol{x}), \\ 0, & i \notin \bar{\wedge}(\boldsymbol{x}), \end{cases} \quad k = 1, 2, \cdots, n.$$

$$(4.2.9)$$

由 (4.2.9) 易知, 可以根据 $|\boldsymbol{\alpha}|$ 阶导数和一阶导数的乘积来计算 $|\boldsymbol{\alpha}| + 1$ 阶光滑导数. 特别地, 可以利用两个一阶导数相乘得到二阶光滑导数, 即当 $i \in \bar{\wedge}(\boldsymbol{x})$ 时,

$$D^{e_l} \bar{\Phi}_{i,k}(\boldsymbol{x}) = \frac{\partial \bar{\Phi}_{i,k}(\boldsymbol{x})}{\partial x_l} = \sum_{j \in \wedge(\boldsymbol{x})} D^{e_l} \Phi_j(\boldsymbol{x}) D^{e_k} \Phi_i(\boldsymbol{x}_j)$$

$$= \sum_{j \in \wedge(\boldsymbol{x})} \frac{\partial \Phi_j(\boldsymbol{x})}{\partial x_l} \frac{\partial \Phi_i(\boldsymbol{x}_j)}{\partial x_k}, \quad k, l = 1, 2, \cdots, n. \qquad (4.2.10)$$

从而, 二阶光滑导数避免了二阶导数的直接计算, 有益于无网格有限点法的数值实现, 这将在 4.3 节中进行分析.

4.2.2　性质

本节主要讨论光滑梯度移动最小二乘近似的一些性质.

性质 4.2.1　在移动最小二乘近似中, 如果选用多项式基函数并且权函数 $w_i(\boldsymbol{x}) \in C^\gamma(\Omega)$, 那么形函数 $\Phi_i(\boldsymbol{x}) \in C^\gamma(\Omega)$, 光滑导数 $\bar{\Phi}_{i,k}(\boldsymbol{x}) \in C^\gamma(\Omega)$, 并且当 $0 \leqslant |\boldsymbol{\alpha}| \leqslant \gamma$ 时有 $D^{\boldsymbol{\alpha}}\bar{\Phi}_{i,k}(\boldsymbol{x}) \in C^{\gamma-|\boldsymbol{\alpha}|}(\Omega)$.

证明　由性质 1.3.3 可得 $\Phi_j(\boldsymbol{x}) \in C^\gamma(\Omega)$ 和 $D^{\boldsymbol{\alpha}}\Phi_j(\boldsymbol{x}) \in C^{\gamma-|\boldsymbol{\alpha}|}(\Omega)$, 再调用 (4.2.6) 和 (4.2.9) 可得 $\bar{\Phi}_{i,k}(\boldsymbol{x}) \in C^\gamma(\Omega)$ 和 $D^{\boldsymbol{\alpha}}\bar{\Phi}_{i,k}(\boldsymbol{x}) \in C^{\gamma-|\boldsymbol{\alpha}|}(\Omega)$.　　　　证毕.

性质 4.2.1 表明 $D^{\boldsymbol{\alpha}+\boldsymbol{e}_k}\Phi_i(\boldsymbol{x}) \in C^{\gamma-|\boldsymbol{\alpha}|-1}(\Omega)$ 和 $D^{\boldsymbol{\alpha}}\bar{\Phi}_{i,k}(\boldsymbol{x}) \in C^{\gamma-|\boldsymbol{\alpha}|}(\Omega)$. 因为 $D^{\boldsymbol{\alpha}+\boldsymbol{e}_k}\Phi_i(\boldsymbol{x})$ 和 $D^{\boldsymbol{\alpha}}\bar{\Phi}_{i,k}(\boldsymbol{x})$ 均表示形函数 $\Phi_i(\boldsymbol{x})$ 的 $\boldsymbol{\alpha}+\boldsymbol{e}_k$ 阶导数, 所以 $D^{\boldsymbol{\alpha}}\bar{\Phi}_{i,k}(\boldsymbol{x})$ 比 $D^{\boldsymbol{\alpha}+\boldsymbol{e}_k}\Phi_i(\boldsymbol{x})$ 具有更高的光滑性. 因此, 不仅一阶光滑导数 $\bar{\Phi}_{i,k}(\boldsymbol{x})$ 是 $D^{\boldsymbol{e}_k}\Phi_i(\boldsymbol{x}) = \partial\Phi_i(\boldsymbol{x})/\partial x_k$ 的光滑形式, 而且 $\boldsymbol{\alpha}+\boldsymbol{e}_k$ 阶光滑导数 $D^{\boldsymbol{\alpha}}\bar{\Phi}_{i,k}(\boldsymbol{x})$ 也是 $D^{\boldsymbol{\alpha}+\boldsymbol{e}_k}\Phi_i(\boldsymbol{x})$ 的光滑形式.

性质 4.2.2　对任意 $\boldsymbol{x} \in \Omega$, 形函数 $\Phi_i(\boldsymbol{x})$ 及其直接导数满足

$$D^{\boldsymbol{\alpha}}\Phi_i(\boldsymbol{x}) = C_{\Phi_i}(\boldsymbol{x}, \boldsymbol{\alpha}) h^{-|\boldsymbol{\alpha}|}, \quad i \in \wedge(\boldsymbol{x}), \quad |\boldsymbol{\alpha}| = 0, 1, \cdots, \gamma, \qquad (4.2.11)$$

而光滑导数 $\bar{\Phi}_{i,k}(\boldsymbol{x})$ 满足

$$D^{\boldsymbol{\alpha}}\bar{\Phi}_{i,k}(\boldsymbol{x}) = C_{\bar{\Phi}_i}(\boldsymbol{x}, \boldsymbol{\alpha}) h^{-|\boldsymbol{\alpha}|-1}, \quad i \in \bar{\wedge}(\boldsymbol{x}), \quad |\boldsymbol{\alpha}| = 0, 1, \cdots, \gamma, \quad k = 1, 2, \cdots, n,$$
$$(4.2.12)$$

其中 $C_{\Phi_i}(\boldsymbol{x}, \boldsymbol{\alpha})$ 和 $C_{\bar{\Phi}_i}(\boldsymbol{x}, \boldsymbol{\alpha})$ 是与 h 无关的有界量.

证明　由引理 1.5.4, (4.2.11) 成立. 因此, 存在与 h 无关的有界量 $C_{\Phi_j}(\boldsymbol{x}, \boldsymbol{\alpha})$ 和 $C_{\Phi_i}(\boldsymbol{x}_j, \boldsymbol{e}_k)$, 使得

$$D^{\boldsymbol{\alpha}}\Phi_j(\boldsymbol{x}) = C_{\Phi_j}(\boldsymbol{x}, \boldsymbol{\alpha}) h^{-|\boldsymbol{\alpha}|}, \quad D^{\boldsymbol{e}_k}\Phi_i(\boldsymbol{x}_j) = C_{\Phi_i}(\boldsymbol{x}_j, \boldsymbol{e}_k) h^{-1}.$$

再利用 (4.2.9), 可得

$$D^{\boldsymbol{\alpha}}\bar{\Phi}_{i,k}(\boldsymbol{x}) = \sum_{j \in \wedge(\boldsymbol{x})} D^{\boldsymbol{\alpha}}\Phi_j(\boldsymbol{x}) D^{\boldsymbol{e}_k}\Phi_i(\boldsymbol{x}_j)$$

$$= \sum_{j \in \wedge(\boldsymbol{x})} C_{\Phi_j}(\boldsymbol{x}, \boldsymbol{\alpha}) h^{-|\boldsymbol{\alpha}|} C_{\Phi_i}(\boldsymbol{x}_j, \boldsymbol{e}_k) h^{-1}$$

$$= C_{\bar{\Phi}_i}\left(\boldsymbol{x},\boldsymbol{\alpha}\right)h^{-|\boldsymbol{\alpha}|-1},$$

其中 $C_{\bar{\Phi}_i}\left(\boldsymbol{x},\boldsymbol{\alpha}\right)=\sum_{j\in\wedge(\boldsymbol{x})}C_{\Phi_j}\left(\boldsymbol{x},\boldsymbol{\alpha}\right)C_{\Phi_i}\left(\boldsymbol{x}_j,\boldsymbol{e}_k\right)$ 是与 h 无关的有界量. 证毕.

性质 4.2.3 形函数 $\Phi_i\left(\boldsymbol{x}\right)$ 及其直接导数的再生性如下:

$$\sum_{i=1}^N D^{\boldsymbol{\alpha}}\Phi_i\left(\boldsymbol{x}\right)q\left(\boldsymbol{x}_i\right)=D^{\boldsymbol{\alpha}}q\left(\boldsymbol{x}\right),\quad |\boldsymbol{\alpha}|=0,1,2,\cdots,\gamma,\quad \forall\boldsymbol{x}\in\Omega,\quad \forall q\in\mathbb{P}_m,$$

$$(4.2.13)$$

光滑导数 $\bar{\Phi}_{i,k}\left(\boldsymbol{x}\right)$ 的再生性如下:

$$\sum_{i=1}^N D^{\boldsymbol{\alpha}}\bar{\Phi}_{i,k}\left(\boldsymbol{x}\right)q\left(\boldsymbol{x}_i\right)=D^{\boldsymbol{\alpha}+\boldsymbol{e}_k}q\left(\boldsymbol{x}\right),\quad |\boldsymbol{\alpha}|=0,1,2,\cdots,\gamma,\quad \forall\boldsymbol{x}\in\Omega,\quad \forall q\in\mathbb{P}_m,$$

$$(4.2.14)$$

其中 $k=1,2,\cdots,n$. 当无网格节点均匀分布时,

$$\sum_{i=1}^N D^{\boldsymbol{\alpha}}\bar{\Phi}_{i,k}\left(\boldsymbol{x}\right)q\left(\boldsymbol{x}_i\right)=D^{\boldsymbol{\alpha}+\boldsymbol{e}_k}q\left(\boldsymbol{x}\right),\quad |\boldsymbol{\alpha}|=1,2,\cdots,\gamma,\quad \forall\boldsymbol{x}\in\dot{\Omega},\quad \forall q\in\mathbb{P}_{m+1},$$

$$(4.2.15)$$

其中 $k=1,2,\cdots,n$, $\dot{\Omega}=\left\{\boldsymbol{x}:\boldsymbol{x}\in\Omega,\mathrm{dist}\left(\boldsymbol{x},\partial\Omega\right)\geqslant 2\max\limits_{1\leqslant i\leqslant N}h_i\right\}$, $\mathrm{dist}\left(\boldsymbol{x},\partial\Omega\right)$ 表示点 $\boldsymbol{x}$ 到边界 $\partial\Omega$ 的距离, h_i 是节点 $\boldsymbol{x}_i$ 的影响域 $\Re_i$ 的半径.

证明 由性质 1.3.6, (4.2.13) 成立. 对任意 $q\in\mathbb{P}_m$, 由 (4.2.13) 可得

$$\sum_{i=1}^N D^{\boldsymbol{e}_k}\Phi_i\left(\boldsymbol{x}\right)q\left(\boldsymbol{x}_i\right)=D^{\boldsymbol{e}_k}q\left(\boldsymbol{x}\right),$$

$$\sum_{j=1}^N D^{\boldsymbol{\alpha}}\Phi_j\left(\boldsymbol{x}\right)D^{\boldsymbol{e}_k}q\left(\boldsymbol{x}_j\right)=D^{\boldsymbol{\alpha}+\boldsymbol{e}_k}q\left(\boldsymbol{x}\right).$$

再利用 (4.2.9), 有

$$\sum_{i=1}^N D^{\boldsymbol{\alpha}}\bar{\Phi}_{i,k}\left(\boldsymbol{x}\right)q\left(\boldsymbol{x}_i\right)$$

$$=\sum_{i=1}^N\sum_{j\in\wedge(\boldsymbol{x})}D^{\boldsymbol{\alpha}}\Phi_j\left(\boldsymbol{x}\right)D^{\boldsymbol{e}_k}\Phi_i\left(\boldsymbol{x}_j\right)q\left(\boldsymbol{x}_i\right)$$

$$=\sum_{j=1}^N D^{\boldsymbol{\alpha}}\Phi_j\left(\boldsymbol{x}\right)\sum_{i=1}^N D^{\boldsymbol{e}_k}\Phi_i\left(\boldsymbol{x}_j\right)q\left(\boldsymbol{x}_i\right)$$

$$= \sum_{j=1}^{N} D^{\alpha}\Phi_j\left(\boldsymbol{x}\right) D^{e_k} q\left(\boldsymbol{x}_j\right)$$

$$= D^{\alpha+e_k} q\left(\boldsymbol{x}\right), \quad |\boldsymbol{\alpha}| = 0, 1, 2, \cdots, \gamma, \quad \forall \boldsymbol{x} \in \Omega, \quad \forall q \in \mathbb{P}_m. \tag{4.2.16}$$

这表明 (4.2.14) 成立.

若 $\boldsymbol{\beta} = (\beta_1, \beta_2, \cdots, \beta_n)^{\mathrm{T}}$ 是由 n 个非负整数 β_i 组成的 n 维多重指标, 且 $|\boldsymbol{\beta}| = \sum_{i=1}^{n} \beta_i = m+1$, 令 $q_{\boldsymbol{\beta}}\left(\boldsymbol{x}\right) = \boldsymbol{x}^{\boldsymbol{\beta}} = x_1^{\beta_1} x_2^{\beta_2} \cdots x_n^{\beta_n} \in \mathbb{P}_{m+1}$, 则

$$\sum_{i=1}^{N} D^{\alpha}\bar{\Phi}_{i,k}\left(\boldsymbol{x}\right) q_{\boldsymbol{\beta}}\left(\boldsymbol{x}_i\right) = \sum_{i=1}^{N} \sum_{j\in\wedge(\boldsymbol{x})} D^{\alpha}\Phi_j\left(\boldsymbol{x}\right) D^{e_k}\Phi_i\left(\boldsymbol{x}_j\right) q_{\boldsymbol{\beta}}\left(\boldsymbol{x}_i\right)$$

$$= \sum_{j=1}^{N} D^{\alpha}\Phi_j\left(\boldsymbol{x}\right) \sum_{i=1}^{N} D^{e_k}\Phi_i\left(\boldsymbol{x}_j\right) q_{\boldsymbol{\beta}}\left(\boldsymbol{x}_i - \boldsymbol{x}_j + \boldsymbol{x}_j\right). \tag{4.2.17}$$

注意到 $\boldsymbol{x}_i = (x_{i1}, x_{i2}, \cdots, x_{in})^{\mathrm{T}}$ 和 $\boldsymbol{x}_j = (x_{j1}, x_{j2}, \cdots, x_{jn})^{\mathrm{T}}$, 利用 Newton 二项式定理可得

$$q_{\boldsymbol{\beta}}\left(\boldsymbol{x}_i - \boldsymbol{x}_j + \boldsymbol{x}_j\right) = \prod_{t=1}^{n} \left(x_{jt} + (x_{it} - x_{jt})\right)^{\beta_t}$$

$$= \prod_{t=1}^{n} \sum_{\lambda_t=0}^{\beta_t} \binom{\beta_t}{\lambda_t} x_{jt}^{\lambda_t} \left(x_{it} - x_{jt}\right)^{\beta_t - \lambda_t},$$

其中 $\binom{\beta_t}{\lambda_t} = \dfrac{\beta_t!}{\lambda_t!\,(\beta_t - \lambda_t)!}$. 鉴于 $\binom{\boldsymbol{\beta}}{\boldsymbol{\lambda}} = \prod_{t=1}^{n}\binom{\beta_t}{\lambda_t}$, $q_{\boldsymbol{\lambda}}\left(\boldsymbol{x}_j\right) = \boldsymbol{x}_j^{\boldsymbol{\lambda}} = \prod_{t=1}^{n} x_{jt}^{\lambda_t}$ 和 $q_{\boldsymbol{\beta}-\boldsymbol{\lambda}}\left(\boldsymbol{x}_i - \boldsymbol{x}_j\right) = \left(\boldsymbol{x}_i - \boldsymbol{x}_j\right)^{\boldsymbol{\beta}-\boldsymbol{\lambda}} = \prod_{t=1}^{n}\left(x_{it} - x_{jt}\right)^{\beta_t - \lambda_t}$, 可得

$$q_{\boldsymbol{\beta}}\left(\boldsymbol{x}_i - \boldsymbol{x}_j + \boldsymbol{x}_j\right) = \sum_{0\leqslant\boldsymbol{\lambda}\leqslant\boldsymbol{\beta}} \binom{\boldsymbol{\beta}}{\boldsymbol{\lambda}} q_{\boldsymbol{\lambda}}\left(\boldsymbol{x}_j\right) q_{\boldsymbol{\beta}-\boldsymbol{\lambda}}\left(\boldsymbol{x}_i - \boldsymbol{x}_j\right)$$

$$= q_{\boldsymbol{\beta}}\left(\boldsymbol{x}_i - \boldsymbol{x}_j\right) + \sum_{\boldsymbol{\lambda}\leqslant\boldsymbol{\beta}, \boldsymbol{\lambda}\neq0} \binom{\boldsymbol{\beta}}{\boldsymbol{\lambda}} q_{\boldsymbol{\lambda}}\left(\boldsymbol{x}_j\right) q_{\boldsymbol{\beta}-\boldsymbol{\lambda}}\left(\boldsymbol{x}_i - \boldsymbol{x}_j\right). \tag{4.2.18}$$

将 (4.2.18) 代入 (4.2.17), 有

$$\sum_{i=1}^{N} D^{\alpha}\bar{\Phi}_{i,k}\left(\boldsymbol{x}\right) q_{\boldsymbol{\beta}}\left(\boldsymbol{x}_i\right)$$

$$= \sum_{j=1}^{N} D^{\boldsymbol{\alpha}} \Phi_j (\boldsymbol{x}) \sum_{i=1}^{N} D^{e_k} \Phi_i (\boldsymbol{x}_j)$$

$$\times \left[q_{\boldsymbol{\beta}} (\boldsymbol{x}_i - \boldsymbol{x}_j) + \sum_{\boldsymbol{\lambda} \leqslant \boldsymbol{\beta}, \boldsymbol{\lambda} \neq \mathbf{0}} \binom{\boldsymbol{\beta}}{\boldsymbol{\lambda}} q_{\boldsymbol{\lambda}} (\boldsymbol{x}_j) q_{\boldsymbol{\beta} - \boldsymbol{\lambda}} (\boldsymbol{x}_i - \boldsymbol{x}_j) \right]$$

$$= \sum_{j=1}^{N} D^{\boldsymbol{\alpha}} \Phi_j (\boldsymbol{x}) \sum_{\boldsymbol{\lambda} \leqslant \boldsymbol{\beta}, \boldsymbol{\lambda} \neq \mathbf{0}} \binom{\boldsymbol{\beta}}{\boldsymbol{\lambda}} q_{\boldsymbol{\lambda}} (\boldsymbol{x}_j) \sum_{i=1}^{N} D^{e_k} \Phi_i (\boldsymbol{x}_j) q_{\boldsymbol{\beta} - \boldsymbol{\lambda}} (\boldsymbol{x}_i - \boldsymbol{x}_j)$$

$$+ \sum_{j=1}^{N} D^{\boldsymbol{\alpha}} \Phi_j (\boldsymbol{x}) \sum_{i=1}^{N} D^{e_k} \Phi_i (\boldsymbol{x}_j) q_{\boldsymbol{\beta}} (\boldsymbol{x}_i - \boldsymbol{x}_j). \tag{4.2.19}$$

由性质 1.3.7, 调用 (4.2.13) 可得

$$\sum_{i=1}^{N} D^{e_k} \Phi_i (\boldsymbol{x}) q (\boldsymbol{x}_i - \boldsymbol{x}) = D^{e_k} q (\mathbf{0}), \quad \forall \boldsymbol{x} \in \Omega, \quad \forall q \in \mathbb{P}_m.$$

因为 $|\boldsymbol{\beta}| = \sum_{i=1}^{n} \beta_i = m + 1$, 所以当 $\boldsymbol{\lambda} \neq \mathbf{0}$ 时有 $|\boldsymbol{\beta} - \boldsymbol{\lambda}| \leqslant m$, 从而

$$\sum_{i=1}^{N} D^{e_k} \Phi_i (\boldsymbol{x}) q_{\boldsymbol{\beta} - \boldsymbol{\lambda}} (\boldsymbol{x}_i - \boldsymbol{x}) = D^{e_k} q_{\boldsymbol{\beta} - \boldsymbol{\lambda}} (\mathbf{0}) = \delta_{e_k, \boldsymbol{\beta} - \boldsymbol{\lambda}} = \begin{cases} 1, & \boldsymbol{\beta} - \boldsymbol{\lambda} = e_k, \\ 0, & \boldsymbol{\beta} - \boldsymbol{\lambda} \neq e_k. \end{cases}$$

此外, 注意到 $|\boldsymbol{\beta} - e_k| = m$, 调用 (4.2.13) 可得

$$\sum_{j=1}^{N} D^{\boldsymbol{\alpha}} \Phi_j (\boldsymbol{x}) q_{\boldsymbol{\beta} - e_k} (\boldsymbol{x}_j) = D^{\boldsymbol{\alpha}} q_{\boldsymbol{\beta} - e_k} (\boldsymbol{x}),$$

因此,

$$\sum_{j=1}^{N} D^{\boldsymbol{\alpha}} \Phi_j (\boldsymbol{x}) \sum_{\boldsymbol{\lambda} \leqslant \boldsymbol{\beta}, \boldsymbol{\lambda} \neq \mathbf{0}} \binom{\boldsymbol{\beta}}{\boldsymbol{\lambda}} q_{\boldsymbol{\lambda}} (\boldsymbol{x}_j) \sum_{i=1}^{N} D^{e_k} \Phi_i (\boldsymbol{x}_j) q_{\boldsymbol{\beta} - \boldsymbol{\lambda}} (\boldsymbol{x}_i - \boldsymbol{x}_j)$$

$$= \sum_{j=1}^{N} D^{\boldsymbol{\alpha}} \Phi_j (\boldsymbol{x}) \sum_{\boldsymbol{\lambda} \leqslant \boldsymbol{\beta}, \boldsymbol{\lambda} \neq \mathbf{0}} \binom{\boldsymbol{\beta}}{\boldsymbol{\lambda}} q_{\boldsymbol{\lambda}} (\boldsymbol{x}_j) \delta_{e_k, \boldsymbol{\beta} - \boldsymbol{\lambda}}$$

$$= \sum_{j=1}^{N} D^{\boldsymbol{\alpha}} \Phi_j (\boldsymbol{x}) \binom{\boldsymbol{\beta}}{\boldsymbol{\beta} - e_k} q_{\boldsymbol{\beta} - e_k} (\boldsymbol{x}_j)$$

$$= \beta_k D^{\boldsymbol{\alpha}} q_{\boldsymbol{\beta}-e_k}(\boldsymbol{x})$$

$$= D^{\boldsymbol{\alpha}+e_k} q_{\boldsymbol{\beta}}(\boldsymbol{x}). \tag{4.2.20}$$

根据文献 [4], 在无网格节点均匀分布的情况下, $\Phi_i(\boldsymbol{x})$ 是周期函数, 所以存在 I 和 J 使得内部节点处的形函数满足

$$\sum_{i=1}^{N} D^{e_k}\Phi_i(\boldsymbol{x}_j) q_{\boldsymbol{\beta}}(\boldsymbol{x}_i-\boldsymbol{x}_j) = \sum_{I=1}^{N} D^{e_k}\Phi_I(\boldsymbol{x}_J) q_{\boldsymbol{\beta}}(\boldsymbol{x}_I-\boldsymbol{x}_J),$$

又因为由 (4.2.13) 有 $\sum_{j=1}^{N}\Phi_j(\boldsymbol{x})=1$, 所以当 $|\boldsymbol{\alpha}|\geqslant 1$ 时, 有 $\sum_{j=1}^{N} D^{\boldsymbol{\alpha}}\Phi_j(\boldsymbol{x})=0$. 因此, 对任意 $\boldsymbol{x}\in\dot{\Omega}$, 有

$$\sum_{j=1}^{N} D^{\boldsymbol{\alpha}}\Phi_j(\boldsymbol{x}) \sum_{i=1}^{N} D^{e_k}\Phi_i(\boldsymbol{x}_j) q_{\boldsymbol{\beta}}(\boldsymbol{x}_i-\boldsymbol{x}_j)$$

$$= \sum_{j=1}^{N} D^{\boldsymbol{\alpha}}\Phi_j(\boldsymbol{x}) \sum_{I=1}^{N} D^{e_k}\Phi_I(\boldsymbol{x}_J) q_{\boldsymbol{\beta}}(\boldsymbol{x}_I-\boldsymbol{x}_J)$$

$$= 0. \tag{4.2.21}$$

将 (4.2.20) 和 (4.2.21) 代入 (4.2.19), 可得

$$\sum_{i=1}^{N} D^{\boldsymbol{\alpha}}\bar{\Phi}_{i,k}(\boldsymbol{x}) q_{\boldsymbol{\beta}}(\boldsymbol{x}_i) = D^{\boldsymbol{\alpha}+e_k} q_{\boldsymbol{\beta}}(\boldsymbol{x}),$$

$$|\boldsymbol{\alpha}|=1,2,\cdots,\gamma, \quad \forall \boldsymbol{x}\in\dot{\Omega}, \quad q_{\boldsymbol{\beta}}\in\mathbb{P}_{m+1}. \tag{4.2.22}$$

最后, 结合 (4.2.16) 和 (4.2.22) 可得 (4.2.15). 证毕.

性质 4.2.3 表明, 形函数的直接导数 $D^{\boldsymbol{\alpha}}\Phi_i(\boldsymbol{x})$ 具有 m 阶再生性, $|\boldsymbol{\alpha}|\geqslant 1$ 时的光滑导数 $D^{\boldsymbol{\alpha}}\bar{\Phi}_{i,k}(\boldsymbol{x})$ 在边界区域外具有 $m+1$ 阶再生性. 因此, 高阶光滑导数比直接导数具有高一阶的额外再生性. 特别地, 二阶光滑导数 $\partial\bar{\Phi}_{i,k}(\boldsymbol{x})/\partial x_l$ 具有 $m+1$ 阶再生性, 这将有助于建立 4.3 节中的超收敛有限点法.

类似 (4.2.4), 还可以对形函数的高阶导数进行光滑处理, 建立递归梯度移动最小二乘近似 (recursive gradient moving least squares approximation), 得到的 $|\boldsymbol{\alpha}|$ 阶递归导数将具有更高的 $m+|\boldsymbol{\alpha}|-1$ 阶再生性, 这将有助于建立四阶边值问题的超收敛无网格配点法, 详细的计算公式和理论分析可以参考文献 [9, 10, 19].

4.2.3 误差分析

本节利用性质 4.2.3, 给出 n 维光滑梯度移动最小二乘近似的误差估计. 首先, 设 m 和 γ 分别是构造移动最小二乘近似形函数 $\Phi_i(\boldsymbol{x})$ 时的基函数的次数和权函数的连续阶, 则由定理 1.5.1, 有

定理 4.2.1 若 $\mathcal{M}u(\boldsymbol{x})$ 是 (4.2.1) 给出的函数 $u(\boldsymbol{x})$ 的移动最小二乘近似, 则

$$\left\| u - \mathcal{M}u \right\|_{k,q,\Omega} \leqslant Ch^{\tilde{p}-k} \left\| u \right\|_{\tilde{p},q,\Omega}, \quad k = 0, 1, \cdots, \min\{\tilde{p}, \gamma\}, \qquad (4.2.23)$$

其中 $\tilde{p} = \min\{p, m\} + 1$, $u(\boldsymbol{x}) \in W^{p+1,q}(\Omega)$, $q > 1$ 且 $p + 1 > n/q$, 或者 $q = 1$ 且 $p + 1 \geqslant n$.

定理 4.2.2 若 $D^{e_k}\overline{\mathcal{M}u}(\boldsymbol{x})$ 和 $D^{\boldsymbol{\alpha}+e_k}\overline{\mathcal{M}u}(\boldsymbol{x})$ 分别是 (4.2.7) 和 (4.2.8) 给出的光滑梯度移动最小二乘近似, 则

$$\left\| u - \overline{\mathcal{M}u} \right\|_{k,q,\Omega} \leqslant Ch^{\tilde{p}-k} \left\| u \right\|_{\tilde{p},q,\Omega}, \quad k = 0, 1,$$

$$\left\| u - \overline{\mathcal{M}u} \right\|_{k,q,\dot{\Omega}} \leqslant Ch^{\tilde{p}+1-k} \left\| u \right\|_{\tilde{p}+1,q,\dot{\Omega}}, \quad k = 2, 3, \cdots, \min\{\tilde{p}, \gamma\} + 1,$$

其中 $\tilde{p} = \min\{p, m\} + 1$, 范数 $\left\| u - \overline{\mathcal{M}u} \right\|_{k,q,\Omega}$ 定义为

$$\left\| u - \overline{\mathcal{M}u} \right\|_{k,q,\Omega} = \left(\left\| u - \mathcal{M}u \right\|_{0,q,\Omega}^{q} + \sum_{0 \leqslant |\boldsymbol{\alpha}| \leqslant k-1} \sum_{k=1}^{n} \left\| D^{\boldsymbol{\alpha}+e_k}u - D^{\boldsymbol{\alpha}+e_k}\overline{\mathcal{M}u} \right\|_{0,q,\Omega}^{q} \right)^{1/q}.$$

另外, 当 $k \leqslant 1$ 时, $u(\boldsymbol{x}) \in W^{p+1,q}(\Omega)$, $q > 1$ 且 $p + 1 > n/q$, 或者 $q = 1$ 且 $p + 1 \geqslant n$; 当 $k \geqslant 2$ 时, $u(\boldsymbol{x}) \in W^{p+2,q}(\Omega)$, $q > 1$ 且 $p + 2 > n/q$, 或者 $q = 1$ 且 $p + 2 \geqslant n$.

证明 因为节点 $\boldsymbol{x}_i$ 的影响域 $\mathfrak{R}_i$ 是一个以 $\boldsymbol{x}_i$ 为中心、r_i 为半径的球, 从而可以在 $\Omega_j = \left\{ \boldsymbol{x} : |\boldsymbol{x} - \boldsymbol{x}_j| < r_j + \max_{1 \leqslant i \leqslant N} r_i \right\}$ 中选择球 $\tilde{\mathfrak{R}}_j$ 使得 $\bar{\Omega}_j \cap \bar{\Omega}$ 关于 $\tilde{\mathfrak{R}}_j$ 是星形的. 因此, 根据 Sobolev 空间中的多项式逼近理论 [20], $u(\boldsymbol{x})$ 在 $\tilde{\mathfrak{R}}_j$ 中的 s 次 Taylor 多项式可定义为

$$Q_j^s u(\boldsymbol{x}) = \sum_{|\boldsymbol{\alpha}| \leqslant s-1} \frac{1}{\boldsymbol{\alpha}!} \int_{\tilde{\mathfrak{R}}_j} D^{\boldsymbol{\alpha}}u(\boldsymbol{y})(\boldsymbol{x} - \boldsymbol{y})^{\boldsymbol{\alpha}} \phi(\boldsymbol{y}) \mathrm{d}\boldsymbol{y},$$

其中函数 $\phi(\boldsymbol{y}) \in C_0^{\infty}(\tilde{\mathfrak{R}}_j)$, 且满足 $\displaystyle\int_{\tilde{\mathfrak{R}}_j} \phi(\boldsymbol{y}) \mathrm{d}\boldsymbol{y} = 1$, 相应于 $Q_j^s u(\boldsymbol{x})$ 的残差为

$$R_j^s u\left(\boldsymbol{x}\right) = u\left(\boldsymbol{x}\right) - Q_j^s u\left(\boldsymbol{x}\right),$$

满足

$$\begin{cases} \left\|R_j^s u\right\|_{k,q,\Omega_j \cap \Omega} \leqslant C_1 h^{s-k} \left\|u\right\|_{s,q,\Omega_j \cap \Omega}, & k = 0, 1, \cdots, s, \\[2mm] \left\|R_j^s u\right\|_{\infty,\Omega_j \cap \Omega} \leqslant C_2 h^{s-n/q} \left\|u\right\|_{s,q,\Omega_j \cap \Omega}, \end{cases} \tag{4.2.24}$$

其中常数 C_1 和 C_2 与 $\tilde{p}$, n 和 q 有关, 但与 j 和 h 无关.

因为 $Q_j^{\tilde{p}} u\left(\boldsymbol{x}\right)$ 是 $\tilde{p}-1$ 次多项式且 $\tilde{p}-1 \leqslant m$, $Q_j^{\tilde{p}+1} u\left(\boldsymbol{x}\right)$ 是 $\tilde{p}$ 次多项式且 $\tilde{p} \leqslant m+1$, 所以由性质 4.2.3 可得

$$\sum_{i=1}^{N} \bar{\Phi}_{i,k}\left(\boldsymbol{x}\right) Q_j^{\tilde{p}} u\left(\boldsymbol{x}_i\right) = D^{e_k} Q_j^{\tilde{p}} u\left(\boldsymbol{x}\right),$$

$$\sum_{i=1}^{N} D^{\boldsymbol{\alpha}} \bar{\Phi}_{i,k}\left(\boldsymbol{x}\right) Q_j^{\tilde{p}+1} u\left(\boldsymbol{x}_i\right) = D^{\boldsymbol{\alpha}+e_k} Q_j^{\tilde{p}+1} u\left(\boldsymbol{x}\right), \quad 1 \leqslant |\boldsymbol{\alpha}| \leqslant m.$$

再利用 (4.2.7) 和 (4.2.8), 有

$$D^{e_k} u\left(\boldsymbol{x}\right) - D^{e_k} \overline{\mathcal{M} u}\left(\boldsymbol{x}\right)$$

$$= D^{e_k} \left[Q_j^{\tilde{p}} u\left(\boldsymbol{x}\right) + R_j^{\tilde{p}} u\left(\boldsymbol{x}\right)\right] - \sum_{i=1}^{N} \bar{\Phi}_{i,k}\left(\boldsymbol{x}\right) \left[Q_j^{\tilde{p}} u\left(\boldsymbol{x}_i\right) + R_j^{\tilde{p}} u\left(\boldsymbol{x}_i\right)\right]$$

$$= D^{e_k} R_j^{\tilde{p}} u\left(\boldsymbol{x}\right) - \sum_{i=1}^{N} \bar{\Phi}_{i,k}\left(\boldsymbol{x}\right) R_j^{\tilde{p}} u\left(\boldsymbol{x}_i\right), \quad \boldsymbol{x} \in \Re_j,$$

$$D^{\boldsymbol{\alpha}+e_k} u\left(\boldsymbol{x}\right) - D^{\boldsymbol{\alpha}+e_k} \overline{\mathcal{M} u}\left(\boldsymbol{x}\right)$$

$$= D^{\boldsymbol{\alpha}+e_k} \left[Q_j^{\tilde{p}+1} u\left(\boldsymbol{x}\right) + R_j^{\tilde{p}+1} u\left(\boldsymbol{x}\right)\right]$$

$$\quad - \sum_{i=1}^{N} D^{\boldsymbol{\alpha}} \bar{\Phi}_{i,k}\left(\boldsymbol{x}\right) \left[Q_j^{\tilde{p}+1} u\left(\boldsymbol{x}_i\right) + R_j^{\tilde{p}+1} u\left(\boldsymbol{x}_i\right)\right]$$

$$= D^{\boldsymbol{\alpha}+e_k} R_j^{\tilde{p}+1} u\left(\boldsymbol{x}\right) - \sum_{i=1}^{N} D^{\boldsymbol{\alpha}} \bar{\Phi}_{i,k}\left(\boldsymbol{x}\right) R_j^{\tilde{p}+1} u\left(\boldsymbol{x}_i\right), \quad \boldsymbol{x} \in \Re_j \cap \dot{\Omega}.$$

因此,

$$\left\| D^{e_k} u - D^{e_k} \overline{\mathcal{M}u} \right\|_{0,q,\Re_j \cap \Omega}$$

$$\leqslant \left\| D^{e_k} R_j^{\tilde{p}} u \right\|_{0,q,\Re_j \cap \Omega} + \left\| R_j^{\tilde{p}} u \right\|_{\infty,\Omega_j \cap \Omega} \sum_{i=1}^{N} \left\| \bar{\Phi}_{i,k} \right\|_{0,q,\Re_j \cap \Omega}, \tag{4.2.25}$$

$$\left\| D^{\boldsymbol{\alpha}+e_k} u - D^{\boldsymbol{\alpha}+e_k} \overline{\mathcal{M}u} \right\|_{0,q,\Re_j \cap \dot{\Omega}}$$

$$\leqslant \left\| D^{\boldsymbol{\alpha}+e_k} R_j^{\tilde{p}+1} u \right\|_{0,q,\Re_j \cap \Omega} + \left\| R_j^{\tilde{p}+1} u \right\|_{\infty,\Omega_j \cap \Omega} \sum_{i=1}^{N} \left\| D^{\boldsymbol{\alpha}} \bar{\Phi}_{i,k} \right\|_{0,q,\Re_j \cap \Omega}. \tag{4.2.26}$$

根据 (4.2.24), 有

$$\left\| D^{e_k} R_j^{\tilde{p}} u \right\|_{0,q,\Re_j \cap \Omega} \leqslant \left\| R_j^{\tilde{p}} u \right\|_{1,q,\Omega_j \cap \Omega} \leqslant C_1 h^{\tilde{p}-1} \left\| u \right\|_{\tilde{p},q,\Omega_j \cap \Omega}, \tag{4.2.27}$$

$$\left\| R_j^{\tilde{p}} u \right\|_{\infty,\Omega_j \cap \Omega} \leqslant C_2 h^{\tilde{p}-n/q} \left\| u \right\|_{\tilde{p},q,\Omega_j \cap \Omega}, \tag{4.2.28}$$

$$\left\| D^{\boldsymbol{\alpha}+e_k} R_j^{\tilde{p}+1} u \right\|_{0,q,\Re_j \cap \Omega} \leqslant \left\| R_j^{\tilde{p}+1} u \right\|_{|\boldsymbol{\alpha}|+1,q,\Omega_j \cap \Omega} \leqslant C_3 h^{\tilde{p}-|\boldsymbol{\alpha}|} \left\| u \right\|_{\tilde{p}+1,q,\Omega_j \cap \Omega},$$
$$\tag{4.2.29}$$

$$\left\| R_j^{\tilde{p}+1} u \right\|_{\infty,\Omega_j \cap \Omega} \leqslant C_4 h^{\tilde{p}+1-n/q} \left\| u \right\|_{\tilde{p}+1,q,\Omega_j \cap \Omega}. \tag{4.2.30}$$

对任意 $i \in \wedge_j = \{l : \mathrm{dist}\,(\boldsymbol{x}_l, \Re_j) < r_l, l = 1, 2, \cdots, N\}$, 由于 $\boldsymbol{x}_i \in \bar{\Omega}_j \cap \bar{\Omega}$, 从而存在正整数 $I \in \wedge_j$, 使得

$$\sum_{i=1}^{N} \left\| \bar{\Phi}_{i,k} \right\|_{0,q,\Re_j \cap \Omega}^{q} \leqslant \mathrm{card}\,(\wedge_j) \left\| \bar{\Phi}_{I,k} \right\|_{0,q,\Re_j \cap \Omega}^{q}$$

$$= \mathrm{card}\,(\wedge_j) \int_{\Re_j \cap \Omega} \left| \bar{\Phi}_{I,k} \right|^{q} \mathrm{d}\boldsymbol{x} \leqslant C_5 h^{n-q}, \tag{4.2.31}$$

$$\sum_{i=1}^{N} \left\| D^{\boldsymbol{\alpha}} \bar{\Phi}_{i,k} \right\|_{0,q,\Re_j \cap \Omega}^{q} \leqslant \mathrm{card}\,(\wedge_j) \int_{\Re_j \cap \Omega} \left| D^{\boldsymbol{\alpha}} \bar{\Phi}_{I,k} \right|^{q} \mathrm{d}\boldsymbol{x} \leqslant C_6 h^{n-(|\boldsymbol{\alpha}|+1)q}, \tag{4.2.32}$$

这里使用了性质 4.2.2 和 $\displaystyle\int_{\Re_j \cap \Omega} \mathrm{d}\boldsymbol{x} = C_7 h^n$.

将 (4.2.27), (4.2.28) 和 (4.2.31) 代入 (4.2.25) 得到

$$\left\| D^{e_k} u - D^{e_k} \overline{\mathcal{M}u} \right\|_{0,q,\Re_j \cap \Omega} \leqslant C_1 h^{\tilde{p}-1} \left\| u \right\|_{\tilde{p},q,\Omega_j \cap \Omega} + C_2 h^{\tilde{p}-n/q} \left\| u \right\|_{\tilde{p},q,\Omega_j \cap \Omega} C_5 h^{n/q-1}$$

$$\leqslant C_8 h^{\tilde{p}-1} \|u\|_{\tilde{p},q,\Omega_j \cap \Omega} \,,$$

而将 (4.2.29), (4.2.30) 和 (4.2.32) 代入 (4.2.26) 得到

$$\left\| D^{\boldsymbol{\alpha}+\boldsymbol{e}_k} u - D^{\boldsymbol{\alpha}+\boldsymbol{e}_k} \overline{\mathcal{M}u} \right\|_{0,q,\Re_j \cap \dot{\Omega}}$$

$$\leqslant C_3 h^{\tilde{p}-|\boldsymbol{\alpha}|} \|u\|_{\tilde{p}+1,q,\Omega_j \cap \Omega} + C_4 h^{\tilde{p}+1-n/q} \|u\|_{\tilde{p}+1,q,\Omega_j \cap \Omega} \, C_6 h^{n/q-(|\boldsymbol{\alpha}|+1)}$$

$$\leqslant C_9 h^{\tilde{p}-|\boldsymbol{\alpha}|} \|u\|_{\tilde{p}+1,q,\Omega_j \cap \Omega} \,.$$

因此, 利用假设 1.4.1 可得

$$\left\| D^{\boldsymbol{e}_k} u - D^{\boldsymbol{e}_k} \overline{\mathcal{M}u} \right\|_{0,q,\Omega} \leqslant C_{10} h^{\tilde{p}-1} \|u\|_{\tilde{p},q,\Omega} \,, \tag{4.2.33}$$

$$\left\| D^{\boldsymbol{\alpha}+\boldsymbol{e}_k} u - D^{\boldsymbol{\alpha}+\boldsymbol{e}_k} \overline{\mathcal{M}u} \right\|_{0,q,\dot{\Omega}} \leqslant C_{11} h^{\tilde{p}-|\boldsymbol{\alpha}|} \|u\|_{\tilde{p}+1,q,\Omega} \,, \quad 1 \leqslant |\boldsymbol{\alpha}| \leqslant m. \tag{4.2.34}$$

再调用定理 4.2.1 可得

$$\|u - \mathcal{M}u\|_{0,q,\Omega} \leqslant C_{12} h^{\tilde{p}} \|u\|_{\tilde{p},q,\Omega} \,. \tag{4.2.35}$$

最后, 将 (4.2.33)—(4.2.35) 组合起来即得定理结论.   证毕.

定理 4.2.1 表明移动最小二乘近似在 $W^{k,q}$ 范数中的最优收敛阶为 $\tilde{p} - k$, 而定理 4.2.2 表明, 当 $k \geqslant 2$ 时, 光滑梯度移动最小二乘近似能将最优收敛阶从 $\tilde{p} - k$ 提高到 $\tilde{p} + 1 - k$, 从而具有超收敛特性.

4.2.4 数值算例

为了阐释本节光滑梯度移动最小二乘近似的有效性和证实相应的理论误差分析, 下面给出一些数值算例. 在计算中, 计算区域上采用规则分布的节点, h 表示节点间距, 另外使用 Gauss 权函数来构造形函数, 节点的影响域半径取为 $(m + 0.5) h$.

例 4.2.1 分片实验检测光滑梯度移动最小二乘近似的再生性

为了验证性质 4.2.3 中光滑梯度移动最小二乘近似的再生性, 在求解区域 $\Omega = (-1,1)^2$ 上用移动最小二乘近似逼近如下函数:

$$u_1 (x_1, x_2) = x_1 + x_2 + 1,$$

$$u_2 (x_1, x_2) = x_1^2 + x_1 x_2 + x_2^2,$$

$$u_3 (x_1, x_2) = x_1^3 + x_1^2 x_2 + x_1 x_2^2 + x_2^3.$$

表 4.2.1 给出了光滑梯度移动最小二乘近似和原移动最小二乘近似在使用线性基 ($m = 1$) 和二次基 ($m = 2$) 时的 H^1 范数误差 $e_1 (u)$ 和 H^2 半范数误差 $e_2 (u)$. 计算时, 在 Ω 上选取了 21×21 个等距分布的节点.

表 4.2.1 光滑梯度移动最小二乘近似和原移动最小二乘近似在分片实验中的误差

u	线性基 $(m = 1)$				二次基 $(m = 2)$			
	光滑梯度移动最小二乘近似		原移动最小二乘近似		光滑梯度移动最小二乘近似		原移动最小二乘近似	
	$e_1(u)$	$e_2(u)$	$e_1(u)$	$e_2(u)$	$e_1(u)$	$e_2(u)$	$e_1(u)$	$e_2(u)$
u_1	1.961e-15	1.701e-14	3.509e-15	8.049e-14	9.111e-15	3.285e-14	8.300e-15	3.057e-13
u_2	4.796e-02	7.262e-15	1.242e-01	2.730e-00	9.253e-15	9.057e-15	6.200e-15	1.952e-13
u_3	1.396e-01	2.825e-01	2.322e-01	6.079e-00	6.780e-03	5.023e-15	5.609e-03	2.683e-01

对于线性函数 u_1 在 $m = 1$ 和 2 时的逼近、二次函数 u_2 在 $m = 2$ 时的逼近, 这些情形下解析解的次数小于等于基函数的最高次数, 表 4.2.1 表明两种移动最小二乘近似的所有逼近误差均很小, 接近 10^{-14}, 基本达到了机器精度, 与性质 4.2.3 吻合.

对于二次函数 u_2 在 $m = 1$ 时的逼近, 光滑梯度移动最小二乘近似和原移动最小二乘近似的 H^2 半范数误差分别为 7.262e-15 和 2.730e-00; 对于三次函数 u_3 在 $m = 2$ 时的逼近, 光滑梯度移动最小二乘近似和原移动最小二乘近似的 H^2 半范数误差分别为 5.023e-15 和 2.683e-01. 这些数值结果表明, 光滑梯度移动最小二乘近似具有比基函数阶数高一阶的额外再生性, 但原移动最小二乘近似不具有该性质.

例 4.2.2 逼近一维函数的误差和收敛性

考虑用光滑梯度移动最小二乘近似和原移动最小二乘近似逼近以下一维函数

$$u(x) = |x|^{4.5} \cos x, \quad x \in \Omega = (-1, 1).$$

理论上, 该函数满足 $u(x) \in H^{p+1}(\Omega)$, 其中 $p < 4$.

表 4.2.2 和表 4.2.3 分别给出了光滑梯度移动最小二乘近似在二次基 $(m = 2)$ 和三次基 $(m = 3)$ 时逼近该一维函数的 L^2, H^1 和 H^2 范数误差. 为了比较, 表 4.2.2 和表 4.2.3 同时给出了原移动最小二乘近似逼近该一维函数的 H^2 范数误差和收敛阶.

表 4.2.2 一维光滑梯度和原移动最小二乘近似在二次基 $(m = 2)$ 时的误差和收敛情况

h	光滑梯度移动最小二乘近似						原移动最小二乘近似	
	L^2 误差	收敛阶	H^1 误差	收敛阶	H^2 误差	收敛阶	H^2 误差	收敛阶
1/25	2.342e-05		9.433e-04		4.046e-03		1.190e-01	
1/50	2.277e-06	3.363	2.054e-04	2.199	1.490e-03	1.442	4.705e-02	1.338
1/100	2.107e-07	3.434	4.360e-05	2.236	4.434e-04	1.748	1.756e-02	1.422
1/200	1.905e-08	3.467	9.472e-06	2.203	1.203e-04	1.881	6.375e-03	1.462
1/400	1.703e-09	3.484	2.143e-06	2.144	3.130e-05	1.943	2.284e-03	1.481
1/800	1.514e-10	3.492	5.035e-07	2.089	7.981e-06	1.972	8.128e-04	1.490
1/1600	1.342e-11	3.496	1.2154e-07	2.051	2.015e-06	1.986	2.883e-04	1.495

表 4.2.3   一维光滑梯度和原移动最小二乘近似在三次基 ($m = 3$) 时的误差和收敛情况

h	光滑梯度移动最小二乘近似						原移动最小二乘近似	
	L^2 误差	收敛阶	H^1 误差	收敛阶	H^2 误差	收敛阶	H^2 误差	收敛阶
1/25	6.565e-06		1.487e-04		2.445e-04		2.145e-02	
1/50	4.159e-07	3.980	1.416e-05	3.392	2.623e-05	3.221	4.611e-03	2.218
1/100	2.609e-08	3.995	1.296e-06	3.450	2.970e-06	3.143	1.014e-03	2.185
1/200	1.633e-09	3.998	1.165e-07	3.476	3.508e-07	3.082	2.320e-04	2.128
1/400	1.0207e-10	3.999	1.038e-08	3.488	4.254e-08	3.044	5.495e-05	2.078
1/800	6.380e-12	4.000	9.213e-10	3.494	5.235e-09	3.023	1.333e-05	2.043
1/1600	3.988e-13	4.000	8.154e-11	3.498	6.641e-10	2.979	3.279e-06	2.023

定理 4.2.1 表明原移动最小二乘近似在 $m = 2$ 和 3 时的 H^2 误差的理论收敛阶分别为 1 和 2. 定理 4.2.2 表明, 光滑梯度移动最小二乘近似在 $m = 2$ 时的 L^2, H^1 和 H^2 误差的理论收敛阶分别为 3, 2 和 2; 在 $m = 3$ 时的 L^2, H^1 和 H^2 误差的理论收敛阶分别为 4, 3 和 3. 表 4.2.2 和表 4.2.3 的数值结果证实了这些理论结果, 从而表明光滑梯度移动最小二乘近似确实具有超收敛特性.

例 4.2.3   逼近二维函数的误差和收敛性

考虑用光滑梯度移动最小二乘近似和原移动最小二乘近似逼近以下二维函数

$$u(\boldsymbol{x}) = \left(x_1^2 + x_2^2\right)^{2.5} \ln\left(x_1 + x_2 + 3\right), \quad \boldsymbol{x} = (x_1, x_2)^{\mathrm{T}} \in \Omega = (-1, 1)^2.$$

理论上, 该函数满足 $u(\boldsymbol{x}) \in H^{p+1}(\Omega)$, 其中 $p < 4$.

表 4.2.4 和表 4.2.5 分别给出了光滑梯度移动最小二乘近似在二次基 ($m = 2$) 和三次基 ($m = 3$) 时逼近该二维函数的 L^2, H^1 和 H^2 误差, 还给出了原移动最小二乘近似的 H^2 误差. 这些数值结果仍然证实了定理 4.2.1 和定理 4.2.2 中的理论结果. 特别地, 光滑梯度移动最小二乘近似比移动最小二乘近似的 H^2 误差小很多, 收敛阶高一些, 从而数值验证了光滑梯度移动最小二乘近似的超收敛性质.

表 4.2.4   二维光滑梯度和原移动最小二乘近似在二次基 ($m = 2$) 时的误差和收敛情况

h	光滑梯度移动最小二乘近似						原移动最小二乘近似	
	L^2 误差	收敛阶	H^1 误差	收敛阶	H^2 误差	收敛阶	H^2 误差	收敛阶
1/10	4.557e-03		6.086e-02		6.174e-02		2.978e+00	
1/20	4.363e-04	3.385	1.257e-02	2.276	1.283e-02	2.267	1.142e+00	1.382
1/40	4.011e-05	3.443	2.609e-03	2.268	2.685e-03	2.256	4.226e-01	1.435
1/80	3.615e-06	3.472	5.617e-04	2.216	5.828e-04	2.204	1.541e-01	1.456
1/160	3.226e-07	3.486	1.266e-04	2.149	1.324e-04	2.138	5.617e-02	1.456
1/320	2.865e-08	3.493	2.973e-05	2.091	3.123e-05	2.084	2.074e-02	1.437

表 4.2.5　二维光滑梯度和原移动最小二乘近似在三次基 ($m = 3$) 时的误差和收敛情况

h	光滑梯度移动最小二乘近似						原移动最小二乘近似	
	L^2 误差	收敛阶	H^1 误差	收敛阶	H^2 误差	收敛阶	H^2 误差	收敛阶
1/10	1.275e-03		1.050e-02		1.164e-02		4.924e-01	
1/20	9.270e-05	3.782	1.074e-03	3.289	1.208e-03	3.268	1.099e-01	2.164
1/40	6.316e-06	3.875	1.028e-04	3.385	1.200e-04	3.332	2.458e-02	2.160
1/80	4.137e-07	3.932	9.488e-06	3.438	1.144e-05	3.391	5.648e-03	2.122
1/160	2.650e-08	3.965	8.576e-07	3.468	1.041e-06	3.457	1.337e-03	2.078
1/320	1.677e-09	3.982	7.668e-08	3.483	9.301e-08	3.485	3.240e-04	2.045

4.3　超收敛有限点法

由于 4.2 节的光滑梯度移动最小二乘近似具有超收敛特性, 本节将针对二阶线性和非线性椭圆边值问题, 首先把光滑梯度移动最小二乘近似融入有限点法, 建立超收敛有限点法 [14,21], 然后分析该方法的理论误差, 发现超收敛有限点法在奇数次基函数时具有超收敛特征, 最后通过数值算例说明超收敛有限点法的优点.

4.3.1　计算公式

本节针对二阶线性和非线性椭圆边值问题, 推导超收敛有限点法的计算公式. 考虑如下二阶椭圆边值问题:

$$\mathcal{L}u(\boldsymbol{x}) + g(u, u_{,1}, u_{,2}) = f(\boldsymbol{x}), \quad \boldsymbol{x} = (x_1, x_2)^{\mathrm{T}} \in \Omega, \tag{4.3.1}$$

$$u(\boldsymbol{x}) = \bar{u}(\boldsymbol{x}), \quad \boldsymbol{x} \in \Gamma_D, \tag{4.3.2}$$

$$\mathcal{B}u(\boldsymbol{x}) = \bar{q}(\boldsymbol{x}), \quad \boldsymbol{x} \in \Gamma_R = \Gamma/\Gamma_D, \tag{4.3.3}$$

其中 $u(\boldsymbol{x})$ 是未知函数, $(\cdot)_{,k} = \partial(\cdot)/\partial x_k$ 表示关于 x_k 的一阶导数, $(\cdot)_{,kl} = \partial^2(\cdot)/\partial x_k \partial x_l$ 表示关于 x_k 和 x_l 的二阶导数, Ω 是平面上的连通有界区域, 其边界 $\Gamma = \partial\Omega = \Gamma_D \cup \Gamma_R$ 分段光滑, $g(u, u_{,1}, u_{,2})$ 是关于 $u, u_{,1}$ 和 $u_{,2}$ 的非线性函数, $\mathcal{L}$ 是如下二阶线性椭圆微分算子:

$$\mathcal{L}u(\boldsymbol{x}) = \sum_{k,l=1}^{2} a_{kl}(\boldsymbol{x}) u_{,kl}(\boldsymbol{x}) + \sum_{k=1}^{2} b_k(\boldsymbol{x}) u_{,k}(\boldsymbol{x}) + c(\boldsymbol{x}) u(\boldsymbol{x}), \quad \boldsymbol{x} \in \Omega, \tag{4.3.4}$$

$\mathcal{B}$ 是如下定义 Robin 边界条件的微分算子:

$$\mathcal{B}u(\boldsymbol{x}) = \sum_{k,l=1}^{2} \xi_{kl}(\boldsymbol{x}) n_k(\boldsymbol{x}) u_{,l}(\boldsymbol{x}) + \eta(\boldsymbol{x}) u(\boldsymbol{x}), \quad \boldsymbol{x} \in \Gamma_R. \tag{4.3.5}$$

另外, $f(\boldsymbol{x})$, $\bar{u}(\boldsymbol{x})$, $\bar{q}(\boldsymbol{x})$, $a_{kl}(\boldsymbol{x})$, $b_k(\boldsymbol{x})$, $c(\boldsymbol{x})$, $\xi_{kl}(\boldsymbol{x})$ 和 $\eta(\boldsymbol{x})$ 都是已知的有界函数, $\boldsymbol{n}(\boldsymbol{x}) = (n_1(\boldsymbol{x}), n_2(\boldsymbol{x}))^{\mathrm{T}}$ 是边界 Γ 上的单位外法向量. 当 $g(\cdot) \equiv 0$ 时, (4.3.1)—(4.3.3) 构成的边值问题是线性的. 否则, 假定非线性函数 $g(u, u_{,1}, u_{,2})$ 关于 u, $u_{,1}$ 和 $u_{,2}$ 满足 Lipschitz 条件.

为了获得问题 (4.3.1)—(4.3.3) 的无网格数值解, 将 $\Omega \cup \Gamma$ 用 N 个节点 $\{\boldsymbol{x}_i\}_{i=1}^{N}$ 进行离散. 根据 1.4.3 节的稳定移动最小二乘近似, 可将 $u(\boldsymbol{x})$ 近似为

$$u(\boldsymbol{x}) \approx u_h(\boldsymbol{x}) = \sum_{i \in \wedge(\boldsymbol{x})} \Phi_i(\boldsymbol{x}) d_i = \sum_{i=1}^{N} \Phi_i(\boldsymbol{x}) d_i, \quad \boldsymbol{x} \in \Omega \cup \Gamma, \tag{4.3.6}$$

其中 $\Phi_i(\boldsymbol{x})$ 是移动最小二乘近似基于节点 $\{\boldsymbol{x}_i\}_{i=1}^{N}$ 构造的无网格形函数, d_i 是节点处的未知量.

根据 4.2.1 节的光滑梯度移动最小二乘近似, 可将 $u_{,k}(\boldsymbol{x})$ 和 $u_{,kl}(\boldsymbol{x})$ 分别近似为

$$u_{,k}(\boldsymbol{x}) \approx \sum_{i \in \bar{\wedge}(\boldsymbol{x})} \bar{\Phi}_{i,k}(\boldsymbol{x}) d_i, \quad k = 1, 2, \tag{4.3.7}$$

$$u_{,kl}(\boldsymbol{x}) \approx \sum_{i \in \bar{\wedge}(\boldsymbol{x})} \bar{\Phi}_{i,kl}(\boldsymbol{x}) d_i, \quad k, l = 1, 2, \tag{4.3.8}$$

其中 $\bar{\Phi}_{i,k}(\boldsymbol{x})$ 和 $\bar{\Phi}_{i,kl}(\boldsymbol{x}) = \partial \bar{\Phi}_{i,k}(\boldsymbol{x})/\partial x_l$ 分别是 (4.2.6) 和 (4.2.10) 定义的一阶和二阶光滑导数.

将 (4.3.6)—(4.3.8) 代入 (4.3.1), 并在区域 Ω 上的所有节点处进行配置, 则

$$\sum_{k,l=1}^{2} a_{kl}(\boldsymbol{x}_j) \sum_{i \in \bar{\wedge}_j} \bar{\Phi}_{i,kl}(\boldsymbol{x}_j) d_i + \sum_{k=1}^{2} b_k(\boldsymbol{x}_j) \sum_{i \in \bar{\wedge}_j} \bar{\Phi}_{i,k}(\boldsymbol{x}_j) d_i + c(\boldsymbol{x}_j) \sum_{i \in \wedge_j} \Phi_i(\boldsymbol{x}_j) d_i$$

$$+ g\left(\sum_{i \in \wedge_j} \Phi_i(\boldsymbol{x}_j) d_i, \sum_{i \in \bar{\wedge}_j} \bar{\Phi}_{i,1}(\boldsymbol{x}_j) d_i, \sum_{i \in \bar{\wedge}_j} \bar{\Phi}_{i,2}(\boldsymbol{x}_j) d_i \right) = f(\boldsymbol{x}_j), \quad \boldsymbol{x}_j \in \Omega,$$

$$\tag{4.3.9}$$

其中 $\bar{\wedge}_j = \bar{\wedge}(\boldsymbol{x}_j)$. 类似地, 将 (4.3.2) 在边界 Γ_D 上的所有节点处进行配置

$$\sum_{i \in \wedge_j} \Phi_i(\boldsymbol{x}_j) d_i = \bar{u}(\boldsymbol{x}_j), \quad \boldsymbol{x}_j \in \Gamma_D; \tag{4.3.10}$$

将 (4.3.3) 在边界 Γ_R 上的所有节点处进行配置

$$\sum_{k,l=1}^{2} \xi_{kl}\left(\boldsymbol{x}_j\right) n_k\left(\boldsymbol{x}_j\right) \sum_{i\in\wedge_j} \Phi_{i,l}\left(\boldsymbol{x}_j\right) d_i + \eta\left(\boldsymbol{x}_j\right) \sum_{i\in\wedge_j} \Phi_i\left(\boldsymbol{x}_j\right) d_i = \bar{q}\left(\boldsymbol{x}_j\right), \quad \boldsymbol{x}_j \in \Gamma_R.$$
(4.3.11)

将 (4.3.9)—(4.3.11) 组装起来, 则超收敛有限点法求解边值问题 (4.3.1)—(4.3.3) 形成的代数方程组为

$$\boldsymbol{K}\boldsymbol{d} + \boldsymbol{g}\left(\boldsymbol{d}\right) = \boldsymbol{b},$$
(4.3.12)

其中

$$\boldsymbol{d} = \left(d_1, d_2, \cdots, d_N\right)^{\mathrm{T}},$$

$$[\boldsymbol{K}]_{ji} = \begin{cases} \displaystyle\sum_{k,l=1}^{2} a_{kl}\left(\boldsymbol{x}_j\right) \bar{\Phi}_{i,kl}\left(\boldsymbol{x}_j\right) + \sum_{k=1}^{2} b_k\left(\boldsymbol{x}_j\right) \bar{\Phi}_{i,k}\left(\boldsymbol{x}_j\right) + c\left(\boldsymbol{x}_j\right) \Phi_i\left(\boldsymbol{x}_j\right), & \boldsymbol{x}_j \in \Omega, \\[3mm] \Phi_i\left(\boldsymbol{x}_j\right), & \boldsymbol{x}_j \in \Gamma_D, \\[3mm] \displaystyle\sum_{k,l=1}^{2} \xi_{kl}\left(\boldsymbol{x}_j\right) n_k\left(\boldsymbol{x}_j\right) \Phi_{i,l}\left(\boldsymbol{x}_j\right) + \eta\left(\boldsymbol{x}_j\right) \Phi_i\left(\boldsymbol{x}_j\right), & \boldsymbol{x}_j \in \Gamma_R, \end{cases}$$

$$i = 1, 2, \cdots, N,$$
(4.3.13)

$$[\boldsymbol{g}\left(\boldsymbol{d}\right)]_j = \begin{cases} g\left(\displaystyle\sum_{i\in\wedge_j} \Phi_i\left(\boldsymbol{x}_j\right) d_i, \sum_{i\in\bar{\wedge}_j} \bar{\Phi}_{i,1}\left(\boldsymbol{x}_j\right) d_i, \sum_{i\in\bar{\wedge}_j} \bar{\Phi}_{i,2}\left(\boldsymbol{x}_j\right) d_i \right), & \boldsymbol{x}_j \in \Omega, \\[3mm] 0, & \boldsymbol{x}_j \in \Gamma_D \cup \Gamma_R, \end{cases}$$
(4.3.14)

$$[\boldsymbol{b}]_j = \begin{cases} f\left(\boldsymbol{x}_j\right), & \boldsymbol{x}_j \in \Omega, \\ \bar{u}\left(\boldsymbol{x}_j\right), & \boldsymbol{x}_j \in \Gamma_D, \\ \bar{q}\left(\boldsymbol{x}_j\right), & \boldsymbol{x}_j \in \Gamma_R. \end{cases}$$

求解 (4.3.12) 之后, 边值问题 (4.3.1)—(4.3.3) 的超收敛有限点法近似解 u_h 可由 (4.3.6) 计算. 当 $g\left(\cdot\right)$ 是非线性函数时, 根据 (4.3.14) 可知 $\boldsymbol{g}\left(\boldsymbol{d}\right)$ 关于未知向量 $\boldsymbol{d}$ 是非线性的, 从而 (4.3.12) 是一个非线性代数方程组, 此时可用迭代法求解 (4.3.12). 比如, 求解 (4.3.12) 的不动点迭代法 [22,23] 可取为: 给定初始值 $\boldsymbol{d}^0$, 求 $\boldsymbol{d}^{n+1}$, 使得

$$\boldsymbol{K}\boldsymbol{d}^{n+1} = -g\left(\boldsymbol{d}^n\right) + \boldsymbol{b}, \quad n = 0, 1, 2, \cdots.$$

迭代终止条件可设置为 $\|\boldsymbol{d}^{n+1} - \boldsymbol{d}^n\|/\|\boldsymbol{d}^{n+1}\| \leqslant \varepsilon$, 其中 ε 是一个充分小的量.

4.3.2　误差分析

类似 4.1.2 节中有限点法的误差分析, 本节将针对边值问题 (4.3.1)—(4.3.3), 给出超收敛有限点法的误差分析.

将边值问题 (4.3.1)—(4.3.3) 的解析值 $u_i = u(\boldsymbol{x}_i)$ 用近似值 d_i 代替, 超收敛有限点法离散系统的局部截断误差可以定义为

$$e_T = \max_{\boldsymbol{x}_j \in \Omega} \{e_j\}, \tag{4.3.15}$$

其中

$$e_j = \sum_{i=1}^{N} [\boldsymbol{K}]_{ji} u_i + [\boldsymbol{g}(\boldsymbol{u})]_j - f(\boldsymbol{x}_j), \quad \boldsymbol{x}_j \in \Omega, \tag{4.3.16}$$

这里 $\boldsymbol{u} = (u_1, u_2, \cdots, u_N)^{\mathrm{T}}$.

在分析局部截断误差时, 假定无网格节点均匀分布, 还需要光滑导数 $\bar{\Phi}_{i,k}(\boldsymbol{x})$ 和 $\bar{\Phi}_{i,kl}(\boldsymbol{x})$ 的如下性质.

性质 4.3.1　光滑导数 $\bar{\Phi}_{i,k}(\boldsymbol{x})$ 和 $\bar{\Phi}_{i,kl}(\boldsymbol{x})$ 满足

$$\bar{\Phi}_{i,k}(\boldsymbol{x}) = \mathcal{O}(h^{-1}), \quad \bar{\Phi}_{i,kl}(\boldsymbol{x}) = \mathcal{O}(h^{-2}), \quad \forall \boldsymbol{x} \in \Omega, \quad i \in \bar{\Lambda}(\boldsymbol{x}), \tag{4.3.17}$$

$$\sum_{i \in \bar{\Lambda}(\boldsymbol{x})} \bar{\Phi}_{i,k}(\boldsymbol{x}) (x_{1i} - x_1)^s (x_{2i} - x_2)^{n-s} = \delta_{1n} \delta_{k,2-s}, \quad \forall \boldsymbol{x} \in \Omega, \quad 0 \leqslant s \leqslant n \leqslant m, \tag{4.3.18}$$

$$\sum_{i \in \bar{\Lambda}(\boldsymbol{x})} \bar{\Phi}_{i,kl}(\boldsymbol{x}) (x_{1i} - x_1)^s (x_{2i} - x_2)^{n-s}$$
$$= (1 + \delta_{kl}) \delta_{2n} \delta_{k+l-2,2-s}, \quad \forall \boldsymbol{x} \in \Omega, \quad 0 \leqslant s \leqslant n \leqslant m, \tag{4.3.19}$$

$$\sum_{i \in \bar{\Lambda}(\boldsymbol{x})} \bar{\Phi}_{i,kl}(\boldsymbol{x}) (x_{1i} - x_1)^s (x_{2i} - x_2)^{m+1-s}$$
$$= (1 + \delta_{kl}) \delta_{1m} \delta_{k+l-2,2-s}, \quad \forall \boldsymbol{x} \in \dot{\Omega}, \quad 0 \leqslant s \leqslant m + 1, \tag{4.3.20}$$

其中 $k, l = 1, 2$, $\boldsymbol{x} = (x_1, x_2)^{\mathrm{T}}$, $\boldsymbol{x}_i = (x_{1i}, x_{2i})^{\mathrm{T}}$, δ_{ij} 和 $\delta_{i,j}$ 表示 Delta 函数.

证明　根据 (4.2.12) 可得 (4.3.17). 由 (4.2.14), 有

$$\begin{cases} \displaystyle\sum_{i \in \bar{\Lambda}(\boldsymbol{x})} \bar{\Phi}_{i,k}(\boldsymbol{x}) p_j(\boldsymbol{x}_i) = p_{j,k}(\boldsymbol{x}), \\ \displaystyle\sum_{i \in \bar{\Lambda}(\boldsymbol{x})} \bar{\Phi}_{i,kl}(\boldsymbol{x}) p_j(\boldsymbol{x}_i) = p_{j,kl}(\boldsymbol{x}), \end{cases} \quad j = 1, 2, \cdots, \bar{m}, \quad k, l = 1, 2,$$

其中 $(p_1(\boldsymbol{x}), p_2(\boldsymbol{x}), \cdots, p_{\bar{m}}(\boldsymbol{x}))^{\mathrm{T}} = \{\boldsymbol{x}^{\boldsymbol{\alpha}}\}_{0 \leqslant |\boldsymbol{\alpha}| \leqslant m}$ 是构造形函数 $\Phi_i(\boldsymbol{x})$ 的完备 Pascal 单项式基向量. 因此,

$$\begin{cases} \sum\limits_{i \in \bar{\Lambda}(\boldsymbol{x})} \bar{\Phi}_{i,k}(\boldsymbol{x}) p_j(\boldsymbol{x}_i - \boldsymbol{x}) = p_{j,k}(\boldsymbol{0}), \\ \sum\limits_{i \in \bar{\Lambda}(\boldsymbol{x})} \bar{\Phi}_{i,kl}(\boldsymbol{x}) p_j(\boldsymbol{x}_i - \boldsymbol{x}) = p_{j,kl}(\boldsymbol{0}), \end{cases} \quad j = 1, 2, \cdots, \bar{m}, \quad k, l = 1, 2,$$

进一步地,

$$\sum_{i \in \bar{\Lambda}(\boldsymbol{x})} \bar{\Phi}_{i,k}(\boldsymbol{x}) (x_{1i} - x_1)^s (x_{2i} - x_2)^{n-s}$$

$$= \begin{cases} \delta_{1n}\delta_{1s} = \delta_{1n}\delta_{1,n-s+1}, & k = 1, \\ \delta_{1n}\delta_{0s} = \delta_{1n}\delta_{2,n-s+1}, & k = 2 \end{cases}$$

$$= \delta_{1n}\delta_{k,2-s}, \quad 0 \leqslant s \leqslant n \leqslant m, \quad k = 1, 2,$$

$$\sum_{i \in \bar{\Lambda}(\boldsymbol{x})} \bar{\Phi}_{i,kl}(\boldsymbol{x}) (x_{1i} - x_1)^s (x_{2i} - x_2)^{n-s}$$

$$= \begin{cases} 2\delta_{2n}\delta_{2s} = 2\delta_{2n}\delta_{k+l-2,n-s}, & k = l = 1, \\ \delta_{2n}\delta_{1s} = \delta_{2n}\delta_{k+l-2,n-s}, & k \neq l, \\ 2\delta_{2n}\delta_{0s} = 2\delta_{2n}\delta_{k+l-2,n-s}, & k = l = 2 \end{cases}$$

$$= (1 + \delta_{kl})\delta_{2n}\delta_{k+l-2,2-s}, \quad 0 \leqslant s \leqslant n \leqslant m, \quad k, l = 1, 2,$$

从而 (4.3.18) 和 (4.3.19) 成立.

当无网格节点均匀分布时, 由 (4.2.15) 有

$$\sum_{i \in \bar{\Lambda}(\boldsymbol{x})} \bar{\Phi}_{i,kl}(\boldsymbol{x}) q(\boldsymbol{x}_i) = q_{,kl}(\boldsymbol{x}), \quad \forall \boldsymbol{x} \in \dot{\Omega}, \quad \forall q \in \mathbb{P}_{m+1}, \quad k, l = 1, 2.$$

因此, 对任意 $\boldsymbol{x} \in \dot{\Omega}$, 有

$$\sum_{i \in \bar{\Lambda}(\boldsymbol{x})} \bar{\Phi}_{i,kl}(\boldsymbol{x}) p(\boldsymbol{x}_i - \boldsymbol{x}) = p_{,kl}(\boldsymbol{0}), \quad k, l = 1, 2,$$

从而

$$\sum_{i \in \bar{\Lambda}(\boldsymbol{x})} \bar{\Phi}_{i,11}(\boldsymbol{x}) (x_{1i} - x_1)^s (x_{2i} - x_2)^{m+1-s} = 2\delta_{1m}\delta_{2s},$$

$$\sum_{i\in\bar{\Lambda}(\boldsymbol{x})}\bar{\Phi}_{i,12}\left(\boldsymbol{x}\right)\left(x_{1i}-x_{1}\right)^{s}\left(x_{2i}-x_{2}\right)^{m+1-s}=\delta_{1m}\delta_{1s},$$

$$\sum_{i\in\bar{\Lambda}(\boldsymbol{x})}\bar{\Phi}_{i,22}\left(\boldsymbol{x}\right)\left(x_{1i}-x_{1}\right)^{s}\left(x_{2i}-x_{2}\right)^{m+1-s}=2\delta_{1m}\delta_{0s},$$

这三个式子可以统一为

$$\sum_{i\in\bar{\Lambda}(\boldsymbol{x})}\bar{\Phi}_{i,kl}\left(\boldsymbol{x}\right)\left(x_{1i}-x_{1}\right)^{s}\left(x_{2i}-x_{2}\right)^{m+1-s}=\left(1+\delta_{kl}\right)\delta_{2,m+1}\delta_{k+l-2,2-s}$$

$$=\left(1+\delta_{kl}\right)\delta_{1m}\delta_{k+l-2,2-s},\quad 0\leqslant s\leqslant m+1,\quad k,l=1,2.$$

这表明 (4.3.20) 成立.   证毕.

下面的定理分析超收敛有限点法求解边值问题 (4.3.1)—(4.3.3) 时的局部截断误差.

定理 4.3.1　如果

$$u\left(\boldsymbol{x}\right)\in\begin{cases}C^{m+2}\left(\Omega\right),&m\text{ 是偶数},\\C^{m+3}\left(\Omega\right),&m\text{ 是奇数},\end{cases}$$

则超收敛有限点法的局部截断误差为

$$e_{T}=\begin{cases}\mathcal{O}\left(h^{m}\right),&m\text{ 是偶数},\\\mathcal{O}\left(h^{m+1}\right),&m\text{是奇数}.\end{cases}\tag{4.3.21}$$

证明　由 (4.3.1), 有

$$f\left(\boldsymbol{x}_{j}\right)=\mathcal{L}u\left(\boldsymbol{x}_{j}\right)+g\left(u\left(\boldsymbol{x}_{j}\right),u_{,1}\left(\boldsymbol{x}_{j}\right),u_{,2}\left(\boldsymbol{x}_{j}\right)\right)$$
$$=\sum_{k,l=1}^{2}a_{kl}\left(\boldsymbol{x}_{j}\right)\frac{\partial^{2}u_{j}}{\partial x_{k}\partial x_{l}}+\sum_{k=1}^{2}b_{k}\left(\boldsymbol{x}_{j}\right)\frac{\partial u_{j}}{\partial x_{k}}+c\left(\boldsymbol{x}_{j}\right)u_{j}+g\left(u_{j},\frac{\partial u_{j}}{\partial x_{1}},\frac{\partial u_{j}}{\partial x_{2}}\right),\tag{4.3.22}$$

其中 $u_{j}=u\left(\boldsymbol{x}_{j}\right)$, $\partial u_{j}/\partial x_{k}=\left(\partial u\left(\boldsymbol{x}\right)/\partial x_{k}\right)|_{\boldsymbol{x}=\boldsymbol{x}_{j}}$ 和 $\partial^{2}u_{j}/\partial x_{k}\partial x_{l}=\left(\partial u^{2}\left(\boldsymbol{x}\right)/\partial x_{k}\partial x_{l}\right)|_{\boldsymbol{x}=\boldsymbol{x}_{j}}$. 将 (4.3.13) 和 (4.3.22) 代入 (4.3.16) 可得

$$e_{j}=\sum_{k,l=1}^{2}a_{kl}\left(\boldsymbol{x}_{j}\right)\left[\sum_{i\in\bar{\Lambda}_{j}}\bar{\Phi}_{i,kl}\left(\boldsymbol{x}_{j}\right)u_{i}-\frac{\partial^{2}u_{j}}{\partial x_{k}\partial x_{l}}\right]$$

$$+ \sum_{k=1}^{2} b_k \left(\boldsymbol{x}_j \right) \left[\sum_{i \in \bar{\wedge}_j} \bar{\Phi}_{i,k} \left(\boldsymbol{x}_j \right) u_i - \frac{\partial u_j}{\partial x_k} \right] + c \left(\boldsymbol{x}_j \right) \left[\sum_{i \in \wedge_j} \Phi_i \left(\boldsymbol{x}_j \right) u_i - u_j \right]$$

$$+ g \left(\sum_{i \in \wedge_j} \Phi_i \left(\boldsymbol{x}_j \right) u_i, \sum_{i \in \bar{\wedge}_j} \bar{\Phi}_{i,1} \left(\boldsymbol{x}_j \right) u_i, \sum_{i \in \bar{\wedge}_j} \bar{\Phi}_{i,2} \left(\boldsymbol{x}_j \right) u_i \right) - g \left(u_j, \frac{\partial u_j}{\partial x_1}, \frac{\partial u_j}{\partial x_2} \right)$$

$$= c \left(\boldsymbol{x}_j \right) e_0 + \sum_{k=1}^{2} b_k \left(\boldsymbol{x}_j \right) \bar{e}_{1k} + \sum_{k,l=1}^{2} a_{kl} \left(\boldsymbol{x}_j \right) \bar{e}_{2kl} + \bar{e}_3, \tag{4.3.23}$$

这里

$$e_0 = \sum_{i \in \wedge_j} \Phi_i \left(\boldsymbol{x}_j \right) u_i - u_j, \tag{4.3.24}$$

$$\bar{e}_{1k} = \sum_{i \in \bar{\wedge}_j} \bar{\Phi}_{i,k} \left(\boldsymbol{x}_j \right) u_i - \frac{\partial u_j}{\partial x_k}, \tag{4.3.25}$$

$$\bar{e}_{2kl} = \sum_{i \in \bar{\wedge}_j} \bar{\Phi}_{i,kl} \left(\boldsymbol{x}_j \right) u_i - \frac{\partial^2 u_j}{\partial x_k \partial x_l}, \tag{4.3.26}$$

$$\bar{e}_3 = g \left(\sum_{i \in \wedge_j} \Phi_i \left(\boldsymbol{x}_j \right) u_i, \sum_{i \in \bar{\wedge}_j} \bar{\Phi}_{i,1} \left(\boldsymbol{x}_j \right) u_i, \sum_{i \in \bar{\wedge}_j} \bar{\Phi}_{i,2} \left(\boldsymbol{x}_j \right) u_i \right) - g \left(u_j, \frac{\partial u_j}{\partial x_1}, \frac{\partial u_j}{\partial x_2} \right). \tag{4.3.27}$$

函数 $u \left(\boldsymbol{x} \right)$ 在点 $\boldsymbol{x}_i = (x_{1i}, x_{2i})^{\mathrm{T}}$ 处关于点 $\boldsymbol{x}_j = (x_{1j}, x_{2j})^{\mathrm{T}}$ 的 Taylor 展开式为

$$u_i = \sum_{n=0}^{\tilde{m}} \frac{1}{n!} \sum_{s=0}^{n} \left(\begin{array}{c} n \\ s \end{array} \right) h_{1i}^s h_{2i}^{n-s} \frac{\partial^n u_j}{\partial x_1^s \partial x_2^{n-s}}$$

$$+ \frac{1}{(\tilde{m} + 1)!} \sum_{s=0}^{\tilde{m}+1} \left(\begin{array}{c} \tilde{m} + 1 \\ s \end{array} \right) h_{1i}^s h_{2i}^{\tilde{m}+1-s} \frac{\partial^{\tilde{m}+1} u \left(\boldsymbol{\xi} \right)}{\partial x_1^s \partial x_2^{\tilde{m}+1-s}}, \tag{4.3.28}$$

这里 $h_{1i} = x_{1i} - x_{1j}$, $h_{2i} = x_{2i} - x_{2j}$, $\left(\begin{array}{c} n \\ s \end{array} \right) = \dfrac{n!}{s! \left(n - s \right)!}$, $\boldsymbol{\xi} = (\xi_1, \xi_2)^{\mathrm{T}}$, $\xi_1 = \theta x_{1i} + (1 - \theta) x_{1j}$, $\xi_2 = \theta x_{2i} + (1 - \theta) x_{2j}$, $\theta \in (0, 1)$,

$$\tilde{m} = \left\{ \begin{array}{ll} m + 1, & m \text{ 是偶数}, \\ m + 2, & m \text{ 是奇数}. \end{array} \right. \tag{4.3.29}$$

首先, 估计 (4.3.24) 中的 e_0. 将 (4.3.28) 代入 (4.3.24) 可得

$$
e_0 = \sum_{n=0}^{\tilde{m}} \frac{1}{n!} \sum_{s=0}^{n} \binom{n}{s} \frac{\partial^n u_j}{\partial x_1^s \partial x_2^{n-s}} \sum_{i \in \Lambda_j} h_{1i}^s h_{2i}^{n-s} \Phi_i(\boldsymbol{x}_j)
$$

$$
+ \frac{1}{(\tilde{m}+1)!} \sum_{s=0}^{\tilde{m}+1} \binom{\tilde{m}+1}{s} \frac{\partial^{\tilde{m}+1} u(\boldsymbol{\xi})}{\partial x_1^s \partial x_2^{\tilde{m}+1-s}} \sum_{i \in \wedge_j} h_{1i}^s h_{2i}^{\tilde{m}+1-s} \Phi_i(\boldsymbol{x}_j) - u_j. \quad (4.3.30)
$$

利用 (4.1.16), 有

$$
\sum_{n=0}^{m} \frac{1}{n!} \sum_{s=0}^{n} \binom{n}{s} \frac{\partial^n u_j}{\partial x_1^s \partial x_2^{n-s}} \sum_{i \in \wedge_j} \Phi_i(\boldsymbol{x}_j) h_{1i}^s h_{2i}^{n-s}
$$

$$
= \sum_{n=0}^{m} \frac{1}{n!} \sum_{s=0}^{n} \binom{n}{s} \frac{\partial^n u_j}{\partial x_1^s \partial x_2^{n-s}} \delta_{0n} \delta_{0s} = u_j,
$$

从而可将 (4.3.30) 简化为

$$
e_0 = \sum_{n=m+1}^{\tilde{m}} \frac{1}{n!} \sum_{s=0}^{n} \binom{n}{s} \frac{\partial^n u_j}{\partial x_1^s \partial x_2^{n-s}} \sum_{i \in \wedge_j} h_{1i}^s h_{2i}^{n-s} \Phi_i(\boldsymbol{x}_j)
$$

$$
+ \frac{1}{(\tilde{m}+1)!} \sum_{s=0}^{\tilde{m}+1} \binom{\tilde{m}+1}{s} \frac{\partial^{\tilde{m}+1} u(\boldsymbol{\xi})}{\partial x_1^s \partial x_2^{\tilde{m}+1-s}} \sum_{i \in \wedge_j} h_{1i}^s h_{2i}^{\tilde{m}+1-s} \Phi_i(\boldsymbol{x}_j). \quad (4.3.31)
$$

根据文献 [5, 10, 12], 在无网格节点均匀分布的情况下, $\Phi_i(\boldsymbol{x})$ 是周期函数, 且关于点 $\boldsymbol{x}_j$ 偶对称. 同时, 当 m 是偶数时, $h_{1i}^s h_{2i}^{m+1-s} = (x_{1i} - x_{1j})^s (x_{2i} - x_{2j})^{m+1-s}$ 是关于点 $\boldsymbol{x}_j$ 的奇对称函数. 因此,

$$
\sum_{i \in \wedge_j} h_{1i}^s h_{2i}^{m+1-s} \Phi_i(\boldsymbol{x}_j) = 0.
$$

再注意到 (4.3.29), 从而可将 (4.3.31) 写为

$$
e_0 = \begin{cases} \dfrac{1}{(m+2)!} \sum_{s=0}^{m+2} \binom{m+2}{s} \dfrac{\partial^{m+2} u(\boldsymbol{\xi})}{\partial x_1^s \partial x_2^{m+2-s}} \sum_{i \in \wedge_j} h_{1i}^s h_{2i}^{m+2-s} \Phi_i(\boldsymbol{x}_j), & m \text{ 是偶数}, \\[4mm] \sum_{n=m+1}^{m+2} \dfrac{1}{n!} \sum_{s=0}^{n} \binom{n}{s} \dfrac{\partial^n u_j}{\partial x_1^s \partial x_2^{n-s}} \sum_{i \in \wedge_j} h_{1i}^s h_{2i}^{n-s} \Phi_i(\boldsymbol{x}_j) \\[2mm] + \dfrac{1}{(m+3)!} \sum_{s=0}^{m+3} \binom{m+3}{s} \dfrac{\partial^{m+3} u(\boldsymbol{\xi})}{\partial x_1^s \partial x_2^{m+1-s}} \sum_{i \in \wedge_j} h_{1i}^s h_{2i}^{m+3-s} \Phi_i(\boldsymbol{x}_j), & m \text{ 是奇数}. \end{cases}
$$

当 $i \in \wedge_j$ 时, 有 $h_{1i}^s h_{2i}^{m+2-s} = (x_{1i} - x_{1j})^s (x_{2i} - x_{2j})^{m+2-s} = \mathcal{O}(h^{m+2})$, 类似有 $h_{1i}^s h_{2i}^{n-s} = \mathcal{O}(h^n)$ 和 $h_{1i}^s h_{2i}^{m+3-s} = \mathcal{O}(h^{m+3})$. 再调用 (4.1.15), 可得

$$e_0 = \begin{cases} \mathcal{O}(h^{m+2}), & m \text{ 是偶数}, \\ \mathcal{O}(h^{m+1}), & m \text{ 是奇数}. \end{cases} \tag{4.3.32}$$

其次, 估计 (4.3.25) 中的 $\bar{e}_{1k}$. 将 (4.3.28) 代入 (4.3.25) 可得

$$\bar{e}_{1k} = \sum_{n=0}^{\tilde{m}} \frac{1}{n!} \sum_{s=0}^{n} \binom{n}{s} \frac{\partial^n u_j}{\partial x_1^s \partial x_2^{n-s}} \sum_{i \in \bar{\wedge}_j} \bar{\Phi}_{i,k}(\boldsymbol{x}_j) h_{1i}^s h_{2i}^{n-s}$$
$$+ \frac{1}{(\tilde{m}+1)!} \sum_{s=0}^{\tilde{m}+1} \binom{\tilde{m}+1}{s} \frac{\partial^{\tilde{m}+1} u(\boldsymbol{\xi})}{\partial x_1^s \partial x_2^{\tilde{m}+1-s}} \sum_{i \in \bar{\wedge}_j} \bar{\Phi}_{i,k}(\boldsymbol{x}_j) h_{1i}^s h_{2i}^{\tilde{m}+1-s} - \frac{\partial u_j}{\partial x_k}. \tag{4.3.33}$$

利用 (4.3.18), 有

$$\sum_{n=0}^{m} \frac{1}{n!} \sum_{s=0}^{n} \binom{n}{s} \frac{\partial^n u_j}{\partial x_1^s \partial x_2^{n-s}} \sum_{i \in \bar{\wedge}_j} h_{1i}^s h_{2i}^{n-s} \bar{\Phi}_{i,k}(\boldsymbol{x}_j)$$
$$= \sum_{n=0}^{m} \frac{1}{n!} \sum_{s=0}^{n} \binom{n}{s} \frac{\partial^n u_j}{\partial x_1^s \partial x_2^{n-s}} \delta_{1n} \delta_{k,2-s}$$
$$= \sum_{s=0}^{1} \binom{1}{s} \frac{\partial u_j}{\partial x_1^s \partial x_2^{1-s}} \delta_{k,2-s} = \frac{\partial u_j}{\partial x_2} \delta_{k2} + \frac{\partial u_j}{\partial x_1} \delta_{k1} = \frac{\partial u_j}{\partial x_k}, \quad k = 1, 2,$$

从而可将 (4.3.33) 简化为

$$\bar{e}_{1k} = \sum_{n=m+1}^{\tilde{m}} \frac{1}{n!} \sum_{s=0}^{n} \binom{n}{s} \frac{\partial^n u_j}{\partial x_1^s \partial x_2^{n-s}} \sum_{i \in \bar{\wedge}_j} \bar{\Phi}_{i,k}(\boldsymbol{x}_j) h_{1i}^s h_{2i}^{n-s}$$
$$+ \frac{1}{(\tilde{m}+1)!} \sum_{s=0}^{\tilde{m}+1} \binom{\tilde{m}+1}{s} \frac{\partial^{\tilde{m}+1} u(\boldsymbol{\xi})}{\partial x_1^s \partial x_2^{\tilde{m}+1-s}} \sum_{i \in \bar{\wedge}_j} \bar{\Phi}_{i,k}(\boldsymbol{x}_j) h_{1i}^s h_{2i}^{\tilde{m}+1-s}. \tag{4.3.34}$$

根据文献 [4, 5, 12], 在无网格节点均匀分布的情况下, $\bar{\Phi}_{i,k}(\boldsymbol{x})$ 是周期函数, 且关于点 $\boldsymbol{x}_j$ 奇对称. 同时, 当 m 是奇数时, $h_{1i}^s h_{2i}^{m+1-s} = (x_{1i} - x_{1j})^s (x_{2i} - x_{2j})^{m+1-s}$ 是关于点 $\boldsymbol{x}_j$ 的偶对称函数. 因此,

$$\sum_{i \in \bar{\wedge}_j} h_{1i}^s h_{2i}^{m+1-s} \bar{\Phi}_{i,k}(\boldsymbol{x}_j) = 0. \tag{4.3.35}$$

再注意到 (4.3.29), 从而可将 (4.3.34) 写为

$$
\bar{e}_{1k} =
\begin{cases}
\dfrac{1}{(m+1)!} \displaystyle\sum_{s=0}^{m+1} \binom{m+1}{s} \dfrac{\partial^{m+1} u_j}{\partial x_1^s \partial x_2^{m+1-s}} \sum_{i \in \bar{\Lambda}_j} \bar{\Phi}_{i,k}\left(\boldsymbol{x}_j\right) h_{1i}^s h_{2i}^{m+1-s} \\[4mm]
+\dfrac{1}{(m+2)!} \displaystyle\sum_{s=0}^{m+2} \binom{m+2}{s} \dfrac{\partial^{m+2} u(\boldsymbol{\xi})}{\partial x_1^s \partial x_2^{m+2-s}} \sum_{i \in \bar{\Lambda}_j} \bar{\Phi}_{i,k}\left(\boldsymbol{x}_j\right) h_{1i}^s h_{2i}^{m+2-s}, \quad m \text{ 是偶数,} \\[4mm]
\dfrac{1}{(m+2)!} \displaystyle\sum_{s=0}^{m+2} \binom{m+2}{s} \dfrac{\partial^{m+2} u_j}{\partial x_1^s \partial x_2^{m+2-s}} \sum_{i \in \bar{\Lambda}_j} \bar{\Phi}_{i,k}\left(\boldsymbol{x}_j\right) h_{1i}^s h_{2i}^{m+2-s} \\[4mm]
+\dfrac{1}{(m+3)} \displaystyle\sum_{s=0}^{m+3} \binom{m+3}{s} \dfrac{\partial^{m+3} u(\boldsymbol{\xi})}{\partial x_1^s \partial x_2^{m+3-s}} \sum_{i \in \bar{\Lambda}_j} \bar{\Phi}_{i,k}\left(\boldsymbol{x}_j\right) h_{1i}^s h_{2i}^{m+3-s}, \quad m \text{ 是奇数.}
\end{cases}
$$

$$(4.3.36)$$

当 $i \in \bar{\Lambda}_j$ 时, 有 $h_{1i}^s h_{2i}^{m+1-s} = \mathcal{O}\left(h^{m+1}\right)$, $h_{1i}^s h_{2i}^{m+2-s} = \mathcal{O}\left(h^{m+2}\right)$ 和 $h_{1i}^s h_{2i}^{m+3-s} = \mathcal{O}\left(h^{m+3}\right)$. 再调用 (4.3.17), 可得

$$
\bar{e}_{1k} =
\begin{cases}
\mathcal{O}\left(h^{m}\right), & m \text{ 是偶数,} \\[2mm]
\mathcal{O}\left(h^{m+1}\right), & m \text{ 是奇数.}
\end{cases}
\tag{4.3.37}
$$

再次, 估计 (4.3.26) 中的 $\bar{e}_{2kl}$. 将 (4.3.28) 代入 (4.3.26) 可得

$$
\bar{e}_{2kl} = \sum_{n=0}^{\tilde{m}} \frac{1}{n!} \sum_{s=0}^{n} \binom{n}{s} \frac{\partial^n u_j}{\partial x_1^s \partial x_2^{n-s}} \sum_{i \in \bar{\Lambda}_j} h_{1i}^s h_{2i}^{n-s} \bar{\Phi}_{i,kl}\left(\boldsymbol{x}_j\right)
$$

$$
+ \frac{1}{(\tilde{m}+1)!} \sum_{s=0}^{\tilde{m}+1} \binom{\tilde{m}+1}{s} \frac{\partial^{\tilde{m}+1} u(\boldsymbol{\xi})}{\partial x_1^s \partial x_2^{\tilde{m}+1-s}} \sum_{i \in \bar{\Lambda}_j} h_{1i}^s h_{2i}^{\tilde{m}+1-s} \bar{\Phi}_{i,kl}\left(\boldsymbol{x}_j\right) - \frac{\partial^2 u_j}{\partial x_k \partial x_l}.
$$

$$(4.3.38)$$

因为

$$
\sum_{s=0}^{2} \binom{2}{s} \frac{\partial^2 u_j}{\partial x_1^s \partial x_2^{2-s}} \left(1 + \delta_{kl}\right) \delta_{k+l-2,2-s}
$$

$$
= \binom{2}{0} \frac{\partial^2 u_j}{\partial x_2^2} \left(1 + \delta_{kl}\right) \delta_{k+l-2,2} + \binom{2}{1} \frac{\partial^2 u_j}{\partial x_1 \partial x_2} \left(1 + \delta_{kl}\right) \delta_{k+l-2,1}
$$

$$
+ \binom{2}{2} \frac{\partial^2 u_j}{\partial x_1^2} \left(1 + \delta_{kl}\right) \delta_{k+l-2,0}
$$

$$
= \frac{\partial^2 u_j}{\partial x_2^2} \left(1 + \delta_{kl}\right) \delta_{k+l,4} + 2 \frac{\partial^2 u_j}{\partial x_1 \partial x_2} \left(1 + \delta_{kl}\right) \delta_{k+l,3} + \frac{\partial^2 u_j}{\partial x_1^2} \left(1 + \delta_{kl}\right) \delta_{k+l,2}
$$

$$= 2\frac{\partial^2 u_j}{\partial x_k \partial x_l}, \tag{4.3.39}$$

再利用 (4.3.19) 有

$$\sum_{n=0}^{m} \frac{1}{n!} \sum_{s=0}^{n} \binom{n}{s} \frac{\partial^n u_j}{\partial x_1^s \partial x_2^{n-s}} \sum_{i\in\bar{\wedge}_j} h_{1i}^s h_{2i}^{n-s} \bar{\Phi}_{i,kl}(\boldsymbol{x}_j)$$

$$= \sum_{n=0}^{m} \frac{1}{n!} \sum_{s=0}^{n} \binom{n}{s} \frac{\partial^n u_j}{\partial x_1^s \partial x_2^{n-s}} (1+\delta_{kl})\delta_{2n}\delta_{k+l-2,2-s}$$

$$= \begin{cases} 0, & m=1, \\ \dfrac{1}{2!}\displaystyle\sum_{s=0}^{2}\binom{2}{s}\dfrac{\partial^2 u_j}{\partial x_1^s \partial x_2^{2-s}}(1+\delta_{kl})\delta_{k+l-2,2-s} = \dfrac{\partial^2 u_j}{\partial x_k \partial x_l}, & m\geqslant 2, \end{cases} \tag{4.3.40}$$

而利用 (4.3.20) 有

$$\frac{1}{(m+1)!} \sum_{s=0}^{m+1} \binom{m+1}{s} \frac{\partial^{m+1} u_j}{\partial x_1^s \partial x_2^{m+1-s}} \sum_{i\in\bar{\wedge}_j} h_{1i}^s h_{2i}^{m+1-s} \bar{\Phi}_{i,kl}(\boldsymbol{x}_j)$$

$$= \frac{1}{(m+1)!} \sum_{s=0}^{m+1} \binom{m+1}{s} \frac{\partial^{m+1} u_j}{\partial x_1^s \partial x_2^{m+1-s}} (1+\delta_{kl})\delta_{1m}\delta_{k+l-2,2-s}$$

$$= \begin{cases} \dfrac{1}{2!}\displaystyle\sum_{s=0}^{2}\binom{2}{s}\dfrac{\partial^2 u_j}{\partial x_1^s \partial x_2^{2-s}}(1+\delta_{kl})\delta_{k+l-2,2-s} = \dfrac{\partial^2 u_j}{\partial x_k \partial x_l}, & m=1, \\ 0, & m\geqslant 2. \end{cases} \tag{4.3.41}$$

将 (4.3.40) 和 (4.3.41) 代入 (4.3.38), 再注意到 (4.3.29), 可得

$$\bar{e}_{2kl}=\begin{cases} \dfrac{1}{(m+2)!}\displaystyle\sum_{s=0}^{m+2}\binom{m+2}{s}\dfrac{\partial^{m+2}u(\boldsymbol{\xi})}{\partial x_1^s \partial x_2^{m+2-s}}\sum_{i\in\bar{\wedge}_j}h_{1i}^s h_{2i}^{m+2-s}\bar{\Phi}_{i,kl}(\boldsymbol{x}_j), & m是偶数, \\[4mm] \dfrac{1}{(m+2)!}\displaystyle\sum_{s=0}^{m+2}\binom{m+2}{s}\dfrac{\partial^{m+2}u_j}{\partial x_1^s \partial x_2^{m+2-s}}\sum_{i\in\bar{\wedge}_j}h_{1i}^s h_{2i}^{m+2-s}\bar{\Phi}_{i,kl}(\boldsymbol{x}_j) \\[4mm] \quad +\dfrac{1}{(m+3)!}\displaystyle\sum_{s=0}^{m+3}\binom{m+3}{s}\dfrac{\partial^{m+3}u(\boldsymbol{\xi})}{\partial x_1^s \partial x_2^{m+3-s}}\sum_{i\in\bar{\wedge}_j}h_{1i}^s h_{2i}^{m+3-s}\bar{\Phi}_{i,kl}(\boldsymbol{x}_j), & m是奇数. \end{cases}$$

$$\tag{4.3.42}$$

根据文献 [4, 9, 10], 在无网格节点均匀分布的情况下, $\bar{\Phi}_{i,kl}(\boldsymbol{x})$ 是周期函数, 且关于点 $\boldsymbol{x}_j$ 偶对称. 同时, 当 m 是奇数时, $h_{1i}^s h_{2i}^{m+2-s} = (x_{1i} - x_{1j})^s (x_{2i} - x_{2j})^{m+2-s}$ 是关于点 $\boldsymbol{x}_j$ 的奇对称函数. 因此,

$$\sum_{i \in \bar{\wedge}_j} h_{1i}^s h_{2i}^{m+2-s} \bar{\Phi}_{i,kl}(\boldsymbol{x}_j) = 0.$$

再注意到 (4.3.29), 从而可将 (4.3.42) 写为

$$\bar{e}_{2kl} = \begin{cases} \dfrac{1}{(m+2)!} \displaystyle\sum_{s=0}^{m+2} \binom{m+2}{s} \dfrac{\partial^{m+2} u(\boldsymbol{\xi})}{\partial x_1^s \partial x_2^{m+2-s}} \sum_{i \in \bar{\wedge}_j} h_{1i}^s h_{2i}^{m+2-s} \bar{\Phi}_{i,kl}(\boldsymbol{x}_j), & m \text{ 是偶数}, \\[4mm] \dfrac{1}{(m+3)!} \displaystyle\sum_{s=0}^{m+3} \binom{m+3}{s} \dfrac{\partial^{m+3} u(\boldsymbol{\xi})}{\partial x_1^s \partial x_2^{m+3-s}} \sum_{i \in \bar{\wedge}_j} h_{1i}^s h_{2i}^{m+3-s} \bar{\Phi}_{i,kl}(\boldsymbol{x}_j), & m \text{ 是奇数}. \end{cases}$$

当 $i \in \bar{\wedge}_j$ 时, 有 $h_{1i}^s h_{2i}^{m+2-s} = \mathcal{O}(h^{m+2})$ 和 $h_{1i}^s h_{2i}^{m+3-s} = \mathcal{O}(h^{m+3})$. 再调用 (4.3.17), 可得

$$\bar{e}_{2kl} = \begin{cases} \mathcal{O}(h^m), & m \text{ 是偶数}, \\[2mm] \mathcal{O}(h^{m+1}), & m \text{ 是奇数}. \end{cases} \tag{4.3.43}$$

最后, 估计 (4.3.27) 中的 $\bar{e}_3$. 由于非线性函数 $g(u, u_{,1}, u_{,2})$ 关于 u, $u_{,1}$ 和 $u_{,2}$ 满足 Lipschitz 条件, 从而对任意 u_1 和 $u_2 \in L^\infty(\Omega)$, 有

$$|g(u_1, u_{1,1}, u_{1,2}) - g(u_2, u_{2,1}, u_{2,2})|$$

$$\leqslant L_1 |u_1 - u_2| + L_2 |u_{1,1} - u_{2,1}| + L_3 |u_{1,2} - u_{2,2}|,$$

其中 L_1, L_2 和 L_3 是 Lipschitz 常数. 因此, 调用 (4.3.32) 和 (4.3.37) 可得

$$|\bar{e}_3| = \left| g\left(\sum_{i \in \wedge_j} \Phi_i(\boldsymbol{x}_j) u_i, \sum_{i \in \bar{\wedge}_j} \bar{\Phi}_{i,1}(\boldsymbol{x}_j) u_i, \sum_{i \in \bar{\wedge}_j} \bar{\Phi}_{i,2}(\boldsymbol{x}_j) u_i \right) - g\left(u_j, \frac{\partial u_j}{\partial x_1}, \frac{\partial u_j}{\partial x_2} \right) \right|$$

$$\leqslant L_1 \left| \sum_{i \in \wedge_j} \Phi_i(\boldsymbol{x}_j) u_i - u_j \right| + L_2 \left| \sum_{i \in \bar{\wedge}_j} \bar{\Phi}_{i,1}(\boldsymbol{x}_j) u_i - \frac{\partial u_j}{\partial x_1} \right|$$

$$+ L_3 \left| \sum_{i \in \bar{\wedge}_j} \bar{\Phi}_{i,2}(\boldsymbol{x}_j) u_i - \frac{\partial u_j}{\partial x_2} \right|$$

$$= L_1 |e_0| + L_2 |\bar{e}_{11}| + L_3 |\bar{e}_{12}|$$

$$= \begin{cases} \mathcal{O}\left(h^m\right), & m \text{ 是偶数,} \\ \mathcal{O}\left(h^{m+1}\right), & m \text{ 是奇数.} \end{cases} \tag{4.3.44}$$

将 (4.3.32), (4.3.37), (4.3.43) 和 (4.3.44) 代入 (4.3.23), 并注意到 $c\left(\boldsymbol{x}_j\right)$, $b_k\left(\boldsymbol{x}_j\right)$ 和 $a_{kl}\left(\boldsymbol{x}_j\right)$ 是有界的, 可以得到

$$e_j = \begin{cases} \mathcal{O}\left(h^m\right), & m \text{ 是偶数,} \\ \mathcal{O}\left(h^{m+1}\right), & m \text{ 是奇数.} \end{cases} \tag{4.3.45}$$

最终, 将 (4.3.45) 代入 (4.3.15) 即得 (4.3.21).   证毕.

类似 (4.1.39), 若将超收敛有限点法的 H^k 误差记为

$$e_{H^k} \approx \max\left\{e_T, e_{Ak}\right\}, \quad k = 0, 1, 2, \tag{4.3.46}$$

其中 e_{Ak} 为移动最小二乘近似在 H^k 中的误差, 则将 (4.1.38) 和 (4.3.21) 代入 (4.3.46), 超收敛有限点法的 L^2, H^1 和 H^2 误差分别为

$$e_{L^2} \approx \max\left\{e_T, e_{A0}\right\} = \begin{cases} \mathcal{O}\left(h^m\right), & m \text{ 是偶数,} \\ \mathcal{O}\left(h^{m+1}\right), & m \text{ 是奇数,} \end{cases} \tag{4.3.47}$$

$$e_{H^1} \approx \max\left\{e_T, e_{A1}\right\} = \mathcal{O}\left(h^m\right), \quad m \text{ 是任意正整数,} \tag{4.3.48}$$

$$e_{H^2} \approx \max\left\{e_T, e_{Ak}\right\} = \mathcal{O}\left(h^{m-1}\right), \quad m \text{ 是任意正整数.} \tag{4.3.49}$$

有限点法的精度可由 (4.1.40)—(4.1.42) 刻画, 而超收敛有限点法的精度可由 (4.3.47)—(4.3.49) 刻画, 表 4.3.1 对比了这两种方法的精度和收敛阶. 可以发现, 当基函数次数 m 是偶数时, 有限点法和超收敛有限点法具有相同的误差形式, L^2 误差和 H^1 误差的收敛阶都是 m; 当 m 为奇数时, 有限点法和超收敛有限点法的 L^2 误差收敛阶分别为 $m-1$ 和 $m+1$, H^1 误差收敛阶分别为 $m-1$ 和 m, 因此超收敛有限点法的 L^2 误差和 H^1 误差在奇数次基函数时都具有超收敛特征.

表 4.3.1   有限点法和超收敛有限点法的精度对比

基函数次数 m	方法	L^2 误差	H^1 误差	H^2 误差
偶数	有限点法	$\mathcal{O}\left(h^m\right)$	$\mathcal{O}\left(h^m\right)$	$\mathcal{O}\left(h^{m-1}\right)$
	超收敛有限点法	$\mathcal{O}\left(h^m\right)$	$\mathcal{O}\left(h^m\right)$	$\mathcal{O}\left(h^{m-1}\right)$
奇数	有限点法	$\mathcal{O}\left(h^{m-1}\right)$	$\mathcal{O}\left(h^{m-1}\right)$	$\mathcal{O}\left(h^{m-1}\right)$
	超收敛有限点法	$\mathcal{O}\left(h^{m+1}\right)$	$\mathcal{O}\left(h^m\right)$	$\mathcal{O}\left(h^{m-1}\right)$

4.3.3   数值算例

为了阐释本节超收敛有限点法的有效性和证实相应的理论误差分析, 下面给出一些数值算例. 在计算中, 计算区域上采用规则分布的节点, h 表示节点间距, 另外使用 Gauss 权函数来构造形函数, 节点的影响域半径取为 $(m+0.5)\,h$.

例 4.3.1   规则区域非线性问题

考虑如下非线性椭圆边值问题

$$\begin{cases} -\sum\limits_{k,l=1}^{2} \dfrac{\partial}{\partial x_k}\left(a_{kl}\left(\boldsymbol{x}\right)\dfrac{\partial u\left(\boldsymbol{x}\right)}{\partial x_l}\right)+c\left(\boldsymbol{x}\right)u\left(\boldsymbol{x}\right) \\ +\dfrac{1}{4}\sin\left(u\left(\boldsymbol{x}\right)\right)=f(\boldsymbol{x}),\quad \boldsymbol{x}=(x_1,x_2)^{\mathrm{T}}\in\Omega, \\ u\left(\boldsymbol{x}\right)=\bar{u}\left(\boldsymbol{x}\right),\quad \boldsymbol{x}\in\Gamma_D=\{x_1=0,x_2\in[0,1]\}\cup\{x_2=0,x_1\in[0,1]\}, \\ \sum\limits_{k,l=1}^{2}a_{kl}\left(\boldsymbol{x}\right)n_k\left(\boldsymbol{x}\right)\dfrac{\partial u\left(\boldsymbol{x}\right)}{\partial x_l}=\bar{q}\left(\boldsymbol{x}\right),\quad \boldsymbol{x}\in\Gamma_R=\Gamma/\Gamma_D, \end{cases}$$

其中 $a_{11}\left(\boldsymbol{x}\right)=x_2^2+1$, $a_{12}\left(\boldsymbol{x}\right)=a_{21}\left(\boldsymbol{x}\right)=-x_1x_2$, $a_{22}\left(\boldsymbol{x}\right)=x_1^2+1$, $c\left(\boldsymbol{x}\right)=x_1^2+x_2^3+2$, $f\left(\boldsymbol{x}\right)$, $\bar{u}\left(\boldsymbol{x}\right)$ 和 $\bar{q}\left(\boldsymbol{x}\right)$ 的选取使得该问题的解析解为 $u\left(\boldsymbol{x}\right)=x_1^2x_2+\sin\left(\pi x_1\right)\sin\left(\pi x_2\right)$. 该问题选用规则区域 $\Omega=(0,1)^2$.

表 4.3.2、表 4.3.3 和表 4.3.4 分别给出了有限点法和超收敛有限点法在线性基 $(m=1)$、二次基 $(m=2)$ 和三次基 $(m=3)$ 时的误差和收敛情况. 使用奇数次基函数, 即 $m=1$ 和 3 时, 表 4.3.2 和表 4.3.4 表明有限点法的 L^2 和 H^1 误差收敛阶都约为 $m-1$, 超收敛有限点法的 L^2 和 H^1 误差收敛阶分别约为 $m+1$ 和 m; 使用偶数次基函数, 即 $m=2$ 时, 表 4.3.3 表明这两种方法的 L^2 和 H^1 误差收敛阶都约为 m. 这些实验结果证实了表 4.3.1 中的理论结果, 表明超收敛有限点法在奇数次基函数时确实具有超收敛特性.

表 4.3.2   有限点法和超收敛有限点法在线性基 $(m=1)$ 时的误差和收敛情况

h	L^2 误差				H^1 误差			
	有限点法		超收敛有限点法		有限点法		超收敛有限点法	
	误差	收敛阶	误差	收敛阶	误差	收敛阶	误差	收敛阶
1/10	7.105e-01		4.922e-02		2.029e+00		2.451e-01	
1/20	6.559e-01	0.115	1.237e-02	1.992	1.860e+00	0.125	9.841e-02	1.317
1/40	6.282e-01	0.062	3.082e-03	2.005	1.784e+00	0.061	4.339e-02	1.181
1/80	6.146e-01	0.032	7.604e-04	2.019	1.748e+00	0.029	2.055e-02	1.078

表 4.3.3 有限点法和超收敛有限点法在二次基 $(m=2)$ 时的误差和收敛情况

h	L^2 误差				H^1 误差			
	有限点法		超收敛有限点法		有限点法		超收敛有限点法	
	误差	收敛阶	误差	收敛阶	误差	收敛阶	误差	收敛阶
1/10	1.665e-02		5.455e-03		5.428e-02		4.796e-02	
1/20	3.695e-03	2.172	1.174e-03	2.217	1.196e-02	2.183	1.223e-02	1.972
1/40	8.803e-04	2.070	2.689e-04	2.126	2.763e-03	2.114	3.089e-03	1.985
1/80	2.152e-04	2.032	6.421e-05	2.066	6.588e-04	2.068	7.772e-04	1.991

表 4.3.4 有限点法和超收敛有限点法在三次基 $(m=3)$ 时的误差和收敛情况

h	L^2 误差				H^1 误差			
	有限点法		超收敛有限点法		有限点法		超收敛有限点法	
	误差	收敛阶	误差	收敛阶	误差	收敛阶	误差	收敛阶
1/10	7.896e-03		6.342e-04		2.642e-02		4.199e-03	
1/20	2.992e-03	1.400	1.146e-04	2.468	8.132e-03	1.700	5.876e-04	2.837
1/40	8.076e-04	1.890	8.357e-06	3.778	2.146e-03	1.922	4.788e-05	3.617
1/80	2.050e-04	1.978	5.447e-07	3.939	5.431e-04	1.983	3.481e-06	3.782

例 4.3.2 不规则区域非线性问题

考虑如下非线性椭圆边值问题:

$$\begin{cases} -\dfrac{\partial^2 u(\boldsymbol{x})}{\partial x_1^2} - 2\dfrac{\partial^2 u(\boldsymbol{x})}{\partial x_2^2} + \sin(x_2^2)\dfrac{\partial u(\boldsymbol{x})}{\partial x_1} + \cos(x_1)\dfrac{\partial u(\boldsymbol{x})}{\partial x_2} \\ \quad + g(u(\boldsymbol{x})) = f(\boldsymbol{x}), \quad \boldsymbol{x}\in\Omega, \\ u(\boldsymbol{x}) = \bar{u}(\boldsymbol{x}), \quad \boldsymbol{x}\in\Gamma_D = \Gamma/\Gamma_R, \\ n_1(\boldsymbol{x})\dfrac{\partial u(\boldsymbol{x})}{\partial x_1} + n_2(\boldsymbol{x})\dfrac{\partial u(\boldsymbol{x})}{\partial x_2} = \bar{q}(\boldsymbol{x}), \\ \quad \boldsymbol{x}\in\Gamma_R = \{x_1=0, x_2\in[0,2]\}\cup\{x_2=2, x_1\in[0,5]\}, \end{cases}$$

其中 $g(u(\boldsymbol{x})) = \sinh(x_2)u(\boldsymbol{x}) + \exp(-|u(\boldsymbol{x})|)$, $f(\boldsymbol{x})$, $\bar{u}(\boldsymbol{x})$ 和 $\bar{q}(\boldsymbol{x})$ 的选取使得该问题的解析解为 $u(\boldsymbol{x}) = x_1^4 + 2x_2^4 - 3x_1^2 x_2 - 3x_1 x_2^2 - x_1 x_2 + 1$.

该问题选用图 4.3.1 所示的不规则区域, 内部含有 27 个半径为 0.15 的圆孔, 底部呈波形, 满足的曲线为 $x_2 = -0.3\sin(\pi x_1)(1-|x_1-2.5|/2.5)$. 图 4.3.1 还给出了一种含有 2928 个节点的离散方式, 此时 $h=1/16$.

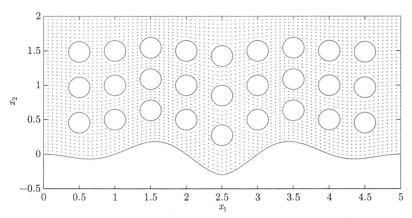

图 4.3.1   含有圆孔和波形底的不规则区域, 其中圆点表示节点

表 4.3.5 和表 4.3.6 分别给出了超收敛有限点法在二次基 $(m = 2)$ 和三次基 $(m = 3)$ 时的误差和收敛情况. 这些实验结果证实了表 4.3.1 中的理论结果.

表 4.3.5   超收敛有限点法在二次基 $(m = 2)$ 时的误差和收敛情况

h	L^2 误差		H^1 误差		H^2 误差	
	误差	收敛阶	误差	收敛阶	误差	收敛阶
1/8	1.526e-02		4.290e-01		9.617e+00	
1/16	2.236e-03	2.771	9.855e-02	2.122	2.902e+00	1.728
1/32	6.977e-04	1.680	2.656e-02	1.891	1.003e+00	1.533
1/64	1.692e-04	2.044	6.474e-03	2.037	3.261e-01	1.621

表 4.3.6   超收敛有限点法在三次基 $(m = 3)$ 时的误差和收敛情况

h	L^2 误差		H^1 误差		H^2 误差	
	误差	收敛阶	误差	收敛阶	误差	收敛阶
1/8	9.453e-04		1.276e-02		2.717e-01	
1/16	9.603e-05	3.299	1.485e-03	3.103	5.989e-02	2.182
1/32	5.067e-06	4.244	1.687e-04	3.138	1.271e-02	2.237
1/64	2.906e-07	4.124	1.381e-05	3.611	2.531e-03	2.328

参 考 文 献

[1] Liu G R. Meshfree Methods: Moving Beyond the Finite Element Method. 2nd ed. Boca Raton: CRC Press, 2009.

[2] 程玉民. 无网格方法 (上、下册). 北京: 科学出版社, 2015.

[3] Belytschko T, Chen J S, Hillman M. Meshfree and Particle Methods: Fundamentals and Applications. Hoboken: John Wiley & Sons, 2024.

[4] Wang D D, Wang J R, Wu J C. Superconvergent gradient smoothing meshfree collocation method. Computer Methods in Applied Mechanics and Engineering, 2018, 340: 728-766.

[5] Wang L H, Qian Z H. A meshfree stabilized collocation method (SCM) based on reproducing kernel approximation. Computer Methods in Applied Mechanics and Engineering, 2020, 371: 113303.

[6] Oñate E, Idelsohn S, Zienkiewicz O C, Taylor R L, Sacco C. A finite point method in mechanics problems. Applications to convective transport and fluid flow. International Journal for Numerical Methods in Engineering, 1996, 39: 3839-3866.

[7] Ortega E, Oñate E, Idelsohn S, Flores R. Comparative accuracy and performance assessment of the finite point method in compressible flow problems. Computers & Fluids, 2014, 89: 53-65.

[8] Li X L. A meshless finite point method for the improved Boussinesq equation using stabilized moving least squares approximation and Richardson extrapolation. Numerical Methods for Partial Differential Equations, 2023, 39: 2739-2762.

[9] Wang D D, Wang J R, Wu J C. Arbitrary order recursive formulation of meshfree gradients with application to superconvergent collocation analysis of Kirchhoff plates. Computational Mechanics, 2020, 65: 877-903.

[10] Deng L K, Wang D D, Qi D L. A least squares recursive gradient meshfree collocation method for superconvergent structural vibration analysis. Computational Mechanics, 2021, 68: 1063-1096.

[11] Wang L H, Liu Y J, Zhou Y T, Yang F. A gradient reproducing kernel based stabilized collocation method for the static and dynamic problems of thin elastic beams and plates. Computational Mechanics, 2021, 68: 709-739.

[12] Qian Z H, Wang L H, Gu Y, Zhang C Z. An efficient meshfree gradient smoothing collocation method (GSCM) using reproducing kernel approximation. Computer Methods in Applied Mechanics and Engineering, 2021, 374: 113573.

[13] Deng L K, Wang D D. An accuracy analysis framework for meshfree collocation methods with particular emphasis on boundary effects. Computer Methods in Applied Mechanics and Engineering, 2023, 404: 115782.

[14] Hou H Y, Li X L. A superconvergent finite node method for semilinear elliptic problems. Engineering Analysis with Boundary Elements, 2023, 157: 301-313.

[15] Hou H Y, Li X L. A meshless superconvergent stabilized collocation method for lin-

ear and nonlinear elliptic problems with accuracy analysis. Applied Mathematics and Computation, 2024, 477: 128801.

[16] Idesman A, Dey B. The use of the local truncation error for the increase in accuracy of the linear finite elements for heat transfer problems. Computer Methods in Applied Mechanics and Engineering, 2017, 319: 52-82.

[17] Auricchio F, Da Veiga L B, Hughes T J R, Reali A, Sangalli G. Isogeometric collocation methods. Mathematical Models and Methods in Applied Sciences, 2010, 20: 2075-2107.

[18] Wan J S, Li X L. Analysis of the moving least squares approximation with smoothed gradients. Engineering Analysis with Boundary Elements, 2022, 141: 181-188.

[19] Wan J S, Li X L. Analysis of a superconvergent recursive moving least squares approximation. Applied Mathematics Letters, 2022, 133: 108223.

[20] Brenner S C, Scott L R. The Mathematical Theory of Finite Element Methods. 3rd ed. New York: Springer, 2009.

[21] Li X L, Li S L. A finite point method for the fractional cable equation using meshless smoothed gradients. Engineering Analysis with Boundary Elements, 2022, 134: 453-465.

[22] 李庆扬, 王能超, 易大义. 数值分析. 5 版. 北京: 清华大学出版社, 2008.

[23] 张平文, 李铁军. 数值分析. 北京: 北京大学出版社, 2015.